普通高等教育“十一五”国家级规划教材

重点大学信息安全专业规划系列教材

信息安全数学基础
(第2版)

陈恭亮 主编

清华大学出版社
北京

内 容 简 介

本书用统一的数学语言和符号系统地介绍了网络与信息安全所涉及的数学理论和方法，特别是与三大难解数学问题相关的数论、代数和椭圆曲线理论等，并对一些重要算法作了详尽的推理和阐述。此外，还介绍了网络与信息安全研究和应用中所产生的新的数学成果。

本书可作为网络与信息安全专业、通信安全、计算机安全和保密专业等的本科生和研究生的教学用书，也可以作为网络与信息安全的专业人员和从业人员的参考用书。

图书在版编目(CIP)数据

信息安全数学基础/陈恭亮主编. -- 2 版. --北京：清华大学出版社，2014（2025.1重印）

重点大学信息安全专业规划系列教材

ISBN 978-7-302-37035-2

Ⅰ. ①信… Ⅱ. ①陈… Ⅲ. ①信息系统–安全技术–应用数学 Ⅳ. ①TP309 ②O29

中国版本图书馆 CIP 数据核字(2014)第 143102 号

责任编辑： 魏江江 薛 阳
封面设计： 常雪影
责任校对： 梁 毅
责任印制： 沈 露

出版发行： 清华大学出版社
网 址：https://www.tup.com.cn，https://www.wqxuetang.com
地 址：北京清华大学学研大厦 A 座 邮 编：100084
社 总 机：010-83470000 邮 购：010-62786544
投稿与读者服务：010-62776969，c-service@tup.tsinghua.edu.cn
质量反馈：010-62772015，zhiliang@tup.tsinghua.edu.cn
印 装 者： 三河市天利华印刷装订有限公司
经 销： 全国新华书店
开 本： 185mm × 260mm **印 张：** 27 **字 数：** 668 千字
版 次： 2004 年 6 月第 1 版 2014 年 10 月第 2 版 **印 次：** 2025 年 1 月第 18 次印刷
印 数： 61501～62000
定 价： 59.00 元

产品编号：041210-02

作者简介

陈恭亮　上海交通大学电子信息与电气工程学院（网络空间安全学院）、上海交大 - 巴黎高科卓越工程师学院教授、博士生导师。中科院信息工程研究所客座研究员、博士生导师。

北京大学数学系获学士学位，中科院应用数学所获硕士学位，法国圣艾蒂安大学获博士学位。获 1997 年国家教委优秀年轻教师基金、2007 年上海市育才奖、2009 年上海交通大学优秀教师特等奖。巴黎电信大学 (Telecom ParisTech) 网络与计算机系高级访问学者，巴黎第六大学 (Universite de Paris VI) 数学系高级访问学者。科技部国际合作重大项目评审专家，科技部创新人才评审专家，科技部和上海市创新基金评审专家，教育部优秀博士论文评审专家，国家自然科学基金评审专家，2014 年上海市经济和信息化委员会专项资金评审专家（第一批），上海市科学技术专家、武汉市科学技术专家、江苏省科学技术专家、浙江省科学技术专家、山东省科学技术专家、重庆市科学技术专家等，EMVCO（国际支付卡组织）3DS2.0 技术规范评估专家。中国密码学会密码教育与普及工作委员会第二届委员。上海市精品课程《信息安全数学基础》负责人。

主编《信息安全数学基础（第 2 版）》(清华大学出版社，2014 年 10 月第 2 版)，2016 年获得网络安全优秀教材奖（中国互联网发展基金会网络安全专项基金）。

主编《信息安全数学基础》(清华大学出版社，2004 年 06 月第 1 次印刷，2014 年 3 月第 10 次印刷，总印数 28,500 册，普通高等教育“十一五”国家级规划教材)，2007 年获得上海市优秀教材一等奖，2005 年获得上海交通大学优秀教材特等奖，2004—2005 年度被教育部推荐为研究生教学用书。

主持和参加北京电子技术研究所合作项目、“十一五”国家密码理论发展基金、国家自然科学基金、中法联合基金、国家 973 项目、国家 863 项目、上海市科委重大项目等 20 余项。在法国《科学学报》、《密码学报》、Designs, Codes and Cryptography、IEEE Communications Letters、IEEE Transactions on Information、Forensics and Security 等学术期刊上发表文章 80 多篇。

研究方向：网络安全、信息安全、区块链技术及应用、轻量级密码技术及应用、物联网安全、身份认证及身份管理、安全与信任等。

引　言

信息安全学科是一门新兴的学科, 它涉及通信学、计算机科学、信息学和数学等多个学科, 其中公钥密码学所基于的三个难解数学问题是:

(1) 大因数分解问题;

(2) 离散对数问题;

(3) 椭圆曲线离散对数问题.

这些问题涉及数论、代数和椭圆曲线论等, 但应用于信息安全的数学理论和知识只是这些数学理论中的一小部分, 而有关数论、代数和椭圆曲线论等方面的书籍多半是针对数学专业的学生的. 此外, 在信息安全研究和应用中所产生的一些新的数学成果也没有在数论、代数和椭圆曲线论等教科书中体现.

作者自 2000 年以来, 在武汉大学数学系和计算机学院信息系以及上海交通大学信息安全工程学院给本科生和研究生相继开设了"数论与密码"、"椭圆曲线论" 和"信息安全数学基础" 等课程, 深知学生在学习与信息安全相关的数学知识, 特别是关于数论、代数和椭圆曲线论等数学知识的过程中所遇到的困难. 因此, 希望将这些应用于信息安全的数学理论作一次较系统的介绍, 以方便信息安全专业、数学系、计算机学院、通信工程系等学生以及信息安全方面的工作者学习.

本书在编写过程中得到了上海交通大学信息安全工程学院及武汉大学数学系和计算机学院信息系许多教师以及本科生和研究生的支持和帮助, 在此向他们表示衷心的感谢. 此外, 特别感谢姚家燕、周超勇和沈丽敏的许多具体帮助. 另外, 特别感谢国家自然科学基金青年基金 (项目编号: 19501032) 和国家教委优秀青年教师基金的支持.

中国大学 MOOC 课程"信息安全数学基础"已于 2018 年 12 月开课，截止 2019 年 1 月 9 日，参加学习人数 1645 人。课程网址如下：

http://163.lu/geqnC1

https://www.icourse163.org/course/0809SJTU011-1003379015

扫描进入课程

陈恭亮

2004 年 2 月

第 2 版引言

本书自 2004 年 6 月出版后，在上海交通大学、武汉大学、西安电子科技大学、北京电子技术学院、杭州电子科技大学等几十所高校使用. 许多教师和学生提出了很多宝贵建议. 作者根据这些建议，面向传统教学和远程教学、视频课程教学、MOOC 课程教学和“翻转式”课堂教学等，以及信息安全专业学生、网络和信息安全从业人员对网络和信息安全的数学理论和方法的需求，结合网络与信息安全技术的最新进展，以及“信息安全数学基础”课程教学经验的积累，特别是“发现、学习、寻求、解决、提升”的教学理念，对本书作了一些修订.

(1) 基础性: 对网络和信息安全所涉及的数学理论和方法及重要算法给出了详细的推理和说明.

(2) 系统性: 用统一的数学语言和符号来将三大数学难题、网络和信息安全所涉及的散落在数论、代数、椭圆曲线三方面的数学知识形成系统的知识体系.

(3) 前沿性: 密切跟踪国际上的信息安全和密码算法标准，并给出详细阐述.

(4) 重构性: 对定理及例题作了更有序的编号, 使得一些知识可以构成独立的知识体系, 以满足网络和信息安全专业人员和非专业人员对相关知识的学习和掌握.

(5) 专业性: 对一些数学符号和语言作了更系统的表述, 以满足网络和信息安全专业人员和非专业人员对相关知识的进一步学习和掌握.

(6) 工程性: 对一些重要定理及应用作了更详细的阐述, 以满足网络和信息安全专业人员和非专业人员对相关工程实现和创新应用的需求.

发现: 就是要发现信息化推进中不断提出的网络和信息安全问题 (如国际密码标准 P1363，密码技术、RSA、Diffie-Hellman 密钥协商、ECC、AES、物联网安全、轻量级密码技术、身份认证鉴别、认证加密和身份管理等) 以及国内外相关信息通信技术的新进展.

学习: 就是要学习该课程所涉及的基本数学理论和方法, 如学习与三大难解数学问题 (大整数分解问题、离散对数问题、椭圆曲线离散对数问题) 相关的整数理论、同余理论、代数理论、椭圆曲线理论等.

寻求: 就是要寻求关于网络和信息安全问题的应用技术, 如广义欧几里得除法、中国剩余定理、欧拉定理、大素数生成、有限域的构造、Galois 域等.

解决: 就是要运用基本理论和方法，以及应用技术解决信息安全的工程问题, 如公钥加密/解密、密钥协商等.

提升: 就是要在发现、学习、寻求、解决的过程中提升科学素养，进而发现更深层的信息安全问题并提高学习和创新能力.

陈恭亮

2014 年 2 月于巴黎

目　　录

第 1 章　整数的可除性

信息通信技术的广泛应用需要信息的数字化. 在保证信息的安全性和有效性 (如公钥密码系统即 RSA) 时往往要用到整数的算术性质, 所以本章将讨论整数的算术性质、基本理论和方法, 特别是整除、因数、素数、最大公因数、最小公倍数以及欧几里得除法和广义欧几里得除法, 最后给出算术基本定理和素数定理.

1.1　整除的概念、欧几里得除法

1.1.1　整除的概念

本节考虑关于整数的一些基本概念和性质: 整除和欧几里得除法.

首先考虑具有一般意义的整除定义, 它只涉及乘法运算.

定义 1.1.1　设 a, b 是任意两个整数, 其中 $b \neq 0$. 如果存在一个整数 q 使得等式

$$a = q \cdot b \tag{1.1}$$

成立, 就称 b **整除** a 或者 a 被 b 整除, 记作 $b \mid a$, 并把 b 叫做 a 的 **因数**, 把 a 叫做 b 的 **倍数**. 人们常将 q 写成 a/b 或 $\dfrac{a}{b}$. 否则, 就称 b 不能整除 a, 或者 a 不能被 b 整除, 记作 $b \nmid a$.

因为整数乘法运算的可交换性, 又有 $a = b \cdot q$, 所以 q 也是 a 的因数. 此外, 在不会混淆的情况下, 乘法 $a \cdot b$ 常简记为 ab.

注

(1) 当 b 遍历整数 a 的所有因数时, $-b$ 也遍历整数 a 的所有因数.

(2) 当 b 遍历整数 a 的所有因数时, $\dfrac{a}{b}$ 也遍历整数 a 的所有因数.

例 1.1.1　$30 = 15 \cdot 2 = 10 \cdot 3 = 6 \cdot 5$.

将 2, 3, 5 分别整除 30 或 30 被 2, 3, 5 分别整除, 记作 $2 \mid 30$, $3 \mid 30$, $5 \mid 30$. 这时, 2, 3, 5 都是 30 的因数, 30 是 2, 3, 5 的倍数. 同时, 也有 $15 \mid 30$, $10 \mid 30$, $6 \mid 30$.

30 的所有因数是 $\{\pm1, \pm2, \pm3, \pm5, \pm6, \pm10, \pm15, \pm30\}$,

或是 $\{\mp1, \mp2, \mp3, \mp5, \mp6, \mp10, \mp15, \mp30\}$,

或是 $\left\{\pm 30 = \dfrac{30}{\pm1}, \pm15 = \dfrac{30}{\pm2}, \pm10 = \dfrac{30}{\pm3}, \pm6 = \dfrac{30}{\pm5}, \pm5 = \dfrac{30}{\pm6}, \pm3 = \dfrac{30}{\pm10},\right.$
$\left.\pm 2 = \dfrac{30}{\pm15}, \pm1 = \dfrac{30}{\pm30}\right\}$.

列表就是:

d	±1	±2	±3	±5	±6	±10	±15	±30
$-d$	∓1	∓2	∓3	∓5	∓6	∓10	∓15	∓30
$\dfrac{n}{d}$	±30	±15	±10	±6	±5	±3	±2	±1

又例如: $7 \mid 84$, $-7 \mid 84$, $5 \mid 20$, $19 \mid 171$, $3 \nmid 8$, $5 \nmid 12$, $13 \mid 0$, $11 \mid 11$.

根据定义有:

- 0 是任何非零整数的倍数.
- 1 是任何整数的因数.
- 任何非零整数 a 是其自身的倍数, 也是其自身的因数.

例 1.1.2 设 a, b 为整数. 若 $b \mid a$, 则 $b \mid (-a)$, $(-b) \mid a$, $(-b) \mid (-a)$.

证 设 $b \mid a$, 则存在整数 q 使得 $a = q \cdot b$. 因而,

$$(-a) = (-q) \cdot b, \quad a = (-q) \cdot (-b), \quad (-a) = q \cdot (-b).$$

因为 $-q$, q 都是整数, 所以根据整除的定义有

$$b \mid (-a), \ \ (-b) \mid a, \ \ (-b) \mid (-a).$$

证毕.

整除具有传递性, 即

定理 1.1.1 设 a, $b \neq 0$, $c \neq 0$ 是三个整数. 若 $b \mid a$, $c \mid b$, 则 $c \mid a$.

证 设 $b \mid a$, $c \mid b$, 根据整除的定义, 分别存在整数 q_1, q_2 使得

$$a = q_1 \cdot b, \quad b = q_2 \cdot c.$$

因此, 有

$$a = q_1 \cdot b = q_1 \cdot (q_2 \cdot c) = q \cdot c.$$

因为 $q = q_1 \cdot q_2$ 是整数, 所以根据整除的定义, 有 $c \mid a$. 证毕.

例 1.1.3 因为 $7 \mid 42$, $42 \mid 84$, 所以 $7 \mid 84$.

在加法、减法运算中, 整除的性质是保持的.

定理 1.1.2 设 a, b, $c \neq 0$ 是三个整数. 若 $c \mid a$, $c \mid b$, 则 $c \mid a \pm b$.

证 设 $c \mid a$, $c \mid b$, 那么存在两个整数 q_1, q_2 分别使得

$$a = q_1 \cdot c, \quad b = q_2 \cdot c.$$

因此,

$$a \pm b = q_1 \cdot c \pm q_2 \cdot c = (q_1 \pm q_2) \cdot c.$$

因为 $q_1 \pm q_2$ 是整数, 所以 $a \pm b$ 被 c 整除. 证毕.

例 1.1.4 因为 $7 \mid 14$, $7 \mid 84$, 所以

$$7 \mid (84 + 14) = 98, \quad 7 \mid (84 - 14) = 70.$$

进一步, 在整数 a, b 的线性组合中, 整除的性质是保持的.

定理 1.1.3 设 a, b, $c \neq 0$ 是三个整数. 若 $c \mid a$, $c \mid b$, 则对任意整数 s、t, 有 $c \mid (s \cdot a + t \cdot b)$.

证 设 $c \mid a$, $c \mid b$, 那么存在两个整数 q_1, q_2 分别使得

$$a = q_1 \cdot c, \quad b = q_2 \cdot c.$$

因此,

$$s \cdot a + t \cdot b = s \cdot (q_1 \cdot c) + t \cdot (q_2 \cdot c) = (s \cdot q_1 + t \cdot q_2) \cdot c.$$

因为 $s \cdot q_1 + t \cdot q_2$ 是整数, 所以 $s \cdot a + t \cdot b$ 被 c 整除. 证毕.

例 1.1.5 因为 $7 \mid 14$, $7 \mid 21$, 所以

$$7 \mid (3 \cdot 21 - 4 \cdot 14) = 7, \quad 7 \mid (3 \cdot 21 + 4 \cdot 14) = 119.$$

例 1.1.6 设 a, b, $c \neq 0$ 是三个整数, $c \mid a$, $c \mid b$. 如果存在整数 s, t, 使得 $s \cdot a + t \cdot b = 1$, 则 $c = \pm 1$.

证 设 $c \mid a$, $c \mid b$, 因为存在整数 s, t, 使得 $s \cdot a + t \cdot b = 1$, 根据定理 1.1.3, 有

$$c \mid s \cdot a + t \cdot b = 1.$$

因此, $c = \pm 1$. 证毕.

定理 1.1.3 可推广为多个整数的线性组合.

定理 1.1.4 设整数 $c \neq 0$. 若整数 $a_1, \cdots, a_n$ 都是整数 c 的倍数, 则对任意 n 个整数 $s_1, \cdots, s_n$, 整数

$$s_1 a_1 + \cdots + s_n a_n$$

是 c 的倍数.

证 设 $c \mid a_i$, $1 \leqslant i \leqslant n$, 那么存在 n 个整数 q_i, $1 \leqslant i \leqslant n$ 使得

$$a_i = q_i \cdot c, \quad 1 \leqslant i \leqslant n.$$

因此,

$$s_1 a_1 + \cdots + s_n a_n = s_1 (q_1 \cdot c) + \cdots + s_n (q_n \cdot c) = (s_1 q_1 + \cdots + s_n q_n) \cdot c$$

因为 $s_1 q_1 + \cdots + s_n q_n$ 是整数, 所以 $s_1 a_1 + \cdots + s_n a_n$ 能被 c 整除. 证毕.

例 1.1.7 因为 $7 \mid 14$, $7 \mid 21$, $7 \mid 35$, 所以

$$7 \mid (5 \cdot 21 + 4 \cdot 14 - 3 \cdot 35) = 56.$$

定理 1.1.5 设 a, b 都是非零整数. 若 $a \mid b$, $b \mid a$, 则 $a = \pm b$.

证 设 $a \mid b$, $b \mid a$, 那么存在两个整数 q_1, q_2 分别使得

$$a = q_1 \cdot b, \quad b = q_2 \cdot a.$$

从而,

$$a = q_1 \cdot b = q_1 \cdot (q_2 \cdot a) = (q_1 \cdot q_2)\, a \quad \text{或} \quad (q_1 \cdot q_2 - 1)\, a = 0.$$

因为 $a \neq 0$, 根据整数乘法的性质, 有 $q_1 \cdot q_2 = 1$. 但 q_1, q_2 都是整数, 所以 $q_1 = q_2 = \pm 1$. 进而, $a = \pm b$. 证毕.

前面考虑了整除和因数, 现在考虑对于乘法的最小整数, 也就是不能继续分解的整数 (± 1 除外), 即下面的素数.

定义 1.1.2 设整数 $n \neq 0$, ± 1. 如果除了显然因数 ± 1 和 $\pm n$ 外, n 没有其他因数, 那么, n 就叫做**素数** (或**质数**或**不可约数**), 否则, n 叫做**合数**.

当整数 $n \neq 0$, ± 1 时, n 和 $-n$ 同为素数或合数. 因此, 若没有特别声明, 素数总是指正整数, 通常写成 p.

例 1.1.8 整数 2, 3, 5, 7 都是素数; 而整数 4, 6, 10, 15, 21 都是合数.

下面要证明每个合数必有素因子.

定理 1.1.6 设 n 是一个正合数, p 是 n 的一个大于 1 的最小正因数, 则 p 一定是素数, 且 $p \leqslant \sqrt{n}$.

证 反证法. 如果 p 不是素数, 则存在整数 q, $1<q<p$, 使得 $q \mid p$. 但 $p \mid n$, 根据整除的传递性 (定理 1.1.1), 有 $q \mid n$. 这与 p 是 n 的最小正因数矛盾. 所以, p 是素数.

因为 n 是合数, 所以存在整数 n_1 使得

$$n=n_1 \cdot p, \quad 1<p \leqslant n_1<n.$$

因此, $p^2 \leqslant n$. 故 $p \leqslant \sqrt{n}$. 证毕.

注 定理 1.1.6 表明, 素数为乘法的最小单元, 并且整数可以表示成素数的乘积 (定理 1.6.1).

1.1.2 Eratoshenes 筛法

根据定理 1.1.6, 合数 n 的最小因数 p 为素数, 且 $p \leqslant \sqrt{n}$. 由此, 可立即得到一个判断整数是否为素数的法则 (只用到整数的乘法运算).

定理 1.1.7 设 n 是正整数. 如果对所有的素数 $p \leqslant \sqrt{n}$, 都有 $p \nmid n$, 则 n 一定是素数.

应用定理 1.1.7, 可得到一个寻找素数的确定性方法, 通常叫做 **平凡除法** 或 **厄拉托塞师 (Eratosthenes) 筛法**.

下面给出具体的描述.

对任意给定的正整数 N , 要求出所有不超过 N 的素数. 列出 N 个整数, 从中删除不大于 $\sqrt{N}$ 的所有素数 p_1, p_2, $\cdots$, p_k 的倍数 (除素数 p_1, p_2 $\cdots$, p_k 外). 具体地是依次删除,

$$\begin{array}{ll}
p_1 \text{ 的倍数}: & 2 \cdot p_1, \quad 3 \cdot p_1, \quad \cdots, \quad \left[\dfrac{N}{p_1}\right] \cdot p_1; \\
p_2 \text{ 的倍数}: & 2 \cdot p_2, \quad 3 \cdot p_2, \quad \cdots, \quad \left[\dfrac{N}{p_2}\right] \cdot p_2; \\
\vdots & \\
p_k \text{ 的倍数}: & 2 \cdot p_k, \quad 3 \cdot p_k, \quad \cdots, \quad \left[\dfrac{N}{p_k}\right] \cdot p_k.
\end{array}$$

余下的整数 (不包括 1) 就是所要求的不超过 N 的素数 (符号 [ ] 的解释见定义 1.1.4).

例 1.1.9 求出所有不超过 $N=100$ 的素数.

解 因为 $N=100$, 所以不大于 $\sqrt{N}=10$ 的所有素数为 2, 3, 5, 7, 所以依次删除 2, 3, 5, 7 的倍数,

$$\begin{array}{cccccc}
2 \cdot 2, & 3 \cdot 2, & 4 \cdot 2, & \cdots, & 49 \cdot 2, & 50 \cdot 2 \\
2 \cdot 3, & 3 \cdot 3, & 4 \cdot 3, & \cdots, & 32 \cdot 3, & 33 \cdot 3 \\
2 \cdot 5, & 3 \cdot 5, & 4 \cdot 5, & \cdots, & 19 \cdot 5, & 20 \cdot 5 \\
2 \cdot 7, & 3 \cdot 7, & 4 \cdot 7, & \cdots, & 13 \cdot 7, & 14 \cdot 7.
\end{array}$$

余下的整数 (不包括 1) 就是所要求的不超过 $N=100$ 的素数.

将上述解答列表如下:

对于素数 $p_1 = 2$,

1	2	3	~~4~~	5	~~6~~	7	~~8~~	9	~~10~~
11	~~12~~	13	~~14~~	15	~~16~~	17	~~18~~	19	~~20~~
21	~~22~~	23	~~24~~	25	~~26~~	27	~~28~~	29	~~30~~
31	~~32~~	33	~~34~~	35	~~36~~	37	~~38~~	39	~~40~~
41	~~42~~	43	~~44~~	45	~~46~~	47	~~48~~	49	~~50~~
51	~~52~~	53	~~54~~	55	~~56~~	57	~~58~~	59	~~60~~
61	~~62~~	63	~~64~~	65	~~66~~	67	~~68~~	69	~~70~~
71	~~72~~	73	~~74~~	75	~~76~~	77	~~78~~	79	~~80~~
81	~~82~~	83	~~84~~	85	~~86~~	87	~~88~~	89	~~90~~
91	~~92~~	93	~~94~~	95	~~96~~	97	~~98~~	99	~~100~~

对于素数 $p_2 = 3$,

1	2	3		5		7		~~9~~	
11		13		~~15~~		17		19	
~~21~~		23		25		~~27~~		29	
31		~~33~~		35		37		~~39~~	
41		43		~~45~~		47		49	
~~51~~		53		55		~~57~~		59	
61		~~63~~		65		67		~~69~~	
71		73		~~75~~		77		79	
~~81~~		83		85		~~87~~		89	
91		~~93~~		95		97		~~99~~	

对于素数 $p_3 = 5$,

1	2	3		5		7			
11		13				17		19	
		23		~~25~~				29	
31				~~35~~		37			
41		43				47		49	
		53		~~55~~				59	
61				~~65~~		67			
71		73				77		79	
		83		~~85~~				89	
91				~~95~~		97			

对于素数 $p_4 = 7$,

1	2	3		5		7			
11		13				17		19	
		23						29	
31						37			
41		43				47		~~49~~	
		53						59	
61						67			
71		73				~~77~~		79	
		83						89	
~~91~~						97			

余下的整数 (不包括 1) 就是所要求的不超过 $N = 100$ 的素数.

~~1~~	2	3		5		7			
11		13				17		19	
		23						29	
31						37			
41		43				47			
		53						59	
61						67			
71		73						79	
		83						89	
						97			

即 2, 3, 5, 7, 11, 13, 17, 19, 23, 29, 31, 37, 41, 43, 47, 53, 59, 61, 67, 71, 73, 79, 83, 89, 97.

下面证明素数有无穷多个.

定理 1.1.8 素数有无穷多个.

证 反证法. 假设只有有限个素数. 设它们为 $p_1, p_2, \cdots, p_k$. 考虑整数

$$n = p_1 \cdot p_2 \cdots p_k + 1.$$

因为 $n > p_i, \quad i = 1, \cdots, k$, 所以 n 一定是合数. 根据定理 1.1.6, n 的大于 1 的最小正因数 p 是素数. 因此, p 是 $p_1, p_2, \cdots, p_k$ 中的某一个, 即存在 j, $1 \leqslant j \leqslant k$, 使得 $p = p_j$. 根据定理 1.1.3, 有

$$p \mid n - (p_1 \cdots p_{j-1} \cdot p_{j+1} \cdots p_k) \cdot p_j = 1.$$

这是不可能的. 故存在无穷多个素数. 证毕.

1.1.3 欧几里得除法 —— 最小非负余数

因为不是任意两个整数之间都有整除关系的, 所以这里引进欧几里得 (Euclid) 除法或带余数除法.

定理 1.1.9 (欧几里得除法) 设 a, b 是两个整数, 其中 $b > 0$, 则存在唯一的整数 q, r 使得

$$a = q \cdot b + r, \quad 0 \leqslant r < b. \tag{1.2}$$

定理 1.1.9 的证明: (存在性) 考虑一个整数序列

$$\cdots, -3 \cdot b, -2 \cdot b, -b, 0, b, 2 \cdot b, 3 \cdot b, \cdots$$

它们将实数轴分成长度为 b 的区间, 而 a 必定落在其中的一个区间中. 因此存在一个整数 q 使得

$$q \cdot b \leqslant a < (q+1) \cdot b.$$

令 $r = a - q \cdot b$, 则有

$$a = q \cdot b + r, \quad 0 \leqslant r < b.$$

(唯一性) 如果分别有整数 q, r 和 q_1, r_1 满足式 (1.2), 则

$$\begin{aligned} a &= q \cdot b + r, \quad 0 \leqslant r < b, \\ a &= q_1 \cdot b + r_1, \quad 0 \leqslant r_1 < b. \end{aligned}$$

两式相减, 有

$$(q - q_1) \cdot b = -(r - r_1).$$

当 $q \neq q_1$ 时, 左边的绝对值 $\geqslant b$, 而右边的绝对值 $< b$, 这是不可能的, 故 $q = q_1, \quad r = r_1$. 证毕.

定义 1.1.3 式 (1.2) 中的 q 叫做 a 被 b 除所得的**不完全商**, r 叫做 a 被 b 除所得的**余数**.

推论 在定理 1.1.9 的条件下, $b \mid a$ 的充要条件是 a 被 b 除所得的余数 $r = 0$.

为了更好地描述不完全商和余数, 且表述一些数学概念和问题, 下面引进一个数学符号.

定义 1.1.4 设 x 是实数. 称 x 的整数部分为小于或等于 x 的最大整数, 记成 $[x]$. 这时, 有

$$[x] \leqslant x < [x]+1.$$

注 定理 1.1.9 中的不完全商 q 可写为 $q=\left[\frac{a}{b}\right]$, 余数 r 可写为 $r=a-q\cdot b=a-\left[\frac{a}{b}\right]\cdot b$. 事实上, 也是先计算不完全商 $q=\left[\frac{a}{b}\right]$, 再计算余数 $r=a-q\cdot b=a-\left[\frac{a}{b}\right]\cdot b$ 的.

例 1.1.10 $[3.14]=3,\ [-3.14]=-4,\ [3]=3,\ [-3]=-3$.

例 1.1.11 设 $b=15$.

当 $a=255$ 时,

$a=17\cdot b+0,\quad q=\left[\dfrac{255}{15}\right]=17,\ r=255-17\cdot 15=0<15;$

当 $a=417$ 时,

$a=27\cdot b+12,\quad q=\left[\dfrac{417}{15}\right]=27,\ 0<r=417-27\cdot 15=12<15;$

当 $a=-81$ 时,

$a=-6\cdot b+9,\quad q=\left[\dfrac{-81}{15}\right]=-6,\ 0<r=-81-(-6)\cdot 15=9<15.$

1.1.4 素数的平凡判别

应用定理 1.1.7 和欧几里得除法, 可以具体判断一个整数是否为素数 (用到整数的乘法和加法运算).

素数的平凡判别. 对于给定正整数 N, 设不大于 $\sqrt{N}$ 的所有素数为 $p_1,\ p_2,\ \cdots, p_s$. 如果 N 被所有 p_i 除的余数都不为零, 即 $p_i \nmid n,\ \ 1\leqslant i\leqslant s$, 则 N 是素数.

例 1.1.12 证明 $N=137$ 为素数.

解 因为 $N=137$, 不大于 $\sqrt{N}<12$ 的所有素数为 2, 3, 5, 7, 11, 所以依次用 2, 3, 5, 7, 11 去试除.

$$137=68\cdot 2+1,\qquad 137=45\cdot 3+2,\qquad 137=27\cdot 5+2,$$
$$137=19\cdot 7+4,\qquad 137=12\cdot 11+5.$$

根据定理 1.1.9 的推论, 有 $2\nmid 137,\ 3\nmid 137,\ 5\nmid 137,\ 7\nmid 137,\ 11\nmid 137$. 根据定理 1.1.7, $N=137$ 为素数. 证毕.

1.1.5 欧几里得除法 —— 一般余数

实际运用欧几里得除法时, 可以根据需要将余数取成其他形式.

定理 1.1.10 (欧几里得除法) 设 $a,\ b$ 是两个整数, 其中 $b>0$. 则对任意的整数 c, 存在唯一的整数 $q,\ r$ 使得

$$a=q\cdot b+r,\quad c\leqslant r<b+c. \tag{1.3}$$

定理 1.1.10 的证明: (存在性) 考虑一个整数序列

$$\cdots,\ -3\cdot b+c,\ -2\cdot b+c,\ -b+c,\ c,\ b+c,\ 2\cdot b+c,\ 3\cdot b+c,\ \cdots$$

它们将实数轴分成长度为 b 的区间, 而 a 必定落在其中的一个区间中. 因此存在一个整数 q 使得

$$q \cdot b + c \leqslant a < (q+1) \cdot b + c.$$

令 $r = a - q \cdot b$, 则有

$$a = q \cdot b + r, \quad c \leqslant r < b + c.$$

(唯一性) 如果分别有整数 q, r 和 q_1, r_1 满足式 (1.3), 则

$$\begin{aligned} a &= q \cdot b + r, \quad c \leqslant r < b + c, \\ a &= q_1 \cdot b + r_1, \quad c \leqslant r_1 < b + c. \end{aligned}$$

两式相减, 有

$$(q - q_1) \cdot b = -(r - r_1).$$

当 $q \neq q_1$ 时, 左边的绝对值 $\geqslant b$, 而右边的绝对值 $< b$, 这是不可能的, 故 $q = q_1$, $r = r_1$.

证毕.

注　实际运用欧几里得除法和余数 ($c \leqslant r \leqslant b + c - 1$) 时, 常采用以下形式的余数.

(1) 当 $c = 0$ 时, 有 $b + c = b$ 及 $0 \leqslant r \leqslant b - 1 < b$. 这时 r 叫做**最小非负余数**.

(2) 当 $c = 1$ 时, 有 $b + c = b + 1$ 及 $1 \leqslant r \leqslant b$. 这时 r 叫做**最小正余数**.

(3) 当 $c = -b + 1$ 时, 有 $b + c = 1$ 及 $-b < -b + 1 \leqslant r \leqslant 0$, 这时 r 叫做**最大非正余数**.

(4) 当 $c = -b$ 时, 有 $b + c = 0$ 及 $-b \leqslant r \leqslant -1 < 0$, 这时 r 叫做**最大负余数**.

(5) ①当 b 为偶数, $c = -\dfrac{b}{2}$ 时, 有 $b + c = \dfrac{b}{2}$ 及 $-\dfrac{b}{2} \leqslant r \leqslant \dfrac{b-2}{2} < \dfrac{b}{2}$;

②当 b 为偶数, $c = -\dfrac{b-2}{2}$ 时, 有 $b + c = \dfrac{b+2}{2}$ 及 $-\dfrac{b}{2} < -\dfrac{b-2}{2} \leqslant r \leqslant \dfrac{b}{2}$;

③当 b 为奇数, $c = -\dfrac{b-1}{2}$ 时, 有 $b + c = \dfrac{b+1}{2}$ 及 $-\dfrac{b}{2} < -\dfrac{b-1}{2} \leqslant r \leqslant \dfrac{b-1}{2} < \dfrac{b}{2}$.

总之, 有

$$-\frac{b}{2} \leqslant r < \frac{b}{2} \qquad \text{或} \qquad -\frac{b}{2} < r \leqslant \frac{b}{2}.$$

这时, r 叫做**绝对值最小余数**.

例 1.1.13　设 $b = 7$, 则

余数 $r = 0, 1, 2, 3, 4, 5, 6$ 为最小非负余数.

余数 $r = 1, 2, 3, 4, 5, 6, 7$ 为最小正余数.

余数 $r = 0, -1, -2, -3, -4, -5, -6$ 为最大非正余数.

余数 $r = -1, -2, -3, -4, -5, -6, -7$ 为最大负余数.

余数 $r = -3, -2, -1, 0, 1, 2, 3$ 为绝对值最小余数.

例 1.1.14　设 $b = 8$, 则

余数 $r = 0, 1, 2, 3, 4, 5, 6, 7$ 为最小非负余数.

余数 $r = 1, 2, 3, 4, 5, 6, 7, 8$ 为最小正余数.

余数 $r = 0, -1, -2, -3, -4, -5, -6, -7$ 为最大非正余数.

余数 $r = -1, -2, -3, -4, -5, -6, -7, -8$ 为最大负余数.

余数 $r = -4. -3, -2, -1, 0, -1, -2, -3$

或 $r = -3, -2, -1, 0, 1, 2, 3, 4$ 为绝对值最小余数.

1.2 整数的表示

1.2.1 b 进制

平时遇到的整数通常是以十进制表示的. 例如 51 328 意指

$$5 \cdot 10^4 + 1 \cdot 10^3 + 3 \cdot 10^2 + 2 \cdot 10^1 + 8 \cdot 10^0.$$

中国是世界上最早采用十进制的国家, 春秋战国时期已普遍使用的算筹就严格遵循十进位制, 见《孙子算经》. 但在计算机中, 51 328 要用二进制, 八进制或十六进制表示. 为此, 考虑一般的 b 进制, 再考查特殊的二进制, 十进制和十六进制. 运用欧几里得除法, 可得到以下定理.

定理 1.2.1 设 b 是大于 1 正整数, 则每个正整数 n 可唯一地表示成

$$n = a_{k-1}\, b^{k-1} + a_{k-2}\, b^{k-2} + \cdots + a_1\, b + a_0, \tag{1.4}$$

其中 a_i 是整数, $0 \leqslant a_i \leqslant b-1$, $i = 1, \cdots, k-1$, 且首项系数 $a_{k-1} \neq 0$.

证 先证明 n 有表达式. 具体方法是逐次运用欧几里得除法, 以得到所期望的表示式.

首先, 用 b 去除 n 得到

$$n = q_0 b + a_0, \quad 0 \leqslant a_0 \leqslant b-1.$$

再用 b 去除不完全商 q_0 得到

$$q_0 = q_1 b + a_1, \quad 0 \leqslant a_1 \leqslant b-1.$$

继续这类算法, 依次得到

$$\begin{aligned}
q_1 &= q_2 b + a_2, & 0 \leqslant a_2 \leqslant b-1, \\
q_2 &= q_3 b + a_3, & 0 \leqslant a_3 \leqslant b-1, \\
&\vdots \\
q_{k-3} &= q_{k-2} b + a_{k-2}, & 0 \leqslant a_{k-2} \leqslant b-1, \\
q_{k-2} &= q_{k-1} b + a_{k-1}, & 0 \leqslant a_{k-1} \leqslant b-1.
\end{aligned}$$

因为

$$0 \leqslant q_{k-1} < q_{k-2} < \cdots < q_2 < q_1 < q_0 < n,$$

所以必有整数 k 使得不完全商 $q_{k-1} = 0$.

这样, 依次得到

$$\begin{aligned}
n &= q_0 b + a_0, \\
n &= (q_1 b + a_1) b + a_0 = q_1 b^2 + a_1 b + a_0, \\
&\vdots \\
n &= q_{k-3} b^{k-2} + a_{k-3} b^{k-3} + \cdots + a_1 b + a_0,
\end{aligned}$$

$$\begin{aligned} n &= q_{k-2}b^{k-1} + a_{k-2}b^{k-2} + \cdots + a_1 b + a_0, \\ &= (q_{k-1}b + a_{k-1})b^{k-1} + a_{k-2}b^{k-2} + \cdots + a_1 b + a_0, \\ &= a_{k-1}b^{k-1} + a_{k-2}b^{k-2} + \cdots + a_1 b + a_0. \end{aligned}$$

再证明这个表示式 (1.4) 是唯一的. 如果有两种不同的表示式:

$$n = a_{k-1}b^{k-1} + a_{k-2}b^{k-2} + \cdots + a_1 b + a_0, \quad 0 \leqslant a_i \leqslant b-1,\ i = 1, \cdots, k-1.$$

$$n = c_{k-1}b^{k-1} + c_{k-2}b^{k-2} + \cdots + c_1 b + c_0, \quad 0 \leqslant c_i \leqslant b-1,\ i = 1, \cdots, k-1.$$

(这里可以取 $a_{k-1} = 0$ 或 $c_{k-1} = 0$.) 两式相减得到

$$(a_{k-1} - c_{k-1})b^{k-1} + (a_{k-2} - c_{k-2})b^{k-2} + \cdots + (a_1 - c_1)b + (a_0 - c_0) = 0.$$

假设 j 是最小的正整数使得 $a_j \neq c_j$, 则

$$\left((a_{k-1} - c_{k-1})b^{k-1-j} + (a_{k-2} - c_{k-2})b^{k-2-j} + \cdots + (a_{j+1} - c_{j+1})b + (a_j - c_j)\right) b^j = 0.$$

或者

$$(a_{k-1} - c_{k-1})b^{k-1-j} + (a_{k-2} - c_{k-2})b^{k-2-j} + \cdots + (a_{j+1} - c_{j+1})b + (a_j - c_j) = 0.$$

因此

$$a_j - c_j = -\left((a_{k-1} - c_{k-1})b^{k-j-2} + (a_{k-2} - c_{k-2})b^{k-j-3} + \cdots + (a_{j+1} - c_{j+1})\right) b.$$

故

$$b \mid (a_j - c_j), \quad |a_j - c_j| \geqslant b.$$

但

$$0 \leqslant a_j \leqslant b-1, \quad 0 \leqslant c_j \leqslant b-1,$$

又有 $|a_j - c_j| < b$, 这不可能, 也就是说 n 的表示式是唯一的. 证毕.

为了说明关于基 b 的整数表示式, 引进以下符号.

定义 1.2.1 用

$$n = (a_{k-1}a_{k-2} \cdots a_1 a_0)_b, \tag{1.5}$$

表示展开式 (1.4) 得

$$n = a_{k-1}\,b^{k-1} + a_{k-2}\,b^{k-2} + \cdots + a_1\,b + a_0,$$

其中 $0 \leqslant a_i \leqslant b-1$, $i = 1, \cdots, k-1$, $a_{k-1} \neq 0$, 并称其为整数 n 的 b **进制表示**. 这时, n 的 b 进制位数是 $k = [\log_b n] + 1$. 事实上,

$$b^{k-1} \leqslant n < b^k \quad \text{或} \quad k-1 \leqslant \log_b n < k.$$

因此, $k - 1 = [\log_b n]$.

当 $b = 2$, 系数 a_i 为 0 或 1, 因此有推论:

推论 每个正整数都可以表示成不同的 2 的幂的和.

例 1.2.1 表示整数 642 为二进制.

解 逐次运用欧几里得除法, 有

$$\begin{array}{rcrcl rcrcl}
642 &=& 321\cdot 2 &+& 0, & 20 &=& 10\cdot 2 &+& 0,\\
321 &=& 160\cdot 2 &+& 1, & 10 &=& 5\cdot 2 &+& 0,\\
160 &=& 80\cdot 2 &+& 0, & 5 &=& 2\cdot 2 &+& 1,\\
80 &=& 40\cdot 2 &+& 0, & 2 &=& 1\cdot 2 &+& 0,\\
40 &=& 20\cdot 2 &+& 0, & 1 &=& 0\cdot 2 &+& 1.
\end{array}$$

因此, $642 = (1010000010)_2$, 或者

$$\begin{aligned}642 \quad = \quad & 1\cdot 2^9+0\cdot 2^8+1\cdot 2^7+0\cdot 2^6+0\cdot 2^5\\ & +0\cdot 2^4+0\cdot 2^3+0\cdot 2^2+1\cdot 2^1+0\cdot 2^0.\end{aligned}$$

计算机也常用八进制, 十六进制, 或六十四进制等. 在十六进制中, 用

$$0,\ 1,\ 2,\ 3,\ 4,\ 5,\ 6,\ 7,\ 8,\ 9,\ \mathrm{A},\ \mathrm{B},\ \mathrm{C},\ \mathrm{D},\ \mathrm{E},\ \mathrm{F}$$

分别表示

$$0,\ 1,\ 2,\ 3,\ 4,\ 5,\ 6,\ 7,\ 8,\ 9,\ 10,\ 11,\ 12,\ 13,\ 14,\ 15$$

共 16 个数, 其中 A 代表 10, B 代表 11, C 代表 12, D 代表 13, E 代表 14, F 代表 15.

例 1.2.2 转换十六进制 $(\mathrm{ABC8})_{16}$ 为十六进制.

$$(\mathrm{ABC8})_{16} = 10\cdot 16^3 + 11\cdot 16^2 + 12\cdot 16 + 8 = (43\,796)_{10}.$$

为了方便各进制之间的转换, 并提高转换效率, 可预先制作一个换算表, 再根据换算表作转换. 下面就是二进制, 十进制和十六进制之间的换算表.

十进制	十六进制	二进制	十进制	十六进制	二进制
0	0	0000	8	8	1000
1	1	0001	9	9	1001
2	2	0010	10	A	1010
3	1	0011	11	B	1011
4	1	0100	12	C	1100
5	1	0101	13	D	1101
6	1	0110	14	E	1110
7	1	0111	15	F	1111

例 1.2.3 转换十六进制 $(\mathrm{ABC8})_{16}$ 为二进制.

由上述换算表可得到 $\mathrm{A} = (1010)_2$, $\mathrm{B} = (1011)_2$, $\mathrm{C} = (1100)_2$, $8 = (1000)_2$. 从而

$$(\mathrm{ABC8})_{16} = (\underbrace{1010}_{\mathrm{A}}\underbrace{1011}_{\mathrm{B}}\underbrace{1100}_{\mathrm{C}}\underbrace{1000}_{8})_2.$$

例 1.2.4　转换二进制 $(10111011111111101001)_2$ 为十六进制.

由上述换算表可得到

$$(1001)_2=9,\quad (1110)_2=\mathrm{E},\qquad (1111)_2=\mathrm{F},$$
$$(1101)_2=\mathrm{D},\quad (101)_2=(0101)_2=5.$$

从而

$$(\underbrace{101}_{5}\underbrace{1101}_{\mathrm{D}}\underbrace{1111}_{\mathrm{F}}\underbrace{1110}_{\mathrm{E}}\underbrace{1001}_{9})_2=(5\mathrm{DFE}9)_{16}.$$

因为二进制的转换比十六进制要容易些, 所以可以先将数作二进制表示, 然后, 运用二进制与十六进制之间的换算表, 将二进制转换成十六进制.

例 1.2.5　表示整数 642 为十六进制.

解　根据例 1.2.1 有

$$642=(1010000010)_2.$$

又查换算表得到

$$(0010)_2=2,\quad (1000)_2=8,\quad (10)_2=(0010)_2=2.$$

故

$$642=2\cdot 16^2+8\cdot 16+2=(282)_{16}.$$

b 进制运算

前面给出了整数的 b 进制表示, 现在讨论 b 进制数的运算, 以便于读者讨论算法的有效性.

b 进制加法运算. 设 $n=(a_{k-1}a_{k-2}\cdots a_1a_0)_b,\ m=(b_{k-1}b_{k-2}\cdots b_1b_0)_b$, 则

$$n+m=(c_kc_{k-1}\cdots c_1c_0)_b$$

的具体运算过程如下 (从右到左):

(1) 如果 $a_0+b_0<b$, 则取 $c_0=a_0+b_0,\ d_0=0$. 否则, 取

$$c_0=a_0+b_0-b,\ d_0=1.$$

(2) 如果 $a_1+b_1+d_0<b$, 则取 $c_1=a_1+b_1+d_0,\ d_1=0$. 否则, 取

$$c_1=a_1+b_1+d_0-b,\ d_1=1.$$

$$\vdots$$

(k) 如果 $a_{k-1}+b_{k-1}+d_{k-2}<b$, 则取 $c_{k-1}=a_{k-1}+b_{k-1}+d_{k-2},\ d_{k-1}=0$. 否则, 取

$$c_{k-1}=a_{k-1}+b_{k-1}+d_{k-2}-b,\ d_{k-1}=1.$$

($k+1$) 最后, 取 $c_k=d_{k-1}$.

例 1.2.6 设 $n=(51\,328)_{10}$, $m=(49\,138)_{10}$. 则 $n+m=(100\,466)_{10}$.

$$\begin{array}{r} 5\ 1\ 3\ 2\ 8 \\ +\ 4\ 9\ 1\ 3\ 8 \\ \hline 1\ 0\ 0\ 4\ 6\ 6 \end{array}$$

b 进制减法运算. 设 $n=(a_{k-1}a_{k-2}\cdots a_1a_0)_b, m=(b_{k-1}b_{k-2}\cdots b_1b_0)_b$, 不妨设 $n\geqslant m$, 则

$$a-b=c=(c_{k-1}\cdots c_1c_0)_b$$

的具体运算过程如下 (从右到左):

(1) 如果 $a_0\geqslant b_0$, 则取 $c_0=a_0-b_0,\ d_0=0$. 否则, 取

$$c_0=b+a_0-b_0,\ d_0=1.$$

(2) 如果 $a_1-d_0\geqslant b_1$, 则取 $c_1=a_1-d_0-b_1,\ d_1=0$. 否则, 取

$$c_1=b+a_1-d_0-b_1,\ d_1=1.$$

$$\vdots$$

$(k-1)$ 如果 $a_{k-2}-d_{k-3}\geqslant b_{k-2}$, 则取 $c_{k-2}=a_{k-2}-d_{k-3}-b_{k-2},\ d_{k-2}=0$. 否则, 取

$$c_{k-2}=b+a_{k-2}-d_{k-3}-b_{k-2},\ d_{k-2}=1.$$

(k) 最后, 取 $c_{k-1}=a_{k-1}-d_{k-2}-b_{k-1}$.

例 1.2.7 设 $n=(51\,328)_{10}$, $m=(49\,138)_{10}$, 则 $n-m=(2190)_{10}$.

$$\begin{array}{r} 5\ 1\ 3\ 2\ 8 \\ -\ 4\ 9\ 1\ 3\ 8 \\ \hline 2\ 1\ 9\ 0 \end{array}$$

b 进制乘法运算. 设 $n=(a_{k-1}a_{k-2}\cdots a_1a_0)_b$, $m=(b_{l-1}b_{l-2}\cdots b_1b_0)_b$, 则

$$n\cdot m=(c_{k+l-1}c_{k+l-2}\cdots c_1c_0)_b$$

的具体运算过程如下 (从右到左):

$$n\cdot m=\sum_{i=0}^{k-1}a_ib^i\sum_{j=0}^{l-1}b_jb^j=\sum_{j=0}^{l-1}\left(\sum_{i=0}^{k-1}a_ib_jb^i\right)b^j=(c_{k+l-1}c_{k+l-2}\cdots c_1c_0)_b.$$

(1) 对 $j=0$, 计算

$$n\cdot b_0=(c_{0,k}c_{0,k-1}\cdots c_{0,1}c_{0,0})_b.$$

(2) 对 $j=1$, 计算

$$n\cdot b_1b+(c_{0,k}c_{0,k-1}\cdots c_{0,1}c_{0,0})_b=(c_{1,k+1}c_{1,k}\cdots c_{1,1}c_{1,0})_b.$$

$$\vdots$$

(l) 对于 $j=l-1$, 计算

$$\begin{aligned} & n\cdot b_{l-1}b^{l-1}+(c_{l-2,k+l-2}c_{l-2,k+l-3}\cdots c_{l-2,1}c_{l-2,0})_b \\ = & (c_{l-1,k+l-1}c_{l-1,k+l-2}\cdots c_{l-1,1}c_{l-1,0})_b. \end{aligned}$$

$(l+1)$ 最后, 取 $(c_{k+l-1}c_{k+l-2}\cdots c_1c_0)_b=(c_{l-1,k+l-1}c_{l-1,k+l-2}\cdots c_{l-1,1}c_{l-1,0})_b$.

例 1.2.8　设 $n=(51\,328)_{10}$, $m=(128)_{10}$, 则 $n\cdot m=(6\,570\,184)_{10}$.

$$\begin{array}{rrrrrrr} & & 5 & 1 & 3 & 2 & 8 \\ & & \cdot & & 1 & 2 & 8 \\ \hline & & 4 & 1 & 0 & 6 & 2 & 4 \\ & 1 & 0 & 2 & 6 & 5 & 6 \\ & 5 & 1 & 3 & 2 & 8 & \\ \hline & 6 & 5 & 7 & 0 & 1 & 8 & 4 \end{array}$$

***b* 进制除法运算**. 设整数 $n=(a_{k-1}a_{k-2}\cdots a_1a_0)_b$, $m=(b_{l-1}b_{l-2}\cdots b_1b_0)_b$, 不妨设 $k\geqslant l$, $a_{k-1}\neq 0$, $b_{l-1}\neq 0$, 则求商 $q=(q_{k-l}\cdots q_1q_0)_b$ 和余数 $r=(r_t\cdots r_1r_0)_b$, 使得

$$n=q\cdot m+r,\quad 0\leqslant r<m$$

的具体运算过程如下 (从右到左):

(1) 计算

$$n_1=(a_{1,k_1-1}a_{1,k_1-2}\cdots a_{1,1}a_{1,0})_b=\begin{cases} n-m\cdot b^{k-l}, & \text{如果 } n\geqslant m\cdot b^{k-l}, \\ n-m\cdot b^{k-l-1}, & \text{如果 } n<m\cdot b^{k-l}. \end{cases}$$

(2) 如果 $n_1<m$, 则运算终止. 否则, 计算

$$n_2=(a_{2,k_2-1}a_{2,k_2-2}\cdots a_{2,1}a_{2,0})_b=\begin{cases} n_1-m\cdot b^{k_1-l}, & \text{如果 } n_1\geqslant m\cdot b^{k_1-l}, \\ n_1-m\cdot b^{k_1-l-1}, & \text{如果 } n_1<m\cdot b^{k_1-l}. \end{cases}$$

$$\vdots$$

$(s-1)$ 如果 $n_{s-2}<m$, 则运算终止. 否则, 计算

$$\begin{aligned} n_{s-1} &= (a_{s-1,k_{s-1}-1}\cdots a_{s-1,1}a_{s-1,0})_b \\ &= \begin{cases} n_{s-2}-m\cdot b^{k_{s-2}-l}, & \text{如果 } n_{s-2}\geqslant m\cdot b^{k_{s-2}-l}, \\ n_{s-2}-m\cdot b^{k_{s-2}-l-1}, & \text{如果 } n_{s-2}<m\cdot b^{k_{s-2}-l}. \end{cases} \end{aligned}$$

(s) 最后, $n_{s-1}<m$. 由 $r=n_{s-1}$ 及 q 得

$$n=q\cdot m+r,\quad 0\leqslant r<m.$$

例 1.2.9 设 $n=(51\,328)_{10}$, $m=(428)_{10}$. 则 $n\cdot m=(119)_{10}\cdot(428)_{10}+(396)_{10}$.

解 由假设 $k=5$, $l=3$.

(i) 因为 $n>m\cdot 10^{k-l}$, 所以计算

$$n_1=n-m\cdot 10^{k-l}=(8528)_{10}.$$

(ii) $k_1=4$. 因为 $n_1>m\cdot 10^{k_1-l}$, 所以计算

$$n_2=n_1-m\cdot 10^{k_1-l}=(4248)_{10}.$$

(iii) $k_2=4$. 因为 $n_2<m\cdot 10^{k_2-l}$, 所以计算

$$n_3=n_2-m\cdot 10^{k_2-l-1}=(3820)_{10}.$$

(iv) $k_3=4$. 因为 $n_3<m\cdot 10^{k_3-l}$, 所以计算

$$n_4=n_3-m\cdot 10^{k_3-l-1}=(3392)_{10}.$$

(v) $k_4=4$. 因为 $n_4<m\cdot 10^{k_4-l}$, 所以计算

$$n_5=n_4-m\cdot 10^{k_4-l-1}=(2964)_{10}.$$

(vi) $k_5=4$. 因为 $n_5<m\cdot 10^{k_5-l}$, 所以计算

$$n_6=n_5-m\cdot 10^{k_5-l-1}=(2536)_{10}.$$

(vii) $k_6=4$. 因为 $n_6<m\cdot 10^{k_6-l}$, 所以计算

$$n_7=n_6-m\cdot 10^{k_6-l-1}=(2108)_{10}.$$

(viii) $k_7=4$. 因为 $n_7<m\cdot 10^{k_7-l}$, 所以计算

$$n_8=n_7-m\cdot 10^{k_7-l-1}=(1680)_{10}.$$

(ix) $k_8=4$. 因为 $n_8<m\cdot 10^{k_8-l}$, 所以计算

$$n_9=n_8-m\cdot 10^{k_8-l-1}=(1252)_{10}.$$

(x) $k_9=4$. 因为 $n_9<m\cdot 10^{k_9-l}$, 所以计算

$$n_{10}=n_9-m\cdot 10^{k_9-l-1}=(824)_{10}.$$

(xi) $k_{10}=3$. 因为 $n_{10}>m\cdot 10^{k_{10}-l}$, 所以计算

$$n_{11}=n_{10}-m\cdot 10^{k_{10}-l}=(396)_{10}.$$

(xii) 最后, $n_{11}<m$. 由 $r=n_{11}=(396)_{10}$, $q=(119)_{10}$ 得

$$n=q\cdot m+r,\quad 0\leqslant r<m.$$

1.2.2 计算复杂性

在讨论算法的计算复杂性时, 常运用以下符号.

大 O 符号和小 o 符号.

大 O 符号. 设 $f(n)$ 和 $g(n)$ 都是正整数 n 的正值函数. 如果存在一个正常数 C, 使得对任意的正整数 n 都有

$$f(n) \leqslant Cg(n),$$

就称 $g(n)$ **是** $f(n)$ **的界**, 记作 $f(n) = O(g(n))$, 简记为 $f = O(g)$.

例如, $f_1(n) = 2\log_2 n = O(\log_2 n)$, $f_2(n) = 2(\log_2 n)^3 + (\log_2 n)^2 + 1 = O((\log_2 n)^3)$.

小 o 符号. 设 $f(n)$ 和 $g(n)$ 都是正整数 n 的正值函数. 如果对任意小的正数 ϵ, 存在一个正整数 N_0, 使得对任意的正整数 $n > N_0$ 都有

$$f(n) < \epsilon g(n),$$

就称 $g(n)$ **是比** $f(n)$ **高阶的无穷量**, 记作 $f(n) = o(g(n))$, 简记为 $f = o(g)$.

例如, $f_1(n) = 2\log_2 n = o(n)$, $f_2(n) = 2n^2 + 3n + 1 = o(\mathrm{e}^n)$,

以及对任意给定的小数 $\epsilon > 0$, 有

$$f_3(n) = \log_2 n = o(n^\epsilon)$$

和对任意给定的大整数 $N > 0$, 有

$$f_4(n) = n^N = o(\mathrm{e}^n).$$

上述关于单变量的定义可以推广到多变量.

设 $f(n_1, \cdots, n_k)$ 和 $g(n_1, \cdots, n_k)$ 都是 k 重正整数 $n_1, \cdots, n_k$ 的正值函数. 如果存在一个正常数 C, 使得对任意的 k 重正整数 $(n_1, \cdots, n_k)$ 都有

$$f(n_1, \cdots, n_k) \leqslant Cg(n_1, \cdots, n_k),$$

就称 $g(n_1, \cdots, n_k)$ 是 $f(n_1, \cdots, n_k)$ 的界, 记作 $f(n_1, \cdots, n_k) = O(g(n_1, \cdots, n_k))$, 简记为 $f = O(g)$.

例如, $f(n, m) = 2\log_2 n \log_2 m = O(\log_2 n \log_2 m)$.

设 $f(n_1, \cdots, n_k)$ 和 $g(n_1, \cdots, n_k)$ 都是 k 重正整数 $n_1, \cdots, n_k$ 的正值函数. 如果对任意小的正数 ϵ, 存在一个正整数 N, 使得对任意的正整数 $n_i > N$, $1 \leqslant i \leqslant k$ 都有

$$f(n_1, \cdots, n_k) < \epsilon g(n_1, \cdots, n_k),$$

就称 $g(n_1, \cdots, n_k)$ 是比 $f(n_1, \cdots, n_k)$ 高阶的无穷量, 记作 $f(n_1, \cdots, n_k) = o(g(n_1, \cdots, n_k))$, 简记为 $f = o(g)$.

例如, $f_1(n, m) = 2\log_2 n(\log_2 m)^2 = O(nm)$, $f_2(n, m) = (2n^2 + 3n + 1)m^5 = o(\mathrm{e}^{nm})$.

算术运算的时间估计.

在算术运算中, 常常需要给出运算的时间估计, 这个估计应该只依赖于算法, 而不依赖于运算工具, 如计算器, 计算机等. 因为计算机运行的是比特运算, 所以要考虑算术运算所需的比特运算次数.

加法.

$$\text{时间 } (a + b) = O(\max(\log_2 a, \log_2 b)). \tag{1.6}$$

设 $a=(a_{k-1}a_{k-2}\cdots a_1a_0)_2$, $b=(b_{k-1}b_{k-2}\cdots b_1b_0)_2$, 则

$$a+b=c=(c_kc_{k-1}\cdots c_1c_0)_2$$

的运算为

$$\begin{array}{rrrrrr} & a_{k-1} & a_{k-2} & \cdots & a_1 & a_0 \\ + & b_{k-1} & b_{k-2} & \cdots & b_1 & b_0 \\ \hline c_k & c_{k-1} & c_{k-2} & \cdots & c_1 & c_0 \end{array}$$

上述运算的具体过程如下 (从右到左):

(1) 如果 $a_0+b_0\leqslant 1$, 则取 $c_0=a_0+b_0$, $d_0=0$. 否则, 取

$$c_0=a_0+b_0-2,\ d_0=1.$$

(2) 如果 $a_1+b_1+d_0\leqslant 1$, 则取 $c_1=a_1+b_1+d_0$, $d_1=0$. 否则, 取

$$c_1=a_1+b_1+d_0-2,\ d_1=1.$$

$$\vdots$$

(k) 如果 $a_{k-1}+b_{k-1}+d_{k-2}\leqslant 1$, 则取 $c_{k-1}=a_{k-1}+b_{k-1}+d_{k-2}$, $d_{k-1}=0$. 否则, 取

$$c_{k-1}=a_{k-1}+b_{k-1}+d_{k-2}-2,\ d_{k-1}=1.$$

($k+1$) 最后, 取 $c_k=d_{k-1}$.

上述加法运算的比特运算次数至多为 $k+1\leqslant\max(\log_2 a,\log_2 b)+2$.

因此, 结论式 (1.6) 成立.

例 1.2.10 设 $a=11100110$, $b=10101010$, 则 $a+b=110010000$.

$$\begin{array}{rrrrrrrrr} & 1 & 1 & 1 & 0 & 0 & 1 & 1 & 0 \\ + & 1 & 0 & 1 & 0 & 1 & 0 & 1 & 0 \\ \hline 1 & 1 & 0 & 0 & 1 & 0 & 0 & 0 & 0 \end{array}$$

减法.

$$\text{时间}\ (a-b)=O(\max(\log_2 a,\log_2 b)). \tag{1.7}$$

设 $a=(a_{k-1}a_{k-2}\cdots a_1a_0)_2$, $b=(b_{k-1}b_{k-2}\cdots b_1b_0)_2$, 不妨设 $a\geqslant b$, 则

$$a-b=c=(c_{k-1}\cdots c_1c_0)_2$$

的运算为

$$\begin{array}{rrrrrr} & a_{k-1} & a_{k-2} & \cdots & a_1 & a_0 \\ - & b_{k-1} & b_{k-2} & \cdots & b_1 & b_0 \\ \hline & c_{k-1} & c_{k-2} & \cdots & c_1 & c_0 \end{array}$$

上述运算的具体过程如下 (从右到左):

(1) 如果 $a_0 \geqslant b_0$, 则取 $c_0 = a_0 - b_0,\ d_0 = 0$. 否则, 取

$$c_0 = 2 + a_0 - b_0,\ d_0 = 1.$$

(2) 如果 $a_1 - d_0 \geqslant b_1$, 则取 $c_1 = a_1 - d_0 - b_1,\ d_1 = 0$. 否则, 取

$$c_1 = 2 + a_1 - d_0 - b_1,\ d_1 = 1.$$

$$\vdots$$

$(k-1)$ 如果 $a_{k-2} - d_{k-3} \geqslant b_{k-2}$, 则取 $c_{k-2} = a_{k-2} - d_{k-3} - b_{k-2},\ d_{k-2} = 0$. 否则, 取

$$c_{k-2} = 2 + a_{k-2} - d_{k-3} - b_{k-2},\ d_{k-2} = 1.$$

(k) 最后, 取 $c_{k-1} = a_{k-1} - d_{k-2} - b_{k-1}$.

上述减法运算的比特运算次数至多为 $k \leqslant \max(\log_2 a, \log_2 b) + 1$.

因此, 结论式 (1.7) 成立.

例 1.2.11 设 $a = 11100110,\ b = 10101010$, 则 $a - b = 111100$.

$$\begin{array}{r} 1\ 1\ 1\ 0\ 0\ 1\ 1\ 0 \\ -\ 1\ 0\ 1\ 0\ 1\ 0\ 1\ 0 \\ \hline 0\ 0\ 1\ 1\ 1\ 1\ 0\ 0 \end{array}$$

乘法.

$$\text{时间}\ (a \cdot b) = O((\log_2 a)(\log_2 b)). \tag{1.8}$$

设 $a = (a_{k-1}a_{k-2}\cdots a_1a_0)_2,\ b = (b_{l-1}b_{l-2}\cdots b_1b_0)_2$, 不妨设 $a \geqslant b$, 则

$$a \cdot b = c = (c_{k+l-1}c_{k+l-2}\cdots c_1c_0)_2$$

的运算为:

$$\begin{array}{cccccccccc}
 & & & a_{k-1} & \cdots & a_{l-1} & \cdots & a_1 & a_0 \\
 & & \cdot & & & b_{l-1} & \cdots & b_1 & b_0 \\ \hline
 & & & a_{k-1}b_0 & \cdots & a_{l-1}b_0 & \cdots & a_1b_0 & a_0b_0 \\
 & & a_{k-1}b_1 & \cdots & a_{l-1}b_1 & \cdots & a_1b_1 & a_0b_1 & \\
 & & & \cdots & \cdots & \cdots & \cdots & & \\
 + & a_{k-1}b_{l-1} & \cdots & \cdots & a_1b_{l-1} & a_0b_{l-1} & & & \\ \hline
c_{k+l-1} & c_{k+l-2} & \cdots & c_{k-1} & \cdots & c_{l-1} & \cdots & c_1 & c_0
\end{array}$$

上述乘法运算的具体过程如下 (从右到左):

(1) 对于 $j,\ 0 \leqslant j \leqslant l-1$, 有

$$(a_{k-1}b_j\ a_{k-2}b_j\ \cdots\ a_1b_j\ a_0b_j)_2 = \begin{cases} (00\cdots00)_2, & b_j = 0 \\ (a_{k-1}a_{k-2}\cdots a_1a_0)_2, & b_j = 1 \end{cases}$$

(2) 从第 1 行至第 l 行所进行的加法运算 (对于 $i \geqslant 2$, 用前 $i-1$ 行的和与第 i 行作加法), 至多作了

$$(k+1)+(k+2)+\cdots+(k+l-1)=kl+(l-1)l/2 \leqslant 2kl$$

次比特运算.

因此, 结论式 (1.8) 成立.

例 1.2.12 设 $a=11100110$, $b=10101$, 则 $a \cdot b=1001011011110$.

$$\begin{array}{rccccccccccccc}
 & & & & & & 1 & 1 & 1 & 0 & 0 & 1 & 1 & 0 \\
 & & & & & \cdot & & & & 1 & 0 & 1 & 0 & 1 \\
\hline
 & & & & & & 1 & 1 & 1 & 0 & 0 & 1 & 1 & 0 \\
 & & & & 1 & 1 & 1 & 0 & 0 & 1 & 1 & 0 & & \\
+ & 1 & 1 & 1 & 0 & 0 & 1 & 1 & 0 & & & & & \\
\hline
1 & 0 & 0 & 1 & 0 & 1 & 1 & 0 & 1 & 1 & 1 & 1 & 0 &
\end{array}$$

除法.

$$\text{时间 } (a=q\cdot b+r)=O((\log_2 a)(\log_2 b)). \tag{1.9}$$

设 $a=(a_{k-1}a_{k-2}\cdots a_1a_0)_2$, $b=(b_{l-1}b_{l-2}\cdots b_1b_0)_2$, 不妨设 $k \geqslant l$, $a_{k-1} \neq 0$, $b_{l-1} \neq 0$, 则求商 $q=(q_{k-l}\cdots q_1q_0)_2$ 和余数 $r=(r_t\cdots r_1r_0)_2$, 使得

$$a=q\cdot b+r, \quad 0 \leqslant r<b$$

的具体运算过程如下 (从高位到低位):

(1) 计算

$$n_1=(a_{1,k_1-1}a_{1,k_1-2}\cdots a_{1,1}a_{1,0})_2=\begin{cases} a-b\cdot 2^{k-l}, & a \geqslant b\cdot 2^{k-l} \\ a-b\cdot 2^{k-l-1}, & a<b\cdot 2^{k-l}\end{cases}$$

(2) 如果 $n_1<b$, 则运算终止. 否则, 计算

$$n_2=(a_{2,k_2-1}a_{2,k_2-2}\cdots a_{2,1}a_{2,0})_2=\begin{cases} n_1-b\cdot 2^{k_1-l}, & n_1 \geqslant b\cdot 2^{k_1-l} \\ n_1-b\cdot 2^{k_1-l-1}, & n_1<b\cdot 2^{k_1-l}\end{cases}$$

$$\vdots$$

$(s-1)$ 如果 $n_{s-2}<b$, 则运算终止. 否则, 计算

$$n_{s-1}=(a_{s-1,k_{s-1}-1}\cdots a_{s-1,1}a_{s-1,0})_2=\begin{cases} n_{s-2}-b\cdot 2^{k_{s-2}-l}, & \text{如果 } n_{s-2} \geqslant b\cdot 2^{k_{s-2}-l}, \\ n_{s-2}-b\cdot 2^{k_{s-2}-l-1}, & \text{如果 } n_{s-2}<b\cdot 2^{k_{s-2}-l}.\end{cases}$$

(s) 最后, $n_{s-1}<b$. 由 $r=n_{s-1}$ 及 q 得

$$a=q\cdot b+r, \quad 0 \leqslant r<b.$$

因为 $k > k_1 > k_2 > \cdots > k_{s-1} \geqslant l$ 及 $k_s \geqslant l$, 所以 $s-1 \leqslant k-l$. 又因为每次运算至多做了 l 次比特运算. 这样, 总运算次数至多为 $(k-l)l$.

因此, 结论式 (1.9) 成立.

例 1.2.13 设 $a = 111010110$, $b = 10101$, 则 $a = q \cdot b + r$.

解 由假设 $k = 9$, $l = 5$.

(i) 因为 $a > b \cdot 2^{k-l}$, 所以计算

$$n_1 = a - b \cdot 2^{k-l} = 10000110.$$

(ii) $k_1 = 8$. 因为 $n_1 < b \cdot 2^{k_1-l}$, 所以计算

$$n_2 = n_1 - b \cdot 2^{k_1-l-1} = 110010.$$

(iii) $k_2 = 6$. 因为 $n_2 > b \cdot 2^{k_2-l}$, 所以计算

$$n_3 = n_2 - b \cdot 10^{k_2-l} = 1000.$$

(iv) 最后, $n_3 < b$. 有 $r = n_3 = 1000$, $q = 10110$ 使得

$$a = q \cdot b + r, \quad 0 \leqslant r < b.$$

1.3 最大公因数与广义欧几里得除法

1.3.1 最大公因数

在讨论整数的性质中, 不仅要讨论单个整数的因数, 而且要考虑多个整数的公共因数, 特别是它们的最大公因数以及最大公因数的计算.

定义 1.3.1 设 $a_1, \cdots, a_n$ 是 n $(n \geqslant 2)$ 个整数. 若整数 d 是它们中每一个数的因数, 则 d 就叫做 $a_1, \cdots, a_n$ 的一个**公因数**.

d 是 $a_1, \cdots, a_n$ 的一个公因数的数学表达式为

$$d \mid a_1, \ \ldots, \ d \mid a_n.$$

如果整数 $a_1, \ldots, a_n$ 不全为零, 那么整数 $a_1, \ldots, a_n$ 的所有公因数中最大的一个公因数就叫做**最大公因数**, 记作 $(a_1, \ldots, a_n)$.

特别地, 当 $(a_1, \ldots, a_n) = 1$ 时, 称 $a_1, \ldots, a_n$ **互素**或**互质**.

注 1 $d > 0$ 是 $a_1, \cdots, a_n$ 的最大公因数的数学表达式可叙述为

(i) $d \mid a_1, \cdots, d \mid a_n$.

(ii) 若 $e \mid a_1, \cdots, e \mid a_n$, 则 $e \mid d$.

详见定理 1.3.9 中的说明.

注 2 a, b 的最大公因数 $d = (a, b)$ 是集合

$$\{s \cdot a + t \cdot b \mid s, \ t \in \mathbf{Z}\}$$

中的最小正整数. 事实上, 由注 1 (i) 及定理 1.1.3 可说明上述集合中的所有元素都是 d 的倍数, 后面的定理 1.3.7 将说明 d 是该集合中的元素, 从而 d 是最小正整数.

注 3 $a_1, \cdots, a_n$ 的最大公因数 d 是集合

$$\{s_1 \cdot a_1 + \cdots + s_n \cdot a_n \mid s_1, \cdots, s_n \in \mathbf{Z}\}$$

中的最小正整数.

例 1.3.1 两个整数 14 和 21 的公因数为 $\{\pm 1, \pm 7\}$, 它们的最大公因数 $(14, 21) = 7$.

例 1.3.2 两个整数 -15 和 21 的公因数为 $\{\pm 1, \pm 3\}$, 它们的最大公因数 $(-15, 21) = 3$.

例 1.3.3 三个整数 14, -15 和 21 的公因数为 $\{\pm 1\}$, 它们的最大公因数 $(14, -15, 21) = 1$. 或者说, 三个整数 14, -15 和 21 是互素的.

例 1.3.4 设 a, b 是两个整数, 则 $(b, a) = (a, b)$.

例 1.3.5 设 a, b 是两个正整数. 如果 $b \mid a$, 则 $(a, b) = b$.

例 1.3.6 设 p 是一个素数, a 为整数. 如果 $p \nmid a$, 则 a 与 p 互素.

证 设 $(a, p) = d$. 则有 $d \mid p$ 及 $d \mid a$. 因为 p 是素数, 所以由 $d \mid p$, 有 $d = 1$ 或 $d = p$. 对于 $d = p$, 由 $d \mid a$, 有 $p \mid a$, 这与假设 $p \nmid a$ 矛盾, 因此, $d = 1$, 即 $(a, p) = 1$. 结论成立. 证毕.

定理 1.3.1 设 $a_1, \cdots, a_n$ 是 n 个不全为零的整数, 则

(i) $a_1, \cdots, a_n$ 与 $|a_1|, \cdots, |a_n|$ 的公因数相同;

(ii) $(a_1, \cdots, a_n) = (|a_1|, \ldots, |a_n|)$.

证 (i) 设 $d \mid a_i$, $1 \leqslant i \leqslant n$, 由例 1.1.2, 有 $d \mid |a_i|$, $1 \leqslant i \leqslant n$, 故 $a_1, \cdots, a_n$ 的公因数也是 $|a_1|, \cdots, |a_n|$ 的公因数.

反之, 设 $d \mid |a_i|$, $1 \leqslant i \leqslant n$, 同样有 $d \mid a_i$, $1 \leqslant i \leqslant n$, 故 $|a_1|, \cdots, |a_n|$ 的公因数也是 $a_1, \cdots, a_n$ 的公因数.

(ii) 由 (i) 立得 (ii). 证毕.

例 1.3.7 设 a, b 是两个整数, 则有 $(a, b) = (a, -b) = (-a, b) = (|a|, |b|)$.

例 1.3.8 有

(1) $(-14, 21) = (14, -21) = (-14, -21) = (14, 21) = 7$.

(2) $(-15, 21) = (15, -21) = (-15, -21) = (15, 21) = 3$.

定理 1.3.2 设 b 是任一正整数, 则 $(0, b) = b$.

证 因为任何非零整数都是 0 的因数, 而正整数 b 的最大因数为 b, 所以

$$(0, b) = b$$

证毕.

例 1.3.9 有

(1) $(0, 21) = 21$. (2) $(-15, 0) = 15$. (3) $(0, b) = |b|$.

下面给出整数 a, b, c 的最大公因数关系式 $(a, b) = (b, c)$, 如果它们满足

$$\boxed{a = q \cdot b + c}$$

则基于此关系式以及欧几里得除法, 可计算出最大公因数 (a, b) (定理 1.3.4).

定理 1.3.3 设 a, b, c 是三个不全为零的整数. 如果

$$a = q \cdot b + c \tag{1.10}$$

其中 q 是整数, 则 $(a, b) = (b, c)$.

证 设 $d=(a,b)$, $d'=(b,c)$, 则 $d \mid a$, $d \mid b$. 由定理 1.1.3, 得

$$d \mid a+(-q)\cdot b=c,$$

因而, d 是 b, c 的公因数. 从而, $d \leqslant d'$.

同理, 由 $d' \mid b$, $d' \mid c$, 得到

$$d' \mid q\cdot b+c=a,$$

以及 d' 是 a, b 的公因数, $d' \leqslant d$.

因此, $d=d'$. 于是, 定理 1.3.3 成立. 证毕.

例 1.3.10 因为 $1859=1\cdot 1573+286$, 所以 $(1859,1573)=(1573,286)$.

例 1.3.11 因为 $1573=5\cdot 286+143$, 所以 $(1573,286)=(286,143)=143$.

1.3.2 广义欧几里得除法及计算最大公因数

怎样才能具体计算出两个整数 a, b 的最大公因数? 直接应用最大公因数的定义, 就需要知道整数的因数分解式, 这在 a, b 不是很大的整数时是可行的 (见定理 1.6.4). 但当 a, b 是很大的整数时, 整数分解本身就是很困难的事.

幸运的是有欧几里得除法以及定理 1.3.3, 即

$$\text{如果}\ a=q\cdot b+c,\quad 0\leqslant c<d;\qquad \text{则}\ (a,b)=(b,c).$$

这意味着可以将两个整数 a, b 的最大公因数的计算转化为两个较小整数 b, c 的最大公因数的计算.

因此, 可先给出一种算法 “广义欧几里得除法或辗转相除法”, 然后运用它求 a, b 的最大公因数.

广义欧几里得除法

设 a, b 是任意两个正整数. 记 $r_{-2}=a$, $r_{-1}=b$. 反复运用欧几里得除法, 有

$$\begin{array}{rcrcrl}
r_{-2} &=& q_0\cdot r_{-1} &+& r_0, & 0<r_0<r_{-1},\\
r_{-1} &=& q_1\cdot r_0 &+& r_1, & 0<r_1<r_0,\\
r_0 &=& q_2\cdot r_1 &+& r_2, & 0<r_2<r_1,\\
&&\vdots&&&\\
r_{n-3} &=& q_{n-1}\cdot r_{n-2} &+& r_{n-1}, & 0<r_{n-1}<r_{n-2},\\
r_{n-2} &=& q_n\cdot r_{n-1} &+& r_n, & 0<r_n<r_{n-1},\\
r_{n-1} &=& q_{n+1}\cdot r_n &+& r_{n+1}, & r_{n+1}=0.
\end{array}\tag{1.11}$$

经过有限步骤, 必然存在 n 使得 $r_{n+1}=0$, 这是因为

$$0=r_{n+1}<r_n<r_{n-1}<\cdots<r_1<r_0<r_{-1}=b,$$

且 b 是有限正整数.

性质 1.3.1 设 a, b 是任意两个正整数, 则对于广义欧几里得除法式 (1.11) 及 $r_n \neq 0$, 有

$$b \geqslant \frac{1}{\sqrt{5}}\left(\left(\frac{1+\sqrt{5}}{2}\right)^{n+1} - \left(\frac{1-\sqrt{5}}{2}\right)^{n+1}\right). \tag{1.12}$$

进而, $n \leqslant 5\log b$.

证 运用数学归纳法, 可证明

$$r_{n-j} \geqslant F_j = \frac{1}{\sqrt{5}}\left(\left(\frac{1+\sqrt{5}}{2}\right)^{j} - \left(\frac{1-\sqrt{5}}{2}\right)^{j}\right), \quad 0 \leqslant j \leqslant n+1. \tag{1.13}$$

对于 $j=0$, 有 $r_n \geqslant 1 > 0 = F_0$, 结论式 (1.13) 成立.

又对于 $j=1$, 有 $r_{n-1} \geqslant r_n + 1 > 1 = F_1$, 结论式 (1.13) 成立.

假设 $j \leqslant k < n+1$ 时, 结论式 (1.13) 成立.

对于 $j = k+1$, 有

$$r_{n-(k+1)} \geqslant r_{n-k} + r_{n-(k-1)} \geqslant F_k + F_{k-1} = F_{k+1}.$$

由数学归纳法原理, 对于 $0 \leqslant j \leqslant n+1$, 结论 (1.13) 成立, 故命题成立, 证毕.

定理 1.3.4 设 a, b 是任意两个正整数, 则 $(a,b) = r_n$, 其中 r_n 是广义欧几里得除法式 (1.11) 中最后一个非零余数, 并且, 当 $a > b$ 时, 计算 (a,b) 的时间为 $O(\log a \log^2 b)$.

证 根据广义欧几里得除法式 (1.11)、定理 1.3.3 以及定理 1.3.2, 有

$$\begin{array}{rcrcrl}
r_{-2} &=& q_0 \cdot r_{-1} &+& r_0, & (a,b) = (r_{-2}, r_{-1}) = (r_{-1}, r_0),\\
r_{-1} &=& q_1 \cdot r_0 &+& r_1, & (r_{-1}, r_0) = (r_0, r_1),\\
r_0 &=& q_2 \cdot r_1 &+& r_2, & (r_0, r_1) = (r_1, r_2),\\
&& \vdots &&&\\
r_{n-3} &=& q_{n-1} \cdot r_{n-2} &+& r_{n-1}, & (r_{n-3}, r_{n-2}) = (r_{n-2}, r_{n-1}),\\
r_{n-2} &=& q_n \cdot r_{n-1} &+& r_n, & (r_{n-2}, r_{n-1}) = (r_{n-1}, r_n),\\
r_{n-1} &=& q_{n+1} \cdot r_n &+& r_{n+1}, & (r_{n-1}, r_n) = (r_n, r_{n+1}) = (r_n, 0) = r_n.
\end{array}$$

因此, 由性质 1.3.1 , 计算 (a,b) 的时间为

$$O(\log r_{-2} \log r_{-1} + \cdots + \log r_{n-1} \log r_n) = O(n \log a \log b) = O(\log a \log^2 b)$$

定理 1.3.4 成立. 证毕.

因为求两个整数的最大公因数在信息安全的实践中起着重要的作用, 所以将求两个整数的最大公因数的过程详述如下:

首先, 根据定理 1.3.1, 将求两个整数的最大公因数转化为求两个非负整数的最大公因数.

其次, 运用欧几里得除法, 并根据定理 1.3.3, 可以将求两个正整数的最大公因数转化为求两个较小非负整数的最大公因数; 反复运用欧几里得除法, 即广义欧几里得除法, 将求两个正整数的最大公因数转化为求 0 和一个正整数的最大公因数.

最后, 根据定理 1.3.2, 求出两个整数的最大公因数.

例 1.3.12 设 $a=-1859,\ b=1573$, 计算 (a,b).

解 由定理 1.3.1, $(-1859,1573)=(1859,1573)$.

运用广义欧几里得除法, 有

$$
\begin{aligned}
1859 &= 1\cdot 1573 + 286,\\
1573 &= 5\cdot 286 + 143,\\
286 &= 2\cdot 143 + 0.
\end{aligned}
$$

根据定理 1.3.4, 得 $(-1859,1573)=143$.

例 1.3.13 设 $a=169,\ b=121$, 计算 (a,b).

解 利用广义欧几里得除法, 有

$$
\begin{aligned}
169 &= 1\cdot 121 + 48, & 25 &= 1\cdot 23 + 2,\\
121 &= 2\cdot 48 + 25, & 23 &= 11\cdot 2 + 1,\\
48 &= 1\cdot 25 + 23, & 2 &= 2\cdot 1 + 0.
\end{aligned}
$$

所以, $(169,121)=1$.

例 1.3.14 设 $a=46\,480,\ b=39\,423$, 计算 (a,b).

解 利用广义欧几里得除法, 方法一: 最小非负余数.

$$
\begin{aligned}
46\,480 &= 1\cdot 39\,423 + 7057, & 257 &= 1\cdot 224 + 33,\\
39\,423 &= 5\cdot 7057 + 4138, & 224 &= 6\cdot 33 + 26,\\
7057 &= 1\cdot 4138 + 2919, & 33 &= 1\cdot 26 + 7,\\
4138 &= 1\cdot 2919 + 1219, & 26 &= 3\cdot 7 + 5,\\
2919 &= 2\cdot 1219 + 481, & 7 &= 1\cdot 5 + 2,\\
1219 &= 2\cdot 481 + 257, & 5 &= 2\cdot 2 + 1,\\
481 &= 1\cdot 257 + 224, & 2 &= 2\cdot 1 + 0.
\end{aligned}
$$

方法二: 绝对值最小余数.

$$
\begin{aligned}
46\,480 &= 1\cdot 39\,423 + 7057, & 481 &= 2\cdot 224 + 33,\\
39\,423 &= 6\cdot 7057 + (-2919), & 224 &= 7\cdot 33 + (-7),\\
7057 &= 2\cdot 2919 + 1219, & 33 &= 5\cdot 7 + (-2),\\
2919 &= 2\cdot 1219 + 481, & 7 &= 3\cdot 2 + 1,\\
1219 &= 3\cdot 481 + (-224), & 2 &= 2\cdot 1 + 0.
\end{aligned}
$$

所以, $(46\,480,\ 39\,423)=1$.

1.3.3 Bézout 等式

从广义欧几里得除法的表示中, 可观察到

$$\begin{aligned}
r_n &= (-q_n)\cdot r_{n-1} + r_{n-2},\\
r_{n-1} &= (-q_{n-1})\cdot r_{n-2} + r_{n-3},\\
r_{n-2} &= (-q_{n-2})\cdot r_{n-3} + r_{n-4},\\
&\vdots\\
r_2 &= (-q_2)\cdot r_1 + r_0,\\
r_1 &= (-q_1)\cdot r_0 + r_{-1},\\
r_0 &= (-q_0)\cdot r_{-1} + r_{-2}.
\end{aligned}$$

这样, 逐次消去 r_{n-1}, r_{n-2}, $\cdots$, r_2, r_1, r_0, 可找到整数 s, t 使得

$$s\cdot a+t\cdot b=(a,b).$$

定理 1.3.5 设 a, b 是任意两个正整数, 则存在整数 s, t 使得

$$s\cdot a+t\cdot b=(a,b). \tag{1.14}$$

式 (1.14) 叫做 Bézout (贝祖) 等式.

例 1.3.15 设 $a=-1859$, $b=1573$, 求整数 s, t, 使得

$$s\cdot a+t\cdot b=(a,b).$$

解 由例 1.3.12 , 有

$$\begin{aligned}
143 &= (-5)\cdot 286 + 1573\\
&= (-5)\cdot((-1)\cdot 1573+1859) + 1573\\
&= 6\cdot 1573 + (-5)\cdot 1859\\
&= 5\cdot(-1859) + 6\cdot 1573.
\end{aligned}$$

因此, 整数 $s=5$, $t=6$ 满足 $s\cdot a+t\cdot b=(a,b)$.

例 1.3.16 设 $a=169$, $b=121$, 求整数 s, t, 使得

$$s\cdot a+t\cdot b=(a,b).$$

解 由例 1.3.13, 有

$$\begin{aligned}
1 &= (-11)\cdot 2 + 23\\
&= (-11)\cdot((-1)\cdot 23+25) + 23\\
&= 12\cdot((-1)\cdot 25+48) + (-11)\cdot 25\\
&= (-23)\cdot((-2)\cdot 48+121) + 12\cdot 48\\
&= 58\cdot((-1)\cdot 121+169) + (-23)\cdot 121\\
&= 58\cdot 169 + (-81)\cdot 121.
\end{aligned}$$

因此, 整数 $s=58$, $t=-81$ 满足 $s\cdot a+t\cdot b=(a,b)$.

例 1.3.17 设 $a=46\,480$, $b=39\,423$, 求整数 s, t, 使得

$$s\cdot a+t\cdot b=(a,b).$$

解 由例 1.3.14, 有方法一: 最小非负余数.

$$\begin{aligned}
1 &= (-2)\cdot 2 + 5\\
&= (-2)\cdot((-1)\cdot 5+7) + 5\\
&= 3\cdot((-3)\cdot 7+26) + (-2)\cdot 7\\
&= (-11)\cdot((-1)\cdot 26+33) + 3\cdot 26\\
&= 14\cdot((-6)\cdot 33+224) + (-11)\cdot 33\\
&= (-95)\cdot((-1)\cdot 224+257) + 14\cdot 224\\
&= 109\cdot((-1)\cdot 257+481) + (-95)\cdot 257\\
&= (-204)\cdot((-2)\cdot 481+1219) + 109\cdot 481\\
&= 517\cdot((-2)\cdot 1219+2919) + (-204)\cdot 1219\\
&= (-1238)\cdot((-1)\cdot 2919+4138) + 517\cdot 2919\\
&= 1755\cdot((-1)\cdot 4138+7057) + (-1238)\cdot 4138\\
&= (-2993)\cdot((-5)\cdot 7057+39\,423) + 1755\cdot 7057\\
&= 16\,720\cdot((-1)\cdot 39\,423+46\,480) + (-2993)\cdot 39\,423\\
&= 16\,720\cdot 46\,480 + (-19\,713)\cdot 39\,423\\
&= (16\,720-39\,423)\cdot 46\,480 + (46\,480-19\,713)\cdot 39\,423\\
&= (-22\,703)\cdot 46\,480 + 26\,767\cdot 39\,423.
\end{aligned}$$

方法二: 绝对值最小余数.

$$\begin{aligned}
1 &= (-3)\cdot 2 + 7\\
&= (-3)\cdot(5\cdot 7+(-33)) + 7\\
&= (-14)\cdot(7\cdot 33+(-224)) + 3\cdot 33\\
&= (-95)\cdot((-2)\cdot 224+481) + 14\cdot 224\\
&= 204\cdot(3\cdot 481+(-1219)) + (-95)\cdot 481\\
&= 517\cdot((-2)\cdot 1219+2919) + (-204)\cdot 1219\\
&= (-1238)\cdot((-2)\cdot 2919+7057) + 517\cdot 2919\\
&= 2993\cdot(6\cdot 7057+(-39\,423)) + (-1238)\cdot 7057\\
&= 16\,720\cdot((-1)\cdot 39\,423+46\,480) + (-2993)\cdot 39\,423\\
&= 16\,720\cdot 46\,480 + (-19\,713)\cdot 39\,423\\
&= (16\,720-39\,423)\cdot 46\,480 + (46\,480-19\,713)\cdot 39\,423\\
&= (-22\,703)\cdot 46\,480 + 26\,767\cdot 39\,423.
\end{aligned}$$

因此, 整数 $s=-22\,703$, $t=26\,767$ 满足 $s\cdot a+t\cdot b=(a,b)$.

1.3.4 Bézout 等式的证明

为了深刻理解广义欧几里得除法以及给出 Bézout 等式的证明, 下面先讨论广义欧几里得除法的矩阵表示.

广义欧几里得除法. 设 a, b 是任意两个正整数, 记 $r_{-2}=a$, $r_{-1}=b$, 有

$$\begin{array}{rcrcl} r_{-2} &=& q_0\cdot r_{-1} &+& r_0, \\ r_{-1} &=& q_1\cdot r_0 &+& r_1, \\ r_0 &=& q_2\cdot r_1 &+& r_2, \\ && \vdots && \\ r_{n-3} &=& q_{n-1}\cdot r_{n-2} &+& r_{n-1}, \\ r_{n-2} &=& q_n\cdot r_{n-1} &+& r_n, \\ r_{n-1} &=& q_{n+1}\cdot r_n &+& r_{n+1}, \end{array} \qquad \begin{array}{rcl} \begin{pmatrix} r_{-2} \\ r_{-1} \end{pmatrix} &=& \begin{pmatrix} q_0 & 1 \\ 1 & 0 \end{pmatrix}\begin{pmatrix} r_{-1} \\ r_0 \end{pmatrix}, \\ \begin{pmatrix} r_{-1} \\ r_0 \end{pmatrix} &=& \begin{pmatrix} q_1 & 1 \\ 1 & 0 \end{pmatrix}\begin{pmatrix} r_0 \\ r_1 \end{pmatrix}, \\ \begin{pmatrix} r_0 \\ r_1 \end{pmatrix} &=& \begin{pmatrix} q_2 & 1 \\ 1 & 0 \end{pmatrix}\begin{pmatrix} r_1 \\ r_2 \end{pmatrix}, \\ && \\ \begin{pmatrix} r_{n-3} \\ r_{n-2} \end{pmatrix} &=& \begin{pmatrix} q_{n-1} & 1 \\ 1 & 0 \end{pmatrix}\begin{pmatrix} r_{n-2} \\ r_{n-1} \end{pmatrix}, \\ \begin{pmatrix} r_{n-2} \\ r_{n-1} \end{pmatrix} &=& \begin{pmatrix} q_n & 1 \\ 1 & 0 \end{pmatrix}\begin{pmatrix} r_{n-1} \\ r_n \end{pmatrix}, \\ \begin{pmatrix} r_{n-1} \\ r_n \end{pmatrix} &=& \begin{pmatrix} q_{n+1} & 1 \\ 1 & 0 \end{pmatrix}\begin{pmatrix} r_n \\ r_{n+1} \end{pmatrix}. \end{array} \tag{1.15}$$

因此,

$$\begin{aligned} \begin{pmatrix} r_{-2} \\ r_{-1} \end{pmatrix} &= \begin{pmatrix} q_0 & 1 \\ 1 & 0 \end{pmatrix}\begin{pmatrix} r_{-1} \\ r_0 \end{pmatrix} = \begin{pmatrix} q_0 & 1 \\ 1 & 0 \end{pmatrix}\begin{pmatrix} q_1 & 1 \\ 1 & 0 \end{pmatrix}\begin{pmatrix} r_0 \\ r_1 \end{pmatrix} \\ &= \cdots = \\ &= \begin{pmatrix} q_0 & 1 \\ 1 & 0 \end{pmatrix}\begin{pmatrix} q_1 & 1 \\ 1 & 0 \end{pmatrix}\cdots\begin{pmatrix} q_j & 1 \\ 1 & 0 \end{pmatrix}\begin{pmatrix} q_{j+1} & 1 \\ 1 & 0 \end{pmatrix}\begin{pmatrix} r_j \\ r_{j+1} \end{pmatrix} \end{aligned}$$

从而,

$$\begin{pmatrix} r_j \\ r_{j+1} \end{pmatrix} = \begin{pmatrix} 0 & 1 \\ 1 & -q_{j+1} \end{pmatrix}\begin{pmatrix} 0 & 1 \\ 1 & -q_j \end{pmatrix}\cdots\begin{pmatrix} 0 & 1 \\ 1 & -q_1 \end{pmatrix}\begin{pmatrix} 0 & 1 \\ 1 & -q_0 \end{pmatrix}\begin{pmatrix} r_{-2} \\ r_{-1} \end{pmatrix}$$

令 $\boldsymbol{A}_{-2}=\begin{pmatrix} 1 & 0 \\ 0 & 1 \end{pmatrix}=\begin{pmatrix} s_{-2} & t_{-2} \\ u_{-2} & v_{-2} \end{pmatrix}$, 及对于 $j\geqslant 0$,

$$\boldsymbol{A}_j=\begin{pmatrix}0&1\\1&-q_{j+1}\end{pmatrix}\begin{pmatrix}0&1\\1&-q_j\end{pmatrix}\cdots\begin{pmatrix}0&1\\1&-q_1\end{pmatrix}\begin{pmatrix}0&1\\1&-q_0\end{pmatrix}=\begin{pmatrix}s_j&t_j\\u_j&v_j\end{pmatrix}.$$

得

$$\begin{pmatrix}r_j\\r_{j+1}\end{pmatrix}=\boldsymbol{A}_j\begin{pmatrix}r_{-2}\\r_{-1}\end{pmatrix},\qquad -2\leqslant j\leqslant n.$$

定理 1.3.6 在上述符号下, 有

$$\begin{cases}s_{-2}=1\\s_{-1}=0\end{cases},\begin{cases}t_{-2}=0\\t_{-1}=1\end{cases},\begin{cases}s_j=u_{j-1}\\t_j=v_{j-1}\end{cases},\qquad -1\leqslant j\leqslant n,$$

以及

$$\begin{pmatrix}s_j\\s_{j-1}\end{pmatrix}=\begin{pmatrix}-q_j&1\\1&0\end{pmatrix}\begin{pmatrix}s_{j-1}\\s_{j-2}\end{pmatrix}\quad\text{和}\quad\begin{pmatrix}t_j\\t_{j-1}\end{pmatrix}=\begin{pmatrix}-q_j&1\\1&0\end{pmatrix}\begin{pmatrix}t_{j-1}\\t_{j-2}\end{pmatrix}.$$

证 由 $\boldsymbol{A}_j$ 的定义有

$$\begin{pmatrix}s_j&t_j\\u_j&v_j\end{pmatrix}=\begin{pmatrix}0&1\\1&-q_{j+1}\end{pmatrix}\begin{pmatrix}s_{j-1}&t_{j-1}\\u_{j-1}&v_{j-1}\end{pmatrix}=\begin{pmatrix}u_{j-1}&v_{j-1}\\(-q_{j+1})u_{j-1}+s_{j-1}&(-q_{j+1})v_{j-1}+t_{j-1}\end{pmatrix}$$

推得

$$\begin{cases}s_j=u_{j-1}\\t_j=v_{j-1}\end{cases}\quad\text{和}\quad\begin{cases}u_j=(-q_{j+1})u_{j-1}+s_{j-1}\\v_j=(-q_{j+1})v_{j-1}+t_{j-1}\end{cases}$$

进而,

$$\begin{cases}s_j=(-q_j)s_{j-1}+s_{j-2}\\t_j=(-q_j)t_{j-1}+t_{j-2}\end{cases}\quad\text{和}\quad\begin{cases}u_j=(-q_{j+1})u_{j-1}+u_{j-2}\\v_j=(-q_{j+1})v_{j-1}+v_{j-2}\end{cases}$$

用矩阵表示即为所求. 证毕.

$j=n$ 时, 就是如下的定理.

定理 1.3.7 设 a, b 是任意两个正整数, 则

$$s_na+t_nb=(a,b),\tag{1.16}$$

对于 $j=0,\ 1,\ 2,\ \cdots,\ n-1,\ n$, 这里 s_j, t_j 归纳地定义为

$$\begin{cases}s_{-2}=1,\ s_{-1}=0,\qquad s_j=(-q_j)s_{j-1}+s_{j-2},\\t_{-2}=0,\ t_{-1}=1,\qquad t_j=(-q_j)t_{j-1}+t_{j-2},\end{cases}\qquad j=0,1,2,...,n-1,n.\tag{1.17}$$

其中 $q_j=\left[\dfrac{r_{j-2}}{r_{j-1}}\right]$ 是式 (1.11) 中的不完全商.

证 可直接证明: 对于 $j=-2,\ -1,\ 0,\ 1,\ \cdots,n-1,\ n$,

$$s_j a + t_j b = r_j, \tag{1.18}$$

其中 $r_j=(-q_j)r_{j-1}+r_{j-2}$ 是式 (1.11) 中的余数. 因为 $(a,b)=r_n$, 所以

$$s_n a + t_n b = (a,b).$$

对 j 作数学归纳法来证明式 (1.18).

$j=-2$ 时, 有 $s_{-2}=1,\ t_{-2}=0$, 以及

$$s_{-2}a+t_{-2}b=a=r_{-2}.$$

结论对于 $j=-2$ 成立.

$j=-1$ 时, 有 $s_{-1}=0,\ t_{-1}=1$, 以及

$$s_{-1}a+t_{-1}b=b=r_{-1}.$$

结论对于 $j=-1$ 成立.

假设结论对于 $-2\leqslant j\leqslant k-1$ 成立, 即

$$s_j a + t_j b = r_j.$$

对于 $j=k$, 有

$$r_k=(-q_k)r_{k-1}+r_{k-2}.$$

利用归纳假设, 可得到

$$\begin{aligned} r_k &= (-q_k)(s_{k-1}a+t_{k-1}b) + (s_{k-2}a+t_{k-2}b) \\ &= ((-q_k)s_{k-1}+s_{k-2})a + ((-q_k)t_{k-1}+t_{k-2})b \\ &= s_k a + t_k b\ . \end{aligned}$$

因此, 结论对于 $j=k$ 成立. 根据数学归纳法原理, 式 (1.18) 对所有的 j 成立, 这就完成了证明. 证毕.

假设 $a,\ b$ 是不全为零的非负整数. 根据定理 1.3.7 及其证明, 按照以下方式来具体计算出整数 $s,\ t$ 使得

$$sa+tb=(a,b).$$

首先, 令

$$r_{-2}=a,\quad r_{-1}=b,$$

$$s_{-2}=1,\quad s_{-1}=0,$$

$$t_{-2}=0,\quad t_{-1}=1.$$

(1) 如果 $r_{-1}=0$, 则令

$$s=s_{-2},\quad t=t_{-2}.$$

否则, 计算

$$q_0 = \left[\frac{r_{-2}}{r_{-1}}\right], \quad r_0 = (-q_0)r_{-1} + r_{-2}.$$

(2) 如果 $r_0 = 0$, 则令

$$s = s_{-1}, \quad t = t_{-1}.$$

否则, 计算

$$s_0 = (-q_0)s_{-1} + s_{-2}, \quad t_0 = (-q_0)t_{-1} + t_{-2},$$

以及

$$q_1 = \left[\frac{r_{-1}}{r_0}\right], \quad r_1 = (-q_1)r_0 + r_{-1}.$$

(3) 如果 $r_1 = 0$, 则令

$$s = s_0, \quad t = t_0.$$

否则, 计算

$$s_1 = (-q_1)s_0 + s_{-1}, \quad t_1 = (-q_1)t_0 + t_{-1},$$

以及

$$q_2 = \left[\frac{r_0}{r_1}\right], \quad r_2 = (-q_2)r_1 + r_0.$$

$$\vdots$$

$(j+2)$ 若 $r_j = 0$ $(j \geqslant 2)$, 则令

$$s = s_{j-1}, \quad t = t_{j-1}.$$

否则, 计算

$$s_j = (-q_j)s_{j-1} + s_{j-2}, \quad t_j = (-q_j)t_{j-1} + t_{j-2},$$

以及

$$q_{j+1} = \left[\frac{r_{j-1}}{r_j}\right], \quad r_{j+1} = (-q_{j+1})r_j + r_{j-1}.$$

最后, 一定有 $r_{n+1} = 0$. 这时, 令

$$s = s_n, \quad t = t_n.$$

总之, 可以找到整数 s, t, 使得

$$sa + tb = r_n = (a, b).$$

上述过程如表 1.1 所示.

表 1.1 定理 1.3.7 证明过程

j	s_j	t_j	q_{j+1}	r_{j+1}
-3				a
-2	1	0		b
-1	0	1	q_0	r_0
0	s_0	t_0	q_1	r_1
1	s_1	t_1	q_2	r_2
$\vdots$	$\vdots$	$\vdots$	$\vdots$	$\vdots$
$n-2$	s_{n-2}	t_{n-2}	q_{n-1}	r_{n-1}
$n-1$	s_{n-1}	t_{n-1}	q_n	r_n
n	s_n	t_n	q_{n+1}	$r_{n+1}=0$

其中, 对于 $j=0,\ 1,\ 2,\ \cdots,\ n$,

$$\left\{\begin{array}{rcl} s_j & = & (-q_j)s_{j-1}+s_{j-2}, \\ t_j & = & (-q_j)t_{j-1}+t_{j-2}, \\ q_{j+1} & = & \left[\dfrac{r_{j-1}}{r_j}\right], \\ r_{j+1} & = & (-q_{j+1})r_j+r_{j-1}. \end{array}\right. \tag{1.19}$$

上述计算过程为

$$s_j \longrightarrow t_j \longrightarrow q_{j+1} \longrightarrow r_{j+1}$$

当 $r_{n+1}=0$ 时, $s=s_n,\ t=t_n$ 使得

$$sa+tb=s_na+t_nb=r_n=(a,b).$$

例 1.3.18 设 $a=1859,\ b=1573.$ 计算整数 $s,\ t$ 使得

$$sa+tb=(a,b).$$

解 根据表 1.1 及式 (3.19), 有

j	s_j	t_j	q_{j+1}	r_{j+1}
-3				1859
-2	1	0		1573
-1	0	1	1	286
0	1	-1	5	143
1	-5	6	2	0

由 $s=-5,\ t=6$ 得

$$(-5)\cdot 1859+6\cdot 1573=143.$$

例 1.3.19 设 $a=737,\ b=635$. 计算整数 $s,\ t$ 使得

$$sa+tb=(a,b).$$

解 根据表 1.1 及式 (1.19), 有

j	s_j	t_j	q_{j+1}	r_{j+1}	j	s_j	t_j	q_{j+1}	r_{j+1}
−3				737	1	−6	7	4	10
−2	1	0		635	2	25	−29	2	3
−1	0	1	1	102	3	−56	65	3	1
0	1	−1	6	23	4	193	−224	3	0

因此, $s=193,\ t=-224$ 使得

$$193\cdot 737+(-224)\cdot 635=1.$$

例 1.3.20 设 $a=46\,480,\ b=39\,423$, 计算整数 $s,\ t$ 使得

$$sa+tb=(a,b).$$

解 根据表 1.1 及式 (1.19), 有

j	s_j	t_j	q_{j+1}	r_{j+1}	j	s_j	t_j	q_{j+1}	r_{j+1}
−3				46 480	5	−67	79	1	224
−2	1	0		39 423	6	95	−112	1	33
−1	0	1	1	7057	7	−162	191	6	26
0	1	−1	5	4138	8	1067	−1258	1	7
1	−5	6	1	2919	9	−1229	1449	3	5
2	6	−7	1	1219	10	4754	−5605	1	2
3	−11	13	2	481	11	−5983	7054	2	1
4	28	−33	2	257	12	16 720	−19 713	2	0

由 $s=16\,720,\ t=-19\,713$ 得

$$16\,720\cdot 46\,480+(-19\,713)\cdot 39\,423=1.$$

定理 1.3.7 的逆命题不成立. 但有以下定理:

定理 1.3.8 整数 $a,\ b$ 互素的充分必要条件是存在整数 $s,\ t$ 使得

$$sa+tb=1.$$

证　根据定理 1.3.7 可立即得到命题的必要性.

反过来, 设 $d=(a,b)$, 则有 $d\mid a$, $d\mid b$. 根据假设, 存在整数 s, t 使得

$$sa+tb=1.$$

则有

$$d\mid sa+tb=1.$$

因此, $d=1$, 即整数 a, b 互素.　证毕.

例 1.3.21　设 4 个整数 a, b, c, d 满足关系式

$$ad-bc=1.$$

则 $(a,b)=1$, $(a,c)=1$, $(d,b)=1$, $(d,c)=1$.

1.3.5　最大公因数的进一步性质

下面先讨论最大公因数的数学定义.

定理 1.3.9　设 a, b 是任意两个不全为零的整数, d 是正整数, 则 d 是整数 a, b 的最大公因数的充要条件是:

(i) $d\mid a$, $d\mid b$;

(ii) 若 $e\mid a$, $e\mid b$, 则 $e\mid d$.

证　必要性. 若 d 是整数 a, b 的最大公因数, 则显然有 (i) 成立.

再由广义欧几里得除法 (定理 1.3.7) 知, 存在整数 s, t 使得

$$sa+tb=d.$$

因此, 当 $e\mid a$, $e\mid b$ 时, 有

$$e\mid sa+tb=d.$$

故 (ii) 成立.

反过来, 假设 (i) 和 (ii) 成立, 那么

(i) 说明 d 是整数 a, b 的公因数;

(ii) 说明 d 是整数 a, b 的公因数中的最大数, 因为 $e\mid d$ 时, 有 $|e|\leqslant d$.

因此, d 是整数 a, b 的最大公因数.　证毕.

注　定理 1.3.9(ii) 是说: 整数的最大公因数是所有公因数的倍数.

其次, 讨论互素整数的构造 $\left(\dfrac{a}{(a,b)},\dfrac{b}{(a,b)}\right)=1$.

定理 1.3.10　设 a, b 是任意两个不全为零的整数,

(i) 若 m 是任一正整数, 则 $(m\cdot a,m\cdot b)=m\cdot(a,b)$.

(ii) 若非零整数 d 满足 $d\mid a$, $d\mid b$, 则 $\left(\dfrac{a}{d},\dfrac{b}{d}\right)=\dfrac{(a,b)}{|d|}$. 特别地,

$$\left(\frac{a}{(a,b)},\frac{b}{(a,b)}\right)=1.$$

证 设 $d=(a,b)$, $d'=(m\cdot a,m\cdot b)$. 由广义欧几里得除法 (定理 1.3.7), 存在整数 s, t 使得

$$sa+tb=d.$$

两端同乘以 m, 得到

$$s(m\cdot a)+t(m\cdot b)=m\cdot d.$$

因此 $d' \mid m\cdot d$.

又显然有 $m\cdot d \mid m\cdot a$, $m\cdot d \mid m\cdot b$. 根据定理 1.3.9 (ii), 有 $m\cdot d \mid d'$.

故 $d'=m\cdot d$, 即 (i) 成立.

再根据 (i), 当 $d \mid a$, $d \mid b$ 时, 有

$$\begin{aligned}(a,\ b) &= \left(|d|\cdot\frac{a}{|d|},\ |d|\cdot\frac{b}{|d|}\right)\\ &= |d|\cdot\left(\frac{a}{|d|},\ \frac{b}{|d|}\right)\\ &= |d|\cdot\left(\frac{a}{d},\ \frac{b}{d}\right).\end{aligned}$$

因此, $\left(\dfrac{a}{d},\ \dfrac{b}{d}\right)=\dfrac{(a,b)}{|d|}$. 特别地, 取 $d=(a,\ b)$, 有

$$\left(\frac{a}{(a,b)},\ \frac{b}{(a,b)}\right)=1.$$

故 (ii) 成立. 证毕.

例 1.3.22 设 $a=11\cdot 200\,306$, $b=23\cdot 200\,306$, 计算 $(a,\ b)$.

解 因为

$$(11,\ 23)=(11,\ 23-11\cdot 2)=(11,1)=1,$$

所以

$$(a,\ b)=(11\cdot 200\,306,\ 23\cdot 200\,306)=200\,306.$$

下面给出最大公因数的运算性质.

定理 1.3.11 设 a, b, c 是三个整数, 且 $b\neq 0$, $c\neq 0$. 如果 $(a,c)=1$, 则

$$(a\,b,c)=(b,c).$$

证 令 $d=(a\,b,c)$, $d'=(b,c)$, 有 $d' \mid b$, $d' \mid c$, 进而 $d' \mid a\,b$, $d' \mid c$. 再根据定理 1.3.9, 得到 $d' \mid d$.

反过来, 因为 $(a,c)=1$, 根据广义欧几里得除法 (见定理 1.3.8), 存在整数 s, t 使得

$$s\cdot a+t\cdot c=1.$$

两端同乘以 b, 得到

$$s\cdot(a\,b)+(t\,b)\cdot c=b.$$

再根据定理 1.1.3, 由 $d \mid a\,b$, $d \mid c$, 可得到 $d \mid s\cdot(a\,b)+(t\,b)\cdot c$, 即 $d \mid b$. 同样根据定理 1.3.9, 可得到 $d \mid d'$.

故 $d=d'$, 定理成立. 证毕.

定理 1.3.12 设 $a_1, \cdots, a_n, c$ 为整数. 如果 $(a_i, c) = 1$, $1 \leqslant i \leqslant n$, 则

$$(a_1 \cdots a_n,\ c) = 1.$$

证 对 n 作数学归纳法.

$n = 2$ 时, 命题是定理 1.3.11, 也可利用定理 1.3.8 直接证明. 设 $(a_1, c) = 1$, $(a_2, c) = 1$, 则存在整数 s_1, t_1 和 s_2, t_2 使得

$$s_1 \cdot a_1 + t_1 \cdot c = 1, \qquad s_2 \cdot a_2 + t_2 \cdot c = 1.$$

进而,

$$(s_1\, s_2) \cdot (a_1\, a_2) = (1 - t_1 \cdot c)(1 - t_2 \cdot c) = 1 - (t_1 + t_2 - t_1\, t_2\, c) \cdot c,$$

或

$$(s_1\, s_2) \cdot (a_1\, a_2) + (t_1 + t_2 - t_1\, t_2\, c) \cdot c = 1$$

因此, $(a_1 \cdot a_2,\ c) = 1$.

假设 $n - 1$ 时, 命题成立, 即

$$(a_1 \cdots a_{n-1},\ c) = 1.$$

对于 n, 根据归纳假设, 有 $(a_1 \cdots a_{n-1},\ c) = 1$. 再根据 $(a_n, c) = 1$ 及定理 1.3.11, 得到

$$(a_1 \cdots a_{n-1}\, a_n,\ c) = ((a_1 \cdots a_{n-1})a_n,\ c) = 1.$$

因此, 命题对所有的 n 成立. 证毕.

最后, 给出最大公因数在可逆变换下的不变性.

$$\begin{pmatrix} a \\ b \end{pmatrix} = \begin{pmatrix} q & r \\ s & t \end{pmatrix} \begin{pmatrix} u \\ v \end{pmatrix}, \qquad q \cdot t - r \cdot s = 1.$$

定理 1.3.13 设 a, b 和 u, v 都是不全为零的整数. 如果

$$a = q \cdot u + r \cdot v, \quad b = s \cdot u + t \cdot v,$$

其中 q, r, s, t 是整数, 且 $q \cdot t - r \cdot s = 1$, 则 $(a, b) = (u, v)$.

证 设 $d = (a, b)$, $d' = (u, v)$, 则 $d' \mid u$, $d' \mid v$. 由定理 1.1.3, 可得到

$$d' \mid q \cdot u + r \cdot v = a, \quad d' \mid s \cdot u + t \cdot v = b.$$

因而, $d' \mid d$.

又由假设可解得 $u = t \cdot a + (-s) \cdot b$, $v = (-r) \cdot a + q \cdot b$. 同理可得到 $d \mid d'$.

因此, $d = d'$. 定理成立. 证毕.

1.3.6 多个整数的最大公因数及计算

前面讨论了如何具体求两个整数的最大公因数. 对于 n 个整数 $a_1, \cdots, a_n$ 的最大公因数, 可以用递归的方法, 将求它们的最大公因数转化为一系列求两个整数的最大公因数, 具体过程如下:

定理 1.3.14 设 $a_1, a_2, \cdots, a_n$ 是 n 个整数, 且 $a_1 \neq 0$. 令

$$(a_1, a_2) = d_2, \quad (d_2, a_3) = d_3, \quad \cdots, \quad (d_{n-1}, a_n) = d_n.$$

则 $(a_1, a_2, \cdots, a_n) = d_n$, 且存在整数 $s_1, s_2, \cdots, s_n$ 使得

$$s_1 \cdot a_1 + s_2 \cdot a_2 + \cdots + s_n \cdot a_n = d_n$$

证 对 n 作数学归纳法.

$n = 2$ 时, 有 $(a_1, a_2) = d_2$, 且存在整数 s_1, s_2 使得 $s_1 \cdot a_1 + s_2 \cdot a_2 = d_2$, 结论成立.

假设 $n - 1$ 时, 结论成立. 即当 $(a_1, a_2) = d_2, (d_2, a_3) = d_3, \cdots, (d_{n-2}, a_{n-1}) = d_{n-1}$ 时, 有 $(a_1, a_2, \cdots, a_{n-1}) = d_{n-1}$, 且存在整数 $s_1, s_2, \cdots, s_{n-1}$ 使得

$$s_1 \cdot a_1 + s_2 \cdot a_2 + \cdots + s_{n-1} \cdot a_{n-1} = d_{n-1}.$$

对于 n, 令 $e = (a_1, a_2, \cdots, a_n)$, 有 $e \mid a_1, e \mid a_1, \cdots, e \mid a_{n-1}, e \mid a_n$. 根据归纳假设: $(a_1, a_2, \cdots, a_{n-1}) = d_{n-1}$ 以及定理 1.1.4, 有 $e \mid d_{n-1}$. 再由广义欧几里得除法 (定理 1.3.7), 存在整数 s, t 使得

$$s \cdot d_{n-1} + t \cdot a_n = d_n.$$

得到 $e \mid d_n$ 和 $e \leqslant d_n$, 以及

$$(s \cdot s_1) \cdot a_1 + (s \cdot s_2) \cdot a_2 + \cdots + (s \cdot s_{n-1}) \cdot a_{n-1} + t \cdot a_n = d_n.$$

另一方面, 由 $(d_{n-1}, a_n) = d_n$, 得到 $d_n \mid d_{n-1}$ 以及 $d_n \mid a_n$. 进而,

$$d_n \mid a_1, \; d_n \mid a_2, \; \cdots, \; d_n \mid a_{n-1}, \; d_n \mid a_n.$$

因此, $d_n \leqslant e$. 故 $e = d_n$, 结论成立. 证毕.

例 1.3.23 计算最大公因数 $(120, 150, 210, 35)$.

解 因为

$$\begin{aligned} (120, 150) &= (120, 30) = 30, \\ (30, 210) &= 30, \\ (30, 35) &= (30, 5) = 5, \end{aligned}$$

所以最大公因数 $(120, 150, 210, 35) = 5$.

现在推广定理 1.3.9 为

定理 1.3.15 设 $a_1, \cdots, a_n$ 是任意 n 个不全为零的整数, d 是正整数. 则 d 是整数 $a_1, \cdots, a_n$ 的最大公因数的充要条件是:

(i) $d \mid a_1, \cdots, d \mid a_n$;

(ii) 若 $e \mid a_1, \cdots, e \mid a_n$, 则 $e \mid d$.

证 必要性. 若 d 是整数 $a_1, \cdots, a_n$ 的最大公因数, 则显然有 (i) 成立. 再由定理 1.3.14, 存在整数 $s_1, \cdots, s_n$ 使得

$$s_1 \cdot a_1 + s_2 \cdot a_2 + \cdots + s_n \cdot a_n = d.$$

因此, 当 $e \mid a_1, \cdots, e \mid a_n$ 有

$$e \mid s_1 \cdot a_1 + s_2 \cdot a_2 + \cdots + s_n \cdot a_n = d.$$

故 (ii) 成立.

反过来, 假设 (i) 和 (ii) 成立, 那么

(i) 说明 d 是整数 $a_1, \cdots, a_n$ 的公因数;

(ii) 说明 d 是整数 $a_1, \cdots, a_n$ 的公因数中的最大数, 因为 $e \mid d$ 时, 有 $|e| \leqslant d$.

因此, d 是整数 $a_1, \cdots, a_n$ 的最大公因数. 证毕.

1.3.7 形为 $2^a - 1$ 的整数及其最大公因数

在应用中常常会运用形为 $2^a - 1$ 的整数, 以及计算最大公因数 $(2^a - 1, 2^b - 1)$.

引理 1.3.1 设 a, b 是两个正整数. 则 $2^a - 1$ 被 $2^b - 1$ 除的最小非负余数是 $2^r - 1$, 其中 r 是 a 被 b 除的最小非负余数.

证 当 $a < b$ 时, $r = a$, 结论显然成立. 当 $a \geqslant b$. 对 a, b 用欧几里得除法, 存在不完全商 q 及最小非负余数 r 使得

$$a = q \cdot b + r, \quad 0 \leqslant r \leqslant b,$$

进而,

$$2^a - 1 = 2^r((2^b)^q - 1) + 2^r - 1 = q_1(2^b - 1) + 2^r - 1,$$

其中 $q_1 = 2^r((2^b)^{q-1} + \cdots + 2^b + 1)$ 为整数, 结论成立. 证毕.

引理 1.3.2 设 a, b 是两个正整数, 则 $2^a - 1$ 和 $2^b - 1$ 的最大公因数是 $2^{(a,b)} - 1$.

证 运用广义欧几里得除法及引理 1.3.1 立即得到结论. 证毕.

定理 1.3.16 设 a, b 是两个正整数, 则正整数 $2^a - 1$ 和 $2^b - 1$ 互素的充要条件是 a 和 b 互素.

证 因为

$$(2^a - 1, 2^b - 1) = 2^{(a,b)} - 1,$$

而 $2^{(a,b)} - 1 = 1$ 的充要条件是 $(a, b) = 1$. 因此, 定理成立. 证毕.

1.4 整除的进一步性质及最小公倍数

1.4.1 整除的进一步性质

下面先讨论整除的性质.

定理 1.4.1 设 a, b, c 是三个整数, 且 $c \neq 0$. 如果 $c \mid ab$, $(a, c) = 1$, 则 $c \mid b$.

证一 根据假设条件和定理 1.3.11 有

$$c \mid (ab, c) = (b, c).$$

从而 $c \mid b$.

证二 (直接证明) 因为 $(a,c)=1$. 根据定理 1.3.8 , 存在整数 s,t 使得

$$s\cdot a+t\cdot c=1.$$

两端同乘以 b, 得到

$$s\cdot(a\,b)+(t\,b)\cdot c=b.$$

根据定理 1.1.3, 由 $c \mid a\,b$, $c \mid c$ 可得

$$c \mid s\cdot(a\,b)+(t\,b)\cdot c=b,$$

即 $c \mid b$. 证毕.

例 1.4.1 因为 $15 \mid 2\cdot 75$, 又 $(2,15)=1$, 所以 $15 \mid 75$.

下面再讨论素因数的性质.

定理 1.4.2 设 p 是素数. 若 $p \mid a\,b$, 则 $p \mid a$ 或 $p \mid b$.

证一 若 $p \nmid a$, 则根据例 1.3.6, 有 $(a,p)=1$. 再根据定理 1.4.1, 有 $p \mid b$.

证二 (直接证明) 若 $p \nmid a$, 则根据例 1.3.6, 有 $(a,p)=1$. 再根据定理 1.3.8, 存在整数 s,t 使得

$$s\cdot a+t\cdot p=1.$$

两端同乘以 b, 得到

$$s\cdot(a\,b)+(t\,b)\cdot p=b.$$

根据定理 1.1.3, 由 $p \mid a\,b$, $p \mid p$ 可得

$$p \mid s\cdot(a\,b)+(t\,b)\cdot p=b,$$

即 $p \mid b$. 证毕.

例 1.4.2 因为 $5 \mid 3\cdot 25$, 又 $5 \nmid 3$ 及 5 为素数, 所以 $5 \mid 25$.

定理 1.4.3 设 $a_1, \cdots, a_n$ 是 n 个整数, p 是素数. 若 $p \mid a_1\cdots a_n$, 则 p 一定整除某一个 a_k, $1\leqslant k\leqslant n$.

证 若 $a_1, \cdots, a_n$ 都不能被 p 整除, 则根据例 1.3.6, 有

$$(a_i,p)=1, \qquad 1\leqslant i\leqslant n.$$

而由定理 1.3.12,

$$(a_1\cdots a_n,p)=1,$$

这与 $p \mid a_1\cdots a_n$ 矛盾. 证毕.

1.4.2 最小公倍数

下面讨论整数的最小公倍数.

定义 1.4.1 设 $a_1, \cdots, a_n$ 是 n 个整数. 若 D 是这 n 个数的倍数, 则 D 叫做这 n 个数的一个 **公倍数**. $a_1, \cdots, a_n$ 的所有公倍数中的最小正整数叫做 **最小公倍数**, 记作 $[a_1,\cdots,a_n]$.

注 1 $D>0$ 是 $a_1, \cdots, a_n$ 的最小公倍数的数学表达式可叙述为

(i) $a_i \mid D, \quad 1 \leqslant i \leqslant n$;

(ii) 若 $a_i \mid D', \quad 1 \leqslant i \leqslant n$, 则 $D \mid D'$.

详见定理 1.4.5 中的说明.

注 2 a, b 的最小公倍数 $D=[a, b]$ 是集合

$$\{c \mid c \in \mathbf{Z},\ a \mid c,\ b \mid c\}$$

中的最小正整数.

注 3 $a_1, \cdots, a_n$ 的最小公倍数 D 是集合

$$\{c \mid c \in \mathbf{Z},\ a_i \mid c,\ 1 \leqslant i \leqslant n\}$$

中的最小正整数.

例 1.4.3 整数 14 和 21 的公倍数为 $\{\pm 42, \pm 84, \cdots\}$, 最小公倍数为 $[14,21]=42$.

定理 1.4.4 设 a, b 是两个互素正整数, 则

(i) 若 $a \mid D$, $b \mid D$, 则 $a \cdot b \mid D$;

(ii) $[a, b]=a \cdot b$.

(i) 设 $b \mid D$, 则存在整数 q, 使得 $D=q \cdot b$. 又 $a \mid D$, 即 $a \mid q \cdot b$, 以及 $(a, b)=1$, 根据定理 1.3.11 的推论, 得到 $a \mid q$. 因此存在整数 q', 使得 $q=q' \cdot a$, 进而, $D=q' \cdot(a \cdot b)$. 故 $a \cdot b \mid D$. (i) 得证.

(ii) 显然 $a \cdot b$ 是 a, b 的公倍数. 又由 (i) 知, $a \cdot b$ 是 a, b 的公倍数中的最小正整数, 故 $[a, b]=a \cdot b$.

(i) **的直接证明** 由 $a \mid D$, $b \mid D$, 知存在 q_1, q_2 使得 $D=q_1 \cdot a, \quad D=q_2 \cdot b$. 从而, $b \cdot D=q_1 \cdot(a \cdot b), \quad a \cdot D=q_2\,(a \cdot b)$. 因为 $(a, b)=1$, 所以由广义欧几里得除法, 可找到整数 s, t, 使得 $s \cdot a+t \cdot b=(a, b)=1$, 进而 $D=(s \cdot a+t \cdot b) D=s \cdot(a \cdot D)+t \cdot(b \cdot D)= s \cdot q_2 \cdot(a \cdot b)+t \cdot q_1 \cdot(a \cdot b)=(s \cdot q_2+t \cdot q_1)(a \cdot b)$, 故 $a \cdot b \mid D$. 证毕.

例 1.4.4 设 p, q 是两个不同的素数, 则 $[p, q]=p \cdot q$.

1.4.3 最小公倍数与最大公因数

定理 1.4.5 设 a, b 是两个正整数. 则

(i) 若 $a \mid D$, $b \mid D$, 则 $[a, b] \mid D$;

(ii) $[a, b]=\dfrac{a \cdot b}{(a, b)}$.

证 令 $d=(a, b)$. 根据定理 1.3.10, 有

$$\left(\frac{a}{d}, \frac{b}{d}\right)=1.$$

又根据定理 1.4.4,

$$\left[\frac{a}{d}, \frac{b}{d}\right]=\frac{a}{d} \cdot \frac{b}{d},$$

进而 $[a, b]=\dfrac{a \cdot b}{d}$, 即 (ii) 成立.

再由

$$\frac{a}{d} \mid \frac{D}{d}, \quad \frac{b}{d} \mid \frac{D}{d},$$

得到

$$\frac{a}{d} \cdot \frac{b}{d} \mid \frac{D}{d}.$$

从而 $\dfrac{a \cdot b}{d} \mid D$, 即 (i) 成立. 证毕.

1.4.4 多个整数的最小公倍数

对于 n 个整数 $a_1, \cdots, a_n$ 的最小公倍数, 可以用递归的方法, 将求它们的最小公倍数转化为一系列求两个整数的最小公倍数, 具体过程如下:

定理 1.4.6 设 $a_1, \cdots, a_n$ 是 n 个整数. 令

$$[a_1, a_2] = D_2,\ [D_2, a_3] = D_3,\ \cdots,\ [D_{n-1}, a_n] = D_n,$$

则 $[a_1, \cdots, a_n] = D_n$.

证 对 n 作数学归纳法. $n = 2$ 时, 有 $[a_1, a_2] = D_2$, 结论成立.

假设 $n - 1$ 时, 结论成立. 即当 $[a_1, a_2] = D_2,\ [D_2, a_3] = D_3,\ \cdots,\ [D_{n-2}, a_{n-1}] = D_{n-1}$ 时, 有 $[a_1, a_2, \cdots, a_{n-1}] = D_{n-1}$.

对于 n , 令 $D = [a_1, a_2, \cdots, a_n]$, 有 $a_1 \mid D,\ a_2 \mid D,\ \cdots,\ a_{n-1} \mid D,\ a_n \mid D$. 根据归纳假设: $[a_1, a_2, \cdots, a_{n-1}] = D_{n-1}$ 以及定理 1.4.5, 有 $D_{n-1} \mid D$ 以及 $D_n = [D_{n-1}, a_n] \mid D$. 进而, $D_n \leqslant D$.

另一方面, 由 $[D_{n-1}, a_n] = D_n$, 得到 $D_{n-1} \mid D_n$ 以及 $a_n \mid D_n$. 进而,

$$a_1 \mid D_n,\ a_2 \mid D_n,\ \cdots,\ a_{n-1} \mid D_n,\ a_n \mid D_n.$$

即 D_n 是 $a_1, \cdots, a_n$ 的公倍数. 从而, $D \leqslant D_n$. 故 $D_n = D$, 结论成立. 证毕.

例 1.4.5 计算最小公倍数 $[120, 150, 210, 35]$.

解 因为

$$[120, 150] = \frac{120 \cdot 150}{(120, 150)} = \frac{120 \cdot 150}{30} = 600,$$

$$[600, 210] = \frac{600 \cdot 210}{(600, 210)} = \frac{600 \cdot 210}{30} = 4200,$$

$$[4200, 35] = \frac{4200 \cdot 35}{(4200, 35)} = \frac{4200 \cdot 35}{35} = 4200.$$

所以最大公因数 $[120, 150, 210, 35] = 4200$.

定理 1.4.7 设 $a_1, a_2, \cdots, a_n$ 是正整数. 如果 $a_1 \mid D,\ a_2 \mid D,\ \cdots,\ a_n \mid D$, 则

$$[a_1, a_2, \cdots, a_n] \mid D.$$

证 对 n 作数学归纳法.

$n=2$ 时命题就是定理 1.4.5 (i).

假设 $n-1$ ($n \geqslant 3$) 时, 命题成立, 即

$$D_{n-1} = [a_1, a_2, \cdots, a_{n-1}] \mid D.$$

对于 n, 根据归纳假设和定理 1.4.5, 有 $D_{n-1} \mid D$ 以及 $[D_{n-1}, a_n] \mid D$. 再根据定理 1.4.6, $[D_{n-1}, a_n] = [a_1, a_2, \cdots, a_n]$ 得到

$$[a_1, a_2, \cdots, a_n] \mid D.$$

因此, 命题对所有的 n 成立. 证毕.

1.5 整数分解

本节讨论整数一种分解方法.

定理 1.5.1 (**整数分解定理**)给定正合数 $n>1$. 如果存在整数 a, b 使得

$$n \mid a^2 - b^2, \quad n \nmid a-b, \quad n \nmid a+b, \tag{1.20}$$

则 $(n, a-b)$ 和 $(n, a+b)$ 都是 n 的真因数.

证 若 $(n, a-b)$ 不是 n 的真因数, 则 $(n, a-b)$ 为 1 或 n.

对于 $(n, a-b)=1$, 由 $n \mid a^2-b^2 = (a-b)(a+b)$, 推出 $n \mid a+b$, 与假设矛盾.

对于 $(n, a-b)=n$, 推出 $n \mid a-b$, 与假设矛盾.

故 $(n, a-b)$ 是 n 的真因数. 同理, $(n, a+b)$ 也是 n 的真因数. 证毕.

例 1.5.1 对于 $n = 167 \cdot 227 = 37\,909$, 有 $a = 16\,355$, $b = 11$ 使得

$$n \mid a^2 - b^2, \quad n \nmid a-b, \quad n \nmid a+b$$

以及 $(n, a-b)$ 和 $(n, a+b)$.

证 由 $a^2 - b^2 = 267\,485\,904 = 7056 \cdot 37\,909$ 以及

$$a - b = 16\,344 = 0 \cdot 37\,909 + 16\,344, \qquad a + b = 16\,366 = 0 \cdot 37\,909 + 16\,366$$

和

$$(n, a-b) = 227, \qquad (n, a+b) = 167.$$

可知计算最大公因数的算式如下:

$$\begin{array}{rclcrl}
37\,909 & = & 2 \cdot 16\,344 & + & 5221, \\
16\,344 & = & 3 \cdot 5221 & + & 681, \\
5221 & = & 7 \cdot 681 & + & 454, \\
681 & = & 1 \cdot 454 & + & 227, \\
454 & = & 2 \cdot 227 & + & 0.
\end{array}
\qquad
\begin{array}{rclcrl}
37\,909 & = & 2 \cdot 16\,366 & + & 5177, \\
16\,366 & = & 3 \cdot 5177 & + & 835, \\
5177 & = & 6 \cdot 835 & + & 167, \\
835 & = & 5 \cdot 167 & + & 0,
\end{array}$$

例 1.5.2 对于 $n = 167 \cdot 227 = 37\,909$, 有 $a = 5\,344\,184$, $b = 150$ 使得

$$n \mid a^2 - b^2, \quad n \nmid a - b, \quad n \nmid a + b$$

以及 $(n, a-b)$ 和 $(n, a+b)$.

证 由 $a^2 - b^2 = 28\,560\,302\,603\,356 = 753\,391\,084 \cdot 37\,909$ 以及

$$a - b = 5\,344\,034 = 140 \cdot 37\,909 + 36\,774, \quad a + b = 5\,344\,334 = 140 \cdot 37\,909 + 37\,074$$

和

$$(n, a-b) = 227, \quad (n, a+b) = 167.$$

这里计算最大公因数的算式如下:

$$\begin{array}{rclcrrclcr}
5\,344\,034 &=& 140 \cdot 37\,909 &+& 36\,774, & 5\,344\,334 &=& 140 \cdot 37\,909 &+& 37\,074, \\
37\,909 &=& 1 \cdot 36\,774 &+& 1135, & 37\,909 &=& 1 \cdot 37\,074 &+& 835, \\
36\,774 &=& 32 \cdot 1135 &+& 454, & 37\,074 &=& 44 \cdot 835 &+& 334, \\
1135 &=& 2 \cdot 454 &+& 227, & 835 &=& 2 \cdot 334 &+& 167, \\
454 &=& 2 \cdot 227 &+& 0, & 334 &=& 2 \cdot 167 &+& 0.
\end{array}$$

1.6 素数的算术基本定理

1.6.1 算术基本定理

前面讨论过素数, 并证明了每个整数都有一个素因数. 下面要证明每个整数一定可以表示成素数的乘积, 而且该表达式是唯一的 (在不考虑乘积顺序的情况下).

定理 1.6.1 (**算术基本定理**) 任一整数 $n > 1$ 都可以表示成素数的乘积, 且在不考虑乘积顺序的情况下, 该表达式是唯一的, 即

$$n = p_1 \cdots p_s, \qquad p_1 \leqslant \cdots \leqslant p_s, \tag{1.21}$$

其中 p_i 是素数, 并且若

$$n = q_1 \cdots q_t, \qquad q_1 \leqslant \cdots \leqslant q_t,$$

其中 q_j 是素数, 则 $s = t$, $p_i = q_i$, $1 \leqslant i \leqslant s$.

证 首先用数学归纳法证明: 任一整数 $n > 1$ 都可以表示成素数的乘积, 即式 (1.21) 成立.

$n = 2$, 式 (1.21) 显然成立.

假设对于 $< n$ 的正整数, 式 (1.21) 成立.

对于正整数 n, 若 n 是素数, 则式 (1.21) 对 n 成立.

若 n 是合数, 则存在正整数 n_1, n_2 使得

$$n = n_1 \cdot n_2, \qquad 1 < n_1 < n, \ 1 < n_2 < n.$$

根据归纳假设, 有

$$n_1 = p'_1 \cdots p'_u, \quad n_2 = p'_{u+1} \cdots p'_s.$$

于是,

$$n = p_1' \cdots p_u' \cdot p_{u+1}' \cdots p_s'.$$

适当改变 p_i' 的次序即得式 (1.21), 故式 (1.21) 对于 n 成立.

根据数学归纳法原理, 式 (1.21) 对于所有 $n > 1$ 的整数成立.

再证明表达式是唯一的. 假设还有

$$n = q_1 \cdots q_t, \qquad q_1 \leqslant \cdots \leqslant q_t,$$

其中 q_j 是素数, 则

$$p_1 \cdots p_s = q_1 \cdots q_t. \tag{1.22}$$

因此 $p_1 \mid q_1 \cdots q_t$. 根据定理 1.4.3, 存在 q_j 使得 $p_1 \mid q_j$. 但 p_1, q_j 都是素数, 故 $p_1 = q_j$.

同理, 存在 p_k 使得 $q_1 = p_k$. 这样,

$$p_1 \leqslant p_k = q_1 \leqslant q_j = p_1,$$

进而 $p_1 = q_1$. 将式 (1.22) 的两端同时消除 p_1, 得

$$p_2 \cdots p_s = q_2 \cdots q_t.$$

同理可推出 $p_2 = q_2$. 以此类推, 可得到

$$p_3 = q_3, \ \cdots, \ q_s = p_t.$$

以及 $s = t$. 证毕.

例 1.6.1 写出整数 45, 49, 100, 128 的因数分解式.

解 根据定理 1.6.1, 有

$$\begin{aligned} 45 &= 3 \cdot 3 \cdot 5, & 49 &= 7 \cdot 7, \\ 100 &= 2 \cdot 2 \cdot 5 \cdot 5, & 128 &= 2 \cdot 2 \cdot 2 \cdot 2 \cdot 2 \cdot 2 \cdot 2. \end{aligned}$$

为了更好地表达整数的因数分解式, 可将相同的素数乘积写成素数幂的形式, 即

$$\underbrace{p \cdot \ \cdots \ \cdot p}_{\alpha} = p^{\alpha},$$

定理 1.6.1 可表述如下:

定理 1.6.2 任一整数 $n > 1$ 可以唯一地表示成

$$n = p_1^{\alpha_1} \cdots p_s^{\alpha_s}, \quad \alpha_i > 0, \ i = 1, \cdots, s, \tag{1.23}$$

其中 $p_i < p_j \ (i < j)$ 是素数.

式 (1.23) 叫做 n 的**标准分解式**.

例 1.6.2 写出整数 45, 49, 100, 128, 1024, 4096 的标准分解式.

解 根据定理 1.6.1 和例 1.6.1, 有

$$\begin{aligned} 45 &= 3^2 \cdot 5, & 49 &= 7^2, & 100 &= 2^2 \cdot 5^2, \\ 128 &= 2^7, & 1024 &= 2^{10}, & 4096 &= 2^{12}. \end{aligned}$$

1.6.2 算术基本定理的应用

本节将利用算术基本定理进一步探讨整数的性质.

在应用中, 为了表述方便起见, 整数的因数分解式常写成

$$n = p_1^{\alpha_1} \cdots p_s^{\alpha_s}, \quad \alpha_i \geqslant 0,\ i = 1, \cdots, s. \tag{1.24}$$

首先讨论因数的性质.

定理 1.6.3 设 n 是大于 1 的一个整数, 且有标准分解式

$$n = p_1^{\alpha_1} \cdots p_s^{\alpha_s}, \quad \alpha_i > 0,\ i = 1, \cdots, s,$$

则 d 是 n 的正因数当且仅当 d 有因数分解式

$$d = p_1^{\beta_1} \cdots p_s^{\beta_s}, \quad \alpha_i \geqslant \beta_i \geqslant 0,\ i = 1, \cdots, s. \tag{1.25}$$

证 设 $d \mid n$, 且 d 有因数分解式

$$d = p_1^{\beta_1} \cdots p_s^{\beta_s}, \quad \beta_i \geqslant 0,\ i = 1, \cdots, s.$$

则一定有

$$\alpha_i \geqslant \beta_i, \qquad i = 1, \cdots, s.$$

否则, 存在 $1 \leqslant i \leqslant s$, 使得 $\alpha_i < \beta_i$. 不妨设 $\alpha_1 < \beta_1$. 根据 $d \mid n$ 及 $p_1^{\beta_1} \mid d$, 可得

$$p_1^{\beta_1} \mid p_1^{\alpha_1} p_2^{\alpha_2} \cdots p_s^{\alpha_s}.$$

两端消除 $p_1^{\alpha_1}$, 得到

$$p_1^{\beta_1 - \alpha_1} \mid p_2^{\alpha_2} \cdots p_s^{\alpha_s}.$$

再根据定理 1.3.12 的推论, 存在 $j,\ 2 \leqslant j \leqslant k$ 使得

$$p_1 \mid p_j.$$

这不可能. 故式 (1.25) 成立.

反过来, 若式 (1.25) 成立, 则

$$n' = p_1^{\alpha_1 - \beta_1} \cdots p_s^{\alpha_s - \beta_s}$$

是一个整数, 且使得

$$n = n' \cdot d.$$

这说明, $d \mid n$. 证毕.

例 1.6.3 设正整数 n 有因数分解式

$$n = p_1^{\alpha_1} \cdots p_s^{\alpha_s}, \quad \alpha_i > 0,\ i = 1, \cdots, s.$$

则 n 的因数个数

$$d(n) = (1 + \alpha_1) \cdots (1 + \alpha_s).$$

证 设 d 是整数 n 的正因数. 根据定理 1.6.3 有

$$d = p_1^{\beta_1} \cdots p_s^{\beta_s}, \quad \alpha_i \geqslant \beta_i \geqslant 0,\ i = 1, \cdots, s.$$

因为 β_1 的变化范围是 $0 \sim \alpha_1$ 共 $1+\alpha_1$ 个值, $\cdots$, β_s 的变化范围是 $0 \sim \alpha_s$ 共 $1+\alpha_s$ 个值, 所以 n 的因数个数为

$$d(n) = (1+\alpha_1) \cdot \ \cdots \ \cdot (1+\alpha_s).$$

证毕.

下面讨论最大公因数和最小公倍数的性质.

定理 1.6.4 设 a, b 是两个正整数, 且都有素因数分解式

$$a = p_1^{\alpha_1} \cdots p_s^{\alpha_s}, \quad \alpha_i \geqslant 0,\ i = 1, \cdots, s,$$

$$b = p_1^{\beta_1} \cdots p_s^{\beta_s}, \quad \beta_i \geqslant 0,\ i = 1, \cdots, s.$$

则 a 和 b 的最大公因数和最小公倍数分别有因数分解式

$$(a, b) = p_1^{\gamma_1} \cdots p_s^{\gamma_s}, \qquad \gamma_i = \min(\alpha_i, \beta_i), \quad i = 1, \cdots, s,$$

$$[a, b] = p_1^{\delta_1} \cdots p_s^{\delta_s}, \qquad \delta_i = \max(\alpha_i, \beta_i), \quad i = 1, \cdots, s.$$

证 根据定理 1.6.3, 知道整数

$$d = p_1^{\gamma_1} \cdots p_s^{\gamma_s},$$

满足最大公因数的数学定义 1.3.1, 所以

$$(a, b) = p_1^{\gamma_1} \cdots p_s^{\gamma_s}.$$

同样, 整数

$$D = p_1^{\delta_1} \cdots p_s^{\delta_s},$$

满足最小公倍数的数学定义 1.4.1, 所以

$$[a, b] = p_1^{\delta_1} \cdots p_s^{\delta_s}.$$

证毕.

推论 设 a, b 是两个正整数, 则

$$(a, b)[a, b] = ab.$$

证 对任意整数 α, β, 有

$$\min(\alpha, \beta) + \max(\alpha, \beta) = \alpha + \beta.$$

根据定理 1.6.3, 推论是成立的. 证毕.

更进一步, 利用整数的因数分解式 (1.24), 可以表述多个整数的最大公因数和最小公倍数.

定理 1.6.5 设 $a_1, \cdots, a_k$ 是 k 个正整数, 且都有素因数分解式

$$a_j = p_1^{\alpha_{1j}} \cdots p_s^{\alpha_{sj}}, \quad \alpha_{ij} \geqslant 0,\ 1 \leqslant i \leqslant s,\ 1 \leqslant j \leqslant k.$$

则 $a_1, \cdots, a_k$ 的最大公因数和最小公倍数分别有因数分解式

$$(a_1, \cdots, a_k) = p_1^{\gamma_1} \cdots p_s^{\gamma_s}, \qquad \gamma_i = \min(\alpha_{i1}, \cdots, \alpha_{ik}),\ 1 \leqslant i \leqslant s,$$

$$[a_1, \cdots, a_k] = p_1^{\delta_1} \cdots p_s^{\delta_s}, \qquad \delta_i = \max(\alpha_{i1}, \cdots, \alpha_{ik}),\ 1 \leqslant i \leqslant s.$$

证 根据定理 1.6.3, 可知整数

$$d = p_1^{\gamma_1} \cdots p_s^{\gamma_s},$$

满足最大公因数的数学定义 1.3.1, 所以

$$(a_1, \cdots, a_k) = p_1^{\gamma_1} \cdots p_s^{\gamma_s}.$$

同样, 整数

$$D = p_1^{\delta_1} \cdots p_s^{\delta_s},$$

满足最小公倍数的数学定义, 所以

$$[a_1, \cdots, a_k] = p_1^{\delta_1} \cdots p_s^{\delta_s}.$$

证毕.

利用定理 1.6.5, 可直接求出以下 4 个整数的最大公因数和最小公倍数 (比较例 1.3.23 和例 1.4.5).

例 1.6.4 计算整数 120, 150, 210, 35 的最大公因数和最小公倍数.

解 根据定理 1.6.1, 有

$$\begin{aligned} 120 &= 2^3 \cdot 3 \cdot 5, & 150 &= 2 \cdot 3 \cdot 5^2, \\ 210 &= 2 \cdot 3 \cdot 5 \cdot 7, & 35 &= 5 \cdot 7. \end{aligned}$$

再根据定理 1.6.5, 有

$$(120,\ 150,\ 210,\ 35) = 2^{\min(3,1,1,0)} \cdot 3^{\min(1,1,1,0)} \cdot 5^{\min(1,2,1,1)} \cdot 7^{\min(0,0,1,1)} = 5$$

以及

$$[120,\ 150,\ 210,\ 35] = 2^{\max(3,1,1,0)} \cdot 3^{\max(1,1,1,0)} \cdot 5^{\max(1,2,1,1)} \cdot 7^{\max(0,0,1,1)} = 4200.$$

最后, 利用整数的唯一因数分解式, 可给出以下结果, 该结果将用于原根的构造.

定理 1.6.6 设 a, b 是两个正整数, 则存在整数 $a' \mid a,\ b' \mid b$ 使得

$$a' \cdot b' = [a, b], \quad (a', b') = 1.$$

证 将整数 a, b 进行因数分解式:

$$a = p_1^{\alpha_1} \cdots p_s^{\alpha_s}, \qquad b = p_1^{\beta_1} \cdots p_s^{\beta_s},$$

其中 $\alpha_i \geqslant \beta_i \geqslant 0$, $(i = 1, \cdots, t)$; $\beta_i > \alpha_i \geqslant 0$ $(i = t+1, \cdots, s)$.

取

$$a' = p_1^{\alpha_1} \cdots p_t^{\alpha_t}, \qquad b' = p_{t+1}^{\beta_{t+1}} \cdots p_s^{\beta_s},$$

则整数 a', b' 即为所求. 证毕.

例 1.6.5 设 $a = 79\,720\,245\,000 = 2^3 \cdot 5^4 \cdot 11^6 \cdot 3^2 \cdot 7^0$, $b = 9\,318\,751\,596 = 2^2 \cdot 5^0 \cdot 11^3 \cdot 3^6 \cdot 7^4$. 取

$$a' = 2^3 \cdot 5^4 \cdot 11^6, \quad b' = 3^6 \cdot 7^4, \quad (a', b') = 1,$$

则有

$$a' \cdot b' = 2^3 \cdot 5^4 \cdot 11^6 \cdot 3^6 \cdot 7^4 = [a, b].$$

例 1.6.6 设 n 是合数, p 是 n 的素因数. 设 $p^\alpha \,\|\, n$ (即 $p^\alpha \mid n$, 但 $p^{\alpha+1} \nmid n$), 则 $p^\alpha \nmid \begin{pmatrix} n \\ p \end{pmatrix}$, 其中 $\begin{pmatrix} n \\ p \end{pmatrix} = \dfrac{n(n-1)\cdots(n-p+1)}{p!}$.

证 因为 $p^\alpha \,\|\, n$, 设 $n = n' \cdot p^\alpha$, $(n', p) = 1$, 则对于 $1 \leqslant k \leqslant p-1$, 有 $(n-k, p) = 1$. 否则, $p|n-(n-k) = k$, 矛盾. 根据定理 1.3.12, 有 $((n-1)\cdots(n-p+1), p) = 1$. 从而,

$$\begin{pmatrix} n \\ p \end{pmatrix} = \frac{n}{p} \frac{(n-1)\cdots(n-p+1)}{(p-1)!} = n' \cdot \frac{(n-1)\cdots(n-p+1)}{(p-1)!} \cdot p^{\alpha-1}.$$

但

$$\left(n' \cdot \frac{(n-1)\cdots(n-p+1)}{(p-1)!},\ p \right) = 1,$$

故 $p^\alpha \nmid \begin{pmatrix} n \\ p \end{pmatrix}$. 证毕.

注 例 1.6.6 将应用于 AKS 的证明.

1.7 素数定理

设 $\pi(x)$ 表示不超过 x 的素数个数, 即

$$\pi(x) = \sum_{p \leqslant x} 1$$

是关于素数个数的函数. 根据定理 1.1.8, 存在无穷多个素数, 这就是说, $\pi(x)$ 随 x 趋于无穷. 以下是 $\pi(x)$ 在区间 [2, 1000] 上的图形, 以及一部分素数的个数的列表.

x	2	10	50	100	500	1000	10^4	10^5	10^6	10^7	10^8
$\pi(x)$	1	4	15	25	95	168	1229	9592	78 498	664 579	5 761 455

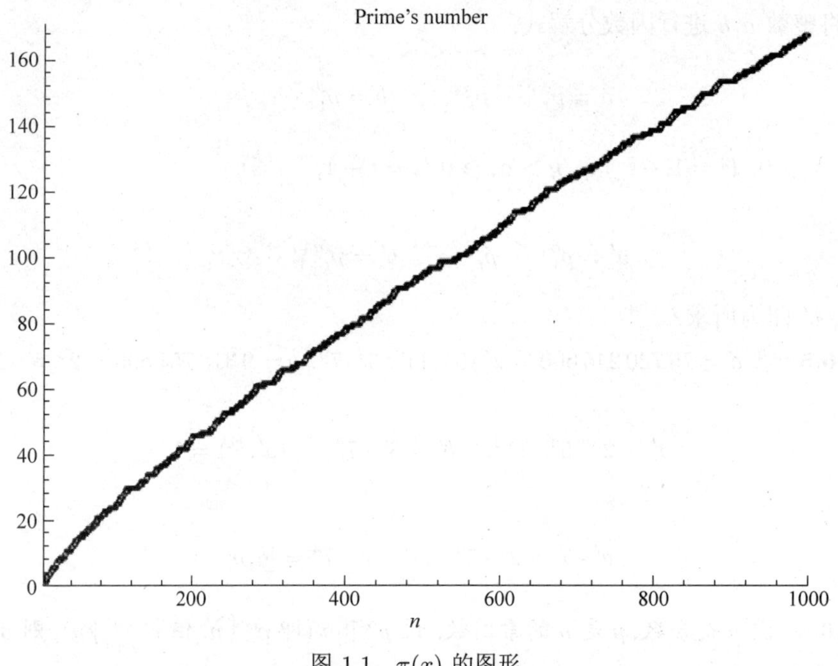

图 1.1 $\pi(x)$ 的图形

但人们希望知道 $\pi(x)$ 的具体公式. 为了方便读者的学习, 将一些结果列在这里. 希望知道详细证明过程的读者可以阅读相关书籍.

定理 1.7.1 (**契比谢夫不等式**) 设 $x \geqslant 2$, 则有

$$\frac{\ln 2}{3}\frac{x}{\ln x} < \pi(x) < 6\ln 2\frac{x}{\ln x}$$

和

$$\frac{1}{6\ln 2}n\ln n < p_n < \frac{8}{\ln 2}n\ln n, \quad n \geqslant 2.$$

其中 p_n 是第 n 个素数.

定理 1.7.2 (**素数定理**)

$$\lim_{x\to\infty}\frac{\pi(x)}{\dfrac{x}{\ln x}} = 1.$$

1.8 习题

(1) 证明: 若 $2 \mid n$, $5 \mid n$, $7 \mid n$, 则 $70 \mid n$.

(2) 证明: 如果 a 是整数, 则 $a^3 - a$ 被 3 整除.

(3) 证明: 每个奇整数的平方具有形式 $8k+1$.

(4) 证明: 任意三个连续整数的乘积都被 6 整除.

(5) 证明: 对于任给的正整数 k, 必有 k 个连续正整数都是合数.

(6) 证明: 191, 547 都是素数, 而 737, 747 都是合数.

(7) 证明: 若 $5 \mid n$, $11 \mid n$, 则 $55 \mid n$.

(8) 问是否存在这样的整数 a, b, c, 使得 $a \mid b\cdot c$, 但 $a \nmid b$, $a \nmid c$?

(9) 设 p 是正整数 n 的最小素因数. 证明: 若 $p > n^{\frac{1}{3}}$, 则 $\dfrac{n}{p}$ 是素数.

(10) 设 $p_1 \leqslant p_2 \leqslant p_3$ 是素数, n 是正整数. 若 $p_1p_2p_3 \mid n$, 则 $p_1 \leqslant n^{\frac{1}{3}}$, $p_2 \leqslant (n/2)^{\frac{1}{2}}$.

(11) 利用 Eratosthenes 筛法求出 500 以内的全部素数.

(12) 证明: 任一形如 $3k-1$, $4k-1$, $6k-1$ 形式的正整数必有同样形式的素因数.

(13) 证明: 形如 $4k+3$ 的素数有无穷多个.

(14) 证明: 形如 $6k+5$ 的素数有无穷多个.

(15) 决定一个整数是否被一个给定整数整除的算法.

(16) 给出一个欧几里得除法运算中求商和余数的算法.

(17) 将二进制 $(111100011110101)_2$, $(10111101001110)_2$ 转换为十六进制.

(18) 将十六进制 $(\text{ABCDEFA})_{16}$, $(\text{DEFACEDA})_{16}$, $(\text{9A0AB})_{16}$ 转换为二进制.

(19) 叙述怎样将 b 进制转换为 b^n 进制和怎样将 b^n 进制转换为 b 进制, 这里 $b > 1$ 并且 n 是正整数.

(20) 证明: 当 $n = 0, 1, 2, \cdots, 39$ 时, 整数 n^2+n+41 都是素数.

(21) 证明: 当 $n > 1$ 时, $1+\dfrac{1}{2}+\cdots+\dfrac{1}{n}$ 不是整数.

(22) 设 $m > n$ 是正整数. 证明: $2^n-1 \mid 2^m-1$ 的充要条件是 $n \mid m$. 以任一正整数 $a > 2$ 代替 2, 结论仍成立吗?

(23) 设奇数 $a > 2$. 设使得 $a \mid 2^d-1$ 的最小正整数 $d = d_0$. 证明: 2^d 被 a 除后, 所可能取到的不同的最小非负余数有 d_0 个.

(24) 证明: 如果整数 a, b 满足 $(a, b) = 1$, 那么 $(a+b, a-b) = 1$ 或者 2.

(25) 若 a, b 互素, 且不同时为零, 求 $(a^2+b^2, a+b)$.

(26) 证明: (i) 如果正整数 a, b 满足 $(a,b)=1$, 那么对于任意正整数 n, 都有 $(a^n, b^n) = 1$. (ii) 如果 a, b 是整数, n 是正整数, 且满足 $a^n \mid b^n$, 那么 $a \mid b$.

(27) 证明: 如果 a, b, c 是互素且非零的整数, 那么 $(ab, c) = (a,b)(a,c)$.

(28) 求以下整数对的最大公因数:

① (55, 85). ② (202, 282). ③ (666, 1414). ④ (20 785, 44 350).

(29) 求以下整数对的最大公因数:

① $(2n+1, 2n-1)$; ② $(2n, 2(n+1))$; ③ $(kn, k(n+2))$;

④ $(n-1, n^2+n+1)$; ⑤ $(21n+4, 14n+3)$.

(30) 寻找互素却不两两互素的 3 个整数.

(31) 寻找互素但不两两互素的 4 个整数.

(32) 运用广义欧几里得除法求整数 s, t 使得 $s \cdot a + t \cdot b = (a, b)$.

① (1613, 3589). ② (2947, 3772) . ③ (20 041, 37 516) . ④ (1107, 822 916).

(33) 将下列各组的最大公因数表示为整系数线性组合:

① 7, 10, 15. ② 70, 98, 105. ③ 180, 330, 405, 590.

(34) 设 m, n 为正整数, $a > 1$ 是整数. 证明: $(a^m-1, a^n-1) = a^{(m,n)}-1$.

(35) 设 a, b 是正整数. 证明: 若 $[a,b]=(a,b)$, 则 $a=b$.

(36) 证明: 若 $(a,4)=2$, $(b,4)=2$, 则 $(a+b,4)=4$.

(37) 设 a, b 是两个不同的整数. 证明: 如果整数 $n>1$ 满足 $n \mid a^2-b^2$ 和 $n \nmid a+b$, $n \nmid a-b$, 则 n 是合数.

(38) 利用 (37) 题证明: 737 和 747 都是合数.

(39) 设 a, b 是任意两个不全为零的整数,
(i) 若 m 是任一正整数, 则 $[m\cdot a, m\cdot b]=m\,[a,b]$. (ii) $[a,0]=|a|$.

(40) 证明: $\sqrt{2}$, $\sqrt{7}$, $\sqrt{17}$ 都不是有理数.

(41) 证明: $\log_2 10$, $\log_3 7$, $\log_{15} 21$ 都是无理数.

(42) 设整数 $a>b>0, n>1$. 证明: $a^n-b^n \nmid a^n+b^n$.

(43) 证明: $g \mid c$ 的充要条件是对任意的 $p^\alpha \parallel g$ (p 为素数) 必有 $p^\alpha \mid c$, 这里 $p^\alpha \parallel g$ 表示 $p^\alpha \mid g$, $p^{\alpha+1} \nmid g$.

(44) 设 k 是给定的正整数. 证明: 任一正整数 n 必可唯一表示为 $n=a\cdot b^k$, 其中 a, b 为正整数, 以及不存在 $d>1$ 使得 $d^k \mid a$.

(45) 设 n 是奇数, 求 n 表示为两整数平方之差的表法有多少种?

(46) 求下列个数的素因数分解式.
① 36. ② 69. ③ 200. ④ 289.

(47) 求下列个数的素因数分解式.
① 625. ② 2154. ③ 2838. ④ 3288.

(48) 证明: n 的素因数分解式中次数都是偶数当且仅当 n 是完全平方数.

(49) 证明: 如果 a, b 都是正整数, 并且 $a^3 \mid b^2$, 那么 $a \mid b$.

(50) 求出下列各对数的最小公倍数.
① [8, 60] . ② [14, 18]. ③ [49, 77] ④ [132, 253].

(51) 求出下列各对数的最大公因数 (a,b) 及最小公倍数 $[a,b]$.
① $a=2^2\cdot 3^3\cdot 5^5\cdot 7^7$, $b=2^7\cdot 3^5\cdot 5^3\cdot 7^2$.
② $a=2\cdot 3\cdot 5\cdot 7\cdot 11\cdot 13$, $b=17\cdot 19\cdot 23\cdot 29$.
③ $a=2^3\cdot 5^7\cdot 11^{13}$, $b=2\cdot 3\cdot 5\cdot 7\cdot 11\cdot 13$.
④ $a=47^{11}\cdot 79^{111}\cdot 101^{1001}$, $b=41^{11}\cdot 83^{111}\cdot 101^{1000}$.

(52) 证明: 如果 a, b 是正整数, 那么 $(a,b) \mid [a,b]$. 问: 什么时候有 $(a,b)=[a,b]$?

(53) 证明: (i) 如果 a, b, c 都是正整数, 那么

$$\max(a,b,c)=a+b+c-\min(a,b)-\min(a,c)-\min(b,c)+\min(a,b,c).$$

(ii) $(a,b,c)[a,b,c]=\dfrac{a\,b\,c}{(a,b)(a,c)(b,c)}$.

(54) 设 a 和 n 都是正整数. 证明: a^n-1 是素数当且仅当 $a=2$ 和 $n=p$ 是素数. 形为 $M_p=2^p-1$ 的素数叫做 **Mersenne 素数**. 计算前 5 个 Mersenne 素数.

(55) 设 m 是正整数. 如果 2^m+1 是素数, 且 $m=2^n$. 整数

$$F_n = 2^{2^n}+1$$

叫做第 n 个 Fermat 数. 形为 $2^{2^n}+1$ 的素数叫做 **Fermat 素数**. 证明: F_1, F_2, F_3, F_4 都是素数.

(56) 证明: $641 \mid F_5$, 从而 F_5 是合数.

(57) 设 $p_1=2<p_2<\cdots<p_n<\cdots$ 为递增的素数列. 证明: $p_n \leqslant 2^{2^{n-1}}$.

(58) 设 $x>1$. 证明: $\pi(x)>\log_2\log_2 x$.

(59) 设 a, b, c 是整数, 且 a, b 都非零, 则不定方程

$$a\cdot x+b\cdot y=c$$

有解的充分必要条件是 $(a,b)\mid c$. 如果有解 $x=x_0$, $y=y_0$, 则方程的一切解可表示为

$$x=x_0-t\cdot\frac{b}{(a,b)},\quad y=y_0+t\cdot\frac{a}{(a,b)},\qquad 其中\ t=0,\ \pm1,\ \pm2,\ \cdots.$$

(60) 求 $7x+4y=100$ 的整数解.

(61) 设 a_1, a_2, $\cdots$, a_n, N 是整数, $n\geqslant 2$, 则不定方程

$$a_1x_1+a_2x_2+\cdots+a_nx_n=N$$

有解的充分必要条件是 $(a_1,a_2,\cdots,a_n)\mid N$.

(62) 求 $9x+24y-5z=1000$ 的一切整数解.

(63) 求 $27x+72y-15z+7s=10$ 的一切整数解.

(64) 设 w 是正整数, 则方程 $uv=w^2$ 的一切互素正整数解 u, v 可以写成

$$u=a^2,\ \ v=b^2,\ \ w=a\cdot b,\qquad a>0,\ b>0,\ (a,b)=1.$$

(65) 不定方程 $x^2+y^2=z^2$ 的正整数解可表示为

$$x=2ab,\quad y=a^2-b^2,\quad z=a^2+b^2\ \ 或\ \ x=a^2-b^2,\quad y=2ab,\quad z=a^2+b^2.$$

(66) 不定方程 $x^4+y^4=z^2$ 没有正整数解.

(67) 求出下列线性丢番图方程组的所有整数解.

$$① \begin{cases} x+y+z=100 \\ x+8y+50z=156 \end{cases}.\qquad ② \begin{cases} x+y+z+w=100 \\ x+2y+3z+4w=300 \\ x+4y+9z+16w=1000 \end{cases}.$$

思考题

(1) 整数集合 **Z** 中的整数, 对于乘法运算, 其极小整数 (不能分解为两个更小整数的乘积) 是什么? 这样的极小整数是唯一的吗? 用何种表示可说明它们的唯一性?

(2) 如何判断一个正整数为素数. 编成实现厄拉托塞师筛法的算法, 可求出 10 000 以内的全部素数.

(3) 编成实现欧几里得除法 (定理 1.1.9), 并可判断整数 a 是否被非零整数 b 整除.

(4) 编成实现应用平凡除法判断一个整数 (定理 1.1.7) 是否为素数的算法, 可判断出 100 000 以内的整数是否为素数.

(5) 如何求两个整数的公因数及最大公因数. 编成实现求两个整数的最大公因数 (定理 1.3.4) 的算法, 可计算出 100 000 以内的两个整数的最大公因数.

(6) 对给定正整数 m, 编成实现判断整数 a 是否与 m 互素的算法.

(7) 编成实现计算 Bézout (贝祖) 等式的算法 (定理 1.3.7), 即对于两个正整数 a, b, 可计算出整数 s, t 使得式 (1.16) 成立,

$$s \cdot a + t \cdot b = (a, b).$$

(8) 编成实现整数的分解 (定理 1.5.1) 的算法, 即对于正合数 $n > 1$, 可找到整数 a, b, 使得

$$n \mid a^2 - b^2, \quad n \nmid a - b, \quad n \nmid a + b.$$

进而, $(n, a-b)$ 和 $(n, a+b)$ 都是 n 的真因数.

(9) 编成实现整数的素因数分解 (定理 1.6.4) 的算法.

(10) 编成实现计算不定方程

$$ax + by = c$$

的特解和通解.

第 2 章 同　　余

2.1 同余的概念及基本性质

前面讨论了整数的整除性质, 下面讨论整数的同余性质, 以对整数进行恰当的分类. 同余是数论中的一个十分重要的概念, 同余理论在密码学, 特别是公钥密码学中有着非常重要的应用.

2.1.1 同余的概念

生活中常问某月某日是否有空? 是否有课? 通常的决定过程是看该天是星期几.

经典的恺撒密码系统是对 26 个英文字符, 作如下移位变换 (左移 3 位):

字符	a	b	c	d	e	f	g	h	i	j	k	l	m	n	o	p	q	r	s	t	u	v	w	x	y	z
$\updownarrow$																										
字符	d	e	f	g	h	i	j	k	l	m	n	o	p	q	r	s	t	u	v	w	x	y	z	a	b	c

如果将 26 字符数字化,

字符	a	b	c	d	e	f	g	h	i	j	k	l	m	n	o	p	q	r	s	t	u	v	w	x	y	z
$\updownarrow$																										
数字	0	1	2	3	4	5	6	7	8	9	10	11	12	13	14	15	16	17	18	19	20	21	22	23	24	25

则相应的移位变换为

数字	0	1	2	3	4	5	6	7	8	9	10	11	12	13	14	15	16	17	18	19	20	21	22	23	24	25
$\updownarrow$																										
数字	3	4	5	6	7	8	9	10	11	12	13	14	15	16	17	18	19	20	21	22	23	24	25	0	1	2

现在, 问能否用一个数学函数来表示上述变换? ($a \longleftrightarrow (a+3) \bmod 26$)

还可以构造变换

数字	0	1	2	3	4	5	6	7	8	9	10	11	12	13	14	15	16	17	18	19	20	21	22	23	24	25
$\updownarrow$																										
数字	0	7	14	21	2	9	16	23	4	11	18	25	6	13	20	1	8	15	22	3	10	17	24	5	12	19

现在, 问能否用一个数学函数来表示上述变换? ($a \longleftrightarrow 7a \bmod 26$)

类似地, 可以构造一个数字变换

数字	0	1	2	3	4	5	6	7	8	9	10	11	12	13	14	15	16	17	18	19	20	21	22	23	24	25
$\updownarrow$																										
数字	1	4	16	11	44	17	15	7	28	6	24	43	13	52	49	37	42	9	36	38	46	25	47	29	10	40

现在, 问能否用一个数学函数来表示上述变换? ($a \longleftrightarrow 4^a \bmod 53$)

同样, 构造一个数字变换

数字	0	1	2	3	4	5	6	7	8	9	10	11	12	13	14	15	16	17	18	19	20	21	22	23	24	25
↕																										
数字	7	28	6	24	43	13	52	49	37	42	9	36	38	46	25	47	29	10	40	1	4	16	11	44	17	15

现在, 问能否用一个数学函数来表示上述变换? ($a \longleftrightarrow 7\quad 4^a \bmod 53$)

定义 2.1.1 给定一个正整数 m. 两个整数 a, b 叫做 模 m **同余**[1], 如果 $a-b$ 被 m 整除, 或 $m \mid a-b$, 就记作 $a \equiv b \pmod m$. 否则, 叫做模 m **不同余**, 记作 $a \not\equiv b \pmod m$.

例 2.1.1 因为 $29 \equiv 1 \pmod 7$, 则 $7 \mid 29-1$.

同样, $27 \equiv 6 \pmod 7$ 和 $23 \equiv -5 \pmod 7$.

同余的概念常常出现于日常生活中. 例如, 时针是模 12 或 24 小时. 分针和秒针是模 60, 星期是模 7. 还有白天与黑夜、四季、24 节气, 以及课程表、火车时刻表和飞机航班时刻表等.

2.1.2 同余的判断

如何判断两个整数 a, b 模 m 同余呢?

直接运用同余的定义, 就必须作欧几里得除法, 即计算 $a-b$ 被模 m 除的余数. 但这是一项冗长的工作. 因此, 引进一些等价的判别法, 以便更快捷地判断两个整数 a, b 模 m 是否同余.

首先, 通过整数 a, b 的表达形式来判断整数 a, b 模 m 是否同余.

定理 2.1.1 设 m 是一个正整数, 设 a, b 是两个整数, 则

$$a \equiv b \pmod m \tag{2.1}$$

的充要条件是存在一个整数 q 使得

$$a = b + q \cdot m. \tag{2.2}$$

证 如果式 (2.1) 成立, 则根据同余的定义有

$$m \mid a-b.$$

又根据整除的定义, 存在一个整数 q 使得 $a-b = q \cdot m$, 故式 (2.2) 成立.

反过来, 如果式 (2.2) 成立, 即存在一个整数 q 使得 $a = b + q \cdot m$, 则有

$$a-b = q \cdot m.$$

根据整除的定义有

$$m \mid a-b.$$

再根据同余的定义, 可知式 (2.1) 成立. 证毕.

[1]最先引用同余的概念与 $\equiv$ 符号者为德国数学家高斯.

例 2.1.2 因为 $39 = 5 \cdot 7 + 4$, 所以 $39 \equiv 4 \pmod 7$.

其次, 模同余具有一种叫做**等价关系**(自反性、对称性、传递性) 的性质, 运用它可快捷地判断两个整数 a, b 模 m 是否同余.

定理 2.1.2 设 m 是一个正整数, 则模 m 同余是等价关系, 即

(1) (自反性) 对任一整数 a, 有 $a \equiv a \pmod m$.

(2) (对称性) 若 $a \equiv b \pmod m$, 则 $b \equiv a \pmod m$.

(3) (传递性) 若 $a \equiv b \pmod m$, $b \equiv c \pmod m$, 则 $a \equiv c \pmod m$.

证 可运用定理 2.1.1 来给出证明.

(1) (自反性) 对任一整数 a, $a = a + 0 \cdot m$, 所以

$$a \equiv a \pmod m.$$

(2) (对称性) 若 $a \equiv b \pmod m$, 则存在整数 k 使得

$$a = b + q \cdot m,$$

从而有

$$b = a + (-q) \cdot m.$$

因此,

$$b \equiv a \pmod m.$$

(3) (传递性) 若 $a \equiv b \pmod m$, $b \equiv c \pmod m$, 则分别存在整数 q_1, q_2 使得

$$a = b + q_1 \cdot m, \qquad b = c + q_2 \cdot m,$$

从而

$$a = c + (q_1 + q_2) \cdot m.$$

因为 $q_1 + q_2$ 是整数, 所以

$$a \equiv c \pmod m.$$

证毕.

例 2.1.3 因为 $39 \equiv 32 \pmod 7$, $32 \equiv 25 \pmod 7$, 所以

$$39 \equiv 25 \pmod 7. \qquad \text{传递性}$$

同时有

$$39 \equiv 39 \pmod 7, \qquad 25 \equiv 25 \pmod 7, \qquad \text{自反性}$$

以及

$$32 \equiv 39 \pmod 7, \qquad 25 \equiv 32 \pmod 7. \qquad \text{对称性}$$

最后, 运用整数 a, b 被 m 除的余数, 可以判断整数 a, b 模 m 是否同余.

定理 2.1.3 设 m 是一个正整数, 则整数 a, b 模 m 同余的充分必要条件是 a, b 被 m 除的余数相同.

证 根据欧几里得除法, 分别存在整数 q, r 和 q', r' 使得

$$\begin{aligned} a &= q \cdot m + r, \quad 0 \leqslant r < m \\ b &= q' \cdot m + r', \quad 0 \leqslant r' < m \end{aligned}$$

两式相减, 得到

$$a - b = (q - q') \cdot m + (r - r'),$$

或者

$$(r - r') = a - b - (q - q') \cdot m.$$

因此, $m \mid a - b$ 的充分必要条件是 $m \mid r - r'$. 但因为 $0 \leqslant |r - r'| < m$, 且 $m \mid r - r'$ 的充分必要条件是 $r - r' = 0$, 所以 $m \mid a - b$ 的充分必要条件是 $r - r' = 0$, 定理成立. 证毕.

例 2.1.4 有 $39 \equiv 25 \pmod 7$, 因为

$$39 = 5 \cdot 7 + 4, \quad 25 = 3 \cdot 7 + 4.$$

因为模同余是等价关系, 且整数的加法运算和乘法运算都有交换律, 所以可得知整数 a, b 模 m 的加法运算和乘法运算的性质, 并可用来判断 a, b 模 m 是否同余.

定理 2.1.4 设 m 是一个正整数, 设 a_1, a_2, b_1, b_2 是 4 个整数. 如果

$$a_1 \equiv b_1 \pmod m, \qquad a_2 \equiv b_2 \pmod m,$$

则

(i) $a_1 + a_2 \equiv b_1 + b_2 \pmod m$. (2.3)

(ii) $a_1 \cdot a_2 \equiv b_1 \cdot b_2 \pmod m$. (2.4)

证 依题设, 根据定理 2.1.1 , 分别存在整数 q_1, q_2 使得

$$a_1 = b_1 + q_1 \cdot m, \quad a_2 = b_2 + q_2 \cdot m,$$

从而

$$\begin{aligned} a_1 + a_2 &= b_1 + b_2 + (q_1 + q_2) \cdot m, \\ a_1 \cdot a_2 &= b_1 \cdot b_2 + (q_1 \cdot m) \cdot b_2 + b_1 \cdot (q_2 \cdot m) + (q_1 \cdot m)(q_2 \cdot m) \\ &= b_1 \cdot b_2 + (q_1 + q_2 + q_1 \cdot q_2 \cdot m) \cdot m. \qquad \text{(交换性)} \end{aligned}$$

因为 $q_1 + q_2$, $q_1 + q_2 + q_1 \cdot q_2 \cdot m$ 都是整数, 所以根据定理 2.1.1, 可知式 (2.3) 和式 (2.4) 成立, 即定理成立. 证毕.

例 2.1.5 已知 $39 \equiv 4 \pmod 7$, $22 \equiv 1 \pmod 7$, 所以

$$\begin{aligned} 61 &= 39 + 22 \equiv 4 + 1 \equiv 5 \pmod 7, \\ 17 &= 39 - 22 \equiv 4 - 1 \equiv 3 \pmod 7, \\ 858 &= 39 \cdot 22 \equiv 4 \cdot 1 \equiv 4 \pmod 7, \\ 1521 &= 39^2 \equiv 4^2 \equiv 2 \pmod 7, \\ 484 &= 22^2 \equiv 1^2 \equiv 1 \pmod 7. \end{aligned}$$

例 2.1.6 2003 年 5 月 9 日是星期五，问第 2^{2003} 天是星期几？

解 因为

$$2^1 \equiv 2 \pmod 7, \quad 2^2 \equiv 4 \pmod 7, \quad 2^3 = 8 \equiv 1 \pmod 7,$$

又 $2003 = 667 \cdot 3 + 2$, 所以

$$2^{2003} = (2^3)^{667} \cdot 2^2 \equiv 1 \cdot 4 \equiv 4 \pmod 7.$$

故第 2^{2003} 天是星期二.

定理 2.1.5 若 $x \equiv y \pmod m$, $a_i \equiv b_i \pmod m$, $0 \leqslant i \leqslant k$, 则

$$a_0 + a_1 x + \cdots + a_k x^k \equiv b_0 + b_1 y + \cdots + b_k y^k \pmod m. \tag{2.5}$$

证 设 $x \equiv y \pmod m$, 由定理 2.1.4, 有

$$x^i \equiv y^i \pmod m, \quad 0 \leqslant i \leqslant k.$$

又 $a_i \equiv b_i \pmod m$, $0 \leqslant i \leqslant k$. 将它们对应相乘, 得

$$a_i x^i \equiv b_i y^i \pmod m, \quad 0 \leqslant i \leqslant k.$$

最后, 将这些同余式左右对应相加, 得到式 (2.5). 证毕.

定理 2.1.5 可以帮助快捷地判断一些整数是否被 3 或 9 整除.

定理 2.1.6 设整数 n 有十进制表示式

$$n = a_k 10^k + a_{k-1} 10^{k-1} + \cdots + a_1 10 + a_0, \quad 0 \leqslant a_i < 10.$$

则 (i) $3 \mid n$ 的充分必要条件是

$$3 \mid a_k + \cdots + a_0. \tag{2.6}$$

(ii) $9 \mid n$ 的充分必要条件是

$$9 \mid a_k + \cdots + a_0. \tag{2.7}$$

证 因为 $10 \equiv 1 \pmod 3$, 又 $1^i = 1$, $0 \leqslant i \leqslant k$. 所以, 根据定理 2.1.5, 有

$$a_k 10^k + a_{k-1} 10^{k-1} + \cdots + a_1 10 + a_0 \equiv a_k + \cdots + a_0 \pmod 3.$$

因此,

$$a_k 10^k + a_{k-1} 10^{k-1} + \cdots + a_1 10 + a_0 \equiv 0 \pmod 3$$

的充分必要条件是

$$a_k + \cdots + a_0 \equiv 0 \pmod 3.$$

结论 (i) 成立.

同理, 结论 (ii) 也成立. 证毕.

例 2.1.7 设 $n = 5\,874\,192$, 则 $3 \mid n$, $9 \mid n$.

解 因为

$$a_k + \cdots + a_0 = 5 + 8 + 7 + 4 + 1 + 9 + 2 = 36,$$

又 $3 \mid 36$, $9 \mid 36$, 根据定理 2.1.6, 有 $3 \mid n$, $9 \mid n$.

例 2.1.8 设 $n = 637\,653$, 则 n 被 3 整除，但不被 9 整除.

解 因为

$$a_k + \cdots + a_0 = 6 + 3 + 7 + 6 + 5 + 3 = 30 = 10 \cdot 3,$$

又 $3 \mid 10 \cdot 3$, $9 \nmid 10 \cdot 3$, 根据定理 2.1.6, 有 $3 \mid n$, $9 \nmid n$.

定理 2.1.7 设整数 n 有一千进制表示式:

$$n = a_k 1000^k + \cdots + a_1 1000 + a_0, \qquad 0 \leqslant a_i < 1000.$$

则 7(或 11, 或 13) 整除 n 的充分必要条件是 7 (或 11, 或 13) 能整除整数

$$(a_0 + a_2 + \cdots) - (a_1 + a_3 + \cdots).$$

证 因为

$$1000 = 7 \cdot 11 \cdot 13 - 1 \equiv -1 \pmod 7,$$

所以有

$$1000 \equiv 1000^3 \equiv 1000^5 \equiv \cdots \equiv -1 \pmod 7,$$

以及

$$1000^2 \equiv 1000^4 \equiv 1000^6 \equiv \cdots \equiv 1 \pmod 7.$$

根据定理 2.1.5, 可立即得到

$$\begin{aligned} & a_k 1000^k + a_{k-1} 1000^{k-1} + \cdots + a_1 1000 + a_0 \\ \equiv\ & a_k(-1)^k + a_{k-1}(-1)^{k-1} + \cdots + a_1(-1) + a_0 \\ \equiv\ & (a_0 + a_2 + \cdots) - (a_1 + a_3 + \cdots) \pmod 7. \end{aligned}$$

因此, $7 \mid n$ 的充分必要条件是

$$7 \mid (a_0 + a_2 + \cdots) - (a_1 + a_3 + \cdots).$$

即结论对于 $m = 7$ 成立.

同理, 结论对于 $m = 11$ 或 13 也成立. 证毕.

例 2.1.9 设 $n = 637\,693$, 则 n 被 7 整除, 但不被 11, 13 整除.

解 因为

$$n = 637 \cdot 1000 + 693,$$

又

$$(a_0 + a_2 + \cdots) - (a_1 + a_3 + \cdots) = 693 - 637 = 56 = 8 \cdot 7.$$

所以 n 被 7 整除, 但不被 11, 13 整除.

例 2.1.10 设 $n = 75\,312\,289$, 则 n 被 13 整除，但不被 7, 11 整除.

解 因为

$$n = 75 \cdot 1000^2 + 312 \cdot 1000 + 289,$$

又

$$(a_0 + a_2 + \cdots) - (a_1 + a_3 + \cdots) = (289 + 75) - 312 = 52 = 4 \cdot 13.$$

所以 n 被 13 整除, 但不被 7, 11 整除.

2.1.3 同余的性质

下面, 进一步讨论同余的性质.

定理 2.1.8 设 m 是一个正整数, 设 $d \cdot a \equiv d \cdot b \pmod{m}$. 如果 $(d, m) = 1$, 则

$$a \equiv b \pmod{m}.$$

证 若 $d \cdot a \equiv d \cdot b \pmod{m}$, 则 $m \mid d \cdot a - d \cdot b$, 即

$$m \mid d \cdot (a - b).$$

因为 $(d, m) = 1$, 根据定理 1.3.11 之推论, 可得 $m \mid a - b$, 所以结论成立. 证毕.

例 2.1.11 因为 $95 \equiv 25 \pmod{7}$, $(5, 7) = 1$, 所以 $19 \equiv 5 \pmod{7}$.

定理 2.1.9 设 m 是一个正整数, 设 $a \equiv b \pmod{m}$, $d > 0$, 则

$$d \cdot a \equiv d \cdot b \pmod{d \cdot m}.$$

证 设 $a \equiv b \pmod{m}$, 由定理 2.1.1, 存在整数 q, 使得

$$a = b + q \cdot m.$$

进而,

$$d \cdot a = d \cdot b + q \cdot (d \cdot m),$$

因此,

$$d \cdot a \equiv d \cdot b \pmod{d \cdot m}.$$

证毕.

例 2.1.12 因为 $19 \equiv 5 \pmod{7}$, $d = 4 > 0$, 所以

$$76 \equiv 20 \pmod{28}.$$

定理 2.1.10 设 m 是一个正整数, 设 $a \equiv b \pmod{m}$. 如果整数 $d \mid (a, b, m)$, 则

$$\frac{a}{d} \equiv \frac{b}{d} \left(\bmod\ \frac{m}{d}\right).$$

证 因为 $d \mid (a, b, m)$, 所以存在整数 a', b', m', 使得

$$a = a' \cdot d, \quad b = b' \cdot d, \quad m = m' \cdot d.$$

现在 $a \equiv b \pmod{m}$, 所以存在整数 q 使得

$$a = b + q \cdot m,$$

即

$$a' \cdot d = b' \cdot d + q \cdot m' \cdot d.$$

因此,

$$a' = b' + q \cdot m',$$

也就是

$$a' \ \equiv \ b' (\mathrm{mod} m')$$

或者

$$\frac{a}{d} \ \equiv \ \frac{b}{d} \left(\mathrm{mod}\ \frac{m}{d}\right).$$

证毕.

例 2.1.13 因为 $190 \equiv 50 \pmod{70}$, 所以取 $d = 10$, 得到

$$19 \equiv 5 \pmod{7}.$$

定理 2.1.11 设 m 是一个正整数, 设 $a \equiv b \pmod{m}$. 如果 $d \mid m$, 则

$$a \equiv b \pmod{d}.$$

证 因为 $d \mid m$, 所以存在整数 q_1 使得 $m = q_1 \cdot d$. 又因为 $a \equiv b \pmod{m}$, 所以存在整数 q_2 使得

$$a = b + q_2 \cdot m.$$

该式又可写成

$$a = b + (q_2 \cdot q_1) \cdot d.$$

故

$$a \equiv b \pmod{d}.$$

证毕.

例 2.1.14 因为 $190 \equiv 50 \pmod{70}$, 所以取 $d = 7$, 得到

$$190 \equiv 50 \pmod{7}.$$

定理 2.1.12 设 $m_1, \cdots, m_k$ 是 k 个正整数, 设 $a \equiv b \pmod{m_i}$, $i = 1, \cdots, k$, 则

$$a \equiv b \left(\mathrm{mod}\ [m_1, \cdots, m_k]\right). \tag{2.8}$$

证 设 $a \equiv b \pmod{m_i}$, $i = 1, \cdots, k$, 则

$$m_i \mid a - b, \quad i = 1, \cdots, k.$$

根据定理 1.4.7, 有

$$[m_1, \cdots, m_k] \mid a - b.$$

这就是式 (2.8). 证毕.

例 2.1.15 因为 $190 \equiv 50 \pmod 7$, $190 \equiv 50 \pmod{10}$ 以及 $(7, 10) = 1$, 所以

$$190 \equiv 50 \pmod{70}.$$

例 2.1.16 设 p, q 是不同的素数. 如果整数 a, b 满足

$$a \equiv b \pmod p, \quad a \equiv b \pmod q,$$

则有

$$a \equiv b \pmod{p \cdot q}.$$

证 设 $a \equiv b \pmod p$, $\quad a \equiv b \pmod p$, 则

$$p \mid a - b, \quad q \mid a - b.$$

因为 p, q 是不同的素数, 所以根据定理 1.4.4, 有

$$p \cdot q \mid a - b.$$

即

$$a \equiv b \pmod{p \cdot q}.$$

证毕.

定理 2.1.13 设 $a \equiv b \pmod m$, 则

$$(a, m) = (b, m).$$

证 设 $a \equiv b \pmod m$, 则存在整数 q 使得

$$a = b + q \cdot m.$$

根据定理 1.3.3, 有

$$(a, m) = (b, m).$$

证毕.

例 2.1.17 设 m, n, a 都是正整数. 如果

$$n^a \not\equiv 0, 1 \pmod m, \tag{2.9}$$

则存在 n 的一个素因数 p 使得

$$p^a \not\equiv 0, 1 \pmod m. \tag{2.10}$$

证 反证法. 如果存在 n 的一个素因数 p, 使得 $p^a \equiv 0 \pmod m$, 则 $m \mid p^a$. 但 $p^a \mid n^a$, 故 $m \mid n^a$, 即 $n^a \equiv 0 \pmod m$. 这与假设式 (2.9) 矛盾.

如果对 n 的每个素因数 p, 都有

$$p^a \equiv 1 \pmod m.$$

根据定理 2.1.4 (ii), 有

$$n^a \equiv 1 \pmod m.$$

这也与假设式 (2.9) 矛盾. 因此, 结论式 (2.10) 成立. 证毕.

2.2 剩余类及完全剩余系

2.2.1 剩余类与剩余

因为同余是一种等价关系, 所以可借助于同余对全体整数进行分类, 并将每类作为一个数来看待, 进而得到整数的一些新性质. 这些性质已在信息安全中得到普遍应用.

设 m 是一个正整数. 对任意整数 a, 令

$$C_a = \{c \mid c \in \mathbf{Z},\ c \equiv a \pmod m\}. \tag{2.11}$$

C_a 是非空集合, 因为 $a \in C_a$.

定理 2.2.1 设 m 是一个正整数, 则

(i) 任一整数必包含在一个 C_r 中, $0 \leqslant r \leqslant m-1$;

(ii) $C_a = C_b$ 的充分必要条件是

$$a \equiv b \pmod m. \tag{2.12}$$

(iii) C_a 与 C_b 的交集为空集的充分必要条件是

$$a \not\equiv b \pmod m. \tag{2.13}$$

证 (i) 设 a 为任一整数. 根据欧几里得除法 (见定理 1.1.9), 存在唯一的整数 q, r 使得

$$a = q \cdot m + r, \quad 0 \leqslant r < m.$$

因此, 有 $a \equiv r \pmod m$, a 包含在 C_r 中.

(ii) 因为 $a \in C_a = C_b$, 所以必要性成立.

下面证明充分性. 设整数 a, b 满足关系式 (2.12), 即

$$a \equiv b \pmod m.$$

只要证明 $C_a = C_b$ 即可. 对任意的整数 $c \in C_a$, 有

$$c \equiv a \pmod m.$$

由式 (2.12) 及定理 2.1.2 (iii) (传递性), 可得到

$$c \equiv b \pmod m.$$

这说明 $c \in C_b$ 以及 $C_a \subset C_b$.

同样, 对任意的整数 $c \in C_b$, 有

$$c \equiv b \pmod m.$$

由式 (2.12) 及定理 2.1.2 (ii) (对称性), 可得到

$$b \equiv a \pmod m.$$

再由定理 2.1.2 (iii) (传递性), 得到

$$c \equiv a \pmod{m}.$$

这说明 $c \in C_a$ 以及 $C_b \subset C_a$.

故 $C_a = C_b$.

(iii) 由 (ii) 立即得到必要性. 下面证明充分性.

反证法. 假设 C_a 与 C_b 的交集非空, 即存在整数 c 满足 $c \in C_a$ 及 $c \in C_b$, 则有

$$c \equiv a \pmod{m} \quad 及 \quad c \equiv b \pmod{m}.$$

对前一个同余式, 应用定理 2.1.2 (ii)(对称性), 可知

$$a \equiv c \pmod{m}.$$

再应用定理 2.1.2 (iii) (传递性), 得到

$$a \equiv b \pmod{m}.$$

这与假设矛盾，故 C_a 与 C_b 的交集为空集. 证毕.

定义 2.2.1 C_a 叫做模 m 的 a 的**剩余类**. 一个剩余类中的任一数叫做该类的**剩余**或**代表元**. 若 $r_0, r_1, \cdots, r_{m-1}$ 是 m 个整数，并且其中任何两个数都不在同一个剩余类里，则 $r_0, \cdots, r_{m-1}$ 叫做模 m 的一个**完全剩余系**.

模 m 的剩余类有 m 个，即

$$C_0,\ C_1,\ \cdots,\ C_{m-1}. \tag{2.14}$$

它们作为新的元素组成一个新集合, 通常写成

$$\mathbf{Z}/m\mathbf{Z} = \{C_0,\ C_1,\ \cdots,\ C_{m-1}\} = \{C_a \mid 0 \leqslant a \leqslant m-1\}. \tag{2.15}$$

特别地, 当 $m = p$ 为素数时, 也写成

$$\boldsymbol{F}_p = \mathbf{Z}/p\mathbf{Z} = \{C_0,\ C_1,\ \cdots,\ C_{p-1}\} = \{C_a \mid 0 \leqslant a \leqslant p-1\}. \tag{2.16}$$

注 1 剩余类实际上就是一个等价分类中的等价类, 其对应于等价关系 “模同余”(见定理 2.1.2).

注 2 $\mathbf{Z}/m\mathbf{Z}$ 中元素间的运算往往通过剩余类中的剩余或代表元来给出, 这时需要特别关注该运算不依赖于剩余或代表元的选取.

注 3 $\mathbf{Z}/m\mathbf{Z}$ 中元素间的加法运算定义为

$$C_a \oplus C_b := C_{a+b}. \tag{2.17}$$

此定义是合理的, 它不依赖于剩余或代表元的选取 (应用定理 2.1.4 (i)).

注 4 $\mathbf{Z}/m\mathbf{Z}$ 中元素间的乘法运算定义为

$$C_a \otimes C_b := C_{a \cdot b}. \tag{2.18}$$

此定义是合理的, 它不依赖于剩余或代表元的选取 (应用定理 2.1.4 (ii)).

注 5 记

$$(\mathbf{Z}/m\mathbf{Z})^* = \{C_a \mid C_a \in \mathbf{Z}/m\mathbf{Z}, (a,m)=1\}. \tag{2.19}$$

对于 $C_a, C_b \in (\mathbf{Z}/m\mathbf{Z})^*$, 有 $C_{a\cdot b} \in (\mathbf{Z}/m\mathbf{Z})^*$ (应用定理 1.3.12).

例 2.2.1 设正整数 $m=10$. 对任意整数 a, 集合

$$C_a = \{a + k\cdot 10 \mid k \in \mathbf{Z}\}$$

是模 $m=10$ 的剩余类.

0, 1, 2, 3, 4, 5, 6, 7, 8, 9 为模 10 的一个完全剩余系.

1, 2, 3, 4, 5, 6, 7, 8, 9, 10 为模 10 的一个完全剩余系.

0, −1, −2, −3, −4, −5, −6, −7, −8, −9 为模 10 的一个完全剩余系.

0, 3, 6, 9, 12, 15, 18, 21, 24, 27 为模 10 的一个完全剩余系.

10, 11, 22, 33, 44, 55, 66, 77, 88, 99 为模 10 的一个完全剩余系.

2.2.2 完全剩余系

下面给出 m 个整数构成一个完全剩余系的条件.

定理 2.2.2 设 m 是一个正整数, 则 m 个整数 r_0, r_1, $\cdots$, r_{m-1} 为模 m 的一个完全剩余系的充分必要条件是它们模 m 两两不同余.

证 设 r_0, r_1, $\cdots$, r_{m-1} 是模 m 的一个完全剩余系. 根据定理 2.2.1 (ii), 它们模 m 两两不同余.

反过来, 设 r_0, r_1, $\cdots$, r_{m-1} 模 m 两两不同余. 根据定理 2.2.1 (iii), 这 m 个整数中的任何两个整数都不在同一个剩余类里. 因此, 它们成为模 m 的一个完全剩余系. 证毕.

例 2.2.2 设 m 是一个正整数, 则

(i) 0, 1, $\cdots$, $m-1$ 是模 m 的一个完全剩余系, 叫做模 m 的**最小非负完全剩余系**;

(ii) 1, $\cdots$, $m-1$, m 是模 m 的一个完全剩余系, 叫做模 m 的**最小正完全剩余系**;

(iii) $-(m-1)$, $\cdots$, -1, 0 是模 m 的一个完全剩余系, 叫做模 m 的**最大非正完全剩余系**;

(iv) $-m$, $-(m-1)$, $\cdots$, -1 是模 m 的一个完全剩余系, 叫做模 m 的**最大负完全剩余系**;

(v) 当 m 分别为偶数时,

$$-\frac{m}{2},\ -\frac{m-2}{2},\ \cdots,\ -1,\ 0,\ 1,\ \cdots,\ \frac{m-2}{2}$$

或

$$-\frac{m-2}{2},\ \cdots,\ -1,\ 0,\ 1,\ \cdots,\ \frac{m-2}{2},\ \frac{m}{2}$$

是模 m 的一个完全剩余系;

当 m 分别为奇数时,

$$-\frac{m-1}{2},\ \cdots,\ -1,\ 0,\ 1,\ \cdots,\ \frac{m-1}{2}$$

是模 m 的一个完全剩余系, 上述两个完全剩余系统称为模 m 的一个**绝对值最小完全剩余系**.

定理 2.2.3 设 m 是正整数, a 是满足 $(a,m)=1$ 的整数, b 是任意整数. 若 k 遍历模 m 的一个完全剩余系, 则

$$a\cdot k+b \tag{2.20}$$

也遍历模 m 的一个完全剩余系.

证 根据定理 2.2.2, 只需证明: 当

$$k_0,\ k_1,\ \cdots,\ k_{m-1}$$

是模 m 的一个完全剩余系时, m 个整数

$$a\cdot k_0+b,\ a\cdot k_1+b,\ \cdots,\ a\cdot k_{m-1}+b$$

模 m 两两不同余. 事实上, 若存在 k_i 和 k_j $(i\neq j)$ 使得

$$a\cdot k_i+b\equiv a\cdot k_j+b \pmod m,$$

则 $m\mid a\cdot(k_i-k_j)$. 因为 $(a,m)=1$, 根据定理 1.3.11 的推论, 有 $m\mid k_i-k_j$. 这说明 k_i 与 k_j 模 m 同余, 与假设矛盾. 因此, $a\cdot k+b$ 也遍历模 m 的一个完全剩余系. 证毕.

注 定理 2.2.3 表明: $C_{a\cdot k_0+b},\cdots,C_{a\cdot k_{m-1}+b}$ 是 $\mathbf{Z}/m\mathbf{Z}$ 中全部元素 $C_{k_0},\cdots,C_{k_{m-1}}$ 的一个置换.

例 2.2.3 设 $m=10$, $a=7$, $b=5$, 则形为 $a\cdot k+b$ 的 10 个数

$$5,\ 12,\ 19,\ 26,\ 33,\ 40,\ 47,\ 54,\ 61,\ 68$$

构成模 10 的一个完全剩余系.

2.2.3 两个模的完全剩余系

定理 2.2.4 设 m_1, m_2 是两个互素的正整数. 若 k_1, k_2 分别遍历模 m_1, m_2 的完全剩余系, 则

$$m_2\cdot k_1+m_1\cdot k_2 \tag{2.21}$$

遍历模 $m_1\cdot m_2$ 的完全剩余系.

证 因为 k_1, k_2 分别遍历 m_1, m_2 个数时, $m_2\cdot k_1+m_1\cdot k_2$ 遍历 $m_1\cdot m_2$ 个整数, 所以只需证明这 $m_1\cdot m_2$ 个整数模 $m_1\cdot m_2$ 两两不同余. 事实上, 若整数 k_1, k_2 和 k_1', k_2' 满足

$$m_2\cdot k_1+m_1\cdot k_2\equiv m_2\cdot k_1'+m_1\cdot k_2' \pmod{m_1\cdot m_2}, \tag{2.22}$$

则根据定理 2.1.11, 有

$$m_2\cdot k_1+m_1\cdot k_2\equiv m_2\cdot k_1'+m_1\cdot k_2' \pmod{m_1}, \tag{2.23}$$

或者

$$m_2\cdot k_1\equiv m_2\cdot k_1' \pmod{m_1}, \tag{2.24}$$

进而, $m_1\mid m_2(k_1-k_1')$. 因为 $(m_1,m_2)=1$, 所以 $m_1\mid k_1-k_1'$. 故 k_1 与 k_1' 模 m_1 同余.

同理, k_2 与 k_2' 模 m_2 同余.

因此, 定理是成立的. 证毕.

例 2.2.4 设 $m_1 = 14$, $m_2 = 15$, 则当 k_1, k_2 分别遍历模 m_1, m_2 的完全剩余系时, $k_3 = m_2 \cdot k_1 + m_1 \cdot k_2$ 遍历模 $m_1 \cdot m_2$ 的完全剩余系.

$k_1 \setminus k_3 \setminus k_2$	0	1	2	3	4	5	6	7	8	9	10	11	12	13	14
0	0	14	28	42	56	70	84	98	112	126	140	154	168	182	196
1	15	29	43	57	71	85	99	113	127	141	155	169	183	197	1
2	30	44	58	72	86	100	114	128	142	156	170	184	198	2	16
3	45	59	73	87	101	115	129	143	157	171	185	199	3	17	31
4	60	74	88	102	116	130	144	158	172	186	200	4	18	32	46
5	75	89	103	117	131	145	159	173	187	201	5	19	33	47	61
6	90	104	118	132	146	160	174	188	202	6	20	34	48	62	76
7	105	119	133	147	161	175	189	203	7	21	35	49	63	77	91
8	120	134	148	162	176	190	204	8	22	36	50	64	78	92	106
9	135	149	163	177	191	205	9	23	37	51	65	79	93	107	121
10	150	164	178	192	206	10	24	38	52	66	80	94	108	122	136
11	165	179	193	207	11	25	39	53	67	81	95	109	123	137	151
12	180	194	208	12	26	40	54	68	82	96	110	124	138	152	166
13	195	209	13	27	41	55	69	83	97	111	125	139	153	167	181

例 2.2.5 设 p, q 是两个不同的素数, n 是它们的乘积, 则对任意的整数 c, 存在唯一的一对整数 x, y 满足

$$q \cdot x + p \cdot y \equiv c \pmod{n}, \qquad 0 \leqslant x < p,\ 0 \leqslant y < q.$$

证 因为 p, q 是两个不同的素数, 所以 p, q 是互素的. 根据定理 2.2.4 及其证明, 知 x, y 分别遍历模 p, q 的完全剩余系时, $q \cdot x + p \cdot y$ 遍历模 $n = p \cdot q$ 的完全剩余系. 因此, 存在唯一的一对整数 x, y 满足

$$q \cdot x + p \cdot y \equiv c \pmod{n}, \qquad 0 \leqslant x < p,\ 0 \leqslant y < q.$$

证毕.

例 2.2.6 设 $m_1 = 2$, $m_2 = 5$, 则形为 $5k_1 + 2k_2$ 的 10 个数

$$0,\ 2,\ 4,\ 6,\ 8,\ 5,\ 7,\ 9,\ 11,\ 13$$

构成模 10 的一个完全剩余系.

2.2.4 多个模的完全剩余系

定理 2.2.5 设 $m_1, m_2, \cdots, m_k$ 是 k 个互素的正整数. 若 $x_1, x_2, \cdots, x_k$ 分别遍历模 $m_1, m_2, \cdots, m_k$ 的完全剩余系, 则

$$m_2 \cdots m_k \cdot x_1 + m_1 \cdot m_3 \cdots m_k \cdot x_2 + \cdots + m_1 \cdots m_{k-1} \cdot x_k \tag{2.25}$$

遍历模 $m_1m_2\cdots m_k$ 的完全剩余系.

证一 (直接证明) 因为 $x_1, x_2, \cdots, x_k$ 分别遍历 $m_1, m_2, \cdots, m_k$ 个数时,

$$m_2\cdots m_k\cdot x_1+m_1\cdot m_3\cdots m_k\cdot x_2+\cdots+m_1\cdots m_{k-1}\cdot x_k$$

遍历 $m_1m_2\cdots m_k$ 个整数, 所以只需证明这 $m_1m_2\cdots m_k$ 个整数模 $m_1m_2\cdots m_k$ 两两不同余. 事实上, 若整数 $x_1, x_2, \cdots, x_k$ 和 $y_1, y_2, \cdots, y_k$ 满足

$$\begin{aligned}&m_2\cdots m_k\cdot x_1+m_1\cdot m_3\cdots m_k\cdot x_2+\cdots+m_1\cdots m_{k-1}\cdot x_k\\ \equiv\ &m_2\cdots m_k\cdot y_1+m_1\cdot m_3\cdots m_k\cdot y_2+\cdots+m_1\cdots m_{k-1}\cdot y_k \pmod{m_1m_2\cdots m_k},\end{aligned}$$

则对于 m_1, 根据定理 2.1.11, 有

$$\begin{aligned}&m_2\cdots m_k\cdot x_1+m_1\cdot m_3\cdots m_k\cdot x_2+\cdots+m_1\cdots m_{k-1}\cdot x_k\\ \equiv\ &m_2\cdots m_k\cdot y_1+m_1\cdot m_3\cdots m_k\cdot y_2+\cdots+m_1\cdots m_{k-1}\cdot y_k \pmod{m_1},\end{aligned}$$

或者

$$m_2\cdots m_k\cdot x_1\equiv m_2\cdots m_k\cdot y_1 \pmod{m_1},$$

进而, $m_1\mid m_2\cdots m_k(x_1-y_1)$. 因为 $(m_1,m_2)=1,\cdots,(m_1,m_k)=1$, 所以

$$(m_1,m_2\cdots m_k)=1,$$

从而 $m_1\mid x_1-y_1$. 故 x_1 与 y_1 模 m_1 同余.

同理, x_2 与 y_2 模 m_2 同余,$\cdots\cdots$, x_k 与 y_k 模 m_k 同余.

因此, 定理是成立的.

证二 (归纳证明) 对 k 运用数学归纳法. $k=2$ 时, 命题就是定理 2.2.4, 命题成立.

假设 $k\geqslant 3$, 命题对 $k-1$ 成立, 即 $x_1, x_2, \cdots, x_{k-1}$ 分别遍历 $m_1, m_2, \cdots, m_{k-1}$ 个数时,

$$y_1=m_2\cdots m_{k-1}\cdot x_1+m_1\cdot m_3\cdots m_{k-1}\cdot x_2+\cdots+m_1\cdots m_{k-2}\cdot x_{k-1}$$

遍历 $m_1m_2\cdots m_{k-1}$ 的完全剩余系.

对于 k, 有

$$m_2\cdots m_k\cdot x_1+\cdots+m_1\cdots m_{k-2}\cdot m_k\cdot x_{k-1}+m_1\cdots m_{k-1}\cdot x_k=m_k\cdot y_1+m_1\cdots m_{k-1}\cdot x_k$$

其中 $y_1=m_2\cdots m_{k-1}\cdot x_1+\cdots+m_1\cdots m_{k-2}\cdot x_{k-1}$. 根据归纳假设, $x_1, x_2, \cdots, x_{k-1}$ 分别遍历 $m_1, m_2, \cdots, m_{k-1}$ 个数时, y_1 遍历模 $m_1\cdots m_{k-1}$ 的完全剩余系. 因此, 根据定理 2.2.4, $m_k\cdot y_1+m_1\cdots m_{k-1}\cdot x_k$ 遍历模 $m_1\cdots m_{k-1}m_k$ 的完全剩余系. 这就是说, 命题对 k 成立.

证毕.

2.3 简化剩余系与欧拉函数

2.3.1 欧拉函数

在讨论简化剩余类之前, 先给出欧拉函数的定义. 欧拉函数具有自身的函数性质, 也与简化剩余系相关联.

定义 2.3.1 设 m 是一个正整数，则 m 个整数 $1, \cdots, m-1, m$ 中与 m 互素的整数的个数，记作 $\varphi(m)$，通常叫做**欧拉** (Euler) **函数**.

例 2.3.1 设 $m=10$. 则 10 个整数 1, 2, 3, 4, 5, 6, 7, 8, 9, 10 中与 10 互素的整数为 1, 3, 7, 9，所以 $\varphi(10)=4$.

例 2.3.2 设 $m=p$ 为素数，则 p 个整数 $1, 2, \ldots, p-1, p$ 中与 p 互素的整数为 $1, 2, \ldots, p-1$，所以 $\varphi(p)=p-1$.

定理 2.3.1 对于素数幂 $m=p^\alpha$，有

$$\varphi(m)=p^\alpha-p^{\alpha-1}=m\prod_{p\mid m}\left(1-\frac{1}{p}\right). \tag{2.26}$$

证 对于素数幂 $m=p^\alpha$，从 1 到 m 的 m 个整数的形式为

$$\begin{array}{rcrr}
1, & \cdots, & p-1, & 1\cdot p \\
p+1, & \cdots, & p+p-1, & 2\cdot p \\
2\cdot p+1, & \cdots, & 2\cdot p+p-1, & 3\cdot p \\
 & \vdots & & \\
(p^{\alpha-1}-1)\cdot p+1, & \cdots, & (p^{\alpha-1}-1)\cdot p+p-1, & p^{\alpha-1}\cdot p
\end{array} \tag{2.27}$$

其中与 m 不互素的整数为

$$1\cdot p,\ 2\cdot p,\ \cdots,\ (p^{\alpha-1}-1)\cdot p,\ p^{\alpha-1}\cdot p, \tag{2.28}$$

共有 $p^{\alpha-1}$ 个整数. 因此, m 个整数中与 m 互素的整数个数为 $p^\alpha-p^{\alpha-1}$, 即有式 (2.26), 证毕.

例 2.3.3 设 $m=7^2$, 则 $\varphi(7^2)=7^2\left(1-\frac{1}{7}\right)=42$.

2.3.2 简化剩余类与简化剩余系

前面讨论了模同余, 以及模 m 剩余类和完全剩余系. 在讨论中, 常常假定两个整数 a, m 互素的条件, 即 $(a,m)=1$.

下面讨论剩余与 m 互素的剩余类的性质.

定义 2.3.2 一个模 m 的剩余类叫做 **简化剩余类**，如果该类中存在一个与 m 互素的剩余. 这时，简化剩余类中的剩余叫做 **简化剩余**.

注

(1) 简化剩余类的这个定义与剩余的选取无关.

(2) 两个简化剩余的乘积仍是简化剩余.

定理 2.3.2 设 r_1, r_2 是同一模 m 剩余类的两个剩余, 则 r_1 与 m 互素的充分必要条件是 r_2 与 m 互素.

证 依题设, 存在整数 q, 使得

$$r_1=r_2+q\cdot m.$$

根据定理 1.3.3, $(r_1,m)=(r_2,m)$. 故 $(r_1,m)=1$ 的充分必要条件是 $(r_2,m)=1$. 证毕.

模 m 的简化剩余类的全体所组成的集合通常写成 (见定义 2.2.1 注 5)

$$(\mathbf{Z}/m\mathbf{Z})^*=\{C_a \mid 0\leqslant a\leqslant m-1,\ (a,m)=1\}. \tag{2.29}$$

特别地, 当 $m=p$ 为素数时, 也写成

$$\boldsymbol{F}_p^*=(\mathbf{Z}/p\mathbf{Z})^*=\{C_1,\ \cdots,\ C_{p-1}\}=\boldsymbol{F}_p\setminus\{C_0\}. \tag{2.30}$$

定义 2.3.3 设 m 是一个正整数. 在模 m 的所有不同简化剩余类中, 从每个类任取一个数组成的整数的集合, 叫做模 m 的一个 **简化剩余系**.

因为模 m 的最小正完全剩余系 $\{1,\ 2,\ \cdots,\ m-1,\ m\}$ 中, 与 m 互素的整数全体构成模 m 的简化剩余系, 所以模 m 的简化剩余系的元素个数为 $\varphi(m)$. 因此,

$$\left|(\mathbf{Z}/m\mathbf{Z})^*\right|=\varphi(m).$$

性质 2.3.1 设 $m>1$ 是整数, $a,\ b$ 是模 m 的两个简化剩余, 则它们的乘积也是简化剩余.

证 直接由定理 1.3.12 得到. 证毕.

例 2.3.4 设 m 是一个正整数, 则

(i) m 个整数 $0,\ 1,\ \cdots,\ m-1$ 中与 m 互素的整数全体组成模 m 的一个简化剩余系, 叫做模 m 的 **最小非负简化剩余系**;

(ii) m 个整数 $1,\ \cdots,\ m-1,\ m$ 中与 m 互素的整数全体组成模 m 的一个简化剩余系, 叫做模 m 的 **最小正简化剩余系**;

(iii) m 个整数 $-(m-1),\ \cdots,\ -1,\ 0$ 中与 m 互素的整数全体组成模 m 的一个简化剩余系, 叫做模 m 的 **最大非正简化剩余系**;

(iv) m 个整数 $-m,\ -(m-1),\ \cdots,\ -1$ 中与 m 互素的整数全体组成模 m 的一个简化剩余系, 叫做模 m 的 **最大负简化剩余系**;

(v) m 个整数 $1,\ \cdots,\ m-1,\ m$ 中与 m 互素的整数全体组成模 m 的一个简化剩余系, 叫做模 m 的 **最小正简化剩余系**;

(vi) 当 m 分别为偶数时, m 个整数

$$-\frac{m}{2},\ -\frac{m-2}{2},\ \cdots,\ -1,\ 0,\ 1,\ \cdots,\ \frac{m-2}{2}$$

或 m 个整数

$$-\frac{m-2}{2},\ \cdots,\ -1,\ 0,\ 1,\ \cdots,\ \frac{m-2}{2},\ \frac{m}{2}$$

中与 m 互素的整数全体组成模 m 的一个简化剩余系.

当 m 分别为奇数时, m 个整数

$$-\frac{m-1}{2},\ \cdots,\ -1,\ 0,\ 1,\ \cdots,\ \frac{m-1}{2}$$

中与 m 互素的整数全体组成模 m 的一个简化剩余系, 上述两个简化剩余系统称为模 m 的一个 **绝对值最小简化剩余系**.

例 2.3.5 1, 3, 7, 9 是模 10 的简化剩余系，$\varphi(10)=4$.

例 2.3.6 1, 7, 11, 13, 17, 19, 23, 29 是模 30 的简化剩余系，$\varphi(30)=8$.

例 2.3.7 1, 2, 3, 4, 5, 6 是模 7 的简化剩余系，$\varphi(7)=6$.

例 2.3.8 当 $m=p$ 为素数时，1, 2, $\cdots$, $p-1$ 是模 p 的简化剩余系，所以 $\varphi(p)=p-1$.

定理 2.3.3 设 m 是一个正整数. 若 $r_1, \cdots, r_{\varphi(m)}$ 是 $\varphi(m)$ 个与 m 互素的整数，并且两两模 m 不同余，则 $r_1, \cdots, r_{\varphi(m)}$ 是模 m 的一个简化剩余系.

证 根据定理的假设条件及定理 2.2.1, 知 $\varphi(m)$ 个整数 $r_1, \cdots, r_{\varphi(m)}$ 是模 m 的所有不同简化剩余类的剩余. 因此, $r_1, \cdots, r_{\varphi(m)}$ 是模 m 的一个简化剩余系. 证毕.

定理 2.3.4 设 m 是一个正整数，a 是满足 $(a,m)=1$ 的整数. 如果 k 遍历模 m 的一个简化剩余系，则 $a\cdot k$ 也遍历模 m 的一个简化剩余系.

证 因为 $(a,m)=1$, $(k,m)=1$, 根据定理 1.3.12, 有

$$(a\cdot k,m)=1.$$

这说明 $a\cdot k$ 是简化剩余类的剩余. 又 $a\cdot k_1\equiv a\cdot k_2 \pmod m$ 时, 有 $k_1\equiv k_2 \pmod m$. 因此, k 遍历模 m 的一个简化剩余系时, $a\cdot k$ 遍历 $\varphi(m)$ 个数, 且它们两两模 m 不同余. 根据定理 2.3.3, $a\cdot k$ 遍历模 m 的一个简化剩余系. 证毕.

注 定理 2.3.4 是说, $C_{a\cdot k_1},\cdots,C_{a\cdot k_{\varphi(m)}}$ 是 $(\mathbf{Z}/m\mathbf{Z})^*$ 中全部元素 $C_{k_1},\cdots,C_{k_{\varphi(m)}}$ 的一个置换.

例 2.3.9 已知 1, 7, 11, 13, 17, 19, 23, 29 是模 30 的简化剩余系, $(7,30)=1$. 所以

$$\begin{array}{lll} 7\cdot 1\equiv 7, & 7\cdot 7=49\equiv 19, & 7\cdot 11=77\equiv 17, \\ 7\cdot 13=91\equiv 1, & 7\cdot 17=119\equiv 29, & 7\cdot 19=133\equiv 13, \\ 7\cdot 23=161\equiv 11, & 7\cdot 29=203\equiv 23 & \pmod{30}. \end{array}$$

因此, $7\cdot 1$, $7\cdot 7$, $7\cdot 11$, $7\cdot 13$, $7\cdot 17$, $7\cdot 19$, $7\cdot 23$, $7\cdot 29$ 是模 30 的简化剩余系.

例 2.3.10 设 $m=7$. 设 a 表示第一列数，为与 m 互素的给定数. 设 k 表示第一行数，遍历模 m 的简化剩余系. 设 a 所在行与 k 所在列的交叉位置表示 $a\cdot k$ 模 m 最小非负剩余，则可得到以下列表.

$a\setminus k$	1	2	3	4	5	6
1	1	2	3	4	5	6
2	2	4	6	1	3	5
3	3	6	2	5	1	4
4	4	1	5	2	6	3
5	5	3	1	6	4	2
6	6	5	4	3	2	1

其中 a 所在行的数表示 $a\cdot k$ 随 k 遍历模 m 的简化剩余系.

例 2.3.11 设 $m=15$. 设 a 表示第一列数，为与 m 互素的给定数. 设 k 表示第一行数，遍历模 m 的简化剩余系. 设 a 所在行与 k 所在列的交叉位置表示 $a\cdot k$ 模 m 最小非负剩余，则可得到以下列表.

$a\setminus k$	1	2	4	7	8	11	13	14
1	1	2	4	7	8	11	13	14
2	2	4	8	14	1	7	11	13
4	4	8	1	13	2	14	7	11
7	7	14	13	4	11	2	1	8
8	8	1	2	11	4	13	14	7
11	11	7	14	2	13	1	8	4
13	13	11	7	1	14	8	4	2
14	14	13	11	8	7	4	2	1

其中 a 所在行的数表示 $a\cdot k$ 随 k 遍历模 m 的简化剩余系.

定理 2.3.5 设 m 是一个正整数，a 是满足 $(a,m)=1$ 的整数，则存在唯一的整数 a', $1\leqslant a'<m$ 使得

$$a\cdot a'\equiv 1 \pmod{m}. \tag{2.31}$$

证一 (存在性证明) 因为 $(a,m)=1$, 根据定理 2.3.4, k 遍历模 m 的一个最小简化剩余系时, $a\cdot k$ 也遍历模 m 的一个简化剩余系. 因此, 存在整数 $k=a'$, $1\leqslant a'<m$ 使得 $a\cdot a'$ 属于 1 的剩余类, 即式 (2.31) 成立.

(唯一性证明) 若有整数 a', a'' $1\leqslant a'$, $a''<m$ 使得

$$a\cdot a'\equiv 1,\quad a\cdot a''\equiv 1 \pmod{m},$$

则 $a(a'-a'')\equiv 0 \pmod{m}$, 从而, $a'-a''\equiv 0 \pmod{m}$. 故 $a'=a''$. 证毕.

因为在实际运用中, 常常需要具体地求出整数, 所以运用广义欧几里得除法给出定理 2.3.5 的构造性证明.

证二 (构造性证明) 因为 $(a,m)=1$, 根据定理 1.3.7, 运用广义欧几里得除法, 可找到整数 s, t 使得

$$s\cdot a+t\cdot m=(a,m)=1.$$

因此, 整数 $a'=s \pmod{m}$ 满足式 (2.31). 证毕.

例 2.3.12 设 $m=7$, a 表示与 m 互素的整数. 根据定理 2.3.5, 可得到相应的同余式.

$$1\cdot 1\equiv 1,\quad 2\cdot 4\equiv 1,\quad 3\cdot 5\equiv 1 \pmod{7};$$
$$4\cdot 2\equiv 1,\quad 5\cdot 3\equiv 1,\quad 6\cdot 6\equiv 1 \pmod{7}.$$

例 2.3.13 设 $m=737$, $a=635$. 根据例 1.3.19, 由广义欧几里得除法，可找到整数 $s=-224$, $t=193$ 使得

$$(-224)\cdot 635+193\cdot 737=1.$$

因此, $a' = -224 \equiv 513 \pmod{737}$ 使得

$$635 \cdot 513 \equiv 1 \pmod{737}.$$

2.3.3 两个模的简化剩余系

定理 2.3.6 设 m_1, m_2 是互素的两个正整数. 如果 k_1, k_2 分别遍历模 m_1 和模 m_2 的简化剩余系, 则

$$m_2 \cdot k_1 + m_1 \cdot k_2 \tag{2.32}$$

遍历模 $m_1 \cdot m_2$ 的简化剩余系.

证 首先证明 $(k_1, m_1) = 1$, $(k_2, m_2) = 1$ 时,

$$(m_2 \cdot k_1 + m_1 \cdot k_2, m_1 \cdot m_2) = 1.$$

事实上, 因为 $(m_1, m_2) = 1$, 根据定理 1.3.3 和定理 1.3.11, 有

$$(m_2 \cdot k_1 + m_1 \cdot k_2, m_1) = (m_2 \cdot k_1, m_1) = (k_1, m_1) = 1,$$

$$(m_2 \cdot k_1 + m_1 \cdot k_2, m_2) = (m_1 \cdot k_2, m_2) = (k_2, m_2) = 1,$$

因此, 再根据定理 1.3.12, 可得到

$$(m_2 \cdot k_1 + m_1 \cdot k_2, m_1 \cdot m_2) = 1.$$

其次, 证明模 $m_1 \cdot m_2$ 的任一简化剩余可表示为式 (2.32), 其中 $(k_1, m_1) = 1$, $(k_2, m_2) = 1$. 事实上, 根据定理 2.2.4, 模 $m_1 \cdot m_2$ 的任一剩余可以表示为式 (2.21), 即

$$m_2 \cdot k_1 + m_1 \cdot k_2.$$

因此, 当 $(m_2 \cdot k_1 + m_1 \cdot k_2, m_1 \cdot m_2) = 1$ 时, 根据定理 1.3.11 和定理 1.3.3, 有

$$(k_1, m_1) = (m_2 \cdot k_1, m_1) = (m_2 \cdot k_1 + m_1 \cdot k_2, m_1) = 1.$$

同理, $(k_2, m_2) = 1$. 结论成立. 证毕.

例 2.3.14 设 $m_1 = 14$, $m_2 = 15$, 则当 k_1, k_2 分别遍历模 m_1, m_2 的简化剩余系时, $k_3 = m_2 \cdot k_1 + m_1 \cdot k_2$ 遍历模 $m_1 \cdot m_2 = 210$ 的简化剩余系.

$k_1 \setminus k_3 \setminus k_2$	1	2	4	7	8	11	13	14
1	29	43	71	113	127	169	197	1
3	59	73	101	143	157	199	17	31
5	89	103	131	173	187	19	47	61
9	149	163	191	23	37	79	107	121
11	179	193	11	53	67	109	137	151
13	209	13	41	83	97	139	167	181

2.3.4 欧拉函数的性质

从定理 2.3.6 可以推出欧拉函数 φ 的性质 (即 φ 是所谓的乘性函数).

定理 2.3.7 设 m, n 是互素的两个正整数, 则

$$\varphi(m \cdot n) = \varphi(m) \cdot \varphi(n). \tag{2.33}$$

证 根据定理 2.3.6, 当 k_1 遍历模 m 的简化剩余系, 共 $\varphi(m)$ 个整数, 以及 k_2 遍历模 n 的简化剩余系, 共 $\varphi(n)$ 个整数时, $n \cdot k_1 + m \cdot k_2$ 遍历模 $m \cdot n$ 的简化剩余系, 其整数个数为 $\varphi(m) \cdot \varphi(n)$. 但模 $m \cdot n$ 的简化剩余系的元素个数又为 $\varphi(m \cdot n)$, 故式 (2.33) 成立. 证毕.

例 2.3.15 $\varphi(77) = \varphi(7)\varphi(11) = 6 \cdot 10 = 60$.

例 2.3.16 $\varphi(30) = \varphi(2)\varphi(3)\varphi(5) = 1 \cdot 2 \cdot 4 = 8$.

下面再给出欧拉函数 $\varphi(m)$ 的计算.

定理 2.3.8 设正整数 m 的标准因数分解式为

$$m = \prod_{p|m} p^{\alpha} = p_1^{\alpha_1} \cdots p_k^{\alpha_s},$$

则

$$\varphi(m) = m \prod_{p|m}\Big(1 - \frac{1}{p}\Big) = m\Big(1 - \frac{1}{p_1}\Big) \cdots \Big(1 - \frac{1}{p_k}\Big). \tag{2.34}$$

证 由欧拉函数的可乘性 (定理 2.3.7 的式 (2.33)), 以及定理 2.3.1 的式 (2.26), 有

$$\begin{aligned} \varphi(m) &= \prod_{p|m} \varphi(p^{\alpha}) = \prod_{p|m}(p^{\alpha} - p^{\alpha-1}) \\ &= m\Big(1 - \frac{1}{p_1}\Big) \cdots \Big(1 - \frac{1}{p_k}\Big). \end{aligned}$$

证毕.

特别地, 当 m 是不同素数 p, q 的乘积时, 有

推论 设 p, q 是不同的素数, 则

$$\varphi(p \cdot q) = p \cdot q - p - q + 1. \tag{2.35}$$

证明 由定理 2.3.8, 有

$$\varphi(p \cdot q) = \varphi(p)\varphi(q) = (p-1)(q-1) = p \cdot q - p - q + 1.$$

证毕.

注 当 m 为合数, 且不知道 m 的因数分解式时, 通常很难求出 m 的欧拉函数值 $\varphi(m)$.

例 2.3.17 设正整数 m 是两个不同素数的乘积. 如果知道 m 和欧拉函数值 $\varphi(m)$, 则可求出 m 的因数分解式.

证 考虑未知数 p, q 的方程组

$$\begin{cases} p + q = n + 1 - \varphi(m) \\ p \cdot q = m \end{cases}.$$

根据多项式的根与系数之间的关系, 可以从二次方程

$$z^2-(m+1-\varphi(m))z+m=0$$

求出 m 的因数 p,q. 证毕.

下面进一步考虑欧拉函数的性质, 该性质将用于原根的构造.

定理 2.3.9 设 m 是一个正整数. 则

$$\sum_{d\,|\,m}\varphi(d)=m. \tag{2.36}$$

证 对 m 个整数集 $C=\{1,\cdots,m\}$ 按照与 m 的最大公因数进行分类.

对于正整数 $d\mid m$, 记

$$C_d=\{n\mid 1\leqslant n\leqslant m,\ (n,m)=d\}.$$

因为 $(n,m)=d$ 的充要条件是 $\left(\dfrac{n}{d},\dfrac{m}{d}\right)=1$, 所以 C_d 中元素 n 的形式为

$$C_d=\left\{n=k\cdot d\mid\ 1\leqslant k\leqslant\frac{m}{d},\quad \left(k,\frac{m}{d}\right)=1\right\}.$$

因此, C_d 中的元素个数 $\#(C_d)$ 为 $\varphi\left(\dfrac{m}{d}\right)$. 因为整数 $1,\cdots,m$ 中的每个整数属于且仅属于一个类 C_d, 所以

$$\#(C)=\sum_{d\,|\,m}\#(C_d)\quad\text{或}\quad m=\sum_{d\,|\,m}\varphi\left(\frac{m}{d}\right).$$

又因 d 遍历整数 m 的所有正因数时, $\dfrac{m}{d}$ 也遍历整数 m 的所有正因数, 故

$$m=\sum_{d\,|,m}\varphi\left(\frac{m}{d}\right)=\sum_{d\,|\,m}\varphi(d).$$

证毕.

例 2.3.18 设整数 $m=50$, 则 m 的正因数为 $d=1,\ 2,\ 5,\ 10,\ 25,\ 50$. 这时, 定理 2.3.9 的分类为

$$\begin{aligned}C_1=\{&1,\ 3,\ 7,\ 9,\ 11,\ 13,\ 17,\ 19,\ 21,\ 23,\ 27,\ 29,\ 31,\ 33,\ 37,\ 39,\\&41,\ 43,\ 47,\ 49\};\\C_2=\{&2,\ 4,\ 6,\ 8,\ 12,\ 14,\ 16,\ 18,\ 22,\ 24,\ 26,\ 28,\ 32,\ 34,\ 36,\ 38,\\&42,\ 44,\ 46,\ 48\};\end{aligned}$$

$$C_5=\{5,\ 15,\ 35,\ 45\};\qquad C_{10}=\{10,\ 20,\ 30,\ 40\};$$

$$C_{25}=\{25\};\qquad C_{50}=\{50\}.$$

这 6 类元素的个数分别为

$$\#(C_1)=\varphi\Big(\frac{50}{1}\Big)=\varphi(50)=20,\quad \#(C_2)=\varphi\Big(\frac{50}{2}\Big)=\varphi(25)=20,$$

$$\#(C_5)=\varphi\Big(\frac{50}{5}\Big)=\varphi(10)=4,\quad \#(C_{10})=\varphi\Big(\frac{50}{10}\Big)=\varphi(5)=4,$$

$$\#(C_{25})=\varphi\Big(\frac{50}{25}\Big)=\varphi(2)=1,\quad \#(C_{50})=\varphi\Big(\frac{50}{50}\Big)=\varphi(1)=1.$$

验算, 有

$$50=\varphi(50)+\varphi(25)+\varphi(10)+\varphi(5)+\varphi(2)+\varphi(1)=\sum_{d\,|\,50}\varphi(d).$$

例 2.3.19 设整数 $m=30$，则 m 的正因数为 $d=1, 2, 3, 5, 6, 10, 15, 30$. 这时，定理 2.3.9 的分类为

$$C_1=\{1,\ 7,\ 11,\ 13,\ 17,\ 19,\ 23,\ 29\};\quad C_2=\{2,\ 4,\ 8,\ 14,\ 16,\ 22,\ 26,\ 28\};$$
$$C_3=\{3,\ 9,\ 21,\ 27\};\quad C_5=\{5,\ 25\};$$
$$C_6=\{6,\ 12,\ 18,\ 24\};\quad C_{10}=\{10,\ 20\};$$
$$C_{15}=\{15\};\quad C_{30}=\{30\}.$$

这 8 类元素的个数分别为

$$\#(C_1)=\varphi\Big(\frac{30}{1}\Big)=\varphi(30)=8,\quad \#(C_2)=\varphi\Big(\frac{30}{2}\Big)=\varphi(15)=8,$$

$$\#(C_3)=\varphi\Big(\frac{30}{3}\Big)=\varphi(10)=4,\quad \#(C_5)=\varphi\Big(\frac{30}{5}\Big)=\varphi(6)=2,$$

$$\#(C_6)=\varphi\Big(\frac{30}{6}\Big)=\varphi(5)=4,\quad \#(C_{10})=\varphi\Big(\frac{30}{10}\Big)=\varphi(3)=2.$$

$$\#(C_{15})=\varphi\Big(\frac{30}{15}\Big)=\varphi(2)=1,\quad \#(C_{30})=\varphi\Big(\frac{30}{30}\Big)=\varphi(1)=1.$$

验算, 有

$$30=\varphi(30)+\varphi(15)+\varphi(10)+\varphi(6)+\varphi(5)+\varphi(3)+\varphi(2)+\varphi(1)=\sum_{d\,|\,30}\varphi(d).$$

例 2.3.20 设整数 $m=40$，则 m 的正因数为 $d=1, 2, 4, 8, 5, 10, 20, 40$. 这时，定理 2.3.9 的分类为

$$C_1=\{1,\ 3,\ 7,\ 9,\ 11,\ 13,\ 17,\ 19,\ 21,\ 23,\ 27,\ 29,\ 31,\ 33,\ 37,\ 39\};$$
$$C_2=\{2,\ 6,\ 14,\ 18,\ 22,\ 26,\ 34,\ 38\};$$
$$C_4=\{4,\ 12,\ 28,\ 36\};\quad C_8=\{8,\ 16,\ 24,\ 32\};\quad C_5=\{5,\ 15,\ 25,\ 35\};$$
$$C_{10}=\{10,\ 30\};\quad C_{20}=\{20\};\quad C_{40}=\{40\}.$$

这 8 类元素的个数分别为

$$\#(C_1)=\varphi\Big(\frac{40}{1}\Big)=\varphi(40)=16,\quad \#(C_2)=\varphi\Big(\frac{40}{2}\Big)=\varphi(20)=8,$$

$$\#(C_4)=\varphi\Big(\frac{40}{4}\Big)=\varphi(10)=4,\quad \#(C_8)=\varphi\Big(\frac{40}{8}\Big)=\varphi(5)=4,$$

$$\#(C_5)=\varphi\Big(\frac{40}{5}\Big)=\varphi(8)=4,\quad \#(C_{10})=\varphi\Big(\frac{40}{10}\Big)=\varphi(4)=2.$$

$$\#(C_{20})=\varphi\Big(\frac{40}{20}\Big)=\varphi(2)=1,\quad \#(C_{40})=\varphi\Big(\frac{40}{40}\Big)=\varphi(1)=1.$$

验算，有

$$40=\varphi(40)+\varphi(20)+\varphi(10)+\varphi(5)+\varphi(8)+\varphi(4)+\varphi(2)+\varphi(1)=\sum_{d\,|\,40}\varphi(d).$$

2.4 欧拉定理、费马小定理和 Wilson 定理

2.4.1 欧拉定理

在实际应用中，常考虑形为 $a^k \pmod m$，特别是使得 $a^k \pmod m = 1$ 的整数 k. 或者说，考虑序列 $\{a^k \pmod m \mid k\in \mathbf{N}\}$ 及其最小周期和性质.

例 2.4.1 设 $m=7$, $a=2$. 有 $(2,7)=1$, $\varphi(7)=6$.

考虑模 7 的最小非负简化剩余系 1, 2, 3, 4, 5, 6, 有

$$2\cdot 1\equiv 2,\quad 2\cdot 2\equiv 4,\quad 2\cdot 3\equiv 6,$$
$$2\cdot 4\equiv 1,\quad 2\cdot 5\equiv 3,\quad 2\cdot 6\equiv 5 \pmod 7.$$

上述同余式左右对应相乘，得到

$$(2\cdot 1)(2\cdot 2)(2\cdot 3)(2\cdot 4)(2\cdot 5)(2\cdot 6)\equiv 2\cdot 4\cdot 6\cdot 1\cdot 3\cdot 5 \pmod 7$$

或

$$2^6\cdot 1\cdot 2\cdot 3\cdot 4\cdot 5\cdot 6\equiv 1\cdot 2\cdot 3\cdot 4\cdot 5\cdot 6 \pmod 7.$$

注意到

$$1\cdot 2\cdot 3\cdot 4\cdot 5\cdot 6\equiv (1\cdot 6)(2\cdot 4)(3\cdot 5)\equiv (-1)\cdot 1\cdot 1\equiv -1 \pmod 7,$$

故 $2^6\equiv 1 \pmod 7$.

例 2.4.2 设 $m=30$, $a=7$. 有 $(7,30)=1$, $\varphi(30)=8$.

考虑模 30 的最小非负简化剩余系 1, 7, 11, 13, 17, 19, 23, 29, 有

$$7\cdot 1\equiv 7,\qquad 7\cdot 7=49\equiv 19,\qquad 7\cdot 11=77\equiv 17,$$
$$7\cdot 13=91\equiv 1,\qquad 7\cdot 17=119\equiv 29,\qquad 7\cdot 19=133\equiv 13,$$
$$7\cdot 23=161\equiv 11,\qquad 7\cdot 29=203\equiv 23 \pmod{30}.$$

上述同余式左右对应相乘，得到

$$\begin{aligned}&(7\cdot 1)(7\cdot 7)(7\cdot 11)(7\cdot 13)(7\cdot 17)(7\cdot 19)(7\cdot 23)(7\cdot 29)\\ \equiv\ & 7\cdot 19\cdot 17\cdot 1\cdot 29\cdot 13\cdot 11\cdot 23 \pmod{30}\end{aligned}$$

或

$$7^8\cdot 1\cdot 7\cdot 11\cdot 13\cdot 17\cdot 19\cdot 23\cdot 29\equiv 1\cdot 7\cdot 11\cdot 13\cdot 17\cdot 19\cdot 23\cdot 29 \pmod{30}.$$

注意到模 m 的简化剩余系的乘积与 m 互素, 即

$$(1\cdot 7\cdot 11\cdot 13\cdot 17\cdot 19\cdot 23\cdot 29,\ 30)=1,$$

故 $7^8\equiv 1 \pmod{30}$.

例 2.4.1 和例 2.4.2 可推广为一般的结论, 即欧拉定理.

定理 2.4.1 (Euler) 设 m 是大于 1 的整数. 如果 a 是满足 $(a,m)=1$ 的整数, 则

$$a^{\varphi(m)}\equiv 1 \pmod{m}. \tag{2.37}$$

证 取 $r_1,\ r_2,\ \cdots,\ r_{\varphi(m)}$ 为模 m 的一个最小正简化剩余系, 则当 a 是满足 $(a,m)=1$ 的整数时, 根据定理 2.3.4,

$$a\cdot r_1,\ a\cdot r_2,\ \cdots,\ a\cdot r_{\varphi(m)}$$

也为模 m 的一个简化剩余系, 这就是说, $a\cdot r_1,\ a\cdot r_2,\ \cdots,\ a\cdot r_{\varphi(m)}$ 模 m 的最小正剩余是 $r_1,\ r_2,\ \cdots,\ r_{\varphi(m)}$ 的一个排列. 故乘积 $(a\cdot r_1)(a\cdot r_2)\cdots(a\cdot r_{\varphi(m)})$ 模 m 的最小正剩余和乘积 $r_1\ r_2\cdots r_{\varphi(m)}$ 模 m 的最小正剩余相等. 根据定理 2.1.3, 有

$$(a\cdot r_1)(a\cdot r_2)\cdots(a\cdot r_{\varphi(m)})\equiv r_1\cdot r_2\cdots r_{\varphi(m)} \pmod{m}.$$

因此,

$$r_1r_2\cdots r_{\varphi(m)}\ (a^{\varphi(m)}-1)\equiv 0 \pmod{m}.$$

又从 $(r_1,m)=1,\ (r_2,m)=1,\ \cdots,\ (r_{\varphi(m)},m)=1$ 及定理 1.3.12, 可推出模 m 的简化剩余系的乘积 $r_1r_2\cdots r_{\varphi(m)}$ 与 m 互素, 即

$$(r_1\ r_2\cdots r_{\varphi(m)},\ m)=1.$$

从而, 根据定理 2.1.8, 得到式 (2.37). 证毕.

例 2.4.3 设 $m=11,\ a=2$. 有 $(2,11)=1,\ \varphi(11)=10$, 故 $2^{10}\equiv 1 \pmod{11}$.

例 2.4.4 设 $m=23,\ 23\nmid a$. 有 $(a,23)=1,\ \varphi(23)=22$, 故 $a^{22}\equiv 1 \pmod{23}$.

例 2.4.5 设 $p,\ q$ 是两个不同的奇素数, $n=p\cdot q$, a 是与 n 互素的整数. 如果整数 e 满足

$$1<e<\varphi(n),\ (e,\varphi(n))=1, \tag{2.38}$$

那么存在整数 $d,\ 1\leqslant d<\varphi(n)$, 使得

$$e\cdot d\equiv 1 \pmod{\varphi(n)}. \tag{2.39}$$

而且, 对于整数

$$a^e\equiv c \pmod{n},\quad 1\leqslant c<n, \tag{2.40}$$

有

$$c^d\equiv a \pmod{n}. \tag{2.41}$$

证 因为 $(e,\varphi(n))=1$, 根据定理 2.3.5, 存在整数 $d,\ 1\leqslant d<\varphi(n)$, 使得式 (2.39) 成立. 因此, 存在一个正整数 k 使得 $e\cdot d=1+k\cdot\varphi(n)$. 现在, 根据定理 2.4.1, 得到

$$a^{\varphi(p)} \equiv 1 \pmod{p}.$$

两端作 $k \cdot \dfrac{\varphi(n)}{\varphi(p)}$ 次幂, 并乘以 a 得到

$$a^{1+k\cdot\varphi(n)} \equiv a \pmod{p},$$

即

$$a^{e\cdot d} \equiv a \pmod{p}.$$

同理,

$$a^{e\cdot d} \equiv a \pmod{q}.$$

因为 p 和 q 是不同的素数, 根据定理 2.1.12 ,

$$a^{e\cdot d} \equiv a \pmod{n},$$

因此,

$$c^d \equiv (a^e)^d \equiv a \pmod{n}.$$

证毕.

2.4.2 费马小定理

现在应用欧拉定理 (定理 2.4.1) 来研究模 $m = p$ 为素数时, 整数 $a^k \pmod{p}$ 的性质.

定理 2.4.2 (Fermat) 设 p 是一个素数，则对任意整数 a，有

$$a^p \equiv a \pmod{p}. \tag{2.42}$$

证 分两种情形考虑.

(i) 若 a 被 p 整数, 则同时有

$$a \equiv 0 \pmod{p} \quad 和 \quad a^p \equiv 0 \pmod{p}.$$

因此式 (2.42) 成立.

(ii) 若 a 不被 p 整数, 则 $(a, p) = 1$ (见例 1.3.4). 根据定理 2.4.1 式 (2.37),

$$a^{p-1} \equiv 1 \pmod{p}.$$

两端同乘 a, 得到式 (2.42). 证毕.

将费马小定理 (定理 2.4.2) 作进一步的推广.

推论 设 p 是一个素数, 则对任意整数 a, 以及对任意正整数 t, k, 有

$$a^{t+k(p-1)} \equiv a^t \pmod{p}. \tag{2.43}$$

证 分两种情形考虑.

(i) 若 a 被 p 整数, 则同时有

$$a^t \equiv 0 \pmod{p} \quad 和 \quad a^{t+k(p-1)} \equiv 0 \pmod{p}.$$

因此, 式 (2.43) 成立.

(ii) 若 a 不被 p 整数, 则 $(a,p)=1$ (见例 1.3.4). 根据定理 2.4.1,

$$a^{p-1}\equiv 1 \pmod{p}.$$

两端作 k 次方, 有

$$a^{k(p-1)}\equiv 1 \pmod{p}.$$

两端左乘 a^t, 得到式 (2.43). 证毕.

例 2.4.6 设 $p=7$. 对任意正整数 k, 有

$$a^{1+k\cdot 6}\equiv a \pmod{p}.$$

2.4.3 Wilson 定理

定理 2.4.3 (Wilson) 设 p 是一个素数. 则

$$(p-1)!\equiv -1 \pmod{p}. \tag{2.44}$$

证 若 $p=2$, 结论显然成立.

现设 $p\geqslant 3$. 根据定理 2.3.5, 对于每个整数 a, $1\leqslant a\leqslant p-1$, 存在唯一的整数 a', $1\leqslant a'\leqslant p-1$, 使得

$$a\cdot a'\equiv 1 \pmod{p}.$$

而 $a'=a$ 的充要条件是 a 满足

$$a^2\equiv 1 \pmod{p}.$$

这时, $a=1$ 或 $a=p-1$.

将 $2,\cdots,p-2$ 中的 a 与 a' 配对, 得到

$$\begin{aligned}1\cdot 2\cdot\ \cdots\ \cdot(p-2)(p-1) &\equiv 1\cdot(p-1)\prod_a a\cdot a'\\ &\equiv 1\cdot(p-1)\\ &\equiv -1 \qquad \pmod{p}.\end{aligned}$$

因此, 定理 2.4.3 成立. 证毕.

例 2.4.7 设 $p=17$, 则有

$$\begin{array}{lll}2\cdot 9=18\equiv 1, & 3\cdot 6=18\equiv 1, & 4\cdot 13=52\equiv 1,\\ 5\cdot 7=35\equiv 1, & 8\cdot 15=120\equiv 1, & 10\cdot 12=120\equiv 1,\\ 11\cdot 14=154\equiv 1, & 1\cdot 16\equiv -1, & \pmod{17}.\end{array}$$

因此,

$$\begin{aligned}&1\cdot 2\cdot 3\cdot 4\cdot 5\cdot 6\cdot 7\cdot 8\cdot 9\cdot 10\cdot 11\cdot 12\cdot 13\cdot 14\cdot 15\cdot 16\\ =\ &(1\cdot 16)(2\cdot 9)(3\cdot 6)(4\cdot 13)(5\cdot 7)(8\cdot 15)(10\cdot 12)(11\cdot 14)\\ \equiv\ &(-1)\cdot 1\cdot 1\cdot 1\cdot 1\cdot 1\cdot 1\cdot 1\\ \equiv\ &-1 \pmod{17}.\end{aligned}$$

2.5 模重复平方计算法

在模算术计算中, 常常要对大整数模 m 和大整数 n, 计算

$$b^n \pmod m. \tag{2.45}$$

当然, 可以递归地计算

$$b^n \equiv (b^{n-1} \pmod m) \cdot b \pmod m. \tag{2.46}$$

但这种计算较为费时, 须作 $n-1$ 次乘法.

注意到以下的计算特性:

$$b^{16} \equiv \left(\left(\left(b^2\right)^2\right)^2\right)^2 \pmod m, \quad b^{128} \equiv \left(\left(\left(\left(\left(\left(b^2\right)^2\right)^2\right)^2\right)^2\right)^2\right)^2 \pmod m.$$

则可以优化模 m 运算.

现在, 将 n 写成二进制, 即

$$n = n_0 + n_1 2 + \cdots + n_{k-1} 2^{k-1}, \qquad n_i \in \{0,1\},\ i = 0,1,\cdots,k-1. \tag{2.47}$$

则式 (2.45) 的计算可归纳为

$$b^n \equiv \underbrace{\underbrace{\underbrace{\underbrace{\underbrace{\underbrace{b^{n_0}}_{a_0}(\underbrace{b^2}_{b_1})^{n_1}}_{a_1} \cdots}_{a_{k-3}} (\underbrace{b^{2^{k-2}}}_{b_{k-2}})^{n_{k-2}}}_{a_{k-2}} (\underbrace{b^{2^{k-1}}}_{b_{k-1}})^{n_{k-1}}}_{a_{k-1}} \pmod m. \tag{2.48}$$

或

$$a_0 = b^{n_0}, \quad b_0 = b, \quad b_i = b_{i-1}^2, \quad a_i = a_{i-1} \cdot b_i, \qquad i = 1, \cdots, k-1. \tag{2.49}$$

最多作 $2[\log_2 n]$ 次乘法. 这个计算方法叫做“**模重复平方计算法**”, 具体算法如下:

令 $a = 1$, 并将 n 写成二进制

$$n = n_0 + n_1 2 + \cdots + n_{k-1} 2^{k-1},$$

其中 $n_i \in \{0,1\},\ i = 0,1,\cdots,k-1$.

(1) 如果 $n_0 = 1$, 则计算 $a_0 \equiv a \cdot b \pmod m$, 否则取 $a_0 = a$, 即计算

$$a_0 \equiv a \cdot b^{n_0} \pmod m.$$

再计算 $b_1 \equiv b^2 \pmod m$.

(2) 如果 $n_1 = 1$, 则计算 $a_1 \equiv a_0 \cdot b_1 \pmod m$, 否则取 $a_1 = a_0$, 即计算

$$a_1 \equiv a_0 \cdot b_1^{n_1} \pmod m.$$

再计算 $b_2 \equiv b_1^2 \pmod{m}$.

$$\vdots$$

$(k-2)$ 如果 $n_{k-2}=1$, 则计算 $a_{k-2} \equiv a_{k-3} \cdot b_{k-2} \pmod{m}$, 否则取 $a_{k-2}=a_{k-3}$, 即计算

$$a_{k-2} \equiv a_{k-3} \cdot b_{k-2}^{n_{k-2}} \pmod{m}.$$

再计算 $b_{k-1} \equiv b_{k-2}^2 \pmod{m}$.

$(k-1)$ 如果 $n_{k-1}=1$, 则计算 $a_{k-1} \equiv a_{k-2} \cdot b_{k-1} \pmod{m}$, 否则取 $a_{k-1}=a_{k-2}$, 即计算

$$a_{k-1} \equiv a_{k-2} \cdot b_{k-1}^{n_{k-1}} \pmod{m}.$$

最后, a_{k-1} 就是

$$b^n \pmod{m}.$$

将上述过程列成表格为

i	n_i	a_i	b_i
0	n_0	a_0	b_0
1	n_1	a_1	b_1
$\vdots$	$\vdots$	$\vdots$	$\vdots$
$i-1$	n_{i-1}	a_{i-1}	b_{i-1}
i	n_i	a_i	b_i
$\vdots$	$\vdots$	$\vdots$	$\vdots$
$k-2$	n_{k-2}	a_{k-2}	b_{k-2}
$k-1$	n_{k-1}	a_{k-1}	b_{k-1}

其中
$$\begin{cases} b_0 = b = b^{2^0}, & a_0 = b_0^{n_0} \\ b_1 = b^2 = b_0^2, & a_1 = a_0 \cdot b_1^{n_1} \\ \vdots & \\ b_i = b^{2^i} = b_{i-1}^2, & a_i \equiv a_{i-1} \cdot b_i^{n_i} \pmod{m} \quad ,i \geqslant 1. \\ \vdots & \\ b_{k-1} = b^{2^{k-1}} = b_{k-2}^2, & a_{k-1} \equiv a_{k-2} \cdot b_{k-1}^{n_{k-1}} \pmod{m} \end{cases}$$

注 在上述表达式中, b_i 的计算可以说是不变的, 但 a_i 的计算却依赖 n.

例 2.5.1 计算 $12\,996^{227} \pmod{37\,909}$.

解 设 $m=37\,909$, $b=12\,996$. 令 $a=1$. 将 227 写成二进制,

$$227 = 1 + 2 + 2^5 + 2^6 + 2^7.$$

运用模重复平方法, 依次计算如下:

$$12\,996^{227} = 12\,996 \cdot (12\,996^2) \cdot (12\,996^{2^5}) \cdot (12\,996^{2^6}) \cdot (12\,996^{2^7}).$$

(0) $n_0 = 1$. 计算

$$a_0 = a \cdot b \equiv 12\,996, \quad b_1 \equiv b^2 \equiv 11\,421 \pmod{37\,909}.$$

(1) $n_1 = 1$. 计算

$$a_1 = a_0 \cdot b_1 \equiv 13\,581, \quad b_2 \equiv b_1^2 \equiv 32\,281 \pmod{37\,909}.$$

(2) $n_2 = 0$. 计算

$$a_2 = a_1 \equiv 13\,581, \quad b_3 \equiv b_2^2 \equiv 20\,369 \pmod{37\,909}.$$

(3) $n_3 = 0$. 计算

$$a_3 = a_2 \equiv 13\,581, \quad b_4 \equiv b_3^2 \equiv 20\,065 \pmod{37\,909}.$$

(4) $n_4 = 0$. 计算

$$a_4 = a_3 \equiv 13\,581, \quad b_5 \equiv b_4^2 \equiv 10\,645 \pmod{37\,909}.$$

(5) $n_5 = 1$. 计算

$$a_5 = a_4 \cdot b_5 \equiv 22\,728, \quad b_6 \equiv b_5^2 \equiv 6024 \pmod{37\,909}.$$

(6) $n_6 = 1$. 计算

$$a_6 = a_5 \cdot b_6 \equiv 24\,073, \quad b_7 \equiv b_6^2 \equiv 9663 \pmod{37\,909}.$$

(7) $n_7 = 1$. 计算

$$a_7 = a_6 \cdot b_7 \equiv 7775 \pmod{37\,909}.$$

最后, 计算出

$$12\,996^{227} \equiv 7775 \pmod{37\,909}.$$

写成表格为

i	n_i	a_i	b_i	i	n_i	a_i	b_i
0	1	12 996	12 996	4	0	13 581	20 065
1	1	13 581	11 421	5	1	22 728	10 645
2	0	13 581	32 281	6	1	24 073	6024
3	0	13 581	20 369	7	1	7775	9663

共有 11 次乘法运算 (包括 7 次平方和 4 次乘法).

例 2.5.2 计算 $312^{13} \pmod{667}$.

解 设 $m = 667$, $b = 312$. 令 $a = 1$. 将 13 写成二进制,

$$13 = 1 + 2^2 + 2^3.$$

运用模重复平方法, 依次计算如下:

(0) $n_0 = 1$. 计算

$$a_0 = a \cdot b \equiv 312, \quad b_1 \equiv b^2 \equiv 629 \pmod{667}.$$

(1) $n_1 = 0$. 计算

$$a_1 = a_0 \equiv 312, \quad b_2 \equiv b_1^2 \equiv 110 \pmod{667}.$$

(2) $n_2 = 1$. 计算

$$a_2 = a_1 \cdot b_2 \equiv 303, \quad b_3 \equiv b_2^2 \equiv 94 \pmod{667}.$$

(3) $n_3 = 1$. 计算

$$a_3 = a_2 \cdot b_3 \equiv 468 \pmod{667}.$$

最后, 计算出

$$312^{13} \equiv 468 \pmod{667}.$$

写成表格为

i	n_i	a_i	b_i	i	n_i	a_i	b_i
0	1	312	312	2	1	303	110
1	0	312	629	3	1	468	94

例 2.5.3 计算 $501^{13} \pmod{667}$.

解 设 $m = 667$, $b = 312$. 令 $a = 1$. 将 13 写成二进制,

$$13 = 1 + 2^2 + 2^3.$$

运用模重复平方法, 依次计算如下:

(0) $n_0 = 1$. 计算

$$a_0 = a \cdot b \equiv 501, \quad b_1 \equiv b^2 \equiv 209 \pmod{667}.$$

(1) $n_1 = 0$. 计算

$$a_1 = a_0 \equiv 501, \quad b_2 \equiv b_1^2 \equiv 326 \pmod{667}.$$

(2) $n_2 = 1$. 计算

$$a_2 = a_1 \cdot b_2 \equiv 578, \quad b_3 \equiv b_2^2 \equiv 223 \pmod{667}.$$

(3) $n_3 = 1$. 计算

$$a_3 = a_2 \cdot b_3 \equiv 163 \pmod{667}.$$

最后, 计算出

$$501^{13} \equiv 163 \pmod{667}.$$

写成表格为

i	n_i	a_i	b_i	i	n_i	a_i	b_i
0	1	501	501	2	1	578	326
1	0	501	209	3	1	163	223

例 2.5.4 计算 $468^{237} \pmod{667}$.

解 设 $m=667$, $b=468$. 令 $a=1$. 将 237 写成二进制,

$$237 = 1 + 2^2 + 2^3 + 2^5 + 2^6 + 2^7.$$

运用模重复平方法,依次计算如下:

(0) $n_0 = 1$. 计算

$$a_0 = a \cdot b \equiv 468, \quad b_1 \equiv b^2 \equiv 248 \pmod{667}.$$

(1) $n_1 = 0$. 计算

$$a_1 = a_0 \equiv 468, \quad b_2 \equiv b_1^2 \equiv 140 \pmod{667}.$$

(2) $n_2 = 1$. 计算

$$a_2 = a_1 \cdot b_2 \equiv 154, \quad b_3 \equiv b_2^2 \equiv 257 \pmod{667}.$$

(3) $n_3 = 1$. 计算

$$a_3 = a_2 \cdot b_3 \equiv 225, \quad b_4 \equiv b_3^2 \equiv 16 \pmod{667}.$$

(4) $n_4 = 0$. 计算

$$a_4 = a_3 \equiv 225, \quad b_5 \equiv b_4^2 \equiv 256 \pmod{667}.$$

(5) $n_5 = 1$. 计算

$$a_5 = a_4 \cdot b_5 \equiv 238, \quad b_6 \equiv b_5^2 \equiv 170 \pmod{667}.$$

(6) $n_6 = 1$. 计算

$$a_6 = a_5 \cdot b_6 \equiv 440, \quad b_7 \equiv b_6^2 \equiv 219 \pmod{667}.$$

(7) $n_7 = 1$. 计算

$$a_7 = a_6 \cdot b_7 \equiv 312 \pmod{667}.$$

最后,计算出

$$468^{237} \equiv 312 \pmod{667}.$$

例 2.5.5 计算 $163^{237} \pmod{667}$.

解 设 $m = 667$, $b = 468$. 令 $a = 1$. 将 237 写成二进制,

$$237 = 1 + 2^2 + 2^3 + 2^5 + 2^6 + 2^7.$$

运用模重复平方法, 依次计算如下:

(0) $n_0 = 1$. 计算

$$a_0 = a \cdot b \equiv 163, \quad b_1 \equiv b^2 \equiv 556 \pmod{667}.$$

(1) $n_1 = 0$. 计算

$$a_1 = a_0 \equiv 163, \quad b_2 \equiv b_1^2 \equiv 315 \pmod{667}.$$

(2) $n_2 = 1$. 计算

$$a_2 = a_1 \cdot b_2 \equiv 653, \quad b_3 \equiv b_2^2 \equiv 509 \pmod{667}.$$

(3) $n_3 = 1$. 计算

$$a_3 = a_2 \cdot b_3 \equiv 211, \quad b_4 \equiv b_3^2 \equiv 285 \pmod{667}.$$

(4) $n_4 = 0$. 计算

$$a_4 = a_3 \equiv 211, \quad b_5 \equiv b_4^2 \equiv 518 \pmod{667}.$$

(5) $n_5 = 1$. 计算

$$a_5 = a_4 \cdot b_5 \equiv 577, \quad b_6 \equiv b_5^2 \equiv 190 \pmod{667}.$$

(6) $n_6 = 1$. 计算

$$a_6 = a_5 \cdot b_6 \equiv 242, \quad b_7 \equiv b_6^2 \equiv 82 \pmod{667}.$$

(7) $n_7 = 1$. 计算

$$a_7 = a_6 \cdot b_7 \equiv 501 \pmod{667}.$$

最后, 计算出

$$163^{237} \equiv 501 \pmod{667}.$$

因为 n 的二进制可写成

$$\begin{aligned} n &= n_0 + n_1 \cdot 2 + \cdots + n_{k-3} \cdot 2^{k-3} + n_{k-2} \cdot 2^{k-2} + n_{k-1} \cdot 2^{k-1} \\ &= n_0 + (n_1 + \cdots + \underbrace{(n_{k-3} + \underbrace{(n_{k-2} + \underbrace{(n_{k-1} \cdot 2)} \cdot 2)} \cdot 2)} \cdot \ \cdots) \cdot 2 \end{aligned}$$

所以有

$$b^n = b^{n_0} \cdot (b^{n_1} \cdot \ \cdots \ \cdot \underbrace{(b^{n_{k-3}} \cdot \underbrace{(b^{n_{k-2}} \cdot (\underbrace{(b^{n_{k-1}})^2})^2)}^2)} \cdot \ \cdots)^2$$

将 227 写成

$$\begin{aligned}227 &= 1+113\cdot 2\\ &= 1+(1+7\cdot 2^4)\cdot 2\\ &= 1+(1+(1+3\cdot 2)\cdot 2^4)\cdot 2\\ &= 1+(1+(1+(1+2)\cdot 2)\cdot 2^4)\cdot 2\end{aligned}$$

有

$$b^{227}=b\cdot(b\cdot(\underbrace{b\cdot(\underbrace{b\cdot b^2})^2}_{})^{2^4})^2$$

共有 11 次乘法运算（包括 7 次平方和 4 次乘法）. 此运算方法的计算量（平方运算个数和乘法运算个数）与模重复平方法的计算量相同. 且进行乘法运算的一个乘法因子 b 是固定的. 这样当 b 很小时, 乘法运算的时间就可忽略不计，由此得到的总运算时间就等同于 $[\log_2 n]$ 个平方运算的时间.

写成加法时有

$$\begin{aligned}n &= n_{k-1}\cdot 2^{k-1}+n_{k-2}\cdot 2^{k-2}+n_{k-3}\cdot 2^{k-3}+\cdots+n_1\cdot 2+n_0\\ &= 2\cdot(\cdots\ \cdot 2\cdot\underbrace{(2\cdot\underbrace{(2\cdot(\underbrace{2\cdot n_{k-1}})+n_{k-2})}+n_{k-3})}+\cdots+n_1)+n_0\end{aligned}$$

和

$$nP=2\cdot(\cdots\ \cdot 2\cdot\underbrace{(2\cdot\underbrace{(2\cdot(\underbrace{2\cdot n_{k-1}P})+n_{k-2}P)}+n_{k-3}P)}+\cdots+n_1P)+n_0P$$

$$227=2^7+2^6+2^5+2+1=2\cdot(2^4\cdot(2\cdot(2+1)+1)+1)+1$$

$$227P=2(2^4(2(2P+P)+P)+P)+P$$

例 2.5.6 计算 $12\,996^{227}\pmod{37\,909}$.

解 设 $m=37\,909$, $b=12\,996$. 令 $a=1$. 将 227 写成二进制,

$$227=1+2+2^5+2^6+2^7.$$

可以依次计算如下:

(1) $n_7=1$. 计算

$$a_7=b^{n_7}\equiv 12\,996,\quad b_7\equiv a_7^2\equiv 11\,421\pmod{37\,909}.$$

(2) $n_6=1$. 计算

$$a_6=b^{n_6}\cdot b_7\equiv 13\,581,\quad b_6\equiv a_6^2\equiv 16\,276\pmod{37\,909}.$$

(3) $n_5=1$. 计算

$$a_5=b^{n_5}\cdot b_6\equiv 28\,585,\quad b_5\equiv a_5^2\equiv 11\,639\pmod{37\,909}.$$

(4) $n_4 = 0$. 计算

$$a_4 = b^{n_4} \cdot b_5 \equiv 11\,639, \quad b_4 \equiv a_4^2 \equiv 17\,464 \pmod{37\,909}.$$

(5) $n_3 = 0$. 计算

$$a_3 = b^{n_3} \cdot b_4 \equiv 17\,464, \quad b_3 \equiv a_3^2 \equiv 13\,391 \pmod{37\,909}.$$

(6) $n_2 = 0$. 计算

$$a_2 = b^{n_2} \cdot b_3 \equiv 13\,391, \quad b_2 \equiv a_2^2 \equiv 9311 \pmod{37\,909}.$$

(7) $n_1 = 1$. 计算

$$a_1 = b^{n_1} \cdot b_2 \equiv 228, \quad b_1 \equiv a_1^2 \equiv 14\,075 \pmod{37\,909}.$$

(8) $n_0 = 1$. 计算

$$a_0 = b^{n_0} \cdot b_1 \equiv 7775 \pmod{37\,909}.$$

最后, 计算出

$$12\,996^{227} \equiv 7775 \pmod{37\,909}.$$

如果不习惯 a_i, b_i 的下标是从大到小的，可以将下标换成从小到大.

例 2.5.7 计算 $12\,996^{227} \pmod{37\,909}$.

解 设 $m = 37\,909$, $b = 12\,996$. 令 $a = 1$, 将 227 写成二进制,

$$227 = 1 + 2 + 2^5 + 2^6 + 2^7.$$

可以依次计算如下:

(1) $n_7 = 1$. 计算

$$a_0 = b^{n_7} \equiv 12\,996, \quad b_0 \equiv a_0^2 \equiv 11\,421 \pmod{37\,909}.$$

(2) $n_6 = 1$. 计算

$$a_1 = b^{n_6} \cdot b_0 \equiv 13\,581, \quad b_1 \equiv a_1^2 \equiv 16\,276 \pmod{37\,909}.$$

(3) $n_5 = 1$. 计算

$$a_2 = b^{n_5} \cdot b_1 \equiv 28\,585, \quad b_2 \equiv a_2^2 \equiv 11\,639 \pmod{37\,909}.$$

(4) $n_4 = 0$. 计算

$$a_3 = b^{n_4} \cdot b_2 \equiv 11\,639, \quad b_3 \equiv a_3^2 \equiv 17\,464 \pmod{37\,909}.$$

(5) $n_3 = 0$. 计算

$$a_4 = b^{n_3} \cdot b_3 \equiv 17\,464, \quad b_4 \equiv a_4^2 \equiv 13\,391 \pmod{37\,909}.$$

(6) $n_2 = 0$. 计算

$$a_5 = b^{n_2} \cdot b_4 \equiv 13\,391, \quad b_5 \equiv a_5^2 \equiv 9311 \pmod{37\,909}.$$

(7) $n_1 = 1$. 计算

$$a_6 = b^{n_1} \cdot b_5 \equiv 228, \quad b_6 \equiv a_6^2 \equiv 14\,075 \pmod{37\,909}.$$

(8) $n_0 = 1$. 计算

$$a_7 = b^{n_0} \cdot b_6 \equiv 7775 \pmod{37\,909}.$$

最后, 计算出

$$12\,996^{227} \equiv 7775 \pmod{37\,909}.$$

2.6 习题

(1) ① 写出模 9 的一个完全剩余系, 它的每个数是奇数.
② 写出模 9 的一个完全剩余系, 它的每个数是偶数.
③ ①或②中的要求对模 10 的完全剩余系能实现吗?

(2) 证明: 当 $m > 2$ 时, $0^2,\ 1^2,\ \cdots,\ (m-1)^2$ 一定不是模 m 的完全剩余系.

(3) 设有 m 个整数, 它们都不属于剩余类 $0 \pmod{m}$. 那么, 其中必有两个数属于同一剩余类.

(4) 在任意取定的对模 m 两两不同余的 $\left[\dfrac{m}{2}\right]+1$ 个数中, 必有两数之差属于剩余类 $1 \pmod{m}$, 如何推广本题?

(5) (i) 把剩余类 $1 \pmod{5}$ 写成模 15 的剩余类之和;
(ii) 把剩余类 $6 \pmod{10}$ 写成模 120 的剩余类之和;
(iii) 把剩余类 $6 \pmod{10}$ 写成模 80 的剩余类之和.

(6) 2003 年 5 月 9 日是星期五, 问第 $2^{20\,080\,509}$ 天是星期几?

(7) 证明: 如果 $a_i \equiv b_i \pmod{m},\ \ 1 \leqslant i \leqslant k$, 则
(i) $a_1 + \cdots + a_k \equiv b_1 + \cdots + b_k \pmod{m}$;
(ii) $a_1 \cdots a_k \equiv b_1 \cdots b_k \pmod{m}$.

(8) 设 p 是素数. 证明: 如果 $a^2 \equiv b^2 \pmod{p}$, 则 $p \mid a-b$ 或 $p \mid a+b$.

(9) 设 $n = pq$, 其中 p, q 是素数. 证明: 如果 $a^2 \equiv b^2 \pmod{n}$, $n \nmid a-b$, $n \nmid a+b$, 则 $(n, a-b) > 1,\ (n, a+b) > 1$.

(10) 设整数 $a,\ b,\ c\ (c > 0)$, 满足 $a \equiv b \pmod{c}$, 求证: $(a, c) = (b, c)$.

(11) 列出 $\mathbf{Z}/6\mathbf{Z}$ 中的加法表与乘法表.

(12) 列出 $\mathbf{Z}/7\mathbf{Z}$ 中的加法表与乘法表.

(13) 列出 $\mathbf{Z}/11\mathbf{Z}$ 中的加法表与乘法表.

(14) 证明: 如果 $a^k \equiv b^k \pmod{m}$, $a^{k+1} \equiv b^{k+1} \pmod{m}$, 这里 a, b, k, m 是整数, $k > 0, m > 0$, 并且 $(a, m) = 1$, 那么 $a \equiv b \pmod{m}$. 如果去掉 $(a, m) = 1$ 这个条件, 结果仍成立吗?

(15) 证明: 如果 n 是正整数, 那么

(a) $1+2+3+\cdots+(n-1)\equiv 0 \pmod n$

(b) $1^3+2^3+3^3+\cdots+(n-1)^3\equiv 0 \pmod n$

(16) 计算: ① $2^{32} \pmod{47}$. ② $2^{47} \pmod{47}$. ③ $2^{200} \pmod{47}$.

(17) 下列哪些整数能被 3 整除, 其中又有哪些能被 9 整除?

(1) 1 843 581. (2) 184 234 081. (3) 8 937 752 744 (4) 4 153 768 912 246.

(18) 设计一个整除性测试: b 进制整数被 n 整除 (这里 n 是 b^2+1 的因子).(提示: 将这个 b 进制整数分成两块, 从右开始进行.)

(19) 利用 (18) 题的测试来判断 $(364\,701\,244)_8$ 是否能被 5 和 13 整除?

(20) 利用模 9 同余式来求出下式中的未知数字:

$$89\,878\cdot 58\,965=5\,299\,?\,56\,270.$$

(21) 可以通过下面的方法来判断乘法 $c=a\cdot b$ 是否成立: 对于任意模 m 是否都有 $c\equiv a\cdot b \pmod m$ 成立? 如果找到一个 m 使得 $c\not\equiv a\cdot b \pmod m$, 那么就有 $c\neq a\cdot b$. 当取 $m=9$, 利用十进制数与其各位数字之和同余于模 9 的事实来判断下列等式是否成立:

① $875\,961\cdot 2753=2\,410\,520\,633$. ② $14\,789\cdot 23\,567=348\,532\,367$.

③ $24\,789\cdot 43\,717=1\,092\,700\,713$. ④ 所作的这种判断是否简单明了?

(22) 运用 Wilson 定理, 求 $8\cdot 9\cdot 10\cdot 11\cdot 12\cdot 13 \pmod 7$.

(23) 计算 $2^{20\,040\,118} \pmod 7$.

(24) 计算 $3^{1\,000\,000} \pmod 7$.

(25) 证明: 如果 p 是奇素数, 那么

$$1^2\cdot 3^2\cdot\ \cdots\ \cdot(p-4)^2\cdot(p-2)^2\equiv(-1)^{\frac{p+1}{2}} \pmod p.$$

(26) 证明: 如果 p 是素数, 并且 $p\equiv 3 \pmod 4$, 那么

$$\left(\frac{p-1}{2}\right)!\equiv\pm 1 \pmod p.$$

(27) 运用 Wilson 理论证明: 如果 p 是素数, 并且 $p\equiv 1 \pmod 4$, 那么同余式

$$x^2\equiv -1 \pmod p$$

就有两不同余解: $x\equiv\pm\left(\frac{p-1}{2}\right)! \pmod p$.

(28) 证明: 如果 p 是素数, 并且 $0<k<p$, 那么 $(p-k)!\,(k-1)!\equiv(-1)^k \pmod p$.

(29) 证明: 如果 p 是素数, a 是整数, 那么 $p!\mid(a^p+(p-1)!\,a)$.

(30) 证明: 如果 p 是素数, 那么 $\begin{pmatrix}2p\\p\end{pmatrix}\equiv 2 \pmod p$.

(31) 证明: 如果 $c_1,c_2,\cdots,c_{\varphi(m)}$ 是模 m 的简化剩余系, 那么

$$c_1+c_2+\cdots+c_{\varphi(m)}\equiv 0 \pmod m.$$

(32) 证明: 如果 m 是正整数, a 是与 m 互素的整数, 且 $(a-1,m)=1$, 那么

$$1+a+a^2+\cdots+a^{\varphi(m)-1}\equiv 0 \pmod{m}.$$

(33) 证明: 如果 a 是整数, 且 $(a,3)=1$. 那么 $a^7\equiv a \pmod{63}$.

(34) 证明: 如果 a 是与 32 760 互素的整数, 那么 $a^{12}\equiv 1 \pmod{32\,760}$.

(35) 证明: 如果 p 和 q 是不同的素数, 则

$$p^{q-1}+q^{p-1}\equiv 1 \pmod{p\cdot q}.$$

(36) 证明: 如果 m 和 n 是互素的整数, 则

$$m^{\varphi(n)}+n^{\varphi(m)}\equiv 1 \pmod{m\cdot n}.$$

思考题

(1) 编成实现判断两个整数模 m 是否同余的算法.

(2) 编成实现模 m 同余的加法和乘法运算的算法.

(3) 编成实现模 m 同余的剩余类集 $\mathbf{Z}/m\mathbf{Z}$ 的加法和乘法运算的算法.

(4) 编成实现计算欧拉函数值 (定义 2.3.1) 的算法.

(5) 编成实现模重复平方法的算法.

第 3 章 同 余 式

3.1 基本概念及一次同余式

3.1.1 同余式的基本概念

在第 2 章引进了同余的概念, 现在考虑在模 m 的情况下, 多项式的求解 (即同余式) 的基本概念.

定义 3.1.1 设 m 是一个正整数, $f(x)$ 为多项式

$$f(x) = a_n x^n + \cdots + a_1 x + a_0,$$

其中 a_i 是整数, 则

$$f(x) \equiv 0 \pmod{m} \tag{3.1}$$

叫做模 m **同余式**. 若 $a_n \not\equiv 0 \pmod{m}$, 则 n 叫做 $f(x)$ 的**次数**, 记为 $\deg f$. 此时, 式 (3.1) 又叫做模 m 的n **次同余式**.

如果整数 $x = a$ 使得式 (3.1) 成立, 即

$$f(a) \equiv 0 \pmod{m}$$

则 a 叫做该同余式 (3.1) 的 **解**. 事实上, 满足 $x \equiv a \pmod{m}$ 的所有整数都使得同余式 (3.1) 成立, 即 a 所在剩余类

$$C_a = \{c \mid c \in \mathbf{Z},\ c \equiv a \pmod{m}\}$$

中的每个剩余都使得同余式 (3.1) 成立, 因此, 同余式 (3.1) 的解 a 通常写成

$$x \equiv a \pmod{m}.$$

在模 m 的完全剩余系中, 使得同余式 (3.1) 成立的剩余个数叫做同余式 (3.1) 的**解数**.

例 3.1.1 $x^5 + x + 1 \equiv 0 \pmod{7}$ 是首项系数为 1 的模 7 同余式. 而 $x \equiv 2 \pmod{7}$ 是该同余式的解. 事实上,

$$2^5 + 2 + 1 = 35 = 5 \cdot 7 \equiv 0 \pmod{7}.$$

还有解 $x \equiv 4 \pmod{7}$, 事实上,

$$4^5 + 4 + 1 = 1029 = 147 \cdot 7 \equiv 0 \pmod{7}.$$

同余式的解数为 2.

同余式求解的基本思路

(1) 求解归约 ($f(x) \pmod{m} \Longleftarrow f(x) \pmod{p^\alpha} \Longleftarrow f(x) \pmod{p}$).

(2) 解的存在性 (如定理 3.1.1).

(3) 解的个数 (如定理 3.1.3, 定理 3.4.4 , 定理 3.4.5).

(4) 具体求解 (如定理 3.2.1, 定理 3.4.1).

3.1.2 一次同余式

一次同余式求解的基本思路

$$
\begin{gathered}
(a,m)=1, \quad ax\equiv 1 \pmod{m}\\
\Downarrow\\
(a,m)=1, \quad ax\equiv b \pmod{m}\\
\Downarrow\\
ax\equiv b \pmod{m}
\end{gathered}
$$

现在先考虑常数项为 1 的一次同余式的求解.

定理 3.1.1 设 m 是一个正整数, a 是满足 $m \nmid a$ 的整数, 则一次同余式

$$a\,x\equiv 1 \pmod{m} \tag{3.2}$$

有解的充分必要条件是 $(a,m)=1$. 而且, 当同余式 (3.2) 有解时, 其解是唯一的.

证 充分性. (存在性) 因为 $(a,m)=1$, 根据广义欧几里得除法 (定理 1.3.7), 可找到整数 s, t 使得

$$s\cdot a+t\cdot m=(a,m)=1.$$

因此, $x=s \pmod{m}$ 是同余式 (3.2) 的解.

(唯一性) 若还有解 x', 即 $ax'\equiv 1 \pmod{m}$, 则有

$$a(x-x')\equiv 0 \pmod{m}.$$

因为 $(a,m)=1$, 所以 $x\equiv x' \pmod{m}$, 解是唯一的.

再证必要性. 若同余式 (3.2) 有解 $x\equiv x_0 \pmod{m}$, 则存在整数 q, 使得 $a\cdot x_0=1+q\cdot m$. 根据定理 1.3.8, 有 $(a,m)=1$, 定理成立. 证毕.

定义 3.1.2 设 m 是一个正整数, a 是一个整数. 如果存在整数 a' 使得

$$a\cdot a'\equiv a'\cdot a\equiv 1 \pmod{m}$$

成立, 则 a 叫做模 m **可逆元**.

根据定理 3.1.1, 在模 m 的意义下, a' 是唯一存在的. 这时 a' 叫做 a 的模 m **逆元**, 记作 $a'=a^{-1} \pmod{m}$.

因此, 在定理 3.1.1 的条件下, 同余式 (3.2) 即

$$a\,x\equiv 1 \pmod{m}$$

的解可写成

$$x\equiv a^{-1} \pmod{m}.$$

其次, 给出模简化剩余的一个等价描述.

定理 3.1.2 设 m 是一个正整数, 则整数 a 是模 m 简化剩余的充要条件是整数 a 是模 m 逆元.

证 必要性. 如果整数 a 是模 m 简化剩余, 则 $(a,m)=1$. 根据定理 3.1.1, 存在整数 a' 使得

$$a\cdot a'\equiv a'\cdot a\equiv 1 \pmod m.$$

因此, 由定义 3.1.2, a 是模 m 逆元.

充分性. 如果 a 是模 m 逆元, 则存在整数 a' 使得

$$a\cdot a'\equiv 1 \pmod m.$$

即同余式

$$a\,x\equiv 1 \pmod m$$

有解 $x\equiv a' \pmod m$. 根据定理 3.1.1, 有 $(a,m)=1$. 因此, 整数 a 是模 m 简化剩余. 证毕.

最后, 考虑通常的一次同余式的求解.

定理 3.1.3 设 m 是一个正整数, a 是满足 $m\nmid a$ 的整数, 则一次同余式

$$a\,x\equiv b \pmod m \tag{3.3}$$

有解的充分必要条件是 $(a,m)\mid b$. 而且, 当同余式 (3.3) 有解时, 其解为

$$x\equiv \frac{b}{(a,m)}\cdot\left(\left(\frac{a}{(a,m)}\right)^{-1}\left(\bmod \frac{m}{(a,m)}\right)\right)+t\cdot\frac{m}{(a,m)} \pmod m,$$

$t=0,\ 1,\cdots,\ (a,m)-1$.

证 必要性. 设同余式 (3.3) 有解 $x\equiv x_0 \pmod m$, 即存在整数 y_0 使得

$$a\,x_0-m\,y_0=b.$$

因为 $(a,m)\mid a,\ \ (a,m)\mid m$, 所以根据定理 1.1.3,

$$(a,m)\mid a\,x_0-m\,y_0=b.$$

因此, 必要性成立.

充分性. 设 $(a,m)\mid b$, 则 $\dfrac{b}{(a,m)}$ 为整数.

首先, 考虑同余式

$$\frac{a}{(a,m)}\,x\equiv 1\left(\bmod \frac{m}{(a,m)}\right). \tag{3.4}$$

因为 $\left(\dfrac{a}{(a,m)},\dfrac{m}{(a,m)}\right)=1$, 根据定理 3.1.1, 存在唯一解 x_0, 或运用广义欧几里得除法求出该解为

$$x_0\equiv\left(\frac{a}{(a,m)}\right)^{-1}\left(\bmod \frac{m}{(a,m)}\right),$$

使得同余式 (3.4) 成立.

其次, 写出同余式

$$\frac{a}{(a,m)}\,x\equiv \frac{b}{(a,m)}\left(\bmod \frac{m}{(a,m)}\right) \tag{3.5}$$

的唯一解

$$x \equiv x_1 \equiv \frac{b}{(a,m)} \cdot x_0 \left(\bmod \frac{m}{(a,m)}\right). \tag{3.6}$$

而且, $x \equiv x_1 \equiv \dfrac{b}{(a,m)} \cdot x_0 \pmod m$ 是同余式 (3.3), 即

$$a\,x \equiv b \pmod m$$

的一个特解.

最后, 写出同余式 (3.3) , 即

$$a\,x \equiv b \pmod m$$

的全部解

$$x \equiv x_1 + t \cdot \frac{m}{(a,m)} \pmod m, \qquad t = 0,\ 1, \cdots,\ (a,m)-1. \tag{3.7}$$

事实上, 如果同时有同余式

$$a\,x \equiv b \pmod m \quad 和 \quad a\,x_1 \equiv b \pmod m$$

成立, 则两式相减得到

$$a\,(x - x_1) \equiv 0 \pmod m.$$

根据定理 2.1.10 和定理 2.1.8, 这等价于

$$x \equiv x_1 \left(\bmod \frac{m}{(a,m)}\right).$$

因此, 同余式 (3.3) 的全部解可写成式 (3.7). 证毕.

例 3.1.2 求解一次同余式

$$33x \equiv 22 \pmod{77}.$$

解 首先, 计算最大公因数 $(33,77) = 11$, 并且有 $(33,77) = 11 \mid 22$, 所以原同余式有解.

其次, 运用广义欧几里得除法, 求出同余式

$$3x \equiv 1 \pmod 7$$

的一个特解 $x_0' \equiv 5 \pmod 7$.

再次, 写出同余式

$$3x \equiv 2 \pmod 7$$

的一个特解 $x_0 \equiv 2 \cdot x_0' \equiv 2 \cdot 5 \equiv 3 \pmod 7$.

最后, 写出原同余式的全部解

$$x \equiv 3 + t \cdot \frac{77}{(33,77)} \equiv 3 + t \cdot 7 \pmod{77}, \qquad t = 0,\ 1, \cdots,\ 10$$

或者

$$x \equiv 3,\ 10,\ 17,\ 24,\ 31,\ 38,\ 45,\ 52,\ 59,\ 66,\ 73 \pmod{77}.$$

3.2 中国剩余定理

3.2.1 中国剩余定理：“物不知数”与韩信点兵

中国剩余定理，又称为孙子剩余定理, 古有“韩信点兵”、“孙子定理”、求一术（宋沈括）、“鬼谷算”（宋周密）、“隔算”（宋周密）、“剪管术”（宋杨辉）、“秦王暗点兵”、“物不知数”之名.

关于中国剩余定理或孙子定理, 其最早见于《孙子算经》的“物不知数”题 (卷下第 28 题), 原文如下:

有物不知其数, 三三数之剩二, 五五数之剩三, 七七数之剩二. 问物几何?

即“今有物不知其数, 三三数之有二, 五五数之有三, 七七数之有二, 问物有多少?”

答案: 二十三.

解答过程为: 三三数之有二对应于一百四十, 五五数之有三对应于六十三, 七七数之有二对应于三十, 将这些数相加得到二百三十三, 再减去二百一十, 即得数二十三.

将“物不知数”问题用同余式组表示就是:

$$\begin{cases} x \equiv 2 \pmod 3, \\ x \equiv 3 \pmod 5, \\ x \equiv 2 \pmod 7. \end{cases}$$

而解答过程就为

$$\begin{aligned} 2\cdot2\cdot5\cdot7 &= 2\cdot70 = 140, & 3\cdot1\cdot3\cdot7 &= 3\cdot21 = 63, \\ 2\cdot1\cdot3\cdot5 &= 2\cdot15 = 30, & (-2)\cdot3\cdot5\cdot7 &= (-2)\cdot105 = -210, \\ 140+63+30 &= 233, & 233-210 &= 23. \end{aligned}$$

在“物不知数”问题中, 如果将

- 2, 3, 2 分别看作 b_1, b_2, b_3;
- 3, 5, 7 分别看作模 m_1, m_2, m_3;
- $5\cdot7$, $3\cdot7$, $3\cdot5$ 分别看作 M_1, M_2, M_3;
- 2, 1, 1 分别看作 M_1', M_2', M_3';
- 233 作为所构造的整数 $b_1\cdot M_1'\cdot M_1 + b_2\cdot M_2'\cdot M_2 + b_3\cdot M_3'\cdot M_3$;
- 105 作为模 $m = m_1\cdot m_2\cdot m_3$, -210 作为 105 的 q 倍.

即有对应图

$$\begin{array}{ccccccccc} 2 & \cdot & 2 & \cdot & 5 & \cdot & 7 & = & 140 \\ \updownarrow & & \updownarrow & & \updownarrow & & \updownarrow & & \\ b_1 & \cdot & M_1' & \cdot & m_2 & \cdot & m_3 & & \end{array} \qquad \begin{array}{ccccccccc} 3 & \cdot & 1 & \cdot & 3 & \cdot & 7 & = & 63 \\ \updownarrow & & \updownarrow & & \updownarrow & & \updownarrow & & \\ b_2 & \cdot & M_2' & \cdot & m_1 & \cdot & m_3 & & \end{array}$$

$$\begin{array}{ccccccccc} 2 & \cdot & 1 & \cdot & 3 & \cdot & 5 & = & 30 \\ \updownarrow & & \updownarrow & & \updownarrow & & \updownarrow & & \\ b_3 & \cdot & M_3' & \cdot & m_1 & \cdot & m_2 & & \end{array} \qquad \begin{array}{ccccccccc} (-2) & \cdot & 3 & \cdot & 5 & \cdot & 7 & = & -210 \\ \updownarrow & & \updownarrow & & \updownarrow & & \updownarrow & & \\ q & \cdot & m_1 & \cdot & m_2 & \cdot & m_3 & & \end{array}$$

则它们满足关系式

$$\begin{cases} x &= b_1 \cdot M_1' \cdot M_1 + b_2 \cdot M_2' \cdot M_2 + b_3 \cdot M_3' \cdot M_3 + q \cdot m, \\ M_i' \cdot M_i &\equiv 1 \pmod{m_i}, \quad i = 1,\ 2,\ 3. \end{cases}$$

又如淮安民间传说着一则故事 ——“韩信点兵”. 韩信带 1500 名兵士打仗, 战死四五百人, 站 3 人一排, 多出 2 人; 站 5 人一排, 多出 4 人; 站 7 人一排, 多出 6 人. 韩信马上说出人数: 1049.

将上述问题用同余式组表示就是

$$\begin{cases} x \equiv 2 \pmod{3}, \\ x \equiv 4 \pmod{5}, \\ x \equiv 7 \pmod{7}. \end{cases}$$

其解答过程就为 (人数介于 $1000 \sim 1100$ 之间)

$$\begin{aligned} 2\cdot 2\cdot 5\cdot 7 &= 2\cdot 70 = 140, & 4\cdot 1\cdot 3\cdot 7 &= 4\cdot 21 = 84, \\ 6\cdot 1\cdot 3\cdot 5 &= 6\cdot 15 = 90, & 7\cdot 3\cdot 5\cdot 7 &= 7\cdot 105 = 735, \\ 140+84+90 &= 314, & 314+735 &= 1049. \end{aligned}$$

相应的对应图为

$$\begin{array}{ccccccc} 2 & \cdot & 2 & \cdot & 5 & \cdot & 7 & = 140 \\ \updownarrow & & \updownarrow & & \updownarrow & & \updownarrow \\ b_1 & \cdot & M_1' & \cdot & m_2 & \cdot & m_3 \end{array} \qquad \begin{array}{ccccccc} 4 & \cdot & 1 & \cdot & 3 & \cdot & 7 & = 84 \\ \updownarrow & & \updownarrow & & \updownarrow & & \updownarrow \\ b_2 & \cdot & M_2' & \cdot & m_1 & \cdot & m_3 \end{array}$$

$$\begin{array}{ccccccc} 6 & \cdot & 1 & \cdot & 3 & \cdot & 5 & = 90 \\ \updownarrow & & \updownarrow & & \updownarrow & & \updownarrow \\ b_3 & \cdot & M_3' & \cdot & m_1 & \cdot & m_2 \end{array} \qquad \begin{array}{ccccccc} 7 & \cdot & 3 & \cdot & 5 & \cdot & 7 & = 735 \\ \updownarrow & & \updownarrow & & \updownarrow & & \updownarrow \\ q & \cdot & m_1 & \cdot & m_2 & \cdot & m_3 \end{array}$$

它们也满足关系式

$$\begin{cases} x &= b_1 \cdot M_1' \cdot M_1 + b_2 \cdot M_2' \cdot M_2 + b_3 \cdot M_3' \cdot M_3 + q \cdot m, \\ M_i' \cdot M_i &\equiv 1 \pmod{m_i}, \quad i = 1,\ 2,\ 3. \end{cases}$$

注 1 与“物不知数”问题作比较, $m_1,\ m_2,\ m_3$, 以及

$$m = m_1 \cdot m_2 \cdot m_3,\ M_1 = \frac{m}{m_1} = m_2 \cdot m_3,\ M_2 = \frac{m}{m_2} = m_1 \cdot m_3,\ M_3 = \frac{m}{m_3} = m_1 \cdot m_1$$

和

$$M_1' \equiv (M_1)^{-1} \ (\bmod m_1),\quad M_2' \equiv (M_2)^{-1} \ (\bmod m_2),\quad M_3' \equiv (M_3)^{-1} \ (\bmod m_3)$$

都是不变数, 而 $b_1,\ b_2,\ b_3$ 和 q 是可变数.

$$x = b_1 \cdot \underbrace{M_1' \cdot M_1}_{\text{不变}} + b_2 \cdot \underbrace{M_2' \cdot M_2}_{\text{不变}} + b_3 \cdot \underbrace{M_3' \cdot M_3}_{\text{不变}} + q \cdot \underbrace{m}_{\text{不变}}$$

注 2 明朝数学家程大位有《孙子歌》:

三人同行七十希, 五树梅花廿一枝, 七子团圆正半月, 除百零五使得知.

从中可以看出:

- 三人指模 $m_1 = 3$; 五树指模 $m_2 = 5$; 七子指模 $m_3 = 7$.
- 七十希指 $M_1' \cdot m_2 \cdot m_3 = 70$; 廿一枝指 $M_2' \cdot m_1 \cdot m_3 = 21$; 正半月指 $M_3' \cdot m_1 \cdot m_2 = 13$.
- 百零五指 $m_1 \cdot m_2 \cdot m_3 = 105$.

最后, 将物不知数归纳如下:

例 3.2.1 (**物不知数**) 同余式组

$$\begin{cases} x \equiv b_1 \pmod{3} \\ x \equiv b_2 \pmod{5} \\ x \equiv b_3 \pmod{7} \end{cases}$$

的整数解为

$$x = b_1 \cdot 70 + b_2 \cdot 21 + b_3 \cdot 15 + q \cdot 105, \qquad q = 0,\ \pm 1,\ \pm 2,\ \cdots$$

现在考虑"物不知数"问题的推广形式, 即非常重要的中国剩余定理或孙子定理.

定理 3.2.1 (**中国剩余定理**) 设 $m_1, \cdots, m_k$ 是 k 个两两互素 的正整数, 则对任意的整数 $b_1, \cdots, b_k$, 同余式组

$$\begin{cases} x \equiv b_1 \pmod{m_1} \\ \quad \vdots \\ x \equiv b_k \pmod{m_k} \end{cases} \tag{3.8}$$

一定有解, 且解是唯一的. 事实上,

(i) 若令

$$m = m_1 \cdots m_k, \quad m = m_i \cdot M_i, \quad i = 1, \cdots, k,$$

则同余式组 (3.8) 的解可表示为

$$x \equiv b_1 \cdot M_1' \cdot M_1 + b_2 \cdot M_2' \cdot M_2 + \cdots + b_k \cdot M_k' \cdot M_k \pmod{m}, \tag{3.9}$$

其中

$$M_i' \cdot M_i \equiv 1 \pmod{m_i},\ i = 1, 2, \cdots, k.$$

(ii) 若令

$$N_i = m_1 \cdots m_i, \quad i = 1, \cdots, k-1,$$

则同余式组 (3.8) 的解可表示为

$$x \equiv x_k \pmod{m_1 \cdots m_k},$$

其中 $N_i' \cdot N_i \equiv 1 \pmod{m_{i+1}}$, $i = 1, 2, \cdots, k-1$, 而 x_i 是同余式组

$$\begin{cases} x \equiv b_1 \pmod{m_1} \\ \quad \vdots \\ x \equiv b_i \pmod{m_i} \end{cases}$$

的解, $i = 1, \cdots, k$, 并满足递归关系式

$$x_i \equiv x_{i-1} + ((b_i - x_{i-1})N_{i-1}' \pmod{m_i}) \cdot N_{i-1} \pmod{m_1 \cdots m_i}, \quad i = 2, \cdots, k. \tag{3.10}$$

3.2.2 两个方程的中国剩余定理

两个方程的中国剩余定理及 Rabin 应用.

定理 3.2.2 设 m_1, m_2 是互素的两个正整数，则对任意的整数 b_1, b_2，同余式组

$$\begin{cases} x \equiv b_1 \pmod{m_1}, \\ x \equiv b_2 \pmod{m_2}. \end{cases} \tag{3.11}$$

一定有解，且解是唯一的. 事实上，若令

$$m = m_1 \cdot m_2, \quad m = m_i \cdot M_i, \quad i = 1, 2,$$

则同余式组 (3.11) 的解可表示为

$$x \equiv b_1 \cdot M_1' \cdot M_1 + b_2 \cdot M_2' \cdot M_2 \pmod{m}, \tag{3.12}$$

其中

$$M_i' \cdot M_i \equiv 1 \pmod{m_i}, \ i = 1, 2.$$

证明 由式 (3.11) 的第一个同余式有解 $x \equiv b_1 \pmod{m_1}$, 可以将同余式组的解表示为 (y_1 待定参数)

$$x = b_1 + y_1 \cdot m_1 = b_1 + y_1 \cdot M_2.$$

将 x 代入同余式组 (3.11) 的第二个同余式, 得

$$b_1 + y_1 \cdot M_2 \equiv b_2 \pmod{m_2},$$

或

$$y_1 \cdot M_2 \equiv b_2 - b_1 \pmod{m_2}. \tag{3.13}$$

运用广义欧几里得除法, 对整数 M_2 及模 m_2, 存在整数 s, t 使得

$$s \cdot M_2 + t \cdot m_2 = 1.$$

从而, 分别得到整数 $M_2' = s$, $M_1' = t$, 使得 (利用 $M_2 = m_1$, $m_2 = M_1$)

$$M_2' \cdot M_2 \equiv 1 \pmod{m_2}, \qquad M_1' \cdot M_1 = t \cdot m_2 \equiv 1 \pmod{m_1},$$

将同余式 (3.13) 的两端同乘以 M_2', 得

$$y_1 \equiv (b_2 - b_1)M_2' \pmod{m_2}$$

或

$$y_1 = (b_2 - b_1)M_2' + q \cdot m_2.$$

故同余式组 (3.12) 的解为

$$\begin{aligned} x &= b_1 + ((b_2 - b_1)M_2' + q \cdot m_2)M_2 \\ &= b_1(1 - M_2'M_2) + b_2 \cdot M_2' \cdot M_2 + q \cdot m_2 \cdot M_2 \\ &= b_1 \cdot M_1' \cdot M_1 + b_2 \cdot M_2' \cdot M_2 + q \cdot m_1 \cdot m_2 \\ &= b_1 \cdot M_1' \cdot M_1 + b_2 \cdot M_2' \cdot M_2 \pmod{m}. \end{aligned}$$

证毕.

为更好应用两个方程的中国剩余定理 3.2.2, 并基于定理 3.2.2 的证明过程, 给出定理 3.2.2 的如下表述:

定理 3.2.3 设 m_1, m_2 是互素的两个正整数，则对任意的整数 b_1, b_2，同余式组 (3.11) 即

$$\begin{cases} x \equiv b_1 \pmod{m_1} \\ x \equiv b_2 \pmod{m_2} \end{cases}$$

有整数解

$$x \equiv b_1 \cdot s \cdot m_2 + b_2 \cdot t \cdot m_1 + q \cdot m_1 \cdot m_2, \tag{3.14}$$

其中 s, t 满足

$$s \cdot m_2 + t \cdot m_1 = 1.$$

例 3.2.2 设 p, q 是不同的素数. 求解同余式组

$$\begin{cases} x \equiv b_1 \pmod{p}, \\ x \equiv b_2 \pmod{q}. \end{cases}$$

解 根据定理 3.2.3, 计算整数 s, t 使得

$$s \cdot q + t \cdot p = 1.$$

进而得到同余式组的解为

$$x \equiv b_1 \cdot s \cdot q + b_2 \cdot t \cdot p \pmod{p \cdot q}.$$

3.2.3 中国剩余定理之构造证明

本节用构造的方法给出中国剩余定理的证明.

证 首先, 证明解的唯一性.

设 x, x' 都是满足同余式 (3.8) 的解, 则

$$x \equiv b_i \equiv x' \pmod{m_i}, \quad i = 1, \cdots, k.$$

因为 $m_1, \cdots, m_k$ 是两两互素的正整数, 根据定理 2.1.12, 得

$$x \equiv x' \pmod{m}.$$

再证明解的存在性.

直接构造同余式组的解.

根据假设条件, 对任意给定的 i, $1 \leqslant i \leqslant k$, 有

$$(m_i, m_j) = 1, \ 1 \leqslant j \leqslant k, \ j \neq i,$$

又根据定理 1.3.12, 有

$$(m_i, M_i) = 1.$$

再根据定理 3.1.1, 或直接运用广义欧几里得除法, 可分别求出整数 M_i', $i = 1, 2, \cdots, k$, 使得

$$M_i' \cdot M_i \equiv 1 \pmod{m_i}, \qquad i = 1, 2, \cdots, k.$$

这样, 就构造出了一个形为式 (3.9) 的整数, 即

$$x = b_1 \cdot M_1' \cdot M_1 + b_2 \cdot M_2' \cdot M_2 + \cdots + b_k \cdot M_k' \cdot M_k \pmod{m}.$$

因为 $m = m_i \cdot M_i$ 及 $m_i \mid M_j$, $1 \leqslant j \leqslant k$, $j \neq i$, 所以这个整数 x 满足同余式

$$x \equiv 0 + \cdots + 0 + b_i \cdot M_i' \cdot M_i + 0 + \cdots + 0 \equiv b_i \pmod{m_i}, \quad i = 1, \cdots, k.$$

也就是说, 形为式 (3.9) 的整数是同余式 (3.8) 的解.

例 3.2.3 求解同余式组

$$\begin{cases} x \equiv b_1 & (\text{mod } 5), \\ x \equiv b_2 & (\text{mod } 6), \\ x \equiv b_3 & (\text{mod } 7), \\ x \equiv b_4 & (\text{mod } 11). \end{cases}$$

解 令 $m = 5 \cdot 6 \cdot 7 \cdot 11 = 2310$,

$$M_1 = 6 \cdot 7 \cdot 11 = 462, \quad M_2 = 5 \cdot 7 \cdot 11 = 385,$$
$$M_3 = 5 \cdot 6 \cdot 11 = 330, \quad M_4 = 5 \cdot 6 \cdot 7 = 210.$$

分别求解同余式

$$M_i' \cdot M_i \equiv 1 \pmod{m_i}, \quad i = 1, 2, 3, 4.$$

得到

$$M_1' = 3, \quad M_2' = 1, \quad M_3' = 1, \quad M_4' = 1.$$

故同余式组的解为

$$\begin{aligned} x &\equiv b_1 \cdot 3 \cdot 462 + b_2 \cdot 1 \cdot 385 + b_3 \cdot 1 \cdot 330 + b_4 \cdot 1 \cdot 210 \\ &\equiv b_1 \cdot 1386 + b_2 \cdot 385 + b_3 \cdot 330 + b_4 \cdot 210 \pmod{2310}. \end{aligned}$$

3.2.4 中国剩余定理之递归证明

本节用递归的方法给出中国剩余定理的证明.

证明 归纳构造同余式组的解.

$k=1$ 时, 同余式

$$x \equiv b_1 \pmod{m_1}$$

的解为

$$x \equiv x_1 \equiv b_1 \pmod{m_1};$$

$k=2$ 时, 原同余式组等价于

$$\begin{cases} x \equiv b_1 \pmod{N_1}, \\ x \equiv b_2 \pmod{m_2}. \end{cases} \tag{3.15}$$

由式 (3.15) 的第一个同余式有解 $x \equiv x_1 \equiv b_1 \pmod{N_1}$, 可以将同余式组的解表示为 ($y_1$ 待定参数)

$$x = x_1 + y_1 \cdot N_1.$$

将 x 代入同余式组式 (3.15) 的第二个同余式, 有

$$x_1 + y_1 \cdot N_1 \equiv b_2 \pmod{m_2}$$

或

$$y_1 \cdot N_1 \equiv b_2 - x_1 \pmod{m_2}. \tag{3.16}$$

运用广义欧几里得除法, 对整数 N_1 及模 m_2, 可求出整数 N_1' 使得

$$N_1' \cdot N_1 \equiv 1 \pmod{m_2},$$

将同余式 (3.16) 的两端同乘以 N_1', 得

$$y_1 \equiv (b_2 - x_1) \cdot N_1' \pmod{m_2}.$$

故同余式组 (3.15) 的解为

$$x = x_2 = x_1 + [(b_2 - x_1)N_1' \pmod{m_2}] \cdot N_1 \pmod{m_1 m_2}.$$

假设 $i-1$, $(i \geqslant 2)$ 时, 命题成立, 即

$$\begin{cases} x \equiv b_1 \pmod{m_1}, \\ \quad \vdots \\ x \equiv b_{i-1} \pmod{m_{i-1}}. \end{cases}$$

有解

$$x \equiv x_{i-1} \pmod{m_1 \cdots m_{i-1}}.$$

对于 i, 同余式组

$$\begin{cases} x \equiv b_1 \pmod{m_1}, \\ \quad \vdots \\ x \equiv b_i \pmod{m_i}. \end{cases}$$

等价于同余式组

$$\begin{cases} x \equiv x_{i-1} \pmod{N_{i-1}}, \\ x \equiv b_i \pmod{m_i}. \end{cases} \tag{3.17}$$

类似于 $k = 2$ 的情形, 由同余式组 (3.17) 的第一个同余式有解 $x \equiv x_{i-1} \pmod{N_{i-1}}$, 可以将同余式组的解表示为 ($y_{i-1}$ 待定参数)

$$x = x_{i-1} + y_{i-1} \cdot N_{i-1}.$$

将 x 代入同余式组 (3.17) 的第二个同余式, 得

$$x_{i-1} + y_{i-1} \cdot N_{i-1} \equiv b_i \pmod{m_i},$$

或

$$y_{i-1} \cdot N_{i-1} \equiv b_i - x_{i-1} \pmod{m_i}. \tag{3.18}$$

运用广义欧几里得除法, 对整数 N_{i-1} 及模 m_i, 求出整数 N'_{i-1} 使得

$$N'_{i-1} \cdot N_{i-1} \equiv 1 \pmod{m_i},$$

将同余式 (3.18) 的两端同乘以 N'_{i-1}, 得

$$y_{i-1} \equiv (b_i - x_{i-1})N'_{i-1} \pmod{m_i}.$$

故同余式组 (3.16) 的解为

$$x = x_i = x_{i-1} + ((b_i - x_{i-1})N'_{i-1} \pmod{m_i}) \cdot N_{i-1} \pmod{m_1 \cdots m_i}.$$

根据数学归纳法原理, 命题是成立的. 证毕.

例 3.2.4 韩信点兵之二: 有兵一队, 若列成 5 行纵队, 则末行 1 人; 成 6 行纵队, 则末行 5 人; 成 7 行纵队, 则末行 4 人; 成 11 行纵队, 则末行 10 人. 求兵数.

解 韩信点兵问题可转化为同余式组

$$\begin{cases} x \equiv 1 \pmod{5}, \\ x \equiv 5 \pmod{6}, \\ x \equiv 4 \pmod{7}, \\ x \equiv 10 \pmod{11}. \end{cases}$$

解一 对 $b_1=1,\ b_2=5,\ b_3=4,\ b_4=10$ 应用例 3.2.3, 得到

$$\begin{aligned} x &\equiv 1\cdot 1386+5\cdot 385+4\cdot 330+10\cdot 210 \\ &\equiv 6731 \\ &\equiv 2111 \pmod{2310}. \end{aligned}$$

解二 归纳构造同余式组的解.

令 $N_1=5$. 同余式组的第一个同余式有解 $x\equiv x_1\equiv 1 \pmod 5$, 将同余式组的解表示为 ($y$ 待定参数)

$$x=1+y\cdot 5.$$

将 x 代入同余式组的第二个同余式, 得

$$1+y\cdot 5\equiv 5 \pmod 6 \quad 或 \quad y\cdot 5\equiv 4 \pmod 6.$$

运用广义欧几里得除法, 对整数 $N_1=5$ 及模 $m_2=6$, 可求出整数 $N_1'\equiv N_1^{-1}\equiv 5 \pmod 6$, 得

$$y\equiv 4\cdot 5\equiv 2 \pmod 6.$$

故同余式组的解为

$$x=x_2=1+2\cdot 5\equiv 11 \pmod{30}.$$

将它表示为 (y 待定参数)

$$x=x_2=11+y\cdot 30.$$

将 x 代入同余式组的第三个同余式, 得

$$11+y\cdot 30\equiv 4 \pmod 7 \quad 或 \quad y\cdot 30\equiv 4-11\equiv 0 \pmod 7.$$

运用广义欧几里得除法, 对整数 $N_2=30$ 及模 $m_3=7$, 可求出整数 $N_2'\equiv N_2^{-1}\equiv 4 \pmod 7$, 得

$$y\equiv 0\cdot 4 \pmod 7.$$

故同余式组的解为

$$x=x_3=11+0\cdot 30\equiv 11 \pmod{210}.$$

将它表示为 (y 待定参数)

$$x=x_3=11+y\cdot 210.$$

将 x 代入同余式组的第四个同余式, 得

$$11+y\cdot 210\equiv 10 \pmod{11} \quad 或 \quad y\cdot 210\equiv 10-11\equiv 10 \pmod{11}.$$

运用广义欧几里得除法, 对整数 $N_3=210$ 及模 $m_4=11$, 可求出整数 $N_3'\equiv N_3^{-1}\equiv 1 \pmod{11}$, 得

$$y\equiv 10\cdot 1 \pmod{11}.$$

故同余式组的解为

$$x=x_3=11+10\cdot 210\equiv 2111 \pmod{2310}.$$

3.2.5 中国剩余定理之应用 —— 算法优化

应用中国剩余定理, 可以将一些复杂的运算转化为较简单的运算.

例 3.2.5 计算 $2^{1\,000\,000} \pmod{77}$.

解一 利用定理 2.4.1(Euler 定理) 及模重复平方计算法直接计算.

因为 $77 = 7 \cdot 11, \varphi(77) = \varphi(7)\varphi(11) = 60$, 所以由定理 2.4.1 (Euler 定理), 得

$$2^{60} \equiv 1 \pmod{77}.$$

又 $1\,000\,000 = 16\,666 \cdot 60 + 40$, 所以

$$2^{1\,000\,000} = (2^{60})^{16\,666} \cdot 2^{40} \equiv 2^{40} \pmod{77}.$$

设 $m = 77,\ b = 2$. 令 $a = 1$, 将 40 写成二进制,

$$40 = 2^3 + 2^5.$$

运用模重复平方法, 依次计算如下:

(1) $n_0 = 0$. 计算

$$a_0 = a \equiv 1, \quad b_1 \equiv b^2 \equiv 4 \pmod{77}.$$

(2) $n_1 = 0$. 计算

$$a_1 = a_0 \equiv 1, \quad b_2 \equiv b_1^2 \equiv 16 \pmod{77}.$$

(3) $n_2 = 0$. 计算

$$a_2 = a_1 \equiv 1, \quad b_3 \equiv b_2^2 \equiv 25 \pmod{77}.$$

(4) $n_3 = 1$. 计算

$$a_3 = a_2 \cdot b_3 \equiv 25, \quad b_4 \equiv b_3^2 \equiv 9 \pmod{77}.$$

(5) $n_4 = 0$. 计算

$$a_4 = a_3 \equiv 25, \quad b_5 \equiv b_4^2 \equiv 4 \pmod{77}.$$

(6) $n_5 = 1$. 计算

$$a_5 = a_4 \cdot b_5 \equiv 23 \pmod{77}.$$

最后, 计算出

$$2^{1\,000\,000} \equiv 23 \pmod{77}.$$

解二 令 $x = 2^{1\,000\,000}$. 因为 $77 = 7 \cdot 11$, 所以计算 $x \pmod{77}$ 等价于求解同余式组

$$\begin{cases} x \equiv b_1 \pmod{7} \\ x \equiv b_2 \pmod{11} \end{cases}.$$

因为 Euler 定理给出 $2^{\varphi(7)} \equiv 2^6 \equiv 1 \pmod{7}$, 以及 $1\,000\,000 = 166\,666 \cdot 6 + 4$, 所以 $b_1 \equiv 2^{1\,000\,000} \equiv (2^6)^{166\,666} \cdot 2^4 \equiv 2 \pmod{7}$.

类似地, 因为 $2^{\varphi(11)} \equiv 2^{10} \equiv 1 \pmod{11}$, $\quad 1\,000\,000 = 100\,000 \cdot 10$, 所以 $b_2 \equiv 2^{1\,000\,000} \equiv (2^{10})^{100\,000} \equiv 1 \pmod{11}$.

令 $m_1 = 7,\ m_2 = 11,\ m = m_1 \cdot m_2 = 77$,

$$M_1 = m_2 = 11, \quad M_2 = m_1 = 7,$$

分别求解同余式

$$11M_1' \equiv 1 \pmod 7, \quad 7M_2' \equiv 1 \pmod{11}.$$

得到

$$M_1' = 2, \quad M_2' = 8.$$

故

$$x \equiv 2 \cdot 11 \cdot 2 + 8 \cdot 7 \cdot 1 \equiv 100 \equiv 23 \pmod{77}.$$

因此, $2^{1\,000\,000} \equiv 23 \pmod{77}$.

例 3.2.6 计算

$$312^{13} \pmod{667}.$$

解 运用中国剩余定理及模重复平方方法.

令 $x = 312^{13}$. 因为 $667 = 23 \cdot 29$, 所以计算 $x \pmod{667}$ 等价于求解同余式组

$$\begin{cases} x \equiv b_1 \pmod{23} \\ x \equiv b_2 \pmod{29} \end{cases}.$$

由模重复平方法, 得

$$b_1 \equiv 312^{13} \equiv 8 \pmod{23}.$$

事实上, $n = 23,\ b = 312$. 令 $a = 1$. 将 13 写成二进制,

$$13 = 1 + 2^2 + 2^3.$$

运用模重复平方法, 依次计算如下:

(1) $n_0 = 1$. 计算

$$a_0 = a \cdot b \equiv 13, \quad b_1 \equiv b^2 \equiv 8 \pmod{23}.$$

(2) $n_1 = 0$. 计算

$$a_1 = a_0 \equiv 13, \quad b_2 \equiv b_1^2 \equiv 18 \pmod{23}.$$

(3) $n_2 = 1$. 计算

$$a_2 = a_1 \cdot b_2 \equiv 4, \quad b_3 \equiv b_2^2 \equiv 2 \pmod{23}.$$

(4) $n_3 = 1$. 计算

$$a_3 = a_2 \cdot b_3 \equiv 8 \pmod{23}.$$

类似地, 有

$$b_2 \equiv 312^{13} \equiv 4 \pmod{29}.$$

事实上, $n = 29,\ b = 312$. 令 $a = 1$. 将 13 写成二进制,

$$13 = 1 + 2^2 + 2^3.$$

运用模重复平方法, 依次计算如下:

(1) $n_0=1$. 计算

$$a_0=a\cdot b\equiv 22,\quad b_1\equiv b^2\equiv 20 \pmod{29}.$$

(2) $n_1=0$. 计算

$$a_1=a_0\equiv 22,\quad b_2\equiv b_1^2\equiv 23 \pmod{29}.$$

(3) $n_2=1$. 计算

$$a_2=a_1\cdot b_2\equiv 13,\quad b_3\equiv b_2^2\equiv 7 \pmod{29}.$$

(4) $n_3=1$. 计算

$$a_3=a_2\cdot b_3\equiv 4 \pmod{29}.$$

令 $m_1=23,\ m_2=29,\ m=m_1\cdot m_2=667$,

$$M_1=m_2=29,\quad M_2=m_1=23,$$

分别求解同余式

$$29M_1'\equiv 1 \pmod{23},\quad 23M_2'\equiv 1 \pmod{29}.$$

得到

$$M_1'=4,\quad M_2'=-5.$$

事实上, 由广义欧几里得除法, 有

$$\begin{array}{rcrcr} 29 &=& 1\cdot 23 &+& 6 \\ 23 &=& 4\cdot 6 &-& 1 \end{array}$$

以及

$$\begin{array}{rclcl} 1 &=& -23 &+& 4\cdot 6 \\ &=& (-1)\cdot 23 &+& 4\cdot(29-1\cdot 23) \\ &=& 4\cdot 29 &+& (-5)\cdot 23. \end{array}$$

故

$$x\equiv 4\cdot 29\cdot 8+(-5)\cdot 23\cdot 4\equiv 468 \pmod{667}.$$

因此, $312^{13}\equiv 468 \pmod{667}$.

例 3.2.7 用 RSA(公钥密码系统) 对 math 加解密.

假设公钥密码系统使用 $N=26$ 字符集 $\mathcal{N}$. 明文信息空间为 $k=2$-字符组组成的集合 $\mathcal{M}=\mathcal{N}^k$. 密文信息空间为 $l=3$-字符组组成的集合 $\mathcal{C}=\mathcal{N}^l$.

运用素数对 $p=23, q=29$.

(a) 计算 $n=pq=667$ 和 $\varphi=(p-1)(q-1)=616$.

(b) 随机选取整数 $e=13$, $1<e<\varphi$, 使得 $\gcd(e,\varphi)=1$.

(c) 运用广义欧几里得算法具体计算唯一的整数 $d=237, 1<d<\varphi$, 使得

$$e\cdot d\equiv 1\ (\mathrm{mod}\varphi)$$

$$\begin{aligned}616&=47\cdot 13+5, & 1&=3-1\cdot(5-1\cdot 3)\\13&=2\cdot 5+3, & &=(-1)\cdot 5+2\cdot(13-2\cdot 5)\\5&=1\cdot 3+2, & &=2\cdot 13+(-5)\cdot(616-47\cdot 13)\\3&=1\cdot 2+1. & &=(-5)\cdot 616+237\cdot 13.\end{aligned}$$

(d) 说明公钥是 $K_e=(n,e)=(667,13)$, 私钥是 $K_d=d=237$.

(e) 以两字符为一组给出明文的数字信息, 加密后的数字信息及密文字符.

ma$=12\cdot 26+0=312\quad\longmapsto\quad 468=18\cdot 26+0=$ sa,

th$=19\cdot 26+7=501\quad\longmapsto\quad 163=6\cdot 26+7=$ gh.

加密过程. 为加密信息 ma, 将明文 ma 转换为数字信息: ma$=12\cdot 26+0=312$; 为加密信息 th, 将明文 th 转换为数字信息: th $=19\cdot 26+7=501$.

发送者 B 计算

$$c=m^e\ (\mathrm{mod}\ n)=312^{13}\ (\mathrm{mod}\ 667)=468,$$

将数字信息转换为 $468=18\cdot 26+0=$ sa, 即密文字符为 sa.

计算

$$c=m^e\ (\mathrm{mod}\ n)=501^{13}\ (\mathrm{mod}\ 667)=163,$$

将数字信息转换为 $163=6\cdot 26+7=$ gh, 即密文字符为 gh.

(f) 说明如何恢复密文为明文.

sa$=18\cdot 26+0=468\quad\longmapsto\quad 312=12\cdot 26+0=$ ma,

gh$=6\cdot 26+7=163\quad\longmapsto\quad 501=19\cdot 26+7=$ th.

解密过程. 为解密 c, A 将密文 sa 转换为数字信息: sa$=18\cdot 26+0=468$, 将密文 gh 转换为数字信息: gh$=6\cdot 26+7=163$.

再用私钥 $d=237$ 计算

$$c^d\ (\mathrm{mod}\ n)=468^{237}\ (\mathrm{mod}\ 667)=312.$$

并将数字信息转换为文字. $312=12\cdot 26+0=$ ma, 即明文为 ma.

再计算

$$c^d\ (\mathrm{mod}\ n)=163^{237}\ (\mathrm{mod}\ 667)=501.$$

并将数字信息转换为文字. $501=19\cdot 26+7=$th, 即明文为 th.

现在推广定理 2.2.4.

定理 3.2.4 在定理 3.2.1 的条件下, 若 $b_1, b_2, \cdots, b_k$ 分别遍历模 $m_1, m_2, \cdots, m_k$ 的完全剩余系, 则

$$x\equiv b_1\cdot M_1'\cdot M_1+b_2\cdot M_2'\cdot M_2+\cdots+b_k\cdot M_k'\cdot M_k\ (\mathrm{mod}\ m)$$

遍历模 $m=m_1\cdot m_2\cdots m_k$ 的完全剩余系.

证 令

$$x_0 = b_1 \cdot M_1' \cdot M_1 + b_2 \cdot M_2' \cdot M_2 + \cdots + b_k \cdot M_k' \cdot M_k \pmod m,$$

则当 $b_1,\ b_2,\ \cdots,\ b_k$ 分别遍历模 $m_1,\ m_2,\ \cdots,\ m_k$ 的完全剩余系时, x_0 遍历 $m_1\ m_2 \cdots m_k$ 个数. 如果能够证明它们模 m 两两不同余, 则定理成立. 事实上, 若

$$b_1 \cdot M_1' \cdot M_1 + b_2 \cdot M_2' \cdot M_2 + \cdots + b_k \cdot M_k' \cdot M_k \equiv b_1' \cdot M_1' \cdot M_1 + b_2' \cdot M_2' \cdot M_2 + \cdots + b_k' \cdot M_k' \cdot M_k \pmod m,$$

则根据定理 2.1.11,

$$b_i \cdot M_i' \cdot M_i \equiv b_i' \cdot M_i' \cdot M_i \pmod{m_i}, \quad i = 1, \cdots, k.$$

因为 $M_i' \cdot M_i \equiv 1 \pmod{m_i}, \quad i = 1, \cdots, k$, 所以,

$$b_i \equiv b_i' \pmod{m_i}, \ \ i = 1, \cdots, k.$$

但 $b_i,\ b_i'$ 是同一个完全剩余系中的两个数, 故

$$b_i = b_i', \ \ i = 1, \cdots, k.$$

定理成立. 证毕.

命题 3.2.1 设 $m_1,\ \cdots,\ m_k$ 是 k 个互素的正整数. 令 $m = m_1 \cdots m_k$ 则对任意的整数 $0 \leqslant b < m$, 存在唯一的一组整数 $b_i,\ 0 \leqslant b_i < m_i,\ \ 1 \leqslant i \leqslant k$, 使得

$$b_1 \cdot M_1' \cdot M_1 + \cdots + b_k \cdot M_k' \cdot M_k \equiv b \pmod m$$

其中 $m_i \cdot M_i = m,\ M_i' \cdot M_i \equiv 1 \pmod{m_i},\ 1 \leqslant i \leqslant k$. 进一步, $(b, m) = 1$ 的充要条件是 $(b_i, m_i) = 1,\ 1 \leqslant i \leqslant k$.

证 令 b_i 为 b 模 m_i 的最小非负余数, $1 \leqslant i \leqslant k$, 则该组数是唯一的, 并使得

$$b_1 \cdot M_1' \cdot M_1 + \cdots + b_k \cdot M_k' \cdot M_k \equiv b \pmod m.$$

事实上, 对于 $1 \leqslant i \leqslant k$, 有

$$\begin{aligned}&b_1 \cdot M_1' \cdot M_1 + \cdots + b_{i-1} \cdot M_{i-1}' \cdot M_{i-1} + b_i \cdot M_i' \cdot M_i + b_{i+1} \cdot M_{i+1}' \cdot M_{i+1} + \cdots + b_k \cdot M_k' \cdot M_k \\ \equiv\ & b_i \cdot M_i' \cdot M_i \equiv b_i \equiv b \pmod{m_i}.\end{aligned}$$

又 $m_1,\ \cdots,\ m_k$ 是 k 个互素的正整数, 所以

$$b_1 \cdot M_1' \cdot M_1 + \cdots + b_k \cdot M_k' \cdot M_k \equiv b \pmod m.$$

进一步, 当 $(b, m) = 1$ 时, 有 $(b, m_i) = 1,\ 1 \leqslant i \leqslant k$, 又因为

$$b_i \equiv b \pmod{m_i},\ 1 \leqslant i \leqslant k,$$

所以

$$(b_i, m_i) = (b, m_i) = 1,\ 1 \leqslant i \leqslant k.$$

反过来, 当 $(b_i, m_i) = 1,\ 1 \leqslant i \leqslant k$ 时, 有

$$(b, m_i) = (b_i, m_i) = 1,\ 1 \leqslant i \leqslant k.$$

从而 $(b, m_1 \cdots m_k) = 1$, 即 $(b, m) = 1$.

推论 设 $m_1, \cdots, m_k$ 是 k 个互素的正整数. 令

$$m = m_1 \cdots m_k,\ m_i \cdot M_i = m,\ M_i' \cdot M_i \equiv 1 \ (\mathrm{mod}\ m_i),\ \ 1 \leqslant i \leqslant k.$$

则对任意的整数 $b_1, \cdots, b_k$,

$$(b_1 \cdot M_1' \cdot M_1 + \cdots + b_k \cdot M_k' \cdot M_k, m) = 1$$

的充要条件是

$$(b_i, m_i) = 1,\ 1 \leqslant i \leqslant k.$$

3.3 高次同余式的解数及解法

3.3.1 高次同余式的解数

现在考虑高次同余式的求解. 假设模 m 可以分解为 k 个两两互素的正整数的乘积: $m = m_1 \cdots m_k$.

首先, 考虑如何将模 m 同余式的求解转化为模 m_i 的求解, 以及它们的解数关系.

定理 3.3.1 设 $m_1, \cdots, m_k$ 是 k 个两两互素的正整数, $m = m_1 \cdots m_k$, 则同余式

$$f(x) \equiv 0 \ (\mathrm{mod}\ m) \tag{3.19}$$

与同余式组

$$\begin{cases} f(x) \equiv 0 \quad (\mathrm{mod}\ m_1) \\ \qquad \vdots \\ f(x) \equiv 0 \quad (\mathrm{mod}\ m_k) \end{cases} \tag{3.20}$$

等价. 如果用 T_i 表示同余式

$$f(x) \equiv 0 \ (\mathrm{mod}\ m_i)$$

的解数 $i = 1, \cdots, k$, T 表示同余式 (3.19) 的解数, 则

$$T = T_1 \cdots T_k.$$

证 设 x_0 是同余式 (3.19) 的解, 则

$$f(x_0) \equiv 0 \ (\mathrm{mod}\ m).$$

根据定理 2.1.11, 有

$$f(x_0) \equiv 0 \ (\mathrm{mod}\ m_i), \quad i = 1, \cdots, k.$$

即 x_0 是同余式组 (3.20) 的解.

反过来, 设

$$f(x_0) \equiv 0 \pmod{m_i}, \quad i = 1, \cdots, k,$$

根据定理 2.1.12, 有

$$f(x_0) \equiv 0 \pmod{m}.$$

即同余式组 (3.20) 的解 x_0 也是同余式 (3.19) 的解.

设同余式 $f(x) \equiv 0 \pmod{m_i}$ 的解是 b_i, $i = 1, \cdots, k$. 则由定理 3.2.1, 即中国剩余定理, 可求得同余式组

$$\begin{cases} x \equiv b_1 \pmod{m_1} \\ \quad\vdots \\ x \equiv b_k \pmod{m_k} \end{cases}$$

的解是

$$x \equiv b_1 \cdot M_1' \cdot M_1 + \cdots + b_k \cdot M_k' \cdot M_k \pmod{m}.$$

因为

$$f(x) \equiv f(b_i) \equiv 0 \pmod{m_i}, \quad i = 1, \cdots, k,$$

所以 x 也是

$$f(x) \equiv 0 \pmod{m}$$

的解. 故 x 随 b_i 遍历 $f(x) \equiv 0 \pmod{m_i}$ 的所有解 $(i = 1, \cdots, k)$ 而遍历 $f(x) \equiv 0 \pmod{m}$ 的所有解, 即同余式组 (3.20) 的解数为

$$T = T_1 \cdots T_k.$$

证毕.

例 3.3.1 解同余式

$$f(x) \equiv x^4 + 2x^3 + 8x + 9 \equiv 0 \pmod{35}.$$

解 由定理 3.3.1 知原同余式等价于同余式组

$$\begin{cases} f(x) \equiv 0 \pmod{5}, \\ f(x) \equiv 0 \pmod{7}. \end{cases}$$

直接验算,

$f(x) \equiv 0 \pmod{5}$ 的解为 $x \equiv 1,\ 4 \pmod{5}$,

$f(x) \equiv 0 \pmod{7}$ 的解为 $x \equiv 3,\ 5,\ 6 \pmod{7}$.

根据定理 3.2.1, 即中国剩余定理, 可求得同余式组

$$\begin{cases} x \equiv b_1 \pmod{5} \\ x \equiv b_2 \pmod{7} \end{cases}$$

的解为

$$x \equiv b_1 \cdot 3 \cdot 7 + b_2 \cdot 3 \cdot 5 \equiv b_1 \cdot 21 + b_2 \cdot 15 \pmod{35}.$$

故原同余式的解为

$$x \equiv 31,\ 26,\ 6,\ 24, 19,\ 34,\ \pmod{35},$$

共 $2 \cdot 3 = 6$ 个. 事实上,

$$\begin{array}{rclrcl} 1 \cdot 21 + 3 \cdot 15 = 66 & \equiv & 31, & 4 \cdot 21 + 3 \cdot 15 = 129 & \equiv & 24, \\ 1 \cdot 21 + 5 \cdot 15 = 96 & \equiv & 26, & 4 \cdot 21 + 5 \cdot 15 = 159 & \equiv & 19, \\ 1 \cdot 21 + 6 \cdot 15 = 111 & \equiv & 6, & 4 \cdot 21 + 6 \cdot 15 = 174 & \equiv & 34. \end{array}$$

3.3.2 高次同余式的提升

其次, 考虑模为素数幂的同余式的求解.

$$f(x) \equiv 0 \pmod{p^\alpha}. \tag{3.21}$$

这是因为任一正整数 m 有标准分解式

$$m = \prod_p p^\alpha.$$

由定理 3.3.1, 要求解同余式

$$f(x) \equiv 0 \pmod{m},$$

只须求解同余式 (3.21), 即

$$f(x) \equiv 0 \pmod{p^\alpha}.$$

设 $f(x) = a_n x^n + a_{n-1} x^{n-1} + \cdots + a_2 x^2 + a_1 x + a_0$ 为整系数多项式, 记

$$f'(x) = n \cdot a_n x^{n-1} + (n-1) \cdot a_{n-1} x^{n-2} + \cdots + 2 \cdot a_2 x + a_1,$$

称 $f'(x)$ 为 $f(x)$ 的导式.

定理 3.3.2 设 $x \equiv x_1 \pmod{p}$ 是同余式

$$f(x) \equiv 0 \pmod{p} \tag{3.22}$$

的一个解, 且

$$(f'(x_1), p) = 1,$$

则同余式 (3.21) 有解

$$x \equiv x_\alpha \pmod{p^\alpha}, \tag{3.23}$$

其中 x_α 由下面的关系式递归得到.

$$x_i \equiv x_{i-1} + t_{i-1} \cdot p^{i-1} \pmod{p^i}, \qquad i = 2, \cdots, \alpha, \tag{3.24}$$

这里

$$t_{i-1} \equiv \frac{-f(x_{i-1})}{p^{i-1}} \cdot (f'(x_1)^{-1} \pmod{p}) \pmod{p}, \qquad i = 2, \cdots, \alpha. \tag{3.25}$$

证 设 $f(x)=a_nx^n+a_{n-1}x^{n-1}+\cdots+a_2x^2+a_1x+a_0$. 对 $\alpha\geqslant 2$ 作数学归纳法.

(i) $\alpha=2$. 根据假设条件, 同余式 (3.22) 有解

$$x=x_1+t_1\cdot p,\qquad t_1=0,\ \pm1,\ \pm2,\ \cdots$$

所以, 考虑关于 t_1 的同余式

$$f(x_1+t_1\cdot p)\equiv 0\ (\mathrm{mod}\ p^2)$$

的求解. 因为

$$\begin{aligned}
&f(x_1+t_1\cdot p)\\
=\ &a_n(x_1+t_1\cdot p)^n+a_{n-1}(x_1+t_1\cdot p)^{n-1}+\cdots+a_2(x_1+t_1\cdot p)^2+a_1(x_1+t_1\cdot p)+a_0\\
=\ &a_n(x_1^n+nx_1^{n-1}(t_1\cdot p)+C_n^2x_1^{n-2}(t_1\cdot p)^2+\cdots+(t_1\cdot p)^n)\\
&+a_{n-1}(x_1^{n-1}+(n-1)x_1^{n-2}(t_1\cdot p)+C_{n-1}^2x_1^{n-3}(t_1\cdot p)^2+\cdots+(t_1\cdot p)^{n-1})\\
&+\cdots+a_2(x_1^2+2x_1(t_1\cdot p)+(t_1\cdot p)^2)+a_1(x_1+(t_1\cdot p))+a_0\\
=\ &f(x_1)+f'(x_1)(t_1\cdot p)+A\cdot(t_1\cdot p)^2,
\end{aligned}$$

其中 A 为整数, 所以有

$$f(x_1)+f'(x_1)(t_1\cdot p)\equiv 0\ (\mathrm{mod}\ p^2).$$

因为 $f(x_1)\equiv 0\ (\mathrm{mod}\ p)$, 所以上述同余式可写成

$$f'(x_1)\cdot t_1\equiv\frac{-f(x_1)}{p}\ (\mathrm{mod}\ p).$$

又因为 $(f'(x_1),p)=1$, 根据定理 3.1.3, 这个同余式对模 p 有且仅有一解

$$t_1\equiv\frac{-f(x_1)}{p}(f'(x_1)^{-1}\ (\mathrm{mod}\ p))\ (\mathrm{mod}\ p).$$

即

$$x\equiv x_2\equiv x_1+t_1\cdot p\ (\mathrm{mod}\ p^2)$$

是同余式 (3.21) $(\alpha=2)$, 即

$$f(x)\equiv 0\ (\mathrm{mod}\ p^2)$$

的解.

(ii) 设 $3\leqslant i\leqslant\alpha$. 假设定理对 $i-1$ 成立, 即同余式 (3.21) $(\alpha=i-1)$,

$$f(x)\equiv 0\ (\mathrm{mod}\ p^{i-1})$$

有解

$$x=x_{i-1}+t_{i-1}\cdot p^{i-1},\qquad t_{i-1}=0,\ \pm1,\ \pm2,\ \cdots$$

考虑关于 t_{i-1} 的同余式

$$f(x_{i-1}+t_{i-1}\cdot p^{i-1})\equiv 0\ (\mathrm{mod}\ p^i)$$

的求解. 因为

$$
\begin{aligned}
& f(x_{i-1}+t_{i-1}\cdot p^{i-1}) \\
= \ & a_n\left(x_{i-1}+t_{i-1}\cdot p^{i-1}\right)^n+a_{n-1}\left(x_{i-1}+t_{i-1}\cdot p^{i-1}\right)^{n-1}+\cdots \\
& +a_2\left(x_{i-1}+t_{i-1}\cdot p^{i-1}\right)^2+a_1\left(x_{i-1}+t_{i-1}\cdot p^{i-1}\right)+a_0 \\
= \ & a_n\left(x_{i-1}^n+nx_{i-1}^{n-1}(t_{i-1}\cdot p^{i-1})+C_n^2x_{i-1}^{n-2}(t_{i-1}\cdot p^{i-1})^2+\cdots+(t_{i-1}\cdot p^{i-1})^n\right) \\
& +a_{n-1}\left(x_{i-1}^{n-1}+(n-1)x_{i-1}^{n-2}(t_{i-1}\cdot p^{i-1})+C_{n-1}^2x_{i-1}^{n-3}(t_{i-1}\cdot p^{i-1})^2+\cdots+(t_{i-1}\cdot p^{i-1})^{n-1}\right) \\
& +\cdots+a_2\left(x_{i-1}^2+2x_{i-1}(t_{i-1}\cdot p^{i-1})+(t_{i-1}\cdot p^{i-1})^2\right)+a_1\left(x_{i-1}+(t_{i-1}\cdot p^{i-1})\right)+a_0 \\
= \ & f(x_{i-1})+f'(x_{i-1})(t_{i-1}\cdot p^{i-1})+A\cdot(t_{i-1}\cdot p^{i-1})^2,
\end{aligned}
$$

其中 A 为整数. 又 $p^{2(i-1)}\geqslant p^i$, 有

$$f(x_{i-1})+f'(x_{i-1})(t_{i-1}\cdot p^{i-1})\equiv 0 \pmod{p^i}.$$

因为 $f(x_{i-1})\equiv 0 \pmod{p^{i-1}}$, 所以上述同余式可写成

$$f'(x_{i-1})\cdot t_{i-1}\equiv \frac{-f(x_{i-1})}{p^{i-1}} \pmod p.$$

又因为 $f'(x_{i-1})\equiv f'(x_{i-2})\equiv\cdots\equiv f'(x_1) \pmod p$, 进而

$$(f'(x_{i-1}),p)=\cdots=(f'(x_1),p)=1,$$

根据定理 3.1.3, 这个同余式对模 p 有且仅有一解

$$
\begin{aligned}
t_{i-1} & \equiv \frac{-f(x_{i-1})}{p^{i-1}}(f'(x_{i-1})^{-1} \pmod p) \\
& \equiv \frac{-f(x_{i-1})}{p^{i-1}}(f'(x_1)^{-1} \pmod p) \quad \pmod p,
\end{aligned}
$$

即

$$x\equiv x_i\equiv x_{i-1}+t_{i-1}\cdot p^{i-1} \pmod{p^i}$$

是同余式 (3.21) $(\alpha=i)$

$$f(x)\equiv 0 \pmod{p^i}$$

的解.

故由数学归纳法原理, 定理对所有 $2\leqslant i\leqslant\alpha$ 成立. 特别, 定理对 $i=\alpha$ 成立. 证毕.

3.3.3 高次同余式的提升 —— 具体应用

例 3.3.2 求解同余式

$$f(x)\equiv x^4+7x+4\equiv 0 \pmod{27}.$$

解一 (按照定理 3.3.2 的证明过程)

对于 $f(x) \equiv x^4 + 7x + 4 \pmod{27}$, 有

$$f'(x) \equiv 4x^3 + 7 \pmod{27}.$$

直接验算, 知同余式

$$f(x) \equiv 0 \pmod{3}$$

有一解

$$x_1 \equiv 1 \pmod{3}.$$

以 $x = 1 + t_1 \cdot 3$ 代入同余式 $f(x) \equiv 0 \pmod{9}$, 可得到

$$f(1) + f'(1) \cdot t_1 \cdot 3 \equiv 0 \pmod{9}.$$

因为

$$f(1) \equiv 3 \pmod{9}, \quad f'(1) \equiv 2 \pmod{9},$$

所以上述同余式可写成

$$3 + 2 \cdot t_1 \cdot 3 \equiv 0 \pmod{9} \quad \text{或} \quad 2 \cdot t_1 \equiv -1 \pmod{3}.$$

解得

$$t_1 \equiv 1 \pmod{3},$$

因此, 同余式 $f(x) \equiv 0 \pmod{9}$ 的解为

$$x_2 \equiv 1 + t_1 \cdot 3 \equiv 4 \pmod{9}.$$

再以 $x = 4 + t_2 \cdot 9$ 代入同余式 $f(x) \equiv 0 \pmod{27}$, 可得到

$$f(4) + f'(4) \cdot t_2 \cdot 9 \equiv 0 \pmod{27}.$$

因为

$$f(4) \equiv 18 \pmod{27}, \quad f'(4) \equiv 20 \pmod{27},$$

所以上述同余式可写成

$$18 + 20 \cdot t_2 \cdot 9 \equiv 0 \pmod{27} \quad \text{或} \quad 2 \cdot t_2 \equiv -2 \pmod{3}.$$

解得

$$t_2 \equiv 2 \pmod{3},$$

因此, 同余式 $f(x) \equiv 0 \pmod{27}$ 的解为

$$x_3 \equiv 4 + t_2 \cdot 9 \equiv 22 \pmod{27}.$$

解二 (应用定理 3.3.2 的结论)

对于 $f(x) \equiv x^4 + 7x + 4 \pmod{27}$, 有

$$f'(x) \equiv 4x^3 + 7 \pmod{27}.$$

直接验算, 知同余式

$$f(x) \equiv 0 \pmod 3$$

有一解

$$x_1 \equiv 1 \pmod 3.$$

首先, 计算

$$f'(x_1) = 4 \cdot 1^3 + 7 \equiv -1 \pmod 3,$$
$$f'(x_1)^{-1} \equiv -1 \pmod 3;$$

其次, 计算

$$\begin{cases} t_1 \equiv \dfrac{-f(x_1)}{3^1}(f'(x_1)^{-1} \pmod 3) \equiv 1 & \pmod 3, \\ \\ x_2 \equiv x_1 + t_1 \cdot 3 \equiv 4 & \pmod 9; \end{cases}$$

最后, 计算

$$\begin{cases} t_2 \equiv \dfrac{-f(x_2)}{3^2}(f'(x_1)^{-1} \pmod 3) \equiv 2 & \pmod 3, \\ \\ x_3 \equiv x_2 + t_2 \cdot 3^2 \equiv 22 & \pmod{27}. \end{cases}$$

因此, 同余式 $f(x) \equiv 0 \pmod{27}$ 的解为

$$x_3 \equiv 22 \pmod{27}.$$

3.4 素数模的同余式

现在考虑如何求解模素数 p 的同余式

$$f(x) = a_n x^n + \cdots + a_1 x + a_0 \equiv 0 \pmod p, \tag{3.26}$$

其中 $a_n \not\equiv 0 \pmod p$.

3.4.1 素数模的多项式欧几里得除法

首先考虑多项式欧几里得除法.

引理 3.4.1 (**多项式欧几里得除法**) 设 $f(x) = a_n x^n + \cdots + a_1 x + a_0$ 为 n 次整系数多项式, $g(x) = x^m + \cdots + b_1 x + b_0$ 为 $m \geqslant 1$ 次首一整系数多项式, 则存在整系数多项式 $q(x)$ 和 $r(x)$ 使得

$$f(x) = q(x) \cdot g(x) + r(x), \quad \deg r(x) < \deg g(x). \tag{3.27}$$

证 分以下两种情形讨论:

(i) $n < m$. 取 $q(x) = 0$, $r(x) = f(x)$, 结论成立.

(ii) $n \geqslant m$. 对 $f(x)$ 的次数 n 作数学归纳法.

对于 $n = m$, 有

$$f(x) - a_n \cdot g(x) = (a_{n-1} - a_n \cdot b_{m-1})x^{n-1} + \cdots + (a_1 - a_n \cdot b_0)x + a_0.$$

因此, $q(x) = a_n$, $r(x) = f(x) - a_n \cdot g(x)$ 为所求.

假设 $n-1 \geqslant m$ 时, 结论成立.

对于 $n>m$, 有

$$\begin{aligned} f(x)-a_n x^{n-m}\cdot g(x) &= (a_{n-1}-a_n\cdot b_{m-1})x^{n-1}+\cdots+(a_{n-m}-a_n\cdot b_0)x^{n-m} \\ &\quad + a_{n-m-1}x^{n-m-1}+\cdots+a_0. \end{aligned}$$

这说明 $f(x)-a_n x^{n-m}\cdot g(x)$ 是次数 $\leqslant n-1$ 的多项式. 对其运用归纳假设或情形 (Ⅰ), 存在整系数多项式 $q_1(x)$ 和 $r_1(x)$ 使得

$$f(x)-a_n x^{n-m}\cdot g(x)=q_1(x)\cdot g(x)+r_1(x), \quad \deg r_1(x)<\deg g(x).$$

因此, $q(x)=a_n x^{n-m}+q_1(x)$, $r(x)=r_1(x)$ 为所求.

根据数学归纳法原理, 结论是成立的. 证毕.

注 引理中 $g(x)$ 须为首一多项式, 因为对于 $f(x)=x^2$, $g(x)=2x+1\in \mathbf{Z}[x]$, 找不到 $q(x), r(x)\in \mathbf{Z}[x]$ 满足式 (3.27).

3.4.2 素数模的同余式的简化

其次, 基于多项式 $x^p-x \pmod p$ 对任何整数取值为零 (Fermat 小定理), 以及多项式欧几里得除法, 可以将高次多项式的求解转化为次数不超过 $p-1$ 的多项式的求解, 即有

定理 3.4.1 同余式 (3.26) 与一个次数不超过 $p-1$ 的模 p 同余式等价.

证 由多项式的欧几里得除法, 存在整系数多项式 $q(x)$, $r(x)$ 使得

$$f(x)=q(x)(x^p-x)+r(x),$$

其中 $r(x)$ 的次数 $\leqslant p-1$. 由定理 2.4.2 (费马小定理), 对任何整数 x, 都有

$$x^p-x\equiv 0 \pmod p.$$

故同余式

$$f(x)\equiv 0 \pmod p$$

等价于同余式

$$r(x)\equiv 0 \pmod p.$$

证毕.

例 3.4.1 求与同余式

$$f(x)=3x^{14}+4x^{13}+2x^{11}+x^9+x^6+x^3+12x^2+x\equiv 0 \pmod 5$$

等价的次数 <5 的同余式 $r(x)$ 及其解.

解 令 $g(x)=x^5-x$, 作多项式的欧几里得除法, 有

$$\begin{aligned} & 3x^{14}+4x^{13}+2x^{11}+x^9+x^6+x^3+12x^2+x \\ = \ & (3x^9+4x^8+2x^6+3x^5+5x^4+2x^2+4x+5)(x^5-x)+3x^3+16x^2+6x. \end{aligned}$$

事实上,

$$\begin{aligned}
r_0(x)=f(x)-3\,x^9\cdot g(x) &= 4\,x^{13}+2\,x^{11}+3\,x^{10}+x^9+x^6+x^3+12\,x^2+x,\\
r_1(x)=r_0(x)-4\,x^8\cdot g(x) &= 2\,x^{11}+3\,x^{10}+5\,x^9+x^6+x^3+12\,x^2+x,\\
r_2(x)=r_1(x)-2\,x^6\cdot g(x) &= 3\,x^{10}+5\,x^9+2\,x^7+x^6+x^3+12\,x^2+x,\\
r_3(x)=r_2(x)-3\,x^5\cdot g(x) &= 5\,x^9+2\,x^7+4\,x^6+x^3+12\,x^2+x,\\
r_4(x)=r_3(x)-5\,x^4\cdot g(x) &= 2\,x^7+4\,x^6+5\,x^5+x^3+12\,x^2+x,\\
r_5(x)=r_4(x)-2\,x^2\cdot g(x) &= 4\,x^6+5\,x^5+3\,x^3+12\,x^2+x,\\
r_6(x)=r_5(x)-4\,x\cdot g(x) &= 5\,x^5+3\,x^3+16\,x^2+x,\\
r_7(x)=r_6(x)-5\cdot g(x) &= 3\,x^3+16\,x^2+6\,x,
\end{aligned}$$

所以原同余式等价于

$$r(x)=r_7(x)=3x^3+16x^2+6x\equiv 0\ (\mathrm{mod}\ 5).$$

直接验算

$$\begin{aligned}
r(0) &= 3\cdot 0^3+16\cdot 0^2+6\cdot 0 = 0 \equiv 0,\\
r(1) &= 3\cdot 1^3+16\cdot 1^2+6\cdot 1 = 25 \equiv 0,\\
r(2) &= 3\cdot 2^3+16\cdot 2^2+6\cdot 2 = 100 \equiv 0,\\
r(3) &= 3\cdot 3^3+16\cdot 3^2+6\cdot 3 = 243 \equiv 3,\\
r(4) &= 3\cdot 4^3+16\cdot 4^2+6\cdot 4 = 472 \equiv 2\ (\mathrm{mod}\ 5).
\end{aligned}$$

故同余式的解为 $x\equiv 0,\ 1,\ 2\ (\mathrm{mod}\ 5)$.

3.4.3 素数模的同余式的因式分解

再次, 考虑同余式 $f(x)$ 的解 $x=a_1$ 与一次同余式 $x-a_1$ 的关系式. 从而推得: 同余式的解数不大于其次数 (定理 3.4.4).

定理 3.4.2 设 $1\leqslant k\leqslant n$. 如果

$$x\equiv a_i\ (\mathrm{mod}\ p),\quad i=1,\cdots,k,$$

是同余式 (3.26) 的 k 个不同解, 则对任何整数 x, 都有

$$f(x)\equiv f_k(x)\cdot(x-a_1)\cdot\ \cdots\ \cdot(x-a_k)\ (\mathrm{mod}\ p), \tag{3.28}$$

其中 $f_k(x)$ 是 $n-k$ 次多项式, 首项系数是 a_n.

证 由多项式的欧几里得除法, 存在多项式 $f_1(x)$ 和 $r(x)$ 使得

$$f(x)=f_1(x)\cdot(x-a_1)+r(x),\qquad \deg r(x)<\deg\,(x-a_1).$$

易知, $f_1(x)$ 的次数是 $n-1$, 首项系数是 a_n, $r(x)=r$ 为整数. 因为 $f(a_1)\equiv 0\ (\mathrm{mod}\ p)$, 所以 $r\equiv 0\ (\mathrm{mod}\ p)$, 即有

$$f(x)\equiv f_1(x)\cdot(x-a_1)\ (\mathrm{mod}\ p).$$

再由 $f(a_i) \equiv 0 \pmod p$ 及 $a_i \not\equiv a_1 \pmod p$, $i = 2, \cdots, k$, 得到

$$f_1(a_i) \equiv 0 \pmod p, \quad i = 2, \cdots, k.$$

类似地, 对于多项式 $f_1(x)$ 可找到多项式 $f_2(x)$ 使得

$$\begin{cases} f_1(x) \equiv f_2(x) \cdot (x - a_2) & \pmod p, \\ f_2(a_i) \equiv 0 & \pmod p, \quad i = 3, \cdots, k. \end{cases}$$

$$\vdots$$

$$f_{k-1}(x) \equiv f_k(x) \cdot (x - a_k) \pmod p.$$

故

$$f(x) \equiv f_k(x) \cdot (x - a_1) \cdot \ \cdots \cdot (x - a_k) \pmod p.$$

证毕.

例 3.4.2 有同余式

$$\begin{aligned} & 3x^{14} + 4x^{13} + 2x^{11} + x^9 + x^6 + x^3 + 12x^2 + x \\ \equiv \ & x(x-1)(x-2)(3x^{11} + 3x^{10} + 3x^9 + 4x^7 + 3x^6 + x^5 + 2x^4 + x^2 + 3x + 3) \pmod 5. \end{aligned}$$

注 解 $a_1 = 0$, $a_2 = 1$, $a_3 = 2$ 可由例 3.4.1 中的 $r(x) = 3x^3 + 16x^2 + 6x$ 得到 (例 3.4.5)

$$r(x) \equiv 3x(x^2 - 3x + 2) \equiv 3x(x-1)(x-2) \pmod 5.$$

根据定理 3.4.2 及定理 2.4.2 (费马小定理), 可立即得到

定理 3.4.3 设 p 是一个素数, 则

(i) 对任何整数 x, 有

$$x^{p-1} - 1 \equiv (x-1) \cdots [x - (p-1)] \pmod p.$$

(ii) (Wilson 定理) $(p-1)! + 1 \equiv 0 \pmod p$.

由 Wilson 定理, 可得到整数是否为素数的判别条件.

整数 n 为素数的充分必要条件是 $(n-1)! + 1 \equiv 0 \pmod n$.

3.4.4 素数模的同余式的解数估计

最后, 讨论模 p 同余式的解数.

先给出同余式解数的上界估计.

定理 3.4.4 同余式 (3.26) 的解数不超过它的次数.

证 反证法. 设 n 次同余式 (3.26) 的解数超过 n 个, 则式 (3.26) 至少有 $n+1$ 个解. 设它们为

$$x \equiv a_i \pmod p, \quad i = 1, \cdots, n, n+1.$$

根据定理 3.4.2, 对于 n 个解 $a_1, \cdots, a_n$, 可得到

$$f(x) \equiv f_n(x)(x-a_1)\cdots(x-a_n) \pmod p.$$

因为 $f(a_{n+1}) \equiv 0 \pmod p$, 所以

$$f_n(a_{n+1})(a_{n+1}-a_1)\cdots(a_{n+1}-a_n) \equiv 0 \pmod p.$$

因为 $a_i \not\equiv a_1 \pmod p$, $i=2,\cdots,n$, 且 p 是素数, 所以 $f_n(a_{n+1}) \equiv 0 \pmod p$. 但 $f_n(x)$ 是首项系数为 a_n, 次数为 $n-n=0$ 的多项式, 故 $p \mid a_n$ 矛盾. 证毕.

推论 次数 $< p$ 的整系数多项式对所有整数取值模 p 为零的充要条件是其系数被 p 整除.

证 充分性显然. 下面证必要性. 若不然, 多项式 $f(x)$ 有系数不被 p 整除, 这说明模 p 多项式 $f(x) \pmod p$ 次数 $< p$. 根据定理 3.4.4, 多项式的解数 $< p$, 与假设条件矛盾, 故推论成立. 证毕.

再给出同余式解数的判断.

定理 3.4.5 设 p 是一个素数, n 是一个正整数, $n \leqslant p$. 那么同余式

$$f(x) = x^n + \cdots + a_1 x + a_0 \equiv 0 \pmod p \tag{3.29}$$

有 n 个解的充分必要条件是 $x^p - x$ 被 $f(x)$ 除所得余式的所有系数都是 p 的倍数.

证 因为 $f(x)$ 是首一多项式, 由多项式的欧几里得除法, 知存在整系数多项式 $q(x)$ 和 $r(x)$ 使得

$$x^p - x = q(x)\cdot f(x) + r(x) \tag{3.30}$$

其中 $r(x)$ 的次数 $< n$, $q(x)$ 的次数是 $p-n$.

现在, 若同余式 (3.29) 有 n 个解, 则由定理 2.4.2 (费马小定理), 这 n 个解都是

$$x^p - x \equiv 0 \pmod p$$

的解. 又由式 (3.30) 知这 n 个解也是

$$r(x) \equiv 0 \pmod p$$

的解. 但 $r(x)$ 的次数 $< n$, 故由定理 3.4.4 之推论知, $r(x)$ 的系数都是 p 的倍数.

反过来, 若多项式 $r(x)$ 的系数都被 p 整除, 则由定理 3.4.4 之推论知, $r(x)$ 所有整数 x 取值模 p 为零. 根据定理 2.4.2 (费马小定理), 对任何整数 x, 又有

$$x^p - x \equiv 0 \pmod p.$$

因此, 对任何整数 x, 有

$$q(x)\cdot f(x) \equiv 0 \pmod p. \tag{3.31}$$

这就是说, 式 (3.31) 有 p 个不同的解,

$$x \equiv 0,\ 1,\ \cdots,\ p-1 \pmod p.$$

由此可得 $f(x) \equiv 0 \pmod p$ 的解数 $k = n$. 否则, $k < n$. 但次数为 $p - n$ 的多项式 $q(x)$ 的同余式 $q(x) \equiv 0 \pmod p$ 的解数 $h \leqslant p - n$, 所以与式 (3.31) 的解数 $\leqslant k + h < p$ 矛盾. 证毕.

推论 设 p 是一个素数, d 是 $p-1$ 的正因数. 那么多项式 $x^d - 1$ 模 p 有 d 个不同的根.

证 因为 $d \mid p-1$, 所以存在整数 q 使得 $p-1 = q \cdot d$. 这样就有因式分解式

$$x^{p-1} - 1 = (x^d)^p - 1 = (x^{d(p-1)} + x^{d(p-2)} + \cdots + x^d + 1)(x^d - 1).$$

根据定理 3.4.5, 多项式 $x^d - 1$ 模 p 有 d 个不同的根. 证毕.

例 3.4.3 判断同余式

$$2x^3 + 5x^2 + 6x + 1 \equiv 0 \pmod 7$$

是否有三个解.

解 为应用定理 3.4.5, 须将多项式变成首 1 的. 注意到 $4 \cdot 2 \equiv 1 \pmod 7$, 有

$$4(2x^3 + 5x^2 + 6x + 1) \equiv x^3 - x^2 + 3x - 3 \pmod 7.$$

此同余式与原同余式等价. 作多项式的欧几里得除法, 得

$$x^7 - x = x(x^3 + x^2 - 2x - 2) \cdot (x^3 - x^2 + 3x - 3) + 7x(x^2 - 1).$$

根据定理 3.4.5, 原同余式的解数为 3.

例 3.4.4 求解同余式

$$21x^{18} + 2x^{15} - x^{10} + 4x - 3 \equiv 0 \pmod 7.$$

解 首先, 去掉系数为 7 的倍数的项, 得到

$$2x^{15} - x^{10} + 4x - 3 \equiv \pmod 7.$$

其次, 作多项式的欧几里得除法, 得

$$2x^{15} - x^{10} + 4x - 3 = (2x^8 - x^3 + 2x^2)(x^7 - x) + (-x^4 + 2x^3 + 4x - 3).$$

原同余式等价于同余式

$$x^4 - 2x^3 - 4x + 3 \equiv 0 \pmod 7.$$

直接验算 $x = 0, \pm 1, \pm 2, \pm 3$, 知同余式无解.

例 3.4.5 求解同余式

$$3x^{14} + 4x^{13} + 2x^{11} + x^9 + x^6 + x^3 + 12x^2 + x \equiv 0 \pmod 5.$$

解一 作多项式的欧几里得除法, 得

$$\begin{aligned} & 3x^{14} + 4x^{13} + 2x^{11} + x^9 + x^6 + x^3 + 12x^2 + x \\ = \ & (3x^9 + 4x^8 + 2x^6 + 3x^5 + 5x^4 + 2x^2 + 4x + 5)(x^5 - x) + 3x^3 + 16x^2 + 6x. \end{aligned}$$

应用定理 3.4.1 , 原同余式等价于

$$3x^3+16x^2+6x \equiv 3x^3+x^2+x \pmod 5.$$

直接验算, 解为

$$x \equiv 0,\ 1,\ 2 \pmod 5.$$

解二 应用定理 2.4.2 之推论, 对于任意正整数 t,k,

$$x^{t+k(p-1)} \equiv x^t \pmod p.$$

有 $(p=5)$,

$$\begin{aligned}&x^{14}\equiv x^{10}\equiv x^6\equiv x^2,\quad x^{13}\equiv x^9\equiv x^5\equiv x,\\&x^{11}\equiv x^7\equiv x^3 \qquad\qquad \pmod 5.\end{aligned}$$

因此, 原同余式等价于

$$3x^3+16x^2+6x \equiv 0 \pmod 5.$$

进而等价于

$$2(3x^3+16x^2+6x)\equiv x^3-3x^2+2x\equiv x(x-1)(x-2)\equiv 0 \pmod 5.$$

直接验算, 同余式的解为

$$x \equiv 0,\ 1,\ 2 \pmod 5.$$

3.5 习题

(1) 求出下列一次同余方程的所有解.

① $3x\equiv 2 \pmod 7$. ② $6x\equiv 3 \pmod 9$.

③ $17x\equiv 14 \pmod{21}$. ④ $15x\equiv 9 \pmod{25}$.

(2) 求出下列一次同余方程的所有解.

① $127x\equiv 833 \pmod{1012}$. ② $987x\equiv 610 \pmod{2668}$.

(3) 求解同余式组 $\begin{cases}x\equiv b_1 \pmod 5\\x\equiv b_2 \pmod 6\\x\equiv b_3 \pmod 7\\x\equiv b_4 \pmod{11}\end{cases}$.

(4) 设 a,b,m 是正整数, $(a,m)=1$. 下面的方法可以用来求解一次同余方程

$$ax\equiv b \pmod m.$$

(i) 证明: 如果整数 x 是同余式 $ax\equiv b \pmod m$ 的一个解, 那么 x 也是同余式

$$a_1x\equiv -b\left[\frac{m}{a}\right] \pmod m$$

的解. 这里 a_1 是 m 模 a 的最小正剩余. 注意: 这个同余式与开始那个是同一类的, 只是 x 的系数是比 a 小的整数.

(ii) 重复 (i) 的过程, 得到一系列的一次同余式, 其中 x 的系数 $a_0 = a > a_1 > a_2 > \cdots$ 证明: 存在一个正整数 n, 使得 $a_n = 1$. 即在第 n 步, 有 $x \equiv B \pmod{m}$.

(iii) 利用 (ii) 中的方法求解一次同余式 $6x \equiv 7 \pmod{23}$.

(5) 设 p 是素数, k 是正整数. 证明: 同余式 $x^2 \equiv 1 \pmod{p^k}$ 正好有两个不同余的解: $x \equiv \pm 1 \pmod{p^k}$.

(6) 证明: $k > 2$ 时, 同余式 $x^2 \equiv 1 \pmod{2^k}$ 恰好有 4 个不同余的解, 它们是 $x \equiv \pm 1$ 或者 $\pm(1 + 2^{k-1}) \pmod{2^k}, k > 2$; $k = 1$ 时, 该同余式有一个解; 当 $k = 2$ 时, 该同余式有两个不同余的解.

(7) 运用 Euler 定理求解下列一次同余方程:

① $5x \equiv 3 \pmod{14}$. ② $4x \equiv 7 \pmod{15}$. ③ $3x \equiv 5 \pmod{16}$.

(8) 求 11 的倍数, 使得该数被 $2, 3, 5, 7$ 除的余数为 1.

(9) 证明: 如果 a, b, c 是整数, $(a, b) = 1$, 那么就存在整数 n 使得 $(a \cdot n + b, c) = 1$.

(10) 证明: 同余方程组 $\begin{cases} x \equiv a_1 \pmod{m_1} \\ x \equiv a_2 \pmod{m_2} \end{cases}$

有解当且仅当 $(m_1, m_2) \mid (a_1 - a_2)$. 并证明若有解, 该解模 $([m_1, m_2])$ 是唯一的.

(11) 证明: 同余方程组

$$\begin{cases} x \equiv b_1 \pmod{m_1} \\ x \equiv b_2 \pmod{m_2} \\ \qquad \vdots \\ x \equiv b_r \pmod{m_k} \end{cases}$$

的解是

$$x \equiv b_1 \cdot M_1^{\varphi(m_1)} + b_2 \cdot M_2^{\varphi(m_2)} + \cdots + b_k \cdot M_k^{\varphi(m_k)} \pmod{m}.$$

这里 m_j 两两互素, $m = m_1\, m_2 \cdots m_r$, $M_j = \dfrac{m}{m_j}$, $j = 1, 2, \cdots, k$.

(12) 设 $m_1 = 9,\ m_2 = 10,\ m_3 = 11$, $m = m_1 \cdot m_2 \cdot m_3$.

求解同余式组 $\begin{cases} x \equiv b_1 \pmod{m_1} \\ x \equiv b_2 \pmod{m_2} \\ x \equiv b_3 \pmod{m_3} \end{cases}$.

(13) 设 $m_1 = 7,\ m_2 = 9,\ m_3 = 10$, $m = m_1 \cdot m_2 \cdot m_3$.

求解同余式组 $\begin{cases} x \equiv b_1 \pmod{m_1} \\ x \equiv b_2 \pmod{m_2} \\ x \equiv b_3 \pmod{m_3} \end{cases}$.

(14) 设 $m_1=7,\ m_2=9,\ m_3=10,\ m_4=11$, $m=m_1\cdot m_2\cdot m_3$.

求解同余式组 $\begin{cases} x\equiv b_1 \pmod{m_1} \\ x\equiv b_2 \pmod{m_2} \\ x\equiv b_3 \pmod{m_3} \\ x\equiv b_4 \pmod{m_4} \end{cases}$.

(15) 设 $m_1=99,\ m_2=100,\ m_3=101$, $m=m_1\cdot m_2\cdot m_3$.

求解同余式组 $\begin{cases} x\equiv b_1 \pmod{m_1} \\ x\equiv b_2 \pmod{m_2} \\ x\equiv b_3 \pmod{m_3} \end{cases}$.

(16) 求下列一次同余方程组的解.

① $\begin{cases} x+2y\equiv 1 \pmod 7 \\ 2x+y\equiv 1 \pmod 7 \end{cases}$. ② $\begin{cases} x+3y\equiv 1 \pmod 7 \\ 3x+4y\equiv 2 \pmod 7 \end{cases}$.

(17) 计算 $312^{13} \pmod{667}$.

(18) 计算 $2^{1\,000\,000} \pmod{1309}$.

(19) 将同余式方程化为同余式组来求解.

(i) $23x\equiv 1 \pmod{140}$; (ii) $17x\equiv 229 \pmod{1540}$.

(20) 设 k 是正整数, $a_1,\ \cdots,\ a_k$ 是两两互素的正整数. 证明: 存在 k 个相邻整数, 使得第 j 个数被 a_j 整除 $(1\leqslant j\leqslant k)$.

(21) 设整数 $m_1,\ \cdots,\ m_k$ 两两互素, 则同余方程组

$$a_j\,x\equiv b_j \pmod{m_j},\qquad 1\leqslant j\leqslant k$$

有解的充要条件是每一个同余方程 $a_j\,x\equiv b_j \pmod{m_j}$ 均可解, 即 $(a_j,m_j)\mid b_j\ \ (1\leqslant j\leqslant k)$. 当 $m_1,\cdots,m_k$ 不两两互素时, 这结论成立吗?

(22) 设整数 $m_1,\cdots,m_k$ 两两互素, $(a_j,m_j)=1$. 证明: 当 $x^{(j)}$ 分别遍历模 m_j 的完全 (简化) 剩余系 $(1\leqslant j\leqslant k)$ 时,

$$x=(M_1a_1x^{(1)}+M_2+\cdots+M_k)(M_1+M_2a_2x^{(2)}+M_3+\cdots+M_k)\cdots(M_1+\cdots M_{k-1}+M_ka_kx^{(k)})$$

遍历模 $m=m_1\cdots m_k$ 的完全 (简化) 剩余系, 这里 $m_jM_j=m,\ (1\leqslant j\leqslant k)$.

(23) 求解同余式

$$3x^{14}+4x^{13}+2x^{11}+x^9+x^6+x^3+12x^2+x\equiv 0 \pmod 7.$$

(24) 求解同余式

$$f(x)\equiv x^4+7x+4\equiv 0 \pmod{243}.$$

思考题

(1) 编程实现计算同余式 $a\,x\equiv 1 \pmod m$ 的解.

(2) 编程实现计算同余式 $a\,x \equiv b \pmod{m}$ 的解.

(3) 编程实现计算同余式组 $\begin{cases} x \equiv b_1 \pmod{m_1} \\ x \equiv b_2 \pmod{m_2} \end{cases}$ 的解.

(4) 编程实现计算中国剩余定理.

(5) 编程实现计算模 m 的多项式欧几里得除法.

(6) 编程实现计算模 m 的同余式简化.

(7) 编程实现计算模 m 的同余式求解.

第 4 章　二次同余式与平方剩余

前面讨论了一次同余式的具体求解以及一般同余式的解数. 本章讨论二次同余式是否有解的判断, 解数以及如何求解.

4.1　一般二次同余式

二次同余式的一般形式是

$$a\,x^2+b\,x+c\equiv 0 \pmod{m}, \tag{4.1}$$

其中 $a\not\equiv 0 \pmod{m}$.

因为正整数 m 有素因数分解式 $m=p_1^{\alpha_1}\cdots p_k^{\alpha_k}$, 所以二次同余式 (4.1) 等价于同余式组

$$\begin{cases} a\,x^2+b\,x+c\equiv 0 \pmod{p_1^{\alpha_1}}, \\ \qquad\vdots \\ a\,x^2+b\,x+c\equiv 0 \pmod{p_k^{\alpha_k}}. \end{cases}$$

因此, 只需讨论模为素数幂 p^α 的同余式

$$a\,x^2+b\,x+c\equiv 0 \pmod{p^\alpha}, \qquad p\nmid a. \tag{4.2}$$

将同余式 (4.2) 的两端同乘以 $4a$, 得到

$$4a^2x^2+4abx+4ac\equiv 0 \pmod{p^\alpha}$$

或

$$(2ax+b)^2\equiv b^2-4ac \pmod{p^\alpha}.$$

令 $y=2ax+b$, 有

$$y^2\equiv b^2-4ac \pmod{p^\alpha}.$$

特别地, 当 p 是奇素数时, $(2a,p)=1$. 上述同余式等价于同余式 (4.2).

定义 4.1.1　设 m 是正整数. 若同余式

$$x^2\equiv a \pmod{m}, \qquad (a,m)=1 \tag{4.3}$$

有解，则 a 叫做模 m 的**平方剩余**(或**二次剩余**)；否则，a 叫做模 m 的**平方非剩余**(或**二次非剩余**).

问题: (1) 正整数 a 模 m 平方剩余与实数中的平方根 $\sqrt{a}$ 有什么区别?

(2) 如何判断同余式 (4.3) 有解?

(3) 如何求同余式 (4.3) 的解?

例 4.1.1　1 是模 4 平方剩余，-1 是模 4 平方非剩余.

例 4.1.2　1, 2, 4 是模 7 平方剩余，-1, 3, 5 是模 7 平方非剩余.

因为 $1^2 \equiv 1,\ 2^2 \equiv 4,\ 3^2 \equiv 2,\ 4^2 \equiv 2,\ 5^2 \equiv 4,\ 6^2 \equiv 1 \pmod 7$.

例 4.1.3 -1, 1, 2, 4, 8, 9, 13, 15 是模 17 平方剩余;
3, 5, 6, 7, 10, 11, 12, 14 是模 17 平方非剩余. 因为

$$1^2 \equiv 16^2 \equiv 1, \quad 2^2 \equiv 15^2 \equiv 4, \quad 3^2 \equiv 14^2 \equiv 9, \quad 4^2 \equiv 13^2 \equiv 16 \equiv -1,$$
$$5^2 \equiv 12^2 \equiv 8, \quad 6^2 \equiv 11^2 \equiv 2, \quad 7^2 \equiv 10^2 \equiv 15, \quad 8^2 \equiv 9^2 \equiv 13 \pmod{17}.$$

例 4.1.4 求满足方程 $E: y^2 = x^3 + x + 1 \pmod 7$ 的所有点 (x, y).

解 对 $x = 0$, 1, 2, 3, 4, 5, 6, 分别求出 y.

$x = 0,\ y^2 = 1 \pmod 7, \quad y = 1,\ 6 \pmod 7$,
$x = 1,\ y^2 = 3 \pmod 7$, 无解,
$x = 2,\ y^2 = 4 \pmod 7, \quad y = 2,\ 5 \pmod 7$,
$x = 3,\ y^2 = 3 \pmod 7$, 无解,
$x = 4,\ y^2 = 6 \pmod 7$, 无解,
$x = 5,\ y^2 = 5 \pmod 7$, 无解,
$x = 6,\ y^2 = 6 \pmod 7$, 无解.
共有 4 个点.

例 4.1.5 求满足方程 $E: y^2 = x^3 + x + 2 \pmod 7$ 的所有点.

解 对 $x = 0$, 1, 2, 3, 4, 5, 6 , 分别求出 y.

$x = 0,\ y^2 = 2 \pmod 7, \quad y = 3,\ 4 \pmod 7$,
$x = 1,\ y^2 = 4 \pmod 7, \quad y = 2,\ 5 \pmod 7$,
$x = 2,\ y^2 = 5 \pmod 7$, 无解,
$x = 3,\ y^2 = 4 \pmod 7, \quad y = 2,\ 5 \pmod 7$,
$x = 4,\ y^2 = 0 \pmod 7, \quad y = 0 \pmod 7$,
$x = 5,\ y^2 = 6 \pmod 7$, 无解,
$x = 6,\ y^2 = 0 \pmod 7, \quad y = 0 \pmod 7$.
共有 8 个点.

例 4.1.6 求满足方程 $E: y^2 = x^3 + 2x - 1 \pmod 7$ 的所有点.

解 对 $x = 0$, 1, 2, 3, 4, 5, 6 , 分别求出 y.

$x = 0,\ y^2 = 6 \pmod 7$, 无解,
$x = 1,\ y^2 = 2 \pmod 7, \quad y = 3,\ 4 \pmod 7$,
$x = 2,\ y^2 = 4 \pmod 7, \quad y = 2,\ 5 \pmod 7$,
$x = 3,\ y^2 = 4 \pmod 7, \quad y = 2,\ 5 \pmod 7$,
$x = 4,\ y^2 = 1 \pmod 7, \quad y = 1,\ 6 \pmod 7$,
$x = 5,\ y^2 = 1 \pmod 7, \quad y = 1,\ 6 \pmod 7$,
$x = 6,\ y^2 = 3 \pmod 7$, 无解,
共有 10 个点.

例 4.1.7 求满足方程 $E: y^2 = x^3 - x + 1 \pmod 7$ 的所有点.

解 对 $x = 0$, 1, 2, 3, 4, 5, 6 , 分别求出 y.

$x = 0,\ y^2 = 1 \pmod 7, \quad y = 1,\ 6 \pmod 7$,

$x=1,\ y^2=1\ (\text{mod}\ 7),\quad y=1,\ 6\ (\text{mod}\ 7),$

$x=2,\ y^2=0\ (\text{mod}\ 7),\quad y=0\ (\text{mod}\ 7),$

$x=3,\ y^2=4\ (\text{mod}\ 7),\quad y=2,\ 5\ (\text{mod}\ 7),$

$x=4,\ y^2=5\ (\text{mod}\ 7),$ 无解,

$x=5,\ y^2=2\ (\text{mod}\ 7),\quad y=3,\ 4\ (\text{mod}\ 7),$

$x=6,\ y^2=1\ (\text{mod}\ 7),\quad y=1,\ 6\ (\text{mod}\ 7).$

共有 11 个点.

例 4.1.8 求满足方程 $E: y^2=x^3+3x-1\ (\text{mod}\ 7)$ 的所有点.

解 对 $x=0,\ 1,\ 2,\ 3,\ 4,\ 5,\ 6$，分别求出 y.

$x=0,\ y^2=6\ (\text{mod}\ 7),$ 无解,

$x=1,\ y^2=3\ (\text{mod}\ 7),$ 无解,

$x=2,\ y^2=6\ (\text{mod}\ 7),$ 无解,

$x=3,\ y^2=0\ (\text{mod}\ 7),\quad y=0\ (\text{mod}\ 7),$

$x=4,\ y^2=5\ (\text{mod}\ 7),$ 无解,

$x=5,\ y^2=6\ (\text{mod}\ 7),$ 无解,

$x=6,\ y^2=2\ (\text{mod}\ 7),\quad y=3,\ 4\ (\text{mod}\ 7),$

共有 3 个点.

例 4.1.9 求解同余式 $x^2\equiv 46\ (\text{mod}\ 105)$.

解 因为 $105=3\cdot 5\cdot 7$, 原同余式等价于同余式组

$$\begin{cases} x^2 \equiv 46 \equiv 1 \pmod 3 \\ x^2 \equiv 46 \equiv 1 \pmod 5 \\ x^2 \equiv 46 \equiv 4 \pmod 7 \end{cases},$$

分别求出三个同余式的解为

$$x=x_1\equiv \pm 1\ (\text{mod}\ 3),\quad x=x_2\equiv \pm 1\ (\text{mod}\ 5),\quad x=x_3\equiv \pm 2\ (\text{mod}\ 7),$$

由物不知数例 3.2.1 和中国剩余定理 3.2.1 即得解为

$$x\equiv b_1\cdot 70+b_2\cdot 21+b_3\cdot 15\ (\text{mod}\ 105),$$

$$x=1\cdot 70+1\cdot 21+2\cdot 15=121\equiv 16\ (\text{mod}\ 105),$$

$$x=1\cdot 70+1\cdot 21+(-2)\cdot 15=61\equiv 61\ (\text{mod}\ 105),$$

$$x=1\cdot 70+(-1)\cdot 21+2\cdot 15=79\equiv 79\ (\text{mod}\ 105),$$

$$x=1\cdot 70+(-1)\cdot 21+(-2)\cdot 15=19\equiv 19\ (\text{mod}\ 105),$$

$$x=(-1)\cdot 70+1\cdot 21+2\cdot 15=-19\equiv 86\ (\text{mod}\ 105),$$

$$x=(-1)\cdot 70+1\cdot 21+(-2)\cdot 15=-79\equiv 26\ (\text{mod}\ 105),$$

$$x=(-1)\cdot 70+(-1)\cdot 21+2\cdot 15=-62\equiv 44\ (\text{mod}\ 105),$$

$$x=(-1)\cdot 70+(-1)\cdot 21+(-2)\cdot 15=-121\equiv 89\ (\text{mod}\ 105),$$

例 4.1.10　求解同余式 $x^2 \equiv 1219 \pmod{2310}$.

解　因为 $2310 = 5 \cdot 6 \cdot 7 \cdot 11$, 原同余式等价于同余式组

$$\left\{\begin{array}{lllll} x^2 & \equiv & 1219 & \equiv & 4 \pmod 5 \\ x^2 & \equiv & 1219 & \equiv & 1 \pmod 6 \\ x^2 & \equiv & 1219 & \equiv & 1 \pmod 7 \\ x^2 & \equiv & 1219 & \equiv & 9 \pmod{11} \end{array}\right. ,$$

分别求出三个同余式的解为

$$x = x_1 \equiv \pm 2 \pmod 5, \qquad x = x_2 \equiv \pm 1 \pmod 6,$$

$$x = x_3 \equiv \pm 1 \pmod 7, \qquad x = x_4 \equiv \pm 3 \pmod 7,$$

由韩信点兵例 3.2.3 和中国剩余定理 3.2.1 即得解为

$$x \equiv b_1 \cdot 1386 + b_2 \cdot 385 + b_3 \cdot 330 + b_4 \cdot 210 \pmod{2310},$$

$$x = 2 \cdot 1386 + 1 \cdot 385 + 1 \cdot 330 + 3 \cdot 210 = 4117 \equiv 1807 \pmod{2310},$$
$$x = 2 \cdot 1386 + 1 \cdot 385 + 1 \cdot 330 + (-3) \cdot 210 = 2857 \equiv 547 \pmod{2310},$$
$$x = 2 \cdot 1386 + 1 \cdot 385 + (-1) \cdot 330 + 3 \cdot 210 = 3457 \equiv 1147 \pmod{2310},$$
$$x = 2 \cdot 1386 + 1 \cdot 385 + (-1) \cdot 330 + (-3) \cdot 210 = 2197 \equiv 2197 \pmod{2310},$$
$$x = 2 \cdot 1386 + (-1) \cdot 385 + 1 \cdot 330 + 3 \cdot 210 = 3347 \equiv 1037 \pmod{2310},$$
$$x = 2 \cdot 1386 + (-1) \cdot 385 + 1 \cdot 330 + (-3) \cdot 210 = 2087 \equiv 2087 \pmod{2310},$$
$$x = 2 \cdot 1386 + (-1) \cdot 385 + (-1) \cdot 330 + 3 \cdot 210 = 2687 \equiv 377 \pmod{2310},$$
$$x = 2 \cdot 1386 + (-1) \cdot 385 + (-1) \cdot 330 + (-3) \cdot 210 = 1427 \equiv 1427 \pmod{2310},$$
$$x = (-2) \cdot 1386 + 1 \cdot 385 + 1 \cdot 330 + 3 \cdot 210 = -1427 \equiv 883 \pmod{2310},$$
$$x = (-2) \cdot 1386 + 1 \cdot 385 + 1 \cdot 330 + (-3) \cdot 210 = -2687 \equiv 1933 \pmod{2310},$$
$$x = (-2) \cdot 1386 + 1 \cdot 385 + (-1) \cdot 330 + 3 \cdot 210 = -2087 \equiv 223 \pmod{2310},$$
$$x = (-2) \cdot 1386 + 1 \cdot 385 + (-1) \cdot 330 + (-3) \cdot 210 = -3347 \equiv 1273 \pmod{2310},$$
$$x = (-2) \cdot 1386 + (-1) \cdot 385 + 1 \cdot 330 + 3 \cdot 210 = -2197 \equiv 113 \pmod{2310},$$
$$x = (-2) \cdot 1386 + (-1) \cdot 385 + 1 \cdot 330 + (-3) \cdot 210 = -3457 \equiv 1163 \pmod{2310},$$
$$x = (-2) \cdot 1386 + (-1) \cdot 385 + (-1) \cdot 330 + 3 \cdot 210 = -2857 \equiv 1763 \pmod{2310},$$
$$x = (-2) \cdot 1386 + (-1) \cdot 385 + (-1) \cdot 330 + (-3) \cdot 210 = -4117 \equiv 503 \pmod{2310}.$$

4.2　模为奇素数的平方剩余与平方非剩余

讨论模为素数 p 的二次同余式

$$x^2 \equiv a \pmod p, \qquad (a, p) = 1. \tag{4.4}$$

首先考虑模 p 的二次同余式有解的判别.

定理 4.2.1 (欧拉判别条件) 设 p 是奇素数，$(a,p)=1$，则

(i) a 是模 p 的平方剩余的充分必要条件是

$$a^{\frac{p-1}{2}} \equiv 1 \pmod p; \tag{4.5}$$

(ii) a 是模 p 的平方非剩余的充分必要条件是

$$a^{\frac{p-1}{2}} \equiv -1 \pmod p. \tag{4.6}$$

并且当 a 是模 p 的平方剩余时, 同余式 (4.4) 恰有二解.

证 (i) 因为 p 是奇素数, 所以有表达式

$$\begin{aligned} x^p - x &= x\left((x^2)^{\frac{p-1}{2}} - a^{\frac{p-1}{2}}\right) + (a^{\frac{p-1}{2}} - 1)x \\ &= xq(x)\cdot(x^2-a) + (a^{\frac{p-1}{2}} - 1)x, \end{aligned}$$

其中 $q(x)$ 是 x 的整系数多项式.

若 a 是模 p 的平方剩余, 即

$$x^2 \equiv a \pmod p$$

有两个解 x, 根据定理 3.4.5, 余式的系数被 p 整除, 即

$$p \mid a^{\frac{p-1}{2}} - 1.$$

所以式 (4.5) 成立.

反过来, 若式 (4.5) 成立, 则同样根据定理 3.4.5, 有同余式

$$x^2 \equiv a \pmod p$$

有解, 即 a 是模 p 平方剩余.

(ii) 因为 p 是奇素数, $(a,p)=1$, 根据欧拉定理 (定理 2.4.1), 有表达式

$$\left(a^{\frac{p-1}{2}}+1\right)\left(a^{\frac{p-1}{2}}-1\right) = a^{p-1}-1 \equiv 0 \pmod p.$$

再根据定理 1.4.2, 有

$$p \mid a^{\frac{p-1}{2}} - 1 \quad \text{或} \quad p \mid a^{\frac{p-1}{2}} + 1.$$

因此, 结论 (i) 告诉我们: a 是模 p 的平方非剩余的充分必要条件是

$$a^{\frac{p-1}{2}} \equiv -1 \pmod p.$$

证毕.

例 4.2.1 判断 137 是否为模 227 平方剩余.

解 根据定理 4.2.1, 要计算

$$137^{\frac{227-1}{2}} = 137^{113} \pmod{227}.$$

运用模重复平方法. 设 $m=227$, $b=137$. 令 $a=1$, 将 113 写成二进制,

$$113 = 1 + 2^4 + 2^5 + 2^6.$$

依次计算如下:

(1) $n_0=1$. 计算

$$a_0=a\cdot b^{n_0}\equiv 137,\quad b_1\equiv b^2\equiv 155 \pmod m.$$

(2) $n_1=0$. 计算

$$a_1=a_0\cdot b_1^{n_1}\equiv 137,\quad b_2\equiv b_1^2\equiv 190 \pmod m.$$

(3) $n_2=0$. 计算

$$a_2=a_1\cdot b_2^{n_2}\equiv 137,\quad b_3\equiv b_2^2\equiv 7 \pmod m.$$

(4) $n_3=0$. 计算

$$a_3=a_2\cdot b_3^{n_3}\equiv 137,\quad b_4\equiv b_3^2\equiv 49 \pmod m.$$

(5) $n_4=1$. 计算

$$a_4=a_3\cdot b_4^{n_4}\equiv 130,\quad b_5\equiv b_4^2\equiv 131 \pmod m.$$

(6) $n_5=1$. 计算

$$a_5=a_4\cdot b_5^{n_5}\equiv 5,\quad b_6\equiv b_5^2\equiv 136 \pmod m.$$

(7) $n_6=1$. 计算

$$a_6=a_5\cdot b_6^{n_6}\equiv 226\equiv -1 \pmod m.$$

因此, 137 为模 227 平方非剩余.

推论 设 p 是奇素数, $(a_1,p)=1$, $(a_2,p)=1$, 则

(i) 如果 a_1, a_2 都是模 p 的平方剩余, 则 $a_1\cdot a_2$ 是模 p 的平方剩余.

(ii) 如果 a_1, a_2 都是模 p 的平方非剩余, 则 $a_1\cdot a_2$ 是模 p 的平方剩余.

(iii) 如果 a_1 是模 p 的平方剩余, a_2 是模 p 的平方非剩余, 则 $a_1\cdot a_2$ 是模 p 的平方非剩余.

证 因为

$$(a_1\cdot a_2)^{\frac{p-1}{2}}=a_1^{\frac{p-1}{2}}\cdot a_2^{\frac{p-1}{2}},$$

所以由定理 4.2.1 即得结论. 证毕.

定理 4.2.2 设 p 是奇素数, 则模 p 的简化剩余系中平方剩余与平方非剩余的个数各为 $\dfrac{p-1}{2}$, 且 $\dfrac{p-1}{2}$ 个平方剩余与序列

$$1^2,\ 2^2,\ \cdots,\ \left(\frac{p-1}{2}\right)^2 \tag{4.7}$$

中的一个数同余, 且仅与一个数同余.

证 由定理 4.2.1, 平方剩余的个数等于同余式

$$x^{\frac{p-1}{2}} \equiv 1 \pmod{p}$$

的解数. 但

$$x^{\frac{p-1}{2}} - 1 \mid x^{p-1} - 1.$$

由定理 3.4.5, 此同余式的解数是 $\dfrac{p-1}{2}$, 故平方剩余的个数是 $\dfrac{p-1}{2}$, 而平方非剩余个数是 $p-1-\dfrac{p-1}{2}=\dfrac{p-1}{2}$.

再证明定理的第二部分.

若式 (4.7) 中有两个数模 p 同余, 即存在 $k_1 \neq k_2$ 使得

$$k_1^2 \equiv k_2^2 \pmod{p},$$

则

$$(k_1+k_2)(k_1-k_2) \equiv 0 \pmod{p}.$$

因此,

$$p \mid k_1+k_2 \quad \text{或} \quad p \mid k_1-k_2.$$

但 $1 \leqslant k_1,\ k_2 \leqslant (p-1)/2$, 故

$$2 \leqslant k_1+k_2 \leqslant p-1 < p, \quad |k_1-k_2| \leqslant p-1 < p.$$

从而, $k_1=k_2$, 矛盾. 证毕.

4.3 勒让得符号

4.3.1 勒让得符号之运算性质

定理 4.2.1 给出了整数 a 是否是模奇素数 p 二次剩余的判别法则, 但需要作较复杂的运算, 需要一种更简单的判别法则和计算方法.

定义 4.3.1 设 p 是素数. 定义**勒让得 (Legendre) 符号** 如下:

$$\left(\frac{a}{p}\right)=\begin{cases} 1, & \text{若 } a \text{ 是模 } p \text{ 的平方剩余;} \\ -1, & \text{若 } a \text{ 是模 } p \text{ 的平方非剩余;} \\ 0, & \text{若 } p \mid a. \end{cases} \tag{4.8}$$

由此, 对于 $(a,p)=1$, 有

$$\begin{aligned} \left(\frac{a}{p}\right)=1 \quad &\Longleftrightarrow \quad x^2 \equiv a \pmod{p} \text{ 有解} \\ \left(\frac{a}{p}\right)=-1 \quad &\Longleftrightarrow \quad x^2 \equiv a \pmod{p} \text{ 无解} \end{aligned} \tag{4.9}$$

例 4.3.1　根据例 4.1.3, 有

$$\left(\frac{-1}{17}\right)=\left(\frac{1}{17}\right)=\left(\frac{2}{17}\right)=\left(\frac{4}{17}\right)=\left(\frac{8}{17}\right)=\left(\frac{9}{17}\right)=\left(\frac{13}{17}\right)=\left(\frac{15}{17}\right)=1;$$

$$\left(\frac{3}{17}\right)=\left(\frac{5}{17}\right)=\left(\frac{6}{17}\right)=\left(\frac{7}{17}\right)=\left(\frac{10}{17}\right)=\left(\frac{11}{17}\right)=\left(\frac{12}{17}\right)=\left(\frac{14}{17}\right)=-1.$$

利用勒让得符号, 可以将定理 4.2.1 叙述为:

定理 4.3.1　(欧拉判别法则)　设 p 是奇素数, 则对任意整数 a,

$$\left(\frac{a}{p}\right)\equiv a^{\frac{p-1}{2}}\ (\bmod\ p). \tag{4.10}$$

证　根据定义及定理 4.2.1, 有

$$\left(\frac{a}{p}\right)=1 \iff a \text{ 是模 } p \text{ 平方剩余} \iff a^{\frac{p-1}{2}}\equiv 1\ (\bmod\ p)$$

和

$$\left(\frac{a}{p}\right)=-1 \iff a \text{ 是模 } p \text{ 平方非剩余} \iff a^{\frac{p-1}{2}}\equiv -1\ (\bmod\ p)$$

以及

$$\left(\frac{a}{p}\right)=0 \iff p\mid a \iff a^{\frac{p-1}{2}}\equiv 0\ (\bmod\ p)$$

所以定理成立.　证毕.

例 4.3.2　证明 2 是模 17 平方剩余; 3 是模 17 平方非剩余.

因为 $\dfrac{17-1}{2}=2^3$, 且有

$$2^2\equiv 4,\quad 2^4\equiv 4^2\equiv -1,\quad 2^8\equiv(-1)^2\equiv 1\quad (\bmod\ 17);$$

$$3^2\equiv 9,\quad 3^4\equiv 9^2\equiv -4,\quad 3^8\equiv(-4)^2\equiv -1\quad (\bmod\ 17).$$

根据欧拉判别法则 (定理 4.3.1), 可以判断 1 和 -1 是否为模 p 平方剩余, 即

定理 4.3.2　设 p 是奇素数, 则

(1) $\left(\dfrac{1}{p}\right)=1;$　(4.11)

(2) $\left(\dfrac{-1}{p}\right)=(-1)^{\frac{p-1}{2}}.$　(4.12)

证　根据欧拉判别法则 (定理 4.3.1), 对于 $a=1$ 时, 有 $a^{\frac{p-1}{2}}=1$, 所以式 (4.11) 成立; 而对于 $a=-1$ 时, 有 $a^{\frac{p-1}{2}}=(-1)^{\frac{p-1}{2}}$, 又因为 p 是奇数, 所以式 (4.12) 成立.　证毕.

进一步, 可以给出 p 的表达式.

推论　设 p 是奇素数, 那么

$$\left(\frac{-1}{p}\right)=\begin{cases}1, & \text{若 } p\equiv 1\ (\bmod\ 4);\\ -1, & \text{若 } p\equiv 3\ (\bmod\ 4).\end{cases} \tag{4.13}$$

证 根据欧拉判别法则 (定理 4.3.1), 有

$$\left(\frac{-1}{p}\right)=(-1)^{\frac{p-1}{2}}.$$

若 $p\equiv 1 \pmod 4$, 则存在正整数 k 使得 $p=4k+1$, 从而

$$\left(\frac{-1}{p}\right)=(-1)^{\frac{p-1}{2}}=(-1)^{2k}=1.$$

若 $p\equiv 3 \pmod 4$, 则存在正整数 k 使得 $p=4k+3$, 从而

$$\left(\frac{-1}{p}\right)=(-1)^{\frac{p-1}{2}}=(-1)^{2k+1}=-1.$$

证毕.

例 4.3.3 判断同余式

$$x^2\equiv -1 \pmod{365}$$

是否有解, 有解时, 求出其解数.

解 $365=5\cdot 73$ 不是素数, 原同余式等价于

$$\begin{cases} x^2 \equiv -1 \pmod 5, \\ x^2 \equiv -1 \pmod{73}. \end{cases}$$

因为

$$\left(\frac{-1}{5}\right)=(-1)^{\frac{5-1}{2}}=1,\qquad \left(\frac{-1}{73}\right)=(-1)^{\frac{73-1}{2}}=1,$$

故同余式组有解. 原同余式有解, 解数为 4.

下面给出勒让得符号的函数性质 (周期性和完全可乘性).

定理 4.3.3 设 p 是奇素数, 则

(i) (周期性) $\left(\frac{a+p}{p}\right)=\left(\frac{a}{p}\right)$; (4.14)

(ii) (完全可乘性) $\left(\frac{a\cdot b}{p}\right)=\left(\frac{a}{p}\right)\left(\frac{b}{p}\right)$; (4.15)

(iii) 设 $(a,p)=1$, 则 $\left(\frac{a^2}{p}\right)=1$. (4.16)

证 (i) 因为同余式

$$x^2\equiv a+p \pmod p$$

等价于同余式

$$x^2\equiv a \pmod p,$$

所以

$$\left(\frac{a+p}{p}\right)=\left(\frac{a}{p}\right).$$

(ii) 根据欧拉判别法则 (定理 4.3.1), 有

$$\left(\frac{a}{p}\right) \equiv a^{\frac{p-1}{2}} \pmod p, \quad \left(\frac{b}{p}\right) \equiv b^{\frac{p-1}{2}} \pmod p$$

以及

$$\left(\frac{a\cdot b}{p}\right) \equiv (a\cdot b)^{\frac{p-1}{2}} \pmod p.$$

因此

$$\left(\frac{a\cdot b}{p}\right) \equiv (a\cdot b)^{\frac{p-1}{2}} = a^{\frac{p-1}{2}}\cdot b^{\frac{p-1}{2}} \equiv \left(\frac{a}{p}\right)\left(\frac{b}{p}\right) \pmod p.$$

因为勒让得符号取值 ±1, 且 p 是奇素数, 所以有

$$\left(\frac{a\cdot b}{p}\right) = \left(\frac{a}{p}\right)\left(\frac{b}{p}\right).$$

(iii) 由 (ii) 立即得到. 证毕.

推论 设 p 是奇素数. 如果整数 a, b 满足 $a \equiv b \pmod p$, 则

$$\left(\frac{a}{p}\right) = \left(\frac{b}{p}\right).$$

4.3.2 高斯引理

对于一个与 p 互素的整数 a, Gauss 给出了另一判别法则, 以判断 a 是否为模 p 二次剩余.

引理 4.3.1 (Gauss) 设 p 是奇素数. a 是整数, $(a,p)=1$. 如果整数

$$a\cdot 1,\ a\cdot 2,\ \cdots,\ a\cdot\frac{p-1}{2}$$

中模 p 的最小正剩余大于 $\frac{p}{2}$ 的个数是 m, 则

$$\left(\frac{a}{p}\right) = (-1)^m. \tag{4.17}$$

证 设 $a_1, \cdots, a_t$ 是整数 $a\cdot 1,\ a\cdot 2,\ \cdots,\ a\cdot\frac{p-1}{2}$ 模 p 的小于 $\frac{p}{2}$ 的最小正剩余, $b_1, \cdots, b_m$ 是这些整数模 p 的大于 $\frac{p}{2}$ 的最小正剩余, 则

$$\begin{aligned} a^{\frac{p-1}{2}}\left(\frac{p-1}{2}\right)! &= \prod_{k=1}^{\frac{p-1}{2}}(a\cdot k) \\ &\equiv \prod_{i=1}^{t} a_i \prod_{j=1}^{m} b_j \\ &\equiv (-1)^m \prod_{i=1}^{t} a_i \prod_{j=1}^{m}(p-b_j) \pmod p. \end{aligned}$$

易知, $a_1, \cdots, a_t, p-b_1, \cdots, p-b_m$ 是模 p 两两不同余的. 否则, 有

$$a\cdot k_i \equiv p-a\cdot k_j \quad \text{或} \quad a\cdot k_i+a\cdot k_j\equiv 0 \pmod p.$$

因而 $k_i+k_j\equiv 0 \pmod p$, 这不可能, 因为 $1\leqslant k_i+k_j\leqslant \dfrac{p-1}{2}+\dfrac{p-1}{2}<p$.

因为 $(a\cdot k,p)=1,\ k=1,\cdots,\dfrac{p-1}{2}$, 所以, $\dfrac{p-1}{2}$ 个整数 $a_1, \cdots, a_t, p-b_1, \cdots, p-b_m$ 是 $1,\cdots,\dfrac{p-1}{2}$ 的一个排列, 故

$$a^{\frac{p-1}{2}}\left(\frac{p-1}{2}\right)!\equiv(-1)^m\prod_{i=1}^{t}a_i\prod_{j=1}^{m}(p-b_j)=(-1)^m\left(\frac{p-1}{2}\right)! \pmod p.$$

因此,

$$a^{\frac{p-1}{2}}\equiv(-1)^m \pmod p.$$

再根据定理 4.3.1 及 p 是奇素数, 得

$$\left(\frac{a}{p}\right)=(-1)^m.$$

证毕.

下面给出 2 是否为模 p 平方剩余的判断, 以及将判断 a 是否为模 p 平方剩余转化为整数个数的计算 $\left(T(a,p)=\sum\limits_{k=1}^{\frac{p-1}{2}}\left[\dfrac{a\cdot k}{p}\right]\right)$.

定理 4.3.4 设 p 是奇素数,

(i) $$\left(\frac{2}{p}\right)=(-1)^{\frac{p^2-1}{8}}. \tag{4.18}$$

(ii) 若 $(a,2p)=1$, 则 $$\left(\frac{a}{p}\right)=(-1)^{T(a,p)},\ \text{其中}\ T(a,p)=\sum_{k=1}^{\frac{p-1}{2}}\left[\frac{a\cdot k}{p}\right]. \tag{4.19}$$

证 因为

$$a\cdot k=\left[\frac{a\cdot k}{p}\right]\cdot p+r_k,\quad 0<r_k<p,\quad k=1,\ \cdots,\ \frac{p-1}{2},$$

对 $k=1,\ \cdots,\ \dfrac{p-1}{2}$ 求和, 并记 $T(a,p)=\sum\limits_{k=1}^{\frac{p-1}{2}}\left[\dfrac{a\cdot k}{p}\right]$, 有

$$\begin{aligned}
a\cdot\frac{p^2-1}{8} &= T(a,p)\cdot p+\sum_{i=1}^{t}a_i+\sum_{j=1}^{m}b_j\\
&= T(a,p)\cdot p+\sum_{i=1}^{t}a_i+\sum_{j=1}^{m}(p-b_j)+2\sum_{j=1}^{m}b_j-m\cdot p\\
&= T(a,p)\cdot p+\frac{p^2-1}{8}-m\cdot p+2\sum_{j=1}^{m}b_j,
\end{aligned}$$

因此,

$$(a-1)\cdot\frac{p^2-1}{8}\equiv T(a,p)+m \pmod 2.$$

若 $a=2$, 则对于 $0\leqslant k\leqslant\frac{p-1}{2}$, 有 $0\leqslant\left[\frac{a\cdot k}{p}\right]\leqslant\left[\frac{p-1}{p}\right]=0$, 从而 $T(a,p)=0$, 因而

$$m\equiv\frac{p^2-1}{8} \pmod 2;$$

若 a 为奇数, 则

$$m\equiv T(a,p) \pmod 2.$$

故由引理 4.3.1 知定理成立. 证毕.

例 4.3.4 判断 2, 3 是否为模 17 平方剩余.

解 (1) 根据定理 4.3.4 (i), 有

$$\left(\frac{2}{17}\right)=(-1)^{\frac{17^2-1}{8}}=(-1)^{2\cdot 18}=1.$$

因此, 2 是模 17 平方剩余.

(2) 根据定理 4.4.1(ii),

$$T(3,17)=\sum_{k=1}^{\frac{17-1}{2}}\left[\frac{3\cdot k}{17}\right]=\left[\frac{3\cdot 6}{17}\right]+\left[\frac{3\cdot 7}{17}\right]+\left[\frac{3\cdot 8}{17}\right]=1+1+1=3,$$

所以 3 是模 17 平方非剩余. 证毕.

例 4.3.5 假设 $p=8k+5$ 为素数, 则 2 为模 p 平方非剩余.

证 计算勒让得符号

$$\left(\frac{2}{p}\right)=(-1)^{\frac{p^2-1}{8}}=(-1)^{\frac{(8k+6)(8k+4)}{8}}=(-1)^{(4k+3)(2k+1)}=-1,$$

2 为模 p 平方非剩余. 证毕.

例 4.3.6 判断同余式

$$x^2\equiv 2 \pmod{3599}$$

是否有解, 有解时求出其解数.

解 $3599=59\cdot 61$ 不是素数, 原同余式等价于

$$\begin{cases} x^2\equiv 2 \pmod{59},\\ x^2\equiv 2 \pmod{61}. \end{cases}$$

因为

$$\left(\frac{2}{59}\right)=(-1)^{\frac{59^2-1}{8}}=-1,$$

故同余式组无解. 原同余式无解.

进一步, 可以给出 p 的表达式.

推论 设 p 是奇素数, 那么

$$\left(\frac{2}{p}\right)=\begin{cases}1, & 若\ p\equiv\pm1\ (\mathrm{mod}\ 8);\\ -1, & 若\ p\equiv\pm3\ (\mathrm{mod}\ 8).\end{cases}$$

证 根据定理 4.3.4 (ⅰ), 有

$$\left(\frac{2}{p}\right)=(-1)^{\frac{p^2-1}{8}}.$$

若 $p\equiv\pm1\ (\mathrm{mod}\ 8)$, 则存在正整数 k 使得 $p=8k\pm1$, 从而

$$\left(\frac{2}{p}\right)=(-1)^{\frac{p^2-1}{8}}=(-1)^{2(4k^2\pm k)}=1.$$

若 $p\equiv\pm3\ (\mathrm{mod}\ 8)$, 则存在正整数 k 使得 $p=8k\pm3$, 从而

$$\left(\frac{2}{p}\right)=(-1)^{\frac{p^2-1}{8}}=(-1)^{2(4k^2\pm3k)+1}=-1.$$

4.4 二次互反律

设 p, q 是不同的奇素数. 要求二次同余式

$$x^2\equiv q\ (\mathrm{mod}\ p) \tag{4.20}$$

与二次同余式

$$x^2\equiv p\ (\mathrm{mod}\ q) \tag{4.21}$$

之间的联系, 即 q 模 p 平方剩余与 p 模 q 平方剩余之间的联系. 下面的定理 (二次互反律) 给出了明确的回答. 同时, 基于勒让得符号的函数性质、二次互反律以及欧几里得除法, 可以将模数较大的二次剩余判别问题转为模数较小的二次剩余判别问题, 并最后归结为较少的几个情况, 从而通过快速计算判断整数 a 是否为模 p 平方剩余.

定理 4.4.1 (二次互反律) *若 p, q 是互素奇素数, 则*

$$\left(\frac{q}{p}\right)=(-1)^{\frac{p-1}{2}\cdot\frac{q-1}{2}}\left(\frac{p}{q}\right) \tag{4.22}$$

注 欧拉和勒让得都曾经提出过二次互反律的猜想. 但第一个严格的证明是由高斯在 1796 年做出的, 随后他又发现了另外 7 个不同的证明. 在《算数研究》一书和相关论文中, 高斯将其称为“基石”. 私下里高斯把二次互反律誉为算术理论中的宝石, 是一个黄金定律.

高斯之后雅可比、柯西、刘维尔、克罗内克、弗洛贝尼乌斯等也相继给出了新的证明. 至今，二次互反律已有超过两百个不同的证明.

证 要证明

$$\left(\frac{q}{p}\right)\left(\frac{p}{q}\right)=(-1)^{\frac{p-1}{2}\cdot\frac{q-1}{2}}.$$

因为 $(2,pq)=1$, 根据定理 4.3.4, 有

$$\left(\frac{q}{p}\right)=(-1)^{T(q,p)},\qquad \left(\frac{p}{q}\right)=(-1)^{T(p,q)},$$

其中 $T(q,p)=\sum_{h=1}^{\frac{p-1}{2}}\left[\frac{q\cdot h}{p}\right]$, $T(p,q)=\sum_{k=1}^{\frac{q-1}{2}}\left[\frac{p\cdot k}{q}\right]$, 所以只需证明

$$T(q,p)+T(p,q)=\frac{p-1}{2}\cdot\frac{q-1}{2}.$$

考察长为 $\frac{p}{2}$, 宽为 $\frac{q}{2}$ 的长方形内的整点个数, 如图 4.1 所示.

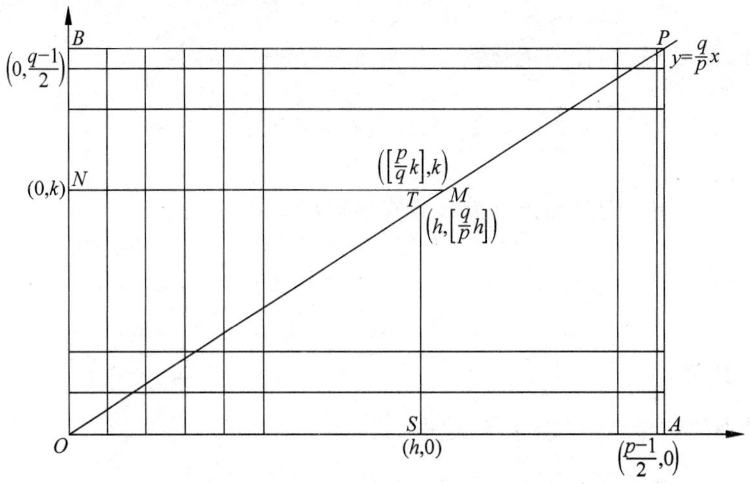

图 4.1　定理 4.4.1 证明

在垂直直线 ST 上, 整点个数为 $\left[\frac{q}{p}\cdot h\right]$, 因此, 下三角形内的整点个数为 $T(q,p)$;

在水平直线 NM 上, 整点个数为 $\left[\frac{p}{q}\cdot k\right]$, 因此, 上三角形内的整点个数为 $T(p,q)$.

因为对角线 OP 上无整点, 所以长方形内的整点个数为

$$T(q,p)+T(p,q)=\frac{p-1}{2}\frac{q-1}{2}.$$

这就完成了定理的证明.　　　　证毕.

例 4.4.1　判断同余式 $x^2\equiv 137 \pmod{227}$ 是否有解.

解　因为 227 是素数, 根据定理 4.3.3,

$$\left(\frac{137}{227}\right)=\left(\frac{-90}{227}\right)=\left(\frac{-1}{227}\right)\left(\frac{2\cdot 3^2\cdot 5}{227}\right)=-\left(\frac{2}{227}\right)\left(\frac{5}{227}\right).$$

由定理 4.3.4 (ⅰ), 有

$$\left(\frac{2}{227}\right)=(-1)^{\frac{227^2-1}{8}}=(-1)^{\frac{226\cdot 228}{8}}=-1.$$

又由定理 4.4.1 及定理 4.3.4 (ⅰ), 有

$$\left(\frac{5}{227}\right)=(-1)^{\frac{227-1}{2}\cdot\frac{5-1}{2}}\left(\frac{227}{5}\right)=\left(\frac{2}{5}\right)=(-1)^{\frac{5^2-1}{8}}=-1.$$

因此,

$$\left(\frac{137}{227}\right) = -1.$$

同余式 $x^2 \equiv 137 \pmod{227}$ 无解.

例 4.4.2 设素数 $p = 2\,000\,000\,000\,000\,000\,000\,000\,000\,029\,967 \approx 2^{100} \approx 10^{30}$, $q = 41$. 判断同余式 $x^2 \equiv q \pmod{p}$ 是否有解.

解 因为 p, q 是素数, 根据定理 4.4.1 及定理 4.3.3 (ii), 有

$$\left(\frac{q}{p}\right) = (-1)^{\frac{p-1}{2}\cdot\frac{q-1}{2}}\left(\frac{p}{q}\right) = \left(\frac{-2}{41}\right) = 1,$$

而

$$\left(\frac{-2}{41}\right) = \left(\frac{-1}{41}\right)\left(\frac{2}{41}\right) = (-1)^{\frac{41-1}{2}}(-1)^{\frac{41^2-1}{8}} = 1,$$

所以 $\left(\frac{q}{p}\right) = 1$, 同余式 $x^2 \equiv q \pmod{p}$ 有解.

例 4.4.3 设素数 $p = 2\,000\,000\,000\,000\,000\,000\,000\,000\,029\,967$, $q = 71$. 判断同余式 $x^2 \equiv q \pmod{p}$ 是否有解.

解 因为 p, q 是素数, 根据定理 4.4.1 及定理 4.3.3 (ii), 有

$$\left(\frac{q}{p}\right) = (-1)^{\frac{p-1}{2}\cdot\frac{q-1}{2}}\left(\frac{p}{q}\right) = (-1)\left(\frac{45}{71}\right) = (-1)\left(\frac{5}{71}\right),$$

又

$$\left(\frac{5}{71}\right) = (-1)^{\frac{71-1}{2}\cdot\frac{5-1}{2}}\left(\frac{71}{5}\right) = \left(\frac{1}{5}\right) = (-1)^{\frac{5-1}{2}} = 1.$$

所以 $\left(\frac{q}{p}\right) = -1$, 同余式 $x^2 \equiv q \pmod{p}$ 无解.

例 4.4.4 设素数 $p = 20\,000\,000\,000\,000\,000\,000\,000\,000\,037\,023 \approx 2^{103} \approx 10^{31}$, $q = 41$. 判断同余式 $x^2 \equiv q \pmod{p}$ 是否有解.

解 因为 p, q 是素数, 根据定理 4.4.1 及定理 4.3.3 (ii), 有

$$\left(\frac{q}{p}\right) = (-1)^{\frac{p-1}{2}\cdot\frac{q-1}{2}}\left(\frac{p}{q}\right) = \left(\frac{20}{41}\right) = \left(\frac{5}{41}\right).$$

又

$$\left(\frac{5}{41}\right) = (-1)^{\frac{41-1}{2}\cdot\frac{5-1}{2}}\left(\frac{41}{5}\right) = \left(\frac{1}{5}\right) = (-1)^{\frac{5-1}{2}} = 1.$$

所以 $\left(\frac{q}{p}\right) = 1$, 同余式 $x^2 \equiv q \pmod{p}$ 有解.

例 4.4.5 设素数 $p = 20\,000\,000\,000\,000\,000\,000\,000\,000\,037\,023$, $q = 71$. 判断同余式 $x^2 \equiv q \pmod{p}$ 是否有解.

解 因为 p, q 是素数, 根据定理 4.4.1 及定理 4.3.3 (ii), 有

$$\left(\frac{q}{p}\right) = (-1)^{\frac{p-1}{2}\cdot\frac{q-1}{2}}\left(\frac{p}{q}\right) = (-1)\left(\frac{6}{71}\right) = (-1)\left(\frac{2}{71}\right)\left(\frac{3}{71}\right),$$

又

$$\left(\frac{2}{71}\right)=(-1)^{\frac{71^2-1}{8}}=1,$$

$$\left(\frac{3}{71}\right)=(-1)^{\frac{71-1}{2}\cdot\frac{3-1}{2}}\left(\frac{71}{3}\right)=(-1)\left(\frac{-1}{3}\right)=(-1)(-1)^{\frac{3-1}{2}}=1,$$

所以 $\left(\frac{q}{p}\right)=-1$, 同余式 $x^2\equiv q \pmod p$ 无解.

例 4.4.6 设素数 $p=2^{192}-2^{64}-1,\ \ q=79$. 判断同余式 $x^2\equiv q \pmod p$ 是否有解.

解 因为 p, q 是素数, 根据定理 4.4.1 及定理 4.3.3 (ii), 有

$$\left(\frac{q}{p}\right)=(-1)^{\frac{p-1}{2}\cdot\frac{q-1}{2}}\left(\frac{p}{q}\right)=(-1)\left(\frac{37}{79}\right).$$

又

$$\left(\frac{37}{79}\right)=(-1)^{\frac{79-1}{2}\cdot\frac{37-1}{2}}\left(\frac{79}{37}\right)=\left(\frac{5}{37}\right)=(-1)^{\frac{37-1}{2}\cdot\frac{5-1}{2}}\left(\frac{37}{5}\right)=\left(\frac{2}{5}\right)=(-1)^{\frac{5^2-1}{8}}=-1.$$

所以 $\left(\frac{q}{p}\right)=1$, 同余式 $x^2\equiv q \pmod p$ 有解.

例 4.4.7 设素数 $p=2^{192}-2^{64}-1,\ \ q=31$. 判断同余式 $x^2\equiv q \pmod p$ 是否有解.

解 因为 p, q 是素数, 根据定理 4.4.1 及定理 4.3.3 (ii), 有

$$\left(\frac{q}{p}\right)=(-1)^{\frac{p-1}{2}\cdot\frac{q-1}{2}}\left(\frac{p}{q}\right)=(-1)\left(\frac{18}{31}\right)=(-1)\left(\frac{2}{31}\right)=(-1)(-1)^{\frac{31^2-1}{8}}=-1.$$

所以 $\left(\frac{q}{p}\right)=-1$, 同余式 $x^2\equiv q \pmod p$ 无解.

例 4.4.8 设素数 $p=2^{192}-2^{64}-1,\ \ q=31$. 令 $a_k=k^3+k+1$, 则对于 $k=0,1,\cdots,99$, a_k 模 p 的平方剩余判别为

k	$\left(\frac{a_k}{p}\right)$	k	$\left(\frac{a_k}{p}\right)$	k	$\left(\frac{a_k}{p}\right)$	k	$\left(\frac{a_k}{p}\right)$	k	$\left(\frac{a_k}{p}\right)$
0	1	10	−1	20	1	30	−1	40	1
1	1	11	1	21	−1	31	1	41	1
2	−1	12	1	22	1	32	−1	42	1
3	−1	13	1	23	1	33	1	43	−1
4	−1	14	−1	24	−1	34	1	44	1
5	−1	15	1	25	1	35	1	45	−1
6	−1	16	1	26	1	36	1	46	−1
7	1	17	1	27	−1	37	1	47	−1
8	1	18	−1	28	−1	38	1	48	1
9	−1	19	−1	29	1	39	1	49	1

共有 30 个模 p 平方剩余, 20 个模 p 平方非剩余.

例 4.4.9 设素数 $p=2^{192}-2^{64}-1$, $q=31$. 令 $a_k=k^3+2k+3$, 则对于 $k=0,1,\cdots,99$, a_k 模 p 的平方剩余判别为

k	$\left(\frac{a_k}{p}\right)$	k	$\left(\frac{a_k}{p}\right)$	k	$\left(\frac{a_k}{p}\right)$	k	$\left(\frac{a_k}{p}\right)$	k	$\left(\frac{a_k}{p}\right)$
0	1	10	−1	20	1	30	−1	40	1
1	1	11	−1	21	−1	31	−1	41	−1
2	1	12	−1	22	−1	32	1	42	1
3	1	13	1	23	−1	33	−1	43	−1
4	−1	14	1	24	1	34	1	44	1
5	1	15	−1	25	−1	35	1	45	−1
6	1	16	1	26	−1	36	1	46	1
7	−1	17	−1	27	1	37	1	47	−1
8	1	18	−1	28	1	38	1	48	−1
9	−1	19	1	29	1	39	1	49	−1

共有 27 个模 p 平方剩余, 23 个模 p 平方非剩余.

例 4.4.10 设素数 $p=2^{192}-2^{64}+2^5+2^4-1$, $q=79$. 判断同余式 $x^2\equiv q \pmod p$ 是否有解.

解 因为 p, q 是素数, 根据定理 4.4.1 及定理 4.3.3 (ii), 有

$$\left(\frac{q}{p}\right)=(-1)^{\frac{p-1}{2}\cdot\frac{q-1}{2}}\left(\frac{p}{q}\right)=(-1)\left(\frac{6}{79}\right)=(-1)\left(\frac{2}{79}\right)\left(\frac{3}{79}\right).$$

又

$$\left(\frac{2}{79}\right)=(-1)^{\frac{79^2-1}{8}}=1,$$

$$\left(\frac{3}{79}\right)=(-1)^{\frac{79-1}{2}\cdot\frac{3-1}{2}}\left(\frac{79}{3}\right)=(-1)\left(\frac{1}{3}\right)=-1,$$

所以 $\left(\frac{q}{p}\right)=1$, 同余式 $x^2\equiv q \pmod p$ 有解.

例 4.4.11 设素数 $p=2^{192}-2^{64}+2^5+2^4-1$, $q=31$. 判断同余式 $x^2\equiv q \pmod p$ 是否有解.

解 因为 p, q 是素数, 根据定理 4.4.1 及定理 4.3.3 (ii), 有

$$\left(\frac{q}{p}\right)=(-1)^{\frac{p-1}{2}\cdot\frac{q-1}{2}}\left(\frac{p}{q}\right)=(-1)\left(\frac{4}{31}\right)=-1.$$

所以 $\left(\frac{q}{p}\right)=-1$, 同余式 $x^2\equiv q \pmod p$ 无解.

例 4.4.12 证明: 形为 $4k+1$ 的素数有无穷多个.

证 反证法. 如果形为 $4k+1$ 的素数只有有限多个, 设这些素数为 $p_1, \cdots, p_s$. 考虑整数

$$P=(2p_1\cdots p_s)^2+1.$$

因为 P 形为 $4k+1$, $P>p_i$, $i=1,\cdots,s$, 所以 P 为合数, 其素因数 p 为奇数. 因为 -1 为模 p 平方剩余, 即

$$\left(\frac{-1}{p}\right)=\left(\frac{-1+P}{p}\right)=\left(\frac{(2p_1\cdots p_s)^2}{p}\right)=1,$$

所以 -1 为模 p 平方剩余, 根据定理 4.3.2 之推论, p 是形为 $4k+1$ 的素数. 但显然有 $p\neq p_i$, $i=1,\cdots,s$. 矛盾. 证毕.

例 4.4.13 求所有奇素数 p, 它以 3 为其二次剩余.

解 即要求所有奇素数 p, 使得

$$\left(\frac{3}{p}\right)=1.$$

易知, p 是 >3 的奇素数. 根据二次互反律,

$$\left(\frac{3}{p}\right)=(-1)^{\frac{p-1}{2}}\left(\frac{p}{3}\right).$$

因为

$$(-1)^{\frac{p-1}{2}}=\begin{cases}1, & 当\ p\equiv 1 \pmod 4\\ -1, & 当\ p\equiv -1 \pmod 4\end{cases}$$

以及

$$\left(\frac{p}{3}\right)=\begin{cases}\left(\frac{1}{3}\right)=1, & 当\ p\equiv 1 \pmod 6;\\ \left(\frac{-1}{3}\right)=-1, & 当\ p\equiv -1 \pmod 6,\end{cases}$$

所有 $\left(\frac{-1}{p}\right)=1$ 的充分必要条件是

$$\begin{cases}p\equiv 1 \pmod 4\\ p\equiv 1 \pmod 6\end{cases}\quad 或\quad \begin{cases}p\equiv -1 \pmod 4\\ p\equiv -1 \pmod 6\end{cases}.$$

这分别等价于

$$p\equiv 1 \pmod{12}\quad 或\quad p\equiv -1 \pmod{12}.$$

因此, 3 是模 p 二次剩余的充分必要条件是

$$p\equiv \pm 1 \pmod{12}.$$

例 4.4.14 设 p 是奇素数, d 是整数. 如果 $\left(\frac{d}{p}\right)=-1$, 则 p 一定不能表示为 x^2-dy^2 的形式.

证 如果 p 有表达式 $p=x^2-dy^2$, 则由 p 是素数, 可得到 $(x,p)=(y,p)=1$. 事实上, 若 $(x,p)\neq 1$, 则

$$p\mid x,\quad p\mid x^2-p=dy^2.$$

但 $(d,p)=1$, 所以 $p \mid y^2$, 进而 $p \mid y$. 这样

$$p^2 \mid x^2, \quad p^2 \mid y^2.$$

从而

$$p^2 \mid x^2 - dy^2 = p.$$

这不可能. 因此,

$$\left(\frac{d}{p}\right) = \left(\frac{d}{p}\right)\left(\frac{y^2}{p}\right) = \left(\frac{dy^2}{p}\right) = \left(\frac{x^2}{p}\right) = 1.$$

这与题设矛盾. 证毕.

4.5 雅可比符号

在勒让得符号的计算中, 要求模 p 为素数. 此外, 在二次互反律的应用中, 也要求 $a=q$ 为素数. 这些都是很强的条件, 因此, 希望这些条件可以弱化, 只要求模 m 为奇整数, a 为任意整数.

定义 4.5.1 设 $m = p_1 \cdots p_r$ 是奇素数 p_i 的乘积. 对任意整数 a, 定义**雅可比 (Jacobi) 符号** 为

$$\left(\frac{a}{m}\right) = \left(\frac{a}{p_1}\right) \cdots \left(\frac{a}{p_r}\right). \tag{4.23}$$

雅可比符号形式上是勒让得符号的推广, 但所蕴涵的意义已经不同. 与式 (4.10) 作比较, 对于 $(a,m)=1$, 有

$$\begin{aligned} \left(\frac{a}{m}\right) = 1 \quad &\Longleftarrow \quad x^2 \equiv a \pmod m \text{ 有解} \\ \left(\frac{a}{m}\right) = -1 \quad &\Longrightarrow \quad x^2 \equiv a \pmod p \text{ 无解} \end{aligned} \tag{4.24}$$

雅可比符号为 -1, 可判断 a 是模 m 平方非剩余; 但雅可比符号为 1, 却不能判断 a 是模 m 平方剩余. 例如, 3 是模 119 平方非剩余, 但

$$\left(\frac{3}{119}\right) = \left(\frac{3}{7}\right)\left(\frac{3}{17}\right) = (-1)(-1) = 1.$$

定理 4.5.1 设 m 是正奇数, 则

(i) $\left(\frac{a+m}{m}\right) = \left(\frac{a}{m}\right)$;

(ii) $\left(\frac{ab}{m}\right) = \left(\frac{a}{m}\right)\left(\frac{b}{m}\right)$;

(iii) 设 $(a,m)=1$, 则 $\left(\frac{a^2}{m}\right) = 1$.

证 设 $m = p_1 \cdots p_r$, 其中 p_i 为奇素数. 根据雅可比符号的定义以及定理 4.3.3, 得

(i)

$$\left(\frac{a+m}{m}\right) = \left(\frac{a+m}{p_1}\right) \cdots \left(\frac{a+m}{p_r}\right) = \left(\frac{a}{p_1}\right) \cdots \left(\frac{a}{p_r}\right) = \left(\frac{a}{m}\right).$$

(ii)

$$\begin{aligned}\left(\frac{ab}{m}\right) &= \left(\frac{ab}{p_1}\right)\cdots\left(\frac{ab}{p_r}\right)\\ &= \left(\frac{a}{p_1}\right)\left(\frac{b}{p_1}\right)\cdots\left(\frac{a}{p_r}\right)\left(\frac{b}{p_r}\right)\\ &= \left(\frac{a}{p_1}\right)\cdots\left(\frac{a}{p_r}\right)\left(\frac{b}{p_1}\right)\cdots\left(\frac{b}{p_r}\right)\\ &= \left(\frac{a}{m}\right)\left(\frac{b}{m}\right).\end{aligned}$$

(iii)

$$\left(\frac{a^2}{m}\right) = \left(\frac{a^2}{p_1}\right)\cdots\left(\frac{a^2}{p_r}\right) = 1.$$

证毕.

引理 4.5.1 设 $m = p_1 \cdots p_r$ 是奇数，则

$$\frac{m-1}{2} \equiv \frac{p_1-1}{2} + \cdots + \frac{p_r-1}{2} \pmod 2;$$

$$\frac{m^2-1}{8} \equiv \frac{p_1^2-1}{8} + \cdots + \frac{p_r^2-1}{8} \pmod 2.$$

证 因为有表达式

$$m \equiv \left(1+2\cdot\frac{p_1-1}{2}\right)\cdots\left(1+2\cdot\frac{p_r-1}{2}\right) \equiv 1+2\cdot\left(\frac{p_1-1}{2}+\cdots+\frac{p_r-1}{2}\right) \pmod 4;$$

$$m^2 \equiv \left(1+8\cdot\frac{p_1^2-1}{8}\right)\cdots\left(1+8\cdot\frac{p_r^2-1}{8}\right) \equiv 1+8\cdot\left(\frac{p_1^2-1}{8}+\cdots+\frac{p_r^2-1}{8}\right) \pmod{16}.$$

所以引理成立.

证毕.

定理 4.5.2 设 m 是奇数，则

(i) $\left(\frac{1}{m}\right) = 1$;

(ii) $\left(\frac{-1}{m}\right) = (-1)^{\frac{m-1}{2}}$;

(iii) $\left(\frac{2}{m}\right) \equiv (-1)^{\frac{m^2-1}{8}}$;

证 因为 $m = p_1 \cdots p_r$ 是奇数, 其中 p_i 是奇素数. 根据雅可比符号的定义和定理 4.3.2 之推论以及引理 4.5.1, 得

(i)

$$\left(\frac{1}{m}\right) = \left(\frac{1}{p_1}\right)\cdots\left(\frac{1}{p_r}\right) = 1.$$

(ii)

$$\left(\frac{-1}{m}\right) = \left(\frac{-1}{p_1}\right)\cdots\left(\frac{-1}{p_r}\right) = (-1)^{\frac{p_1-1}{2}+\cdots+\frac{pr-1}{2}} = (-1)^{\frac{m-1}{2}}.$$

再根据雅可比符号的定义和定理 4.3.4 以及引理 4.5.1, 得

(iii)

$$\left(\frac{2}{m}\right)=\left(\frac{2}{p_1}\right)\cdots\left(\frac{2}{p_r}\right)=(-1)^{\frac{p_1^2-1}{8}+\cdots+\frac{p_r^2-1}{8}}=(-1)^{\frac{m^2-1}{8}}.$$

证毕.

定理 4.5.3 设 m,n 都是奇数, 则

$$\left(\frac{n}{m}\right)=(-1)^{\frac{m-1}{2}\cdot\frac{n-1}{2}}\left(\frac{m}{n}\right).$$

证 设 $m=p_1\cdots p_r,\ n=q_1\cdots q_s$. 如果 $(m,n)>1$, 则根据雅可比符号的定义和勒让得符号的定义, 得

$$\left(\frac{n}{m}\right)=\left(\frac{m}{n}\right)=0$$

结论成立. 因此, 可设 $(m,n)=1$. 根据雅可比符号的定义和定理 4.4.1, 得

$$\left(\frac{n}{m}\right)\left(\frac{m}{n}\right)=\prod_{i=1}^{r}\left(\frac{n}{p_i}\right)\prod_{j=1}^{s}\left(\frac{m}{q_j}\right)=\prod_{i=1}^{r}\prod_{j=1}^{s}\left(\frac{q_j}{p_i}\right)\left(\frac{p_i}{q_j}\right)=(-1)^{\sum_{i=1}^{r}\sum_{j=1}^{s}\frac{p_i-1}{2}\cdot\frac{q_j-1}{2}}.$$

再根据引理 4.5.1, 得

$$\begin{aligned}\sum_{i=1}^{r}\sum_{j=1}^{s}\frac{p_i-1}{2}\cdot\frac{q_j-1}{2}&\equiv\sum_{i=1}^{r}\frac{p_i-1}{2}\sum_{j=1}^{s}\frac{q_j-1}{2}\\&\equiv\frac{m-1}{2}\cdot\frac{n-1}{2}\pmod 2.\end{aligned}$$

因此, 定理成立. 证毕.

例 4.5.1 判断同余式

$$x^2\equiv 286 \pmod{563}$$

是否有解.

解 不用考虑 563 是否为素数, 直接计算雅可比符号. 因为

$$\left(\frac{286}{563}\right)=\left(\frac{2}{563}\right)\left(\frac{143}{563}\right)=(-1)^{\frac{563^2-1}{8}}(-1)^{\frac{563-1}{2}\cdot\frac{143-1}{2}}\left(\frac{563}{143}\right)=\left(\frac{-9}{143}\right)=\left(\frac{-1}{143}\right)=-1,$$

所以原同余式无解.

例 4.5.2 判断同余式 $x^2\equiv 17 \pmod m$ 是否有解. 这里,

$$m=p\cdot q=40\,000\,000\,000\,000\,000\,000\,000\,000\,673\,386\,000\,000\,000\,000\,000\,000\,001\,109\,468\,241,$$

$$p=2\,000\,000\,000\,000\,000\,000\,000\,000\,029\,967, q=20\,000\,000\,000\,000\,000\,000\,000\,000\,037\,023.$$

解 不用考虑 m 是否为素数, 直接计算雅可比符号. 因为

$$\left(\frac{17}{m}\right)=(-1)^{\frac{m-1}{2}\cdot\frac{17-1}{2}}\left(\frac{m}{17}\right)=\left(\frac{-3}{17}\right)=\left(\frac{-1}{17}\right)\left(\frac{3}{17}\right),$$

而

$$\left(\frac{-1}{17}\right)=(-1)^{\frac{17-1}{2}}=1$$

$$\left(\frac{3}{17}\right)=(-1)^{\frac{17-1}{2}\cdot\frac{3-1}{2}}\left(\frac{17}{3}\right)=\left(\frac{-1}{3}\right)=(-1)^{\frac{3-1}{2}}=-1,$$

所以 $\left(\frac{17}{m}\right)=-1$, 原同余式无解.

例 4.5.3 判断同余式 $x^2\equiv 59 \pmod m$ 是否有解. 这里,

$$m=p\cdot q=40\,000\,000\,000\,000\,000\,000\,000\,000\,673\,386\,000\,000\,000\,000\,000\,000\,001\,109\,468\,241,$$

$$p=2\,000\,000\,000\,000\,000\,000\,000\,000\,029\,967, q=20\,000\,000\,000\,000\,000\,000\,000\,000\,037\,023.$$

解 不用考虑 m 是否为素数, 直接计算雅可比符号. 因为

$$\left(\frac{59}{m}\right)=(-1)^{\frac{m-1}{2}\cdot\frac{17-1}{2}}\left(\frac{m}{59}\right)=\left(\frac{2}{59}\right)=(-1)^{\frac{59^2-1}{8}}=-1,$$

所以 $\left(\frac{59}{m}\right)=-1$, 原同余式无解.

例 4.5.4 求出同余式

$$y^2\equiv x^3+x+1 \pmod{17}$$

的所有解及解数.

解 令 $f(x)=x^3+x+1$. 根据例 4.1.3, 有

$$\begin{array}{llll}
f(0)=1, & y=1,\ y=16; & f(1)=3, & \text{无解};\\
f(2)=11, & \text{无解}; & f(3)=14, & \text{无解};\\
f(4)=1, & y=1,\ y=16; & f(5)=12, & \text{无解};\\
f(6)=2, & y=6,\ y=11; & f(7)=11, & \text{无解};\\
f(8)=11, & \text{无解}; & f(9)=8, & y=5,\ y=12;\\
f(10)=8, & y=5,\ y=12; & f(11)=0, & y=0;\\
f(12)=7, & \text{无解}; & f(13)=1, & y=1,\ y=16;\\
f(14)=5, & \text{无解}; & f(15)=8, & y=5,\ y=12;\\
f(16)=-1, & y=4,\ y=13 & \pmod{17}. &
\end{array}$$

因此, 原同余式的解为

$$(0,1),\ (0,16),\ (4,1),\ (4,16),\ (6,6),\ (6,11),\ (9,5),\ (9,12),\ (10,5),$$

$$(10,12),\ (11,0),\ (13,1),\ (13,16),\ (15,5),\ (15,12),\ (16,4),\ (16,13).$$

4.6 模平方根

4.6.1 模 p 平方根

设 p 是形为 $4k+3$ 的素数. 讨论此情形的模 p 平方根.

定理 4.6.1 设 p 是形为 $4k+3$ 的素数. 如果同余式

$$x^2\equiv a \pmod p$$

有解, 则其解是

$$x \equiv \pm a^{\frac{p+1}{4}} \pmod{p}. \tag{4.25}$$

解 因为 p 是形为 $4k+3$ 的素数, 所以存在奇数 q 使得 $p-1=2q$. 现在同余式

$$x^2 \equiv a \pmod{p}$$

有解, 则有

$$a^{\frac{p-1}{2}} \equiv 1 \pmod{p}$$

或者

$$a^q \equiv 1 \pmod{p}.$$

两端同时乘以 a, 得到

$$\left(a^{\frac{q+1}{2}}\right)^2 \equiv a^{q+1} \equiv a \pmod{p}.$$

因此, 同余式的解为式 (4.25). 证毕.

例 4.6.1 设素数 $p = 2\,000\,000\,000\,000\,000\,000\,000\,000\,029\,967$, $a = 41$. 求解同余式 $x^2 \equiv a \pmod{p}$.

解 因为 p 是形为 $4k+3$ 的素数, 根据定理 4.6.1 及例 4.4.2, 知原同余式有解, 且解为

$$x \equiv \pm a^{\frac{p+1}{4}} \equiv \pm 1\,539\,250\,749\,819\,107\,362\,858\,845\,139\,474 \pmod{p}.$$

例 4.6.2 设素数 $p = 20\,000\,000\,000\,000\,000\,000\,000\,000\,037\,023 \approx 2^{103} \approx 10^{31}$, $q = 41$. 判断同余式 $x^2 \equiv q \pmod{p}$ 是否有解.

解 因为 p 是形为 $4k+3$ 的素数, 根据定理 4.6.1 及例 4.4.4, 知原同余式有解, 且解为

$$x \equiv \pm a^{\frac{p+1}{4}} \equiv \pm 3\,406\,794\,145\,708\,458\,557\,038\,951\,337\,364 \pmod{p}.$$

例 4.6.3 设素数 $p = 2^{192} - 2^{64} - 1$, $q = 79$. 判断同余式 $x^2 \equiv q \pmod{p}$ 是否有解.

解 因为 p 是形为 $4k+3$ 的素数, 根据定理 4.6.1 及例 4.4.6, 知原同余式有解, 且解为

$$x \equiv \pm a^{\frac{p+1}{4}} \equiv \pm 3\,441\,509\,450\,523\,406\,068\,648\,946\,248\,998\,374\,727\,265\,234\,715\,111\,696\,917\,117 \pmod{p}.$$

例 4.6.4 设素数 $p = 2^{192} - 2^{64} + 2^5 + 2^4 - 1$, $q = 79$. 判断同余式 $x^2 \equiv q \pmod{p}$ 是否有解.

解 因为 p 是形为 $4k+3$ 的素数, 根据定理 4.6.1 及例 4.4.10, 知原同余式有解, 且解为

$$x \equiv \pm a^{\frac{p+1}{4}} \equiv \pm 714\,966\,419\,491\,317\,688\,312\,388\,325\,572\,327\,012\,170\,027\,743\,594\,638\,939\,954 \pmod{p}.$$

结合定理 3.2.3, 得到

定理 4.6.2 设 p, q 是形为 $4k+3$ 的不同素数. 如果整数 a 满足

$$\left(\frac{a}{p}\right) = \left(\frac{a}{q}\right) = 1,$$

则同余式

$$x^2 \equiv a \pmod{p \cdot q} \tag{4.26}$$

有解

$$x \equiv \pm(a^{\frac{p+1}{4}} \pmod p) \cdot s \cdot q \pm (a^{\frac{q+1}{4}} \pmod q) \cdot t \cdot p \pmod{p \cdot q}, \tag{4.27}$$

其中 s, t 满足 $s \cdot q + t \cdot p = 1$.

解 因为同余式 (4.26) 等价于同余式组

$$\begin{cases} x^2 \equiv a \pmod p \\ x^2 \equiv a \pmod q \end{cases},$$

而同余式 $x^2 \equiv a \pmod p$ 的解为

$$x = b_1 \equiv \pm a^{\frac{p+1}{4}} \pmod p,$$

同余式 $x^2 \equiv a \pmod q$ 的解为

$$x = b_2 \equiv \pm a^{\frac{q+1}{4}} \pmod q,$$

根据定理 3.2.3(中国剩余定理), 原同余式的解为式 (4.28). 证毕.

例 4.6.5 求解同余式 $x^2 \equiv 41 \pmod m$，这里，

$$m = p \cdot q = 40\,000\,000\,000\,000\,000\,000\,000\,673\,386\,000\,000\,000\,000\,000\,000\,001\,109\,468\,241,$$

$$p = 2\,000\,000\,000\,000\,000\,000\,000\,029\,967, \quad q = 20\,000\,000\,000\,000\,000\,000\,000\,000\,037\,023.$$

解 因为同余式等价于同余式组

$$\begin{cases} x^2 \equiv 41 \pmod p \\ x^2 \equiv 41 \pmod q \end{cases},$$

由例 4.6.1, 同余式 $x^2 \equiv 41 \pmod p$ 的解为

$$x = b_1 \equiv \pm 41^{\frac{p+1}{4}} \pmod p,$$

而由例 4.6.2, 同余式 $x^2 \equiv 41 \pmod q$ 的解为

$$x = b_2 \equiv \pm 41^{\frac{q+1}{4}} \pmod q,$$

根据定理 4.6.2, 原同余式的解为

$$x_{+,+} \equiv 32\,193\,618\,624\,495\,683\,510\,658\,350\,350\,358\,623\,910\,880\,892\,989\,312\,244\,092\,077\,738 \pmod m.$$

$$x_{+,-} \equiv 10\,411\,925\,813\,362\,000\,893\,524\,776\,944\,370\,629\,675\,259\,359\,495\,491\,351\,853\,561\,501 \pmod m.$$

$$x_{-,+} \equiv 29\,588\,074\,186\,637\,999\,106\,475\,223\,729\,015\,370\,324\,740\,640\,504\,508\,649\,255\,906\,740 \pmod m.$$

$$x_{-,+} \equiv 7\,806\,381\,375\,504\,316\,489\,341\,650\,323\,027\,376\,089\,119\,107\,010\,687\,757\,017\,390\,503 \pmod m.$$

例 4.6.6 求解同余式 $x^2 \equiv 79 \pmod m$，这里，

$$m = p \cdot q \quad = \quad 39\,402\,006\,196\,394\,479\,212\,279\,040\,100\,143\,613\,804\,848\,155\,091\,990\,814\,277\,389 \backslash \backslash$$
$$898\,114\,056\,133\,270\,927\,457\,237\,917\,458\,720\,409\,323\,647\,616\,188\,447\,457\,233$$

$$p = 2^{192} - 2^{64} - 1, \quad q = 2^{192} - 2^{64} + 2^5 + 2^4 - 1.$$

解 因为同余式等价于同余式组

$$\begin{cases} x^2 \equiv 79 \pmod p \\ x^2 \equiv 79 \pmod q \end{cases},$$

由例 4.6.1, 同余式 $x^2 \equiv 79 \pmod p$ 的解为

$$x = b_1 \equiv \pm 79^{\frac{p+1}{4}} \pmod p,$$

而由例 4.6.2, 同余式 $x^2 \equiv 79 \pmod q$ 的解为

$$x = b_2 \equiv \pm 79^{\frac{q+1}{4}} \pmod q,$$

根据定理 4.6.2, 原同余式的解为

$$\begin{aligned}
x_{+,+} &\equiv 35\,654\,188\,634\,097\,095\,597\,557\,360\,591\,060\,212\,519\,607\,315\,532\,939\,677\,663\,455\,455 \backslash\,\backslash \\
&\quad 391\,814\,330\,450\,309\,366\,771\,353\,307\,780\,624\,206\,492\,557\,200\,223\,624\,044 \pmod m \\
x_{+,-} &\equiv 39\,124\,685\,690\,152\,141\,858\,578\,435\,772\,213\,652\,342\,275\,697\,555\,521\,452\,616\,532\,360 \backslash\,\backslash \\
&\quad 937\,951\,191\,083\,476\,382\,054\,741\,614\,245\,077\,810\,604\,204\,779\,704\,913\,862 \pmod m \\
x_{-,+} &\equiv 27\,732\,050\,624\,233\,735\,370\,060\,432\,792\,996\,146\,257\,245\,753\,646\,936\,166\,085\,753\,717 \backslash\,\backslash \\
&\quad 6\,104\,942\,187\,451\,075\,183\,175\,844\,475\,331\,513\,043\,411\,408\,742\,543\,371 \pmod m \\
x_{-,+} &\equiv 37\,478\,175\,622\,973\,836\,147\,216\,795\,090\,834\,012\,852\,408\,395\,590\,511\,366\,139\,344\,427 \backslash\,\backslash \\
&\quad 22\,241\,802\,820\,618\,090\,466\,564\,150\,939\,785\,117\,155\,058\,988\,223\,833\,189 \pmod m
\end{aligned}$$

4.6.2 模 p 平方根

设 p 为奇素数. 对任意给定的整数 a, 应用高斯二次互反律 (定理 4.4.1) 可以快速地判断 a 是否为模 p 平方剩余, 即二次同余式

$$x^2 \equiv a \pmod p$$

是否有解, 也就是说解的存在性.

现在在有解的情况下, 即 a 满足

$$a^{\frac{p-1}{2}} \equiv \left(\frac{a}{p}\right) \equiv 1 \pmod p$$

的情况下, 考虑二次同余式的具体求解.

定理 4.6.3 设 p 是奇素数, $p-1 = 2^t \cdot s$, $t \geqslant 1$, 其中 s 是奇整数. 设 n 是模 p 平方非剩余, $b := n^s \pmod p$, 如果同余式

$$x^2 \equiv a \pmod p \tag{4.28}$$

有解, 则 $a^{-1}x_{t-k-1}^2$ 满足同余式

$$y^{2^{t-k-1}} \equiv 1 \pmod p, \qquad k = 0, 1, \cdots, t-1, \tag{4.29}$$

这里，$x_{t-1} := a^{\frac{s+1}{2}} \pmod p$，

$$x_{t-k-1} = x_{t-k} b^{j_{k-1} 2^{k-1}}, \quad 其中 j_{k-1} = \begin{cases} 0, & 如果\ (a^{-1}x_{t-k}^2)^{2^{t-k-1}} \equiv 1 \pmod p; \\ 1, & 如果\ (a^{-1}x_{t-k}^2)^{2^{t-k-1}} \equiv -1 \pmod p. \end{cases} \tag{4.30}$$

特别, x_0 是同余式 (4.28) 的解.

证　对 k 作数学归纳法.

$k=0$ 时, 有 $a^{-1}x_{t-1}^2$ 满足式 (4.29). 事实上,

$$\left(a^{-1}x_{t-1}^2\right)^{2^{t-1}} = \left(a^{-1}\left(a^{\frac{s+1}{2}}\right)^2\right)^{2^{t-1}} = (a^s)^{2^{t-1}} = a^{\frac{p-1}{2}} \equiv 1 \pmod p.$$

假设对于 $k-1$ 结论成立, 即 $a^{-1}x_{t-(k-1)-1}^2 = a^{-1}x_{t-k}^2$ 满足式 (4.29), 即有

$$y^{2^{t-(k-1)-1}} = y^{2^{t-k}} \equiv 1 \pmod p.$$

对于 k, 分以下两种情形讨论:

(i) $(a^{-1}x_{t-k}^2)^{2^{t-k-1}} \equiv 1 \pmod p$. 这时, $j_{k-1} = 0$, $x_{t-k-1} = x_{t-k}$ 满足式 (4.29). 事实上,

$$\left(a^{-1}x_{t-k-1}^2\right)^{2^{t-k-1}} = \left(a^{-1}x_{t-k}^2\right)^{2^{t-k-1}} \equiv 1 \pmod p.$$

(ii) $(a^{-1}x_{t-k}^2)^{2^{t-k-1}} \equiv -1 \pmod p$. 这时, $j_{k-1} = 1$, $x_{t-k-1} = x_{t-k}b^{2^{k-1}}$ 满足式 (4.29). 事实上,

$$\left(a^{-1}x_{t-k-1}^2\right)^{2^{t-k-1}} = \left(a^{-1}\left(x_{t-k}b^{2^{k-1}}\right)^2\right)^{2^{t-k-1}} = \left(a^{-1}x_{t-k}^2\right)^{2^{t-k-1}} \cdot b^{2^{t-1}} \equiv 1 \pmod p.$$

根据数学归纳法, 结论对于 k, $0 \leqslant k \leqslant t-1$ 成立. 定理成立.　　证毕.

同余式 (4.28) 的具体求解过程如下:

对于奇素数 p , 将 $p-1$ 写成形式 $p-1 = 2^t \cdot s$, $t \geqslant 1$, 其中 s 是奇数. 任意选取一个模 p 平方非剩余 n, 即整数 n 使得 $\left(\dfrac{n}{p}\right) = -1$, 再令 $b := n^s \pmod p$, 有

$$b^{2^t} \equiv 1, \quad b^{2^{t-1}} \equiv -1 \pmod p,$$

即 b 是模 p 的 2^t 次单位根, 但非模 p 的 2^{t-1} 次单位根.

(i) 计算

$$x_{t-1} := a^{\frac{s+1}{2}} \pmod p.$$

有 $a^{-1}x_{t-1}^2$ 满足同余式 (4.29), 即

$$y^{2^{t-1}} \equiv 1 \pmod p,$$

即 $a^{-1}x_{t-1}^2$ 是模 p 的 2^{t-1} 次单位根. 事实上,

$$(a^{-1}x_{t-1}^2)^{2^{t-1}} \equiv a^{2^{t-1}s} \equiv a^{(p-1)/2} \equiv \left(\frac{a}{p}\right) \equiv 1 \pmod p.$$

(ii) 如果 $t=1$, 则 $x=x_{t-1}=x_0\equiv a^{\frac{s+1}{2}} \pmod p$ 满足同余式

$$x^2\equiv a \pmod p.$$

如果 $t\geqslant 2$, 就要寻找整数 x_{t-2} 使得 $a^{-1}x_{t-2}^2$ 满足同余式 (4.29), 即

$$y^{2^{t-2}}\equiv 1 \pmod p,$$

即 $a^{-1}x_{t-2}^2$ 是模 p 的 2^{t-2} 次单位根.

(a) 如果

$$\left(a^{-1}x_{t-1}^2\right)^{2^{t-2}}\equiv 1 \pmod p,$$

令 $j_0:=0,\ x_{t-2}:=x_{t-1}=x_{t-1}b^{j_0} \pmod p$, 则 x_{t-2} 即为所求.

(b) 如果

$$\left(a^{-1}x_{t-1}^2\right)^{2^{t-2}}\equiv -1\equiv \left(b^{-2}\right)^{2^{t-2}} \pmod p,$$

令 $j_0:=1,\ x_{t-2}:=x_{t-1}b=x_{t-1}b^{j_0} \pmod p$, 则 x_{t-2} 即为所求.

如此下去,

假设找到整数 x_{t-k} 使得 $a^{-1}x_{t-k}^2$ 满足同余式 (4.29), 即

$$y^{2^{t-k}}\equiv 1 \pmod p,$$

即 $a^{-1}x_{t-k}^2$ 是模 p 的 2^{t-k} 次单位根.

$$(a^{-1}x_{t-k}^2)^{2^{t-k}}\equiv 1 \pmod p.$$

$$\vdots$$

$(k+1)$ 如果 $t=k$, 则 $x=x_{t-k} \pmod p$ 满足同余式

$$x^2\equiv a \pmod p.$$

如果 $t\geqslant k+1$, 就要寻找整数 x_{t-k-1} 使得 $a^{-1}x_{t-k-1}^2$ 满足同余式 (4.29), 即

$$y^{2^{t-k-1}}\equiv 1 \pmod p,$$

即 $a^{-1}x_{t-k-1}^2$ 是模 p 的 2^{t-k-1} 次单位根.

(a) 如果

$$\left(a^{-1}x_{t-k}^2\right)^{2^{t-k-1}}\equiv 1 \pmod p,$$

令 $j_{k-1}:=0,\ x_{t-k-1}:=x_{t-k}=x_{t-k}b^{j_{k-1}2^{k-1}} \pmod p$, 则 x_{t-k-1} 即为所求.

(b) 如果

$$\left(a^{-1}x_{t-k}^2\right)^{2^{t-k-1}}\equiv -1\equiv \left(b^{-2^k}\right)^{2^{t-k-1}} \pmod p,$$

令 $j_{k-1}:=1,\ x_{t-k-1}:=x_{t-k}b^{2^{k-1}}=x_{t-k}b^{j_{k-1}2^{k-1}} \pmod p$, 则 x_{t-k-1} 即为所求.

特别地, 对于 $k=t-1$, 有

$$\begin{aligned} x &= x_0 \\ &\equiv x_1 b^{j_{t-2}2^{t-2}} \\ &\vdots \\ &\equiv x_{t-1} b^{j_0+j_1 2+\cdots+j_{t-2}2^{t-2}} \\ &\equiv a^{\frac{s+1}{2}} b^{j_0+j_1 2+\cdots+j_{t-2}2^{t-2}} \pmod p. \end{aligned}$$

满足同余式

$$x^2 \equiv a \ (\mathrm{mod}\ p).$$

例 4.6.7 求解同余式

$$x^2 \equiv 186 \ (\mathrm{mod}\ 401).$$

解 因为 $a=186=2\cdot 3\cdot 31$, 计算勒让得符号

$$\left(\frac{2}{401}\right)=(-1)^{\frac{401^2-1}{8}}=1, \qquad \left(\frac{3}{401}\right)=(-1)^{\frac{3-1}{2}\cdot\frac{401-1}{2}}\left(\frac{401}{3}\right)=\left(\frac{-1}{3}\right)=-1,$$

$$\left(\frac{31}{401}\right)=(-1)^{\frac{31-1}{2}\cdot\frac{401-1}{2}}\left(\frac{401}{31}\right)=\left(\frac{-2}{31}\right)=\left(\frac{-1}{31}\right)\left(\frac{2}{31}\right)=(-1)^{\frac{31-1}{2}}(-1)^{\frac{31^2-1}{8}}=-1,$$

所以

$$\left(\frac{186}{401}\right)=\left(\frac{2}{401}\right)\left(\frac{3}{401}\right)\left(\frac{31}{401}\right)=1\cdot(-1)\cdot(-1)=1.$$

故原同余式有解.

对于奇素数 $p=401$, 将 $p-1$ 写成形式 $p-1=400=2^4\cdot 25$, 其中 $t=4$, $s=25$ 是奇数.

(i) 任意选取一个模 401 平方非剩余 $n=3$, 即整数 $n=3$ 使得 $\left(\frac{3}{401}\right)=-1$. 再令 $b:=3^{25}\equiv 268 \ (\mathrm{mod}\ 401)$.

(ii) 计算

$$x_3 := 186^{\frac{25+1}{2}} \equiv 103 \ (\mathrm{mod}\ 401)$$

以及 $a^{-1}\equiv 235 \ (\mathrm{mod}\ 401)$

(iii) 因为

$$\left(a^{-1}x_3^2\right)^{2^2} \equiv 98^4 \equiv -1 \ (\mathrm{mod}\ 401),$$

令 $j_0:=1$, $x_2:=x_3 b^{j_0}=103\cdot 268\equiv 336 \ (\mathrm{mod}\ 401)$.

(iv) 因为

$$\left(a^{-1}x_2^2\right)^2 \equiv (-1)^2 \equiv 1 \ (\mathrm{mod}\ 401),$$

令 $j_1:=0$, $x_1:=x_2 b^{j_1 2}=336 \ (\mathrm{mod}\ 401)$.

(v) 因为

$$a^{-1}x_1^2 \equiv -1 \ (\mathrm{mod}\ 401),$$

令 $j_2:=1$, $x_0:=x_1 b^{j_2 2^2}=336\cdot 268^4\equiv 304 \ (\mathrm{mod}\ 401)$, 则 $x\equiv x_0\equiv 304 \ (\mathrm{mod}\ p)$ 满足同余式

$$x^2 \equiv 186 \ (\mathrm{mod}\ 401).$$

例 4.6.8 求解同余式

$$x^2 \equiv 103 \pmod{1601}.$$

解 对于 $a = 103$, 计算勒让得符号 (这里注意到 $1601 = 15 \cdot 103 + 56$).

$$\left(\frac{103}{1601}\right) = (-1)^{\frac{103-1}{2}\cdot\frac{1601-1}{2}}\left(\frac{1601}{103}\right) = \left(\frac{56}{103}\right) = \left(\frac{2^3\cdot 7}{103}\right) = \left(\frac{2}{103}\right)\left(\frac{7}{103}\right),$$

继续计算勒让得符号 (这里注意到 $103 = 15 \cdot 7 + (-2)$),

$$\left(\frac{2}{103}\right) = (-1)^{\frac{103^2-1}{8}} = 1$$

$$\left(\frac{7}{103}\right) = (-1)^{\frac{7-1}{2}\cdot\frac{103-1}{2}}\left(\frac{103}{7}\right) = (-1)\left(\frac{-2}{7}\right) = (-1)\left(\frac{-1}{7}\right)\left(\frac{2}{7}\right) = (-1)(-1)^{\frac{7-1}{2}}(-1)^{\frac{7^2-1}{8}} = 1,$$

所以

$$\left(\frac{103}{1601}\right) = \left(\frac{2}{103}\right)\left(\frac{7}{103}\right) = 1.$$

故原同余式有解.

对于奇素数 $p = 1601$, 将 $p-1$ 写成形式 $p - 1 = 1600 = 2^6 \cdot 25$, 其中 $t = 4,\ s = 25$ 是奇数.

(i) 任意选取一个模 1601 平方非剩余 $n = 3$, 即整数 $n = 3$ 使得 $\left(\frac{3}{1601}\right) = -1$. 再令 $b := 3^{25} \equiv 828 \pmod{p}$.

(ii) 计算

$$x_5 := a^{\frac{s+1}{2}} \equiv 595 \pmod{p}$$

以及 $a^{-1} \equiv 886 \pmod{p}$.

(iii) 因为

$$\left(a^{-1}x_3^2\right)^{2^2} \equiv 98^4 \equiv -1 \pmod{401},$$

令 $j_0 := 1,\ x_2 := x_3 b^{j_0} = 103 \cdot 268 \equiv 336 \pmod{401}$.

(iv) 因为

$$\left(a^{-1}x_2^2\right)^2 \equiv (-1)^2 \equiv 1 \pmod{401},$$

令 $j_1 := 0,\ x_1 := x_2 b^{j_1 2} = 336 \pmod{401}$.

(v) 因为

$$a^{-1}x_1^2 \equiv -1 \pmod{401},$$

令 $j_2 := 1,\ x_0 := x_1 b^{j_2 2^2} = 336 \cdot 268^4 \equiv 304 \pmod{401}$, 则 $x \equiv x_0 \equiv 304 \pmod{p}$ 满足同余式

$$x^2 \equiv 186 \pmod{401}.$$

例 4.6.9 求解同余式

$$x^2 \equiv 41 \pmod{401}.$$

解 首先计算勒让得符号.

$$\left(\frac{41}{401}\right) = (-1)^{\frac{41-1}{2}\cdot\frac{401-1}{2}}\left(\frac{401}{41}\right) = \left(\frac{32}{41}\right) = \left(\frac{2}{41}\right) = (-1)^{\frac{41^2-1}{8}} = 1,$$

故原同余式有解.

其次具体求解.

对 $p = 401$, 写 $p-1 = 400 = 2^4\cdot 25$, 其中 $t=4$, $s=25$ 是奇数.

(i) 任选一个模 401 平方非剩余 $n=3$, 即 $n=3$ 使得 $\left(\frac{3}{403}\right) = -1$.

再令 $b := 3^{25} \equiv 268 \pmod{401}$.

(ii) 计算 $x_3 := 41^{\frac{25+1}{2}} \equiv 338 \pmod{401}$ 以及 $a^{-1} \equiv 313 \pmod{401}$.

(iii) 因为 $\left(a^{-1}x_3^2\right)^{2^2} \equiv (-1)^4 \equiv 1 \pmod{401}$,

令 $j_0 := 0,\ x_2 := x_3 b^{j_0} = 338 \pmod{401}$,

(iv) 因为 $\left(a^{-1}x_2^2\right)^2 \equiv (-1)^2 \equiv 1 \pmod{401}$,

令 $j_1 := 0,\ x_1 := x_2 b^{j_1 2} = 338 \pmod{401}$.

(v) 因为 $a^{-1}x_1^2 \equiv -1 \pmod{401}$,

令 $j_2 := 1,\ x_0 := x_1 b^{j_2 2^2} = 338\cdot 268^4 \equiv 344 \pmod{401}$,

则 $x \equiv \pm x_0 \equiv 344 \pmod{p}$ 满足同余式

$$x^2 \equiv 41 \pmod{401}.$$

例 4.6.10 求解同余式

$$x^2 \equiv 43 \pmod{401}.$$

解 首先计算勒让得符号.

$$\left(\frac{43}{401}\right) = (-1)^{\frac{43-1}{2}\cdot\frac{401-1}{2}}\left(\frac{401}{43}\right) = \left(\frac{14}{43}\right) = \left(\frac{2}{43}\right)\left(\frac{7}{43}\right),$$

因为

$$\left(\frac{2}{43}\right) = (-1)^{\frac{43^2-1}{8}} = -1,$$

$$\left(\frac{7}{43}\right) = (-1)^{\frac{7-1}{2}\cdot\frac{43-1}{2}}\left(\frac{43}{7}\right) = -\left(\frac{1}{7}\right) = -1,$$

所以 $\left(\frac{43}{401}\right) = (-1)\cdot(-1) = 1$, 故原同余式有解.

其次具体求解.

对 $p = 401$, 写 $p-1 = 400 = 2^4\cdot 25$, 其中 $t=4$, $s=25$ 是奇数.

(i) 任选一个模 401 平方非剩余 $n=3$, 即 $n=3$ 使得 $\left(\frac{3}{401}\right) = -1$.

再令 $b := 3^{25} \equiv 268 \pmod{401}$.

(ii) 计算 $x_3 := 43^{\frac{25+1}{2}} \equiv 263 \pmod{401}$ 以及 $a^{-1} \equiv 28 \pmod{401}$.

(iii) 因为 $(a^{-1}x_3^2)^{2^2} \equiv 303^4 \equiv -1 \pmod{401}$,

令 $j_0 := 1,\ x_2 := x_3 b^{j_0} = 263\cdot 268 \equiv 309 \pmod{401}$.

(iv) 因为 $\left(a^{-1}x_2^2\right)^2 \equiv 1^2 \equiv 1 \pmod{401}$,
令 $j_1 := 0,\ x_1 := x_2 b^{j_1 2} = 309 \pmod{401}$.

(v) 因为 $a^{-1}x_1^2 \equiv 1 \pmod{401}$,
令 $j_2 := 0,\ x_0 := x_1 b^{j_2 2^2} = 309 \pmod{401}$,
则 $x \equiv \pm x_0 \equiv 309 \pmod{p}$ 满足同余式

$$x^2 \equiv 43 \pmod{401}.$$

例 4.6.11 假设 $p = 8k+5$ 为素数. 如果 a 为模 p 平方非剩余, 则同余式

$$x^2 \equiv -1 \pmod{p}$$

的解为 $x = \pm a^{\frac{p-1}{4}} \pmod{p}$.

证 因为勒让得符号

$$\left(\frac{-1}{p}\right) = (-1)^{\frac{p-1}{2}} = (-1)^{4k+2} = 1,$$

所以原同余式有解.

又因为 a 为模 p 平方非剩余, 即有 $a^{\frac{p-1}{2}} \equiv -1 \pmod{p}$, 从而

$$(a^{\frac{p-1}{4}})^2 \equiv a^{\frac{p-1}{2}} \equiv -1 \pmod{p},$$

故结论成立. 证毕.

4.6.3 模 m 平方根

本节讨论模 m 为合数的二次同余式

$$x^2 \equiv a \pmod{m}, \quad (a, m) = 1. \tag{4.31}$$

有解的条件及解的个数.

当 $m = 2^\delta p_1^{\alpha_1} \cdots p_k^{\alpha_k}$ 时, 同余式等价于同余式组

$$\begin{cases} x^2 \equiv a \pmod{2^\delta}, \\ x^2 \equiv a \pmod{p_1^{\alpha_1}}, \\ \qquad \vdots \\ x^2 \equiv a \pmod{p_k^{\alpha_k}}. \end{cases} \tag{4.32}$$

因此, 先讨论模为奇素数幂 p^α 的二次同余式

$$x^2 \equiv a \pmod{p^\alpha}, \qquad (a, p) = 1,\ \alpha > 0 \tag{4.33}$$

有解的条件及解的个数.

定理 4.6.4 设 p 是奇素数. 则同余式 (4.33) 有解的充分必要条件是 a 为模 p 平方剩余, 且有解时, 式 (4.33) 的解数是 2.

证 设同余式 (4.33) 有解, 即存在整数 $x \equiv x_1 \pmod{p^\alpha}$ 使得

$$x_1^2 \equiv a \pmod{p^\alpha},$$

则有

$$x_1^2 \equiv a \pmod{p}.$$

这就是说, a 为模 p 平方剩余. 因此必要性成立.

反过来, 设 a 为模 p 平方剩余, 那么存在整数 $x \equiv x_1 \pmod{p}$ 使得

$$x_1^2 \equiv a \pmod{p}.$$

令 $f(x) = x^2 - a$, 则

$$f'(x) = 2x, \quad (f'(x_1), p) = (2x_1, p) = 1.$$

根据定理 3.3.2, 从同余式

$$x^2 \equiv a \pmod{p}$$

的解 $x \equiv x_1 \pmod{p}$, 可递归地推出唯一的

$$x \equiv x_\alpha \pmod{p^\alpha},$$

使得

$$x_\alpha^2 \equiv a \pmod{p^\alpha}.$$

因为 $x^2 \equiv a \pmod{p}$ 只有两个解, 所以

$$x^2 \equiv a \pmod{p^\alpha}$$

的解数为 2 . 证毕.

推论 设 p 是奇素数, 则对于任意的整数 a, 同余式 (4.33) 的解数是

$$T = 1 + \left(\frac{a}{p}\right).$$

证 分三种情形讨论. 当 $\left(\frac{a}{p}\right) = 0$ 时, $x^2 \equiv a \equiv 0 \pmod{p}$ 有唯一解 $x \equiv 0 \pmod{p}$, 所以解数 $T = 1 = 1 + \left(\frac{a}{p}\right)$.

当 $\left(\frac{a}{p}\right) = 1$ 时, $x^2 \equiv a \pmod{p}$ 有二解, 所以解数 $T = 2 = 1 + \left(\frac{a}{p}\right)$.

当 $\left(\frac{a}{p}\right) = -1$ 时, $x^2 \equiv a \pmod{p}$ 无解, 所以解数 $T = 0 = 1 + \left(\frac{a}{p}\right)$.

故结论成立. 证毕.

再讨论同余式

$$x^2 \equiv a \pmod{2^\alpha}, \quad (a, 2) = 1, \ \alpha > 0 \tag{4.34}$$

有解的条件及解的个数.

定理 4.6.5 设 $\alpha > 1$, 则同余式 (4.34) 有解的必要条件是

(i) 当 $\alpha = 2$ 时, $a \equiv 1 \pmod 4$;

(ii) 当 $\alpha \geqslant 3$ 时, $a \equiv 1 \pmod 8$.

若上述条件成立, 则式 (4.34) 有解. 进一步, 当 $\alpha = 2$ 时, 解数是 2; 当 $\alpha \geqslant 3$ 时, 解数是 4.

证 若同余式 (4.34) 有解, 则存在整数 x_1, 使得

$$x_1^2 \equiv a \pmod{2^\alpha},$$

根据 $(a, 2) = 1$, 有 $(x_1, 2) = 1$. 记 $x_1 = 1 + t \cdot 2$, 上式可写成

$$a \equiv 1 + t(t+1) \cdot 2^2 \pmod{2^\alpha}.$$

注意到 $2 \mid t(t+1)$, 有

(i) 当 $\alpha = 2$, $a \equiv 1 \pmod 4$;

(ii) 当 $\alpha \geqslant 3$, $a \equiv 1 \pmod 8$.

因此, 必要性成立.

现在, 若必要条件满足, 则

(i) 当 $\alpha = 2$ 时, $a \equiv 1 \pmod 4$, 这时

$$x \equiv 1,\ 3 \pmod{2^\alpha}$$

是同余式 (4.34) 仅有的二解.

(ii) 当 $\alpha \geqslant 3$ 时, $a \equiv 1 \pmod 8$. 这时,

对 $\alpha = 3$, 易验证

$$x \equiv \pm 1,\ \pm 5 \pmod{2^3}$$

是同余式 (4.34) 仅有的 4 解, 它们可表示为

$$\pm(1 + t_3 \cdot 2^2), \quad t_3 = 0, \pm 1, \cdots$$

或者

$$\pm(x_3 + t_3 \cdot 2^2), \quad t_3 = 0, \pm 1, \cdots$$

对 $\alpha = 4$, 由

$$(x_3 + t_3 \cdot 2^2)^2 \equiv a \pmod{2^4},$$

并注意到

$$2\, x_3(t_3 \cdot 2^2) \equiv t_3 \cdot 2^3 \pmod{2^4},$$

有

$$x_3^2 + t_3 \cdot 2^3 \equiv a \pmod{2^4}$$

或

$$t_3 \equiv \frac{a - x_3^2}{2^3} \pmod 2.$$

故同余式

$$x^2 \equiv a \pmod{2^4}$$

的解可表示为

$$x = \pm\left(1 + 4 \cdot \frac{a - x_3^2}{2^3} + t_4 \cdot 2^3\right), \quad t_4 = 0, \pm 1, \cdots$$

或者

$$x = \pm(x_4 + t_4 \cdot 2^3), \quad t_4 = 0, \pm 1, \cdots$$

类似地, 对于 $\alpha \geqslant 4$, 如果满足同余式

$$x^2 \equiv a \pmod{2^{\alpha-1}}$$

的解为

$$x = \pm(x_{\alpha-1} + t_{\alpha-1}) \cdot 2^{\alpha-2},\ t_{\alpha-1} = 0,\ \pm 1,\ \cdots$$

则由

$$(x_{\alpha-1} + t_{\alpha-1} \cdot 2^{\alpha-2})^2 \equiv a \pmod{2^\alpha},$$

并注意到

$$2\,x_{\alpha-1}(t_{\alpha-1} \cdot 2^{\alpha-2}) \equiv t_{\alpha-1} \cdot 2^{\alpha-1} \pmod{2^\alpha},$$

有

$$x_{\alpha-1}^2 + t_{\alpha-1} \cdot 2^{\alpha-1} \equiv a \pmod{2^\alpha}$$

或

$$t_{\alpha-1} \equiv \frac{a - x_{\alpha-1}^2}{2^{\alpha-1}} \pmod 2.$$

故同余式

$$x^2 \equiv a \pmod{2^\alpha}$$

的解可表示为

$$x = \pm\left(x_{\alpha-1} + \frac{a - x_{\alpha-1}^2}{2^{\alpha-1}} \cdot 2^{\alpha-2} + t_\alpha \cdot 2^{\alpha-1}\right), \quad t_\alpha = 0, \pm 1, \cdots$$

或者

$$x = \pm(x_\alpha + t_\alpha \cdot 2^{\alpha-1}), \quad t_\alpha = 0, \pm 1, \cdots$$

它们对模 2^α 为 4 个解, 即

$$x_\alpha,\ x_\alpha + 2^{\alpha-1},\ -x_\alpha,\ -(x_\alpha + 2^{\alpha-1}).$$

证毕.

例 4.6.12 求解同余式

$$x^2 \equiv 57 \pmod{64}, \qquad 64 = 2^6.$$

解 因为 $57 \equiv 1 \pmod 8$, 所以同余式有 4 个解.
$\alpha = 3$ 时, 解为

$$\pm(1 + t_3 \cdot 2^2),\ t_3 = 0, \pm 1, \cdots$$

$\alpha=4$ 时, 由于

$$(1+t_3\cdot 2^2)^2\equiv 57 \pmod{2^4}$$

或

$$t_3\equiv \frac{57-1^2}{8}\equiv 1 \pmod 2.$$

故同余式

$$x^2\equiv a \pmod{2^4}$$

的解为

$$\pm(1+1\cdot 2^2+t_4\cdot 2^3)=\pm(5+t_4\cdot 2^3),\ t_4=0,\pm 1,\cdots$$

$\alpha=5$ 时, 由于

$$(5+t_4\cdot 2^3)^2\equiv 57 \pmod{2^5}$$

或

$$t_4\equiv \frac{57-5^2}{16}\equiv 0 \pmod 2.$$

故同余式

$$x^2\equiv a \pmod{2^5}$$

的解为

$$\pm(5+\cdot 0\cdot 2^3+t_5\cdot 2^4)=\pm(5+t_5\cdot 2^4),\ t_5=0,\pm 1,\cdots$$

$\alpha=6$ 时, 由于

$$(5+t_5\cdot 2^4)^2\equiv 57 \pmod{2^5}$$

或

$$t_5\equiv \frac{57-5^2}{32}\equiv 1 \pmod 2.$$

故同余式

$$x^2\equiv a \pmod{2^6}$$

的解为

$$x=\pm\left(5+1\cdot 2^4+t_6\cdot 2^5\right)=\pm(21+t_6\cdot 2^5),\ t_6=0,\pm 1,\cdots$$

因此, 同余式模 $64=2^6$ 的解是

$$21,\ 53,\ -21\equiv 43,\ -53\equiv 11 \pmod{64}.$$

4.7 $x^2+y^2=p$

定理 4.7.1 设 p 是素数, 那么

$$x^2+y^2=p$$

有解的充分必要条件就是 $p=2$ 或 -1 为模 p 平方剩余, 即 $p=2$ 或 $p=4k+1$.

证 设 (x_0, y_0) 是方程 $x^2+y^2=p$ 的解, 即

$$x_0^2+y_0^2=p,$$

则一定有

$$0<|x_0|,\ |y_0|<p, \quad (x_0,p)=(y_0,p)=1.$$

因此, 存在 y_0^{-1} 使得

$$y_0\cdot y_0^{-1}\equiv 1 \pmod p.$$

当 $p>2$ 时,

$$(x_0y_0^{-1})^2=(p-y_0^2)(y_0^{-1})^2\equiv-(y_0\cdot y_0^{-1})^2\equiv-1 \pmod p,$$

即

$$x^2\equiv-1 \pmod p$$

有解, 从而 $p=4k+1$. 必要性成立.

再证充分性. $p=2$ 时, $p=1^2+1^2$, 方程有解.

$p>2$ 时, $p=4k+1$. 因为

$$\left(\frac{-1}{p}\right)=1,$$

所以存在整数 x_0 使得

$$x_0^2\equiv-1 \pmod p, \quad 0<|x_0|<\frac{p}{2}.$$

由此推出, 对于整数 x_0, $y_0=1$, 存在整数 m_0 使得

$$x_0^2+y_0^2=m_0\cdot p, \quad 0<m_0<p.$$

设 m 是使得

$$x^2+y^2=m\cdot p, \quad 0<m<p.$$

成立的最小正整数. 要证明 $m=1$.

若 $m>1$, 则分别取 u, v 为 x, y 模 m 的绝对值最小余数, 即

$$u\equiv x,\ \ v\equiv y \pmod m, \quad |u|,\ |v|\leqslant\frac{m}{2},$$

则有

$$0<u^2+v^2\leqslant\frac{m^2}{2}, \quad u^2+v^2\equiv x^2+y^2\equiv 0 \pmod m.$$

因此, 有 $u^2+v^2=m'\cdot m$, 以及

$$(u^2+v^2)(x^2+y^2)=m'\cdot m^2\cdot p, \quad 0<m'<m.$$

将上式变形为

$$(ux+vy)^2+(uy-vx)^2=m'\cdot m^2\cdot p.$$

因为

$$ux+vy\equiv x^2+y^2\equiv 0, \quad uy-vx\equiv 0 \pmod m,$$

所以整数 $x'=\dfrac{ux+vy}{m}$, $y'=\dfrac{uy-vx}{m}$ 和 m' 满足

$$x'^2+y'^2=(\frac{ux+vy}{m})^2+(\frac{uy-vx}{m})^2=m'p.$$

这与 m 的最小性矛盾, 故 $m=1$. 证毕.

例 4.7.1 设 $p=797$ 为素数, 求正整数 x, y 使得

$$x^2+y^2=p.$$

解 因为 p 是 $8k+5$ 形式的素数, 根据例 4.3.5 和例 4.6.11, 知

$$x=x_0=2^{\frac{p-1}{4}}\equiv 215 \pmod p$$

是同余式 $x^2\equiv -1 \pmod p$ 的解.

现在令 $y_0=1$, 有 $x_0^2+y_0^2=m_0\cdot p$, 其中 $m_0=58$.

再令 $u_0\equiv x_0\equiv -17 \pmod{m_0}$, $v_0\equiv y_0\equiv 1 \pmod{m_0}$ 以及

$$x_1=\frac{u_0\cdot x_0+v_0\cdot y_0}{m_0}=-63,\quad y_1=\frac{u_0\cdot y_0-v_0\cdot x_0}{m_0}=-4$$

有 $x_1^2+y_1^2=m_1\cdot p$, 其中 $m_1=5$.

最后令 $u_1\equiv x_1\equiv 2 \pmod{m_1}$, $v_1\equiv y_1\equiv 1 \pmod{m_1}$ 以及

$$x_2=\frac{u_1\cdot x_1+v_1\cdot y_1}{m_1}=-26,\quad y_2=\frac{u_1\cdot y_1-v_1\cdot x_1}{m_1}=11$$

有 $x_2^2+y_2^2=p$.

故正整数 $x=26$, $y=11$ 使得 $x^2+y^2=p$.

例 4.7.2 设 $p=100\,069$ 为素数, 求正整数 x, y 使得

$$x^2+y^2=p.$$

解 因为 p 是 $8k+5$ 形式的素数, 根据例 4.3.5 和例 4.6.11, 知

$$x=x_0=2^{\frac{p-1}{4}}\equiv -39\,705 \pmod p$$

是同余式 $x^2\equiv -1 \pmod p$ 的解.

第一, 令 $y_0=1$, 有 $x_0^2+y_0^2=m_0\cdot p$, 其中 $m_0=15\,754$.

第二, 令 $u_0\equiv x_0\equiv 7557 \pmod{m_0}$, $v_0\equiv y_0\equiv 1 \pmod{m_0}$ 以及

$$x_1=\frac{u_0\cdot x_0+v_0\cdot y_0}{m_0}=-19\,046,\quad y_1=\frac{u_0\cdot y_0-v_0\cdot x_0}{m_0}=3,$$

有 $x_1^2+y_1^2=m_1\cdot p$, 其中 $m_1=3625$.

第三, 令 $u_1\equiv x_1\equiv -921 \pmod{m_1}$, $v_1\equiv y_1\equiv 3 \pmod{m_1}$ 以及

$$x_2=\frac{u_1\cdot x_1+v_1\cdot y_1}{m_1}=4839,\quad y_2=\frac{u_1\cdot y_1-v_1\cdot x_1}{m_1}=15,$$

有 $x_2^2+y_2^2=m_2\cdot p$, 其中 $m_2=234$.

第四, 令 $u_2 \equiv x_2 \equiv -75 \pmod{m_2}$, $v_2 \equiv y_2 \equiv 15 \pmod{m_2}$ 以及

$$x_3 = \frac{u_2 \cdot x_2 + v_2 \cdot y_2}{m_2} = -1550, \quad y_3 = \frac{u_2 \cdot y_2 - v_2 \cdot x_2}{m_2} = -315,$$

有 $x_3^2 + y_3^2 = m_3 \cdot p$, 其中 $m_3 = 25$.

第五, 令 $u_3 \equiv x_3 \equiv 0 \pmod{m_3}$, $v_3 \equiv y_3 \equiv 10 \pmod{m_3}$ 以及

$$x_4 = \frac{u_3 \cdot x_3 + v_3 \cdot y_3}{m_3} = -126, \quad y_4 = \frac{u_3 \cdot y_3 - v_3 \cdot x_3}{m_3} = 620,$$

有 $x_4^2 + y_4^2 = m_4 \cdot p$, 其中 $m_4 = 4$.

第六, 令 $u_4 \equiv x_4 \equiv 2 \pmod{m_4}$, $v_4 \equiv y_4 \equiv 0 \pmod{m_4}$ 以及

$$x_5 = \frac{u_4 \cdot x_4 + v_4 \cdot y_4}{m_4} = -63, \quad y_5 = \frac{u_4 \cdot y_4 - v_4 \cdot x_4}{m_4} = 310,$$

有 $x_5^2 + y_5^2 = m_5 \cdot p$, 其中 $m_5 = 1$.

故正整数 $x = -63$, $y = 310$ 使得 $x^2 + y^2 = p$.

例 4.7.3 设 $p = 100\,000\,037$ 为素数, 求正整数 x, y 使得

$$x^2 + y^2 = p.$$

解 因为 p 是 $8k+5$ 形式的素数, 根据例 4.3.5 和例 4.6.11, 知

$$x = x_0 = 2^{\frac{p-1}{4}} \equiv 55\,387\,563 \pmod{p}$$

是同余式 $x^2 \equiv -1 \pmod{p}$ 的解.

第一, 令 $y_0 = 1$, 有 $x_0^2 + y_0^2 = m_0 \cdot p$, 其中 $m_0 = 30\,677\,810$.

第二, 令 $u_0 \equiv x_0 \equiv -5\,968\,057 \pmod{m_0}$, $v_0 \equiv y_0 \equiv 1 \pmod{m_0}$ 以及

$$x_1 = \frac{u_0 \cdot x_0 + v_0 \cdot y_0}{m_0} = -10\,775\,089, \quad y_1 = \frac{u_0 \cdot y_0 - v_0 \cdot x_0}{m_0} = -2,$$

有 $x_1^2 + y_1^2 = m_1 \cdot p$, 其中 $m_1 = 1\,161\,025$.

第三, 令 $u_1 \equiv x_1 \equiv -325\,864 \pmod{m_1}$, $v_1 \equiv y_1 \equiv -2 \pmod{m_1}$ 以及

$$x_2 = \frac{u_1 \cdot x_1 + v_1 \cdot y_1}{m_1} = 3\,024\,236, \quad y_2 = \frac{u_1 \cdot y_1 - v_1 \cdot x_1}{m_1} = -18,$$

有 $x_2^2 + y_2^2 = m_2 \cdot p$, 其中 $m_2 = 91\,460$.

第四, 令 $u_2 \equiv x_2 \equiv 6056 \pmod{m_2}$, $v_2 \equiv y_2 \equiv -18 \pmod{m_2}$ 以及

$$x_3 = \frac{u_2 \cdot x_2 + v_2 \cdot y_2}{m_2} = 200\,249, \quad y_3 = \frac{u_2 \cdot y_2 - v_2 \cdot x_2}{m_2} = 594,$$

有 $x_3^2 + y_3^2 = m_3 \cdot p$, 其中 $m_3 = 401$.

第五, 令 $u_3 \equiv x_3 \equiv 150 \pmod{m_3}$, $v_3 \equiv y_3 \equiv 193 \pmod{m_3}$ 以及

$$x_4 = \frac{u_3 \cdot x_3 + v_3 \cdot y_3}{m_3} = 75\,192, \quad y_4 = \frac{u_3 \cdot y_3 - v_3 \cdot x_3}{m_3} = -96\,157,$$

有 $x_4^2 + y_4^2 = m_4 \cdot p$, 其中 $m_4 = 149$.

第六, 令 $u_4 \equiv x_4 \equiv 6812 \pmod{m_4}$, $v_4 \equiv y_4 \equiv -52 \pmod{m_4}$ 以及

$$x_5 = \frac{u_4 \cdot x_4 + v_4 \cdot y_4}{m_4} = -63, \qquad y_5 = \frac{u_4 \cdot y_4 - v_4 \cdot x_4}{m_4} = 60\,445,$$

有 $x_5^2 + y_5^2 = m_5 \cdot p$, 其中 $m_5 = 37$.

第七, 令 $u_5 \equiv x_5 \equiv 4 \pmod{m_5}$, $v_5 \equiv y_5 \equiv -13 \pmod{m_5}$ 以及

$$x_6 = \frac{u_5 \cdot x_5 + v_5 \cdot y_5}{m_5} = -20\,501, \qquad y_6 = \frac{u_5 \cdot y_5 - v_5 \cdot x_5}{m_5} = 8928,$$

有 $x_6^2 + y_6^2 = m_6 \cdot p$, 其中 $m_6 = 5$.

第八, 令 $u_6 \equiv x_6 \equiv -1 \pmod{m_6}$, $v_6 \equiv y_6 \equiv -2 \pmod{m_6}$ 以及

$$x_7 = \frac{u_6 \cdot x_6 + v_6 \cdot y_6}{m_6} = 529, \qquad y_7 = \frac{u_6 \cdot y_6 - v_6 \cdot x_6}{m_6} = -9986,$$

有 $x_7^2 + y_7^2 = m_7 \cdot p$, 其中 $m_7 = 1$.

故正整数 $x = 529$, $y = -9986$ 使得 $x^2 + y^2 = p$.

4.8 习题

(1) 求模 $p = 13,\ 23,\ 31,\ 37, 47$ 的二次剩余和二次非剩余.

(2) 求满足方程 $E: y^2 = x^3 - 3x + 1 \pmod 7$ 的所有点.

(3) 求满足方程 $E: y^2 = x^3 + 3x + 2 \pmod 7$ 的所有点.

(4) 求满足方程 $E: y^2 = x^3 - 2x + 3 \pmod 7$ 的所有点.

(5) 求满足方程 $E: y^2 = x^3 + x + 1 \pmod{17}$ 的所有点.

(6) 求满足方程 $E: y^2 = x^3 + 3x + 1 \pmod{17}$ 的所有点.

(7) 求满足方程 $E: y^2 = x^3 + x + 2 \pmod 7$ 的所有点.

(8) 求满足方程 $E: y^2 = x^3 + 5x + 1 \pmod 7$ 的所有点.

(9) 求解同余式 $x^2 \equiv 39 \pmod{105}$.

(10) 求解同余式 $x^2 \equiv 79 \pmod{105}$.

(11) 求解同余式 $x^2 \equiv 379 \pmod{1155}$.

(12) 求解同余式 $x^2 \equiv 511 \pmod{1155}$.

(13) 求解同余式 $x^2 \equiv 289 \pmod{2310}$.

(14) 求解同余式 $x^2 \equiv 301 \pmod{2310}$.

(15) 求解同余式 $x^2 \equiv 631 \pmod{2310}$.

(16) 求解同余式 $x^2 \equiv 771 \pmod{2310}$.

(17) 求解同余式 $x^2 \equiv 841 \pmod{2310}$.

(18) 求解同余式 $x^2 \equiv 1369 \pmod{2310}$.

(19) 设 $m = 999\,900$. 求解同余式 $x^2 \equiv 181 \pmod m$.

(20) ① $\left(\frac{17}{37}\right)$; ② $\left(\frac{151}{373}\right)$; ③ $\left(\frac{191}{397}\right)$; ④ $\left(\frac{911}{2003}\right)$; ⑤ $\left(\frac{37}{200\,723}\right)$; ⑥ $\left(\frac{7}{20\,040\,803}\right)$.

(21) 设 p 是奇素数. 证明: 同余式 $x^2 \equiv -3 \pmod p$ 有解的充要条件是 $p \equiv 1 \pmod p$.

(22) 求下列同余方程的解数:

① $x^2 \equiv -2 \pmod{67}$; ② $x^2 \equiv 2 \pmod{67}$;

③ $x^2 \equiv -2 \pmod{37}$; ④ $x^2 \equiv 2 \pmod{37}$.

(23) 设 p 是奇素数, $p \nmid a$. 证明: 存在正整数 $u, v, (u, v) = 1$, 使得 $u^2 + av^2 \equiv 0 \pmod p$ 的充要条件是 $-a$ 是模 p 的二次剩余.

(24) 设 p 是奇素数. 证明:

(i) 模 p 的所有二次剩余的乘积对模 p 的剩余是 $(-1)^{(p+1)/2}$.

(ii) 模 p 的所有二次非剩余的乘积对模 p 的剩余是 $(-1)^{(p-1)/2}$.

(iii) 模 p 的所有二次剩余之和对模 p 的剩余是: 1, 当 $p = 3$ 时; 0, 当 $p > 3$ 时.

(iv) 所有二次非剩余之和对模 p 的剩余是多少?

(25) 设 p 是奇素数, 且 $p \equiv 1 \pmod 4$. 证明:

(i) $1, 2, \cdots, \dfrac{p-1}{2}$ 中模 p 的二次剩余与二次非剩余的个数均为 $\dfrac{p-1}{4}$ 个.

(ii) $1, 2, \cdots, (p-1)$ 中有 $\dfrac{p-1}{4}$ 个偶数为模 p 的二次剩余, $\dfrac{p-1}{4}$ 个奇数为模 p 的二次剩余.

(iii) $1, 2, \cdots, (p-1)$ 中有 $\dfrac{p-1}{4}$ 个偶数为模 p 的二次非剩余, $\dfrac{p-1}{4}$ 个奇数为模 p 的二次非剩余.

(iv) $1, 2, \cdots, (p-1)$ 中全体模 p 的二次剩余之和等于 $\dfrac{p(p-1)}{4}$.

(v) $1, 2, \cdots, (p-1)$ 中全体模 p 的二次非剩余之和等于 $\dfrac{p(p-1)}{4}$.

(26) 判断下列同余方程是否有解:

① $x^2 \equiv 7 \pmod{227}$; ② $x^2 \equiv 11 \pmod{511}$;

③ $11x^2 \equiv -6 \pmod{91}$; ④ $5x^2 \equiv -14 \pmod{6193}$.

(27) 证明: 下列形式的素数均有无穷多个, $8k-1$, $8k+3$, $8k-3$.

(28) 设素数 $p = 4m+1$, $a \mid m$. 证明: $\left(\dfrac{a}{p}\right) = 1$.

(29) 设素数 $p > 2$. 证明: $x^4 \equiv -4 \pmod p$ 有解的充要条件是 $p \equiv 1 \pmod 4$.

(30) 设素数 $p > 2$. 证明: $2^p - 1$ 的素因数 $\equiv \pm 1 \pmod 8$.

(31) 证明: $23 \mid 2^{11} - 1$, $47 \mid 2^{23} - 1$, $503 \mid 2^{251} - 1$.

(32) 设 p 是素数, $p \equiv 3 \pmod 4$. 证明: $2p+1$ 是素数的充要条件是

$$2^p \equiv 1 \pmod{2p+1}.$$

(33) 证明: 对任意素数 p, 必有整数 a, b, c, d 使得

$$x^4 + 1 \equiv (x^2 + ax + b)(x^2 + cx + d) \pmod p.$$

(34) 证明: 对任意素数 p, 同余式

$$(x^2 - 2)(x^2 - 17)(x^2 - 34) \equiv 0 \pmod p$$

有解.

(35) 求所有素数 p 使得 5 为模 p 二次剩余.

(36) 求所有素数 p 使得 -5 为模 p 二次剩余.

(37) 设 $p = 401$. 求解下列同余式:

(i) $x^2 = 2 \pmod{p}$. (ii) $x^2 = 3 \pmod{p}$. (iii) $x^2 = 5 \pmod{p}$.

(iv) $x^2 = 7 \pmod{p}$. (v) $x^2 = 11 \pmod{p}$.

(38) 设 $q = 281$. 求解下列同余式:

(i) $x^2 = 2 \pmod{q}$. (ii) $x^2 = 3 \pmod{q}$. (iii) $x^2 = 5 \pmod{q}$.

(iv) $x^2 = 7 \pmod{q}$. (v) $x^2 = 11 \pmod{q}$.

(39) 设 $p = 401$, $q = 281$, 求解下列同余式:

(i) $x^2 = 2 \pmod{pq}$. (ii) $x^2 = 3 \pmod{pq}$. (iii) $x^2 = 5 \pmod{pq}$.

(iv) $x^2 = 7 \pmod{pq}$. (v) $x^2 = 11 \pmod{pq}$.

(40) 设 $p = 1069$, 求解方程 $x^2 + y^2 = p$.

(41) 设 $p = 1117$, 求解方程 $x^2 + y^2 = p$.

(42) 设 $p = 201\,101$, 求解方程 $x^2 + y^2 = p$.

思考题

(1) 如何判断二次同余式有解?

(2) 编程实现模 p 二次剩余的欧拉判别法则.

(3) 编程实现计算勒让得符号.

(4) 编程实现计算雅可比符号.

(5) 设 p 是形为 $4k+3$ 的素数. 编程实现模 p 平方根.

(6) 设 p 是素数, 编程实现模 p 平方根.

(7) 设 p 为奇素数, 编程实现计算方程 $x^2 + y^2 = p$ 的解.

第 5 章　原根与指标

本章将进一步讨论同余式

$$x^n \equiv a \pmod{m}. \tag{5.1}$$

为此, 需讨论模 m 指数和原根, 以及指标.

5.1　指数及其基本性质

5.1.1　指数

设 $m>1$ 是整数, a 是与 m 互素的正整数. 根据定理 2.4.1 (欧拉定理), 有

$$a^{\varphi(m)} \equiv 1 \pmod{m}.$$

当然, 要问该 $\varphi(m)$ 是否是使得上式成立的最小正整数以及这个最小正整数具有哪些性质.

定义 5.1.1　设 $m>1$ 是整数, a 是与 m 互素的正整数, 则使得

$$a^e \equiv 1 \pmod{m} \tag{5.2}$$

成立的最小正整数 e 叫做 a 对模 m 的 **指数**, 记作 $\mathrm{ord}_m(a)$.

如果 a 对模 m 的指数是 $\varphi(m)$, 则 a 叫做模 m 的 **原根**.

注 1　根据定义 5.1.1, 只能逐个计算

$$a^k \pmod{m},\quad k=1,2,\cdots,e \tag{5.3}$$

来确定 a 模 m 的指数 $e=\mathrm{ord}_m(a)$.

注 2　指数 $\mathrm{ord}_m(a)$ 是序列 $u=\{u_k=a^k \mod m \mid k\geqslant 1\}$ 的周期 $p(u)$ (见定义 B.0.1).

例 5.1.1　设整数 $m=7$, 这时 $\varphi(7)=6$. 有

$$\begin{aligned}&1^1\equiv 1, && 2^3=8\equiv 1, && 3^3=27\equiv -1,\\ &4^3\equiv(-3)^3\equiv 1, && 5^3\equiv(-2)^3\equiv -1, && 6^2\equiv(-1)^2\equiv 1 \pmod{7}.\end{aligned}$$

列成表为

a	1	2	3	4	5	6
$\mathrm{ord}_m(a)$	1	3	6	3	6	2

因此, 3, 5 是模 7 的原根. 但 2, 4, 6 不是模 7 的原根.

例 5.1.2　设整数 $m=14=2\cdot 7$, 这时 $\varphi(14)=6$. 有

$$\begin{aligned}&1^1\equiv 1, && 3^3=27\equiv -1, && 5^3=125\equiv -1,\\ &9^3\equiv(-5)^3\equiv 1, && 11^3\equiv(-3)^3\equiv 1, && 13^2\equiv(-1)^2\equiv 1 \pmod{14}.\end{aligned}$$

列成表为

a	1	3	5	9	11	13
$\text{ord}_m(a)$	1	6	6	3	3	2

因此, 3, 5 是模 14 的原根. 但 9, 11, 13 不是模 14 的原根.

例 5.1.3 设整数 $m = 15 = 3 \cdot 5$, 这时 $\varphi(15) = 8$. 有

$$\begin{aligned}&1^1 \equiv 1, \quad &2^4 = 16 \equiv 1, \quad &4^2 = 16 \equiv 1,\\ &7^2 = 49 \equiv 4, \quad &7^4 \equiv 16 \equiv 1, \quad &8^4 \equiv (-7)^4 \equiv 1,\\ &11^2 \equiv (-4)^2 \equiv 1, \quad &13^4 \equiv (-2)^4 \equiv 1, \quad &14^2 \equiv (-1)^2 \equiv 1 \pmod{15}.\end{aligned}$$

列成表为

a	1	2	4	7	8	11	13	14
$\text{ord}_m(a)$	1	4	2	4	4	2	4	2

因此, 没有模 15 的原根.

例 5.1.4 设整数 $m = 9 = 3^2$, 这时 $\varphi(9) = 6$. 有

$$\begin{aligned}&1^1 \equiv 1, \quad &2^3 = 8 \equiv -1, \quad &4^3 = 64 \equiv 1,\\ &5^3 \equiv (-4)^3 \equiv -1, \quad &7^3 \equiv (-2)^3 \equiv 1, \quad &8^2 \equiv (-1)^2 \equiv 1 \pmod 9.\end{aligned}$$

列成表为

a	1	2	4	5	7	8
$\text{ord}_m(a)$	1	6	3	6	3	2

因此, 2, 5 是模 9 的原根.

例 5.1.5 设整数 $m = 8 = 2^3$, 这时 $\varphi(8) = 4$. 有

$$1^1 \equiv 1,\ 3^2 = 9 \equiv 1,\ 5^2 = 25 \equiv 1,\ 7^2 \equiv (-1)^2 \equiv 1 \pmod 8.$$

列成表为

a	1	3	5	7
$\text{ord}_m(a)$	1	2	2	2

因此, 没有模 8 的原根.

例 5.1.6 证明: 5 是模 3 及模 6 的原根, 也是模 3^2, $2 \cdot 3^2$ 的原根.

因为 $\varphi(3) = 2$, 且

$$5 \equiv -1,\ 5^2 \equiv 1 \pmod 3;$$

同样, 因为 $\varphi(6) = 2$, 且

$$5 \equiv -1,\ 5^2 \equiv 1 \pmod{3^2};$$

类似地, 因为 $\varphi(3^2) = 6$, 且

$$5 \equiv 5,\ 5^2 \equiv 7,\ 5^3 \equiv 8 \equiv -1, 5^4 \equiv 4,\ 5^5 \equiv 2,\ 5^6 \equiv 1 \pmod{3^2};$$

对于模 $2\cdot 3^2$, 因为 $(5,2)=1$, 所以有

$$5\equiv 5,\ 5^2\equiv 7,\ 5^3\equiv 8\equiv -1, 5^4\equiv 4,\ 5^5\equiv 2,\ 5^6\equiv 1 \pmod{2\cdot 3^2}.$$

因此, 结论成立.

5.1.2 指数的基本性质

现在讨论指数的性质. 类似于周期序列 u 的最小周期 $p(u)$ (见定义 B.0.1), 有

定理 5.1.1 设 $m>1$ 是整数, a 是与 m 互素的整数, 则整数 d 使得

$$a^d\equiv 1 \pmod{m} \tag{5.4}$$

的充分必要条件是

$$\mathrm{ord}_m(a)\mid d. \tag{5.5}$$

证 充分性. 设式 (5.5) 成立, 即 $\mathrm{ord}_m(a)\mid d$, 那么存在整数 q 使得 $d=q\cdot\mathrm{ord}_m(a)$. 因此, 有

$$a^d=\left[a^{\mathrm{ord}_m(a)}\right]^q\equiv 1 \pmod{m}.$$

必要性. 反证法. 如果式 (5.5) 不成立, 即 $\mathrm{ord}_m(a)\nmid d$, 则由欧几里得除法 (定理 1.1.9), 存在整数 q, r 使得

$$d=q\cdot\mathrm{ord}_m(a)+r,\qquad 0<r<\mathrm{ord}_m(a).$$

从而,

$$a^r\equiv\left[a^{\mathrm{ord}_m(a)}\right]^q\cdot a^r=a^d\equiv 1 \pmod{m}.$$

这与 $\mathrm{ord}_m(a)$ 的最小性矛盾. 故式 (5.5) 成立. 证毕.

推论 1 设 $m>1$ 是整数, a 是与 m 互素的整数, 则

$$\mathrm{ord}_m(a)\mid\varphi(m). \tag{5.6}$$

证 根据欧拉定理 (定理 2.4.1), 有

$$a^{\varphi(m)}\equiv 1 \pmod{m}.$$

由定理 5.1.1, 有式 (5.6). 证毕.

注 根据推论 1 的式 (5.6) , 整数 a 模 m 的指数 $\mathrm{ord}_m(a)$ 是 $\varphi(m)$ 的因数, 所以可以在 $\varphi(m)$ 的因数中求 $\mathrm{ord}_m(a)$. 与根据定义 5.1.1 求指数 $\mathrm{ord}_m(a)$ 式 (5.3) 相比, 运算效率提高了许多.

例 5.1.7 求整数 5 模 17 的指数 $\mathrm{ord}_{17}(5)$.

解 因为 $\varphi(17)=16$, 所以只需对 16 的因数 $d=1,\ 2,\ 4,\ 8,\ 16$, 计算 $a^d \pmod{m}$. 因为

$$5^1\equiv 5,\ 5^2=25\equiv 8,\ 5^4\equiv 64\equiv 13\equiv -4, 5^8\equiv(-4)^2\equiv 16\equiv -1,\ 5^{16}\equiv(-1)^2\equiv 1 \pmod{17},$$

所以 $\mathrm{ord}_{17}(5)=16$. 这说明 5 是模 17 的原根.

推论 2 设 p 是奇素数, 且 $\frac{p-1}{2}$ 也是素数. 如果 a 是一个模 p 不为 0, $1, -1$ 的整数, 则

$$\mathrm{ord}_p(a) = \frac{p-1}{2} \text{ 或 } p-1.$$

证 根据欧拉定理 (定理 2.4.1), 有

$$a^{\varphi(p)} \equiv 1 \pmod p.$$

根据推论 1, 整数 a 模 p 的指数 $\mathrm{ord}_p(a)$ 是 $\varphi(p) = p-1 = 2\cdot\frac{p-1}{2}$ 的因数, 但 $\mathrm{ord}_m(a) \neq 2$, 所以

$$\mathrm{ord}_p(a) = \frac{p-1}{2} \text{ 或 } p-1.$$

证毕.

性质 5.1.1 设 $m>1$ 是整数, a 是与 m 互素的整数.

(i) 若 $b \equiv a \pmod m$, 则 $\mathrm{ord}_m(b) = \mathrm{ord}_m(a)$.

(ii) 设 a^{-1} 使得 $a^{-1}\cdot a \equiv 1 \pmod m$, 则 $\mathrm{ord}_m(a^{-1}) = \mathrm{ord}_m(a)$.

证 (i) 若 $b \equiv a \pmod m$, 则

$$b^{\mathrm{ord}_m(a)} \equiv a^{\mathrm{ord}_m(a)} \equiv 1 \pmod m,$$

根据定理 5.1.1 式 (5.5), 有 $\mathrm{ord}_m(b) \mid \mathrm{ord}_m(a)$.

同样, 有 $\mathrm{ord}_m(a) \mid \mathrm{ord}_m(b)$. 故 $\mathrm{ord}_m(b) = \mathrm{ord}_m(a)$.

(ii) 因为

$$(a^{-1})^{\mathrm{ord}_m(a)} \equiv \left[a^{\mathrm{ord}_m(a)}\right]^{-1} \equiv 1 \pmod m,$$

根据定理 5.1.1 式 (5.5), 有 $\mathrm{ord}_m(a^{-1}) \mid \mathrm{ord}_m(a)$.

同样, 有 $\mathrm{ord}_m(a) \mid \mathrm{ord}_m(a^{-1})$. 故 $\mathrm{ord}_m(a^{-1}) = \mathrm{ord}_m(a)$. 证毕.

例 5.1.8 整数 39 模 17 的指数为 $\mathrm{ord}_{17}(39) = \mathrm{ord}_{17}(5) = 16$. 整数 7 模 17 的指数为 16. 因为 $5^{-1} \equiv 7 \pmod m$.

定理 5.1.2 设 $m>1$ 是整数, a 是与 m 互素的整数, 则

$$1 = a^0,\ a,\ \cdots,\ a^{\mathrm{ord}_m(a)-1} \tag{5.7}$$

模 m 两两不同余. 特别地, 当 a 是模 m 的原根, 即 $\mathrm{ord}_m(a) = \varphi(m)$ 时, 这 $\varphi(m)$ 个数

$$1 = a^0,\ a,\ \cdots,\ a^{\varphi(m)-1} \tag{5.8}$$

组成模 m 的简化剩余系.

证 反证法. 如果式 (5.7) 中有两个数模 m 同余, 则存在整数 $0 \leqslant k,\ l < \mathrm{ord}_m(a)$ 使得

$$a^k \equiv a^l \pmod m.$$

不妨设 $k>l$. 则由 $(a,m)=1$ 和定理 2.1.8, 得

$$a^{k-l} \equiv 1 \pmod m.$$

但 $0 < k-l < \mathrm{ord}_m(a)$. 这与 $\mathrm{ord}_m(a)$ 的最小性矛盾. 因此, 结论成立.

再设 a 是模 m 的原根, 即 $\text{ord}_m(a)=\varphi(m)$, 则有 $\varphi(m)$ 个数即式 (5.8), 也即

$$1=a^0,\ a,\ \cdots,\ a^{\varphi(m)-1}$$

模 m 两两不同余. 根据定理 2.3.3, 这 $\varphi(m)$ 个数组成模 m 的简化剩余系. 证毕.

注 当模 m 有原根 g 时, 简化剩余 a 可表示为 g^d. 基于这一表示即 $a=g^d$, 可以简化一些问题的讨论, 如 n 次同余式 (参见定理 5.3.4) $x^n\equiv b \pmod m$. 进一步, 通过建立指数表 $a\leftrightarrow g^d$, 也可以空间换时间的方式来提高运算效率, 如计算 (参见例 5.3.1)

$$a\cdot b \pmod m \equiv g^{\text{ind}_g a}\cdot g^{\text{ind}_g b} \pmod m = g^{\text{ind}_g a+\text{ind}_g b} \pmod m$$

例 5.1.9 整数 $\{5^k \mid k=0,\ \cdots,15\}$ 组成模 17 的简化剩余系. 进一步, 查表计算 $7\cdot 13 \pmod{17}$.

解 作计算如下:

$$\begin{array}{lll}
5^0\equiv 1, & 5^1\equiv 5, & 5^2=25\equiv 8,\\
5^3\equiv 5\cdot 8\equiv 6, & 5^4\equiv 8^2\equiv 13, & 5^5\equiv 5\cdot 13\equiv 14,\\
5^6\equiv 6^2\equiv 2, & 5^7\equiv 5\cdot 2\equiv 10, & 5^8\equiv 5\cdot 10\equiv 50\equiv 16\equiv -1\\
5^9\equiv 5\cdot(-1)\equiv 12, & 5^{10}\equiv(-1)\cdot 8\equiv 9, & 5^{11}\equiv(-1)\cdot 6\equiv 11,\\
5^{12}\equiv(-1)\cdot 13\equiv 4, & 5^{13}\equiv(-1)\cdot 14\equiv 3, & 5^{14}\equiv(-1)\cdot 2\equiv 15,\\
5^{15}\equiv(-1)\cdot 10\equiv 7 & \pmod{17}. &
\end{array}$$

列表为

5^0	5^1	5^2	5^3	5^4	5^5	5^6	5^7	5^8	5^9	5^{10}	5^{11}	5^{12}	5^{13}	5^{14}	5^{15}
1	5	8	6	13	14	2	10	16	12	9	11	4	3	15	7

进一步, 有

$$7\cdot 13\equiv 5^{15}\cdot 5^4=5^{19}\equiv 5^3\equiv 6 \pmod{17}.$$

定理 5.1.3 设 $m>1$ 是整数, a 是与 m 互素的整数, 则

$$a^d\equiv a^k \pmod m$$

的充分必要条件是

$$d\equiv k \pmod{\text{ord}_m(a)}.$$

证 根据欧几里得除法 (定理 1.1.9) , 存在整数 q, r 和 q', r' 使得

$$\begin{aligned}
d&=\ q\cdot\text{ord}_m(a)+r,\quad 0\leqslant r<\text{ord}_m(a).\\
k&=q'\cdot\text{ord}_m(a)+r',\quad 0\leqslant r'<\text{ord}_m(a).
\end{aligned}$$

又 $a^{\text{ord}_m(a)}\equiv 1 \pmod m$, 故

$$a^d\equiv(a^{\text{ord}_m(a)})^q\cdot a^r\equiv a^r,\quad a^k\equiv a^{r'} \pmod m.$$

必要性. 若 $a^d \equiv a^k$, 则

$$a^r \equiv a^{r'} \pmod{m}.$$

由定理 5.1.2, 得到 $r = r'$. 故 $d \equiv k \pmod{\mathrm{ord}_m(a)}$.

充分性. 若 $d \equiv k \pmod{\mathrm{ord}_m(a)}$, 则

$$r = r', \quad a^d \equiv a^k \pmod{m}.$$

因此, 定理成立. 证毕.

例 5.1.10 $2^{1\,000\,000} \equiv 2^{10} \equiv 100 \pmod{231}$.

因为整数 2 模 231 的指数为 $\mathrm{ord}_{231}(2) = 30$, $1\,000\,000 \equiv 10 \pmod{30}$.

例 5.1.11 $2^{2002} \equiv 2^1 \equiv 2 \pmod{7}$.

因为整数 2 模 7 的指数为 $\mathrm{ord}_7(2) = 3$, $2002 \equiv 1 \pmod{3}$.

定理 5.1.4 设 $m > 1$ 是整数, a 是与 m 互素的整数. 设 d 为非负整数, 则

$$\mathrm{ord}_m(a^d) = \frac{\mathrm{ord}_m(a)}{(d, \mathrm{ord}_m(a))}. \tag{5.9}$$

证 因为

$$a^{d\ \mathrm{ord}_m(a^d)} = \left(a^d\right)^{\mathrm{ord}_m(a^d)} \equiv 1 \pmod{m},$$

根据定理 5.1.1, $\mathrm{ord}_m(a) \mid d\ \mathrm{ord}_m\left(a^d\right)$. 从而

$$\frac{\mathrm{ord}_m(a)}{(d, \mathrm{ord}_m(a))} \mid \mathrm{ord}_m(a^d) \cdot \frac{d}{(d, \mathrm{ord}_m(a))}.$$

因为 $\left(\dfrac{\mathrm{ord}_m(a)}{(d, \mathrm{ord}_m(a))}, \dfrac{d}{(d, \mathrm{ord}_m(a))}\right) = 1$, 根据定理 1.3.11 之推论,

$$\frac{\mathrm{ord}_m(a)}{(d, \mathrm{ord}_m(a))} \mid \mathrm{ord}_m(a^d).$$

另一方面, 有

$$(a^d)^{\frac{\mathrm{ord}_m(a)}{(d, \mathrm{ord}_m(a))}} = \left(a^{\mathrm{ord}_m(a)}\right)^{\frac{d}{(d, \mathrm{ord}_m(a))}} \equiv 1 \pmod{m},$$

根据定理 5.1.1,

$$\mathrm{ord}_m\left(a^d\right) \mid \frac{\mathrm{ord}_m(a)}{(d, \mathrm{ord}_m(a))}.$$

因此, 有式 (5.9). 证毕.

例 5.1.12 整数 $5^2 \equiv 8 \pmod{17}$ 模 17 的指数为 $\mathrm{ord}_{17}\left(5^2\right) = \dfrac{\mathrm{ord}_{17}(5)}{(2, \mathrm{ord}_{17}(5))} = 8$.

推论 1 设 $m > 1$ 是整数, g 是模 m 的原根. 设 $d \geqslant 0$ 为整数, 则 g^d 是模的原根当且仅当 $(d, \varphi(m)) = 1$.

证 根据定理 5.1.4 式 (5.9), 有

$$\mathrm{ord}_m\left(g^d\right) = \frac{\mathrm{ord}_m(g)}{(d, \mathrm{ord}_m(g))} = \frac{\varphi(m)}{(d, \varphi(m))}.$$

因此, g^d 是模的原根, 即 $\operatorname{ord}_m\left(g^d\right)=\varphi(m)$ 当且仅当 $(d,\varphi(m))=1$. 证毕.

推论 2 设 $m>1$ 是整数, a 是与 m 互素的整数. 设 $k\mid\operatorname{ord}_m(a)$ 为正整数, 则使得

$$\operatorname{ord}_m(a^d)=k,\quad 1\leqslant d\leqslant\operatorname{ord}_m(a)$$

正整数 d 满足 $\dfrac{\operatorname{ord}_m(a)}{k}\mid d$, 且这样 d 的个数为 $\varphi(k)$.

证 根据定理 5.1.4, 有

$$k=\operatorname{ord}_m\left(a^d\right)=\frac{\operatorname{ord}_m(a)}{(d,\operatorname{ord}_m(a))}.$$

所以

$$(d,\operatorname{ord}_m(a))=\frac{\operatorname{ord}_m(a)}{k}.$$

因此, $\dfrac{\operatorname{ord}_m(a)}{k}\mid d$. 再令

$$d=q\cdot\frac{\operatorname{ord}_m(a)}{k},\quad 1\leqslant q\leqslant k.$$

由

$$\operatorname{ord}_m\left(a^d\right)=\frac{\operatorname{ord}_m(a)}{(d,\operatorname{ord}_m(a))}=\frac{\operatorname{ord}_m(a)}{\left(q\cdot\dfrac{\operatorname{ord}_m(a)}{k},\operatorname{ord}_m(a)\right)}=\frac{k}{(q,k)},$$

得到 $\operatorname{ord}_m(a^d)=k$ 的充要条件是 $(q,k)=1$. 因此, d 的个数为 $\varphi(k)$. 证毕.

定理 5.1.5 设 $m>1$ 是整数. 如果模 m 存在一个原根 g, 则模 m 有 $\varphi(\varphi(m))$ 个不同的原根.

证 设 g 是模 m 的一个原根. 根据定理 5.1.2 式 (5.8), $\varphi(m)$ 个整数

$$g^0=1,\ g,\ \cdots,\ g^{\varphi(m)-1}$$

构成模m的一个简化剩余系. 又根据定理 5.1.4之推论, g^d 是模m的原根当且仅当 $(d,\varphi(m))=1$. 因为这样的 d 共有 $\varphi(\varphi(m))$ 个, 所以模 m 有 $\varphi(\varphi(m))$ 个不同的原根. 证毕.

推论 设 $m>1$ 是整数, 且模 m 存在一个原根. 设

$$\varphi(m)=p_1^{\alpha_1}\cdots p_s^{\alpha_s},\quad \alpha_i>0,\ i=1,\cdots,s,$$

则整数 a, $(a,m)=1$ 是模 m 原根的概率是

$$\frac{\varphi(\varphi(m))}{\varphi(m)}=\prod_{i=1}^{s}\left(1-\frac{1}{p_i}\right).\tag{5.10}$$

证 根据定理 5.1.5, 整数 a, $(a,m)=1$ 是模 m 原根的概率是

$$\frac{\varphi(\varphi(m))}{\varphi(m)}.$$

又根据欧拉函数 $\varphi(m)$ 的性质以及 $\varphi(m)$ 的素因数分解表达式, 有

$$\frac{\varphi(\varphi(m))}{\varphi(m)}=\prod_{i=1}^{s}\left(1-\frac{1}{p_i}\right).$$

因此, 结论成立. 证毕.

例 5.1.13 求出模 17 的所有原根.

解 由例 5.1.7 可知, 5 是模 17 的原根. 再由定理 5.1.5, 得到 $\varphi(\varphi(17))=\varphi(16)=8$ 个整数 $5,\ 5^3\equiv 6,\ 5^5\equiv 14,\ 5^7\equiv 10,\ 5^9\equiv 12,\ 5^{11}\equiv 11,\ 5^{13}\equiv 3,\ 5^{15}\equiv 7 \pmod{17}$ 是模 17 的全部原根.

5.1.3 大指数的构造

本节讨论如何构造大指数.

定理 5.1.6 设 $m>1$ 是整数, a, b 都是与 m 互素的整数. 如果 $(\mathrm{ord}_m(a),\mathrm{ord}_m(b))=1$, 则

$$\mathrm{ord}_m(a\cdot b)=\mathrm{ord}_m(a)\cdot\mathrm{ord}_m(b). \tag{5.11}$$

反之亦然.

证 因为 $(a,m)=1$, $(b,m)=1$, 所以 $(a\cdot b,m)=1$, 且存在 $\mathrm{ord}_m(a\cdot b)$.

因为

$$\begin{aligned} a^{\mathrm{ord}_m(b)\cdot\mathrm{ord}_m(a\cdot b)} &\equiv \left(a^{\mathrm{ord}_m(b)}\right)^{\mathrm{ord}_m(a\cdot b)}\cdot\left(b^{\mathrm{ord}_m(b)}\right)^{\mathrm{ord}_m(a\cdot b)} \\ &\equiv \left((ab)^{\mathrm{ord}_m(a\cdot b)}\right)^{\mathrm{ord}_m(b)} \\ &\equiv 1 \pmod m, \end{aligned}$$

因此, $\mathrm{ord}_m(a)\mid\mathrm{ord}_m(b)\cdot\mathrm{ord}_m(a\cdot b)$. 但 $(\mathrm{ord}_m(a),\mathrm{ord}_m(b))=1$, 根据定理 1.3.11 之推论, $\mathrm{ord}_m(a)\mid\mathrm{ord}_m(a\cdot b)$.

同理, $\mathrm{ord}_m(b)\mid\mathrm{ord}_m(a\cdot b)$. 再由 $(\mathrm{ord}_m(a),\mathrm{ord}_m(b))=1$ 及定理 1.4.4, 得到

$$\mathrm{ord}_m(a)\cdot\mathrm{ord}_m(b)\mid\mathrm{ord}_m(a\cdot b).$$

另一方面, 有

$$(ab)^{\mathrm{ord}_m(a)\cdot\mathrm{ord}_m(b)}=\left(a^{\mathrm{ord}_m(a)}\right)^{\mathrm{ord}_m(b)}\cdot\left(b^{\mathrm{ord}_m(b)}\right)^{\mathrm{ord}_m(a)}\equiv 1 \pmod m,$$

从而 $\mathrm{ord}_m(ab)\mid\mathrm{ord}_m(a)\cdot\mathrm{ord}_m(b)$. 故

$$\mathrm{ord}_m(ab)=\mathrm{ord}_m(a)\cdot\mathrm{ord}_m(b).$$

反过来, 如果 $\mathrm{ord}_m(a\cdot b)=\mathrm{ord}_m(a)\cdot\mathrm{ord}_m(b)$, 那么由

$$(ab)^{[\mathrm{ord}_m(a),\mathrm{ord}_m(b)]}=a^{[\mathrm{ord}_m(a),\mathrm{ord}_m(b)]}\cdot b^{[\mathrm{ord}_m(a),\mathrm{ord}_m(b)]}\equiv 1 \pmod m,$$

推得

$$\mathrm{ord}_m(a\cdot b)\mid[\mathrm{ord}_m(a),\mathrm{ord}_m(b)],$$

即

$$\mathrm{ord}_m(a)\cdot\mathrm{ord}_m(b)\mid[\mathrm{ord}_m(a),\mathrm{ord}_m(b)].$$

因此,

$$(\mathrm{ord}_m(a),\mathrm{ord}_m(b))=1.$$

结论成立. 证毕.

注 对于模 m, 不一定有

$$\mathrm{ord}_m(a\cdot b)=[\mathrm{ord}_m(a),\mathrm{ord}_m(b)]$$

成立. 例如, 由例 5.1.2,

$$\mathrm{ord}_{10}(3\cdot 3)=2\neq[\mathrm{ord}_{10}(3),\mathrm{ord}_{10}(3)]=4,$$

$$\mathrm{ord}_{10}(3\cdot 7)=1\neq[\mathrm{ord}_{10}(3),\mathrm{ord}_{10}(7)]=4.$$

但有

$$\mathrm{ord}_{10}(7\cdot 9)=4=[\mathrm{ord}_{10}(7),\mathrm{ord}_{10}(9)]=4.$$

例 5.1.14 求模 71 的原根.

解 计算整数 2 模 71 的指数为 $\mathrm{ord}_{71}(2)=35$; 因此, 整数 -2 为模 71 的原根, 因为 -2 模 71 的指数为 $\mathrm{ord}_{71}(-2)=\mathrm{ord}_{71}(-1)\cdot\mathrm{ord}_{71}(2)=70$.

定理 5.1.7 设 m, n 都是大于 1 的整数, a 是与 m 互素的整数, 则

(i) 若 $n\mid m$, 则 $\mathrm{ord}_n(a)\mid\mathrm{ord}_m(a)$.

(ii) 若 $(m,n)=1$, 则

$$\mathrm{ord}_{mn}(a)=[\mathrm{ord}_m(a),\mathrm{ord}_n(a)]\,. \tag{5.12}$$

证 (i) 根据 $\mathrm{ord}_m(a)$ 的定义, 有

$$a^{\mathrm{ord}_m(a)}\equiv 1\ (\mathrm{mod}\ m).$$

因此, 当 $n\mid m$ 时, 可推出

$$a^{\mathrm{ord}_m(a)}\equiv 1\ (\mathrm{mod}\ n).$$

根据定理 5.1.1, 得到

$$\mathrm{ord}_n(a)\mid\mathrm{ord}_m(a).$$

(ii) 由 (i) 有

$$\mathrm{ord}_m(a)\mid\mathrm{ord}_{mn}(a),\quad \mathrm{ord}_n(a)\mid\mathrm{ord}_{mn}(a),$$

根据定理 1.4.5, 有 $[\mathrm{ord}_m(a),\mathrm{ord}_n(a)]\mid\mathrm{ord}_{mn}(a)$.

又由

$$a^{[\mathrm{ord}_m(a),\mathrm{ord}_n(a)]}\equiv 1\ (\mathrm{mod}\ m),\quad a^{[\mathrm{ord}_m(a),\mathrm{ord}_n(a)]}\equiv 1\ (\mathrm{mod}\ n),$$

及定理 2.1.12 可推出

$$a^{[\mathrm{ord}_m(a),\mathrm{ord}_n(a)]}\equiv 1\ (\mathrm{mod}\ mn).$$

从而, $\mathrm{ord}_{mn}(a)\mid\ [\mathrm{ord}_m(a),\mathrm{ord}_n(a)]$. 故式 (5.12) 成立. 证毕.

推论 1 设 p, q 是两个不同的奇素数, a 是与 $p\cdot q$ 互素的整数, 则

$$\mathrm{ord}_{p\cdot q}(a)=[\mathrm{ord}_p(a),\mathrm{ord}_q(a)]\mid[p-1,q-1]. \tag{5.13}$$

证 由定理 5.1.7 (ii) 和 $\mathrm{ord}_p(a)\mid p-1$, $\mathrm{ord}_q(a)\mid q-1$ 即得.

推论 2 设 p, $q=2p-1$ 是两个不同的奇素数, a 是与 $p\cdot q$ 互素的整数, 则

$$\mathrm{ord}_{p\cdot q}(a)=[\mathrm{ord}_p(a),\mathrm{ord}_q(a)]\ \mid q-1. \tag{5.14}$$

证 由推论 1 和 $[p-1,q-1]=q-1$ 即得.

例 5.1.15 设 p, q 是不同奇素数, $n=p\cdot q$, a 是与 n 互素的整数. 如果整数 e 满足

$$1<e<\varphi(n),\ (e,\varphi(n))=1, \tag{5.15}$$

那么存在整数 $d=d_a$, $1\leqslant d<\mathrm{ord}_{pq}(a)$, 使得

$$e\cdot d\equiv 1\ (\mathrm{mod}\ \mathrm{ord}_{pq}(a)). \tag{5.16}$$

而且, 对于整数

$$a^e\equiv c\ (\mathrm{mod}\ n),\quad 1\leqslant c<n, \tag{5.17}$$

有

$$c^d\equiv a\ (\mathrm{mod}\ n). \tag{5.18}$$

证 因为 $(e,\varphi(n))=1$, 又根据定理 5.1.1 之推论 1, $\mathrm{ord}_{pq}(a)\mid\varphi(n)$, 所以 $(e,\mathrm{ord}_{pq}(a))=1$. 根据定理 2.3.5, 存在整数 $d=d_a$, $1\leqslant d<\mathrm{ord}_{pq}(a)$, 使得式 (5.16) 成立, 即

$$e\cdot d\equiv 1\ (\mathrm{mod}\ \mathrm{ord}_{pq}(a)).$$

因此, 存在一个正整数 k 使得 $e\cdot d=1+k\ \mathrm{ord}_{pq}(a)$.

现在, 根据指数的定义, 得到

$$a^{\mathrm{ord}_p(a)}\equiv 1\ (\mathrm{mod}\ p). \tag{5.19}$$

根据定理 5.1.6 之推论 1, $\dfrac{\mathrm{ord}_{pq}(a)}{\mathrm{ord}_p(a)}$ 为整数. 在式 (5.19) 的两端作 $k\dfrac{\mathrm{ord}_{pq}(a)}{\mathrm{ord}_p(a)}$ 次幂, 并乘以 a 得到

$$a^{1+k\ \mathrm{ord}_{pq}(a)}\equiv a\ (\mathrm{mod}\ p),$$

即

$$a^{ed}\equiv a\ (\mathrm{mod}\ p).$$

同理,

$$a^{ed}\equiv a\ (\mathrm{mod}\ q).$$

因为 p 和 q 是不同的素数, 根据定理 2.1.12 ,

$$a^{ed}\equiv a\ (\mathrm{mod}\ n),$$

因此,

$$c^d\equiv(a^e)^d\equiv a\ (\mathrm{mod}\ n).$$

即式 (5.18) 成立. 证毕.

推论 3 设 m 是大于 1 的整数, a 是与 m 互素的整数, 则当 m 的标准分解式为

$$m = 2^n \cdot p_1^{\alpha_1} \cdots p_k^{\alpha_k}$$

时, 有

$$\mathrm{ord}_m(a) = \left[\mathrm{ord}_{2^n}(a), \mathrm{ord}_{p_1^{\alpha_1}}(a), \cdots, \mathrm{ord}_{p_k^{\alpha_k}}(a)\right]. \tag{5.20}$$

定理 5.1.8 设 m, n 都是大于 1 的整数, 且 $(m,n)=1$. 则对与 mn 互素的任意整数 a_1, a_2, 存在整数 a 使得

$$\mathrm{ord}_{mn}(a) = [\mathrm{ord}_m(a_1), \mathrm{ord}_n(a_2)]. \tag{5.21}$$

证 考虑同余式组

$$\begin{cases} x \equiv a_1 \pmod{m}, \\ x \equiv a_2 \pmod{n}. \end{cases}$$

根据中国剩余定理 (定理 3.2.1), 这个同余式组有唯一解

$$x \equiv a \pmod{mn}.$$

根据性质 5.1.1 (i), 有

$$\mathrm{ord}_m(a) = \mathrm{ord}_m(a_1), \quad \mathrm{ord}_n(a) = \mathrm{ord}_n(a_2).$$

因此, 从定理 5.1.7 得到,

$$\mathrm{ord}_{mn}(a) = [\mathrm{ord}_m(a), \mathrm{ord}_n(a)] = [\mathrm{ord}_m(a_1), \mathrm{ord}_n(a_2)].$$

证毕.

定理 5.1.9 设 $m>1$ 是整数, 则对与 m 互素的任意整数 a, b, 存在整数 c 使得

$$\mathrm{ord}_m(c) = [\mathrm{ord}_m(a), \mathrm{ord}_m(b)]. \tag{5.22}$$

证 根据定理 1.6.6, 对于整数 $\mathrm{ord}_m(a)$ 和 $\mathrm{ord}_m(b)$, 存在整数 u, v 满足

$$u \mid \mathrm{ord}_m(a), \quad v \mid \mathrm{ord}_m(b), \quad (u,v)=1,$$

使得

$$[\mathrm{ord}_m(a),\ \mathrm{ord}_m(b)] = u \cdot v.$$

现在令

$$s = \frac{\mathrm{ord}_m(a)}{u}, \quad t = \frac{\mathrm{ord}_m(b)}{v},$$

根据定理 5.1.4, 有

$$\mathrm{ord}_m(a^s) = \frac{\mathrm{ord}_m(a)}{(s, \mathrm{ord}_m(a))} = u, \quad \mathrm{ord}_m(b^t) = v.$$

再根据定理 5.1.6, 得到

$$\mathrm{ord}_m\left(a^s \cdot b^t\right) = \mathrm{ord}_m\left(a^s\right) \mathrm{ord}_m\left(b^t\right) = u \cdot v = [\mathrm{ord}_m(a),\ \mathrm{ord}_m(b)].$$

因此, 取 $c = a^s \cdot b^t \pmod{m}$. 即为所求. 证毕.

例 5.1.16 设整数 $m=3631$, m 是素数, 有 $\varphi(3631)=3630=2\cdot 3\cdot 5\cdot 11^2$, 以及

$$\begin{aligned} &\mathrm{ord}_{3631}(2)=605=5\cdot 11^2, && \mathrm{ord}_{3631}(3)=1210=2\cdot 5\cdot 11^2,\\ &\mathrm{ord}_{3631}(5)=363=3\cdot 11^2, && \mathrm{ord}_{3631}(6)=1210=2\cdot 5\cdot 11^2,\\ &\mathrm{ord}_{3631}(7)=33=3\cdot 11, && \mathrm{ord}_{3631}(10)=1815=3\cdot 5\cdot 11^2,\\ &\mathrm{ord}_{3631}(11)=330=2\cdot 3\cdot 5\cdot 11, && \mathrm{ord}_{3631}(12)=1210=2\cdot 5\cdot 11^2,\\ &\mathrm{ord}_{3631}(13)=1815=3\cdot 5\cdot 11^2, && \mathrm{ord}_{3631}(14)=1815=3\cdot 5\cdot 11^2,\\ &\mathrm{ord}_{3631}(15)=3630=2\cdot 3\cdot 5\cdot 11^2, && \mathrm{ord}_{3631}(17)=1210=2\cdot 5\cdot 11^2. \end{aligned}$$

根据定理 5.1.9, 取整数 $a=3,\ b=5$ 以及 $u=1210,\ v=3$, 这时 $s=1,\ t=11^2$, 得整数 $c=a^s\cdot b^t=3^1\cdot 5^{121}\equiv 2623 \pmod{3631}$ 的指数为

$$\mathrm{ord}_{3631}(2623)=\mathrm{ord}_{3631}\left(3^1\right)\cdot \mathrm{ord}_{3631}\left(5^{121}\right)=3630=\left[\mathrm{ord}_{3631}(3),\mathrm{ord}_{3631}(5)\right].$$

因此, $c=2623$ 是模 3631 的原根.

定理 5.1.10 设 $m>1$ 是整数, $a_1,a_2,\cdots,a_{\varphi(m)}$ 是模 m 的简化剩余系. e 是使得

$$a_k^e\equiv 1 \pmod{m},\quad 1\leqslant k\leqslant \varphi(m) \tag{5.23}$$

成立的最小正整数, 则存在整数 a 使得

$$e=\mathrm{ord}_m(a)=\left[\mathrm{ord}_m(a_1),\mathrm{ord}_m(a_2),\cdots,\mathrm{ord}_m\left(a_{\varphi(m)}\right)\right]. \tag{5.24}$$

证 应用定理 5.1.9, 可归纳得到: 存在整数 a 使得

$$\mathrm{ord}_m(a)=\left[\mathrm{ord}_m(a_1),\mathrm{ord}_m(a_2),\cdots,\mathrm{ord}_m\left(a_{\varphi(m)}\right)\right]$$

现证明 $e=\mathrm{ord}_m(a)$. 事实上, 对每个 a_k, 有

$$a_k^e\equiv 1 \pmod{m}$$

根据定理 5.1.1, 有 $\mathrm{ord}_m(a_k)\mid e,\ 1\leqslant k\leqslant\varphi(m)$. 所以

$$\left[\mathrm{ord}_m(a_1),\mathrm{ord}_m(a_2),\cdots,\mathrm{ord}_m\left(a_{\varphi(m)}\right)\right]\mid e.$$

另一方面, 对每个 a_k, 有

$$a_k^{\left[\mathrm{ord}_m(a_1),\cdots,\mathrm{ord}_m\left(a_{\varphi(m)}\right)\right]}=\left((a_k)^{\mathrm{ord}_m(a_k)}\right)^{\left[\mathrm{ord}_m(a_1),\cdots,\mathrm{ord}_m\left(a_{\varphi(m)}\right)\right]/\mathrm{ord}_m(a_k)}\equiv 1 \pmod{m}.$$

根据 e 的最小性, 有 $e\leqslant\left[\mathrm{ord}_m(a_1),\cdots,\mathrm{ord}_m\left(a_{\varphi(m)}\right)\right]$. 因此式 (5.24) 成立. 证毕.

定义 5.1.2 定理 5.1.10 中的最小正整数 e 叫做模 m 的简化剩余系指数, 记作

$$e=\mathrm{ord}\left((\mathbf{Z}/m\mathbf{Z})^*\right)$$

当 $m=p$ 是素数时, 有

$$e=\mathrm{ord}\left((\mathbf{Z}/p\mathbf{Z})^*\right)=\mathrm{ord}\left((\boldsymbol{F}_p)^*\right)=\varphi(p).$$

5.2 原根

5.2.1 模 p 原根

先讨论 m 为奇素数 p 的情形.

先给出模 p 原根的存在性证明及原根个数.

定理 5.2.1 设 p 是奇素数, 则模 p 的原根存在, 且有 $\varphi(p-1)$ 个原根, 其中 φ 为欧拉函数.

证一 (构造性) 在模 p 的简化剩余系 $1, \cdots, p-1$ 中, 记

$$e_r = \mathrm{ord}_p(r), \quad 1 \leqslant r \leqslant p-1,$$

$$e = [e_1, \cdots, e_{p-1}].$$

根据定理 5.1.8, 存在整数 g, 使得

$$g^e \equiv 1 \pmod p.$$

因此, $e \mid \varphi(p) = p-1$. 又因为

$$e_r \mid e, \quad r = 1, \cdots, p-1,$$

从而推出同余式

$$x^e \equiv 1 \pmod p$$

有 $p-1$ 个解

$$x \equiv 1, \ \cdots, \ p-1 \pmod p.$$

根据定理 3.4.4, 有 $p-1 \leqslant e$. 故 g 的指数为 $p-1$, 即 g 是模 p 的原根.

最后, 根据定理 5.1.4 之推论 1, 当 g 为原根时, $g^d, \quad (d, p-1) = 1$ 也是原根, 共有 $\varphi(p-1)$ 个.

证二 (存在性) 设 $d \mid p-1$. 用 $F(d)$ 表示模 p 的简化剩余系中指数为 d 的元素个数. 根据定理 5.1.1 的推论, 模 p 简化剩余系中每个元素的指数是 $p-1$ 的因数, 所以有

$$\sum_{d \mid p-1} F(d) = p-1. \tag{5.25}$$

因为模 p 指数为 d 的元素满足同余式

$$x^d - 1 \equiv 0 \pmod p, \tag{5.26}$$

根据定理 3.4.5 的推论, 同余式 (5.26) 有 d 个模 p 不同的解.

现在, 若 a 是模 p 指数为 d 的元素, 则同余式 (5.26) 的解可以表示成

$$x \equiv a^0, \ a, \ \cdots, \ a^{d-1}.$$

根据定理 5.1.4, 这些数中有 $\varphi(d)$ 个指数为 d 的元素. 因此, $F(d) = \varphi(d)$, 而若没有模 p 指数为 d 的元素, 则 $F(d) = 0$. 总之, 有

$$F(d) \leqslant \varphi(d).$$

但由定理 2.3.9, 又有

$$\sum_{d|p-1} \varphi(d) = p - 1. \tag{5.27}$$

这样, 由式 (5.25) 和式 (5.27) 推出

$$\sum_{d|p-1} (\varphi(d) - F(d)) = 0. \tag{5.28}$$

因此, 对所有正整数 $d \mid p-1$, 有

$$F(d) = \varphi(d). \tag{5.29}$$

特别地, 有

$$F(p-1) = \varphi(p-1).$$

这说明存在模 p 指数为 $p-1$ 的元素, 即模 p 的原根存在. 证毕.

推论 设 p 是奇素数, d 是 $p-1$ 的正因数. 则模 p 指数为 d 的元素存在.

证 从定理 5.2.1 证明的关系式 (5.29), 即可推出结论. 证毕.

再给出原根的构造方法:

定理 5.2.2 设 p 为奇素数, $p-1$ 的所有不同素因数是 $q_1, \cdots, q_s$, 则 g 是模 p 原根的充要条件是

$$g^{\frac{p-1}{q_i}} \not\equiv 1 \pmod p, \qquad i = 1, \cdots, s. \tag{5.30}$$

证 设 g 是 p 的一个原根, 则 g 对模 p 的指数是 $p-1$. 但

$$0 < \frac{p-1}{q_i} < p-1, \qquad i = 1, \cdots, s.$$

根据定理 5.1.2, 有式 (5.30), 即

$$g^{\frac{p-1}{q_i}} \not\equiv 1 \pmod p, \qquad i = 1, \cdots, s.$$

反过来, 若 g 满足式 (5.30), 但对模 p 的指数 $e = \mathrm{ord}_p(g) < p-1$. 则根据定理 5.1.1, 有 $e \mid p-1$. 因而存在一个素数 q 使得 $q \mid \dfrac{p-1}{e}$, 即

$$\frac{p-1}{e} = u \cdot q \quad 或 \quad \frac{p-1}{q} = u \cdot e.$$

进而

$$g^{\frac{p-1}{q}} = (g^e)^u \equiv 1 \pmod p.$$

与假设式 (5.30) 矛盾. 证毕.

定理 5.2.2 给出了一个找原根的方法.

例 5.2.1 求模 $p = 41$ 的所有原根.

解 因为 $p-1=40=2^3\cdot 5$, 其素因数为 $q_1=2,\ q_2=5$. 进而, $\dfrac{p-1}{q_1}=20,\quad \dfrac{p-1}{q_2}=8$. 根据定理 5.2.2, 只需验证式 (5.30), 即 $g^{20},\ g^8$ 模 p 是否同余于 1. 对 $g=2,\ 3,\ 5,\ 6$ 等, 逐个验算.

$$\begin{aligned}
&2^2\equiv 4, &&2^4\equiv 16, &&2^8\equiv 10, &&2^{16}\equiv 18, &&2^{20}\equiv 1,\\
&3^2\equiv 9, &&3^4\equiv -1, &&3^8\equiv 1, &&3^{16}\equiv 1, &&3^{20}\equiv -1,\\
&5^2\equiv 25, &&5^4\equiv 10, &&5^8\equiv 18, &&5^{16}\equiv 37, &&5^{20}\equiv 1,\\
&6^2\equiv 36, &&6^4\equiv 25, &&6^8\equiv 10, &&6^{16}\equiv 18, &&6^{20}\equiv -1 \pmod{41},
\end{aligned}$$

故 $g=6$ 是模 $p=41$ 的原根.

进一步, 当 $(d,p-1)=1$ 时, d 遍历模 $p-1=40$ 的简化剩余系:

$$1,\ 3,\ 7,\ 9,\ 11,\ 13,\ 17,\ 19,\ 21,\ 23,\ 27,\ 29,\ 31,\ 33,\ 37,\ 39$$

共 $\varphi(p-1)=16$ 个数时, g^d 遍历模 41 的所有原根.

$$\begin{aligned}
&g^1\equiv 6, &&g^3\equiv 11, &&g^7\equiv 29, &&g^9\equiv 19, &&g^{11}\equiv 28, &&g^{13}\equiv 24,\\
&g^{17}\equiv 26, &&g^{19}\equiv 34, &&g^{21}\equiv 35, &&g^{23}\equiv 30, &&g^{27}\equiv 12, &&g^{29}\equiv 22,\\
&g^{31}\equiv 13, &&g^{33}\equiv 17, &&g^{37}\equiv 15, &&g^{39}\equiv 7 &&\pmod{41}.
\end{aligned}$$

例 5.2.2 求模 $p=43$ 的原根.

解 因为 $p-1=42=2\cdot 3\cdot 7,\quad q_1=2,\ q_2=3,\ q_3=7$, 因此, $\dfrac{p-1}{q_1}=21,\quad \dfrac{p-1}{q_2}=14,\ \dfrac{p-1}{q_3}=6$. 只需验证式 (5.30), 即 $g^{21},\ g^{14},\ g^6$ 模 p 是否同余于 1. 对 $g=2,\ 3,\ 5$ 等, 逐个验算.

$$\begin{aligned}
&2^2\equiv 4, &&2^4\equiv 16, &&2^6\equiv 64\equiv 21, &&2^7\equiv 21\cdot 2\equiv -1,\\
&2^{14}\equiv 1, &&3^2\equiv 9, &&3^4\equiv 81\equiv -5, &&3^6\equiv 9\cdot(-5)\equiv -2,\\
&3^7\equiv -6, &&3^{14}\equiv(-6)^2\equiv 36, &&3^{21}\equiv(-6)\cdot 36\equiv -1 &&\pmod{43}.
\end{aligned}$$

因此, $g=3$ 是模 $p=43$ 的原根.

进一步, 当 $(d,p-1)=1$ 时, d 遍历模 $p-1=42$ 的简化剩余系:

$$1,\ 5,\ 11,\ 13,\ 17,\ 19,\ 23,\ 25,\ 29,\ 31,\ 37,\ 41$$

共 $\varphi(p-1)=12$ 个数时, g^d 遍历模 43 的所有原根.

$$\begin{aligned}
&g^1\equiv 3, &&g^5\equiv 28, &&g^{11}\equiv 30, &&g^{13}\equiv 12, &&g^{17}\equiv 26, &&g^{19}\equiv 19, &&g^{23}\equiv 34,\\
&g^{25}\equiv 5, &&g^{29}\equiv 18, &&g^{31}\equiv 33, &&g^{37}\equiv 20, &&g^{41}\equiv 29 &&\pmod{43}.
\end{aligned}$$

例 5.2.3 求模 $p=191$ 的原根.

解 因为 $p-1=190=2\cdot 5\cdot 19,\quad q_1=2,\ q_2=5,\ q_3=19$, 因此, $\dfrac{p-1}{q_1}=95,\quad \dfrac{p-1}{q_2}=38,\ \dfrac{p-1}{q_3}=10$. 只需验证式 (5.30), 即 $g^{\frac{p-1}{q_1}},\ g^{\frac{p-1}{q_2}},\ g^{\frac{p-1}{q_3}}$ 模 p 是否同余于 1. 对 $g=2,\ 3,\ 5$ 等, 逐个验算.

g	$g^{\frac{p-1}{q_1}}$	$g^{\frac{p-1}{q_2}}$	$g^{\frac{p-1}{q_3}}$	g	$g^{\frac{p-1}{q_1}}$	$g^{\frac{p-1}{q_2}}$	$g^{\frac{p-1}{q_3}}$	g	$g^{\frac{p-1}{q_1}}$	$g^{\frac{p-1}{q_2}}$	$g^{\frac{p-1}{q_3}}$
2	1	49	69	10	1	49	180	15	1	39	153
3	1	39	30	11	190	1	107	17	1	109	32
5	1	1	177	12	1	49	153	18	1	39	25
6	1	1	160	13	1	184	121	19	190	39	52
7	190	39	1	14	190	1	69				

因此, $g=19$ 是模 $p=191$ 的原根.

5.2.2 模 p^α 原根

本节讨论模 p^α 原根的存在性.

先给出以下的引理:

引理 5.2.1 设 p 是一个奇素数. 如果整数 g 是模 p 原根, 则有

$$g^{p-1}\not\equiv 1 \pmod{p^2} \quad 或 \quad (g+p)^{p-1}\not\equiv 1 \pmod{p^2}.$$

证 因为

$$\begin{aligned}(g+p)^{p-1} &= g^{p-1}+\binom{p-1}{1}\cdot g^{p-2}\cdot p+\binom{p-1}{2}\cdot g^{p-3}\cdot p^2+\cdots+p^{p-1}\\ &= g^{p-1}+(p-1)\cdot g^{p-2}\cdot p+A\cdot p^2,\end{aligned}$$

其中 A 为整数, 所以有

$$(g+p)^{p-1}-1\equiv (g^{p-1}-1)+(p-1)\cdot g^{p-2}\cdot p \pmod{p^2}.$$

因此, 结论成立. 证毕.

引理 5.2.2 设 p 是一个奇素数. 如果整数 g 满足

$$g^{p-1}=1+u_0\cdot p, \quad (u_0,p)=1 \tag{5.31}$$

则对任意整数 $k\geqslant 2$, 存在整数 u_{k-2} 使得

$$g^{p^{k-2}(p-1)}=1+u_{k-2}\cdot p^{k-1}, \quad (u_{k-2},p)=1. \tag{5.32}$$

证 对 $k\geqslant 2$ 作数学归纳法, 来证明关系式 (5.32), 即

$$g^{p^{k-2}(p-1)}=1+u_{k-2}\cdot p^{k-1}, \quad (u_{k-2},p)=1.$$

$k=2$ 时, 关系式 (5.32) 就是关系式 (5.31), 命题成立.

假设 $k-1$ 时, 命题成立, 即存在整数 u_{k-3} 使得

$$g^{p^{k-3}(p-1)}=1+u_{k-3}\cdot p^{k-2}, \quad (u_{k-3},p)=1.$$

两端作 p 次方, 有

$$\begin{aligned} g^{p^{k-2}(p-1)} &= \left(1+u_{k-3}\cdot p^{k-2}\right)^p \\ &= 1+\binom{p}{1}\left(u_{k-3}\cdot p^{k-2}\right)+\binom{p}{2}\left(u_{k-3}\cdot p^{k-2}\right)^2+\cdots+\left(u_{k-3}\cdot p^{k-2}\right)^p \quad (5.33) \\ &= 1+(u_{k-3}+A_{k-3}\cdot p)\cdot p^{k-1} \end{aligned}$$

其中 A_{k-3} 为整数. 取 $u_{k-2}=u_{k-3}+A_{k-3}\cdot p$, 有 $(u_{k-2},p)=(u_{k-3},p)=1$. 命题成立.

根据数学归纳法原理, 关系式 (5.32) 对所有整数 $k\geqslant 2$ 成立. 证毕.

引理 5.2.3 设 p 是一个奇素数. 设 $k\geqslant 2$. 如果模 p 原根 g 满足

$$g^{p^{k-2}(p-1)}=1+u_{k-2}\cdot p^{k-1},\quad (u_{k-2},p)=1. \tag{5.34}$$

则 g 也是模 p^k 原根.

证 令 $e_k=\text{ord}_{p^k}(g)$, 则有

$$g^{e_k}\equiv 1\ (\text{mod}\ p^k).$$

进而, $g^{e_k}\equiv 1\ (\text{mod}\ p)$. 因为 g 是模 p 原根, 所以 $p-1\mid e_k$. 故 e_k 具有形式 $e_k=p^t(p-1)$. 下面确定 $t=k-1$.

一方面, 根据引理 5.2.2 之证明式 (5.33), 由假设条件式 (5.34), 可得到

$$g^{p^{k-1}(p-1)}=1+(u_{k-2}+A_{k-2}\cdot p)\cdot p^k,$$

其中 A_{k-2} 为整数, 从而 $e_k\mid p^{k-1}(p-1)$, $t\leqslant k-1$.

另一方面, 仍由假设条件式 (5.34), 知

$$g^{p^{k-2}(p-1)}\not\equiv 1\ (\text{mod}\ p^k),$$

得到 $e_k\nmid p^{k-2}(p-1)$, $t>k-2$.

故 $t=k-1$, $e_k=p^{k-1}(p-1)=\varphi(p^k)$. g 也是模 p^k 原根. 证毕.

其次, 构造模 p^2 的原根.

定理 5.2.3 设 g 是模 p 的一个原根, 则 g 或者 $g+p$ 是模 p^2 原根.

证 根据引理 5.2.1, 有式 (5.31),

$$g^{p-1}=1+u_0\cdot p,\quad (u_0,p)=1$$

或

$$(g+p)^{p-1}=1+u_0\cdot p,\quad (u_0,p)=1.$$

再由引理 5.2.3, 前者推出 g 是模 p^2 原根, 而后者推出 $g+p$ 是模 p^2 原根. 证毕.

再次, 构造模 p^α 的原根.

定理 5.2.4 设 p 是一个奇素数, 则对任意正整数 α, 模 p^α 的原根存在. 更确切地说, 如果 g 是模 p^2 的一个原根, 则对任意正整数 α, g 是模 p^α 的原根.

证 根据定理 5.2.1, 知模 p 原根存在, 再由定理 5.2.3 及其证明知道模 p^2 的原根 g 也存在, 且满足式 (5.31), 即

$$g^{p-1} = 1 + u_0 \cdot p.$$

根据引理 5.2.2, 对任意整数 $\alpha \geqslant 2$, 存在整数 $u_{\alpha-2}$ 使得式 (5.32) 成立, 即

$$g^{p^{\alpha-2}(p-1)} = 1 + u_{\alpha-2} \cdot p^{\alpha-1}, \quad (u_{\alpha-2}, p) = 1.$$

因此, 根据引理 5.2.3, g 是模 p^α 原根. 证毕.

定理 5.2.5 设 $\alpha \geqslant 1$, g 是模 p^α 的一个原根, 则 g 与 $g+p^\alpha$ 中的奇数是模 $2p^\alpha$ 的一个原根.

证 (i) 设奇数 a 满足同余式

$$a^d \equiv 1 \pmod{p^\alpha},$$

又显然有

$$a^d \equiv 1 \pmod{2},$$

根据定理 2.1.12,

$$a^d \equiv 1 \pmod{2p^\alpha}.$$

反之亦然.

(ii) 若 g 是奇数, 令 $d = \varphi(p^\alpha)$, 则

$$\varphi(2p^\alpha) = \varphi(p^\alpha) = d.$$

又当

$$g^d \equiv 1 \pmod{p^\alpha}, \quad g^r \not\equiv 1 \pmod{p^\alpha}, \qquad 0 < r < d$$

时, 有

$$g^d \equiv 1 \pmod{2p^\alpha}, \quad g^r \not\equiv 1 \pmod{2p^\alpha}, \qquad 0 < r < d.$$

故 g 是模 $2p^\alpha$ 的一个原根.

(iii) 若 g 是偶数, 则 $g+p^\alpha$ 是奇数, 类似 (ii) 可得结论. 证毕.

例 5.2.4 设 $m = 41^2 = 1681$, 求模 m 的原根.

解 由例 5.2.1, 有 $g = 6$ 是模 $p = 41$ 的原根. 作计算

$$g^{p-1} = 6^{40} \equiv 143 \equiv 1 + 3 \cdot 41, \quad (g+p)^{p-1} = 47^{40} \equiv 1518 \equiv 1 + 37 \cdot 41 \ \left(\bmod\ 41^2\right).$$

因此, $g = 6$ 和 $g + p = 47$ 都是模 $m = p^2$ 的原根.

根据定理 5.2.5 和定理 5.2.6, $(d, \varphi(m)) = 1$ 时, $\mathrm{ord}_m\left(g^d\right) = \mathrm{ord}_m(g)$, 因此, 当 d 遍历模 $\varphi\left(41^2\right) = 1640$ 的简化剩余系时, 6^d 遍历模 41^2 的所有原根.

例 5.2.5 设 $m = 2 \cdot 41^2 = 3362$, 求模 m 的原根.

解 这里应用定理 5.2.4 及例 5.2.4, 即可得到 $6 + 41^2 = 1687$ 和 47 是模 $2 \cdot 41^2 = 3362$ 的原根.

例 5.2.6 设 $m = 43^2 = 1849$, 求模 m 的原根.

解　由例 5.2.2, 有 $g=3$ 是模 $p=41$ 的原根. 作计算

$$g^{p-1}=3^{40}\equiv 143\equiv 1+3\cdot 41,\quad (g+p)^{p-1}=47^{40}\equiv 1518\equiv 1+37\cdot 41 \pmod{41^2}.$$

因此, $g=6$ 和 $g+p=47$ 都是模 $m=p^2$ 的原根, 也都是模 $m=p^\alpha$ 的原根.

例 5.2.7　设 $m=43^2=1849$, 求模 m 的原根.

解　因为已知 3 是模 $p=43$ 的原根, 所以根据定理 5.2.3, 可知 3 或者 $3+43=46$ 是模 $43^2=1849$ 的原根. 事实上, 有

$$g^{p-1}=3^{42}\equiv 87\equiv 1+43\cdot 2 \pmod{43^2},\quad (g+p)^{p-1}=46^{40}\equiv 689\equiv 1+43\cdot 16 \pmod{43^2}.$$

因此, $g=3$ 和 $g+p=46$ 都是模 $m=p^2$ 的原根, 也都是模 $m=p^\alpha$ 的原根.

5.2.3　模 2^α 指数

先给出两个引理:

引理 5.2.4　设 a 是一个奇整数. 如果

$$a^2=1+u_1\cdot 2^t,\quad (u_1,2)=1,\ t\geqslant 3, \tag{5.35}$$

则对任意整数 $k>t$, 存在整数 u_{k-t} 使得

$$a^{2^{k-t}}=1+u_{k-t}\cdot 2^{k-1},\quad (u_{k-t},2)=1. \tag{5.36}$$

证　对 $k>t$ 作数学归纳法, 来证明关系式 (5.36), 即

$$a^{2^{k-t}}=1+u_{k-t}\cdot 2^{k-1},\quad (u_{k-t},2)=1.$$

$k=t+1$ 时, 关系式 (5.36) 就是关系式 (5.35), 命题成立.

假设 $k-1>t$ 时, 命题成立, 即存在整数 u_{k-1-t} 使得

$$a^{2^{k-1-t}}=1+u_{k-1-t}\cdot 2^{k-2},\quad (u_{k-1-t},2)=1.$$

两端作二次方, 有

$$a^{2^{k-t}}=1+\left(u_{k-1-t}+u_{k-1-t}^2\cdot 2^{k-3}\right)\cdot 2^{k-1}=1+u_{k-t}\cdot 2^{k-1} \tag{5.37}$$

其中 $u_{k-t}=u_{k-1-t}+u_{k-1-t}^2\cdot 2^{k-3}$ 满足 $(u_{k-t},2)=(u_{k-1-t},2)=1$. 命题成立.

引理 5.2.5　设整数 $t\geqslant 3$. 对于整数 $k>t$, 如果奇整数 a 满足关系式 (5.36), 即

$$a^{2^{k-t}}=1+u_{k-t}\cdot 2^{k-1},\quad (u_{k-t},2)=1,$$

则 a 模 2^k 的指数为 2^{k-t+1}.

证　令 $e_k=\mathrm{ord}_{2^k}(a)$. 则有

$$a^{e_k}\equiv 1 \pmod{2^k}.$$

根据欧拉定理 (定理 2.4.1), 有 $e_k \mid \varphi(2^k) = 2^{k-1}$. 所以 e_k 具有形式 $e_k = 2^s$. 下面确定 $s = k - t + 1$.

一方面, 根据引理 5.2.4 证明式 (5.38), 由假设条件式 (5.36), 可得到

$$a^{2^{k-t+1}} = 1 + \left(u_{k-t} + u_{k-t}^2 \cdot 2^{k-2}\right) \cdot 2^k = 1 + u_{k-t+1} \cdot 2^k, \tag{5.38}$$

其中 $u_{k-t+1} = u_{k-t} + u_{k-t}^2 \cdot 2^{k-2}$ 满足 $(u_{k-t+1}, 2) = (u_{k-t}, 2) = 1$, 从而 $e_k \mid 2^{k-t+1}$, $s \leqslant k-t+1$.

另一方面, 仍由假设条件式 (5.36), 知

$$a^{2^{k-t}} \not\equiv 1 \pmod{2^k},$$

得到 $e_k \nmid 2^{k-t}$, $s > k - t$.

故 $s = k - t + 1$, $e_k = 2^{k-t+1} = \varphi(p^k)/2^{t-2}$. 证毕.

再讨论奇整数的指数的上界.

定理 5.2.6 设 a 是一个奇整数. 则对任意整数 $\alpha \geqslant 3$, 有 a 模 2^α 的指数不大于 $\varphi(2^\alpha)/2 = 2^{\alpha-2}$, 即

$$a^{\varphi(2^\alpha)/2} \equiv a^{2^{\alpha-2}} \equiv 1 \pmod{2^\alpha}. \tag{5.39}$$

证 将奇整数 a 写成 $a = 1 + b \cdot 2$, 因为 $2 \mid b(b+1)$, 所以有

$$a^2 = 1 + b(b+1) \cdot 2^2 = 1 + u_1 \cdot 2^t, \quad (u_1, 2) = 1,\ t \geqslant 3.$$

对于整数 $\alpha \geqslant 3$, 当 $\alpha \leqslant t$ 时, 有

$$a^2 \equiv 1 \pmod{2^\alpha},$$

所以 a 模 2^α 的指数为 $2 \leqslant \varphi(2^\alpha)/2 = 2^{\alpha-2}$.

而当 $\alpha > t$ 时, 由引理 5.2.4, 知有关系式

$$a^{2^{\alpha-t}} = 1 + u_{\alpha-t} \cdot 2^{\alpha-1}, \quad (u_{\alpha-t}, 2) = 1,$$

成立. 因此, 根据引理 5.2.5, a 模 2^α 的指数为 $2^{\alpha-t+1} \leqslant \varphi(2^\alpha)/2 = 2^{\alpha-2}$. 证毕.

定理 5.2.7 设 $\alpha \geqslant 3$ 是一个整数, 则

$$\mathrm{ord}_{2^\alpha}(5) = \varphi(2^\alpha)/2 = 2^{\alpha-2}.$$

证 因为 $a = 5$ 具有形式

$$a^2 = 1 + 3 \cdot 2^3 = 1 + u_1 \cdot 2^t, \quad u_1 = 3,\ t = 3,$$

对于整数 $\alpha \geqslant 3$, 由引理 5.2.4 知有关系式

$$a^{2^{\alpha-t}} = 1 + u_{\alpha-t} \cdot 2^{\alpha-1}, \quad (u_{\alpha-t}, 2) = 1,$$

成立. 因此, 根据引理 5.2.5, $a = 5$ 模 2^α 的指数为 $2^{\alpha-t+1} = \varphi(2^\alpha)/2$. 证毕.

例 5.2.8　设 $\alpha \geqslant 3$ 是一个整数, 则对于整数 $a = 8k+3$,

$$\mathrm{ord}_{2^\alpha}(a) = \varphi(2^\alpha)/2.$$

证　因为 $a = 8k+3$ 具有形式

$$a^2 = 1 + \left[1 + 2(3k+4k^2)\right] \cdot 2^3 = 1 + u_1 \cdot 2^t, \quad u_1 = 1 + 2(3k+4k^2),\ t = 3,$$

对于整数 $\alpha \geqslant 3$, 由引理 5.2.4 知有关系式

$$a^{2^{\alpha-t}} = 1 + u_{\alpha-t} \cdot 2^{\alpha-1}, \quad (u_{\alpha-t}, 2) = 1,$$

成立. 因此, 根据引理 5.2.5, $a = 8k+3$ 模 2^α 的指数为 $2^{\alpha-t+1} = \varphi(2^\alpha)/2$.　证毕.

例 5.2.9　设 $\alpha \geqslant 3$ 是一个整数, 则对于整数 $a = 2^s - 1,\ 3 \leqslant s < \alpha$, 有

$$\mathrm{ord}_{2^\alpha}(a) = 2^{\alpha-s}.$$

证　因为 $a = 2^s - 1$ 具有形式

$$a^2 = 2^{2s} - 2^{s+1} + 1 = 1 + (2^{s-1} - 1) \cdot 2^{s+1} = 1 + u_1 \cdot 2^t, \quad u_1 = 2^{s-1} - 1,\ t = s+1,$$

对于整数 $\alpha \geqslant 3$, 由引理 5.2.4 知有关系式

$$a^{2^{\alpha-t}} = 1 + u_{\alpha-t} \cdot 2^{\alpha-1}, \quad (u_{\alpha-t}, 2) = 1,$$

成立. 因此, 根据引理 5.2.5, $a = 2^s - 1$ 模 2^α 的指数为 $2^{\alpha-t+1} = 2^{\alpha-s}$.　证毕.

5.2.4　模 m 原根

本节给出模 m 原根存在的充要条件.

定理 5.2.8　模 m 的原根存在的充要条件是 $m = 2,\ 4,\ p^\alpha,\ 2p^\alpha$, 其中 p 是奇素数.

证　必要性. 设 m 的标准分解式为

$$m = 2^\alpha p_1^{\alpha_1} \cdots 2p_k^{\alpha_k}.$$

若 $(a, m) = 1$, 则

$$(a, 2^\alpha) = 1, \quad (a, p_i^{\alpha_i}) = 1, \quad i = 1, \cdots, k.$$

根据定理 2.4.1(欧拉定理) 及定理 5.2.6, 有

$$\begin{cases} a^\tau & \equiv & 1 \pmod{2^\alpha}, \\ a^{\varphi(p_1^{\alpha_1})} & \equiv & 1 \pmod{p_1^{\alpha_1}}, \\ & \vdots & \\ a^{\varphi(p_k^{\alpha_k})} & \equiv & 1 \pmod{p_k^{\alpha_k}}, \end{cases}$$

其中 $\tau = \begin{cases} \varphi(2^\alpha), & \alpha \leqslant 2, \\ \frac{1}{2}\varphi(2^\alpha), & \alpha \geqslant 3. \end{cases}$

令

$$h=[\tau,\ \varphi(p_1^{\alpha_1}),\ \cdots,\ \varphi(p_k^{\alpha_k})].$$

根据定理 5.1.6 之推论, 对所有整数 a, $(a,m)=1$, 有

$$a^h\equiv 1 \pmod m.$$

因此, 若 $h<\varphi(m)$, 则模 m 的原根不存在.

现在讨论何时

$$h=\varphi(m)=\varphi(2^\alpha)\varphi(p_1^{\alpha_1})\cdots\varphi(p_k^{\alpha_k}).$$

(1) 当 $\alpha\geqslant 3$ 时, $\tau=\dfrac{\varphi(2^\alpha)}{2}$. 因此,

$$h\leqslant\frac{\varphi(m)}{2}<\varphi(m).$$

(2) 当 $k\geqslant 2$ 时, $2\mid\varphi(p_1^{\alpha_1}),\quad 2\mid\varphi(p_2^{\alpha_2})$. 进而,

$$[\varphi(p_1^{\alpha_1}),\varphi(p_2^{\alpha_2})]\leqslant\frac{1}{2}\varphi(p_1^{\alpha_1})\varphi(p_2^{\alpha_2})<\varphi(p_1^{\alpha_1}p_2^{\alpha_2}).$$

因此, $h<\varphi(m)$.

(3) 当 $\alpha=2,\ k=1$ 时,

$$\varphi(2^\alpha)=2,\quad 2\mid\varphi(p_1^{\alpha_1}).$$

因此,

$$h=\varphi(p_1^{\alpha_1})<\varphi(2^n)\varphi(p_1^{\alpha_1})=\varphi(m).$$

故只有在 (α,k) 是

$$(1,0),\ (2,0),\ (0,1),\ (1,1)$$

4 种情形之一, 即只有在 m 是

$$2,\ 4,\ p^\alpha,\ 2p^\alpha$$

4 个数之一时, 才有可能使 $h=\varphi(m)$. 因此必要性成立.

充分性. 当 $m=2$ 时, $\varphi(2)=1$, 整数 1 是模 2 的原根;

当 $m=4$ 时, $\varphi(4)=2$, 整数 3 是模 4 的原根;

当 $m=p^\alpha$ 时, 根据定理 5.2.4, 模 m 的原根存在;

当 $m=2p^\alpha$ 时, 根据定理 5.2.5, 模 m 的原根存在.

因此, 条件的充分性是成立的. 证毕.

例 5.2.10 设 $m=41$, 求模 m 的所有整数的指数表.

解　模 $m = 41$ 的指数表为

a	order	a	order	a	order	a	order
1	1	11	40	21	20	31	10
2	20	12	40	22	40	32	4
3	8	13	40	23	10	33	20
4	10	14	8	24	40	34	40
5	20	15	40	25	10	35	40
6	40	16	5	26	40	36	20
7	40	17	40	27	8	37	5
8	20	18	5	28	40	38	8
9	4	19	40	29	40	39	20
10	5	20	20	30	40	40	2

例 5.2.11　设 $m = 43$, 求模 m 的所有整数的指数表.

解　模 $m = 43$ 的指数表为

a	order	a	order	a	order	a	order	a	order
1	1	11	7	21	7	31	21	41	7
2	14	12	42	22	14	32	14	42	2
3	42	13	21	23	21	33	42		
4	7	14	21	24	21	34	42		
5	42	15	21	25	21	35	7		
6	3	16	7	26	42	36	3		
7	6	17	21	27	14	37	6		
8	14	18	42	28	42	38	21		
9	21	19	42	29	42	39	14		
10	21	20	42	30	42	40	21		

例 5.2.12　设 $m = 167$, 求模 m 的所有整数的指数表.

解　模 $m = 167$ 的指数表为

a	order	a	order	a	order	a	order	a	order	a	order
1	1	11	83	21	83	31	83	41	166	51	166
2	83	12	83	22	83	32	83	42	83	52	166
3	83	13	166	23	166	33	83	43	166	53	166
4	83	14	83	24	83	34	166	44	83	54	83
5	166	15	166	25	83	35	166	45	166	55	166
6	83	16	83	26	166	36	83	46	166	56	83
7	83	17	166	27	83	37	166	47	83	57	83
8	83	18	83	28	83	38	83	48	83	58	83
9	83	19	83	29	83	39	166	49	83	59	166
10	166	20	166	30	166	40	166	50	83	60	166

a	order	a	order	a	order	a	order	a	order	a	order
61	83	71	166	81	83	91	166	101	166	111	166
62	83	72	83	82	166	92	166	102	166	112	83
63	83	73	166	83	166	93	83	103	166	113	166
64	83	74	166	84	83	94	83	104	166	114	83
65	83	75	83	85	83	95	166	105	166	115	83
66	83	76	83	86	166	96	83	106	166	116	83
67	166	77	83	87	83	97	83	107	83	117	166
68	166	78	166	88	83	98	83	108	83	118	166
69	166	79	166	89	83	99	83	109	166	119	166
70	166	80	166	90	166	100	83	110	166	120	166

a	order	a	order	a	order	a	order	a	order
121	83	131	166	141	83	151	166	161	166
122	83	132	83	142	166	152	83	162	83
123	166	133	83	143	166	153	166	163	166
124	83	134	166	144	83	154	83	164	166
125	166	135	166	145	166	155	166	165	166
126	83	136	166	146	166	156	166	166	2
127	83	137	83	147	83	157	83		
128	83	138	166	148	166	158	166		
129	166	139	166	149	166	159	166		
130	83	140	166	150	83	160	166		

例 5.2.13 求模 $m=53$ 的原根.

解 设 $m=53$, 则

$$\varphi(m)=\varphi(53)=2^2\cdot 13,\quad q_1=2,\ q_2=13.$$

因此,

$$\varphi(m)/q_1=26,\quad \varphi(m)/q_2=4.$$

这样, 只需验证: g^{26}, g^4 模 m 是否同余于 1. 对 2, 3 等逐个验算.

$$\begin{aligned}&2^2\equiv 4,\quad 2^4\equiv 16,\quad 2^8\equiv 44,\quad 2^{12}\equiv 15,\\&2^{13}\equiv 30,\quad 2^{26}\equiv 52\equiv -1\pmod{53}.\end{aligned}$$

因此, $g=2$ 是模 $m=53$ 的原根.

例 5.2.14 求模 $m=109$ 的原根.

解 设 $m=109$, 则

$$\varphi(m)=\varphi(109)=108=2^2\cdot 3^3,\quad q_1=2,\ q_2=3.$$

因此,

$$\varphi(m)/q_1 = 54, \quad \varphi(m)/q_2 = 36.$$

这样, 只需验证: g^{54}, g^{36} 模 m 是否同余于 1. 对 2, 3, 5, 6 等逐个验算.

$$\begin{aligned} &2^{54} \equiv 108, \quad 2^{36} \equiv 1, \quad 3^{54} \equiv 1, \quad 3^{36} \equiv 63, \\ &5^{54} \equiv 1, \quad 5^{36} \equiv 63, \quad 6^{54} \equiv 108, \quad 6^{36} \equiv 63 \pmod{109}. \end{aligned}$$

因此, $g = 6$ 是模 $m = 109$ 的原根.

例 5.2.15 求模 $m = 113$ 的原根.

解 设 $m = 113$, 则

$$\varphi(m) = \varphi(113) = 112 = 2^4 \cdot 7, \quad q_1 = 2, \ q_2 = 7.$$

因此,

$$\varphi(m)/q_1 = 56, \quad \varphi(m)/q_2 = 16.$$

这样, 只需验证: g^{56}, g^{16} 模 m 是否同余于 1. 对 2, 3, 5, 6 等逐个验算.

$$2^{56} \equiv 1, \quad 2^{16} \equiv 109, \quad 3^{56} \equiv 112, \quad 3^{36} \equiv 49 \pmod{113}.$$

因此, $g = 3$ 是模 $m = 113$ 的原根.

例 5.2.16 求模 $m = 59$ 的原根.

解 设 $m = 59$, 则

$$\varphi(m) = \varphi(59) = 2 \cdot 29, \quad q_1 = 2, \ q_2 = 29.$$

因此,

$$\varphi(m)/q_1 = 29, \quad \varphi(m)/q_2 = 2.$$

这样, 只需验证: g^{29}, g^2 模 m 是否同余于 1. 对 2, 3 等逐个验算.

$$2^2 \equiv 4, \quad 2^{29} \equiv 58 \equiv -1 \pmod{59}.$$

因此, $g = 2$ 是模 $m = 59$ 的原根.

例 5.2.17 求模 $m = 61$ 的原根.

解 设 $m = 61$, 则

$$\varphi(m) = \varphi(61) = 2^2 \cdot 3 \cdot 5, \quad q_1 = 2, \ q_2 = 29, \ q_3 = 5.$$

因此,

$$\varphi(m)/q_1 = 30, \quad \varphi(m)/q_2 = 20, \quad \varphi(m)/q_3 = 12.$$

这样, 只需验证: g^{30}, g^{20}, g^{12} 模 m 是否同余于 1. 对 2, 3 等逐个验算.

$$2^{30} \equiv 60, \quad 2^{20} \equiv 47, \quad 2^{12} \equiv 9 \pmod{61}.$$

因此, $g = 2$ 是模 $m = 61$ 的原根.

5.3 指标及 n 次同余式

5.3.1 指标

在 $m=p^\alpha$ 或 $2p^\alpha$ 的情形下, 模 m 的原根 g 是存在的.

利用原根引进指标的概念, 并应用指标的性质来研究同余式

$$x^n \equiv a \pmod{m}, \qquad (a,m)=1 \tag{5.40}$$

有解的条件及解数.

根据定理 5.1.2, 知道: 当 r 遍历模 $\varphi(m)$ 的最小正完全剩余系时, g^r 遍历模 m 的一个简化剩余系. 因此, 对任意的整数 a, $(a,m)=1$, 存在唯一的整数 r, $1 \leqslant r \leqslant \varphi(m)$, 使得

$$g^r \equiv a \pmod{m}.$$

定义 5.3.1 设 m 是大于 1 的整数, g 是模 m 的一个原根. 设 a 是一个与 m 互素的整数, 则存在唯一的整数 r 使得

$$g^r \equiv a \pmod{m}, \quad 1 \leqslant r \leqslant \varphi(m) \tag{5.41}$$

成立, 这个整数 r 叫做以 g 为底的 a 对模 m 的一个 **指标**, 记作 $r=\mathrm{ind}_g a$ (或 $r=\mathrm{ind}a$).

例 5.3.1 整数 5 是模 17 的原根, 并且有

5^1	5^2	5^3	5^4	5^5	5^6	5^7	5^8	5^9	5^{10}	5^{11}	5^{12}	5^{13}	5^{14}	5^{15}	5^{16}
5	8	6	13	14	2	10	16	12	9	11	4	3	15	7	1

因此, 有

$$\begin{aligned}
&\mathrm{ind}_5 1=16, \quad \mathrm{ind}_5 2=6, \quad \mathrm{ind}_5 3=13, \quad \mathrm{ind}_5 4=12, \quad \mathrm{ind}_5 5=14, \quad \mathrm{ind}_5 6=3,\\
&\mathrm{ind}_5 7=15, \quad \mathrm{ind}_5 8=2, \quad \mathrm{ind}_5 9=10, \quad \mathrm{ind}_5 10=7, \quad \mathrm{ind}_5 11=11, \quad \mathrm{ind}_5 12=9,\\
&\mathrm{ind}_5 13=4, \quad \mathrm{ind}_5 14=5, \quad \mathrm{ind}_5 15=14, \quad \mathrm{ind}_5 16=8.
\end{aligned}$$

定理 5.3.1 设 m 是大于 1 的整数, g 是模 m 的一个原根. 设 a 是一个与 m 互素的整数. 如果整数 r 使得同余式

$$g^r \equiv a \pmod{m} \tag{5.42}$$

成立, 则这个整数 r 满足

$$r \equiv \mathrm{ind}_g a \pmod{\varphi(m)}. \tag{5.43}$$

证 因为 $(a,m)=1$, 所以有

$$g^r \equiv a \equiv g^{\mathrm{ind}_g a} \pmod{m}.$$

从而,

$$g^{r-\mathrm{ind}_g a} \equiv 1 \pmod{m}.$$

又因为 g 模 m 的指数是 $\varphi(m)$, 根据定理 5.1.1

$$\varphi(m) \mid r - \text{ind}_g a.$$

因此, 式 (5.43) 成立. 证毕.

推论 设 m 是大于 1 的整数, g 是模 m 的一个原根. 设 a 是一个与 m 互素的整数, 则

$$\text{ind}_g 1 \equiv 0 \pmod{\varphi(m)}.$$

证 因为

$$g^0 \equiv 1 \pmod{m},$$

根据定理 5.3.1, 有

$$\text{ind}_g 1 \equiv 0 \pmod{\varphi(m)}.$$

定理 5.3.2 设 m 是大于 1 的整数, g 是模 m 的一个原根, r 是一个整数, 满足 $1 \leqslant r \leqslant \varphi(m)$, 则以 g 为底的对模 m 有相同指标 r 的所有整数全体是模 m 的一个简化剩余类.

证 显然, 有

$$\text{ind}_g g^r = r, \quad (g^r, m) = 1.$$

根据指标的定义, 整数 a 的指标 $\text{ind}_g a = r$ 的充分必要条件是

$$a \equiv g^r \pmod{m}.$$

故以 g 为底对模 m 有同一指标 r 的所有整数都属于 g^r 所在的模 m 的一个简化剩余类.

证毕.

定理 5.3.3 设 m 是大于 1 的整数, g 是模 m 的一个原根. 若 $a_1, \ldots, a_n$ 是与 m 互素的 n 个整数, 则

$$\text{ind}_g(a_1 \cdots a_n) \equiv \text{ind}_g(a_1) + \cdots + \text{ind}_g(a_n) \pmod{\varphi(m)}. \tag{5.44}$$

特别地,

$$\text{ind}_g(a^n) \equiv n\ \text{ind}_g(a) \pmod{\varphi(m)}. \tag{5.45}$$

证 令 $r_i = \text{ind}_g(a_i),\ i = 1, \cdots, n$. 根据指标的定义, 有

$$a_i \equiv g^{r_i} \pmod{m}, \quad i = 1, \cdots, n.$$

从而

$$a_1 \cdots a_r \equiv g^{r_1 + \cdots + r_n} \pmod{m}.$$

根据定理 5.3.1, 得到式 (5.44), 即

$$\text{ind}_g(a_1 \cdots a_n) \equiv \text{ind}_g(a_1) + \cdots + \text{ind}_g(a_n) \pmod{\varphi(m)}.$$

特别地, 对于 $a_1 = \cdots = a_n = a$, 有式 (5.45) 成立. 证毕.

例 5.3.2 作模 41 的指标表.

解 已知 6 是模 41 的原根, 直接计算 $g^r \pmod m$.

$$\begin{array}{llllll}
6^{40}\equiv 1, & 6^1\equiv 6, & 6^2\equiv 19, & 6^3\equiv 11, & 6^4\equiv 25, & 6^5\equiv 27,\\
6^6\equiv 39, & 6^7\equiv 29, & 6^8\equiv 10, & 6^9\equiv 19, & 6^{10}\equiv 32, & 6^{11}\equiv 28,\\
6^{12}\equiv 4, & 6^{13}\equiv 24, & 6^{14}\equiv 21, & 6^{15}\equiv 3, & 6^{16}\equiv 18, & 6^{17}\equiv 26,\\
6^{18}\equiv 33, & 6^{19}\equiv 34, & 6^{20}\equiv 40, & 6^{21}\equiv 35, & 6^{22}\equiv 5, & 6^{23}\equiv 30,\\
6^{24}\equiv 16, & 6^{25}\equiv 14, & 6^{26}\equiv 2, & 6^{27}\equiv 12, & 6^{28}\equiv 31, & 6^{29}\equiv 22,\\
6^{30}\equiv 9, & 6^{31}\equiv 13, & 6^{32}\equiv 37, & 6^{33}\equiv 17, & 6^{34}\equiv 20, & 6^{35}\equiv 38,\\
6^{36}\equiv 23, & 6^{37}\equiv 15, & 6^{38}\equiv 8, & 6^{39}\equiv 7 & \pmod{41}. &
\end{array}$$

数的指标: 第一列表示十位数, 第一行表示个位数, 交叉位置表示指标所对应的数.

	0	1	2	3	4	5	6	7	8	9
0		40	26	15	12	22	1	39	38	30
1	8	3	27	31	25	37	24	33	16	9
2	34	14	29	36	13	4	17	5	11	7
3	23	28	10	18	19	21	2	32	35	6
4	20									

例 5.3.3 分别求整数 $a = 28, 18$ 以 6 为底模 41 的指标.

解 根据模 41 的以原根 $g = 6$ 的指数表, 查找十位数 2 所在的行, 个位数 8 所在的列, 交叉位置的数 11 就是 $\text{ind}_6 28 = 11$. 而查找十位数 1 所在的行, 个位数 8 所在的列, 交叉位置的数 16 就是 $\text{ind}_6 18 = 16$.

5.3.2 n 次同余式

为什么要列表呢? 这是因为从整数 r 计算 $g^r \equiv a \pmod m$ 很容易; 但从整数 a 求整数 r 使得 $g^r \equiv a \pmod m$ 就非常困难.

定义 5.3.2 设 m 是大于 1 的整数, a 是与 m 互素的整数. 如果 n 次同余式

$$x^n \equiv a \pmod m \tag{5.46}$$

有解, 则 a 叫做对模 m 的 n **次剩余**; 否则, a 叫做对模 m 的 n **次非剩余**.

例 5.3.4 求 5 次同余式 $x^5 \equiv 9 \pmod{41}$ 的解.

解 从模 41 的指标表, 查找整数 9 的十位数 0 所在的行, 个位数 9 所在的列, 交叉位置的数 30 就是 $\text{ind}_6 9 = 30$. 再令 $x = 6^y \pmod{41}$, 原同余式就变为

$$6^{5y} \equiv 6^{30} \pmod{41}.$$

因为 6 是模 41 的原根, 根据定理 5.3.1, 有

$$5y \equiv 30 \pmod{40} \quad 或 \quad y \equiv 6 \pmod 8.$$

解得

$$y \equiv 6,\ 14,\ 22,\ 30,\ 38 \pmod{40}.$$

因此, 原同余式的解为

$$x \equiv 6^6 \equiv 39,\quad x \equiv 6^{14} \equiv 21,\quad x \equiv 6^{22} \equiv 5,$$
$$x \equiv 6^{30} \equiv 9,\quad x \equiv 6^{38} \equiv 8,\quad x \equiv 6^{39} \equiv 7 \pmod{41}.$$

定理 5.3.4 设 m 是大于 1 的整数, g 是模 m 的一个原根. 设 a 是一个与 m 互素的整数, 则同余式 (5.46)

$$x^n \equiv a \pmod{m}$$

有解的充分必要条件是

$$(n, \varphi(m)) \mid \text{ind}a, \tag{5.47}$$

且在有解的情况下, 解数为 $(n, \varphi(m))$.

证 若同余式 (5.46) 有解

$$x \equiv x_0 \pmod{m},$$

则分别存在非负整数 u, r 使得

$$x_0 \equiv g^u,\quad a \equiv g^r \pmod{m}.$$

由式 (5.46) 得

$$g^{u\,n} \equiv g^r \pmod{m}$$

或

$$u\,n \equiv r \pmod{\varphi(m)}.$$

即同余式

$$n\,X \equiv r \pmod{\varphi(m)} \tag{5.48}$$

有解 $X \equiv u \pmod{\varphi(m)}$. 因此, 式 (5.47) 成立.

反过来, 若式 (5.47) 成立, 则式 (5.48) 有解

$$X \equiv u \pmod{\varphi(m)},$$

且解数为 $(n, \varphi(m))$. 因此, 式 (5.46) 有解

$$x_0 \equiv g^u \pmod{m},$$

解数为 $(n, \varphi(m))$. 证毕.

推论 在定理 5.3.4 的假设条件下, a 是模 m 的 n 次剩余的充分必要条件是

$$a^{\frac{\varphi(m)}{d}} \equiv 1 \pmod{m},\qquad d = (n, \varphi(m)). \tag{5.49}$$

证 由定理 5.3.4 证明: 同余式 (5.46)

$$x^n \equiv a \pmod{m}$$

有解的充分必要条件是同余式 (5.48)

$$nX \equiv r \pmod{\varphi(m)}$$

有解. 而这等价于式 (5.47)

$$(n, \varphi(m)) \mid \mathrm{ind}a,$$

即

$$\mathrm{ind}a \equiv 0 \pmod{d}.$$

两端同乘以 $\dfrac{\varphi(m)}{d}$, 得到

$$\frac{\varphi(m)}{d}\mathrm{ind}a \equiv 0 \pmod{\varphi(m)}.$$

这等价于式 (5.49). 证毕.

例 5.3.5 求解同余式

$$x^8 \equiv 23 \pmod{41}.$$

解 因为

$$d = (n, \varphi(m)) = (8, \varphi(41)) = (8, 40) = 8,$$
$$\mathrm{ind}23 = 36.$$

又 36 不能被 8 整除, 所以由定理 5.3.4 得同余式无解.

例 5.3.6 求解同余式

$$x^{12} \equiv 37 \pmod{41}.$$

解 因为

$$d = (n, \varphi(m)) = (12, \varphi(41)) = (12, 40) = 4,$$
$$\mathrm{ind}37 = 32.$$

又 4|32, 所以同余式有解. 现求解等价的同余式

$$12\ \mathrm{ind}x \equiv \mathrm{ind}37 \pmod{40}$$

或

$$3\ \mathrm{ind}x \equiv 8 \pmod{10}.$$

得到

$$\mathrm{ind}x \equiv 6,\ 16,\ 26,\ 36 \pmod{40}.$$

查指标表得原同余式解

$$x \equiv 39,\ 18,\ 2,\ 23 \pmod{41}.$$

定理 5.3.5 设 m 是大于 1 的整数, g 是模 m 的一个原根. 设 a 是一个与 m 互素的整数, 则 a 对模 m 的指数是

$$e = \frac{\varphi(m)}{(\mathrm{ind}a, \varphi(m))}. \tag{5.50}$$

特别地, a 是模 m 的原根当且仅当

$$(\mathrm{ind}a, \varphi(m)) = 1. \tag{5.51}$$

证 因为模 m 有原根 g, 所以有

$$a = g^{\text{ind}a} \pmod m.$$

根据定理 5.1.3, a 的指数为

$$\text{ord}(a) = \text{ord}(g^{\text{ind}a}) = \frac{\text{ord}(g)}{(\text{ind}a, \text{ord}(g))} = \frac{\varphi(m)}{(\text{ind}a, \varphi(m))}.$$

显然, a 是模 m 的原根的充分必要条件是 $\text{ord}(a) = \varphi(m)$, 即式 (5.51) 成立. 证毕.

定理 5.3.6 设 m 是大于 1 的整数, g 是模 m 的一个原根, 则模 m 的简化剩余系中, 指数是 e 的整数个数是 $\varphi(e)$. 特别地, 在模 m 的简化剩余系中, 原根的个数是 $\varphi(\varphi(m))$.

证 因为模 m 有原根 g, 根据定理 5.1.3, 知 $a = g^d$ 的指数为

$$\text{ord}(a) = \text{ord}(g^d) = \frac{\text{ord}(g)}{(d, \text{ord}(g))} = \frac{\varphi(m)}{(d, \varphi(m))}.$$

显然, a 的指数是 e 的充分必要条件是 $\dfrac{\varphi(m)}{(d, \varphi(m))} = e$, 即

$$(d, \varphi(m)) = \frac{\varphi(m)}{e}.$$

令 $d = d'\dfrac{\varphi(m)}{e}$, $0 \leqslant d' < e$. 上式等价于 $(d', e) = 1$. 易知这样的 d' 有 $\varphi(e)$ 个. 从而指数为 $\varphi(m)$ 的整数个数是 $\varphi(\phi(m))$, 即原根个数是 $\varphi(\varphi(m))$. 证毕.

5.4 习题

(1) 计算 $2, 5, 10$ 模 13 的指数.

(2) 计算 $3, 7, 10$ 模 19 的指数.

(3) 求模 81 的原根.

(4) 证明: 不存在模 55 的原根.

(5) 问模 47 的原根有多少个? 求出模 47 的所有原根.

(6) 问模 59 的原根有多少个? 求出模 59 的所有原根.

(7) 设 $m > 1$ 是整数, a 是与 m 互素的整数. 假如 $\text{ord}_m(a) = st$, 那么 $\text{ord}_m(a^s) = t$.

(8) 设 n 是一个正整数, d 是 $\varphi(n)$ 的一个正因数. 问是否存在整数使得 $\text{ord}_n(a) = d$.

(9) 设 $m = a^n - 1$, 其中 a 和 n 是正整数. 证明: $\text{ord}_m(a) = n$, 从而得到 $n|\varphi(m)$.

(10) 设 p 和 $\dfrac{p-1}{2}$ 都是素数, 设 a 是与 p 互素的正整数. 如果

$$a \not\equiv 1, \quad a^2 \not\equiv 1, \quad a^{\frac{p-1}{2}} \not\equiv 1 \pmod p,$$

则 a 是模 p 的原根.

(11) 求模 113 的原根.

(12) 求模 113^2 的原根.

(13) 求模 167 的原根.

(14) 求模 167^2 的原根.

(15) 设 n 是正整数. 如果存在一个整数 a 使得

$$a^{n-1} \equiv 1 \pmod{n}$$

以及

$$a^{\frac{n-1}{q}} \not\equiv 1 \pmod{n}$$

对 $n-1$ 的所有素因数 q, 则 n 是一个素数.

(16) 求解同余式

$$x^{22} \equiv 5 \ (\mathrm{mod}\ 41).$$

(17) 求解同余式

$$x^{22} \equiv 29 \ (\mathrm{mod}\ 41).$$

思考题

(1) 编程实现计算整数 a 模 m 的指数.

(2) 编程实现计算序列 $u = \{u_k = a^k \mod m \mid k \geqslant 1\}$ 的最小周期 $p(u)$.

(3) 设 p 是奇素数. 编程实现计算整数 a 模 p 的指数.

(4) 设 p 是奇素数. 编程实现计算序列 $u = \{u_k = a^k \mod p \mid k \geqslant 1\}$ 的最小周期 $p(u)$.

(5) 设 p 是奇素数. 编程实现计算模 p 的原根 g.

(6) 设 p 是奇素数, α 是正整数. 编程实现计算模 p^α 的原根 g.

(7) 设 p 是奇素数. 编程实现计算模 p 的原根 g 及构建指数表, 并由此求解 n 次同余式 $x^n \equiv b \mod p$.

(8) 设 p 是奇素数. 编程实现计算模 p 的原根 g 及构建指数表, 并由此快速计算 $a \cdot b \mod p$.

(9) 设 p, q 是不同奇素数. 编程实现计算整数 a 模 $p \cdot q$ 的指数.

(10) 设 p, $q = 2p-1$ 是不同奇素数. 编程实现计算整数 a 模 $p \cdot q$ 的指数.

(11) 设 p, q 是不同奇素数, 且 $\dfrac{p-1}{2}$, $\dfrac{q-1}{2}$ 都是素数. 编程实现计算整数 a 模 $p \cdot q$ 的指数.

第 6 章 素性检验

在本章, 研究如何产生以及如何快速产生大素数, 特别是利用对于素数成立的定理 (Fermat 小定理、欧拉定理等) 的否定说法来产生大素数.

6.1 伪素数

6.1.1 伪素数 Fermat 素性检验

根据 Fermat 小定理可知: 如果 n 是一个素数, 则对任意整数 b, $(b,n)=1$, 有

$$b^{n-1} \equiv 1 \pmod{n}.$$

由此可得: 如果有一个整数 b, $(b,n)=1$ 使得

$$b^{n-1} \not\equiv 1 \pmod{n},$$

则 n 是一个合数.

将指数的语言用于上述的讨论, 并结合定理 5.1.1, 有: 如果 n 是一个素数, 则对任意整数 b, $(b,n)=1$, 有

$$\mathrm{ord}_n(b) \mid n-1.$$

由此可得: 如果有一个整数 b, $(b,n)=1$ 使得

$$\mathrm{ord}_n(b) \nmid n-1.$$

则 n 是一个合数.

例 6.1.1 因为

$$2^{62} \equiv 2^{60} \cdot 2^2 \equiv (2^6)^{10} \cdot 2^2 \equiv 64^{10} \cdot 2^2 \equiv 4 \not\equiv 1 \pmod{63},$$

所以 63 一个是合数. 事实上,

$$\begin{cases} 2^3 \equiv 1 \pmod{7} \\ 2^6 \equiv 1 \pmod{9} \end{cases}$$

以及 $\mathrm{ord}_{63}(2) = 6 \nmid 63-1$.

上述说法的否定说法不能成立. 事实上,

$$\begin{cases} 8^1 \equiv 1 \pmod{7} \\ 8^2 \equiv 1 \pmod{9} \end{cases}$$

以及 $\mathrm{ord}_{63}(8) = 2 \mid 63-1$.

例 6.1.2

$$8^{62} \equiv (2^6)^{31} \equiv 1 \pmod{63}.$$

定义 6.1.1 设 n 是一个奇合数. 如果整数 b, $(b,n)=1$ 使得同余式

$$b^{n-1} \equiv 1 \pmod{n} \tag{6.1}$$

成立, 则 n 叫做对于基 b 的**伪素数**.

注 伪素数的表述也可以用周期序列来解释. 设 n 是一个奇合数. 如果整数 b, $(b,n)=1$ 使得 $n-1$ 为序列 $u=\{u_k=b^k \mod n \mid k\geqslant 1\}$ 的周期, 则 n 叫做对于基 b 的**伪素数**.

因为 n 为素数时, 对任意整数 b, $(b,n)=1$, 有 $n-1$ 为序列 $u=\{u_k=b^k \mod n \mid k\geqslant 1\}$ 的周期.

由此, 若存在整数 b, $(b,n)=1$, 使得 $n-1$ 不是序列 $u=\{u_k=b^k \mod n \mid k\geqslant 1\}$ 的周期, 则 n 一定是合数.

例 6.1.3 整数 63 都是对于基 $b=8$ 的伪素数,

例 6.1.4 整数 $341=11\cdot 31$, $561=3\cdot 11\cdot 17$, $645=3\cdot 5\cdot 43$ 都是对于基 $b=2$ 的伪素数, 因为

$$2^{340}\equiv 1 \pmod{341},\quad 2^{560}\equiv 1 \pmod{561},\quad 2^{644}\equiv 1 \pmod{645}.$$

事实上, 有

$$\begin{cases} 2^{10} & \equiv & 1 \pmod{11} \\ 2^{5} & \equiv & 1 \pmod{31} \end{cases},\qquad \begin{cases} 2^{2} & \equiv & 1 \pmod{3} \\ 2^{10} & \equiv & 1 \pmod{11} \\ 2^{8} & \equiv & 1 \pmod{17} \end{cases},\qquad \begin{cases} 2^{2} & \equiv & 1 \pmod{3} \\ 2^{4} & \equiv & 1 \pmod{5} \\ 2^{14} & \equiv & 1 \pmod{43} \end{cases}.$$

下面讨论伪素数的性质.

定理 6.1.1 设是一个奇合数, 则

(i) n 是对于基 b 的伪素数当且仅当 b 模 n 的阶整除 $n-1$.

(ii) 如果 n 是对于基 b_1 和基 b_2 的伪素数, 则 n 是对于基 $b_1\cdot b_2$ 的伪素数.

(iii) 如果 n 是对于基 b 的伪素数, 则 n 是对于基 b^{-1} 的伪素数.

(iv) 如果有一个整数 b 使得同余式 (6.1) 不成立, 则模 n 的简化剩余系中至少有一半的数使得同余式 (6.1) 不成立.

证 (i) 如果 n 是对于基 b 的伪素数, 则有

$$b^{n-1}\equiv 1 \pmod{n}.$$

根据定理 5.1.1, 有

$$\mathrm{ord}_n(b)\mid n-1.$$

反过来, 如果 $\mathrm{ord}_n(b)\mid n-1$, 则存在整数 q 使得 $n-1=q\cdot \mathrm{ord}_n(b)$. 因此, 有

$$b^{n-1}\equiv [b^{\mathrm{ord}_n(b)}]^q\equiv 1 \pmod{n}.$$

(ii) 因为 n 是对于基 b_1 和基 b_2 的伪素数, 所以有

$$b_1^{n-1}\equiv 1,\quad b_2^{n-1}\equiv 1 \pmod{n}.$$

从而,

$$(b_1 \cdot b_2)^{n-1} \equiv b_1^{n-1} \cdot b_2^{n-1} \equiv 1 \pmod{n}.$$

故 n 是对于基 $b_1 \cdot b_2$ 的伪素数.

(iii) 因为 n 是对于基 b 的伪素数, 所以有

$$b^{n-1} \equiv 1 \pmod{n}.$$

从而,

$$(b^{-1})^{n-1} \equiv (b^{n-1})^{-1} \equiv 1 \pmod{n}.$$

故 n 是对于基 b^{-1} 的伪素数.

(iv) 设 $b_1, \cdots, b_s, b_{s+1}, \cdots, b_{\varphi(n)}$ 是模的简化剩余系, 其中前 s 个数使得同余式 (6.1) 成立, 后 $\varphi(n)-s$ 个数使得同余式 (6.1) 不成立. 根据假设条件, 存在一个整数 b, $(b,n)=1$, 使得同余式 (6.1) 不成立, 再根据结论 (ii) 和 (iii), 有 s 个模 n 不同简化剩余

$$b \cdot b_1, \cdots, b \cdot b_s$$

使得同余式 (6.1) 不成立. 因此, $s \leqslant \varphi(n)-s$, 或者 $\varphi(n)-s \geqslant \dfrac{\varphi(n)}{2}$. 这就是说, 模 n 的简化剩余系中至少有一半的数使得同余式 (6.1) 不成立. 证毕.

例 6.1.5 设 $n=63$, 求出所有整数 b, $1 \leqslant b \leqslant n-1$ 使得 n 是对于基 b 的伪素数.

a	a^{n-1}	a	a^{n-1}	a	a^{n-1}	a	a^{n-1}	a	a^{n-1}
1	1	14	7	27	36	40	25	53	37
2	4	15	36	28	28	41	43	54	18
3	9	16	4	29	22	42	0	55	1
4	16	17	37	30	18	43	22	56	49
5	25	18	9	31	16	44	46	57	36
6	36	19	46	32	16	45	9	58	25
7	49	20	22	33	18	46	37	59	16
8	1	21	0	34	22	47	4	60	9
9	18	22	43	35	28	48	36	61	4
10	37	23	25	36	36	49	7	62	1
11	58	24	9	37	46	50	43		
12	18	25	58	38	58	51	18		
13	43	26	46	39	9	52	58		

定理 6.1.1 (iv) 告知我们: 对于大奇数, 如果有一个整数 b, $(b,n)=1$, 使得同余式 (6.1) 不成立, 则模 n 的简化剩余系中至少有一半的数使得同余式 (6.1) 不成立. 这就是说, 对于随机选取的整数 b, $(b,n)=1$, 有 50% 以上的机会来判断出 n 是合数, 或者说 n 是合数的可能性小于 50% .

假设一个盒子内有 N 个大小相同的球 (如 $N=2^{1024}$), 球的颜色有绿色和红色两种. 如果蓝球个数小于或等于红球个数, 则从盒子中随机取到蓝球的概率小于或等于 $\dfrac{1}{2}$, 连续 k 次取到蓝球的概率小于或等于 $\dfrac{1}{2^k}$.

现在, 给出判断一个大奇整数 n 为素数的方法:

(1) 随机选取整数 b_1, $0<b_1<n$, 利用广义欧几里得除法计算 b_1 和 n 的最大公因数 $d_1=(b_1,n)$.

(2) 如果 $d_1>1$, 则 n 不是素数.

(3) 如果 $d_1=1$, 则计算 $b_1^{n-1} \pmod n$, 看看同余式 (6.1) 是否成立.

- 如果不成立, 则 n 不是素数.
- 如果成立, 则 n 是合数的可能性小于 $\dfrac{1}{2}$ 或者说 n 是素数的可能性大于 $1-\dfrac{1}{2}$.

重复上述步骤.

(1) 再随机选取整数 b_2, $0<b_2<n$, 利用广义欧几里得除法计算 b_2 和 n 的最大公因数 $d_2=(b_2,n)$.

(2) 如果 $d_2>1$, 则 n 不是素数.

(3) 如果 $d_2=1$, 则计算 $b_2^{n-1} \pmod n$, 看看同余式 (6.1) 是否成立.

- 如果不成立, 则 n 不是素数.
- 如果成立, 则 n 是合数的可能性小于 $\dfrac{1}{2^2}$ 或者说 n 是素数的可能性大于 $1-\dfrac{1}{2^2}$.

继续重复上述步骤, $\cdots\cdots$, 直至第 t 步.

(1) 随机选取整数 b_t, $0<b_t<n$, 利用广义欧几里得除法计算 b_t 和 n 的最大公因数 $d_t=(b_t,n)$.

(2) 如果 $d_t>1$, 则 n 不是素数.

(3) 如果 $d_t=1$, 则计算 $b_t^{n-1} \pmod n$, 看看同余式 (6.1) 是否成立.

- 如果不成立, 则 n 不是素数.
- 如果成立, 则 n 是合数的可能性小于 $\dfrac{1}{2^t}$ 或者说 n 是素数的可能性大于 $1-\dfrac{1}{2^t}$.

上述过程也可简单归纳为:

Fermat 素性检验

给定奇整数 $n\geqslant 3$ 和安全参数 t.

(1) 随机选取整数 b, $(b,n)=1$, $2\leqslant b\leqslant n-2$.

(2) 计算 $r=b^{n-1} \pmod n$.

(3) 如果 $r\neq 1$, 则 n 是合数.

(4) 上述过程重复 t 次.

6.1.2 无穷多伪素数

本节讨论伪素数的存在性.

引理 6.1.1 设 d, n 都是正整数. 如果 d 能整除 n, 则 2^d-1 能整除 2^n-1.

证 因为 $d\,|n$, 所以存在一个整数 q 使得 $n=q\cdot d$. 因此, 有

$$2^n-1=(2^d)^q-1=((2^d)^{q-1}+(2^d)^{q-2}+\cdots+2^d+1)(2^d-1).$$

故 $2^d-1\mid 2^n-1$. 证毕.

定理 6.1.2 存在无穷多个对于基 2 的伪素数.

证 (Ⅰ) 证明: 如果 n 是对于基 2 的伪素数, 则 $m = 2^n - 1$ 也是对于基 2 的伪素数. 事实上, 因为 n 是对于基 2 的伪素数, 所以 n 是奇合数, 并且 $2^{n-1} \equiv 1 \pmod n$. 由于 n 是奇合数, 所以有因数分解式 $n = q \cdot d$, $1 < d < n, 1 < q < n$. 根据引理, 得到 $2^d - 1 \mid 2^n - 1$. 因此 $m = 2^n - 1$ 是合数.

现在验证

$$2^{m-1} \equiv 1 \pmod m.$$

因为 $2^{n-1} \equiv 1 \pmod n$, 所以可以将 $m - 1 = 2(2^{n-1} - 1)$ 写成 $m - 1 = kn$. 根据引理, 得到 $2^n - 1 \mid 2^{m-1} - 1$. 因此, 同余式

$$2^{m-1} \equiv 1 \pmod m$$

成立. 故 $m = 2^n - 1$ 是对于基 2 的伪素数.

(Ⅱ) 取 n_0 为对于基 2 的一个伪素数, 例如 $n_0 = 341$ 是一个对于基 2 的伪素数. 再令

$$n_1 = 2^{n_0} - 1,\ n_2 = 2^{n_1} - 1,\ n_3 = 2^{n_2} - 1,\ \cdots$$

根据结论 (Ⅰ), 这些整数都是对于基 2 的伪素数. 证毕.

6.1.3 平方因子的判别

因为判断 n 是否有平方因子是产生大素数或作因数分解的重要步骤之一, 所以给出相关的结论.

定理 6.1.3 设 n 是一个有平方因子的整数, 则存在整数 b, $(b, n) = 1$ 使得同余式 (6.1) 不成立, 即

$$b^{n-1} \not\equiv 1 \pmod n.$$

证 反证法. 设对所有的正整数 b, $(b, n) = 1$, 都有同余式

$$b^{n-1} \equiv 1 \pmod n$$

成立. 根据定理的假设, 存在一个素数幂 p^α, $\alpha \geqslant 2$, 使得 $n = p^\alpha \cdot n'$, $(n', p) = 1$. 根据定理 5.2.7, 存在 g 使得 g 是模 p^α 原根, 即

$$\mathrm{ord}_{p^\alpha}(g) = p^{\alpha-1}(p-1).$$

现在运用定理 3.2.1 (中国剩余定理), 可求得 $x \equiv b \pmod n$ 满足:

$$\begin{cases} x \equiv g \pmod{p^\alpha}, \\ x \equiv 1 \pmod{n'}. \end{cases}$$

这时, 有 $(b, n) = 1$ 以及

$$\mathrm{ord}_{p^\alpha}(b) = \mathrm{ord}_{p^\alpha}(g) = p^{\alpha-1}(p-1).$$

因为

$$b^{n-1} \equiv 1 \pmod n,$$

所以

$$b^{n-1} \equiv 1 \pmod{p^\alpha}.$$

根据定理 5.1.1, 得到

$$\mathrm{ord}_{p^\alpha}(b) \mid n-1 \quad \text{或} \quad p^{\alpha-1}(p-1) \mid n-1.$$

因此, $p \mid n-1$. 这不可能. 证毕.

6.1.4 Carmicheal 数

本节讨论使得 Fermat 素性检验算法无效的整数.

定义 6.1.2 合数 n 称为 **Carmichael** 数, 如果对所有的正整数 b, $(b,n)=1$, 都有同余式

$$b^{n-1} \equiv 1 \pmod{n}$$

成立.

注 Carmichael 数 n 也可解释为这样一个正合数 n, 它使得对所有的正整数 b, $(b,n)=1$, $n-1$ 都是序列 $u=\{u_k=b^k \mod n \mid k \geqslant 1\}$ 的周期.

例 6.1.6 整数 $561=3\cdot 11\cdot 17$ 是一个 Carmichael 数.

证 如果 $(b,561)=1$, 则 $(b,3)=(b,11)=(b,17)=1$. 根据 Fermat 小定理, 有

$$b^2 \equiv 1 \pmod{3}, \quad b^{10} \equiv 1 \pmod{11}, \quad b^{16} \equiv 1 \pmod{17}.$$

从而,

$$\begin{cases} b^{560} \equiv (b^2)^{280} \equiv 1 \pmod{3}, \\ b^{560} \equiv (b^{10})^{56} \equiv 1 \pmod{11}, \\ b^{560} \equiv (b^{16})^{35} \equiv 1 \pmod{17}. \end{cases}$$

因此, 有

$$b^{560} \equiv 1 \pmod{561}.$$

定理 6.1.4 设 n 是一个奇合数.

(i) 如果 n 被一个大于 1 平方数整除, 则 n 不是 Carmichael 数.

(ii) 如果 $n=p_1\cdots p_k$ 是一个无平方数, 则 n 是 Carmichael 数的充要条件是

$$p_i-1 \mid n-1, \quad 1 \leqslant i \leqslant k.$$

证 (i) 由定理 6.1.3 得到.

(ii) 设 $n=p_1\cdots p_k$ 是一个无平方数.

充分性. 设有正整数 b, $(b,n)=1$, 则 $(b,p_i)=1$, $1 \leqslant i \leqslant k$, 有

$$b^{p_i-1} \equiv 1 \pmod{p_i}, \quad 1 \leqslant i \leqslant k.$$

进而

$$b^{n-1} \equiv \left(b^{p_i-1}\right)^{\frac{n-1}{p_i-1}} \equiv 1 \pmod{p_i}, \quad 1 \leqslant i \leqslant k.$$

这说明 n 是 Carmichael 数.

必要性. 设 n 是 Carmichael 数, 则对所有的正整数 b, $(b,n)=1$, 都有同余式

$$b^{n-1} \equiv 1 \pmod{n}.$$

固定 i, $1 \leqslant i \leqslant k$, 并设 g_i 是模 p_i 原根, 则存在整数 b_i 满足

$$\begin{cases} x \equiv g_i & \pmod{p_i}, \\ x \equiv 1 & \pmod{\dfrac{n}{p_i}}. \end{cases}$$

这时, $(b_i,n)=1$, 且

$$b_i^{n-1} \equiv 1 \pmod{n}.$$

进而,

$$b_i^{n-1} \equiv 1 \pmod{p_i}.$$

这意味着

$$\operatorname{ord}_{p_i}(b_i) \mid n-1 \quad 或 \quad p_i - 1 \mid n-1.$$

证毕.

定理 6.1.5 每个 Carmichael 数是至少三个不同素数的乘积.

证 反证法. 假设有一个 Carmichael 数 n, 其可以表示为两个素数的乘积. 不妨设 $n = p\cdot q$, $p<q$. 根据定理 6.1.4 (ii), 有 $n-1 \equiv 0 \pmod{q-1}$. 从而,

$$p-1 = n-1-p(q-1) \equiv 0 \pmod{q-1}.$$

这不可能. 因此, 每个 Carmichael 数是至少三个不同素数的乘积. 证毕.

注 (1) 存在无穷多个 Carmichael 数.

(2) 当 n 充分大时, 区间 $[2,n]$ 内的 Carmichael 数的个数 $\geqslant n^{2/7}$.

6.2 Euler 伪素数

6.2.1 Euler 伪素数、Solovay-Stassen 素性检验

设 n 是奇素数. 根据定理 4.3.1, 有同余式

$$b^{\frac{n-1}{2}} \equiv \left(\frac{b}{n}\right) \pmod{n}$$

对任意整数 b 成立.

因此, 如果存在整数 b, $(b,n)=1$, 使得

$$b^{\frac{n-1}{2}} \not\equiv \left(\frac{b}{n}\right) \pmod{n},$$

则 n 不是一个素数.

例 6.2.1 设 $n=341$, $b=2$. 分别计算得到

$$2^{\frac{341-1}{2}} \equiv 1 \pmod{341} \quad 以及 \quad \left(\frac{2}{341}\right)=(-1)^{\frac{341^2-1}{8}}=-1,$$

因为

$$2^{\frac{341-1}{2}} \not\equiv \left(\frac{2}{341}\right) \pmod{341},$$

所以 341 不是一个素数.

定义 6.2.1 设 n 是一个正奇合数. 设整数 b 与 n 互素. 如果整数 n 和 b 满足条件

$$b^{\frac{n-1}{2}} \equiv \left(\frac{b}{n}\right) \pmod{n}, \tag{6.2}$$

则 n 叫做对于基 b 的 **Euler 伪素数**.

例 6.2.2 设 $n=1105$, $b=2$. 分别计算得到

$$2^{\frac{1105-1}{2}} \equiv 1 \pmod{1105} \quad 以及 \quad \left(\frac{2}{1105}\right)=(-1)^{\frac{1105^2-1}{8}}=1.$$

因为

$$2^{\frac{1105-1}{2}} \equiv \left(\frac{2}{1105}\right) \pmod{1105},$$

所以 1105 是一个对于基 2 的 Euler 伪素数.

例 6.2.3 设 $n=11\cdot 31=341$. 求出所有整数 b, $1\leqslant b\leqslant n-1$ 使得 n 是对于基 b 的 Euler 伪素数.

解 $\varphi(n)=300$, 使得 n 是对于基 b 的伪素数的 b 有 97 个, 概率为 $\dfrac{97}{300}$, 这些 b 为

$$\begin{array}{rllllllllll}
b= & 1, & 2*, & 4, & 8*, & 15*, & 16, & 23*, & 27*, & 29, & 30,\\
 & 32*, & 35*, & 39*, & 46, & 47, & 54, & 58*, & 60*, & 61, & 63*,\\
 & 64, & 70, & 78, & 85, & 89*, & 91*, & 92*, & 94*, & 95*, & 97,\\
 & 101*, & 108*, & 109*, & 116, & 120, & 122*, & 123, & 125, & 126, & 128*,\\
 & 139, & 140*, & 147*, & 151, & 153, & 156*, & 157, & 159, & 163, & 170*,\\
 & 171*, & 178, & 182, & 184, & 185*, & 188, & 190, & 194*, & 201*, & 202,\\
 & 213*, & 215, & 216, & 218, & 219*, & 221, & 225, & 232*, & 233*, & 240*,\\
 & 244, & 246*, & 247*, & 249*, & 250*, & 252*, & 256, & 263, & 271, & 277,\\
 & 278*, & 280, & 281*, & 283*, & 287, & 294, & 295, & 302*, & 306*, & 309*,\\
 & 311, & 312, & 314*, & 318*, & 325, & 326*, & 333*, & 337, & 339*, & 340.
\end{array}$$

其中未标注 $*$ 号的数 b 使得 n 是对于基 b 的 Euler 伪素数, 共有 50 个, 概率为 $\dfrac{50}{1012}$.

b	$b^{\frac{n-1}{2}}$	$\left(\frac{b}{n}\right)$	b	$b^{\frac{n-1}{2}}$	$\left(\frac{b}{n}\right)$	b	$b^{\frac{n-1}{2}}$	$\left(\frac{b}{n}\right)$	b	$b^{\frac{n-1}{2}}$	$\left(\frac{b}{n}\right)$	b	$b^{\frac{n-1}{2}}$	$\left(\frac{b}{n}\right)$
1	1	1	11	242	0	21	56	1	31	155	0	41	56	−1
2*	1	−1	12	67	−1	22	242	0	32*	1	−1	42	56	−1
3	67	−1	13	56	1	23*	1	−1	33	187	0	43	67	1
4	1	1	14	67	1	24	67	1	34	67	−1	44	242	0
5	56	1	15*	1	−1	25	67	1	35*	1	−1	45	67	1
6	67	1	16	1	1	26	56	−1	36	56	1	46	1	1
7	67	−1	17	67	1	27*	1	−1	37	67	−1	47	1	1
8*	1	−1	18	56	−1	28	67	−1	38	67	1	48	67	−1
9	56	1	19	67	−1	29	1	1	39*	1	−1	49	56	1
10	56	−1	20	56	1	30	1	1	40	56	−1	50	67	−1

b	$b^{\frac{n-1}{2}}$	$\left(\frac{b}{n}\right)$	b	$b^{\frac{n-1}{2}}$	$\left(\frac{b}{n}\right)$	b	$b^{\frac{n-1}{2}}$	$\left(\frac{b}{n}\right)$	b	$b^{\frac{n-1}{2}}$	$\left(\frac{b}{n}\right)$	b	$b^{\frac{n-1}{2}}$	$\left(\frac{b}{n}\right)$
51	56	−1	61	1	1	71	56	1	81	67	1	91*	1	−1
52	56	1	62	155	0	72	56	−1	82	56	1	92*	1	−1
53	56	−1	63*	1	−1	73	56	1	83	56	1	93	155	0
54	1	1	64	1	1	74	67	1	84	56	1	94*	1	−1
55	253	0	65	67	1	75	56	−1	85	1	1	95*	1	−1
56	67	1	66	187	0	76	67	−1	86	67	−1	96	67	1
57	56	1	67	56	1	77	187	0	87	67	−1	97	1	1
58*	1	−1	68	67	1	78	1	1	88	242	0	98	56	−1
59	67	1	69	67	1	79	67	1	89*	1	−1	99	253	0
60*	1	−1	70	1	1	80	56	1	90	67	−1	100	67	1

b	$b^{\frac{n-1}{2}}$	$\left(\frac{b}{n}\right)$	b	$b^{\frac{n-1}{2}}$	$\left(\frac{b}{n}\right)$	b	$b^{\frac{n-1}{2}}$	$\left(\frac{b}{n}\right)$	b	$b^{\frac{n-1}{2}}$	$\left(\frac{b}{n}\right)$	b	$b^{\frac{n-1}{2}}$	$\left(\frac{b}{n}\right)$
101*	1	−1	111	56	1	121	253	0	131	67	−1	141	67	−1
102	56	1	112	67	−1	122*	1	−1	132	187	0	142	56	−1
103	56	1	113	56	1	123	1	1	133	56	1	143	253	0
104	56	−1	114	56	−1	124	155	0	134	56	−1	144	56	1
105	67	1	115	56	−1	125	1	1	135	56	−1	145	56	1
106	56	1	116	1	1	126	1	1	136	67	−1	146	56	−1
107	67	−1	117	67	1	127	67	1	137	56	−1	147*	1	−1
108*	1	−1	118	67	−1	128*	1	−1	138	67	−1	148	67	−1
109*	1	−1	119	56	−1	129	56	−1	139	1	1	149	67	−1
110	253	0	120	1	1	130	67	−1	140*	1	−1	150	56	1

b	$b^{\frac{n-1}{2}}$	$\left(\frac{b}{n}\right)$	b	$b^{\frac{n-1}{2}}$	$\left(\frac{b}{n}\right)$	b	$b^{\frac{n-1}{2}}$	$\left(\frac{b}{n}\right)$	b	$b^{\frac{n-1}{2}}$	$\left(\frac{b}{n}\right)$	b	$b^{\frac{n-1}{2}}$	$\left(\frac{b}{n}\right)$
151	1	1	161	67	1	171*	1	−1	181	56	−1	191	56	1
152	67	1	162	67	−1	172	67	1	182	1	1	192	67	−1
153	1	1	163	1	1	173	56	−1	183	67	−1	193	67	−1
154	187	0	164	56	−1	174	67	1	184	1	1	194*	1	−1
155	155	0	165	242	0	175	56	−1	185*	1	−1	195	56	−1
156*	1	−1	166	56	−1	176	242	0	186	155	0	196	56	1
157	1	1	167	67	1	177	56	−1	187	187	0	197	56	1
158	67	−1	168	56	−1	178	1	1	188	1	1	198	253	0
159	1	1	169	67	1	179	67	−1	189	67	1	199	56	−1
160	56	−1	170*	1	−1	180	67	1	190	1	1	200	67	−1

b	$b^{\frac{n-1}{2}}$	$\left(\frac{b}{n}\right)$	b	$b^{\frac{n-1}{2}}$	$\left(\frac{b}{n}\right)$	b	$b^{\frac{n-1}{2}}$	$\left(\frac{b}{n}\right)$	b	$b^{\frac{n-1}{2}}$	$\left(\frac{b}{n}\right)$	b	$b^{\frac{n-1}{2}}$	$\left(\frac{b}{n}\right)$
201*	1	−1	211	67	−1	221	1	1	231	253	0	241	67	1
202	1	1	212	56	−1	222	56	−1	232*	1	−1	242	253	0
203	67	−1	213*	1	−1	223	67	−1	233*	1	−1	243	56	−1
204	56	−1	214	67	1	224	67	1	234	67	−1	244	1	1
205	67	−1	215	1	1	225	1	1	235	56	1	245	67	1
206	56	−1	216	1	1	226	56	−1	236	67	1	246*	1	−1
207	56	−1	217	155	0	227	56	−1	237	56	−1	247*	1	−1
208	56	1	218	1	1	228	56	1	238	56	1	248	155	0
209	187	0	219*	1	−1	229	67	−1	239	56	1	249*	1	−1
210	67	−1	220	253	0	230	56	1	240*	1	−1	250*	1	−1

b	$b^{\frac{n-1}{2}}$	$\left(\frac{b}{n}\right)$	b	$b^{\frac{n-1}{2}}$	$\left(\frac{b}{n}\right)$	b	$b^{\frac{n-1}{2}}$	$\left(\frac{b}{n}\right)$	b	$b^{\frac{n-1}{2}}$	$\left(\frac{b}{n}\right)$	b	$b^{\frac{n-1}{2}}$	$\left(\frac{b}{n}\right)$
251	67	−1	261	56	1	271	1	1	281*	1	−1	291	67	−1
252*	1	−1	262	67	1	272	67	1	282	67	1	292	56	1
253	242	0	263	1	1	273	67	1	283*	1	−1	293	67	−1
254	67	−1	264	187	0	274	56	1	284	56	1	294	1	1
255	67	−1	265	67	−1	275	187	0	285	67	1	295	1	1
256	1	1	266	56	−1	276	67	1	286	253	0	296	67	1
257	56	1	267	67	1	277	1	1	287	1	1	297	242	0
258	56	1	268	56	1	278*	1	−1	288	56	−1	298	67	1
259	56	1	269	56	−1	279	155	0	289	56	1	299	56	−1
260	67	1	270	56	1	280	1	1	290	56	−1	300	56	−1

b	$b^{\frac{n-1}{2}}$	$\left(\frac{b}{n}\right)$	b	$b^{\frac{n-1}{2}}$	$\left(\frac{b}{n}\right)$	b	$b^{\frac{n-1}{2}}$	$\left(\frac{b}{n}\right)$	b	$b^{\frac{n-1}{2}}$	$\left(\frac{b}{n}\right)$
301	56	−1	311	1	1	321	56	1	331	56	−1
302∗	1	−1	312	1	1	322	67	−1	332	56	1
303	67	1	313	67	−1	323	56	−1	333∗	1	−1
304	67	−1	314∗	1	−1	324	67	1	334	67	−1
305	56	1	315	56	−1	325	1	1	335	67	1
306∗	1	−1	316	67	1	326∗	1	−1	336	56	1
307	67	−1	317	67	1	327	67	1	337	1	1
308	187	0	318∗	1	−1	328	56	1	338	67	−1
309∗	1	−1	319	242	0	329	67	−1	339∗	1	−1
310	155	0	320	56	1	330	242	0	340	1	1

Solovay-Stassen 素性检验

给定奇整数 $n \geqslant 3$ 和安全参数 t.

(1) 随机选取整数 b, $2 \leqslant b \leqslant n-2$.

(2) 计算 $r = b^{\frac{n-1}{2}} \pmod n$.

(3) 如果 $r \neq 1$ 以及 $r \neq n-1$, 则 n 是合数.

(4) 计算 Jacobi 符号 $s = \left(\frac{b}{n}\right)$.

(5) 如果 $r \neq s$, 则 n 是合数.

(6) 上述过程重复 t 次.

6.2.2 无穷多 Euler 伪素数

定理 6.2.1 如果 n 是对于基 b 的 Euler 伪素数, 则 n 是对于基 b 的伪素数.

证 设 n 是对于基 2 的 Euler 伪素数, 则有

$$b^{\frac{n-1}{2}} \equiv \left(\frac{b}{n}\right) \pmod n.$$

上式两端平方, 并注意到 $\left(\frac{b}{n}\right) = \pm 1 \pmod n$, 有

$$b^{n-1} \equiv \left(b^{\frac{n-1}{2}}\right)^2 \equiv \left(\frac{b}{n}\right)^2 \equiv 1 \pmod n,$$

因此, n 是对于基 b 的伪素数. 证毕.

定理 6.2.1 的逆不成立, 即不是每个伪素数都是 Euler 伪素数. 例如: 341 是对于基 2 的伪素数, 但不是对于基 2 的 Euler 伪素数.

6.3 强伪素数

6.3.1 强伪素数、Miller-Rabin 素性检验

设 n 是奇素数, 并且有 $n-1=2^s t$, 则有以下因数分解式:

$$b^{n-1}-1=\left(b^{2^{s-1}t}+1\right)\left(b^{2^{s-2}t}+1\right)\cdots\left(b^{t}+1\right)\left(b^{t}-1\right).$$

因此, 如果有同余式

$$b^{n-1}\equiv 1 \pmod n,$$

则以下同余式至少有一个成立:

$$\begin{aligned}
b^t &\equiv 1 \pmod n,\\
b^t &\equiv -1 \pmod n,\\
b^{2t} &\equiv -1 \pmod n,\\
&\ \ \vdots\\
b^{2^{s-1}t} &\equiv -1 \pmod n.
\end{aligned}$$

由此得到: 如果有一个整数 b 使得

$$\left\{\begin{aligned}
b^t &\not\equiv 1 \pmod n,\\
b^t &\not\equiv -1 \pmod n,\\
b^{2t} &\not\equiv -1 \pmod n,\\
&\ \ \vdots\\
b^{2^{s-1}t} &\not\equiv -1 \pmod n,
\end{aligned}\right.$$

则 n 是合数.

在计算 $b^{n-1} \pmod n$ 时, 通常要运用模重复平方法, 这时, 计算次序为

$$b^t \pmod n \to b^t \pmod n \to (b^t)^2 \pmod n \to \cdots \to (b^t)^{2^{s-1}} \pmod n.$$

这意味着以下的素性检验方法比费马素性检验的效果要好一些.

定义 6.3.1 设 n 是一个奇合数, 且有表示式 $n-1=2^s t$, 其中 t 为奇数. 设整数 b 与 n 互素. 如果整数 n 和 b 满足条件

$$b^t\equiv 1 \pmod n,$$

或者存在一个整数 r, $0\leqslant r<s$ 使得

$$b^{2^r t}\equiv -1 \pmod n,$$

则 n 叫做对于基 b 的 **强伪素数**.

例 6.3.1 整数 $n=2047=23\cdot 89$ 是对于基 $b=2$ 的强伪素数.

解　因为

$$2^{2046/2} \equiv (2^{11})^{93} \equiv (2048)^{93} \equiv 1 \pmod{2047},$$

所以整数 2047 是对于基 $b=2$ 的强伪素数.

Miller-Rabin 素性检验

给定奇整数 $n \geqslant 3$ 和安全参数 k.

写 $n-1=2^s t$, 其中 t 为奇整数.

(1) 随机选取整数 b, $2 \leqslant b \leqslant n-2$.

(2) 计算 $r_0 \equiv b^t \pmod{n}$.

(3) ⓐ如果 $r_0=1$ 或 $r_0=n-1$, 则通过检验, 可能为素数. 回到 (1). 继续选取另一个随机整数 b, $2 \leqslant b \leqslant n-2$;

ⓑ否则, 有 $r_0 \neq 1$ 以及 $r_0 \neq n-1$, 计算 $r_1 \equiv r_0^2 \pmod{n}$.

(4) ⓐ如果 $r_1=n-1$, 则通过检验, 可能为素数, 回到 (1). 继续选取另一个随机整数 b, $2 \leqslant b \leqslant n-2$.

ⓑ否则, 有 $r_1 \neq n-1$, 计算 $r_2 \equiv r_1^2 \pmod{n}$.

如此继续下去,

(s+2) ⓐ如果 $r_{s-1}=n-1$, 则通过检验, 可能为素数, 回到 (1). 继续选取另一个随机整数 b, $2 \leqslant b \leqslant n-2$.

ⓑ否则, 有 $r_{s-1} \neq n-1$, n 为合数.

6.3.2　无穷多强伪素数

定理 6.3.1　*存在无穷多个对于基 2 的强伪素数.*

证　(ⅰ) 证明: 如果 n 是对于基 2 的伪素数, 则 $m=2^n-1$ 是对于基 2 的强伪素数. 事实上, 因为 n 是对于基 2 的伪素数, 所以 n 是奇合数, 并且 $2^{n-1} \equiv 1 \pmod{n}$. 由此得到 $2^{n-1}-1=nk$ 对某整数 k, 进一步, k 是奇数, 有

$$m-1=2^n-2=2(2^{n-1}-1)=2^1 nk,$$

这是 $m-1$ 分解为 2 的幂和奇数乘积的表达式.

注意到 $2^n=(2^n-1)+1=m+1 \equiv 1 \pmod{m}$, 有

$$2^{(m-1)/2} \equiv 2^{nk} \equiv (2^n)^k \equiv 1 \pmod{m}.$$

此外, 在定理 6.3.1 的证明中可知: n 是合数时, m 也是合数, 故 m 是对于 2 的强伪素数.

(ⅱ) 因为对于基 2 的伪素数 n 产生一个对于基的强伪素数 2^n-1, 而且存在无穷多个对于基 2 的伪素数, 所以存在无穷多个对于基 2 的伪素数.　　证毕.

定理 6.3.2　*如果 n 是对于基 b 的强伪素数, n 就是对于基 b 的 Euler 伪素数.*

定理 6.3.3　*设是一个奇合数, 则 n 是对于基 b $(1 \leqslant b \leqslant n-1)$ 的强伪素数的可能性至多为 25%.*

例 6.3.2　*设 $n=63$, 求出所有整数 b, $1 \leqslant b \leqslant n-1$ 使得 n 是对于基 b 的强伪素数.*

6.4 习题

(1) 证明: 91 是对于基 3 的伪素数.

(2) 证明: 45 是对于基 17 和基 19 的伪素数.

(3) 证明: 91 是对于基 3 的伪素数.

(4) 证明: 每个 Fermat 合数 $E_m = 2^{2^m} + 1$ 是对于基 2 的伪素数.

(5) 证明: 1105 是 Carmichael 数.

(6) 证明: $2821 = 7 \cdot 13 \cdot 31$ 是 Carmichael 数.

(7) 证明: $27\,845 = 5 \cdot 17 \cdot 29 \cdot 113$ 是 Carmichael 数.

(8) 证明: $564\,651\,361 = 43 \cdot 3361 \cdot 3907$ 是 Carmichael 数.

(9) 证明: 25 是基于 7 的强伪素数.

(10) 证明: 1 373 653 是基于 2 和 3 的强伪素数.

(11) 证明: 25 326 001 是基于 2, 3, 5 的强伪素数.

(12) 求一个形如 $7 \cdot 23 \cdot q$ 的 Carmichael 数, 这里 q 是奇素数.

(13) (i) 证明: 如果 m 是正整数并且满足 $6m+1$, $12m+1$, $18m+1$ 都是素数, 则整数 $(6m+1)(12m+1)(18m+1)$ 是 Carmichael 数.

(ii) 判断 $1729 = 7 \cdot 13 \cdot 19$, $294\,409 = 37 \cdot 73 \cdot 109$, $55\,164\,051 = 211 \cdot 421 \cdot 621$, $118\,901\,521 = 271 \cdot 541 \cdot 811$, $72\,947\,529 = 307 \cdot 613 \cdot 919$ 是否为 Carmichael 数.

(14) 证明: 整数 561 是对于基 2 的 Euler 伪素数.

(15) 证明: 如果整数 n 是对于基 b_1, b_2 的 Euler 伪素数, 则 n 是对于基 $b_1 \cdot b_2$ 的 Euler 伪素数.

(16) 证明: 25 是对于基 7 的强伪素数.

(17) 证明: 1387 是对于基 2 的伪素数, 但不是对于基 2 的强伪素数.

(18) 证明: 1 373 653 是对于基 2, 3 的强伪素数.

(19) 证明: 25 326 001 是对于基 2, 3, 5 的强伪素数.

思考题

(1) 如何判断大整数 n (如 2048b) 为素数?

(2) 能否通过周期序列 $u = \{u_k = b^k \mod n \mid k \geqslant 1\}$ 来判断整数 n 是否为素数?

(3) 编程实现 Fermat 素性检验.

(4) 编程实现 Solovay-Stassen 素性检验.

(5) 编程 Miller-Rabin 素性检验.

第 7 章　连　分　数

本章主要讨论实数的有理分数逼近以及该有理分数的构造.

7.1　简单连分数

7.1.1　简单连分数构造

本节主要讨论简单连分数及其构造.

对于实数 $\sqrt{2}$, 如何计算其值呢? 因为 $\sqrt{2}$ 是方程 $x^2-2=0$ 的根. 将其变形, 有

$$x-1=\frac{1}{x+1}=\frac{1}{2+(x-1)}.$$

所以可以采用以下方法, 即用有理数来近似.

首先, 作展开式

$$\begin{aligned}
\sqrt{2} &= 1+(\sqrt{2}-1)\\
&= 1+\frac{1}{\sqrt{2}+1}\\
&= 1+\cfrac{1}{2+\cfrac{1}{\sqrt{2}+1}}\\
&= 1+\cfrac{1}{2+\cfrac{1}{2+\cfrac{1}{\sqrt{2}+1}}}\\
&= 1+\cfrac{1}{2+\cfrac{1}{2+\cfrac{1}{2+\cfrac{1}{\sqrt{2}+1}}}}\\
&= 1+\cfrac{1}{2+\cfrac{1}{2+\cfrac{1}{2+\cfrac{1}{2+\cfrac{1}{\sqrt{2}+1}}}}}.
\end{aligned}$$

其次, 可用有理分数来近似. 例如,

$$1+\cfrac{1}{2+\cfrac{1}{2+\cfrac{1}{2+\cfrac{1}{2}}}}=1+\cfrac{1}{2+\cfrac{1}{2+\cfrac{2}{5}}}=1+\cfrac{1}{2+\cfrac{5}{12}}=1+\frac{12}{29}=\frac{41}{29}=1.413\,793\,103.$$

最后, 列出 $\sqrt{2}$ 与 10 个有理数间的误差.

i	a_i	$\frac{P_i}{Q_i}$	$\sqrt{2}-\frac{P_i}{Q_i}$	i	a_i	$\frac{P_i}{Q_i}$	$\sqrt{2}-\frac{P_i}{Q_i}$
0	1	$\frac{1}{1}$	0.414 213 562	5	2	$\frac{99}{70}$	−0.000 072 152
1	2	$\frac{3}{2}$	−0.085 786 438	6	2	$\frac{239}{169}$	0.000 012 379
2	2	$\frac{7}{5}$	0.014 213 562	7	2	$\frac{577}{408}$	−0.000 002 124
3	2	$\frac{17}{12}$	−0.002 453 105	8	2	$\frac{1393}{985}$	0.000 000 364
4	2	$\frac{41}{29}$	0.000 420 459	9	2	$\frac{3363}{2378}$	−0.000 000 063

将对 $\sqrt{2}$ 的有理分数近似计算推广到任意的实数.

简单连分数构造

给定一个实数 x，构造 x 的简单连分数 (见定义 7.11) 如下:

(0) 令 $a_0=[x]$, $x_0=x-a_0$. a_0 是 x 的整数部分, 即 a_0 是不大于 x 的最大整数, $0\leqslant x_0<1$.

(1) 如果 $x_0=0$, 则终止. 否则, 令 $a_1=\left[\frac{1}{x_0}\right]$, $x_1=\frac{1}{x_0}-a_1$.

(2) 如果 $x_1=0$, 则终止. 否则, 令 $a_2=\left[\frac{1}{x_1}\right]$, $x_2=\frac{1}{x_1}-a_2$.

如此继续下去, 得到 a_k, x_k.

(k+1) 如果 $x_k=0$, 则终止. 否则, 令 $a_{k+1}=\left[\frac{1}{x_k}\right]$, $x_{k+1}=\frac{1}{x_k}-a_{k+1}$.

$\vdots$

由此得到 x 的简单连分数为

$$x=a_0+\cfrac{1}{a_1+\cfrac{1}{a_2+\ddots+\cfrac{1}{a_{n-1}+\cfrac{1}{a_n+\ddots}}}} \tag{7.1}$$

以及

$$x=a_0+\cfrac{1}{a_1+\cfrac{1}{a_2+\ddots+\cfrac{1}{a_{n-1}+\cfrac{1}{a_n}}}}. \tag{7.2}$$

无限简单连分数记作 $[a_0,a_1,a_2,\cdots]$, 有限简单连分数记作 $[a_0,a_1,a_2,\cdots,a_{n-1},a_n]$.

设 $k\geqslant 0$ (有限简单连分数时, $k\leqslant n$), 将有限连分数

$$[a_0,a_1,\cdots,a_k]=\frac{P_k}{Q_k} \tag{7.3}$$

叫做简单连分数式 (7.1) 和式 (7.2) 的第 k 个 **渐近分数**, 将 a_k 叫做它的第 k 个 **部分商**.

特别地, 当 x 为有理分数 $\dfrac{u_{-2}}{u_{-1}}$, $u_{-1} \geqslant 1$ 时, 所构造的 x 的简单连分数

$$[a_0, a_1, a_2, \cdots, a_n]$$

的部分商 a_k $(0 \leqslant k \leqslant n)$ 满足以下关系式:

$$\begin{array}{rrcrcrl}
(0) & u_{-2} & = & a_0 \cdot u_{-1} & + & u_0, & 0 < u_0 = x_0 u_{-1} < u_{-1}. \\
(1) & u_{-1} & = & a_1 \cdot u_0 & + & u_1, & 0 < u_1 = x_1 u_0 < u_0. \\
(2) & u_0 & = & a_2 \cdot u_1 & + & u_2, & 0 < u_2 = x_2 u_1 < u_1. \\
 & & & \vdots & & & \\
(n-1) & u_{n-3} & = & a_{n-1} \cdot u_{n-2} & + & u_{n-1}, & 0 < u_{n-1} = x_{n-1} u_{n-2} < u_{n-2}. \\
(n) & u_n & = & a_n \cdot u_{n-1} & + & u_n, & 0 = u_n = x_n u_{n-1} < u_{n-1}.
\end{array}$$

因为 $\{u_k\}_{k \geqslant -2}$ 是关于 k 的严格递减的非负整数列, 所以使得 $u_n = 0$ 的 n 是存在的. 因此, $x_n = 0$. 有理分数 $x = \dfrac{u_{-2}}{u_{-1}}$ 有有限简单连分数

$$x = [a_0, a_1, a_2, \cdots, a_n].$$

当 $a_n \geqslant 2$ 时, 也有

$$x = [a_0, a_1, a_2, \cdots, a_n] = [a_0, a_1, a_2, \cdots, a_n - 1, 1].$$

这就是说, 有理分数有两种连分数表示式. 是否存在其他形式的表示式呢? 答案是否定的, 有以下定理 (证明见 7.3 节).

定理 7.1.1 设 $[a_0, a_1, a_2, \cdots, a_n]$ 和 $[b_0, b_1, b_2, \cdots, b_m]$ 是两个有限简单连分数, $a_n \geqslant 2$, $b_m \geqslant 2$. 如果

$$[a_0, a_1, a_2, \cdots, a_n] = [b_0, b_1, b_2, \cdots, b_m],$$

则 $n = m$, $a_i = b_i$, $i = 0, \cdots, n$.

根据简单连分数的构造以及定理 7.2.1, 立即得到

定理 7.1.2 任一不是整数的有理分数 $x = \dfrac{u_{-2}}{u_{-1}}$ 有且仅有给出的两种有限简单连分数表示式

$$x = [a_0, a_1, a_2, \cdots, a_n], \quad n \geqslant 1, \ a_n \geqslant 2$$

和

$$x = [a_0, a_1, a_2, \cdots, a_n - 1, 1], \quad n \geqslant 1, \ a_n \geqslant 2.$$

7.1.2 简单连分数的渐近分数

对于渐近分数式 (7.3)

$$[a_0, a_1, \cdots, a_k] = \frac{P_k}{Q_k}$$

的计算, 有以下的定理 (一般连分数的定理见定理 7.2.2)

定理 7.1.3 设 $[a_0, a_1, a_2, \cdots]$ 是实数 α 的简单连分数, 再设

$$\begin{aligned} &P_{-2}=0,\ P_{-1}=1, \quad P_n=a_nP_{n-1}+P_{n-2}, \quad n\geqslant 0, \\ &Q_{-2}=1,\ Q_{-1}=0, \quad Q_n=a_nQ_{n-1}+Q_{n-2}, \quad n\geqslant 0. \end{aligned} \tag{7.4}$$

则有

$$[a_0,a_1,\cdots,a_{n-1},a_n]=\frac{a_nP_{n-1}+P_{n-2}}{a_nQ_{n-1}+Q_{n-2}}=\frac{P_n}{Q_n}, \quad n\geqslant 0, \tag{7.5}$$

$$P_nQ_{n-1}-P_{n-1}Q_n=(-1)^{n+1}, \quad n\geqslant -1, \tag{7.6}$$

$$P_nQ_{n-2}-P_{n-2}Q_n=(-1)^n a_n, \quad n\geqslant 0. \tag{7.7}$$

特别地, 有

$$\frac{P_0}{Q_0}<\cdots<\frac{P_{2n-2}}{Q_{2n-2}}<\frac{P_{2n}}{Q_{2n}}<\cdots<\alpha<\cdots<\frac{P_{2n+1}}{Q_{2n+1}}<\frac{P_{2n-1}}{Q_{2n-1}}<\cdots<\frac{P_1}{Q_1}, \tag{7.8}$$

$$[a_0,a_1,\cdots,a_{n-1},a_n]-[a_0,a_1,\cdots,a_{n-1}] = \frac{(-1)^{n+1}}{Q_{n-1}Q_n}, \quad n\geqslant 1, \tag{7.9}$$

$$[a_0,a_1,\cdots,a_{n-2},a_{n-1},a_n]-[a_0,a_1,\cdots,a_{n-2}] = \frac{(-1)^n a_n}{Q_{n-2}Q_n}, \quad n\geqslant 2. \tag{7.10}$$

例 7.1.1 求 $x=\dfrac{7700}{2145}$ 的有限简单连分数及它的各个渐近分数.

解 根据简单连分数的构造, 有

(0) $a_0=\left[\dfrac{7700}{2145}\right]=3, \quad x_0=x-a_0=\dfrac{1265}{2145}.$

(1) $a_1=\left[\dfrac{2145}{1265}\right]=1, \quad x_1=1/x_0-a_1=\dfrac{880}{1265}.$

(2) $a_2=\left[\dfrac{1265}{880}\right]=1, \quad x_2=1/x_1-a_2=\dfrac{385}{880}.$

(3) $a_3=\left[\dfrac{880}{385}\right]=2, \quad x_3=1/x_2-a_3=\dfrac{110}{385}.$

(4) $a_4=\left[\dfrac{385}{110}\right]=3, \quad x_4=1/x_3-a_4=\dfrac{55}{110}.$

(5) $a_5=\left[\dfrac{110}{55}\right]=2, \quad x_5=1/x_5-a_5=0.$

因此, $\dfrac{7700}{2145}=[3,1,1,2,3,2]=[3,1,1,2,3,1,1].$

i	a_i	x_i	P_i	Q_i	i	a_i	x_i	P_i	Q_i
0	3	$\frac{1265}{2145}$	3	1	3	2	$\frac{110}{385}$	18	5
1	1	$\frac{880}{1265}$	4	1	4	3	$\frac{55}{110}$	61	17
2	1	$\frac{385}{880}$	7	2	5	2	0	140	39

例 7.1.2 求 $\alpha = \dfrac{\sqrt{5}+1}{2}$ 的有限简单连分数及它的各个渐近分数.

解 根据简单连分数的构造, 并令 $\beta = \dfrac{\sqrt{5}-1}{2}$,
有

$$\begin{aligned}\alpha = \frac{\sqrt{5}+1}{2} &= 1+\frac{\sqrt{5}-1}{2} = 1+\beta \\ &= 1+\frac{1}{\alpha} \\ &= 1+\cfrac{1}{1+\cfrac{1}{\alpha}} \\ &= 1+\cfrac{1}{1+\cfrac{1}{1+\cfrac{1}{\alpha}}} \\ &= 1+\cfrac{1}{1+\cfrac{1}{1+\cfrac{1}{1+\cfrac{1}{\alpha}}}}.\end{aligned}$$

i	a_i	x_i	P_i	Q_i	i	a_i	x_i	P_i	Q_i
0	1	β	1	1	10	1	β	144	89
1	1	β	2	1	11	1	β	233	144
2	1	β	3	2	12	1	β	377	233
3	1	β	5	3	13	1	β	610	377
4	1	β	8	5	14	1	β	987	610
5	1	β	13	8	15	1	β	1597	987
6	1	β	21	13	16	1	β	2584	1597
7	1	β	34	21	17	1	β	4181	2584
8	1	β	55	34	18	1	β	6765	4181
9	1	β	89	55	19	1	β	10946	6765

7.1.3 重要常数 e, π, γ 的简单连分数

例 7.1.3 分别求圆周率 $\pi = 3.141\,592\,654$ (取 10 位十进制) 和 $\pi = 3.141\,592\,653\,589\,793\,238\,5$ (取 20 位十进制) 的连分数展开式.

$\pi_{10} = [3, 7, 15, 1, 293, 10, 3, 8, 2, 1, 3, 11, 1, 2, 1, 2, 1]$.

$\pi_{20} = [3, 7, 15, 1, 292, 1, 1, 1, 2, 1, 3, 1, 14, 2, 1, 1, 2]$.

i	a_i	P_i	Q_i	$\pi - P(i)/Q_i$	i	a_i	P_i	Q_i	$\pi - P(i)/Q_i$
0	3	3	1	0.141 592 654	0	3	3	1	0.141 592 653 589 793 238 5
1	7	22	7	−0.001 264 489	1	7	22	7	−0.001 264 489 267 349 618 6
2	15	333	106	0.000 083 220	2	15	333	106	0.000 083 219 627 529 087 6
3	1	355	113	−0.000 000 266	3	1	355	113	−0.000 000 266 764 189 062 4
4	293	104 348	33 215	0.0	4	292	103 993	33 102	0.000 000 000 577 890 634 4
5	11	1 148 183	365 478	0.0	5	1	104 348	33 215	−0.000 000 000 331 627 806 2
6	1	1 252 531	398 693	0.0	6	1	208 341	66 317	0.000 000 000 122 356 533 0
7	1	2 400 714	764 171	0.0	7	1	312 689	99 532	$-2.914\,338\,49 \cdot 10^{-11}$
8	7	18 057 529	5 747 890	0.0	8	2	833 719	265 381	$8.715\,467\,3 \cdot 10^{-12}$
9	2	38 515 772	12 259 951	0.0	9	1	1 146 408	364 913	$-1.610\,740\,0 \cdot 10^{-12}$
10	1	56 573 301	18 007 841	0.0	10	3	4 272 943	1 360 120	$4.040\,670 \cdot 10^{-13}$

例 7.1.4 分别求自然对数底 $\mathrm{e} = 2.718\,281\,828$(取 10 位十进制) 和 $\mathrm{e} = 2.718\,281\,828\,459\,045\,235\,4$(取 20 位十进制) 的连分数展开式.

$\mathrm{e}_{10} = [2, 1, 2, 1, 1, 4, 1, 1, 6, 1, 1, 8, 1, 1, 3, 1, 1, 1, 2, 10, 1]$,

$\mathrm{e}_{20} = [2, 1, 2, 1, 1, 4, 1, 1, 6, 1, 1, 8, 1, 1, 10, 1, 1, 12, 1, 1, 14]$.

i	a_i	P_i	Q_i	$\mathrm{e} - P(i)/Q_i$	i	a_i	P_i	Q_i	$\mathrm{e} - P(i)/Q_i$
0	2	2	1	0.718 281 828	0	2	2	1	0.718 281 828 459 045 235 4
1	1	3	1	−0.281 718 172	1	1	3	1	−0.281 718 171 540 954 764 6
2	2	8	3	0.051 615 161	2	2	8	3	0.051 615 161 792 378 568 7
3	1	11	4	−0.031 718 172	3	1	11	4	−0.031 718 171 540 954 764 6
4	1	19	7	0.003 996 114	4	1	19	7	0.003 996 114 173 330 949 7
5	4	87	32	−0.000 468 172	5	4	87	32	−0.000 468 171 540 954 764 6
6	1	106	39	0.000 333 110	6	1	106	39	0.000 333 110 510 327 286 7
7	1	193	71	−0.000 028 031	7	1	193	71	−0.000 028 030 695 884 342 1
8	6	1264	465	0.000 002 258	8	6	1264	465	0.000 002 258 566 572 117 1
9	1	1457	536	−0.000 001 754	9	1	1457	536	−0.000 001 753 630 507 003 4
10	1	2721	1001	0.000 000 110	10	1	2721	1001	0.000 000 110 177 326 953 7
11	8	23 225	8544	−0.000 000 007	11	8	23 225	8544	−0.000 000 006 746 947 274 0
12	1	25 946	9545	0.000 000 005	12	1	25 946	9545	0.000 000 005 515 095 523 5
13	1	49 171	18 089	−0.000 000 001	13	1	49 171	18 089	−0.000 000 000 276 650 491 3
14	3	173 459	63 812	0.0	14	10	517 656	190 435	$1.364\,391\,74 \cdot 10^{-11}$
15	1	222 630	81 901	0.0	15	1	566 827	208 524	$-1.153\,848\,64 \cdot 10^{-11}$

例 7.1.5 分别求欧拉常数 $\gamma = 0.577\,215\,664\,9$(取 10 位十进制) 和 $\gamma = 0.577\,215\,664\,901\,532\,860\,61$ (取 20 位十进制) 的连分数展开式.

$\gamma_{10} = [0, 1, 1, 2, 1, 2, 1, 4, 3, 13, 5, 1, 1, 9, 6, 5, 1, 2, 167, 151\,236\,069\,913\,024\,825\,412, 5]$,

$\gamma_{20} = [0, 1, 1, 2, 1, 2, 1, 4, 3, 13, 5, 1, 1, 8, 1, 2, 4, 1, 1, 40, 1]$.

i	a_i	P_i	Q_i	$\gamma - P(i)/Q_i$	i	a_i	P_i	Q_i	$\gamma - P(i)/Q_i$
0	0	0	1	0.577 215 664 9	0	0	0	1	0.577 215 664 901 532 860 61
1	1	1	1	−0.422 784 335 1	1	1	1	1	−0.422 784 335 098 467 139 39
2	1	1	2	0.077 215 664 9	2	1	1	2	0.077 215 664 901 532 860 61
3	2	3	5	−0.022 784 335 1	3	2	3	5	−0.022 784 335 098 467 139 39
4	1	4	7	0.005 787 093 5	4	1	4	7	0.005 787 093 472 961 432 04
5	2	11	19	−0.001 731 703 5	5	2	11	19	−0.001 731 703 519 519 770 97
6	1	15	26	0.000 292 588 0	6	1	15	26	0.000 292 587 978 455 937 53
7	4	71	123	−0.000 020 107 5	7	4	71	123	−0.000 020 107 456 190 716 63
8	3	228	395	0.000 000 475 0	8	3	228	395	0.000 000 475 028 115 139 09
9	13	3035	5258	−0.000 000 006 5	9	13	3035	5258	−0.000 000 006 456 397 911 55
10	5	15 403	26 685	0.000 000 000 7	10	5	15 403	26 685	0.000 000 000 670 691 564 00
11	1	18 438	31 943	−0.000 000 000 5	11	1	18 438	31 943	−0.000 000 000 502 468 015 95
12	1	33 841	58 628	0.0	12	1	33 841	58 628	$3.150\,488\,763 \cdot 10^{-11}$
13	9	323 007	559 595	0.0	13	8	289 166	500 967	$-2.542\,657\,34 \cdot 10^{-12}$
14	6	1 971 883	3 416 198	0.0	14	1	323 007	559 595	$1.024\,457\,21 \cdot 10^{-12}$
15	5	10 182 422	17 640 585	0.0	15	2	935 180	1 620 157	$-7.852\,643 \cdot 10^{-14}$

7.2 连分数

7.2.1 基本概念及性质

本节考虑连分数的定义及其性质. 简单连分数所考虑的部分商为整数.

定义 7.2.1 设 $x_0, x_1, x_2, \cdots$ 是一个无穷实数列, $x_i > 0,\ i \geqslant 1$.

对于整数 $n \geqslant 0$, 将表示式

$$x_0 + \cfrac{1}{x_1 + \cfrac{1}{x_2 + \cfrac{1}{x_3 + \ddots + \cfrac{1}{x_{n-1} + \cfrac{1}{x_n}}}}} \tag{7.11}$$

叫做 n 阶**有限连分数**, 它的值是一个实数. 当 $x_0, x_1, \cdots, x_n$ 都是整数时, 表示式 (7.12) 叫做 n 阶**有限简单连分数**, 它的值是一个有理分数, 有理连分数也记作

$$[x_0, x_1, \cdots, x_n]. \tag{7.12}$$

设 $0 \leqslant k \leqslant n$, 将有限连分数

$$[x_0, x_1, \cdots, x_k] \tag{7.13}$$

叫做有限连分数式 (7.11) 的第 k 个**渐近分数**. 当式 (7.12) 是有限简单连分数时, 将 x_k 叫做它的第 k 个**部分商**.

当式 (7.11) (或式 (7.12)) 中的 $n \to \infty$ 时, 将表示式

$$x_0 + \cfrac{1}{x_1 + \cfrac{1}{x_2 + \cfrac{1}{x_3 + \ddots}}} \tag{7.14}$$

简记为

$$[x_0, x_1, x_2, \cdots], \tag{7.15}$$

叫做 **无限连分数**. 当 $x_0, x_1, \cdots$ 都是整数时, 表示式 (7.14) 叫做 **无限简单连分数**. 设 $k \geqslant 0$, 将有限连分数

$$[x_0, x_1, x_2, \cdots, x_k]$$

叫做无限连分数式 (7.14) 的第 k 个 **渐近分数**. 当式 (7.14) 是无限简单连分数时, 将 x_k 叫做它的第 k 个 **部分商**.

如果存在极限

$$\lim_{k\to\infty} [x_0, x_1, x_2, \cdots, x_k] = \theta, \tag{7.16}$$

则称无限连分数式 (7.14)(或式 (7.15)) 是收敛的, θ 称为无限连分数式 (7.14)(或式 (7.15)) 的值, 记作

$$[x_0, x_1, x_2, \cdots] = \theta.$$

如果极限式 (7.16) 不存在, 则称无限连分数式 (7.14)(或式 (7.15)) 是发散的.

为了更清楚地讨论连分数的性质, 先给出以下几个引理:

引理 7.2.1 设 a, b, c 是实数, $b \neq 0$. 设 $f(x) = a + \dfrac{b}{c+x}$, 则

(i) 当 $b > 0$ 时, $f(x)$ 在 $x > -c$ (或 $x < -c$) 上是单调递减函数, 即当 $-c < x < x'$ (或 $x < x' < -c$) 时, 有 $f(x) > f(x')$.

(ii) 当 $b < 0$ 时, $f(x)$ 在 $x > -c$ (或 $x < -c$) 上是单调递增函数, 即当 $-c < x < x'$ (或 $x < x' < -c$) 时, 有 $f(x) < f(x')$.

证 对于 $-c < x < x'$ (或 $x < x' < -c$), 有

$$f(x') - f(x) = (a + \frac{b}{c+x'}) - \left(a + \frac{b}{c+x}\right) = \frac{-b(x'-x)}{(c+x')(c+x)}.$$

因为 $(c+x')(c+x) > 0$, 所以 (i) 当 $b > 0$ 时, 有 $f(x') < f(x)$. 而 (ii) 当 $b < 0$ 时, 有 $f(x') > f(x)$. 故结论成立. 证毕.

定理 7.2.1 设 $x_0, x_1, \cdots$ 是一个无穷实数列, $x_i > 0$, $i \geqslant 1$, 则

(i) 对任意整数 $n \geqslant 1$, $r \geqslant 1$, 有

$$\begin{aligned} & [x_0, x_1, \cdots, x_{n-1}, x_n, \cdots, x_{n+r}] \\ = \ & [x_0, x_1, \cdots, x_{n-1}, [x_n, \cdots, x_{n+r}]\ ] \\ = \ & \left[x_0, x_1, \cdots, x_{n-1}, x_n + \frac{1}{[x_{n+1}, \cdots, x_{n+r}]}\right]. \end{aligned} \tag{7.17}$$

特别地, 有

$$[x_0, x_1, \cdots, x_{n-1}, x_n, x_{n+1}] = \left[x_0, x_1, \cdots, x_{n-1}, x_n + \frac{1}{x_{n+1}}\right]. \tag{7.18}$$

(ii) 对任意实数 $\eta > 0$ 和整数 $n \geqslant 0$,

ⓐ当 n 是奇数时, 有

$$[x_0, x_1, \cdots, x_{n-1}, x_n] > [x_0, x_1, \cdots, x_{n-1}, x_n + \eta]. \tag{7.19}$$

ⓑ当 n 是偶数时, 有

$$[x_0,x_1,\cdots,x_{n-1},x_n]<[x_0,x_1,\cdots,x_{n-1},x_n+\eta]. \tag{7.20}$$

(iii) 对整数 $n\geqslant 0$, 令

$$\theta_n=[x_0,x_1,\cdots,x_{n-1},x_n],$$

ⓐ对任意整数 $r\geqslant 1$, 有

$$\theta_{2n+1}>\theta_{2n+1+r}.$$

ⓑ对任意整数 $r\geqslant 1$, 有

$$\theta_{2n}<\theta_{2n+r}.$$

ⓒ

$$\theta_1>\theta_3>\cdots>\theta_{2n-1}>\cdots$$

ⓓ

$$\theta_0<\theta_2<\cdots<\theta_{2n}<\cdots$$

ⓔ对任意整数 $s\geqslant 1,\ t\geqslant 0$, 有

$$\theta_{2s-1}>\theta_{2t}.$$

证 (i) 根据连分数的定义, 有

$$\begin{aligned}x_0+\cfrac{1}{x_1+\ddots+\cfrac{1}{x_{n-1}+\cfrac{1}{x_n+\ddots+\cfrac{1}{x_{n+r}}}}} &= x_0+\cfrac{1}{x_1+\ddots+\cfrac{1}{x_{n-1}+\cfrac{1}{[x_n,\cdots,x_{n+r}]}}}\\ &= [x_0,x_1,\cdots,x_{n-1},[x_n,\cdots,x_{n+r}]\,]\\ &= \left[x_0,x_1,\cdots,x_{n-1},x_n+\frac{1}{[x_{n+1},\cdots,x_{n+r}]}\right].\end{aligned}$$

特别地, 有

$$x_0+\cfrac{1}{x_1+\ddots+\cfrac{1}{x_{n-1}+\cfrac{1}{x_n+\cfrac{1}{x_{n+1}}}}} = \left[x_0,x_1,\cdots,x_{n-1},x_n+\frac{1}{x_{n+1}}\right].$$

(ii) 对任意实数 x_0 和 $x_1>0,\ x_2>0$, 由引理 7.2.1, 有分数值 $x_0+\dfrac{1}{x_1+x}$ 随增大而减小, 分数值 $x_0+\cfrac{1}{x_1+\cfrac{1}{x_2+x}}$ 随增大而增大. 应用这个事实, 可得到定理 7.2.1(ii) 的结论.

(iii) 根据 (i) 和 (ii), 有

$$\begin{aligned}[x_0,x_1,\cdots,x_{2n},x_{2n+1},\cdots,x_{2n+1+r}] &= \left[x_0,x_1,\cdots,x_{2n},x_{2n+1}+\frac{1}{[x_{2n+2},\cdots,x_{2n+1+r}]}\right]\\ &< [x_0,x_1,\cdots,x_{2n},x_{2n+1}].\end{aligned}$$

因此, 结论 ⓐ成立.

同理, 有

$$\begin{aligned}[x_0,x_1,\cdots,x_{2n-1},x_{2n},\cdots,x_{2n+r}] &= \left[x_0,x_1,\cdots,x_{2n-1},x_{2n}+\frac{1}{[x_{2n+1},\cdots,x_{2n+r}]}\right]\\ &> [x_0,x_1,\cdots,x_{2n-1},x_{2n}].\end{aligned}$$

因此, 结论 ⓑ成立.

再从 ⓐ, ⓑ, 立即得到 ⓒ, ⓓ, ⓔ. 证毕.

7.2.2 连分数的渐近分数

本节讨论连分数的渐近分数.

定理 7.2.2 设 $x_0,\ x_1,\ x_2,\ \cdots$ 是无穷实数列, $x_j>0,\ j\geqslant 1$. 再设

$$P_{-2}=0,\quad P_{-1}=1,\quad P_n=x_nP_{n-1}+P_{n-2},\ n\geqslant 0, \tag{7.21}$$

$$Q_{-2}=1,\quad Q_{-1}=0,\quad Q_n=x_nQ_{n-1}+Q_{n-2},\ n\geqslant 0. \tag{7.22}$$

则有

$$[x_0,x_1,\cdots,x_{n-1},x_n]=\frac{x_nP_{n-1}+P_{n-2}}{x_nQ_{n-1}+Q_{n-2}}=\frac{P_n}{Q_n},\quad n\geqslant 0, \tag{7.23}$$

$$P_nQ_{n-1}-P_{n-1}Q_n=(-1)^{n+1},\quad n\geqslant -1, \tag{7.24}$$

$$P_nQ_{n-2}-P_{n-2}Q_n=(-1)^nx_n,\quad n\geqslant 0. \tag{7.25}$$

特别地, 有

$$\frac{P_0}{Q_0}<\cdots<\frac{P_{2n-2}}{Q_{2n-2}}<\frac{P_{2n}}{Q_{2n}}<\cdots<\frac{P_{2n+1}}{Q_{2n+1}}<\frac{P_{2n-1}}{Q_{2n-1}}<\cdots<\frac{P_1}{Q_1}, \tag{7.26}$$

$$[x_0,x_1,\cdots,x_{n-1},x_n]-[x_0,x_1,\cdots,x_{n-1}] = \frac{(-1)^{n+1}}{Q_{n-1}Q_n},\quad n\geqslant 1, \tag{7.27}$$

$$[x_0,x_1,\cdots,x_{n-2},x_{n-1},x_n]-[x_0,x_1,\cdots,x_{n-2}] = \frac{(-1)^nx_n}{Q_{n-2}Q_n},\quad n\geqslant 2. \tag{7.28}$$

证 (i) 对 n 作数学归纳法来证明关系式 (7.23).

$n=0$ 时, 根据假设条件式 (7.21) 和式 (7.22), 有

$$P_0=x_0P_{-1}+P_{-2}=x_0\cdot 1+0=x_0,\quad Q_0=x_0Q_{-1}+Q_{-2}=x_0\cdot 0+1=1,$$

从而

$$\frac{P_0}{Q_0}=x_0.$$

假设 $n=k$ 时, 命题成立, 即有

$$[x_0,x_1,\cdots,x_{k-1},x_k]=\frac{x_kP_{k-1}+P_{k-2}}{x_kQ_{k-1}+Q_{k-2}}=\frac{P_k}{Q_k}.$$

对于 $n=k+1$, 根据假设条件式 (7.21) 和式 (7.22) 和归纳假设, 以及关系式 (7.18), 有

$$\begin{aligned}[x_0,x_1,\cdots,x_{k-1},x_k,x_{k+1}] &= \left[x_0,x_1,\cdots,x_{k-1},x_k+\frac{1}{x_{k+1}}\right] \\ &= \frac{\left(x_k+\dfrac{1}{x_{k+1}}\right)P_{k-1}+P_{k-2}}{\left(x_k+\dfrac{1}{x_{k+1}}\right)Q_{k-1}+Q_{k-2}} \\ &= \frac{x_{k+1}(x_kP_{k-1}+P_{k-2})+P_{k-1}}{x_{k+1}(x_kQ_{k-1}+Q_{k-2})+Q_{k-1}} \\ &= \frac{x_{k+1}P_k+P_{k-1}}{x_{k+1}Q_k+Q_{k-1}} \\ &= \frac{P_{k+1}}{Q_{k+1}}.\end{aligned}$$

因此, 关系式 (7.23) 成立.

(ii) 对 n 作数学归纳法来证明关系式 (7.24).

$n=-1$ 时, 根据假设条件式 (7.21) 和式 (7.22), 有

$$P_{-1}Q_{-2}-P_{-2}Q_{-1}=1\cdot 1-0\cdot 0=1=(-1)^0.$$

假设 $n=k$ 时, 命题成立, 即有

$$P_kQ_{k-1}-P_{k-1}Q_k=(-1)^{k+1}.$$

对于 $n=k+1$, 从关系式 (7.21) 和式 (7.22) 中消除 x_{k+1}, 并根据归纳假设, 有

$$P_{k+1}Q_k-P_kQ_{k+1}=-(P_kQ_{k-1}-P_{k-1}Q_k)=-(-1)^{k+2}.$$

因此, 关系式 (7.24) 成立.

(iii) 根据关系式 (7.21) 和式 (7.22), 以及关系式 (7.24), 得到

$$P_nQ_{n-2}-P_{n-2}Q_n=x_n(P_{n-1}Q_{n-2}-P_{n-2}Q_{n-1})=(-1)^nx_n.$$

因此, 关系式 (7.25) 成立.

(iv) 运用关系式 (7.24) 和式 (7.25), 得到

$$\frac{P_0}{Q_0}<\cdots<\frac{P_{2n-2}}{Q_{2n-2}}<\frac{P_{2n}}{Q_{2n}}<\cdots<\frac{P_{2n+1}}{Q_{2n+1}}<\frac{P_{2n-1}}{Q_{2n-1}}<\cdots<\frac{P_1}{Q_1}.$$

(v) 运用关系式 (7.23) 和式 (7.24), 得到

$$[x_0,x_1,\cdots,x_{n-1},x_n]-[x_0,x_1,\cdots,x_{n-1}]=\frac{P_n}{Q_n}-\frac{P_{n-1}}{Q_{n-1}}=\frac{P_nQ_{n-1}-P_{n-1}Q_n}{Q_{n-1}Q_n}=\frac{(-1)^{n+1}}{Q_{n-1}Q_n}.$$

(vi) 运用关系式 (7.23) 和式 (7.25), 得到

$$[x_0,x_1,\cdots,x_{n-1},x_n]-[x_0,x_1,\cdots,x_{n-2}]=\frac{P_n}{Q_n}-\frac{P_{n-2}}{Q_{n-2}}=\frac{P_nQ_{n-2}-P_{n-2}Q_n}{Q_{n-2}Q_n}=\frac{(-1)^nx_n}{Q_{n-1}Q_n}.$$

证毕.

在知道连分数的部分商的情况下, 定理 7.2.2 给出了求渐近连分数的方法. 用列表的形式给出 $\sqrt{2}=[1,2,2,2,\cdots]$ 的渐近连分数.

k	x_k	P_k	Q_k	k	x_k	P_k	Q_k
-2		0	1	3	2	17	12
-1		1	0	4	2	41	29
0	1	1	1	5	2	99	70
1	2	3	2	6	2	239	169
2	2	7	5	7	2	577	408

由此得到

$$1.412\,011<\frac{P_6}{Q_6}=\frac{239}{169}<\sqrt{2}<\frac{P_7}{Q_7}=\frac{577}{408}<1.412\,157.$$

关于 α 与其渐近连分数, 有更准确的公式.

定理 7.2.3 设 $x_0,\ x_1,\ x_2,\ \cdots,\ x_n$ 是实数列, $x_j>0,\ j\geqslant 1$. 再设

$$\alpha=[x_0,x_1,x_2,\cdots,x_n],\quad \alpha_{k+1}=[x_{k+1},\cdots,x_n]\quad (0\leqslant k\leqslant n),$$

则

$$\alpha-\frac{P_k}{Q_k}=\frac{(-1)^k}{Q_k(\alpha_{k+1}Q_k+Q_{k-1})}. \tag{7.29}$$

证 根据定理 7.2.1 (i) 及定理 7.2.2, 有

$$\alpha=[x_0,x_1,x_2,\cdots,x_k,x_{k+1},\cdots,x_n]=[x_0,x_1,x_2,\cdots,x_k,\alpha_{k+1}]$$

以及

$$\alpha-\frac{P_k}{Q_k}=\frac{\alpha_{k+1}P_k+P_{k-1}}{\alpha_{k+1}Q_k+Q_{k-1}}-\frac{P_k}{Q_k}=\frac{-(P_kQ_{k-1}-P_{k-1}Q_k)}{Q_k(\alpha_{k+1}Q_k+Q_{k-1})}=\frac{(-1)^k}{Q_k(\alpha_{k+1}Q_k+Q_{k-1})}.$$

证毕.

定理 7.2.4 设 α 是实数, $[a_0,\ a_1,\ a_2,\ \cdots,\ a_n,\cdots]$ 是其简单连分数, 则

$$\left|\alpha-\frac{P_k}{Q_k}\right|\leqslant\frac{1}{Q_k^2}. \tag{7.30}$$

证 根据定理 7.2.3 , 有

$$\left|\alpha-\frac{P_k}{Q_k}\right|=\frac{1}{Q_k(\alpha_{k+1}Q_k+Q_{k-1})}<\frac{1}{Q_k^2}.$$

证毕.

7.3 简单连分数的进一步性质

定理 7.1.1 之证明

证 不妨设 $n \leqslant m$. 对 n 作数学归纳法.

$n=0$ 时, 如果 $m \geqslant 1$, 根据定理 7.2.1, 有

$$a_0 = b_0 + \frac{1}{[b_1, b_2, \cdots, b_m]}.$$

但由 $b_m > 1$, 有 $[b_1, b_2, \cdots, b_m] > 1$. 因此上式不可能成立. 故 $m=0$, $a_0 = b_0$.

假设当 $n=k$ 时, 结论成立.

对于 $n=k+1$, 根据假设条件和定理 7.2.1, 有

$$a_0 + \frac{1}{[a_1, a_2, \cdots, a_n]} = b_0 + \frac{1}{[b_1, b_2, \cdots, b_m]}.$$

因为 $a_n > 1$, $b_m > 1$, 所以 $[a_1, a_2, \cdots, a_n] > 1$, $[b_1, b_2, \cdots, b_m] > 1$. 因此由上式可推出

$$a_0 = b_0, \quad [a_1, a_2, \cdots, a_n] = [b_1, b_2, \cdots, b_m].$$

根据归纳假设, 有 $n-1 = m-1$, $a_i = b_i$, $i = 1, \cdots, n$. 从而, $n = m$, $a_i = b_i$, $i = 0, \cdots, n$, 即结论对 $n = k+1$ 成立. 根据数学归纳法原理, 定理对所有的 $n \geqslant 0$ 成立. 证毕.

定理 7.3.1 无限简单连分数 $[a_0, a_1, a_2, \cdots]$ 是收敛的, 也就是存在一个实数 θ, 使得

$$\lim_{n\to+\infty} [a_0, a_1, a_2, \cdots, a_n] = \theta.$$

证 对 $n \geqslant 0$, 记 $\theta_n = [a_0, a_1, a_2, \cdots, a_n]$. θ_n 是有理分数. 根据定理 7.2.1, 有

$$\theta_1 > \theta_3 > \cdots > \theta_{2n-1} > \cdots > \theta_0,$$

$$\theta_0 < \theta_2 < \cdots < \theta_{2n} < \cdots < \theta_1.$$

一方面, $\{\theta_{2n-1}\}_{n\geqslant 1}$ 单调递减有下界 θ_0, 存在极限

$$\lim_{n\to+\infty} \theta_{2n-1} = \theta'.$$

另一方面, $\{\theta_{2n}\}_{n\geqslant 0}$ 单调递增有上界 θ_1, 存在极限

$$\lim_{n\to+\infty} \theta_{2n} = \theta''.$$

因此, $\theta_0 < \theta_2 < \cdots < \theta_{2n} < \cdots < \theta' \leqslant \theta'' < \cdots < \theta_{2n-1} < \cdots < \theta_1$.

但根据定理 7.2.2, 对任意 $n \geqslant 1$, 有

$$|\theta'' - \theta'| \leqslant |\theta_n - \theta_{n-1}| = \frac{1}{Q_{n-1}Q_n}.$$

因此, $\theta' = \theta'' = \theta$. 证毕.

定理 7.3.2 设实数 $\theta > 1$ 的渐近分数为 $\dfrac{P_n}{Q_n}$, 则对任意 $n \geqslant 1$,

$$\left|\theta^2 Q_n^2 - P_n^2\right| < 2\theta.$$

证 从定理 7.3.1 之证明, 有 θ 介于两渐近分数 $\dfrac{P_n}{Q_n}$ 和 $\dfrac{P_{n+1}}{Q_{n+1}}$. 根据定理 7.2.2,

$$\left|\theta^2 Q_n^2 - P_n^2\right| = Q_n^2\left|\theta - \frac{P_n}{Q_n}\right|\left|\theta + \frac{P_n}{Q_n}\right| < Q_n^2\frac{1}{Q_nQ_{n+1}}\Big[\theta + (\theta + \frac{1}{Q_nQ_{n+1}})\Big].$$

但

$$2\theta\left(\frac{Q_n}{Q_{n+1}} + \frac{1}{2\theta Q_{n+1}^2}\right) - 2\theta < 2\theta\frac{Q_n+1}{Q_{n+1}} - 2\theta \leqslant 2\theta\frac{Q_{n+1}}{Q_{n+1}} - 2\theta = 0,$$

故定理成立. 证毕.

7.4 最佳逼近

前面, 考虑了用有理数来逼近一个实数. 现在, 对逼近的效果进行定性描述.

对任意给定的正整数 Q, 记集合 S_Q 为

$$S_Q = \left\{\frac{p}{q} \mid 1 \leqslant q \leqslant Q,\ p \in \mathbf{Z}\right\},$$

则有

$$\mathbf{Z} = S_1 \subset S_2 \subset \cdots \subset S_Q \subset \cdots$$

定义 7.4.1 设 θ 是一个实数. 有理数 $\dfrac{p}{q}$ $(q > 0)$ 称为 θ 的最佳逼近, 如果对所有的有理数 $\dfrac{p'}{q'} \neq \dfrac{p}{q}$, $0 < q' \leqslant q$, 有

$$\left|\theta - \frac{p}{q}\right| < \left|\theta - \frac{p'}{q'}\right|. \tag{7.31}$$

这说明, 在分母 $q' \leqslant q$ 的所有有理数 $\dfrac{p'}{q'}$ 中, $\dfrac{p}{q}$ 是距离 θ 最近的有理数 $\dfrac{p}{q}$.

在说明 θ 的连分数是 θ 的最佳逼近之前, 先给出以下定理:

定理 7.4.1 设 θ 是无理实数. 设 $\dfrac{P_n}{Q_n}$ $(n \geqslant 1)$ 是 θ 的第 n 个渐近分数. 如果整数 $p,\ q\ (q > 0)$ 使得

$$|q\,\theta - p| < |Q_n\,\theta - P_n|, \tag{7.32}$$

则 $q \geqslant Q_{n+1}$.

证 反证法. 假设存在整数 $p,\ q\ (0 < q < Q_{n+1})$ 使得

$$|q\,\theta - p| < |Q_n\,\theta - P_n|. \tag{7.33}$$

首先, 线性方程组

$$\left\{\begin{aligned} \lambda P_{n+1} + \mu P_n &= p \\ \lambda Q_{n+1} + \mu Q_n &= q \end{aligned}\right. \tag{7.34}$$

有整数解 $\lambda\neq 0$, $\mu\neq 0$, 且 $\lambda\cdot\mu<0$. 从而有

$$q\theta-p=(\lambda Q_{n+1}+\mu Q_n)\theta-(\lambda P_{n+1}+\mu P_n)=\lambda(Q_{n+1}\theta-P_{n+1})+\mu(Q_n\theta-P_n). \tag{7.35}$$

事实上, 因为 $P_{n+1}Q_n-P_nQ_{n+1}=(-1)^{n+2}=(-1)^n$, 所以方程组 (7.34) 有整数解

$$\begin{cases}\lambda &= \dfrac{pQ_n-P_nq}{P_{n+1}Q_n-P_nQ_{n+1}} &= (-1)^n(pQ_n-P_nq),\\[2ex] \mu &= \dfrac{P_{n+1}q-pQ_{n+1}}{P_{n+1}Q_n-P_nQ_{n+1}} &= (-1)^n(P_{n+1}q-pQ_{n+1}).\end{cases}$$

进一步, 有 $\lambda\neq 0$, $\mu\neq 0$.

- 如果 $\mu=0$, 则 $P_{n+1}q-pQ_{n+1}=0$. 因为 $(P_{n+1},Q_{n+1})=1$, 所以 $Q_{n+1}\mid q$. 从而, $q\geqslant Q_{n+1}$, 这与假设 $0<q<Q_{n+1}$ 矛盾.
- 如果 $\lambda=0$, $\mu\neq 0$, 有 $p=\mu P_n$ 及 $q=\mu Q_n$, 从而

$$|q\theta-p|=|\mu||Q_n\theta-P_n|\geqslant|Q_n\theta-P_n|.$$

这与式 (7.33) 矛盾.

此外, λ 与 μ 互为异号, 这从 $0<q<Q_{n+1}$ 和式 (7.34) 第二个方程可推出.

其次, 有 $\lambda(Q_n\theta-P_n)$ 与 $\mu(Q_{n+1}\theta-P_{n+1})$ 有相同的符号. 事实上, 根据定理 7.2.2, 有 θ 介于 $\dfrac{P_n}{Q_n}$ 与 $\dfrac{P_{n+1}}{Q_{n+1}}$ 之间. 从而, $(Q_n\theta-P_n)\cdot(Q_{n+1}\theta-P_{n+1})<0$, 进而,

$$\lambda(Q_n\theta-P_n)\cdot\mu(Q_{n+1}\theta-P_{n+1})>0.$$

一方面, λ 与 μ 互为异号, 这从 $0<q<Q_{k+1}$ 和第二个方程可推出.

另一方面, $Q_n\theta-P_n$ 与 $Q_{n+1}\theta-P_{n+1}$ 互为异号. 因为根据定理 7.2.2, 有 θ 介于 $\dfrac{P_n}{Q_n}$ 与 $\dfrac{P_{n+1}}{Q_{n+1}}$ 之间.

最后, 由式 (7.35) 得到

$$|q\theta-p|=|\lambda(Q_{n+1}\theta-P_{n+1})|+|\mu(Q_n\theta-P_n)|\geqslant|\mu(Q_n\theta-P_n)|\geqslant|Q_n\theta-P_n|$$

这与式 (7.33) 矛盾. 故定理成立. 证毕.

定理 7.4.2 实数 θ 的渐近分数是 θ 的最佳逼近, 即当 $\dfrac{P_n}{Q_n}$ $(n\geqslant 1)$, 是 θ 的第 n 个渐近分数时, 对所有的有理数 $\dfrac{p}{q}\neq\dfrac{P_n}{Q_n}$, $0<q\leqslant Q_n$, 有

$$\left|\theta-\frac{P_n}{Q_n}\right|<\left|\theta-\frac{p}{q}\right|. \tag{7.36}$$

证 反证法. 假设存在有理数 $\dfrac{p}{q}\neq\dfrac{P_n}{Q_n}$, $0<q\leqslant Q_n$, 使得

$$\left|\theta-\frac{p}{q}\right|<\left|\theta-\frac{P_n}{Q_n}\right|.$$

因为 $0<q\leqslant Q_n$, 所以

$$q\left|\theta-\frac{p}{q}\right|<Q_n\left|\theta-\frac{P_n}{Q_n}\right|,$$

即

$$|q\,\theta-p|<|Q_n\,\theta-P_n|.$$

根据定理 7.4.1, 有 $q\geqslant Q_{n+1}>Q_n$. 这与假设 $0<q\leqslant Q_n$ 矛盾. 证毕.

7.5 循环连分数

设实数 θ 是无限简单连分数 $[a_0,a_1,a_2,\cdots]$. 如果存在整数 $m\geqslant 0$, 使得对于该整数 m, 存在整数 $k\geqslant 1$, 使得对于所有 $n\geqslant m$, 有

$$a_{n+k}=a_k, \tag{7.37}$$

那么, θ 就叫做**循环简单连分数**, 简称**循环连分数**. 这时 θ 可写成

$$\theta=[a_0,a_1,\cdots,a_{m-1},\overline{a_m,\cdots,a_{m+k-1}}]. \tag{7.38}$$

例如, $\sqrt{2}=[1,2,2,\cdots]=[1,\overline{2}]$ 是循环连分数.

如果 $m=0$, 使得式 (7.38) 成立, 则 θ 叫做**纯循环简单连分数**, 简称**纯循环连分数**.

例 7.5.1 $\dfrac{\sqrt{5}+1}{2}=[1,1,1,\cdots]=[\overline{1}]$ 是纯循环连分数.

定理 7.5.1 设 θ 是循环简单连分数, 则 θ 是二次无理数.

证 设 $\theta=[\overline{a_0,\cdots,a_{k-1}}]$ 是纯循环连分数, 则根据定理 7.2.2,

$$\theta=[a_0,a_1,\cdots,a_{k-1},\theta]=\frac{P_k}{Q_k}=\frac{\theta\,P_{k-1}+P_{k-2}}{\theta\,Q_{k-1}+Q_{k-2}},$$

其中 P_{k-2}, P_{k-1}, Q_{k-2}, Q_{k-2} 是整数. 从而,

$$Q_{k-1}\,\theta^2+(-P_{k-1}+Q_{k-2})\theta-P_{k-2}=0.$$

这说明 θ 是二次无理数.

如果 $\theta=[a_0,a_1,\cdots,a_{m-1},\overline{a_m,\cdots,a_{m+k-1}}]$ 是循环连分数, 则 $\theta_0=[\overline{a_m,\cdots,a_{m+k-1}}]$ 是纯循环连分数. 根据定理 7.2.2,

$$\theta=[a_0,a_1,\cdots,a_{k-1},\theta_0]=\frac{P_k}{Q_k}=\frac{\theta_0\,P_{k-1}+P_{k-2}}{\theta_0Q_{k-1}+Q_{k-2}},$$

其中 P_{k-2}, P_{k-1}, Q_{k-2}, Q_{k-2} 是整数. 因此, θ 是二次无理数.

定理 7.5.2 设 θ 是二次无理数, 则 θ 是循环简单连分数.

7.6 $\sqrt{n}$ 与因数分解

利用简单连分数, 可以对合数 n 作因数分解.

给定整数 n, 希望找到 x, y 使得

$$x^2 \equiv y^2 (\mathrm{mod}) n \quad 且 \quad n \nmid x-y,\ n \nmid x+y.$$

进而, 可找到 n 的真因数 $(x-y,n)$ 和 $(x+y,n)$. 例如, 分解 $n = p \cdot q$.

注意, 假设 $y^2 \leqslant n/2$, 则 $y \leqslant \sqrt{n/2} = \sqrt{2n}/2$. 这时 $x \geqslant \sqrt{n}/2$. 现在, 对 x 的上界做出规定, 要求 $|x| \leqslant n^2$, 以提高运算速度.

设 $\theta = \sqrt{n}$. 对 θ 作连分数展开和近似, 有

$$P_k^2 - n\,Q_k^2 = R_k, \quad k = 0,\ 1,\ \cdots \tag{7.39}$$

根据定理 7.3.2, 有 $|R_k| \leqslant 2\theta = 2\sqrt{n}$.

例 7.6.1 利用简单连分数, 分解整数 $n = 47 \cdot 67 = 3149$.

解 对实数 $\sqrt{n} = 56.115\,951\,39$ 作简单连分数展开:

(i) 计算 $P_k^2(\mathrm{mod}n)$ 时, 仅考虑最小非负余数.

k	P_k	$P_k^2(\mathrm{mod}n)$	k	P_k	$P_k^2(\mathrm{mod}n)$	k	P_k	$P_k^2(\mathrm{mod}n)$
0	56	$2^6 \cdot 7^2$	10	1676 **	$2^2 \cdot 17$	20	2112	$2^3 \cdot 3 \cdot 5 \cdot 13$
1	449*	$5 \cdot 13$	11	1227	307	21	309	$3 \cdot 337$
2	505	$3^3 \cdot 5 \cdot 23$	12	2903	$5 \cdot 137$	22	1126	$2 \cdot 23 \cdot 43$
3	954	$5 \cdot 11$	13	243	$3^2 \cdot 263$	23	1435	$2^4 \cdot 3 \cdot 61$
4	1459	$2 \cdot 1553$	14	969	$13 \cdot 43$	24	2561	2503
5	2413 **	$2^2 \cdot 17$	15	1212	$2 \cdot 5 \cdot 151$	25	847	$2 \cdot 3 \cdot 431$
6	723	$2^3 \cdot 3 \cdot 131$	16	2441	$3 \cdot 191$	26	2800	$3 \cdot 23 \cdot 31$
7	1851	89	17	504	$2^4 \cdot 131$	27	498	$2 \cdot 3 \cdot 397$
8	2574	$3 \cdot 7 \cdot 149$	18	804	$13 \cdot 67$	28	984	$17 \cdot 89$
9	2700*	$5 \cdot 13$	19	1308	$3 \cdot 11 \cdot 29$	29	1482	1471

将 P_1 与 P_9 作组合, 令 $x = P_1 \cdot P_9$, $y = 5 \cdot 13$, 有

$x - y = 449 \cdot 2700 - 5 \cdot 13 = 1\,212\,235 = 5 \cdot 242\,447$;

$x + y = 449 \cdot 2700 + 5 \cdot 13 = 1\,212\,365 = 5 \cdot 7 \cdot 11 \cdot 47 \cdot 67$;

这时, $(x+y,n) = n$. 无法对整数 n 进行分解.

将 P_5 与 P_{10} 作组合, 令 $x = P_5 \cdot P_{10}$, $y = 4 \cdot 17$, 有

$x - y = 2413 \cdot 1676 - 4 \cdot 17 = 4\,044\,120 = 2^3 \cdot 3 \cdot 5 \cdot 67 \cdot 503$;

$x + y = 2413 \cdot 1676 + 4 \cdot 17 = 4\,044\,256 = 2^5 \cdot 47 \cdot 2689$;

这时, $(x-y,n) = 67$, $(x+y,n) = 47$. 可对整数 n 进行分解, $n = 47 \cdot 67$.

(ii) 计算 $P_k^2(\mathrm{mod}n)$ 时, 仅考虑绝对值最小余数.

k	P_k	$P_k^2(\bmod n)$	k	P_k	$P_k^2(\bmod n)$	k	P_k	$P_k^2(\bmod n)$
0	$56***$	$(-1)\cdot 13$	10	-1473	$2^2\cdot 17$	20	-1037	$2^3\cdot 3\cdot 5\cdot 13$
1	449	$5\cdot 13$	11	1227	307	21	309	$3\cdot 337$
2	505	$(-1)\cdot 2^2\cdot 11$	12	-246	$5\cdot 137$	22	1126	$(-1)\cdot 1171$
3	954	$5\cdot 11$	13	243	$(-1)\cdot 2\cdot 17\cdot 23$	23	1435	$(-1)\cdot 13\cdot 17$
4	$1459***$	$(-1)\cdot 43$	14	$969***$	$13\cdot 43$	24	-588	$(-1)\cdot 2\cdot 17\cdot 19$
5	-736	$2^2\cdot 17$	15	1212	$2\cdot 5\cdot 151$	25	847	$(-1)\cdot 563$
6	723	$(-1)\cdot 5$	16	-708	$3\cdot 191$	26	-349	$(-1)\cdot 2\cdot 5\cdot 101$
7	-1298	89	17	504	$(-1)\cdot 3^4\cdot 13$	27	498	$(-1)\cdot 13\cdot 59$
8	-575	$(-1)\cdot 2^2\cdot 5$	18	804	$13\cdot 67$	28	984	$17\cdot 89$
9	-449	$5\cdot 13$	19	1308	$3\cdot 11\cdot 29$	29	1482	1471

将 P_0 , P_4, P_{14} 作组合, 令 $x=P_0\cdot P_4\cdot P_{14}$, $y=13\cdot 43$, 有

$x-y=56\cdot 1459\cdot 969-13\cdot 43=79\,170\,617=67\cdot 73\cdot 16\,187$;

$x+y=56\cdot 1459\cdot 969+13\cdot 43=79\,171\,735=5\cdot 47\cdot 336\,901$;

这时, $(x-y,n)=67$, $(x+y,n)=47$. 可对整数 n 进行分解, $n=47\cdot 67$.

例 7.6.2 利用简单连分数, 分解整数 $167\cdot 227=37\,909$.

解 对实数 $\sqrt{n}=194.702\,336\,9$ 作简单连分数展开,

$\sqrt{n}=[194,1,2,2,1,3,1,1,2,1,1,1,11,1,1,1,1,5,1,6,1,12,2,1,1,3,1,6,1,4,\cdots]$.

计算 $P_k^2(\bmod n)$ 时, 仅考虑绝对值最小余数.

k	P_k	$P_k^2(\bmod n)$	k	P_k	$P_k^2(\bmod n)$	k	P_k	$P_k^2(\bmod n)$
0	194	$(-1)\cdot 3\cdot 7\cdot 13$	10	$-13\,650$	$(-1)\cdot 5\cdot 47$	20	$-14\,823$	$3^2\cdot 5\cdot 17$
1	195	$2^2\cdot 29$	11	6657	$2^2\cdot 7$	21	$-17\,340$	$(-1)\cdot 2^2\cdot 3\cdot 1549$
2	584	$(-1)\cdot 5^3$	12	$-16\,241$	$(-1)\cdot 3\cdot 13\cdot 19$	22	$-11\,594$	$(-1)\cdot 2\cdot 2239$
3	1363	$2^2\cdot 3\cdot 19$	13	-9584	$(-1)\cdot 11\cdot 41$	23	8975	$(-1)\cdot 2^4\cdot 3\cdot 5^3$
4	1947	$(-1)\cdot 7\cdot 13$	14	12\,084	$(-1)\cdot 2^2\cdot 3^2\cdot 67$	24	-2619	$(-1)\cdot 2^6\cdot 37$
5	7204	$3\cdot 5\cdot 13$	15	2500	$(-1)\cdot 5\cdot 997$	25	1118	$(-1)\cdot 29\cdot 37$
6	9151	$(-1)\cdot 2^2\cdot 3^2\cdot 5$	16	14\,584	$(-1)\cdot 3\cdot 7\cdot 683$	26	-1501	$2\cdot 5\cdot 1637$
7	16\,355	11^2	17	-398	$2^4\cdot 3^2\cdot 47$	27	-7888	$5^4\cdot 19$
8	3952	$(-1)\cdot 2^2\cdot 3\cdot 17$	18	14\,186	$(-1)\cdot 5\cdot 3257$	28	-9389	$2^4\cdot 7^2\cdot 19$
9	$-17\,602$	$3\cdot 7^2$	19	8900	$3^2\cdot 2011$	29	-7535	$(-1)\cdot 3^2\cdot 19\cdot 67$

(i) 令 $x=P_7$, $y=11$, 有

$x-y=16\,355-11=16\,344=2^3\cdot 3^2\cdot 227$;

$x+y=16\,355+11=16\,366=2\cdot 7^2\cdot 167$;

这时, $(x-y,n)=227$, $(x+y,n)=167$. 可对整数 n 进行分解, $n=167\cdot 227$.

(ii) 将 P_2 , P_6 作组合, 令 $x=P_2\cdot P_6$, $y=2\cdot 3\cdot 5^2$, 有

$x-y=584\cdot 9151+2\cdot 3\cdot 5^2=5\,344\,034=2\cdot 79\cdot 149\cdot 227$;

$x+y=584\cdot 9151+2\cdot 3\cdot 5^2=5\,344\,334=2\cdot 167\cdot 16\,001$;

这时, $(x-y,n)=227$, $(x+y,n)=167$. 可对整数 n 进行分解, $n=167\cdot 227$.

7.7 习题

(1) 设 $\dfrac{a}{b}$ 是有理分数, 它的有限简单连分数是 $[a_0,a_1,a_2,\cdots,a_n]$. 设 $b\geqslant 1$, $[a_0,a_1,a_2,\cdots,a_{n-1}]=\dfrac{p_{n-1}}{q_{n-1}}$, $(p_{n-1},q_{n-1})=1$, $q_{n-1}>0$. 证明:

$$a\cdot p_{n-1}-b\cdot q_{n-1}=(-1)^{n+1}(a,b).$$

(2) 具体说明第 (1) 题给出了求最大公因数 (a,b) 以及解不定方程 $ax+by=c$ 的一个新方法. 用这个方法来求解以下的最大公因数和不定方程:

(i) $(4144,7696)$. (ii) $77x+63y=40$.

(3) 分别求出有理分数的 $\dfrac{-97}{73}$ 和 $\dfrac{5391}{3976}$ 两种有限简单连分数.

(4) 设 $\dfrac{a}{b}$ 是有理分数, $[a_0,\cdots,a_n]$ 是它的有限简单连分数, 以及 $b\geqslant 1$. 证明:

$$a\cdot k_{n-1}-b\cdot h_{n-1}=(-1)^{n+1}(a,b).$$

(5) 具体说明第 (4) 题给出了求最大公约数 (a,b) 及解不定方程 $ax+by=c$ 的一个新方法. 用这个方法来求解以下的最大公约数和不定方程.

① $205x+93y=1$. ② $77x+63y=40$. ③ $(4144,7696)$.

(6) 求有理分数① $-43/1001$, ② $5391/3976$ 的两种有限简单连分数表示式, 以及它们的各个渐近分数, 渐近分数与有理分数的误差.

(7) 设有理分数 $a/b((a,b)=1,\ a\geqslant b\geqslant 1)$ 的有限简单连分数是 $[a_0,a_1,\cdots,a_n]$. 证明:

$$[a_0,a_1,\cdots,a_n]=[a_n,a_{n-1},\cdots,a_1,a_0]$$

的充要条件是 (i) 当 $2\nmid n$ 时, $a|b^2+1$; (ii) 当 $2|n$ 时, $a|b^2-1$.

(8) 设 a,b,c,d 是整数, $c>d>0$, $ad-bc=\pm 1$. 再设实数 $\eta\geqslant 1$. 若 $\xi=(a\eta+b)/(c\eta+d)$, 则 $\xi=[a_0,\cdots,a_n,\eta]$ 以及 $b/d=[a_0,\cdots,a_{n-1}]$. 这里 $[a_0,\cdots,a_n]$ 是 a/c 的有限简单连分数表示式.

(9) 设 a,b 是正整数, a 整除 b, 即 $b=ac$. 证明: $[b,a,b,a,b,a,\cdots]=(b+\sqrt{b^2+4c})/2$.

(10) 求以下无理数的无限简单连分数, 前 6 个渐近分数, 前 7 个完全商, 以及该无理数和它的前 6 个渐近分数的差.

① $\sqrt{29}$. ② $(\sqrt{10}+1)/3$.

(11) 设 ξ_0 是无理数, 它的无限简单连分数是 $[a_0,a_1,a_2,\cdots]$. 证明:

当 $a_1>1$ 时, $-\xi_0=[-a_0-1,1,a_1-1,a_2,a_3,\cdots]$;

当 $a_1=1$ 时,$-\xi_0=[-a_0-1,a_2+1,a_3,\cdots]$.

(12) 称数 β 等价于数 α, 如果存在整数 a,b,c,d, 满足 $ad-bc=\pm 1$, 使得 $\beta=\dfrac{a\alpha+b}{c\alpha+d}$. 证明:

(i) 任意的数 α 必与自身等价. (ii) 若 β 等价于 α, 则 α 等价于 β.

(iii) 若 α 等价于 β,β 等价于 γ, 则 α 等价于 γ.

(iv) 有理数一定等价于零.　　(v) 任意两个有理数一定等价.

(vi) 设 α, β 是两个实无理数, 则 α 与 β 等价的充要条件是它们的无限简单连分数为以下形式:

$$\alpha = [a_0, \cdots, a_m, c_0, c_1, c_2, \cdots], \qquad \beta = [b_0, \cdots, b_n, c_0, c_1, c_2, \cdots].$$

(13) (i) 设实数 $x \geqslant 1$ 及 $x + x^{-1} < \sqrt{5}$. 证明: $1 \leqslant x < \dfrac{\sqrt{5}+1}{2}$.

(ii) 设 ξ_0 是无理数, $\dfrac{h_{n-1}}{k_{n-1}}$, $\dfrac{h_n}{k_n}$, $\dfrac{h_{n+1}}{k_{n+1}}$ $(n \geqslant 1)$ 是 ξ_0 的三个相邻的渐近分数, 那么, 以下 3 个不等式

$$\left|\xi_0 - \frac{h_j}{k_j}\right| < \frac{1}{\sqrt{5}k_j^2}, \quad j = n-1, n, n+1$$

至少有一个成立 (提示: 用反证法, 并利用 (i)).

(iii) 存在无穷多个有理分数 $\dfrac{a}{b}$, 满足 $\left|\xi_0 - \dfrac{a}{b}\right| < \dfrac{1}{\sqrt{5}b^2}$.

(14) 求 $\sqrt{5}$ 的简单连分数, 并计算其第六个渐近分数.

(15) 求有限连分数 $[2, 5, 3, 4, 2, 8]$.

(16) 设 a, b 是正数, 证明:

$$a + \sqrt{a^2+b} = 2a + \cfrac{b}{2a + \cfrac{b}{2a + \cfrac{b}{a + \sqrt{a^2+b}}}}$$

和

$$a + \sqrt{a^2+b} = \left[2a,\ \frac{2a}{b},\ 2a,\ \frac{2a}{b},\ 2a,\ \frac{2a}{b},\ a + \sqrt{a^2+b}\right].$$

思考题

(1) 常用的圆周率 π 的最佳逼近是什么?

(2) 任意实数可以用有理数逼近吗? 怎样得到最好的有理数近似?

(3) 运用连分数展开，是否可以得到两个整数的最大公因数?

(4) 编程实现计算一个有理数的简单连分数.

(5) 设 n 两个素数的乘积, 编程实现 $\sqrt{n}$ 的简单连分数及分解整数 n .

(6) 研究周期简单连分数的性质.

第 8 章　群

本章及以后章节, 主要介绍具有运算的集合所具有的数学理论和方法, 即代数理论和方法, 主要是群、环、域及 Galois 理论等.

8.1　群

8.1.1　基本定义

首先, 给出集合中关于运算的表述.

定义 8.1.1　设 S 是一个非空集合. 那么 $S\times S$ 到 S 的映射就叫做 S 的 **结合法** 或 **运算**.

$$\begin{aligned} S\times S &\longrightarrow S \\ (a,b) &\longmapsto ab \end{aligned}$$

对于这个映射, 元素对 (a,b) 的像叫做 a 与 b 的 **乘积**, 记成 $a\otimes b$ 或 $a\cdot b$ 或 $a*b$ 等, 为方便起见, 该乘积简记为 ab. 这个结合法叫做 **乘法**.

这时, S 叫做 **代数系**.

人们也常把该结合法叫做加法, 元素对 (a,b) 的像叫做 a 与 b 的 **和**, 记成 $a\oplus b$ 或 $a+b$.

其次, 对于结合法或运算, 给出 4 个运算规则的表述.

(1) 人们常要求结合法具有结合律, 即对于 S 中的三个元素 a, b, c, 由两种方式得到的它们的乘积 $(ab)c$ 和 $a(bc)$ 应相等.

结合律　设 S 是一个具有结合法的非空集合. 如果对 S 中的任意元素 a, b, c, 都有

$$(ab)c=a(bc),$$

则称该结合法满足 **结合律**.

定义 8.1.2　设 S 是一个具有结合法的非空集合. 如果 S 满足结合律, 那么 S 就叫做 S 的 **半群**.

(2) 人们常要求 S 中有一个像整数集合 $\mathbf{Z}$ 中的元素 1 那样的元素单位元, 与任何元素相乘都不改变该元素.

单位元　设 S 是一个具有结合法的非空集合. 如果 S 中有一个元素 e; 使得对 S 中所有元素 a, 都有

$$ea=ae=a,$$

则称该元素 e 为 S 中的 **单位元**, 通常记作 e.

当 S 的结合法写作加法时, 这个 e 叫做 S 中的零元, 通常记作 0.

性质 8.1.1　设 S 是一个具有结合法的非空集合, 则 S 中的单位元 e 是唯一的.

证　设 e 和 e' 都是 S 中的单位元. 分别根据 e 和 e' 的单位元定义, 得到

$$e'=ee'=e.$$

因此, 单位元是唯一的.　　证毕.

(3) 人们常要求 S 中的每个元 a 都有对应的元素 a', 使得它们的乘积 aa' 为单位元.

可逆元 设 S 是一个具有结合法的有单位元的非空集合. 设 a 是 S 中的一个元素. 如果 S 存在一个元素 a' 使得

$$a\,a' = a'\,a = e,$$

则称该元素 a 为 S 中的 **可逆元**, a' 称为 a 的 **逆元**, 通常记作 a^{-1}.

当 S 的结合法叫做加法时, 这个 a' 叫做元素 a 的负元, 通常记作 $-a$.

性质 8.1.2 设 S 是一个有单位元的半群, 则对 S 中的任意可逆元 a, 其逆元 a' 是唯一的.

证 设 a' 和 a'' 都是 a 的逆元, 即

$$a\,a' = a'\,a = e, \qquad a\,a'' = a''\,a = e.$$

分别根据 a' 和 a'' 为 a 的逆元及结合律, 得到

$$a' = a'\,e = a'\,(a\,a'') = (a'\,a)\,a'' = e\,a'' = a''.$$

因此, a 的逆元 a' 是唯一的. 证毕.

(4) 人们常要求元素的乘积运算与它们的乘积次序无关, 即对于 S 中的两个元素 a, b, 由两种方式得到的它们的乘积 $a\,b$ 和 $b\,a$ 应相等.

交换律 设 S 是一个具有结合法的非空集合. 如果对 S 中的任意元素 a, b, 都有

$$b\,a = a\,b,$$

则称该结合法满足 **交换律**.

最后, 给出常用的具有结合律、单位元及可逆元规则的代数系.

定义 8.1.3 设 G 是一个具有结合法的非空集合. G 叫做一个 **群**, 如果 G 中的结合法满足以下三个条件:

(i) 结合律, 即对任意的 a, b, $c \in G$, 都有

$$(a\,b)\,c = a\,(b\,c);$$

(ii) 单位元, 即存在一个元素 $e \in G$, 使得对任意的 $a \in G$, 都有

$$a\,e = e\,a = a;$$

(iii) 可逆性, 即对任意的 $a \in G$, 都存在 $a' \in G$, 使得

$$a\,a' = a'\,a = e.$$

特别地, 当 G 的结合法写作乘法时, G 叫做 **乘群**; 当 G 的结合法写作加法时, G 叫做 **加群**.

群 G 的元素个数叫做群 G 的 **阶**, 记为 $|G|$. 当 $|G|$ 为有限数时, G 叫做 **有限群**, 否则, G 叫做 **无限群**.

如果群 G 中的结合法还满足交换律, 即对任意的 a, $b \in G$, 都有 $a\,b = b\,a$, 那么, G 叫做一个 **交换群** 或阿倍尔 (Abel) 群.

例 8.1.1 自然数集 $\mathbf{N}=\{0,\ 1,\ 2,\ \cdots,\ n,\ \cdots\}$ 对于通常意义下的加法有结合律和零元 0, 但没有负元, 例如, 2 无负元. 而对于通常意义下的乘法, 有结合律和单位元 $e=1$, 但没有可逆元. 例如, 2 无逆元.

例 8.1.2 整数集 $\mathbf{Z}=\{\cdots,\ -n,\ \cdots,\ -2,\ -1,\ 0,\ 1,\ 2,\ \cdots,\ n,\ \cdots\}$ 对于通常意义下的加法, 有结合律、交换律和零元 0, 并且每个元素 a 都有负元 $-a$. 因此, $\mathbf{Z}$ 是一个交换加群. 非零整数集 $\mathbf{Z}^*=\mathbf{Z}\setminus\{0\}$ 对于通常意义下的乘法, 有结合律、交换律和单位 1, 但不是每个元素 a 都有逆元, 例如, 2 无逆元, 因此 $\mathbf{Z}^*$ 不是一个群.

例 8.1.3 有理数集 $\mathbf{Q}$ 对于通常意义下的加法有结合律、交换律和零元 0, 并且每个元素 $\dfrac{a}{b}$ $(b\neq 0)$ 都有负元 $\dfrac{-a}{b}$, 因此, $\mathbf{Q}$ 是交换加群.

非零有理数集 $\mathbf{Q}^*=\mathbf{Q}\setminus\{0\}$ 对于通常意义下的乘法有结合律、交换律和单位 1, 并且每个元素 $\dfrac{a}{b}$ $(ab\neq 0)$ 都有逆元 $\left(\dfrac{a}{b}\right)^{-1}=\dfrac{b}{a}$, 因此,$\mathbf{Q}^*$ 是交换乘群.

类似地, 实数集 $\mathbf{R}$ 和复数集 $\mathbf{C}$ 都是对于通常意义下的加法的交换加群. 而非零实数集 $\mathbf{R}^*=\mathbf{R}\setminus\{0\}$ 和非零复数集 $\mathbf{C}^*=\mathbf{C}\setminus\{0\}$ 都是对于通常意义下的乘法的交换乘群.

例 8.1.4 设 D 是一个非平方整数, 则集合

$$\mathbf{Z}(\sqrt{D})=\{a+b\sqrt{D}\mid a,b\in\mathbf{Z}\}$$

对于加法运算

$$(a+b\sqrt{D})\oplus(c+d\sqrt{D})=(a+c)+(b+d)\sqrt{D}$$

有结合律、交换律和零元 0, 并且每个元素 $a+b\sqrt{D}$ 都有负元 $(-a)+(-b)\sqrt{D}$, 因此 $\mathbf{Z}(\sqrt{D})$ 构成一个交换加群.

对于乘法运算

$$(a+b\sqrt{D})\otimes(c+d\sqrt{D})=(ac+bdD)+(bc+ad)\sqrt{D}$$

有结合律、交换律和单位 1, 但不是每个元素 $a+b\sqrt{D}$ 都有逆元, 例如, 2 无逆元, 因此 $\mathbf{Z}(\sqrt{D})$ 不构成一个乘群.

例 8.1.5 设 n 是一个正整数. 设 $\mathbf{Z}/n\mathbf{Z}=\{0,1,2,\cdots,n-1\}$. 证明: 集合 $\mathbf{Z}/n\mathbf{Z}$ 对于加法

$$a\oplus b=(a+b\ (\mathrm{mod}\ n))$$

构成一个交换加群, 其中 $a\ (\mathrm{mod}\ n)$ 是整数 a 模 n 的最小非负剩余.

零元是 0, a 的负元是 $n-a$.

例如, $n=6$.

$a\setminus b$	0	1	2	3	4	5
0	0	1	2	3	4	5
1	1	2	3	4	5	0
2	2	3	4	5	0	1
3	3	4	5	0	1	2
4	4	5	0	1	2	3
5	5	0	1	2	3	4

例 8.1.6 设 p 是一个素数, $\boldsymbol{F}_p = \mathbf{Z}/p\mathbf{Z}$. 设 $\boldsymbol{F}_p^* = \boldsymbol{F}_p \setminus \{0\}$. 证明: 集合 $\boldsymbol{F}_p^*$ 对于乘法:

$$a \otimes b = (a \cdot b \pmod{p})$$

构成一个交换乘群.

单位元是 1, a 的逆元是 $(a^{-1} \pmod{p})$.

例如, $n = 7$.

$a \setminus b$	1	2	3	4	5	6
1	1	2	3	4	5	6
2	2	4	6	1	3	5
3	3	6	2	5	1	4
4	4	1	5	2	6	3
5	5	3	1	6	4	2
6	6	5	4	3	2	1

例 8.1.7 设 n 是一个合数. 证明: 集合 $\mathbf{Z}/n\mathbf{Z} \setminus \{0\}$ 对于乘法

$$a \otimes b = (a \cdot b \pmod{n})$$

不构成一个乘群.

证 集合 $\mathbf{Z}/n\mathbf{Z} \setminus \{0\}$ 中有结合律和单位元是 1. 但不是所有元素都是可逆元, 如 n 的真因数 d 没有逆元, 因为对任意的 $d' \in \mathbf{Z}/n\mathbf{Z} \setminus \{0\}$, 都有

$$d \otimes d' = (d \cdot d' \pmod{n}) \neq 1.$$

例如, $n = 6, \quad d = 2$.

$a \setminus x$	1	2	3	4	5
1	1	2	3	4	5
2	2	4	0	2	4
3	3	0	3	0	3
4	4	2	0	4	2
5	5	4	3	2	1

例 8.1.8 设 n 是一个合数. 设 $(\mathbf{Z}/n\mathbf{Z})^* = \{a \mid a \in \mathbf{Z}/n\mathbf{Z},\ (a, n) = 1\}$.
证明: 集合 $(\mathbf{Z}/n\mathbf{Z})^*$ 对于乘法

$$a \otimes b = (a \cdot b \pmod{n})$$

构成一个交换乘群.

具有结合律, 单位元是 1, a 的逆元是 $(a^{-1} \pmod{n})$.

例如, $n=15$.

$a \setminus x$	1	2	4	7	8	11	13	14
1	1	2	4	7	8	11	13	14
2	2	4	8	14	1	7	11	13
4	4	8	1	13	2	14	7	11
7	7	14	13	4	11	2	1	8
8	8	1	2	11	4	13	14	7
11	11	7	14	2	13	1	8	4
13	13	11	7	1	14	8	4	2
14	14	13	11	8	7	4	2	1

例 8.1.9 设有元素在数域 $\boldsymbol{K}$ 中的全体 n 级矩阵组成的集合

$$M_n(\boldsymbol{K})=\{(a_{ij})_{1\leqslant i\leqslant n,1\leqslant j\leqslant n}\mid a_{ij}\in\boldsymbol{K},\ 1\leqslant i\leqslant n,1\leqslant j\leqslant n\}.$$

(1) 设 $\boldsymbol{A}=(a_{ij}),\ \boldsymbol{B}=(b_{ij})\in M_n(\boldsymbol{K})$. 定义加法:

$$\boldsymbol{A}+\boldsymbol{B}=\boldsymbol{C},\quad 其中\ c_{ij}=a_{ij}+b_{ij},\ 1\leqslant i\leqslant n,1\leqslant j\leqslant n,$$

则 $M_n(\boldsymbol{K})$ 对于加法有结合律、交换律和零元 0, 并且每个元素 $\boldsymbol{A}=(a_{ij})$ 都有负元 $-\boldsymbol{A}=(-a_{ij})$, 因此 $M_n(\boldsymbol{K})$ 构成一个交换加群.

例如, $n=2$,

$$\begin{pmatrix} a_{11} & a_{12} \\ a_{21} & a_{22} \end{pmatrix}+\begin{pmatrix} b_{11} & b_{12} \\ b_{21} & b_{22} \end{pmatrix}=\begin{pmatrix} a_{11}+b_{11} & a_{12}+b_{12} \\ a_{21}+b_{21} & a_{22}+b_{22} \end{pmatrix}$$

零元 $\begin{pmatrix} 0 & 0 \\ 0 & 0 \end{pmatrix}$, $\begin{pmatrix} a_{11} & a_{12} \\ a_{21} & a_{22} \end{pmatrix}$ 的负元为 $\begin{pmatrix} -a_{11} & -a_{12} \\ -a_{21} & -a_{22} \end{pmatrix}$.

(2) 设 $\boldsymbol{A}=(a_{ij}),\ \boldsymbol{B}=(b_{ij})\in M_n(\boldsymbol{K})$. 再定义乘法:

$$\boldsymbol{A}\cdot\boldsymbol{B}=\boldsymbol{C},\quad 其中\ c_{ij}=\sum_{k=1}^{n}a_{ik}b_{kj},\ 1\leqslant i\leqslant n,1\leqslant j\leqslant n,$$

则 $M_n(\boldsymbol{K})\setminus\{0\}$ 对于乘法不构成一个群. 例如, $\begin{pmatrix} 0 & 1 \\ 0 & 0 \end{pmatrix}\cdot\begin{pmatrix} 0 & 1 \\ 0 & 0 \end{pmatrix}=\begin{pmatrix} 0 & 0 \\ 0 & 0 \end{pmatrix}$.

(3) 可逆矩阵 $\boldsymbol{A}$ (即存在 $\boldsymbol{A}'$ 使得 $\boldsymbol{A}\boldsymbol{A}'=\boldsymbol{A}'\boldsymbol{A}=\boldsymbol{I}_n$) 所组成的集合, 记为 $\mathrm{GL}_n(P)$, 对于矩阵的乘法成一个群, 通常称 $\mathrm{GL}_n(\boldsymbol{K})$ 为 n 级 **一般线性群**; $\mathrm{GL}_n(\boldsymbol{K})$ 中全体行列式为 1 的矩阵对于矩阵乘法也成一个群, 这个群记为 $\mathrm{SL}_n(\boldsymbol{K})$, 称为 **特殊线性群**.

例如, $n=2$, $\mathrm{SL}_2(\boldsymbol{K})$ 中的乘法为

$$\begin{pmatrix} a_{11} & a_{12} \\ a_{21} & a_{22} \end{pmatrix}\cdot\begin{pmatrix} b_{11} & b_{12} \\ b_{21} & b_{22} \end{pmatrix}=\begin{pmatrix} a_{11}b_{11}+a_{12}b_{21} & a_{11}b_{12}+a_{12}b_{22} \\ a_{21}b_{11}+a_{22}b_{21} & a_{21}b_{12}+a_{22}b_{22} \end{pmatrix},$$

单位元 $\begin{pmatrix} 1 & 0 \\ 0 & 1 \end{pmatrix}$, $\begin{pmatrix} a_{11} & a_{12} \\ a_{21} & a_{22} \end{pmatrix}$ 的逆元为 $\begin{pmatrix} a_{22} & -a_{12} \\ -a_{21} & a_{11} \end{pmatrix}$.

例 8.1.10 设 S 是一个非空集合. G 是 S 到自身的所有一一对应的映射 f 组成的集合. 对于 $f, g \in G$, 定义 f 和 g 的复合映射 $g \circ f$ 为: 对于任意 $x \in S$,

$$(g \circ f)(x) = g(f(x)),$$

则 G 对于映射的复合运算, 构成一个群, 叫做 **对称群**. 恒等映射是单位元. G 中的元素叫做 S 的一个 **置换**.

当 S 是 n 元有限集时, G 叫做 n 元 **对称群**, 记作 S_n.

映射复合如图 8.1 所示:

$$\begin{array}{ccccc} S & \xrightarrow{f} & S & \xrightarrow{g} & S \\ \\ \underbrace{x & \longmapsto & f(x) & \longmapsto & g(f(x))}_{g\circ f:\ x\mapsto g(f(x))} \end{array}$$

图 8.1 映射复合

例 8.1.11 设 σ 是对正方形作逆时针 90° 旋转的变换 (如图 8.2 所示), 则

$$G = \{\sigma,\ \sigma^2,\ \sigma^3,\ \sigma^4 = id\}$$

对于映射的复合构成一个群.

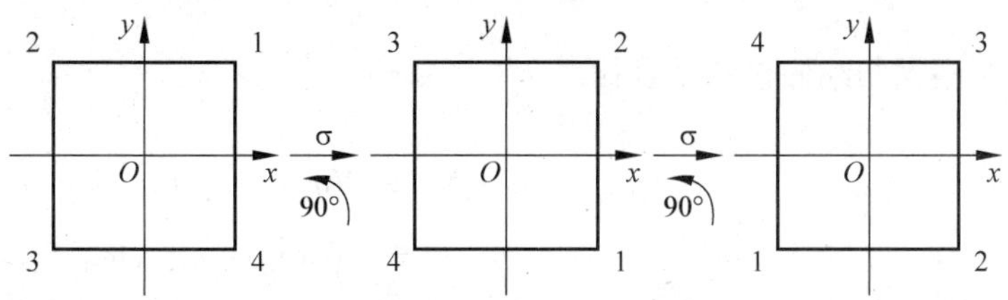

图 8.2 例 8.1.11 图

事实上, σ^2 是对正方形作逆时针 180° 旋转的变换, σ^3 是对正方形作逆时针 270° 旋转的变换, σ^4 是对正方形作逆时针 360° 旋转的变换, 即保持正方形不变. G 是一个群.

例 8.1.12 设 τ_1 是对正方形作关于 y 轴的对称变换, τ_2 是对正方形作关于 x 轴的对称变换 (如图 8.3 所示), 则

$$G = \{\tau_1,\ \tau_2,\ \tau_2 \circ \tau_1,\ \tau_1^2 = id\}$$

对于映射的复合构成一个群.

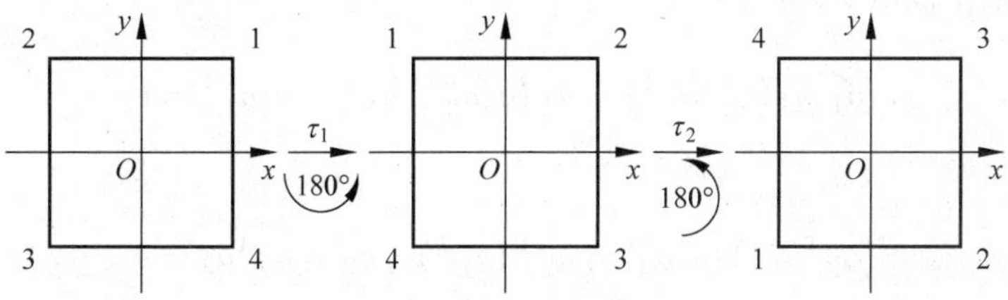

图 8.3 例 8.1.12 图

事实上, $\tau_2\circ\tau_1$ 是对正方形作逆时针 180° 旋转的变换, 因此, τ_1, τ_2, $\tau_2\circ\tau_1$ 都是二阶元. G 是一个群.

下面讨论 n 个元素的乘积运算.

设 $a_1, a_2, \cdots, a_{n-1}, a_n$ 是群 G 中的 n 个元素. 通常归纳地定义这 n 个元素的乘积为

$$a_1 a_2 \cdots a_{n-1} a_n = (a_1 a_2 \cdots a_{n-1}) a_n.$$

当 G 的结合法叫做加法时, 通常归纳地定义这 n 个元素的和为

$$a_1 + a_2 + \cdots + a_{n-1} + a_n = (a_1 + a_2 + \cdots + a_{n-1}) + a_n.$$

下面的性质说明: 在有结合律的情况下, 可有序结合一些元素作乘积, 但最终的乘积结果是确定的.

性质 8.1.3 设 $a_1, \cdots, a_n$ 是群 G 中 $n \geqslant 2$ 个元素, 则对任意的 $1 \leqslant i_1 < \cdots < i_k < n$, 有

$$(a_1 \cdots a_{i_1}) \cdots (a_{i_k+1} \cdots a_n) = a_1 a_2 \cdots a_{n-1} a_n.$$

证 对 n 作数学归纳法.

$n=3$ 时, 根据结合律得到 $a_1(a_2a_3) = (a_1a_2)a_3 = a_1a_2a_3$. 结论成立.

假设 $n-1$ 时, 结论成立.

对于 n, 如果 $i_{k+1} = n$, 则根据归纳假设,

$$(a_1 \cdots a_{i_1}) \cdots (a_{i_k+1} \cdots a_n) = (a_1 a_2 \cdots a_{n-1}) a_n = a_1 a_2 \cdots a_{n-1} a_n.$$

如果 $i_{k+1} < n$, 则根据归纳假设和结合律,

$$\begin{aligned}(a_1 \cdots a_{i_1}) \cdots (a_{i_{k-1}+1} \cdots a_{i_k})(a_{i_k+1} \cdots a_n) &= (a_1 \cdots a_{i_k})(a_{i_k+1} \cdots a_{n-1}) a_n \\ &= (a_1 a_2 \cdots a_{n-1}) a_n \\ &= a_1 a_2 \cdots a_{n-1} a_n.\end{aligned}$$

因此, 结论对于 n 成立. 根据数学归纳法原理, 结论对任意 n 成立. 证毕.

性质 8.1.4 设 $a_1, a_2, \cdots, a_{n-1}, a_n$ 是群 G 中的任意 $n \geqslant 2$ 个元素, 则

$$(a_1 a_2 \cdots a_{n-1} a_n)^{-1} = a_n^{-1} a_{n-1}^{-1} \cdots a_2^{-1} a_1^{-1}.$$

证 对 n 作数学归纳法.

$n=2$ 时, 根据性质 8.1.3, 有

$$(a_1 a_2)\left(a_2^{-1} a_1^{-1}\right) = a_1\left(a_2 a_2^{-1}\right) a_1^{-1} = a_1 a_1^{-1} = e$$

和

$$\left(a_2^{-1} a_1^{-1}\right)(a_1 a_2) = a_2^{-1}\left(a_1^{-1} a_1\right) a_2 = a_2^{-1} a_2 = e$$

所以,$(a_1a_2)^{-1} = a_2^{-1}a_1^{-1}$, 结论成立.

假设 $n-1$ 时, 结论成立. 对于 n, 由情形 $n=2$ 及归纳假设, 有

$$\begin{aligned}(a_1a_2\cdots a_{n-1}a_n)^{-1} &= [(a_1a_2\cdots a_{n-1})a_n]^{-1}\\ &= a_n^{-1}(a_1a_2\cdots a_{n-1})^{-1}\\ &= a_n^{-1}a_{n-1}^{-1}\cdots a_2^{-1}a_1^{-1}.\end{aligned}$$

因此, 结论对于 n 成立. 根据数学归纳法原理, 结论对任意 n 成立. 证毕.

性质 8.1.5 设 $a_1,a_2,\cdots,a_{n-1},a_n$ 是交换群 G 中的任意 $n\geqslant 2$ 个元素, 则对 $1,2,\cdots,n$ 的任一排列 $i_1,i_2,\cdots,i_n$, 有

$$a_{i_1}a_{i_2}\cdots a_{i_n}=a_1a_2\cdots a_n.$$

证 对 n 作数学归纳法.

$n=2$ 时, 根据交换得到 $a_2a_1=a_1a_2$. 结论成立.

假设 $n-1$ 时, 结论成立. 对于 n, 如果 $i_n=n$, 则根据结合律和归纳假设,

$$a_{i_1}\cdots a_{i_{n-1}}a_{i_n}=(a_{i_1}\cdots a_{i_{n-1}})a_n=(a_1a_2\cdots a_{n-1})a_n=a_1a_2\cdots a_{n-1}a_n.$$

如果 $i_n<n$, $i_k=n$, 则根据结合律, 交换律及前面的结果,

$$\begin{aligned}a_{i_1}\cdots a_{i_k-1}a_{i_k}a_{i_k+1}\cdots a_{i_n} &= (a_{i_1}\cdots a_{i_k-1})a_n(a_{i_k+1}\cdots a_{i_n})\\ &= (a_{i_1}\cdots a_{i_k-1})(a_{i_k+1}\cdots a_{i_n})a_n\\ &= a_1a_2\cdots a_{n-1}a_n.\end{aligned}$$

因此, 结论对于 n 成立. 根据数学归纳法原理, 结论对任意 n 成立. 证毕.

设 n 是正整数. 如果 $a_1=a_2=\cdots=a_n=a$, 则记 $a_1a_2\cdots a_n=a^n$, 称为 a 的 n 次幂. 特别地, 定义 $a^0=e$ 为单位元, $a^{-n}=(a^{-1})^n$ 为逆元 a^{-1} 的 n 次幂.

性质 8.1.6 设 a 是群 G 中的任意元, 则对任意的整数 m, n, 有

$$a^ma^n=a^{m+n},\quad (a^m)^n=a^{mn}.$$

证 分以下几种情况证明:

(i) $m>0$, $n>0$. 根据性质 8.1.5, 有 $a^ma^n=a^{m+n}$,

$$a^ma^n=a^{m+n},\quad (a^m)^n=a^{mn}.$$

(ii) $m=0$, $n>0$. 有

$$a^ma^n=ea^n=a^{m+n},\quad (a^m)^n=(a^0)^n=e=a^{mn}.$$

(iii) $m<0$, $n>0$. 有

$$a^ma^n=(a^{-1})^{-m}a^n=\begin{cases}a^{n-(-m)}=a^{m+n}, & \text{如果 } -m<n\\ e=a^{m+n}, & \text{如果 } -m=n\\ (a^{-1})^{-m-n}=a^{m+n}, & \text{如果 } -m>n\end{cases},$$

$$(a^m)^n=[(a^{-1})^{-m}]^n=(a^{-1})^{-mn}=a^{mn}.$$

(iv) $n = 0$.

$$a^m a^n = a^m e = a^m = a^{m+n}, \quad (a^m)^n = e = a^{mn}.$$

(v) $m > 0,\ n < 0$. 有

$$a^m a^n = a^m (a^{-1})^{-n} = \begin{cases} a^{m-(-n)} = a^{m+n}, & \text{如果 } m > -n \\ e = a^{m+n}, & \text{如果 } m = -n \\ (a^{-1})^{-n-m} = a^{m+n}, & \text{如果 } m < -n \end{cases},$$

$$(a^m)^n = [(a^m)^{-1}]^{-n} = [(a^{-1})^m]^{-n} = (a^{-1})^{-mn} = a^{mn}.$$

(vi) $m < 0,\ n < 0$. 有

$$a^m a^n = (a^{-1})^{-m} (a^{-1})^{-n} = (a^{-1})^{-m-n} = a^{m+n},$$

$$(a^m)^n = [(a^m)^{-1}]^{-n} = (a^{-m})^{-n} = a^{mn}.$$

因此, 性质 8.1.6 成立. 证毕.

定理 8.1.1 设 G 是一个具有结合法的非空集合. 如果 G 是一个群, 则方程

$$a\,x = b, \quad y\,a = b$$

在 G 中有解. 反过来, 如果上述方程在 G 中有解, 并且结合法满足结合律, 则 G 是一个群.

证 设 G 是一个群. 在方程 $a\,x = b$ 两端左乘 a^{-1}, 得到

$$a^{-1}\,(a\,x) = a^{-1}\,b,$$

即 $x = a^{-1}\,b$ 是方程 $a\,x = b$ 的解. 同理, $y = b\,a^{-1}$ 是方程 $y\,a = b$ 的解.

反过来, 设方程 $a\,x = b,\quad y\,a = b$ 在 G 中有解. 因为 G 非空, 所以 G 中有元素 c, 并且 $c\,x = c$ 有解 $x = e_{\rm r}$. 这个 $e_{\rm r}$ 是 G 中的 (右) 单位元. 事实上, 对任意 $a \in G$, 因为 $y\,c = a$ 有解, 所以

$$a\,e_{\rm r} = (y\,c)\,e_{\rm r} = y\,(c\,e_{\rm r}) = y\,c = a.$$

同理, $y\,c = c$ 的解 $y = e_{\rm l}$ 是 G 中的 (左) 单位元. 事实上, 对任意 $a \in G$, 因为 $c\,x = a$, $y\,c = a$ 有解, 所以

$$e_{\rm l}\,a = e_{\rm l}\,(c\,x) = (e_{\rm l}\,c)\,x = c\,x = a.$$

因此, $e_{\rm r} = e_{\rm l} e_{\rm r} = e_{\rm l} = e$ 是 G 中的单位元.

对 G 中任意元素 a, 设方程 $a\,x = e,\quad y\,a = e$ 在 G 中的解分别为 $x = a'$, $y = a''$, 则

$$a' = e\,a' = (a''\,a)\,a' = a''\,(a\,a') = a''\,e = a''.$$

因此, a' 是 a 在 G 中的逆元. 故 G 是一个群. 证毕.

8.1.2 子群

1. 子群及其基本性质

本节讨论具有运算的子集合.

定义 8.1.4 设 H 是群 G 的一个子集合. 如果对于群 G 的结合法, H 成为一个群, 那么 H 就叫做群 G 的 **子群**, 记作 $H \leqslant G$.

$H=\{e\}$ 和 $H=G$ 都是群 G 的子群, 叫做群 G 的 **平凡子群**. 群 G 的子群 H 叫做群 G 的 **真子群**, 如果 H 不是群 G 的平凡子群.

例 8.1.13 设 H 是 $\mathbf{Z}$ 的真子群, 则存在正整数 n, 使得 $H=n\mathbf{Z}=\{k\cdot n \mid k\in\mathbf{Z}\}$.

证 因为 H 是真子群, 所以存在非零整数 $a\in H$. 又因为 H 是子群, 所以 $-a\in H$. 这说明 H 中有正整数. 设 H 中的最小正整数为 n, 则有 $H=n\mathbf{Z}$. 事实上, 对任意的 $a\in H$, 不妨设 $a>0$, 根据欧几里得除法 (定理 1.1.10), 存在正整数 q 及整数 r 使得

$$a=q\cdot n+r,\quad 0\leqslant r<n.$$

如果 $r\neq 0$, 则 $r=a+q(-n)\in H$, 这与 n 的最小性矛盾. 因此, $r=0$, $a=q\cdot n\in n\mathbf{Z}$. 故 $H\subset n\mathbf{Z}$. 但显然有 $n\mathbf{Z}\subset H$. 因此, $H=n\mathbf{Z}$. 证毕.

下面给出子群的判断.

定理 8.1.2 设 H 是群 G 的一个非空子集合, 则 H 是群 G 的子群的充要条件是: 对任意的 $a,\ b\in H$, 有 $ab^{-1}\in H$.

证 必要性是显然的. 来证充分性.

因为 G 非空, 所以 G 中有元素 a. 根据假设, 有 $e=aa^{-1}\in H$. 因此, H 中有单位元. 对于 $e\in H$ 及任意 a, 再应用假设, 有 $a^{-1}=ea^{-1}\in H$, 即 H 中每个元素 a 在 H 中有逆元. 因此, H 是群 G 的子群. 证毕.

下面考虑多个子群的交集.

定理 8.1.3 设 G 是一个群, $\{H_i\}_{i\in I}$ 是 G 的一族子群, 则 $\bigcap\limits_{i\in I}H_i$ 是 G 的一个子群.

证 对任意的 $a,\ b\in\bigcap\limits_{i\in I}H_i$, 有 $a,\ b\in H_i,\ i\in I$. 因为 H_i 是 G 的子群, 根据定理 8.1.2, 有 $ab^{-1}\in H_i,\ i\in I$. 进而, $ab^{-1}\in\bigcap\limits_{i\in I}H_i$. 根据定理 8.1.2, $\bigcap\limits_{i\in I}H_i$ 是 G 的一个子群. 证毕.

根据定理 8.1.3, 人们可给出一个非空子集 X 生成一个子群的表述, 即包含 X 的最小子群.

注 多个子群的并集不一定是子群.

2. 子群的生成

利用定理 8.1.3, 可以包含一个子集 X 的最小子群或由子集 X 生成的子群.

定义 8.1.5 设 G 是一个群, X 是 G 的子集. 设 $\{H_i\}_{i\in I}$ 是 G 的包含 X 的所有子群, 则 $\bigcap\limits_{i\in I}H_i$ 叫做 G 的由 X **生成的子群**, 记为 $<X>$.

X 的元素称为子群 $<X>$ 的 **生成元**. 如果 $X=\{a_1,\cdots,a_n\}$, 则记 $<X>$ 为 $<a_1,\cdots,a_n>$. 如果 $G=<a_1,\cdots,a_n>$, 则称 G 为 **有限生成的**. 特别地, 如果 $G=<a>$, 则称 G 为 a 生成的 **循环群**.

下面给出 $< X >$ 中元素的显示表示. 先考虑交换群中由有限个元素生成的群.

定理 8.1.4 设 G 是一个交换群, $X =< a_1, a_2, \cdots, a_t >$ 是 G 的子集, 则

(i) 当 G 为乘法群时, 由 X 生成的子群为

$$< X >= \{a_1^{n_1} \cdots a_t^{n_t} \mid a_i \in X,\ n_i \in \mathbf{Z},\ 1 \leqslant i \leqslant t\}.$$

特别地, 对任意的 $a \in G$, 有

$$< a >= \{a^n \mid n \in \mathbf{Z}\}.$$

(ii) 当 G 为加法群时, 由 X 生成的子群为

$$< X >= \{n_1 a_1 + \cdots + n_t a_t \mid a_i \in X,\ n_i \in \mathbf{Z},\ 1 \leqslant i \leqslant t\}.$$

特别地, 对任意的 $a \in G$, 有

$$< a >= \{na \mid n \in \mathbf{Z}\}.$$

证 (i) G 为乘法群. 令

$$H = \{a_1^{n_1} \cdots a_t^{n_t} \mid a_i \in X,\ n_i \in \mathbf{Z},\ 1 \leqslant i \leqslant t\},$$

则 H 是 G 的子群. 事实上, 对任意 $a = a_1^{n_1} \cdots a_t^{n_t}$, $b = a_1^{m_1} \cdots a_t^{m_t} \in H$, 运用性质 8.1.4, 有

$$a \cdot b^{-1} = a_1^{n_1} \cdots a_t^{n_t} \cdot a_t^{-m_1} \cdots a_1^{-m_t} = a_1^{n_1 - m_1} \cdots a_t^{n_t - m_t} \in H.$$

因此, H 是 G 的子群.

再设 H_j 是包含 X 的任意子群, 则对任意 $a = a_1^{n_1} \cdots a_t^{n_t} \in H$, 由 $a_i \in X$, 得到 $a_i \in H_j$. 又因为 H_j 是子群, 所以 $a_i^{n_i} \in H_j$, $a = a_1^{n_1} \cdots a_t^{n_t} \in H_j$, 即 $H \subset H_j$, $H \subset \bigcap_j H_j$. 因此, $H =< X >$ 是由 X 生成的子群.

(ii) G 为加法群. 令

$$H = \{n_1 a_1 + \cdots + n_t a_t \mid a_i \in X,\ n_i \in \mathbf{Z},\ 1 \leqslant i \leqslant t\},$$

则 H 是 G 的子群. 事实上, 对任意 $a = n_1 a_1 + \cdots + n_t a_t$, $b = m_1 a_1 + \cdots + m_t a_t \in H$, 运用性质 8.1.4, 有

$$a - b = (n_1 - m_1) a_1 + \cdots + (n_t - m_t) a_t \in H.$$

因此, H 是 G 的子群.

再设 H_j 是包含 X 的任意子群, 则对任意 $a = n_1 a_1 + \cdots + n_t a_t \in H$, 由 $a_i \in X$, 得到 $a_i \in H_j$. 又因为 H_j 是子群, 所以 $n_i a_i \in H_j$, $a = n_1 a_1 + \cdots + n_t a_t \in H_j$, 即 $H \subset H_j$, $H \subset \bigcap_j H_j$. 因此, $H =< X >$ 是由 X 生成的子群. 证毕.

例 8.1.14 设 $G =< g >= \{g^r \mid g^r \neq 1,\ 1 \leqslant r < n,\ g^n = 1\}$, 则 G 是 n 阶循环群, 且 $< g^d >= \{g^{dk} \mid k \in \mathbf{Z}\}$ 是 G 的子群.

再考虑一般的群 G 及非空子集 X.

定理 8.1.5 设 G 是一个群, X 是 G 的非空子集, 则由 X 生成的子群为

$$<X>=\{a_1^{n_1}\cdots a_t^{n_t} \mid t\in \mathbf{N},\ a_i\in X,\ n_i\in \mathbf{Z},\ 1\leqslant i\leqslant t\}.$$

特别地, 对任意的 $a\in G$, 有

$$<a>=\{a^n \mid n\in \mathbf{Z}\}.$$

证 因为 X 非空, 所以

$$H_0=\{a_1^{n_1}\cdots a_t^{n_t} \mid t\in \mathbf{N},\ a_i\in X,\ n_i\in \mathbf{Z},\ 1\leqslant i\leqslant t\}$$

非空, 则对任意 $x=a_1^{n_1}\cdots a_t^{n_t}$, $y=a_{t+1}^{n_{t+1}}\cdots a_s^{n_s}\in H_0$, 运用性质 8.1.4, 有

$$x\cdot y^{-1}=a_1^{n_1}\cdots a_t^{n_t}\cdot a_s^{-n_s}\cdots a_{t+1}^{-n_{t+1}}\in H_0.$$

因此, H_0 是 G 的子群. 再设 H_j 是包含 X 的任意子群, 则对任意 $a=a_1^{n_1}\cdots a_t^{n_t}\in H_0$, $a_i\in X$, 有 $a_i\in H_j$. 因为 H_j 是子群, 所以 $a\in H_j$, 即 $H_0\subset H_j$, $H_0\subset \bigcap\limits_j H_j$.

因此, $H_0=<X>$ 是由 X 生成的子群. 证毕.

8.2 正规子群和商群

8.2.1 陪集的拉格朗日定理

类似于模同余分类, 人们可以通过群 G 的子群 H 对群 G 进行分类 (定理 8.2.1).

$$aH=\{c \mid c\in G,\ a^{-1}c\in H\}.$$

定义 8.2.1 设 H 是群 G 的子群, a 是 G 中任意元, 那么集合

$$aH=\{ah \mid h\in H\}\ (\text{对应地}\ \ Ha=\{ha \mid h\in H\})$$

分别叫做 G 中 H 的左 (对应地右)**陪集**. aH (对应地 Ha) 中的元素叫做 aH (对应地 Ha) 的代表元. 如果 $aH=Ha$, 则 aH 叫做 G 中 H 的 **陪集**.

例 8.2.1 设 $n>1$ 是整数, 则 $H=n\mathbf{Z}$ 是 $\mathbf{Z}$ 的子群, 子集

$$a+n\mathbf{Z}=\{a+k\cdot n \mid k\in \mathbf{Z}\}$$

就是 $n\mathbf{Z}$ 的陪集. 这个陪集就是模 n 的剩余类.

定理 8.2.1 设 H 是群 G 的子群, 则

(i) 对任意 $a\in G$, 有

$$aH=\{c \mid c\in G,\ a^{-1}c\in H\}\quad (\text{对应地}\ \ Ha=\{c \mid c\in G,\ ca^{-1}\in H\}).$$

(ii) 对任意 $a,\ b\in G$, $aH=bH$ 的充要条件 $b^{-1}a\in H$ (对应 $Ha=Hb$ 的充要条件 $ab^{-1}\in H$).

(iii) 对任意 $a,\ b\in G$, $aH\cap bH=\varnothing$ 的充要条件 $b^{-1}a\notin H$ (对应 $Ha\cap Hb=\varnothing$ 的充要条件 $ab^{-1}\notin H$).

(iv) 对任意 $a\in H$, 有 $aH=H=Ha$.

证 (i) 令 $H_{al} = \{c \mid c \in G,\ a^{-1}c \in H\}$. 要证明: $aH = H_{al}$. 对任意的 $c \in aH$, 存在 $h \in H$ 使得 $c = ah$. 从而, $a^{-1}c = h \in H$, 即 $c \in H_{al}$. 因此, $aH \subset H_{al}$. 反过来, 对任意的 $c \in H_{al}$, 有 $a^{-1}c \in H$, 从而存在 $h \in H$ 使得 $a^{-1}c = h$. 由此, $c = ah \in aH$. 因此, $H_{al} \subset aH$, 故 $aH = \{c \mid c \in G,\ a^{-1}c \in H\}$.

同理可得, $Ha = \{c \mid c \in G,\ ca^{-1} \in H\}$.

(ii) 设 $aH = bH$, 则 $a = ae \in aH = bH$, 故 $b^{-1}a \in H$. 反过来, 设 $b^{-1}a = h_1 \in H$. 对任意 $c \in aH$, 存在 $h_2 \in H$ 使得 $c = ah_2$. 进而, $c = b(b^{-1}a)h_2 = b(h_1h_2) \in bH$. 因此, $aH \subset bH$. 同样, 对任意 $c \in bH$, 存在 $h_3 \in H$ 使得 $c = bh_3$. 进而, $c = a(b^{-1}a)^{-1}h_3 = a(h_1^{-1}h_2) \in aH$. 因此, $bH \subset aH$. 故 $aH = bH$.

同理可得, $Ha = Hb$ 的充要条件是 $ab^{-1} \in H$.

(iii) 由 (ii) 知必要性成立. 再证充分性. 若不然, $aH \cap bH \neq \varnothing$, 则存在 $c \in aH \cap bH$. 根据 (i), 有 $a^{-1}c \in H$ 及 $b^{-1}c \in H$. 进而, $b^{-1}a = (b^{-1}c)(a^{-1}c)^{-1} \in H$. 这与假设条件矛盾.

同理可得, $Ha \cap Hb = \varnothing$ 的充要条件为 $ab^{-1} \notin H$.

(iv) 因为 $e,\ a^{-1} \in H$, 所以结论成立. 证毕.

推论 设 H 是群 G 的子群, 则群 G 可以表示为不相交的左 (对应右) 陪集的并集.

$$G = \bigcup_{i \in I} a_i H$$

类似于完全剩余类组成新集合, 左陪集全体也可组成新集合.

定义 8.2.2 设 H 是群 G 的子群, 则 H 在 G 中不同左 (对应右) 陪集组成的新集合

$$\{aH \mid a \in G\} \quad (\text{对应地}\ \{Ha \mid a \in G\})$$

叫做 H 在 G 中的 **商集**, 记作 G/H.

$$G/H = \{aH \mid a \in G\} = \{a_iH \mid i \in I\}.$$

G/H 中不同左 (对应右) 陪集的个数叫做 H 在 G 中的 **指标**, 记为 $[G:H]$.

定理 8.2.2 设 H 是群 G 的子群, 则

$$|G| = [G:H]|H|.$$

更进一步, 如果 K, H 是群 G 的子群, 且 K 是 H 的子群, 则

$$[G:K] = [G:H][H:K].$$

如果其中两个指标是有限的, 则第三个指标也是有限的.

证 根据定理 8.2.1, 有

$$G = \bigcup_{i \in I} a_i H \quad \text{和} \quad |G| = \sum_{i \in I} |a_i H|.$$

因为 H 到 a_iH 的映射: $f: h \longrightarrow a_ih$ 是一一对应的, 所以 $|a_iH| = |H|$. 进而,

$$|G| = \sum_{i \in I} |a_iH| = \sum_{i \in I} |H| = [G:H]|H|.$$

进一步, 如果 K, H 是群 G 的子群, 且 K 是 H 的子群, 根据定理 8.2.1, 有

$$G=\bigcup_{i\in I}a_iH,\quad H=\bigcup_{j\in J}b_jK,$$

其中 $|I|=[G:H]$, $|J|=[H:K]$. 从而,

$$G=\bigcup_{i\in I}\bigcup_{j\in J}(a_ib_j)K.$$

证明: $\{(a_ib_j)K\}$, $i\in I$, $j\in J$ 是不同的陪集. 假设

$$(a_ib_j)K=(a_{i'}b_{j'})K,$$

因为 b_j, $b_{j'}\in H$, 上式两端右乘子群 H, 得到

$$a_iH=a_{i'}H.$$

根据定理 8.2.1 (ii), 得到 $a_i=a_{i'}$. 从而,

$$b_jK=b_{j'}K.$$

再根据定理 8.2.1 (ii), 得到 $b_i=b_{i'}$.

因此, 有

$$|G|=\sum_{i\in I}\sum_{j\in J}|(a_ib_j)K|=\sum_{i\in I}\sum_{j\in J}|K|=[G:H][H:K]|K|.$$

但有

$$|G|=[G:K]|K|,$$

故

$$[G:K]=[G:H][H:K].$$

证毕.

推论 (Lagrange) 设 H 是有限群 G 的子群, 则子群 H 阶是 $|G|$ 的因数.

8.2.2 陪集的进一步性质

下面考虑群 G 的两个子群组成的集合.

设 G 是一个群, H,K 是 G 的子集. 用 HK 表示集合

$$HK=\{hk\mid h\in H,\ k\in K\}.$$

如果写成加法, 用 $H+K$ 表示集合

$$H+K=\{h+k\mid h\in H,\ k\in K\}.$$

例 8.2.2 设 H,K 是交换群 G 的两个子群, 则 HK 是 G 子群.

证 对于 $x, y \in HK$, 存在 $h_1 \in H$, $k_1 \in K$ 以及 $h_2 \in H$, $k_2 \in K$, 使得 $x = h_1k_1$, $y = h_2k_2$, 从而, 由 G 是交换群, 有

$$xy^{-1} = (h_1k_1)(h_2k_2)^{-1} = (h_1k_1)(k_2^{-1}h_2^{-1}) = (h_1h_2^{-1})(k_1k_2^{-1}) \in HK,$$

因此, HK 是 G 子群. 证毕.

定理 8.2.3 设 H, K 是有限群 G 的子群, 则 $|HK| = |H||K|/|H \cap K|$.

证 因为 $H \cap K$ 是 H 的子群, 所以 $|H \cap K| \mid |H|$. 令 $n = \dfrac{|H|}{|H \cap K|}$, H 关于 $H \cap K$ 的左陪集分解式为

$$H = h_1(H \cap K) \cup \cdots \cup h_n(H \cap K), \quad h_i \in H, \ \ h_i^{-1}h_j \notin K.$$

由于 $(H \cap K)K = K$, 得到

$$\begin{aligned} HK &= (h_1(H \cap K) \cup \cdots \cup h_n(H \cap K))\,K \\ &= h_1(H \cap K)K \cup \cdots \cup h_n(H \cap K)K \\ &= h_1K \cup \cdots \cup h_nK. \end{aligned}$$

再证 $h_iK \cap h_jK = \varnothing$. 若不然, 则有 $k_i, k_j \in K$ 使得

$$h_ik_i = h_jk_j,$$

从而 $h_i^{-1}h_j = k_ik_j^{-1} \in K$, 矛盾, 故

$$|HK| = n|K| = |H||K|/|H \cap K|.$$

证毕.

定理 8.2.4 设 H, K 是群 G 的子群, 则

$$[H : H \cap K] \leqslant [G : K].$$

如果 $[G : K]$ 是有限的, 则 $[H : H \cap K] = [G : K]$ 当且仅当 $G = KH$.

证 考虑 H 关于 $H \cap K$ 的左陪集

$$H/H \cap K = \{h_i(H \cap K) \mid h_i \in H, \ h_i^{-1}h_j \notin H \cap K\}$$

以及 G 关于 K 的左陪集

$$G/K = \{a_iK \mid a_i \in G, \ a_i^{-1}a_j \notin K\}.$$

作 $H/H \cap K$ 到 G/K 的映射

$$\varphi : h(H \cap K) \longrightarrow hK,$$

则 φ 是单射. 事实上, 若有 $h_iK = h_jK$, 则 $h_i^{-1}h_j \in K$, $h_i^{-1}h_j \in H \cap K$, 矛盾, 故 φ 是单射, 从而

$$[H : H \cap K] \leqslant [G : K].$$

假设 $[G:K]$ 有限. 若 $[H:H\cap K]=[G:K]$, 则单射 φ 也是满射, 即有

$$\{h_iK \mid h_i\in H, h_i^{-1}h_j\notin K\}=\{a_iK \mid a_i\in G, a_i^{-1}a_j\notin K\}.$$

因此, 对任意 $x\in G$, 有 $a_i\in G$ 以及 $h_j\in H$ 使得

$$x\in xK=a_iK=h_jK\subseteq HK,$$

从而 $G\subseteq HK$, $G=HK$.

反之, 若 $G=HK$, 则对任意左陪集 a_iK $(a_i\in G)$, 有

$$a_i=h_jk \quad (h_j\in H,\ k\in K).$$

从而

$$\varphi(h_j(H\cap K))=h_jK=h_jkK=a_iK.$$

φ 是满射, 故

$$[H:H\cap K]=[G:K].$$

定理成立. 证毕.

定理 8.2.5 设 H, K 是群 G 的有限指标子群, 则 $[G:H\cap K]$ 是有限的, 且

$$[G:H\cap K]\leqslant[G:H][G:K].$$

进一步, $[G:H\cap K]=[G:H][G:K]$ 当且仅当 $G=HK$.

证 因为 $H\cap K\leqslant H\leqslant G$, 所以

$$[G:H\cap K]=[G:H][H:H\cap K].$$

又因为 $[G:H]$ 与 $[G:K]$ 都有限, 故由定理 8.2.4 知,

$$[H:H\cap K]\leqslant[G:K].$$

于是 $[G:H\cap K]\leqslant[G:H][G:K]$. 因为

$$[G:H\cap K]=[G:H][G:K]\Leftrightarrow[H:H\cap K]=[G:K],$$

而由定理 8.2.4, 知 $[H:H\cap K]=[G:K]\Leftrightarrow G=HK$, 故

$$[G:H\cap K]=[G:H][G:K]\Leftrightarrow G=HK.$$

定理成立. 证毕.

8.2.3 正规子群和商群

最后, 讨论商集 G/H 构成一个群的条件 (H 为正规子群).

定理 8.2.6 设 N 是群 G 的子群, 则以下条件是等价的:

(i) 对任意 $a\in G$, 有 $aN=Na$.

(ii) 对任意 $a\in G$, 有 $aNa^{-1}=N$.

(iii) 对任意 $a\in G$, 有 $aNa^{-1}\subset N$, 其中 $aNa^{-1}=\{ana^{-1}\mid n\in N\}$.

证 易知, (i) 蕴涵 (ii) 及 (ii) 蕴涵 (iii) 是显然的.

现在从 (iii) 推出 (i). 对任意 $a \in G$, $n \in N$, 因为 $a n a^{-1} \in a N a^{-1} \subset N$, 所以 $a n a^{-1} = n'$, $n' \in N$. 进而, $a n = n' a \in Na$ 及 $aN \subset Na$. 特别地, 也有 $a^{-1}N \subset Na^{-1}$ 或 $Na \subset aN$, 故 $aN = Na$. 定理成立. 证毕.

定义 8.2.3 设 N 是群 G 的子群, 称 N 为群 G 的 **正规子群**, 如果它满足定理 8.2.6 的条件.

定理 8.2.7 设 N 是群 G 的正规子群, G/N 是由 N 在 G 中的所有 (左) 陪集组成的集合, 则对于结合法

$$(aN)(bN) = (a\,b)N,$$

G/H 构成一个群.

证 首先, 要证明结合法的定义不依赖于陪集的代表元选择, 即要证明: $aN = a'N, bN = b'N$ 时, $(a\,b)N = (a'\,b')N$. 事实上, 根据定理 8.2.6, 有

$$(a\,b)N = a(bN) = a\,(b'N) = a(Nb') = (aN)b' = (a'N)b' = (a'\,b')N.$$

其次, $eN = N$ 是单位元. 事实上, 对任意 $a \in G$, 有

$$(aN)(eN) = (a\,e)N = aN, \quad (eN)(aN) = (e\,a)N = aN.$$

最后, aN 的逆元是 $a^{-1}N$. 事实上,

$$(aN)(a^{-1}N) = (a\,a^{-1})N = eN, \quad (a^{-1}N)(aN) = (a^{-1}\,a)N = eN.$$

因此, G/H 构成一个群. 证毕.

定理 8.2.7 中的群叫做群 G 对于正规子群 H 的 **商群**.

如果群 G 的运算写作加法, 则 G/N 中的运算写作 $(a+N)+(b+N)=(a+b)+N$.

8.3 同态和同构

本节讨论两个群之间的关系: 同态与同构.

8.3.1 基本概念

定义 8.3.1 设 G, G' 都是群, f 是 G 到 G' 的一个映射. 如果对任意的 a, $b \in G$, 都有

$$f(a\,b) = f(a)\,f(b),$$

那么, f 叫做 G 到 G' 的一个 **同态**.

注 同态可称做保持运算的映射:

$$f(\underbrace{a \cdot b}_{G\text{中运算}}) = \underbrace{f(a)\,f(b)}_{G'\text{中运算}}.$$

如果 f 是一对一的, 则称 f 为 **单同态**; 如果 f 是满的, 则称 f 为 **满同态**; 如果 f 是一一对应的, 则称 f 为 **同构**.

当 $G = G'$ 时, 同态 f 叫做 **自同态**, 同构 f 叫做 **自同构**.

性质 8.3.1 设 G, G', G'' 都是群, f 是 G 到 G' 的一个同态映射, g 是 G' 到 G'' 的一个同态映射, 那么, $g\circ f$ 是 G 到 G'' 的同态映射. 而且, 当 f 是 G 到 G' 的一个同构映射, g 是 G' 到 G'' 的一个同构映射, 那么, $g\circ f$ 是 G 到 G'' 的同构映射.

证 对任意的 $a,\ b\in G$, 因为 $f,\ g$ 都是同态映射, 所以

$$(g\circ f)(a\,b)=g\,(f(a\,b))=g\,(f(a)f(b))=g\,(f(a))\,g\,(f(b))=(g\circ f)(a)(g\circ f)(b)$$

因此, $g\circ f$ 是 G 到 G'' 的同态.

进一步, 当 f 是 G 到 G' 的一个同构映射, g 是 G' 到 G'' 的一个同构映射时, 有 f 是 G 到 G' 的一一对应映射, g 是 G' 到 G'' 的一一对应映射, 从而, $g\circ f$ 是 G 到 G'' 的一一对应映射, 故 $g\circ f$ 是 G 到 G'' 的同构映射. 证毕.

定义 8.3.2 设 G, G' 都是群. 称 G 与 G' **同构**, 如果存在一个 G 到 G' 的同构, 记作 $G\cong G'$.

注 在同构的意义下, 两个同构的群可以看作相同, 即可以通过已知的群的性质来研究另一个群的性质 (如循环群, 定理 9.1.2), 还可提高计算效率 (如例 5.1.9).

$$a\cdot b=(f(a)\cdot f(b))^{-1}$$

定理 8.3.1 设 f 是群 G 到群 G' 的一个同态, 则

(i) $f(e)=e'$, 即同态将单位元映射到单位元.

(ii) 对任意 $a\in G$, $f(a^{-1})=f(a)^{-1}$, 即同态将 a 的逆元映射到 $f(a)$ 的逆元.

(iii) $\mathrm{ker}f=\{a\mid a\in G,\ f(a)=e'\}$ 是 G 的子群, 且 f 是单同态的充要条件是

$$\mathrm{ker}f=\{e\}.$$

(iv) $f(G)=\{f(a)\mid a\in G\}$ 是 G' 的子群, 且 f 是满同态的充要条件是 $f(G)=G'$.

(v) 设 H' 是群 G' 的子群, 则集合 $f^{-1}(H')=\{a\in G\mid f(a)\in H'\}$ 是 G 的子群.

证 (i) 因为 $f(e)^2=f(e^2)=f(e)$, 此式两端同乘以 $f(e)^{-1}$, 得到 $f(e)=e'$. 结论成立.

(ii) 因为 $f(a^{-1})\,f(a)=f(a^{-1}\,a)=f(e)=e'$, $f(a)\,f(a^{-1})=f(a\,a^{-1})=e'$, 所以 $f(a^{-1})=f(a)^{-1}$.

(iii) 对任意 $a,\ b\in\mathrm{ker}f$, 有 $f(a)=e',\ f(b)=e'$. 从而,

$$f(a\,b^{-1})=f(a)\,f(b^{-1})=f(a)\,f(b)^{-1}=e'.$$

因此, $a\,b^{-1}\in\mathrm{ker}f$. 根据定理 8.1.2, $\mathrm{ker}f$ 是 G 的子群.

若 f 是单同态, 则满足 $f(a)=e'=f(e)$ 的元素只有 $a=e$. 因此, $\mathrm{ker}f=\{e\}$.

反过来, 设 $\mathrm{ker}f=\{e\}$, 则对任意的 $a,\ b\in G$ 使得 $f(a)=f(b)$, 有

$$f(a\,b^{-1})=f(a)\,f(b^{-1})=f(a)\,f(b)^{-1}=e'.$$

这说明, $ab^{-1}\in\mathrm{ker}f=\{e\}$ 或 $a=b$. 因此, f 是单同态.

(iv) 对任意 $x,\ y\in f(G)$, 存在 $a,\ b\in G$ 使得 $f(a)=x,\ f(b)=y$. 从而,

$$x\,y^{-1}=f(a)\,f(b)^{-1}=f(a\,b^{-1})\in f(G).$$

根据定理 8.1.2, $f(G)$ 是 G' 的子群, 且 f 是满同态的充要条件是 $f(G) = G'$.

(v) 对任意 $a, b \in f^{-1}(H')$, 根据 (ii) 及 H' 为子群, 有

$$f(a\,b^{-1}) = f(a)\,f(b^{-1}) = f(a)\,f(b)^{-1} \in H',$$

因此, $a\,b^{-1} \in f^{-1}(H')$. $f^{-1}(H')$ 是 G 的子群. 证毕.

$\ker f$ 叫做同态 f 的 **核子群**, $f(G)$ 叫做 **像子群**.

例 8.3.1 加群 $\mathbf{Z}$ 到乘群 $G = <g> = \{g^n \mid n \in \mathbf{Z}\}$ 的映射

$$f : n \longmapsto g^n$$

是 $\mathbf{Z}$ 到 $<g>$ 的一个同态.

事实上, 对任意的 $a, b \in \mathbf{Z}$, 有

$$f(a+b) = g^{a+b} = g^a \cdot g^b = f(a)f(b).$$

例 8.3.2 加群 $\mathbf{R}$ 到乘群 $\mathbf{R}^* = \mathbf{R} \setminus \{0\}$ 的映射 $f : a \longmapsto e^a$ 是 $\mathbf{R}$ 到 $\mathbf{R}^*$ 的一个同态.

事实上, 对任意的 $a, b \in \mathbf{R}$, 有

$$f(a+b) = e^{a+b} = e^a \cdot e^b = f(a)f(b).$$

例 8.3.3 加群 $\mathbf{Z}$ 到加群 $\mathbf{Z}/n\mathbf{Z}$ 的映射 $f : k \longmapsto k + n\mathbf{Z}$ 是一个同态.

例 8.3.4 加群 $\mathbf{Z}$ 到乘群 $G = \{\theta^k \mid \theta = e^{\frac{2\pi i}{n}},\ k \in \mathbf{Z}\}$ 的映射 $f : k \longmapsto \theta^k$ 是一个同态.

例 8.3.5 加群 $\mathbf{Z}/n\mathbf{Z}$ 到乘群 $G = \{\theta^k \mid \theta = e^{\frac{2\pi i}{n}},\ k = 0,\ 1,\ \cdots, n-1\}$ 的映射

$$f : k + n\mathbf{Z} \longmapsto \theta^k$$

是一个同构.

例 8.3.6 设 a 是群 G 的一个元, 那么映射

$$f : b \longmapsto a\,b\,a^{-1}$$

是 G 自同态. 事实上,

$$f(b\,c) = a\,(b\,c)\,a^{-1} = (a\,b\,a^{-1})\,(a\,c\,a^{-1}) = f(a)\,f(b).$$

8.3.2 同态分解定理

在群的研究中, 有时是借助与之同构的群来进行的 (见定义 8.3.2 及其注). 这就需要构造相应的同构. 但直接构造同构并不是很容易的事, 因此通常是构造同态, 再借助于以下的同态分解定理 (定理 8.3.3) 来诱导出同构映射.

定理 8.3.2 设 f 是群 G 到群 G' 的同态, 则 f 的核 $\ker(f)$ 是 G 的正规子群. 反过来, 如果 N 是群 G 的正规子群, 则映射

$$\begin{aligned} s : G &\longrightarrow G/N \\ a &\longmapsto aN \end{aligned}$$

是核为 N 的同态.

证 对任意 $a \in G$, $b \in \ker f$, 有

$$f(a\,b\,a^{-1}) = f(a)\,f(b)\,f(a^{-1}) = f(a)\,e'\,f(a)^{-1} = e'.$$

这说明 $a\,b\,a^{-1} \in \ker f$. 根据定理 8.2.6, $\ker(f)$ 是 G 的正规子群.

反过来, 设 N 是群 G 的正规子群, 则 G 到 G/N 的映射 s 满足

$$s(a\,b) = (a\,b)N = (aN)\,(bN) = s(a)\,s(b),$$

同时, $s(a) = N$ 的充分必要条件是 $a \in N$. 因此, s 是核为 N 的同态. 证毕.

映射 $s: G \longrightarrow G/N$ 称为 G 到 G/N **自然同态**.

定理 8.3.3 (同态分解) 设 f 是群 G 到群 G' 的同态, 则存在唯一的 $G/\ker(f)$ 到像子群 $f(G)$ 的同构 $\overline{f}: a\ker(f) \longmapsto f(a)$ 使得 $f = i \circ \overline{f} \circ s$, 其中 s 是群 G 到商群 $G/\ker(f)$ 的自然同态, $i: c \longmapsto c$ 是 $f(G)$ 到 G' 的恒等同态, 即有以下的交换图:

$$\begin{array}{ccc} G & \xrightarrow{f} & G' \\ s\downarrow & & \uparrow i \\ G/\ker(f) & \xrightarrow{\overline{f}} & f(G) \end{array}$$

证 根据定理 8.3.2, $\ker(f)$ 是 G 的正规子群, 所以存在商群 $G/\ker(f)$. 现在要证明: $\overline{f}: a\ker(f) \longmapsto f(a)$ 是 $G/\ker(f)$ 到像子群 $f(G)$ 的同构.

首先, $\overline{f}$ 是 $G/\ker(f)$ 到 $f(G)$ 的同态. 事实上, 对任意的 $a\ker(f)$, $b\ker(f) \in G/\ker(f)$,

$$\overline{f}((a\ker(f))(b\ker(f)) = \overline{f}((ab)\ker(f)) = f(ab) = f(a)f(b) = \overline{f}(a\ker(f))\overline{f}(b\ker(f)).$$

其次, $\overline{f}$ 是一对一. 事实上, 对任意 $a\ker(f) \in \ker(\overline{f})$, 有 $\overline{f}(a\ker(f)) = f(a) = e'$. 由此, $a \in \ker(f)$ 以及 $a\ker(f) = \ker(f)$.

最后, $\overline{f}$ 是满同态. 事实上, 对任意 $c \in f(G)$, 存在 $a \in G$ 使得 $f(a) = c$. 从而, $\overline{f}(a\ker(f)) = f(a) = c$. 即 $a\ker(f)$ 是 c 的像源.

因此, $\overline{f}$ 是同构, 并且有 $f = i \circ \overline{f} \circ s$. 事实上, 对任意 $a \in G$, 有

$$i \circ \overline{f} \circ s(a) = i(\overline{f}(s(a))) = i(\overline{f}(a\ker(f))) = i(f(a)) = f(a).$$

假如还有同构 $g: G/\ker(f) \longrightarrow f(G)$ 使得 $f = i \circ g \circ s$, 则对任意 $a\ker(f) \in G/\ker(f)$, 有

$$g(a\ker(f)) = i(g(s(a))) = (i \circ g \circ s)(a) = f(a) = \overline{f}(a\ker(f)).$$

因此, $g = \overline{f}$. 证毕.

8.3.3 同态分解定理的进一步性质

定理 8.3.4 设 K 是群 G 的正规子群, H 是 G 的包含 K 的子群, 则 $\overline{H} = H/K$ 是商群 $\overline{G} = G/K$ 的子群, 且映射 $H \longmapsto \overline{H}$ 是 G 的包含 K 的子群集到 $\overline{G}$ 的子群集的一一对应. $H(\supset K)$ 是 G 的正规子群当且仅当 $\overline{H}$ 是 $\overline{G}$ 的正规子群. 这时,

$$\frac{G}{H} \cong \frac{\overline{G}}{\overline{H}} = \frac{G/K}{H/K}.$$

证 首先证明 $\overline{H}=H/K$ 是商群 $\overline{G}=G/K$ 的子群. 因为 K 是群 G 的正规子群, 所以对于任意 $h\in H\subseteq G$, 有 $hK=Kh$, 因而 K 是群 H 的正规子群, $\overline{H}=H/K$ 是商群. 又对于任意 $h_1K,h_2K\in H/K$, 有 $(h_1K)(h_2K)^{-1}=(h_1K)(h_2^{-1}K)=(h_1h_2^{-1})K\in H/K$, 所以 $\overline{H}=H/K$ 是商群 $\overline{G}=G/K$ 的子群.

其次, 证明映射 $H\longmapsto\overline{H}$ 是 G 的包含 K 的子群集到 $\overline{G}$ 的子群集的一一对应.

(a) 映射是一对一的. 假设 H_1, H_2 使得 $H_1K=H_2K$, 则对任意 $h_1\in H_1$, 有 $h_1K\in H_1K=H_2K$, 因此存在 $h_2\in H_2$, 使得 $h_1K=h_2K$. 从而 $h_2^{-1}h_1\in K$, $h_1=h_2k\in H_2$ 以及 $H_1\subseteq H_2$. 同理, 也有 $H_2\subseteq H_1$. 故 $H_1=H_2$.

(b) 映射是满的. 假设 $\overline{H}$ 是 $\overline{G}$ 的子群, 则 $\overline{H}$ 是一些陪集 a_iK (包括逆元 $a_i^{-1}K$) 组成的集合

$$\overline{H}=\{a_iK\mid a_i\in G,i\in I\}.$$

取这些陪集的并集为

$$H=\bigcup_{i\in I}a_iK.$$

对任意 h_1, $h_2\in H$, 有 h_1K, $h_2^{-1}K\in\overline{H}$ 以及

$$(h_1h_2^{-1})K=(h_1K)(h_2^{-1}K)\in\overline{H},$$

从而 $h_1h_2^{-1}\in H$. 因此 H 是 G 的子群, 也是 $\overline{H}$ 的像源.

再次, 证明 $H(\supset K)$ 是 G 的正规子群当且仅当 $\overline{H}$ 是 $\overline{G}$ 的正规子群. 必要性是显然的. 现证充分性. 对任意 $h\in H$, 以及任意 $g\in G$, 有 $(hgh^{-1})K=(hK)(gK)(h^{-1}K)\in\overline{H}$, 所以 $hgh^{-1}\in H$, H 为 G 的正规子群.

最后, 构造 G 到 $\overline{G}/\overline{H}$ 的同态 f. 因为 H 为 G 的正规子群时, $\overline{H}$ 为 $\overline{G}$ 的正规子群, 因而有商群 $\overline{G}/\overline{H}$. 考虑 G 到 G/K 的自然同态 s_1 与 $\overline{G}=G/K$ 到 $\overline{G}/\overline{H}$ 的自然同态 s_2 的复合 $f=s_2\circ s_1$.

$$\underbrace{\begin{array}{ccccc} & s_1 & & s_2 & \\ G & \longrightarrow & G/K & \longrightarrow & \overline{G}/\overline{H} \\ & & & & \\ a & \longmapsto & aK & \longmapsto & (aK)\overline{H}=a\overline{H} \end{array}}_{f=s_2\circ s_1:\ a\ \mapsto\ a\overline{H}}$$

显然, f 是同态, 因为 f 是同态映射的复合. 再证 $\ker(f)=H$. 对任意 $a\in\ker(f)$, 有 $(aK)\overline{H}=a\overline{H}=\overline{H}$, 存在 $h\in H$, 使得 $aK=hK$, 因而有 $a=hk\in H$, $\ker(f)=H$. 根据同态分解定理 8.3.3, 知

$$\frac{G}{H}\cong\frac{\overline{G}}{\overline{H}}=\frac{G/K}{H/K}.$$

证毕.

定理 8.3.5 设 H 是群 G 的子群, K 是 G 的正规子群, 则 $HK=\{hk\mid h\in H,k\in K\}$ 是 G 的包含 K 的子群, $H\cap K$ 是 H 的正规子群, 且映射

$$h(H\cap K)\longrightarrow hK,\quad h\in H$$

是 $H/H\cap K$ 到 HK/K 的同构.

证 对于任意 $h_1,h_2\in H$, $k_1,k_2\in K$, 因为 K 是 G 的正规子群, 所以 $h_2(k_1k_2^{-1})h_2^{-1}\in K$, 从而

$$(h_1k_1)(h_2k_2)^{-1}=(h_1h_2^{-1})(h_2(k_1k_2^{-1})h_2^{-1})\in HK.$$

因此, HK 是 G 的子群, 且 K 是 HK 的正规子群.

作 H 到 HK/K 的映射 $f: h\longmapsto hK$, 则 f 是同态. 事实上, 对于任意 $h_1,h_2\in H$, 有 $f(h_1h_2)=(h_1h_2)K=(h_1K)(h_2K)=f(h_1)f(h_2)$.

再证 $\ker(f)=H\cap K$. 假设 $h\in\ker(f)$, 则 $hK=K$. 因此, $h\in K$ 以及 $h\in H\cap K$. 故 $\ker(f)=H\cap K$, $H\cap K$ 是 H 的正规子群. 根据同态分解定理 8.3.3, 有同构 $\overline{f}$,

$$\overline{f}:\ h(H\cap K)\longrightarrow hK,\quad h\in H.$$

证毕.

8.4 习题

(1) 证明: 如果 a,b 是群 G 的任意元素, 则 $(a\,b)^{-1}=b^{-1}a^{-1}$.

(2) 证明: 群 G 是交换群的充要条件是对任意 $a,b\in G$, 有 $(a\,b)^2=a^2\,b^2$.

(3) 证明: 群 G 是交换群的充要条件是对任意 $a,b\in G$, 有

$$(a\,b)^3=a^3\,b^3,\quad (a\,b)^4=a^4\,b^4,\quad (a\,b)^5=a^5\,b^5.$$

(4) 设 G 是 n 阶有限群. 证明: 对任意元 $a\in G$, 有 $a^n=e$.

(5) 证明: 群 G 中的元素 a 与其逆元 a^{-1} 有相同的阶.

(6) 设 G 是一个群. 记 $\mathrm{cent}(G)=\{a\in G\mid a\,b=b\,a$ 对任意 $b\in G\}$. 证明: $\mathrm{cent}(G)$ 是 G 的正规子群.

(7) 设 a 是群 G 的一个元素. 证明: 映射 $\sigma: x\longmapsto a\,x\,a^{-1}$ 是 G 到自身的自同构.

(8) 设 H 是群 G 的子群. 在 G 中定义关系 R: aRb 如果 $b^{-1}a\in H$. 证明:
(i) R 是等价关系. (ii) aRb 的充要条件是 $aH=bH$.

(9) 每个循环群都是交换群.

(10) 给出 $\boldsymbol{F}_7$ 中的加法表和乘法表.

(11) 求出 $\boldsymbol{F}_{23}$ 的生成元.

(12) 证明: $\mathbf{Z}/n\mathbf{Z}$ 中的可逆元对乘法构成一个群, 记作 $\mathbf{Z}/n\mathbf{Z}^*$.

思考题

(1) 一个有运算的集合应该具有什么样的性质? 举例说明.

(2) 从有效性的角度而言, 一个有运算的集合应该具有什么样的性质? 举例说明.

(3) 从安全性的角度而言，一个有运算的集合应该具有什么样的性质? 举例说明.

(4) 同构的群具有相同的计算复杂性吗? 举例说明.

(5) 如何借助同构的群来提高运算效率. 编程实现 $\boldsymbol{F}_p$ 中的乘法运算, 并举例说明.

(6) 如何借助同构的群来提高运算效率. 研究和实现加密算法 AES 中的乘法运算, 并举例说明.

(7) 如何得到同构的群?

(8) 研究循环群的性质.

(9) 研究置换群的性质.

第 9 章　群 的 结 构

9.1　循环群

9.1.1　循环群

本节将运用同态分解定理 8.3.3 和加群 $\mathbf{Z}$, 以及模 m 加群 $\mathbf{Z}/m\mathbf{Z}$ 的性质来研究循环群.

9.1.2　循环子群的构造

首先, 讨论加群 $\mathbf{Z}$ 及其子群.

定理 9.1.1　*加群 $\mathbf{Z}$ 的每个子群 H 是循环群. 并且有 $H=<0>$ 或 $H=<m>=m\mathbf{Z}$, 其中 m 是 H 中的最小正整数. 如果 $H\neq<0>$, 则 H 是无限的.*

证　如果 H 是零子群 $\{0\}$, 结论显然成立.

如果 H 是非零子群, 则存在非零整数 $a\in H$. 因为 H 是子群, 所以 $-a\in H$. 这说明 H 中有正整数. 设 H 中的最小正整数为 m, 则一定有 $H=<m>=m\mathbf{Z}$. 事实上, 对任意的 $a\in H$, 不妨设 $a>0$ (否则, 考虑 $-a=q\cdot m$, 从而, $a=q\cdot(-m)$), 根据定理 1.1.10 (欧几里得除法), 存在整数正整数 q, 以及整数 r 使得

$$a=q\cdot m+r,\quad 0\leqslant r<m.$$

如果 $r\neq 0$, 则 $r=a+q(-m)\in H$, 这与 m 的最小性矛盾. 因此, $r=0$, $a=q\cdot m\in m\mathbf{Z}$. 故 $H\subset m\mathbf{Z}$. 但显然有 $m\mathbf{Z}\subset H$. 因此, $H=m\mathbf{Z}$. 证毕.

定理 9.1.2　*每个无限循环群同构于加群 $\mathbf{Z}$. 每个阶为 m 的有限循环群同构于加群 $\mathbf{Z}/m\mathbf{Z}$.*

证　设循环群 $G=<a>=\{a^n\mid n\in\mathbf{Z}\}$. 考虑加群 $\mathbf{Z}$ 到 G 的映射

$$\begin{aligned} f:\ \mathbf{Z} &\longrightarrow G\\ n &\longmapsto a^n \end{aligned}$$

因为 $f(n+k)=a^{n+k}=a^n a^k=f(n)f(k)$, 所以 f 是 $\mathbf{Z}$ 到 G 的同态, 而且是满的. 根据同态分解定理 (定理 8.3.3), 群 G 同构于商群 $\mathbf{Z}/\ker(f)$. 根据定理 9.1.1, $\ker(f)=<0>$ 或 $\ker(f)=m\mathbf{Z}$. 前者对应于无限循环群, 后者对应于 m 阶有限循环群. 证毕.

定义 9.1.1　*设 G 是一个群, $a\in G$, 则子群 $<a>$ 的阶称为元素 a 的阶, 记为 $\mathrm{ord}(a)$.*

定理 9.1.3　*设 G 是一个群, $a\in G$, 则*

当 a 是无限阶时, 有

(i) $a^k=e$ 当且仅当 $k=0$.

(ii) 元素 a^k $(k\in\mathbf{Z})$ 两两不同.

当 a 是有限阶 $m>0$, 有

(iii) m 是使得 $a^m=e$ 的最小正整数.

(iv) $a^k=e$ 当且仅当 $m\mid k$.

(v) $a^r=a^k$ 当且仅当 $r\equiv k\pmod m$.

(vi) 元素 a^k $(k \in \mathbf{Z}/m\mathbf{Z})$ 两两不同.

(vii) $<a>=\{a, a^2, \cdots, a^{m-1}, a^m=e\}$.

(viii) 对任意整数 $1 \leqslant d \leqslant m$, 有 $\text{ord}(a^d)=\dfrac{m}{(d,m)}$.

证 考虑加群 $\mathbf{Z}$ 到群 G 的映射 f.

$$f:\ n \longmapsto a^n.$$

f 是同态映射. 根据定理 8.3.3, 有

$$\mathbf{Z}/\text{ker}f\ \cong <a>.$$

(i) 因为 a 是无限阶等价于 $\text{ker}f$, 后者说明 f 是一对一的. 因此, (i) 和 (ii) 成立. 如果 a 是有限阶 m, 则 $\text{ker}f = m\mathbf{Z}$. 因此, 有:

(iii) m 是使得 $a^m=e$ 的最小正整数.

(iv) $a^k=e$ 等价于 $k \in \text{ker}f$, 等价于 $m \mid k$.

(v) $a^r=a^k$ 等价于 $r-k \in \text{ker}f$, 等价于 $r \equiv k \pmod m$.

(vi) 元素 a^k 对应于 $\mathbf{Z}/\text{ker}f$ 中的不同元素两两不同.

(vii) $<a>=\{a, a^2, \cdots, a^{m-1}, a^m=e\}$ 与 $\mathbf{Z}/\text{ker}f$ 中的最小正剩余系相对应.

(viii) 对任意整数 $1 \leqslant d \leqslant m$, 有 $\text{ord}(a^d)=\dfrac{m}{(d,m)}$.

$(a^d)^k=e$ 等价于 $dk \in \text{ker}f$, 等价于 $m \mid dk$, 等价于 $\dfrac{m}{(d,m)} \mid \dfrac{d}{(d,m)}k$, 等价于 $\dfrac{m}{(d,m)} \mid k$. 因此, $\text{ord}(a^d)=\dfrac{m}{(d,m)}$. 证毕.

定理 9.1.4 循环群的子群是循环群.

证 考虑加群 $\mathbf{Z}$ 到循环群 $G=<a>$ 的映射 f.

$$f:\ n \longmapsto a^n.$$

f 是同态映射. 根据定理 8.3.1, 对于 G 的子群 H, 有 $K=f^{-1}(H)$ 是 $\mathbf{Z}$ 的子群. 根据定理 9.1.1, K 是循环群, 所以 $H=f(K)$ 是循环群. 证毕.

定理 9.1.5 设 G 是循环群.

(i) 如果 G 是无限的, 则 G 的生成元为 a 和 a^{-1}.

(ii) 如果 G 是有限阶 m, 则 a^k 是 G 的生成元为当且仅当 $(k,m)=1$.

证 考虑加群 $\mathbf{Z}$ 到循环群 G 的映射 f.

$$f:\ n \longmapsto a^n.$$

f 是同态映射. 根据定理 8.3.3, 有

$$\mathbf{Z}/\text{ker}f \cong G.$$

因为 G 中的生成元对应于 $\mathbf{Z}/\text{ker}f$ 中的生成元, 所以

(i) 当 G 是无限阶, 即 $\text{ker}f=0$ 时, $\mathbf{Z}/\text{ker}f$ 的生成元是 1 和 -1. 这时, G 的生成元是 a 和 a^{-1}.

(ii) 当 G 是有限阶, 即 $\ker f = m\mathbf{Z}$, $m > 0$ 时, $\mathbf{Z}/\ker f$ 的生成元是 k, $(k, m) = 1$. 这时, G 的生成元是 a^k, $(k, m) = 1$. 定理成立. 证毕.

下面从生成元的阶来讨论有限群的生成元构造. 为此, 先引进几个引理.

引理 9.1.1 设 G 是有限交换群. 对任意元素 $a, b \in G$, 若 $(\mathrm{ord}(a), \mathrm{ord}(b)) = 1$, 则

$$\mathrm{ord}(a \cdot b) = \mathrm{ord}(a) \cdot \mathrm{ord}(b).$$

证 因为

$$a^{\mathrm{ord}(a\cdot b)\cdot\mathrm{ord}(b)} = a^{\mathrm{ord}(a\cdot b)\cdot\mathrm{ord}(b)} \cdot \left(b^{\mathrm{ord}(b)}\right)^{\mathrm{ord}(a\cdot b)} = \left((a\cdot b)^{\mathrm{ord}(a\cdot b)}\right)^{\mathrm{ord}(b)} = 1,$$

根据定理 9.1.3(iv), 有 $\mathrm{ord}(a) \mid \mathrm{ord}(a\cdot b)\cdot\mathrm{ord}(b)$. 因为 $(\mathrm{ord}(a), \mathrm{ord}(b)) = 1$, 所以 $\mathrm{ord}(a) \mid \mathrm{ord}(a\cdot b)$.

同理, $\mathrm{ord}(b) \mid \mathrm{ord}(a \cdot b)$. 再由 $(\mathrm{ord}(a), \mathrm{ord}(b)) = 1$, 得到

$$\mathrm{ord}(a) \cdot \mathrm{ord}(b) \mid \mathrm{ord}(a \cdot b).$$

此外, 显然有

$$\mathrm{ord}(a \cdot b) \mid \mathrm{ord}(a) \cdot \mathrm{ord}(b),$$

故

$$\mathrm{ord}(a \cdot b) = \mathrm{ord}(a) \cdot \mathrm{ord}(b).$$

证毕.

引理 9.1.2 设 G 是有限交换群. 对任意元素 $a, b \in G$, 存在 $c \in G$ 使得

$$\mathrm{ord}(c) = [\mathrm{ord}(a), \mathrm{ord}(b)].$$

证 根据定理 1.6.6, 对于整数 $\mathrm{ord}(a)$ 和 $\mathrm{ord}(b)$, 存在整数 u, v 满足

$$u \mid \mathrm{ord}(a), \quad v \mid \mathrm{ord}(b), \quad (u, v) = 1$$

使得

$$[\mathrm{ord}(a),\ \mathrm{ord}(b)] = u \cdot v.$$

现在令

$$s = \frac{\mathrm{ord}(a)}{u}, \quad t = \frac{\mathrm{ord}(b)}{v},$$

根据定理 9.1.3 (viii), 有

$$\mathrm{ord}(a^s) = \frac{\mathrm{ord}(a)}{(s, \mathrm{ord}(a))} = u, \quad \mathrm{ord}(b^t) = v.$$

再根据引理 9.1.1, 得到

$$\mathrm{ord}(a^s \cdot b^t) = \mathrm{ord}(a^s) \cdot \mathrm{ord}(b^t) = u \cdot v = [\mathrm{ord}(a),\ \mathrm{ord}(b)].$$

因此, 取 $c = a^s \cdot b^t$. 即为所求. 证毕.

定理 9.1.6 设 G 是有限交换群, 则 G 中存在元素 $a_1, a_2, \cdots, a_s$ 满足

$$\mathrm{ord}(a_{i+1}) \mid \mathrm{ord}(a_i),\ 1 \leqslant i \leqslant s-1,$$

并且使得

$$G = < a_1, a_2, \cdots, a_s > .$$

证 设 $G = \{b_1, b_2, \cdots, b_n\}$, $n = |G|$. 根据引理 9.1.2, 存在元素 a_1 使得

$$\mathrm{ord}(a_1) = [\mathrm{ord}(b_1), \cdots, \mathrm{ord}(b_n)].$$

若 $G \neq < a_1 >$, 设

$$G - < a_1 > = \{b_{11}, \cdots, b_{1n_1}\},$$

根据引理 9.1.2, 存在元素 $a_2 \in G \backslash < a_1 >$ 使得

$$\mathrm{ord}(a_2) = [\mathrm{ord}(b_{11}), \cdots, \mathrm{ord}(b_{1n_1})], \quad \mathrm{ord}(a_2) \mid \mathrm{ord}(a_1).$$

否则, 可找到 c_2 使得 $\mathrm{ord}(c_2) = [\mathrm{ord}(a_1), \mathrm{ord}(a_2)] > \mathrm{ord}(a_1)$, 矛盾.

若 $G \neq < a_1, a_2 >$, 设

$$G - < a_1, a_2 > = \{b_{21}, \cdots, b_{2n_2}\},$$

根据引理 9.1.2, 存在元素 $a_3 \in G \backslash < a_1, a_2 >$ 使得

$$\mathrm{ord}(a_3) = [\mathrm{ord}(b_{21}), \cdots, \mathrm{ord}(b_{2n_2})], \quad \mathrm{ord}(a_3) \mid \mathrm{ord}(a_2).$$

否则, 可找到 c_3 使得 $\mathrm{ord}(c_3) = [\mathrm{ord}(a_2), \mathrm{ord}(a_3)] > \mathrm{ord}(a_2)$, 矛盾.

如此下去, 可找到 $a_4, \cdots, a_s$, 使得

$$G = < a_1, a_2, \cdots, a_s >, \quad \mathrm{ord}(a_{i+1}) \mid \mathrm{ord}(a_i),\ 1 \leqslant i \leqslant s-1.$$

证毕.

例 9.1.1 设 $n = 5 \cdot 7 \cdot 13 = 455$. $G = (\mathbf{Z}/n\mathbf{Z})^*$. 因为 $\varphi(n) = (5-1)(7-1)(13-1) = 288$, $[\varphi(5), \varphi(7), \varphi(13)] = [5-1, 7-1, 13-1] = 12$, 所以 G 中元素的阶都是 12 的因子.

取 $a_1 = 2$, 有 $\mathrm{order}_n(a_1) = 12$, 及

$$H_1 = < a_1 > = \{1, 2, 4, 8, 16, 32, 64, 128, 256, 57, 114, 228\}.$$

再取 $a_2 = 3$, 有 $\mathrm{order}_n(a_2) = 12$, 及

$$H_2 = < a_2 > = \{1, 3, 9, 27, 81, 243, 274, 367, 191, 118, 354, 152\}.$$

这时, H_1 与 H_2 的乘积 H_1H_2 为

$a_1^i a_2^j$	a_2^0	a_2^1	a_2^2	a_2^3	a_2^4	a_2^5	a_2^6	a_2^7	a_2^8	a_2^9	a_2^{10}	a_2^{11}
a_1^0	1	3	9	27	81	243	274	367	191	118	354	152
a_1^1	2	6	18	54	162	31	93	279	382	236	253	304
a_1^2	4	12	36	108	324	62	186	103	309	17	51	153
a_1^3	8	24	72	216	193	124	372	206	163	34	102	306
a_1^4	16	48	144	432	386	248	289	412	326	68	204	157
a_1^5	32	96	288	409	317	41	123	369	197	136	408	314
a_1^6	64	192	121	363	179	82	246	283	394	272	361	173
a_1^7	128	384	242	271	358	164	37	111	333	89	267	346
a_1^8	256	313	29	87	261	328	74	222	211	178	79	237
a_1^9	57	171	58	174	67	201	148	444	422	356	158	19
a_1^{10}	114	342	116	348	134	402	296	433	389	257	316	38
a_1^{11}	228	229	232	241	268	349	137	411	323	59	177	76

或

$$\begin{aligned} H_1H_2 \;=\; & \{1,2,3,4,6,8,9,12,16,17,18,19,24,27,29,31,32,34,36,37,38,41,48, \\ & 51,54,57,58,59,62,64,67,68,72,74,76,79,81,82,87,89,93,96,102, \\ & 103,108,111,114,116,118,121,123,124,128,134,136,137,144,148, \\ & 152,153,157,158,162,163,164,171,173,174,177,178,179,186,191, \\ & 192,193,197,201,204,206,211,216,222,228,229,232,236,237,241, \\ & 242,243,246,248,253,256,257,261,267,268,271,272,274,279,283, \\ & 288,289,296,304,306,309,313,314,316,317,323,324,326,328,333, \\ & 342,346,348,349,354,356,358,361,363,367,369,372,382,384,386, \\ & 389,394,402,408,409,411,412,422,432,433,444\}. \end{aligned}$$

最后取 $a_3 = 11$, 有 $\text{order}_n(a_3) = 12$, 及

$$H_3 =< a_3 >= \{1,11,121,421,81,436,246,431,191,281,361,331\}.$$

故

$$G = H_1H_2H_3 =< a_1, a_2, a_3 > .$$

9.2 有限生成交换群

在线性空间中, 有一组向量叫做基底, 其具有性质:(ⅰ) 该组向量是生成元, 所有向量都是该组向量的线性组合,(ⅱ) 该组向量线性无关. 希望有限交换群中也有这样一组元素.

乘法交换群 G 的一个子集 X 叫做 G 的**基底**, 如果 X 是 G 的最小生成元, 即 (ⅰ) $G =< X >$; (ⅱ) X 中的任意不同的元素 $x_1, x_2, \cdots, x_k$ **乘性无关**, 即不存在不全为零的整

数 $n_1, n_2, \cdots, n_k$ 使得

$$x_1^{n_1} x_2^{n_2} \cdots x_k^{n_k} = e.$$

加法交换群 G 的一个子集 X 叫做 G 的 **基底**, 如果 X 是 G 的最小生成元, 即 (i) $G =< X >$; (ii) X 中的任意不同的元素 $x_1, x_2, \cdots, x_k$ 在 $\mathbf{Z}$ 上 **线性无关**, 即不存在不全为零的整数 $n_1, n_2, \cdots, n_k$ 使得

$$n_1 x_1 + n_2 x_2 + \cdots + n_k x_k = 0.$$

设 $H_1, \cdots, H_k$ 是交换乘群 G 的 k 个子群. 称 $H_1 \cdots H_k$ 是 $H_1, \cdots, H_k$ 的 **直积**, 如果 $(H_1 \cdots H_{i-1} H_{i+1} \cdots H_k) \cap H_i = \{e\}$, $1 \leqslant i \leqslant k$, 就记作 $H_1 \otimes \cdots \otimes H_k$.

设 $H_1, \cdots, H_k$ 是交换加群 G 的 k 个子群. 称 $H_1 + \cdots + H_k$ 是 $H_1, \cdots, H_k$ 的 **直和**, 如果 $(H_1 + \cdots + H_{i-1} + H_{i+1} + \cdots + H_k) \cap H_i = \{0\}$, $1 \leqslant i \leqslant k$, 就记作 $H_1 \oplus \cdots \oplus H_k$.

定理 9.2.1 设交换加群 (对应地交换乘群) G 有一组非空基底, 则 G 是一组循环群的直和 (对应地直积).

证 设 $X = \{x_i \mid i \in I\}$ 是 G 的非空基底. 根据基底的定义, $G = \sum\limits_{i \in I} < x_i >$. 现在只需证明: 对任意 $x_i \in X$,

$$< x_i > \cap \left(\sum_{j \in I, j \neq i} < x_j > \right) = \{0\}.$$

设 $y \in < x_i > \cap \left(\sum\limits_{j \in I, j \neq i} < x_j > \right)$, 则存在 $n \in \mathbf{Z}$ 及 $n_1, \cdots, n_{i-1}, n_{i+1}, \cdots, n_k \in \mathbf{Z}$ 使得

$$y = n x_i = n_1 x_1 + \cdots + n_{i-1} x_{i-1} + n_{i+1} x_{i+1} + \cdots + n_k x_k.$$

从而

$$n_1 x_1 + \cdots + n_{i-1} x_{i-1} + (-n) x_i + n_{i+1} x_{i+1} + \cdots + n_k x_k = 0.$$

因为 $x_1, x_2, \cdots, x_{i-1}, x_{i+1}, \cdots, x_k$ 是基底, 所以

$$-n = n_1 = \cdots = n_k = 0.$$

因此, $y = nx = 0$. 定理成立. 证毕.

定理 9.2.1 中的群叫做 **自由交换群**.

定理 9.2.2 自由交换群的任意两个基底所含元素个数相同.

这里仅考虑基底所含元素个数为有限的情形.

设 $G =< x_1, x_2, \cdots, x_k >=< y_1, y_2, \cdots, y_m >$. 考虑子群 $H = 2G =< 2x_1, 2x_2, \cdots, 2x_k >$, 则商群 $G/H = \{(n_1 x_1 + n_2 x_2 + \cdots + n_k x_k)H \mid n_i \in \mathbf{Z}/2\mathbf{Z}, 1 \leqslant i \leqslant k\}$. 因此, $[G : H] = 2^k$. 又有 $H =< 2y_1, 2y_2, \cdots, 2y_m >$, 同样有 $[G : H] = 2^m$, 故 $k = m$. 证毕.

自由交换群 G 的基底的元素个数叫做群 G 的 **秩**.

定理 9.2.3 每个交换群 G 都是一个秩为 $|X|$ 的自由交换群的同态像子群, 其中 X 为 G 的生成元集.

证 设 G 的生成元集 $X=\{x_1,\ x_2,\ \cdots\}=\{x_i\}_{i\in I}$. 考虑集合

$$\mathbf{Z}^I=\{(n_1,n_2,\cdots,n_i,\cdots)\mid n_i\in\mathbf{Z},\ i\in I\}.$$

易知, $\mathbf{Z}^I$ 是秩为 $|I|=|X|$ 的自由交换群, 且映射

$$f:\ (n_1,n_2,\cdots,n_k,\cdots)\longmapsto n_1x_1+n_2x_2+\cdots+n_kx_k$$

是 $\mathbf{Z}^I$ 到 G 的满同态. 所以 $G=f(\mathbf{Z}^I)$. 证毕.

注 表达式 $(n_1,n_2,\cdots,n_i,\cdots)$ 中只有有限项不为零.

9.3 置换群

本节进一步研究对称群 S_n.

设 $S=\{1,\ 2,\ \cdots,\ n-1,\ n\}$, σ 是 S 上的一个置换, 即 σ 是 S 到自身的一一对应的映射.

$$\begin{aligned}\sigma:\ S &\longrightarrow S\\ k &\longmapsto \sigma(k)=i_k\end{aligned}$$

因为 k 在 σ 下的像是 i_k, 所以可以显式地将 σ 表示成

$$\sigma=\begin{pmatrix}1 & 2 & \cdots & n-1 & n\\ \sigma(1) & \sigma(2) & \cdots & \sigma(n-1) & \sigma(n)\end{pmatrix}=\begin{pmatrix}1 & 2 & \cdots & n-1 & n\\ i_1 & i_2 & \cdots & i_{n-1} & i_n\end{pmatrix}.$$

σ 当然可写成

$$\sigma=\begin{pmatrix}n & n-1 & \cdots & 2 & 1\\ i_n & i_{n-1} & \cdots & i_2 & i_1\end{pmatrix}=\begin{pmatrix}j_1 & j_2 & \cdots & j_{n-1} & j_n\\ i_{j_1} & i_{j_2} & \cdots & i_{j_{n-1}} & i_{j_n}\end{pmatrix},$$

其中 $j_1,\ j_2,\ \cdots,\ j_{n-1},\ j_n$ 是 $1,\ 2,\ \cdots,\ n-1,\ n$ 的一个排列.

σ 的逆元为 $\sigma^{-1}=\begin{pmatrix}i_1 & i_2 & \cdots & i_{n-1} & i_n\\ 1 & 2 & \cdots & n-1 & n\end{pmatrix}$.

例 9.3.1 设 $\sigma=\begin{pmatrix}1&2&3&4&5&6\\6&5&4&2&1&3\end{pmatrix}$, $\boldsymbol{\tau}=\begin{pmatrix}1&2&3&4&5&6\\5&6&4&2&3&1\end{pmatrix}$.

计算 $\sigma\tau,\ \tau\sigma,\ \sigma^{-1}$.

解 将 τ 的像作为 σ 的像源, 并依次对应, 有

$$\begin{aligned}\sigma\cdot\tau &= \begin{pmatrix}1&2&3&4&5&6\\6&5&4&2&1&3\end{pmatrix}\begin{pmatrix}1&2&3&4&5&6\\5&6&4&2&3&1\end{pmatrix}\\ &= \begin{pmatrix}5&6&4&2&3&1\\1&3&2&5&4&6\end{pmatrix}\begin{pmatrix}1&2&3&4&5&6\\5&6&4&2&3&1\end{pmatrix}\\ &= \begin{pmatrix}1&2&3&4&5&6\\1&3&2&5&4&6\end{pmatrix}.\end{aligned}$$

$$\tau\cdot\sigma=\begin{pmatrix}6&5&4&2&1&3\\1&3&2&6&5&4\end{pmatrix}\begin{pmatrix}1&2&3&4&5&6\\6&5&4&2&1&3\end{pmatrix}=\begin{pmatrix}1&2&3&4&5&6\\1&3&2&6&5&4\end{pmatrix}.$$

$$\sigma^{-1}=\begin{pmatrix}6&5&4&2&1&3\\1&2&3&4&5&6\end{pmatrix}=\begin{pmatrix}1&2&3&4&5&6\\5&4&6&3&2&1\end{pmatrix}.$$

定理 9.3.1 n 元置换全体组成的集合 S_n 对置换的乘法构成一个群, 其阶是 $n!$.

证 因为一一对应的映射的乘积仍是一一对应的, 且该乘积满足结合律, 所以置换的乘法满足结合律.

又 n 元恒等置换 $e=\begin{pmatrix}1&2&\cdots&n-1&n\\1&2&\cdots&n-1&n\end{pmatrix}$ 是单位元.

置换 $\sigma=\begin{pmatrix}1&2&\cdots&n-1&n\\i_1&i_2&\cdots&i_{n-1}&i_n\end{pmatrix}$ 有逆元 $\sigma^{-1}=\begin{pmatrix}i_1&i_2&\cdots&i_{n-1}&i_n\\1&2&\cdots&n-1&n\end{pmatrix}$.

因此, S_n 对置换的乘法构成一个群.

因为 $(1,\ 2,\ \cdots,\ n-1,\ n)$ 在置换 σ 下的像 $(\sigma(1),\ \sigma(2),\ \cdots,\ \sigma(n-1),\ \sigma(n))$ 是 $(1,\ 2,\ \cdots,\ n-1,\ n)$ 的一个排列, 这样的排列共有 $n!$ 个, 所以 S_n 的阶为 $n!$. 证毕.

为了更好地研究置换, 先考虑特殊的置换.

如果 n 元置换 σ 使得 $\{1,\ 2,\ \cdots,\ n-1,\ n\}$ 中一部分元素 $\{i_1,\ i_2,\ \cdots,\ i_{k-1},\ i_k\}$ 满足 $\sigma(i_1)=i_2,\ \sigma(i_{k-1})=i_k,\ \sigma(i_k)=i_1$, 又使得余下的元素保持不变, 则称该置换为 k- **轮换**, 简称轮换, 记作 $\sigma=(i_1,\ i_2,\ \cdots,\ i_{k-1},\ i_k)$, 如图 9.1 所示.

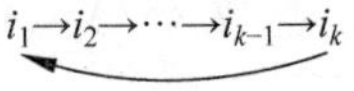

$$i_1\to i_2\to\cdots\to i_{k-1}\to i_k$$

图 9.1 k- 轮换

k 称为轮换的长度. $k=1$ 时, 1- 轮换为恒等置换; $k=2$ 时, 2- 轮换 (i_1,i_2) 叫做**对换**.

两个轮换 $\sigma=(i_1,\ i_2,\ \cdots,\ i_{k-1},\ i_k)$, $\tau=(j_1,\ j_2,\ \cdots,\ j_{l-1},\ j_l)$ 叫做不相交, 如果 $k+l$ 个元素都是不同的.

定理 9.3.2 任意一个置换都可以表示为一些不相交轮换的乘积. 在不考虑乘积次序的情况下, 该表达式是唯一的.

证 设 σ 是 $S=\{1,\ 2,\ \cdots,\ n-1,\ n\}$ 上的一个置换. 在 S 中任取一个元素, 设为 $i_1^{(1)}$. 因为 $n+1$ 个元素

$$i_1^{(1)},\ \sigma^1\left(i_1^{(1)}\right),\ \cdots,\ \sigma^n\left(i_1^{(1)}\right),\ \sigma^n\left(i_1^{(1)}\right)$$

都落在 n 元集 S 中, 必有 $k\neq l$ 使得

$$\sigma^k\left(i_1^{(1)}\right)=\sigma^l\left(i_1^{(1)}\right).$$

不妨设 $k>l$, 在上式两端同乘 $(\varphi^{-1})^l$, 得到

$$\sigma^{k-l}\left(i_1^{(1)}\right)=i_1^{(1)}.$$

取 $k_1 \leqslant n$ 为使得 $\sigma^{k_1}\left(i_1^{(1)}\right) = i_1^{(1)}$ 的最小正整数, 并令

$$i_2^{(1)} = \sigma^1\left(i_1^{(1)}\right),\ \cdots,\ i_{k_1}^{(1)} = \sigma^{k_1-1}\left(i_1^{(1)}\right),$$

则 $\sigma_1 = \left(i_1^{(1)},\ i_2^{(1)},\ \cdots,\ i_{k_1}^{(1)}\right)$ 就是一个 k_1- 轮换. 如果 $k_1 = n$, 则 $\sigma = \sigma_1$. 结论成立. 如果 $k_1 < n$, 在 $S - \left\{i_1^{(1)},\ i_2^{(1)},\ \cdots,\ i_{k_1}^{(1)}\right\}$ 中任取一个元素, 设为 $i_1^{(2)}$. 取 $k_2 \leqslant n$ 为使得 $\sigma^{k_2}\left(i_1^{(2)}\right) = i_1^{(2)}$ 的最小正整数, 并令

$$i_2^{(2)} = \sigma^1\left(i_1^{(2)}\right),\ \cdots,\ i_{k_2}^{(2)} = \sigma^{k_2-1}\left(i_1^{(2)}\right),$$

则 $\sigma_2 = \left(i_1^{(2)},\ i_2^{(2)},\ \cdots,\ i_{k_2}^{(1)}\right)$ 是一个与 σ_1 不相交的 k_2- 轮换. 如此下去, 可找到与 $\sigma_1,\ \cdots,\ \sigma_{r-1}$ 不相交的 k_r- 轮换 σ_r 使得 $k_1 + k_2 + \cdots + k_r = n$. 因为对任意 $i \in S$, 有

$$(\sigma_1\sigma_2\cdots\sigma_r)(i) = \sigma(i),$$

所以定理成立. 证毕.

例 9.3.2 $\sigma = \begin{pmatrix} 1 & 2 & 3 & 4 & 5 & 6 \\ 6 & 5 & 1 & 2 & 4 & 3 \end{pmatrix} = (2,5,4)(1,6,3).$

下面考虑轮换与对换的关系.

对于轮换 $\sigma = (i_1,\ i_2,\ \cdots,\ i_{k-1},\ i_k)$, 有

$$\sigma = (i_1,\ i_2,\ \cdots,\ i_{k-1},\ i_k) = (i_1, i_k)(i_1, i_{k-1})\cdots(i_1, i_3)(i_1, i_2).$$

例 9.3.3 $\sigma = \begin{pmatrix} 1 & 2 & 3 & 4 & 5 & 6 \\ 6 & 5 & 1 & 2 & 4 & 3 \end{pmatrix} = (2,5,4)(1,6,3) = (2,4)(2,5)(1,3)(1,6).$

定义 9.3.1 n 元排列 $i_1,\ \cdots,\ i_k,\ \cdots,\ i_l,\ \cdots,\ i_n$ 的一对有序元素 $(i_k,\ i_l)$ 叫做**逆序**, 如果 $k < l$ 时, $i_k > i_l$, 则排列中逆序的个数叫做该排列的**逆序数**, 记为 $[i_1,\ \cdots,\ i_n]$.

定理 9.3.3 任意一个置换 σ 都可以表示为一些对换的乘积, 且对换个数的奇偶性与排列的逆序数 $[\sigma(1),\ \cdots,\ \sigma(n)]$ 的奇偶性相同.

证明 设对换 $\tau = (\sigma(k),\ \sigma(l))$, 其对排列

$$\sigma(1),\ \cdots,\ \sigma(k),\ \cdots,\ \sigma(l),\ \cdots,\ \sigma(n)$$

作用得到新排列

$$\sigma(1),\ \cdots,\ \sigma(l),\ \cdots,\ \sigma(k),\ \cdots,\ \sigma(n),$$

则发生改变的有序对为

$$\underbrace{(\sigma(k),\ \sigma(k+1)),\ \cdots,\ (\sigma(k),\ \sigma(l)),}_{l-k\ \text{对}}\ \underbrace{(\sigma(k+1),\ \sigma(l)),\ \cdots,\ (\sigma(l-1),\ \sigma(l)),}_{l-k-1\ \text{对}}$$

$$(\sigma(k),\ \sigma(k+1)),\ \cdots,\ (\sigma(k),\ \sigma(l)),\ (\sigma(k+1),\ \sigma(l)),\ \cdots,\ (\sigma(l-1),\ \sigma(l)),$$

共 $2(l-k)-1$ 对. 因此, 对换改变排列的逆序数 $[\sigma(1),\cdots,\sigma(n)]$ 的奇偶性.

再设置换 $\sigma = \tau_m \cdots \tau_1$ 为 m 个对换的乘积, 则排列 $1, \cdots, n$ 经过 m 个对换变为排列 $\sigma(1), \cdots, \sigma(n)$. 因此, 逆序数 $[\sigma(1), \cdots, \sigma(n)]$ 的奇偶性与 $[1, \cdots, n] + m = m$ 的奇偶性相同.

证毕.

定义 9.3.2 一个置换 σ 叫做**偶置换**, 如果它可以表示为偶数个对换的乘积; σ 叫做**奇置换**, 如果它可以表示为奇数个对换的乘积.

根据定理 9.3.3, 有

		偶置换 × 偶置换	=	偶置换
偶置换 × 奇置换	=	奇置换 × 偶置换	=	奇置换

记 A_n 为 n 元偶置换全体组成的集合.

定理 9.3.4 A_n 对置换的乘法构成一个群, 其阶是 $n!/2$.

证 因为偶置换与偶置换的乘积是偶置换, 恒等置换是偶置换, 偶置换的逆置换是偶置换, 所以 A_n 对置换的乘法构成一个群.

因为奇置换与偶置换的乘积是奇置换, 所以 n 元奇置换全体组成的集合为 $\tau A_n = \{\tau\sigma \mid \sigma \in A_n\}$, 其中 τ 是任一给定的奇置换. 因此, 取定一个奇置换 τ, 有

$$S_n = A_n \cup \tau A_n$$

以及

$$|S_n| = |A_n| + |\tau A_n| = 2|A_n|,$$

故 $|A_n| = n!/2$. 证毕.

A_n 叫做**交错群**.

由 n 元置换构成的群叫做 n 元**置换群**.

例 9.3.4 设 $\sigma = (1,\ 2,\ 3)$, 则循环群

$$G =< \sigma >= \{e,\ (1,\ 2,\ 3),\ (1,\ 3,\ 2)\}$$

是三元置换群.

例 9.3.5 设 $\sigma_1 = (1,\ 2,\ 3,\ 4)$, $\sigma_2 = (1,\ 3,\ 2,\ 4)$, 则循环群

$$G_1 =< \sigma_1 >= \{e,\ (1,\ 2,\ 3,\ 4), (1,\ 3)(2,\ 4),\ (1,\ 4,\ 3,\ 2)\}$$

和

$$G_2 =< \sigma_2 >= \{e,\ (1,\ 3,\ 2,\ 4),\ (1,\ 2)(3,\ 4),\ (1,\ 4,\ 2,\ 3)\}$$

都是 4 元置换群.

定理 9.3.5 设 G 是一个 n 元群, 则 G 同构一个 n 元置换群.

证 任取 $a \in G$, 作 G 到自身的映射.

$$\tau_a : x \longmapsto ax \qquad (x \in G),$$

易知 τ_a 在 G 上是一一对应的, 因此 τ_a 是 G 元素的一个置换. 令 τ_a 组成的集合为

$$G' = \{\tau_a \mid a \in G\},$$

则 G' 是一个群. 事实上, 对任意 τ_a, $\tau_b \in G'$, 有

$$(\tau_a)(\tau_b)(x) = \tau_a(bx) = a(bx) = (ab)(x) = \tau_{ab}(x), \quad x \in G.$$

因此, $\tau_a\tau_b = \tau_{ab} \in G'$. 此外, 有结合律: $\tau_a(\tau_b\tau_c) = \tau_{a(bc)} = \tau_{(ab)c} = (\tau_a\tau_b)\tau_c$; 有单位元 τ_e ; 元素 τ_a 有逆元: $(\tau_a)^{-1} = \tau_{a^{-1}}$.

又 G 到 G' 的映射

$$\varphi : a \longmapsto \tau_a$$

是一一对应的, 且 $\varphi(ab) = \tau_{ab} = \tau_a\tau_b = \varphi(a)\varphi(b)$, 故 G 同构于 G'. 证毕.

下面研究 4 元对称群 S_4.

例 9.3.6 *研究 4 对称群 S_4 及其子群.*

解 以像为点可以得到以下 Cayley 图 (图 9.2). 箭头表示在置换下 σ_i 下元素与其像的对应关系.

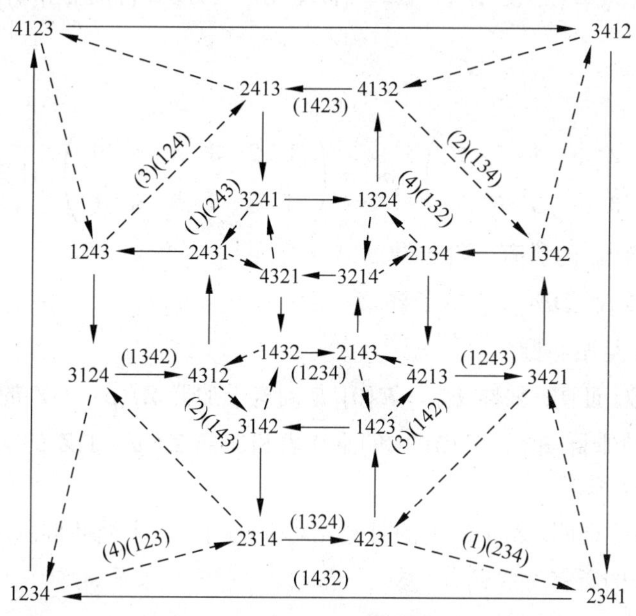

图 9.2 S_4 的 Cayley 图

有三个 4 元循环群.

$$\begin{aligned}
H_{1234} &= \{\sigma_1 = (1,\ 2,\ 3,\ 4),\ \sigma_1^2 = (1,\ 3)(2,\ 4),\ \sigma_1^3 = (1,\ 4,\ 3,\ 2),\ \sigma_1^4 = (1)(2)(3)(4)\} \\
&= H_{1432}. \\
H_{1243} &= \{\sigma_2 = (1,\ 2,\ 4,\ 3),\ \sigma_2^2 = (1,\ 4)(2,\ 3),\ \sigma_2^3 = (1,\ 3,\ 4,\ 2),\ \sigma_2^4 = (1)(2)(3)(4)\} \\
&= H_{1342}. \\
H_{1324} &= \{\sigma_3 = (1,\ 3,\ 2,\ 4),\ \sigma_3^2 = (1,\ 2)(3,\ 4),\ \sigma_3^3 = (1,\ 4,\ 2,\ 3),\ \sigma_3^4 = (1)(2)(3)(4)\} \\
&= H_{1423}.
\end{aligned}$$

$$\sigma_1^2 = \begin{pmatrix} 2 & 3 & 4 & 1 \\ 3 & 4 & 1 & 2 \end{pmatrix} \begin{pmatrix} 1 & 2 & 3 & 4 \\ 2 & 3 & 4 & 1 \end{pmatrix} = \begin{pmatrix} 1 & 2 & 3 & 4 \\ 3 & 4 & 1 & 2 \end{pmatrix} = (1,\ 3)(2,\ 4).$$

$$\sigma_1^3=\begin{pmatrix}3&4&1&2\\4&1&2&3\end{pmatrix}\begin{pmatrix}1&2&3&4\\3&4&1&2\end{pmatrix}=\begin{pmatrix}1&2&3&4\\4&1&2&3\end{pmatrix}.$$

有一个非单位元为二阶元的 4 元群.

$$H_4=\{\tau_1=(1,\ 2)(3,\ 4),\ \tau_2=(1,\ 3)(2,\ 4),\ \tau_3=(1,\ 4)(2,\ 3),\ \mathrm{id}=(1)(2)(3)(4)\}$$

有 4 个三元循环群.

$$\begin{aligned}
H_{123} &= \{\sigma_4=(1,\ 2,\ 3)(4),\ \sigma_4^2=(1,\ 3,\ 2)(4),\ \sigma_4^3=(1)(2)(3)(4)\} = H_{132}.\\
H_{124} &= \{\sigma_5=(1,\ 2,\ 4)(3),\ \sigma_5^2=(1,\ 4,\ 2)(3),\ \sigma_5^3=(1)(2)(3)(4)\} = H_{142}.\\
H_{134} &= \{\sigma_6=(1,\ 3,\ 4)(2),\ \sigma_6^2=(1,\ 4,\ 3)(2),\ \sigma_6^3=(1)(2)(3)(4)\} = H_{143}.\\
H_{234} &= \{\sigma_7=(2,\ 3,\ 4)(1),\ \sigma_7^2=(2,\ 4,\ 3)(1),\ \sigma_7^3=(1)(2)(3)(4)\} = H_{243}.
\end{aligned}$$

9.4　习题

(1) 设 $\sigma_1=\begin{pmatrix}1&2&3&4&5&6\\2&3&4&5&6&1\end{pmatrix}$, $\sigma_2=\begin{pmatrix}1&2&3&4&5&6\\5&3&4&2&6&1\end{pmatrix}$, 计算 $\sigma_1\sigma_2,\ \sigma_2\sigma_1,\ \sigma_1^{-1}$.

(2) 求 4 阶对称群 S_4 的所有三阶子群.

(3) 求 4 阶对称群 S_4 的所有 4 阶子群.

(4) 素数阶群一定是循环群.

(5) 设 p 是奇素数. 证明: 乘群 $\boldsymbol{F}_p^*=\boldsymbol{F}\{0\}$ 是同构于加群 $\mathbf{Z}/(p-1)\mathbf{Z}$ 的循环群.

(6) 设 $p=7$, 构造乘群 $\boldsymbol{F}_p^*=\boldsymbol{F}\{0\}$ 中的乘法表和加群 $\mathbf{Z}/(p-1)\mathbf{Z}$ 的加法表, 并说明习题 (5) 中的对应关系.

(7) 设 p 是奇素数. 证明: $\mathbf{Z}/p^2\mathbf{Z}$ 中的可逆元对乘法构成一个循环群, 并求其阶.

(8) 求 $\mathbf{Z}/49\mathbf{Z}^*$ 中的所有生成元.

(9) 求 6 阶对称群 S_6 的所有 5 阶子群.

(10) 证明: $SL_2(\mathbf{Z})=\left\{\begin{pmatrix}a&b\\c&d\end{pmatrix}\mid a,b,c,d\in\mathbf{Z},ad-bc=1\right\}$ 是一个乘法群, 其生成元为

$$T=\begin{pmatrix}1&1\\0&1\end{pmatrix},\ S=\begin{pmatrix}0&1\\-1&0\end{pmatrix}.$$

思考题

(1) 如何表达群中的元素?

(2) 如何求一个循环群的生成元, 以及如何求所有生成元?

(3) 设 G 是一个 n 阶有限群, d 是 n 的一个因子. 问是否存在一个元素 a 使得其阶为 d. 如果存在, 如何具体计算?

(4) 如何求出置换群 S_5 的所有子群及生成元?

第 10 章　环与理想

本章考虑具有两种运算 (加法“+”及乘法“·”) 的集合, 如同整数集合 $\mathbf{Z}$. 该集合对于加法构成交换群, 对于乘法构成代数系.

10.1　环

10.1.1　基本定义

定义 10.1.1　设 R 是具有两种结合法 (通常表示为加法 (+) 和乘法) 的非空集合. 如果以下条件成立:

(i) R 对于加法构成一个交换群.

(ii) (结合律) 对任意的 $a,\ b,\ c \in R$, 有 $(ab)c = a(bc)$.

(iii) (分配律) 对任意的 $a,\ b,\ c \in R$, 有

$$(a+b)c = ac + bc \quad 和 \quad a(b+c) = ab + ac.$$

则 R 叫做 **环**.

如果还满足

(iv) 对任意的 $a, b \in R$, 有 $ab = ba$,

则 R 叫做 **交换环**.

如果 R 中有一个元素 $e = 1_R$ 使得

(v) 对任意的 $a \in R$, 有 $a1_R = 1_R a = a$,

则 R 叫做 **有单位元环**.

下面考虑环 R 中元素的运算性质.

定理 10.1.1　设 R 是一个环, 则

(i) 对任意 $a \in R$, 有 $0a = a0 = 0$.

(ii) 对任意 $a, b \in R$, 有 $(-a)b = a(-b) = -ab$.

(iii) 对任意 $a, b \in R$, 有 $(-a)(-b) = ab$.

(iv) 对任意 $n \in \mathbf{Z}$, 任意 $a, b \in R$, 有 $(na)b = a(nb) = nab$.

(v) 对任意 $a_i, b_j \in R$, 有

$$\left(\sum_{i=1}^{n} a_i\right)\left(\sum_{j=1}^{m} b_j\right) = \sum_{i=1}^{n}\sum_{j=1}^{m} a_i b_j.$$

证　(i) 因为 $0a = (0+0)a = 0a + 0a$, 所以 $0a = 0$. 同样, $a0 = 0$.

(ii) 因为 $(-a)b + ab = ((-a)+a)b = 0a = 0$, $a(-b) + ab = a((-b)+b) = a0 = 0$, 所以 $(-a)b = a(-b) = -ab$.

(iii), (iv) 和 (v) 可由 (i) 和 (ii) 得到.

定理 10.1.2　设 R 是有单位元的环. 设 n 是正整数, $a,\ b,\ a_1,\ \cdots,\ a_r \in R$.

(i) 如果 $ab=ba$, 则

$$(a+b)^n=\sum_{k=0}^{n}\frac{n!}{k!(n-k)!}a^kb^{n-k}.$$

(ii) 如果 $a_ia_j=a_ja_i$, $1\leqslant i,j\leqslant r$, 则

$$(a_1+\cdots+a_r)^n=\sum_{i_1+\cdots+i_r=n}\frac{n!}{i_1!\cdots i_r!}a_1^{i_1}\cdots a_r^{i_r}.$$

证　(i) 对 n 用数学归纳法. 当 $n=1$ 时, 结论显然.

假设对 $n=s$ 时成立, 即有

$$(a+b)^s=\sum_{k=0}^{s}\frac{s!}{k!(s-k)!}a^kb^{s-k},$$

则当 $n=s+1$ 时有 (注意到 $ab=ba$)

$$\begin{aligned}(a+b)^{s+1}&=(a+b)^s(a+b)\\&=\left(\sum_{k=0}^{s}\frac{s!}{k!(s-k)!}a^kb^{s-k}\right)(a+b)\\&=\sum_{k=0}^{s}\frac{s!}{k!(s-k)!}a^kb^{s-k}a+\sum_{k=0}^{s}\frac{s!}{k!(s-k)!}a^kb^{s-k+1}\\&=\sum_{k=0}^{s-1}\left(\frac{s!}{k!(s-k)!}a^{k+1}b^{s-k}+\frac{s!}{(k+1)!(s-k)!}a^{k+1}b^{s-k}\right)+a^{s+1}+b^{s+1}\\&=\sum_{k=0}^{s+1}\frac{(s+1)!}{k!(s+1-k)!}a^kb^{s+1-k},\end{aligned}$$

即对 $n=s+1$ 结论也成立, 故定理成立.

(ii) 对 r 用归纳法. 当 $r=2$ 时即为 (i) 的结论, 显然成立.

假设 $r\leqslant m$ 时结论成立.

当 $r=m+1$ 时, 由 (i) 及归纳假设可得

$$\begin{aligned}&(a_1+\cdots+a_m+a_{m+1})^n=((a_1+\cdots+a_m)+a_{m+1})^n\\=&\sum_{i_{m+1}=0}^{n}\frac{n!}{i_{m+1}!(n-i_{m+1})!}(a_1+\cdots+a_m)^{n-i_{m+1}}a_{m+1}^{i_{m+1}}\\=&\sum_{i_{m+1}=0}^{n}\frac{n!}{i_{m+1}!(n-i_{m+1})!}\sum_{i_1+\cdots+i_m=n-i_{m+1}}\frac{(n-i_{m+1})!}{i_1!\cdots i_m!}a_1^{i_1}\cdots a_m^{i_m}a_{m+1}^{i_{m+1}}\\=&\sum_{i_1+\cdots+i_m+i_{m+1}=n}\frac{n!}{i_1!\cdots i_m!i_{m+1}!}a_1^{i_1}\cdots a_m^{i_m}a_{m+1}^{i_{m+1}},\end{aligned}$$

即当 $r=m+1$ 时结论也成立.　　证毕.

例 10.1.1　整数集 **Z** 是有单位元的交换环.

(1) **Z** 对于加法 $a+b$ 构成一个交换加群. 零元为 0, a 的负元为 $-a$.

(2) $\mathbf{Z}$ 对于乘法 $a \cdot b$, 满足结合律和分配律, 还满足交换律, 有单位元 1.

因此, $\mathbf{Z}$ 是有单位元的交换环.

例 10.1.2 多项式集 $\boldsymbol{R}[X]$ 是有单位元的交换环.

设 $f(x) = a_n x^n + \cdots + a_1 x + a_0$, $g(x) = b_n x^n + \cdots + b_1 x + b_0 \in \boldsymbol{R}[X]$.

(1) 在 $\boldsymbol{R}[X]$ 上定义加法:

$$(f+g)(x) = (a_n + b_n)x^n + \cdots + (a_1 + b_1)x + (a_0 + b_0),$$

则 $\boldsymbol{R}[X]$ 对于该加法构成一个交换加群.

零元为 0, $f(x)$ 的负元为 $(-f)(x) = (-a_n)x^n + \cdots + (-a_1)x + (-a_0)$.

设 $f(x) = a_n x^n + \cdots + a_1 x + a_0$, $a_n \neq 0$, $g(x) = b_m x^m + \cdots + b_1 x + b_0$, $b_m \neq 0$.

(2) 在 $\boldsymbol{R}[X]$ 上定义乘法:

$$(f \cdot g)(x) = c_{n+m} x^{n+m} + c_{n+m-1} x^{n+m-1} + \cdots + c_1 x + c_0,$$

其中 $c_k = \sum\limits_{i+j=k} a_i b_j$, $0 \leqslant k \leqslant n+m$, 即

$$c_{n+m} = a_n b_m,\ c_{n+m-1} = a_n b_{m-1} + a_{n-1} b_m, \cdots,\ c_0 = a_0 b_0.$$

$\boldsymbol{R}[X]$ 对于该乘法, 满足结合律和分配律, 还满足交换律, 有单位元 1.

因此, $\boldsymbol{R}[X]$ 是有单位元的交换环.

例 10.1.3 $\mathbf{Z}/6\mathbf{Z} = \{\overline{0}, \overline{1}, \overline{2}, \overline{3}, \overline{4}, \overline{5}\}$ 是一个有单位元的交换环.

(1) $\mathbf{Z}/6\mathbf{Z}$ 对于加法 $a+b$ 构成一个交换加群. 零元为 0, a 的负元为 $6-a$.

(2) $\mathbf{Z}/6\mathbf{Z}$ 对于乘法 $a \cdot b$, 满足结合律和交换律, 有单位元 $\overline{1}$.

$\mathbf{Z}/6\mathbf{Z}$ 还有分配律, 是一个有单位元的交换环. 但有两个非零元的乘积为零, 如

$$\overline{2} \cdot \overline{3} = 0.$$

10.1.2 零因子环

给出以下定义.

定义 10.1.2 设 R 是环. R 中非零元 a 称为**左零因子**(对应地有**右零因子**), 如果存在非零元 $b \in R$ (对应地有 $c \in R$) 使得 $ab = 0$ (对应地有 $ca = 0$), a 称为**零因子**, 如果它同时为左零因子和右零因子, 则称 R 为有零因子环.

$\overline{2}$ 和 $\overline{3}$ 是环 $\mathbf{Z}/6\mathbf{Z}$ 中的零因子.

定义 10.1.3 设 R 是有单位元 1_R 的环. R 中元 a 称为**左逆元**(对应地有**右逆元**), 如果存在元 $b \in R$ (对应地有 $c \in R$) 使得 $ab = 1_R$ (对应地有 $ca = 1_R$). 这时, b (对应地有 c) 叫做 a 的**右逆**(对应地有**左逆**). a 称为**逆元**, 如果它同时为左逆元和右逆元.

$\overline{1}$ 和 $\overline{5}$ 是环 $\mathbf{Z}/6\mathbf{Z}$ 中的逆元.

例 10.1.4 $M_2(\mathbf{Z}) = \left\{ \begin{pmatrix} a & b \\ c & d \end{pmatrix} \mid a, b, c, d \in \mathbf{Z} \right\}$ 对于矩阵的加法和乘法是一个有单位元和零因子的非交换环.

(1) $M_2(\mathbf{Z})$ 对于矩阵加法

$$\begin{pmatrix} a_1 & b_1 \\ c_1 & d_1 \end{pmatrix} + \begin{pmatrix} a_2 & b_2 \\ c_2 & d_2 \end{pmatrix} = \begin{pmatrix} a_1+a_2 & b_1+b_2 \\ c_1+c_2 & d_1+d_2 \end{pmatrix}$$

构成一个交换加群.

零元为 $\begin{pmatrix} 0 & 0 \\ 0 & 0 \end{pmatrix}$, $\begin{pmatrix} a & b \\ c & d \end{pmatrix}$ 的负元为 $-\begin{pmatrix} a & b \\ c & d \end{pmatrix} = \begin{pmatrix} -a & -b \\ -c & -d \end{pmatrix}$.

(2) $M_2(\mathbf{Z})$ 对于矩阵乘法

$$\begin{pmatrix} a_1 & b_1 \\ c_1 & d_1 \end{pmatrix} \cdot \begin{pmatrix} a_2 & b_2 \\ c_2 & d_2 \end{pmatrix} = \begin{pmatrix} a_1a_2+b_1c_2 & a_1b_2+b_1d_2 \\ c_1a_2+d_1c_2 & c_1b_2+d_1d_2 \end{pmatrix}$$

满足结合律和分配律, 有单位元 $\begin{pmatrix} 1 & 0 \\ 0 & 1 \end{pmatrix}$.

(3) 有零因子和非交换

$$\begin{pmatrix} 0 & 0 \\ 1 & 0 \end{pmatrix} \cdot \begin{pmatrix} 0 & 0 \\ 1 & 0 \end{pmatrix} = \begin{pmatrix} 0\cdot 0+0\cdot 1 & 0\cdot 0+0\cdot 0 \\ 1\cdot 0+0\cdot 1 & 1\cdot 0+0\cdot 0 \end{pmatrix} = \begin{pmatrix} 0 & 0 \\ 0 & 0 \end{pmatrix},$$

$$\begin{pmatrix} 1 & 0 \\ 1 & 0 \end{pmatrix} \cdot \begin{pmatrix} 0 & 0 \\ 1 & 1 \end{pmatrix} = \begin{pmatrix} 0 & 0 \\ 0 & 0 \end{pmatrix}, \quad \begin{pmatrix} 0 & 0 \\ 1 & 1 \end{pmatrix} \cdot \begin{pmatrix} 1 & 0 \\ 1 & 0 \end{pmatrix} = \begin{pmatrix} 0 & 0 \\ 2 & 0 \end{pmatrix}.$$

因此, $M_2(\mathbf{Z})$ 是一个有单位元和零因子的非交换环.

10.1.3 整环及域

希望一些环具有整数环 $\mathbf{Z}$ 的一些性质, 即整环. 后面会对整环作进一步的讨论.

定义 10.1.4 设 R 是一个交换环. 称 R 为**整环**, 如果 R 中有单位元, 但没有零因子.

整数环 $\mathbf{Z}$ 是一个整环.

性质 10.1.1 设 R 是整环, 则 R 中有消去律成立, 即当 $c \neq 0$, $c \cdot a = c \cdot b$ 时, 有 $a = b$.

证 当 $c \cdot a = c \cdot b$ 时, 有

$$c(a-b) = 0.$$

因为 R 是整环, 无零因子, 所以 $a - b = 0$. 结论成立. 证毕.

例 10.1.5 多项式环 $\mathbf{Z}[X]$ 是一个整环.

易知 $\mathbf{Z}[X]$ 是一个有单位元的交换环 (例 10.1.2). 现在只需说明 $\mathbf{Z}[X]$ 中无零因子.

设 $f(x) = a_nx^n + \cdots + a_1x + a_0$, $a_n \neq 0$, $g(x) = b_mx^m + \cdots + b_1x + b_0$, $b_m \neq 0$, 假设

$$(f \cdot g)(x) = c_{n+m}x^{n+m} + c_{n+m-1}x^{n+m-1} + \cdots + c_1x + c_0 = 0,$$

其中 $c_k = \sum\limits_{i+j=k} a_i b_j$, $0 \leqslant k \leqslant n+m$, 即

$$c_{n+m} = a_n b_m,\ c_{n+m-1} = a_n b_{m-1} + a_{n-1} b_m, \cdots,\ c_0 = a_0 b_0,$$

则 $c_{n+m} = a_n b_m = 0$. 因为 $\mathbf{Z}$ 是整环, 所以有 $a_n = 0$ 或 $b_m = 0$, 矛盾.

进一步, 希望一些环具有有理数集 $\mathbf{Q}$ 的一些性质 (如非零元集是交换乘群), 即域. 后面会对域作进一步的讨论.

定义 10.1.5 称交换环 K 为一个域, 如果 K 中有单位元, 且每个非零元都是可逆元, 即 K 对于加法构成一个交换群, $K^* = K \setminus \{0\}$ 对于乘法构成一个交换群.

10.1.4 交换环上的整除

最后, 希望整数环的整除性也可以应用到环上.

定义 10.1.6 设 R 是一个交换环, $a,\ b \in R$, $b \neq 0$. 如果一个元素 $c \in R$ 使得 $a = cb$, 就称 b **整除** a 或者 a 被 b 整除, 记作 $b \mid a$. 这时, 把 b 叫做 a 的**因子**, 把 a 叫做 b 的**倍元**.

如果 $b,\ c$ 都不是单位元, 就 b 称为 a 的**真因子**.

R 中的元素 p 称为**不可约元** 或**素元**, 如果 p 不是单位元, 且没有真因子. 也就是说, 如果有元素 $b,\ c \in R$ 使得 $p = cb$, 则 b 或 c 一定是单位元.

两个元素 $a,\ b \in R$ 称为**相伴的**, 如果存在可逆元 $u \in R$ 使得 $a = ub$.

相伴元 $a,\ b$ 具有相同的不可约性.

整数环 $\mathbf{Z}$ 中的不可约元就是素数.

多项式环 $\mathbf{Q}$ 中的不可约元就是不可约多项式.

环 $\mathbf{Z}[\sqrt{-5}] = \{a + b\sqrt{-5} \mid a,\ b \in \mathbf{Z}\}$ 的元素 $2,\ 3,\ \sqrt{-5},\ 1+\sqrt{-5},\ 6+\sqrt{-5}$ 都是不可约元, 但 $5,\ 41,\ 7+\sqrt{-5}$ 都是可约元. 事实上,

$$5 = \sqrt{-5} \cdot (-\sqrt{-5}),\ 41 = (6+\sqrt{-5})(6-\sqrt{-5}),\ 7+\sqrt{-5} = (1+\sqrt{-5})(2-\sqrt{-5}).$$

例 10.1.6 高斯环 $\mathbf{Z}[\sqrt{-1}] = \{a + b\sqrt{-1} \mid a,\ b \in \mathbf{Z}\}$ 是一个整环.

(1) $\mathbf{Z}[\sqrt{-1}]$ 对于加法

$$(a + b\sqrt{-1}) \oplus (c + d\sqrt{-1}) = (a+c) + (b+d)\sqrt{-1}$$

构成一个交换加群.

零元为 0, $a + b\sqrt{-1}$ 的负元为 $-(a + b\sqrt{-1}) = (-a) + (-b)\sqrt{-1}$.

(2) $\mathbf{Z}[\sqrt{-1}]$ 对于乘法

$$(a + b\sqrt{-1}) \otimes (c + d\sqrt{-1}) = (ac - bd) + (ad + bc)\sqrt{-1}$$

满足结合律和分配律, 还满足交换律, 有单位元 1.

(3) $2,\ 2+\sqrt{-1}$ 是不可约元, $3 = \left(2+\sqrt{-1}\right)\left(2-\sqrt{-1}\right)$ 是可约元.

(4) 无零因子. 事实上, 若 $a + b\sqrt{-1} \neq 0$ 为零因子, 则存在非零元 $c + d\sqrt{-1}$ 使得

$$\left(a + b\sqrt{-1}\right) \otimes \left(c + d\sqrt{-1}\right) = (ac - bd) + (ad + bc)\sqrt{-1} = 0,$$

从而 $ac-bd=0,\ \ ad+bc=0$, 进而 $ac^2=c(bd)=d(-ad),\ \ a(c^2+d^2)=0$. 故 $a=0,\ b=0$. 矛盾.

因此, $\mathbf{Z}[\sqrt{-1}]$ 是一个整环.

(5) 可逆元 $a+b\sqrt{-1}$ 为 1, -1, $\sqrt{-1}$, $-\sqrt{-1}$.

进一步, 可在 $\mathbf{Z}[\sqrt{-1}]$ 中讨论 $\alpha=a+b\sqrt{-1}$ (其共轭元 $\overline{\alpha}=a-b\sqrt{-1}$) 的模

$$|\alpha|=(\alpha\cdot\overline{\alpha})^{1/2}=\sqrt{a^2+b^2}.$$

则有三角不等式 $|\alpha+\beta|\leqslant|\alpha|+|\beta|$ 以及 $\alpha=0$ 的充要条件是 $|\alpha|=0$.

10.2 同态

本节讨论两个环之间的关系.

定义 10.2.1 设 R, R' 是两个环. 称映射 $f: R\longrightarrow R'$ 为**环同态**, 如果 f 满足以下条件:

(i) 对任意的 $a,\ b\in R$, 有 $f(a+b)=f(a)+f(b)$;

(ii) 对任意的 $a,\ b\in R$, 有 $f(ab)=f(a)f(b)$.

如果 f 是一对一的, 则称 f 为**单同态**; 如果 f 是满的, 则称 f 为**满同态**; 如果 f 是一一对应的, 则称 f 为**同构**.

定义 10.2.2 设 R, R' 是两个环. 称 R 与 R' 同构, 如果存在一个 R 到 R' 的同构.

10.3 特征及素域

本节给出最小的域的表述.

先给出特征的表述.

定义 10.3.1 设 R 是一个环. 如果存在一个最小正整数 p 使得对任意 $a\in R$, 都有

$$p\,a=\underbrace{a+\cdots+a}_{p\text{ 个 }a}=0,$$

则称环 R 的**特征**为 p. 如果不存在这样的正整数, 则称环 R 的特征为 0.

定理 10.3.1 如果域 K 的特征不为零, 则其特征必为素数.

证 设域 K 的特征为 p. 如果 p 不是素数, 则存在整数 $1<p_1,\ p_2<p$, 使得 $p=p_1\cdot p_2$. 从而,

$$(p_1 1_{\boldsymbol{K}})(p_2 1_{\boldsymbol{K}})=(p_1\cdot p_2)1_{\boldsymbol{K}}=0.$$

因为域 $\boldsymbol{K}$ 无零因子, 所以 $p_1 1_{\boldsymbol{K}}=0$ 或 $p_2 1_{\boldsymbol{K}}=0$. 这与特征 p 的最小性矛盾. 证毕.

定理 10.3.2 设 R 是有单位元的交换环. 如果环 R 的特征是 p, 则

(i) 对任意 $a,\ b\in R$, 有

$$(a+b)^p=a^p+b^p.$$

(ii) 环 R 到自身的映射 $\sigma:\ a\longmapsto a^p$ 是自同态.

证 (i) 根据定理 10.1.2, 有

$$(a+b)^p = a^p + b^p + \sum_{k=1}^{p-1} \frac{p!}{k!(p-k)!} a^k b^{p-k}.$$

对于 $1 \leqslant k \leqslant p-1$, 有 $(p,\ k!(p-k)!) = 1$, 从而 $p \mid p \cdot \dfrac{(p-1)!}{k!(p-k)!}$. 这样, 由 R 的特征 p 为素数, 得到 $\dfrac{p!}{k!(p-k)!} a^k b^{p-k} = 0$. 因此, (i) 成立.

(ii) 根据 (i), 有

$$\sigma(a+b) = (a+b)^p = a^p + b^p = \sigma(a)\sigma(b),$$

$$\sigma(a \cdot b) = (a \cdot b)^p = a^p \cdot b^p = \sigma(a)\,\sigma(b).$$

因此, $\sigma:\ a \longmapsto a^p$ 是自同态. 证毕.

定理 10.3.3 设 p 是一个素数, $f(x) = a_n x^n + \cdots + a_1 x + a_0$ 是整系数多项式, 则

$$f(x)^p \equiv f(x^p) \pmod p.$$

证 在域 $\boldsymbol{F}_p$ 上的多项式环 $\boldsymbol{F}_p[x]$ 上, 应用定理 10.3.2 及 Fermat 小定理 (定理 2.4.2), 有

$$\begin{aligned} f(x)^p &= (a_n)^p (x^n)^p + \cdots + (a_1)^p (x)^p + (a_0)^p \\ &\equiv a_n (x^p)^n + \cdots + a_1 (x^p) + a_0 \\ &= f(x^p) \pmod p. \end{aligned}$$

证毕.

定义 10.3.2 设 R_1 $(\boldsymbol{K}_1)$ 是环 R (域 $\boldsymbol{K}$) 的非空子集. 如果对于环 R (域 $\boldsymbol{K}$) 的运算, R_1 ($\boldsymbol{K}_1$) 也构成一个环 (域), 则 R_1 ($\boldsymbol{K}_1$) 叫做 R 的**子环** ($\boldsymbol{K}$ 的**子域**).

定义 10.3.3 一个域叫做**素域**, 如果它不含真子域.

例 10.3.1 有理数域 $\mathbf{Q}$ 是素域. $\boldsymbol{F}_p = \mathbf{Z}/p\mathbf{Z}$ 是素域.

定理 10.3.4 设 $\boldsymbol{F}$ 是一个域. 如果 $\boldsymbol{F}$ 的特征为 0, 则 $\boldsymbol{F}$ 有一个与 $\mathbf{Q}$ 同构的素域. 如果 $\boldsymbol{F}$ 的特征为 p, 则 $\boldsymbol{F}$ 有一个与 $\boldsymbol{F}_p$ 同构的素域.

10.4 分式域

从整数集 $\mathbf{Z}$ 构造出分式域有理数集 $\mathbf{Q}$ 是经典和重要的方法, 运用该方法从整环构造出对应的分式域.

域的构造方式之一如下.

定理 10.4.1 设 A 是一个整环. 令 $E = A \times A^*$. 在 E 上定义关系 R:

$$(a,b)R(c,d) \ \text{如果}\ ad = bc,$$

则 R 是 E 上的等价关系, 即有

(i) 自反性: 对任意 $(a,b) \in E$, 有 $(a,b)R(a,b)$.

(ii) 对称性: 如果 $(a,b)R(c,d)$, 则 $(c,d)R(a,b)$.

(iii) 传递性: 如果 $(a,b)R(c,d)$ 和 $(c,d)R(e,f)$, 则 $(a,b)R(e,f)$.

证　(i) 对任意 $(a,b)\in E$, 有 $ab=ba$, 所以 $(a,b)R(a,b)$.

(ii) 设 $(a,b)R(c,d)$, 由定义, 有 $ad=bc$, 进而由交换性, 有 $cb=da$. 因此, $(c,d)R(a,b)$.

(iii) 设 $(a,b)R(c,d)$, $(c,d)R(e,f)$, 由定义, 有 $ad=bc$, $cf=de$, 进而有

$$adf=(bc)f=b(de) \quad \text{及} \quad d(af-be)=0.$$

因为 d 是整环 A 中的非零元, 所以 $af=be$. 因此, $(a,b)R(e,f)$. 证毕.

设 $(a,b)\in E$, 记 $\dfrac{a}{b}=C_{(a,b)}=\{(c,d)\mid\ \in E,(c,d)R(a,b)\}$ 为 (a,b) 的等价类.

易知,

$$\frac{0}{1}=C_{(0,1)}=\{(0,d)\mid\ \in E,(0,d)R(0,1)\},$$

$$\frac{1}{1}=C_{(1,1)}=\{(d,d)\mid\ \in E,(d,d)R(1,1)\},$$

以及对任意 $d\in A^*$, 有

$$\frac{ad}{bd}=C_{(ad,bd)}=C_{(a,b)}=\frac{a}{b}.$$

现在以 $\dfrac{a}{b}$ 为元素构造新的集合

$$E/R=\{\frac{a}{b}\mid(a,b)\in E\}.$$

定理 10.4.2　设 A 是整环, $E=A\times A^*$. 假设 E 上有关系 R: $(a,b)R(c,d)$ 如果 $ad=bc$. 再设商集 E/R 是由 (a,b) 的等价类组成的集合.

则对于 E/R 上定义加法和乘法如下:

$$\frac{a}{b}+\frac{c}{d} = \frac{ad+bc}{bd},$$

$$\frac{a}{b}\cdot\frac{c}{d} = \frac{ac}{bd}.$$

E/R 构成一个域.

证　首先证明 E/R 是一个交换加群.

(1) E/R 结合律. 对任意 $\dfrac{a}{b}$, $\dfrac{c}{d}$, $\dfrac{e}{f}\in E/R$, 有

$$\left(\frac{a}{b}+\frac{c}{d}\right)+\frac{e}{f}=\frac{ad+bc}{bd}+\frac{e}{f}=\frac{(ad+bc)f+(bd)e}{(bd)f}=\frac{a(df)+b(cf+de)}{b(df)}=\frac{a}{b}+\left(\frac{c}{d}+\frac{e}{f}\right).$$

(2) E/R 有零元 $\dfrac{0}{1}$.

$$\frac{a}{b}+\frac{0}{1}=\frac{a\cdot1+b\cdot0}{b\cdot1}=\frac{a}{b},\quad \frac{0}{1}+\frac{a}{b}=\frac{0\cdot b+1\cdot a}{1\cdot b}=\frac{a}{b}.$$

(3) $\dfrac{a}{b}\in E/R$ 的负元为 $-\dfrac{a}{b}=\dfrac{-a}{b}$.

$$\frac{a}{b}+\frac{-a}{b}=\frac{a\cdot b+b\cdot(-a)}{b\cdot b}=\frac{0}{1},\quad \frac{-a}{b}+\frac{a}{b}=\frac{(-a)\cdot b+b\cdot a}{b\cdot b}=\frac{0}{1}.$$

(4) E/R 交换律. 对任意 $\frac{a}{b}$, $\frac{c}{d} \in E/R$, 有

$$\frac{a}{b}+\frac{c}{d}=\frac{ad+bc}{bd}=\frac{cb+da}{db}=\frac{c}{d}+\frac{a}{b}.$$

其次证明 $(E/R)^* = (E/R) \setminus \left\{\frac{0}{1}\right\}$ 是一个交换乘群.

(5) $(E/R)^*$ 结合律. 对任意 $\frac{a}{b}$, $\frac{c}{d}$, $\frac{e}{f} \in (E/R)^*$, 有

$$\left(\frac{a}{b}\cdot\frac{c}{d}\right)\cdot\frac{e}{f}=\frac{ac}{bd}\cdot\frac{e}{f}=\frac{(ac)e}{(bd)f}=\frac{a(ce)}{b(df)}=\frac{a}{b}\cdot\left(\frac{c}{d}\cdot\frac{e}{f}\right).$$

(6) $(E/R)^*$ 有单位元 $\frac{1}{1}$.

$$\frac{a}{b}\cdot\frac{1}{1}=\frac{a\cdot 1}{b\cdot 1}=\frac{a}{b},\qquad \frac{1}{1}\cdot\frac{a}{b}=\frac{1\cdot a}{1\cdot b}=\frac{a}{b}.$$

(7) $\frac{a}{b} \in (E/R)^*$ 的逆元为 $\left(\frac{a}{b}\right)^{-1}=\frac{b}{a}$.

$$\frac{a}{b}\cdot\frac{b}{a}=\frac{a\cdot b}{b\cdot a}=\frac{1}{1},\qquad \frac{b}{a}\cdot\frac{a}{b}=\frac{b\cdot a}{a\cdot b}=\frac{1}{1}.$$

(8) $(E/R)^*$ 交换律. 对任意 $\frac{a}{b}$, $\frac{c}{d} \in (E/R)^*$, 有

$$\frac{a}{b}\cdot\frac{c}{d}=\frac{ac}{bd}=\frac{ca}{db}=\frac{c}{d}\cdot\frac{a}{b}.$$

因此, E/R 构成一个域. 证毕.

定理 10.4.2 中的域 E/R 叫做整环 A 的**分式域**.

例 10.4.1 取 $A=\mathbf{Z}$, 则 $\mathbf{Z}$ 是一个整环, 从而有分式域, 叫做 $\mathbf{Z}$ 的**有理数域**, 记为 $\mathbf{Q}$. 加法和乘法运算为

$$\frac{a}{b}+\frac{c}{d}=\frac{ad+bc}{bd},\qquad \frac{a}{b}\cdot\frac{c}{d}=\frac{ac}{bd}.$$

$$\frac{1}{3}+\frac{2}{5}=\frac{1\cdot 5+3\cdot 2}{3\cdot 5}=\frac{11}{15},\qquad \frac{1}{3}\cdot\frac{2}{5}=\frac{1\cdot 2}{3\cdot 5}=\frac{2}{15}.$$

例 10.4.2 取 $A=\mathbf{Z}/p\mathbf{Z}$, 其中 p 为素数, 则 A 是一个整环, 从而有分式域, 叫做 $\mathbf{Z}/p\mathbf{Z}$ 的 p-**元域**, 记为 $\boldsymbol{F}_p$ 或 $\mathrm{GF}(p)$.

实际上, 有 $\boldsymbol{F}_p=\mathbf{Z}/p\mathbf{Z}$. 对于 $\frac{a}{b}\in\boldsymbol{F}_p$, 有 $b\notin p\mathbf{Z}$, 从而 $p\nmid b$. 根据广义欧几里得除法, 存在整数 s, t 使得 $s\cdot b+t\cdot p=1$, $s\cdot b\equiv 1 \pmod p$. 因此,

$$\frac{a}{b}=\frac{s\cdot a}{s\cdot b}=s\cdot a\in\mathbf{Z}/p\mathbf{Z}.$$

$p=7, a=4,\ b=5,\ 3\cdot 5+(-2)\cdot 7=1.$

$$\frac{4}{5}=\frac{3\cdot 4}{3\cdot 5}=3\cdot 4=5\in\mathbf{Z}/7\mathbf{Z}.$$

例 10.4.3　设 K 是一个域, 则 $A=\boldsymbol{K}[x]$ 是一个整环, 从而有分式域, 叫做 $\boldsymbol{K}[x]$ 的**多项式分式域**, 记为 $\boldsymbol{K}(x)$, 即

$$\boldsymbol{K}(x)=\left\{\frac{f(x)}{g(x)}\mid f(x),\ g(x)\in\boldsymbol{K}[x],\ g(x)\neq 0\right\}.$$

加法和乘法运算为

$$\frac{f_1(x)}{g_1(x)}+\frac{f_2(x)}{g_2(x)}=\frac{f_1(x)\,g_2(x)+g_1(x)\,f_2(x)}{g_1(x)\,g_2(x)},\qquad \frac{f_1(x)}{g_1(x)}\cdot\frac{f_2(x)}{g_2(x)}=\frac{f_1(x)\,f_2(x)}{g_1(x)\,g_2(x)}.$$

10.5　理想和商环

10.5.1　理想

设 R 是一个环, I 是 R 的子环, 则 I 是 R 的正规子群, 从而有商群 $R/I=\{a+I\mid a\in R\}$. 人们自然希望 R/I 构成一个环. 为此, 要对子环 I 作进一步的要求, 即要求 I 为理想.

定义 10.5.1　设 R 是一个环, I 是 R 的子环. I 称为 R 的**左理想**, 如果任意的 $r\in R$ 和任意的 $a\in I$, 都有 $r\,a\in I$. I 称为 R 的**右理想**, 如果对任意的 $r\in R$ 和任意的 $a\in I$, 都有 $a\,r\in I$. I 称为 R 的**理想**, 如果 R 同时为左理想和右理想.

例 10.5.1　$\{0\}$ 和 R 都是 R 的理想, 叫做 R 的**平凡理想**.

定理 10.5.1　环 R 的非空子集 I 是左 (对应地有右) 理想的充要条件是:

(i) 对任意的 $a,b\in I$, 都有 $a-b\in I$.

(ii) 对任意的 $r\in R$ 和对任意的 $a\in I$, 都有 $r\,a\in I$ (对应地有 $a\,r\in I$).

证　必要性是显然的. 证明充分性.

由 (i) 知, I 是 R 的子群.

再由 (ii) 立即知道 I 对乘法封闭, 且作为环 R 的子集满足环的条件, 因而 I 是子环. 同时, I 也满足理想的条件, 故 I 是 R 的理想.　　证毕.

考虑多个理想的交集.

定理 10.5.2　设 $\{A_j\}_{j\in J}$ 是环 R 中的一族 (左) 理想, 则 $\bigcap\limits_{j\in J}A_j$ 也是一个 (左) 理想.

证　(i) 对任意的 $a,\ b\in\bigcap\limits_{j\in J}A_j$, 有 $a,\ b\in A_j,\ j\in J$. 因为 A_j 是 R 的理想, 根据定理 10.5.1, 有 $a-b\in A_j,\ j\in J$. 进而, $a-b\in\bigcap\limits_{j\in J}A_j$.

(ii) 对任意的 $r\in R$ 和对任意的 $a\in\bigcap\limits_{j\in J}A_j$, 有 $a\in A_j,\ j\in J$. 因为 A_j 是 R 的理想, 根据定理 10.5.1, 有 $r\,a\in A_j,\ j\in J$. 进而, $r\,a\in\bigcap\limits_{j\in J}A_j$.

根据定理 10.5.1, $\bigcap\limits_{j\in J}A_j$ 是 R 的一个理想.　　证毕.

根据定理 10.5.2, 人们可给出一个非空子集 X 生成一个理想的表述, 即包含 X 的最小理想.

定义 10.5.2　设 X 是环 R 的一个子集. 设 $\{A_j\}_{j\in J}$ 是环 R 中包含 X 的所有 (左) 理想, 则 $\bigcap\limits_{j\in J}A_j$ 称为由 X**生成的 (左) 理想**, 记为 (X).

X 中的元素叫做理想 (X) 的**生成元**. 如果 $X=\{a_1,\cdots,a_n\}$, 则理想 (X) 记为 $(a_1,\cdots,a_n)$, 称为**有限生成的**. 由一个元素生成的理想 (a) 叫做**主理想**.

下面给出 $<X>$ 中元素的显示表示.

定理 10.5.3 设 R 是交换环, $a\in R$, $X\subset R$. 则

(i) 主理想 (a) 为

$$(a)=\left\{r\,a+a\,r'+n\,a+\sum_{i=1}^{m}r_i\,a\,s_i\mid r,\ s,\ r_i,\ s_i\in R,\ m\in\mathbf{N},\ n\in\mathbf{Z}\right\}.$$

(ii) 如果 R 有单位元 1_R 时, 则

$$(a)=\left\{\sum_{i=1}^{m}r_i\,a\,s_i\mid r_i,\ s_i\in R,\ m\in\mathbf{N}\right\}.$$

(iii) 如果 a 在 R 的中心 (即对任意 $r\in R$, 有 $r\,a=a\,r$), 则

$$(a)=\{r\,a+n\,a\mid r\in R,\ n\in\mathbf{Z}\}.$$

(iv) $Ra=\{r\,a\mid r\in R\}$ (对应的有 $aR=\{a\,r\mid r\in R\}$) 是 R 中的左 (对应地有右) 理想. 如果 R 有单位元, 则 $a\in Ra$, $a\in aR$.

证 (i) 令

$$I=\left\{r\,a+a\,r'+n\,a+\sum_{i=1}^{m}r_i\,a\,s_i\mid r,\ s,\ r_i,\ s_i\in R,\ m\in\mathbf{N},\ n\in\mathbf{Z}\right\},$$

则 I 是一个包含 a 的理想. 事实上, 对任意

$$a_1=r_1\,a+a\,r_1'+n_1\,a+\sum_{i=1}^{m_1}r_{1,i}\,a\,s_{1,i},\quad a_2=r_2\,a+a\,r_2'+n_2\,a+\sum_{i=1}^{m_2}r_{2,i}\,a\,s_{2,i}\in I,$$

以及 $r\in R$, 有

$$a_1-a_2=(r_1-r_2)\,a+a\,(r_1'-r_2')+(n_1-n_2)\,a+\sum_{i=1}^{m_1}r_{1,i}\,a\,s_{1,i}+\sum_{i=1}^{m_2}(-r_{2,i})\,a\,s_{2,i}\in I,$$

$$r\,a_1=(r\,r_1)a+r\,a\,r_1'+(n_1\,r)a+\sum_{i=1}^{m_1}(r\,r_{1,i})a\,s_{1,i}\in I,$$

$$a_1\,r=r_1\,a\,r+a(r_1'\,r)+n_1(a\,r)+\sum_{i=1}^{m_1}r_{1,i}\,a\,(s_{1,i}\,r)\in I,$$

因此, I 是包含 a 的理想.

再设 A_j 是包含 a 的任意理想, 则对任意

$$a_i=r\,a+a\,r'+n\,a+\sum_{i=1}^{m}r_i\,a\,s_i\in I,\quad r,\ s,\ r_i,\ s_i\in R,\ m\in\mathbf{N},\ n\in\mathbf{Z},$$

因为 A_j 是理想, 所以 $ra, ar', r_i a s_i, na \in H_j$, 从而

$$a_i = ra + ar' + na + \sum_{i=1}^{m} r_i a s_i \in A_j,$$

即 $I \subset A_j$, $I \subset \bigcap_j A_j$. 因此, I 是由 a 生成的理想.

(ii) 如果 R 有单位元 1_R, 则有

$$ra = ra1_R, \quad ar' = 1_R ar', \quad na = (n1_R)a.$$

因此, (ii) 成立.

(iii) 如果 a 在 R 的中心, 则有

$$ar' = r'a, \quad \sum_{i=1}^{m} r_i a s_i = \left(\sum_{i=1}^{m} r_i s_i\right) a.$$

因此, (iii) 成立.

由 (ii) 和 (iii) 即可得到 (iv). 证毕.

环 R 叫做**主理想环**, 如果 R 的所有理想都是主理想.

定理 10.5.4 整环 $\mathbf{Z}$ 是主理想环, 且理想 $I = (a)$ 的表达式为

$$I = (a) = \{sa \mid s \in \mathbf{Z}\}.$$

证 设 I 是 $\mathbf{Z}$ 中的一个非零理想. 当 $b \in I$ 时, 有 $0 = 0b \in I$ 及 $-b = (-1)b \in I$. 因此, I 中有正整数存在. 设 a 是 I 中的最小正整数, 则 $I = (a) = \{sa \mid s \in \mathbf{Z}\}$. 事实上, 对任意 $b \in I$, 存在整数 s, r 使得

$$b = sa + r, \quad 0 \leqslant r < a.$$

这样, 由 $b \in I$ 及 $(-s)a \in I$, 得到 $r = a + (-s)a \in I$. 但 $r < a$ 以及 a 是 I 中的最小正整数. 所以, $r = 0$, $b = sa \in (a)$, 从而 $I \subset (a)$. 又显然有 $(a) \subset I$. 故 $I = (a)$, $\mathbf{Z}$ 是主理想环. 证毕.

推论 设 $I = (a)$ 是整环 $\mathbf{Z}$ 中的理想, 则整数 $b \in I$ 的充要条件是 $a \mid b$.

证 必要性. 设 $b \in I = (a)$, 则存在整数 s 使得 $b = sa$, 因此, $a \mid b$.

充分性. 设 $a \mid b$, 则存在整数 s 使得 $b = sa$, 因此, $b \in I = (a)$. 证毕.

例 10.5.2 $\boldsymbol{R}[X]$ 是主理想环.

证明参见定理 11.6.1.

例 10.5.3 $\mathbf{Z}[\sqrt{-5}]$ 不是主理想环.

下面考虑理想的运算.

设 R 是一个环. A, B 是 R 的 (左) 理想, 则

由 $X = \{a + b \mid a \in A,\ b \in B\}$ 生成的 (左) 理想, 称为 (左) 理想 A, B 的**和理想**, 记作 $A + B$.

由 $X = \{ab \mid a \in A,\ b \in B\}$ 生成的 (左) 理想, 称为理想 A, B 的**积理想**, 记作 $A \cdot B$, 简记为 AB.

进一步, 设 R 是一个环. A_1, A_2, $\cdots$, A_{n-1}, A_n 是环 R 的 (左) 理想, 则可递归定义:

由 $A_1+A_2+\cdots+A_{n-1}$, A_n 生成的理想, 称为 A_1, A_2, $\cdots$, A_{n-1}, A_n 的和理想, 记作 $A_1+A_2+\cdots+A_{n-1}+A_n$.

由 $A_1\cdot A_2\cdot\ \cdots\cdot\ A_{n-1}$, A_n 生成的理想, 称为 A_1, A_2, $\cdots$, A_{n-1},A_n 的积理想, 记作 $A_1\cdot A_2\cdot\ \cdots\cdot\ A_{n-1}\cdot A_n$.

定理 10.5.5 设 A, B, C 是环 R 的 (左) 理想, 则

(i) $A+B=\{a+b\mid a\in A,\ b\in B\}$.

(ii) $AB=\left\{\sum\limits_{j=1}^{s}a_j\,b_j\mid a_j\in A,\ b_j\in B,\ s\in\mathbf{N}\right\}$.

(iii) $(A+B)+C=A+(B+C)$.

(iv) $(AB)C=ABC=A(BC)$.

证 (i) 设 $I=\{a+b\mid a\in A,\ b\in B\}$. 先证明 I 是 (左) 理想. 对任意 u, $v\in I$ 以及 $r\in R$, 存在 a_1, $a_2\in A$, b_1, $b_2\in B$ 使得 $u=a_1+b_1$, $v=a_2+b_2$. 因为 A, B 是 (左) 理想, 所以 a_1-a_2, $r\,a_1\in A$ 及 b_1-b_2, $r\,b_1\in B$, 从而

$$u-v=(a_1-a_2)+(b_1-b_2)\in I,\qquad r\,u=(r\,a_1)+(r\,b_1)\in I.$$

故 I 是 R 的 (左) 理想. 显然, I 是包含 $\{a+b\mid a\in A,\ b\in B\}$ 的最小理想. 故 $A+B=I$.

(ii) 设 $J=\left\{\sum\limits_{j=1}^{s}a_j\,b_j\mid a_j\in A,\ b_j\in B,\ s\in\mathbf{N}\right\}$. 先证明 J 是 (左) 理想. 对任意 u, $v\in J$ 以及 $r\in R$, 存在 $a_i\in A$, $b_i\in B$, $1\leqslant i\leqslant s+t$ 使得 $u=\sum\limits_{j=1}^{s}a_j\,b_j$, $v=\sum\limits_{j=s+1}^{s+t}a_j\,b_j$, 因为 A, B 是 (左) 理想, 所以 $(-a_j)$, $r\,a_j\in A$, $1\leqslant j\leqslant s+t$, 从而

$$u-v=\sum_{j=1}^{s}a_j\,b_j+\sum_{j=s+1}^{s+t}(-a_j)\,b_j\in J$$

及

$$r\,u=\sum_{j=1}^{s}(r\,a_j)\,b_j\in J,$$

故 J 是 R 的 (左) 理想.

进一步, 对于包含 $\{a\,b\mid a\in A,\ b\in B\}$ 的任一理想 A_k, 由 $a_j\in A$, $b_j\in B$, 得到 $a_j\,b_j\in J$, 又 A_k 是理想, 所以 $u=\sum\limits_{j=1}^{s}a_j\,b_j\in A_k$, $J\subset A_k$. 这说明, $AB=J$.

(iii) 对于任意的 $u\in A+B$, $c\in C$, 存在 $a\in A$, $b\in B$, 使得 $u=a+b$, 从而

$$u+c=(a+b)+c=a+(b+c)\in A+(B+C).$$

因此, $(A+B)+C\subset A+(B+C)$.

同样可得, $A+(B+C)\subset(A+B)+C$, 故 $(A+B)+C=A+(B+C)$.

(iv) 对于任意的 $u \in AB$, $c \in C$, 存在 $a_j \in A$, $b_j \in B$, $1 \leqslant j \leqslant s$, 使得 $u = \sum\limits_{j=1}^{s} a_j\, b_j$, 从而

$$uc = \left(\sum_{j=1}^{s} a_j\, b_j\right) c = \sum_{j=1}^{s} a_j\, (b_j\, c) \in A(BC).$$

因此, $(AB)C \subset A(BC)$.

同样可得, $A(BC) \subset (AB)C$, 故 $(AB)C = A(BC)$. 证毕.

例 10.5.4 设 $A = (a)$, $B = (b)$ 是整环 $\mathbf{Z}$ 的两个理想. 证明:

$$A + B = ((a, b)), \qquad AB = (a\, b),$$

其中 (a, b) 是整数 a, b 的最大公因数.

证 (1) 根据定理 10.5.5 和定理 10.5.4, 有

$$A + B = \{s\, a + t\, b \mid s,\ t \in \mathbf{Z}\}.$$

根据广义欧几里得除法, 可找到整数 s_0, t_0 使得 $s_0\, a + t_0\, b = (a, b)$, 因此, $(a, b) \in A + B$.

又根据整数的性质, 由 $(a, b) \mid a$, $(a, b) \mid b$ 可推得: 对任意整数 s, t, 有 $(a, b) \mid s\, a + t\, b$, 因此, (a, b) 是 $A + B$ 中最小正整数.

故 $A + B = ((a, b))$.

(2) 根据定理 10.5.5 和定理 10.5.4, 有

$$AB = \left\{\sum_{j=1}^{s} a_j\, b_j \mid a_j \in A,\ b_j \in B,\ s \in \mathbf{N}\right\} = \{k\, a\, b \mid k \in \mathbf{Z}\}.$$

证毕.

定理 10.5.6 设 A_1, A_2, $\cdots$, A_n, B, C 是环 R 的 (左) 理想, 则

(i) $A_1 + A_2 + \cdots + A_n = \{a_1 + a_2 + \cdots + a_n \mid a_i \in A_i,\ 1 \leqslant i \leqslant n\}$ 是 (左) 理想.

(ii) $A_1 A_2 \cdots A_n = \left\{\sum\limits_{j=1}^{s} a_{1,j}\, a_{2,j} \cdots a_{n,j} \mid a_{i,j} \in A_i,\ 1 \leqslant i \leqslant n,\ 1 \leqslant j \leqslant s,\ s \in \mathbf{N}\right\}$ 是 (左) 理想.

(iii) $B(A_1 + A_2 + \cdots + A_n) = BA_1 + BA_2 + \cdots + BA_n$,

$(A_1 + A_2 + \cdots + A_n)C = A_1C + A_2C + \cdots + A_nC$.

证 对 n 用数学归纳法. 当 $n = 2$ 时, 由定理 10.5.6, 定理成立.

假设 $n - 1$ 时, 定理成立.

对于 n, 有

(i) $A_1 + A_2 + \cdots + A_{n-1} + A_n = (A_1 + A_2 + \cdots + A_{n-1}) + A_n$ 是 (左) 理想.

(ii) $A_1 A_2 \cdots A_{n-1} A_n = (A_1 A_2 \cdots A_{n-1}) A_n$ 是 (左) 理想.

(iii)

$$\begin{aligned} B(A_1 + A_2 + \cdots + A_{n-1} + A_n) &= B(A_1 + A_2 + \cdots + A_{n-1}) + BA_n \\ &= BA_1 + BA_2 + \cdots + BA_{n-1} + BA_n, \end{aligned}$$

$$\begin{aligned}(A_1+A_2+\cdots+A_{n-1}+A_n)C &= A_1C+(A_2+\cdots+A_{n-1}+A_n)C\\ &= A_1C+A_2C+\cdots+A_{n-1}C+A_nC.\end{aligned}$$

证毕.

10.5.2 商环

下面考虑商环 R/I 的构造.

定理 10.5.7 设 R 是一个环, I 是 R 的一个理想, 则 R/I 对于加法运算

$$(a+I)+(b+I)=(a+b)+I$$

和乘法运算

$$(a+I)(b+I)=a\,b+I$$

构成一个环. 当 R 是交换环或有单位元时, R/I 也是交换环或有单位元.

证 首先说明加法和乘法的定义是合理的, 即运算的定义不依赖于代表元的选择.

因为 I 是环 R 的一个理想, 所以 I 是 $(R,+)$ 的一个正规子群. 因此, 所定义的加法运算是合理的.

再考虑乘法运算定义的合理性. 设 $a_1+I=a_2+I,\ b_1+I=b_2+I$, 则有

$$a_1=a_2+r_1,\quad b_1=b_2+r_2,\qquad r_1,\ r_2\in I.$$

因为 I 是理想, 所以 $r_1\,b_2,\ a_2\,r_2,\ r_1\,r_2\in I$. 从而,

$$a_1\,b_1+I=(a_2+r_1)(b_2+r_2)+I=a_2\,b_2+r_1\,b_2+a_2\,r_2+r_1\,r_2+I=a_2\,b_2+I.$$

因此, 所定义的乘法运算是合理的.

其次, R/I 中有结合律. 事实上, 对任意 $a+I,b+I,c+I\in R/I$, 有

$$\begin{aligned}(a+I)((b+I)(c+I)) &= (a+I)((b\,c)+I)=a(b\,c)+I\\ &= (a\,b)c+I\\ &= ((a+I)(b+I))(c+I)\end{aligned}$$

再次, R/I 有分配律. 事实上, 对任意 $a+I,b+I,c+I\in R/I$, 有

$$\begin{aligned}(a+I)((b+I)(c+I)) &= (a+I)((b\,c)+I)=a(b\,c)+I\\ &= (a\,b)c+I\\ &= ((a+I)(b+I))(c+I)\end{aligned}$$

最后, 当 R 为交换环, 且有单位元 1_R 时, 对任意 $a+I,b+I\in R/I$, 有

$$(a+I)(b+I)=a\,b+I=b\,a+I=(b+I)(a+I),$$

$$(a+I)(1_R+I)=a\,1_R+I=a,\qquad (1_R+I)(a+I)=1_R\,a+I=a+I.$$

故 R/I 构成环, 且当 R 是交换环或有单位元时, R/I 也是交换环或有单位元. 证毕.

定理 10.5.7 中的环 R/I 叫做 R 关于 I 的**商环**.

10.5.3 环同态分解定理

下面给出同态分解定理.

定理 10.5.8 设 f 是环 R 到环 R' 的同态, 则 f 的核 $\ker(f)$ 是 R 的理想. 反过来, 如果 I 是环 R 的理想, 则映射

$$\begin{aligned} s: R &\longrightarrow R/I \\ a &\longmapsto a+I \end{aligned}$$

是核为 I 的同态.

证 设 f 是环 R 到环 R' 的同态, 则对任意 $a,\ b\in\ker(f),\ r\in R$, 有

$$f(a-b)=f(a)-f(b)=0$$

以及

$$f(r\,a)=f(r)f(a)=f(r)\cdot 0=0,\qquad f(a\,r)=f(a)f(r)=0\cdot f(r)=0,$$

从而 $a-b,\ r\,a, a\,r\in\ker(f)$. 因此, $\ker(f)$ 是 R 的理想.

反过来, 作映射

$$\begin{aligned} s: R &\longrightarrow R/I \\ a &\longmapsto a+I \end{aligned}$$

则 s 是同态. 事实上, 对任意 $a,\ b\in R$, 有

$$s(a+b)=(a+b)+I=(a+I)+(b+I)=s(a)+s(b),$$

$$s(a\,b)=a\,b+I=(a+I)(b+I)=s(a)s(b).$$

此外, 对任意 $(a+I)\in R/I$, 有原像为 a, 故 s 为 R 到 R/I 的满同态. 进一步,

$$\ker(s)=\{a \mid a+I=I,\ a\in R\}=\{a \mid a\in I\}=I.$$

证毕.

映射 $s: R\longrightarrow R/I$ 称为 R 到 R/I **自然同态**.

定理 10.5.9 (同态分解) 设 f 是环 R 到环 R' 的同态, 则存在唯一的 $R/\ker(f)$ 到像子环 $f(R)$ 的同构 $\overline{f}: a+\ker(f)\longmapsto f(a)$ 使得 $f=i\circ\overline{f}\circ s$, 其中 s 是环 R 到商环 $R/\ker(f)$ 的自然同态, $i: c\longmapsto c$ 是 $f(R)$ 到 R' 的恒等同态, 即有以下的交换图 10.1.

$$\begin{array}{ccc} R & \xrightarrow{f} & R' \\ s\downarrow & & \uparrow i \\ R/\ker(f) & \xrightarrow{\overline{f}} & f(R) \end{array}$$

图 10.1 交换图

证 根据定理 10.5.8, $\ker(f)$ 是环 R 的理想, 所以存在商环 $R/\ker(f)$. 现在要证明:

$$\overline{f}: a+\ker(f)\longmapsto f(a)$$

是 $R/\ker(f)$ 到像子环 $f(R)$ 的同构.

首先, $\overline{f}$ 是 $R/\ker(f)$ 到 $f(R)$ 的同态. 事实上, 对任意的 $a+\ker(f)$, $b+\ker(f)\in R/\ker(f)$,

$$\begin{aligned}\overline{f}((a+\ker(f))(b+\ker(f))&=\overline{f}((ab)+\ker(f))=f(ab)=f(a)f(b)\\&=\overline{f}(a+\ker(f))\overline{f}(b+\ker(f)).\end{aligned}$$

其次, $\overline{f}$ 是一对一的. 事实上, 若 $a+\ker(f)\in\ker(\overline{f})$, 使得

$$\overline{f}(a+\ker(f))=f(a)=0',$$

则有 $a\in\ker(f)$ 以及 $a+\ker(f)=\ker(f)$.

最后, $\overline{f}$ 是满同态的. 事实上, 对任意 $c\in f(R)$, 存在 $a\in R$ 使得 $f(a)=c$. 从而, $\overline{f}(a+\ker(f))=f(a)=c$, 即 $a+\ker(f)$ 是 c 的像源.

因此, $\overline{f}$ 是同构的, 并且有 $f=i\circ\overline{f}\circ s$. 事实上, 对任意 $a\in R$, 有

$$(i\circ\overline{f}\circ s)(a)=i(\overline{f}(s(a)))=i(\overline{f}(a+\ker(f)))=i(f(a))=f(a).$$

此外, $\overline{f}$ 是唯一的. 事实上, 假如还有同构 $g:R/\ker(f)\longrightarrow f(R)$ 使得 $f=i\circ g\circ s$, 则对任意 $a+\ker(f)\in R/\ker(f)$, 有

$$g(a+\ker(f))=i(g(s(a)))=(i\circ g\circ s)(a)=f(a)=\overline{f}(a+\ker(f)).$$

因此, $g=\overline{f}$. 证毕.

10.6 素理想

本节将讨论素理想.

先研究整环 $\mathbf{Z}$ 中由素数生成的理想及其具有的性质.

假设 p 是素数, 则当整数 a, b 满足 $p\mid ab$ 时, 一定有 $p\mid a$ 或 $p\mid b$.

根据定理 10.5.4 及其推论, 上述表述可用理想表述为

$$\boxed{\text{若 } (ab)\subset(p),\text{ 则 } (a)\subset(p) \text{ 或 } (b)\subset(p)}$$

或

$$\boxed{\text{若 } ab\in(p),\text{ 则 } a\in(p) \text{ 或 } b\in(p).}$$

将此表述抽象为

定义 10.6.1 设 P 是环 R 的理想. P 称为 R 的 **素理想**, 如果 $P\neq R$, 且对任意理想 A,B, $AB\subset P$, 有 $A\subset P$ 或 $B\subset P$.

定理 10.6.1 设 P 是环 R 的理想. 如果 $P\neq R$, 且对任意的 $a,b\in R$, 当 $ab\in P$ 时, 有 $a\in P$ 或 $b\in P$, 则 P 是素理想. 反过来, 如果 P 是素理想, 且 R 是交换环, 则上述结论也成立.

证 必要性. 如果理想 A, B 使得 $AB\subset P$, $A\not\subset P$, 则存在元素 $a\in A$, $a\notin P$. 对任意元素 $b\in B$, 根据假设, 从 $ab\in AB\subset P$ 及 $a\notin P$ 可得到 $b\in P$. 这说明, $B\subset P$. 因此, P 是素理想.

反过来, 设 P 是素理想, 则对任意的 $a,b\in R$, 满足 $ab\in P$, 有 $(a)(b)=(ab)\subset P$. 根据素理想的定义, 有 $(a)\subset P$ 或 $(b)\subset P$. 由此得到, $a\in P$ 或 $b\in P$. 证毕.

例 10.6.1 任意整环的零理想是素理想.

例 10.6.2 设 p 是素数, 则 $P=(p)=p\mathbf{Z}$ 是 $\mathbf{Z}$ 的素理想.

证 对任意的整数 a, b, 若 $ab\in P=(p)$, 则 $p\mid ab$. 根据定理 1.4.2, 有 $p\mid a$ 或 $p\mid b$. 由此得到, $a\in P$ 或 $b\in P$. 根据定理 10.6.1, $P=(p)=p\mathbf{Z}$ 是 $\mathbf{Z}$ 的素理想. 证毕.

定理 10.6.2 设 R 是有单位元 $1_R\neq 0$ 的交换环, 则理想 P 是素理想的充要条件是商环 R/P 是整环.

证 因为环 R 有单位元 $1_R\neq 0$, 所以 R/P 有单位元 1_R+P 和零元 $0_R+P=P$. 又因为 P 是素理想, 所以 $1_R+P\neq P$.

现在说明 R/P 无零因子. 事实上, 若 $(a+P)(b+P)=P$, 则 $ab+P=P$. 因此, $ab\in P$. 但 P 是交换环 R 的素理想, 根据定理 10.6.1, 得到 $a\in P$ 或 $b\in P$, 即 $a+P=P$ 或 $b+P=P$ 是 R/P 的零元, 故商环 R/P 是整环.

反过来, 对任意的 $a,b\in R$, 满足 $ab\in P$, 则有 $(a+P)(b+P)=ab+P=P$. 因为商环 R/P 是整环, 没有零因子, 所以 $a+P=P$ 或 $b+P=P$. 由此得到, $a\in P$ 或 $b\in P$. 根据定理 10.6.1, 理想 P 是素理想. 证毕.

定义 10.6.2 设 M 是环 R 的 (左) 理想. M 称为 R 的 **极大 (左) 理想**, 如果 $M\neq R$, 且对任意的理想 N, 使得 $M\subset N\subset R$, 有 $N=M$ 或 $N=R$.

定理 10.6.3 设 R 是有单位元 $1_R\neq 0$ 的非零环, 则极大 (左) 理想总是存在的. 事实上, R 的每个 (左) 理想 ($\neq R$) 都包含在一个极大 (左) 理想中.

证 设 A 是 R 的任一理想, 并且 $A\neq R$, 令

$$S=\{B\mid B \text{ 是 } R \text{ 的理想, 且 } A\subset B\neq R\}.$$

S 显然是非空的, 依包含关系作成一个偏序集, 取 S 的任一非空有序子集 $L=\{H_i\mid i\in I\}$, 令 $H=\bigcup_{i\in I}H_i$, 则 H 是 R 的理想. 又有 $A\subset H_i\subset H$, 同时对任意 $H_i\neq R$, 即 $1\notin H_i$, 有 $1\notin H$. 所以 $H\neq R, H\in S$. 显然 H 是 L 的上界, 即 S 的任一非空有序子集均有上界, 由 Zorn 引理知, S 有极大元 H', 这一极大元即为 R 的一个极大理想, 且 $A\subset H'$. 证毕.

定理 10.6.4 整环 $\mathbf{Z}$ 中的每个素理想都是极大理想.

证 设 P 是 $\mathbf{Z}$ 中的素理想, 则 $P=(p)$, 其中 p 是素数.

若 M 是真包含 P 的理想, 则存在元素 $a\in M\setminus P$. 因此, 有 $p\nmid a$, 从而 $(a,p)=1$. 根据广义欧几里得除法, 可找到整数 s, t 使得 $sa+tp=1$. 由此得到 $1\in M$ 以及 $M=\mathbf{Z}$. 因此, P 是极大理想. 证毕.

定理 10.6.5 设 R 是一个有单位元 $1_R\neq 0$ 的环, 则 R 的每个极大理想是素理想.

证 设 $ab\in M$, 但 $a\notin M$. 因为 $(a)+M$ 是严格包含 M 的理想, 所以 $(a)+M=R$. 又因为 $1_R\in R$, 所以存在 $s\in R, m\in M$, 使得 $1_R=sa+m$. 进而, $b=1_R\cdot b=sab+mb\in M$. 因此, M 是素理想. 证毕.

定理 10.6.6 设 R 是一个有单位元 $1_R\neq 0$ 的交换环, M 是 R 的一个理想, 则 M 是极大理想的充要条件是商环 R/M 是一个域.

证 必要性. 设 M 是极大理想, 则对任意 $a\in R\setminus M$, 由 $(a)+M$ 是 R 中的理想, 推得 $(a)+M=R$. 因为 $1\in R$, 所以存在 $r\in R$, $m\in M$, 使得 $1=a\cdot r+m$, 从而有 $(a+M)(r+M)=1+M$, 即 R/M 中任一非零元都有逆, 故 R/M 是域.

充分性. 对于元 $a \in R \setminus M$, 有 $a+M$ 是 R/M 中的非零元, 而 R/M 是一个域, 所以存在 $r+M$, 使得 $(a+M)(r+M)=1$. 由此, $(a)+M=R$, 故 M 是 R 的一个极大理想.证毕.

定理 10.6.7 设 R 是一个有单位元 $1_R \neq 0$ 的交换环, 则以下条件等价:

(i) R 是一个域.

(ii) R 没有真理想.

(iii) 0 是 R 的最大理想.

(iv) 每个非零环同态 $R \to R'$ 是单同态.

证 (i) $\Rightarrow$ (ii). 设 I 是 R 的理想. 若 $I \neq 0$, 则有 $a \in I$, $a \neq 0$. 因为 R 是域, 所以 a 是可逆元, 存在 $r \in R$, 使得 $ra=1$. 因此, $1=ra \in I$, $I=R$. 这说明 R 中没有真理想.

(ii) $\Rightarrow$ (iii). 由 (ii), 真包含 0 的理想只有 R, 这说明 0 是极大理想.

(iii) $\Rightarrow$ (iv). 设 $f: R \to R'$ 是非零的环同态, 则 $\ker(f) \neq R$ 是包含 0 的理想, 0 是极大理想, 所以 $\ker(f)=0$, 即 f 是单同态.

(iv) $\Rightarrow$ (i). 若 R 不是域, 则存在非零的不可逆元 a, 因此, 理想 $I=(a)$ 是真理想, 从而 R 到 R/I 的自然同态 $s: R \to R/I$ 不是单同态, 矛盾, 因此 R 是域. 证毕.

10.7 习题

(1) 设 R 是有单位元 e 的环. 证明可逆元所组成的集合 $\boldsymbol{R}^* = \{a \mid a \in R,\ 存在\ a' \in R\ 使得\ a \cdot a' = a' \cdot a = e\}$ 对于乘法构成一个群.

(2) 设 R 是有单位元 e 的环. 证明 R 中的可逆元不是零因子.

(3) 设 R 是环. 称 R 为布尔环, 如果 R 中的每个元素 $a \in R$ 都满足 $a^2=1$. 证明: 布尔环 R 是交换环.

(4) 证明: 非零有限整环是一个域.

(5) 设 R 是环. R 中元素 a 称为幂零的, 如果存在正整数 m 使得 $a^m=0$. 证明: 当 R 是交换环时, 幂零元素 a 和 b 的和 $a+b$ 也是幂零元.

(6) 证明集合 $\mathbf{Z}[\sqrt{2}] = \{a+b\sqrt{2} \mid a,b \in \mathbf{Z}\}$ 对于通常的加法和乘法构成一个整环.

(7) 证明集合 $\mathbf{Z}[\sqrt{3}] = \{a+b\sqrt{3} \mid a,b \in \mathbf{Z}\}$ 对于通常的加法和乘法构成一个整环.

(8) 证明集合 $\mathbf{Z}[\sqrt{5}] = \{a+b\sqrt{5} \mid a,b \in \mathbf{Z}\}$ 对于通常的加法和乘法构成一个整环.

(9) 设 D 是无平方因数的整数. 证明集合 $\mathbf{Z}[\sqrt{D}] = \{a+b\sqrt{D} \mid a,b \in \mathbf{Z}\}$ 对于通常的加法和乘法构成一个整环.

(10) 设 R 是一个交换环, $n \geqslant 2$, 则 R 上 n 阶矩阵集合 $M_n(R)$ 对于矩阵的加法和乘法构成一个非交换环.

(11) 设 $H = \{a+b\cdot\bar{i}+c\cdot\bar{j}+d\cdot\bar{k} \mid a,b,c,d \in \mathbf{R}\}$, 这里 $\bar{i}^2=\bar{j}^2=\bar{k}^2=-1$, $\bar{i}\cdot\bar{j}=\bar{k}=-\bar{j}\cdot\bar{i}$, $\bar{j}\cdot\bar{k}=\bar{i}=-\bar{k}\cdot\bar{j}$, $\bar{k}\cdot\bar{i}=\bar{j}=-\bar{i}\cdot\bar{k}$ 是一个非交换环.

(12) 证明集合 $\mathbf{Q}[\sqrt{2}] = \{a+b\sqrt{2} \mid a,b \in \mathbf{Q}\}$ 对于通常的加法和乘法构成一个域.

(13) 证明集合 $\mathbf{Q}[\sqrt{3}] = \{a+b\sqrt{3} \mid a,b \in \mathbf{Q}\}$ 对于通常的加法和乘法构成一个域.

(14) 证明集合 $\mathbf{Q}[\sqrt{5}] = \{a+b\sqrt{5} \mid a,b \in \mathbf{Q}\}$ 对于通常的加法和乘法构成一个域.

(15) 设 D 是无平方因数的整数. 证明集合 $\mathbf{Q}[\sqrt{D}] = \{a+b\sqrt{D} \mid a,b \in \mathbf{Q}\}$ 对于通常的加法和乘法构成一个域.

(16) 证明集合 $\mathbf{Q}[\sqrt{2}+\sqrt{3}]=\{a+b\sqrt{2}+c\sqrt{3}+d\sqrt{6}\mid a,b,c,d\in\mathbf{Q}\}$ 对于通常的加法和乘法构成一个域.

思考题

(1) 环 $\mathbf{R}$ 涉及几种运算, 对各自的条件要求是什么?

(2) 举例讨论有零因子的环 R, 如矩阵环, 模 m 剩余类环 $\mathbf{Z}/m\mathbf{Z}$, 多项式环 $\mathbf{Z}/m\mathbf{Z}[x]$.

(3) 整环 R 为什么需求满足无零因子条件, 试讨论整数环 $\mathbf{Z}$, 高斯整数环 $\mathbf{Z}[\sqrt{-1}]$, 多项式环 $\mathbf{Z}[x]$ 和 $\mathbf{Q}[x]$.

(4) 在主理想 $\mathbf{Z}$ 中, 利用理想来表述整数的整除、素数、最大公因数.

(5) 多项式环 $\mathbf{Q}[x]$ 是主理项环吗? 如何描述不可约多项式、多项式整除及多项式的最大公因式?

第 11 章　多 项 式 环

11.1　多项式整环

本节考虑多项式环. 因为多项式理论和方法在信息安全和密码学中有重要的应用, 特别是有限域的构造, 所以关注多项式更多的性质.

设 R 是整环, x 为变量, 则 R 上形为

$$a_nx^n + \cdots + a_1x + a_0, \quad a_i \in R$$

的元素称为 R 上的多项式.

设 $f(x) = a_nx^n + \cdots + a_1x + a_0$, $a_n \neq 0$ 是整环 R 上的多项式, 则称多项式 $f(x)$ 的**次数** 为 n, 记为 $\deg f = n$.

例 11.1.1 $\mathbf{Z}[X]$ 中的 $2x+3$ 的次数为 1, x^2+2x+3 的次数为 2, x^4+1 的次数为 4, $x^8+x^4+x^3+x+1$ 的次数为 8.

设整环 R 上的全体多项式组成的集合为

$$R[X] = \{f(x) = a_nx^n + \cdots + a_1x + a_0 \mid a_i \in R,\ 0 \leqslant i \leqslant n,\ \ n \in \mathbf{N}\}. \tag{11.1}$$

首先, 定义 $R[X]$ 上的加法. 设

$$f(x) = a_nx^n + a_{n-1}x^{n-1} + \cdots + a_1x + a_0, \quad g(x) = b_nx^n + b_{n-1}x^{n-1} + \cdots + b_1x + b_0,$$

定义 $f(x)$ 和 $g(x)$ 的加法为

$$(f+g)(x) = (a_n+b_n)x^n + (a_{n-1}+b_{n-1})x^{n-1} + \cdots + (a_1+b_1)x + (a_0+b_0), \tag{11.2}$$

则 $R[X]$ 中的零元为 0, $f(x)$ 的负元为 $(-f)(x) = (-a_n)x^n + \cdots + (-a_1)x + (-a_0)$.

其次, 定义 $R[X]$ 上的乘法. 设

$$f(x) = a_nx^n + a_{n-1}x^{n-1} + \cdots + a_1x + a_0,\ a_n \neq 0,$$

$$g(x) = b_mx^m + b_{m-1}x^{m-1} + \cdots + b_1x + b_0,\ b_m \neq 0,$$

定义 $f(x)$ 和 $g(x)$ 的乘法为

$$(f \cdot g)(x) = c_{n+m}x^{n+m} + c_{n+m-1}x^{n+m-1} + \cdots + c_1x + c_0, \tag{11.3}$$

其中

$$c_k = \sum_{i+j=k,\ 0\leqslant i\leqslant n,\ 0\leqslant j\leqslant m} a_ib_j = a_kb_0 + a_{k-1}b_1 + \cdots + a_1b_{k-1} + a_0b_k,\ 0 \leqslant k \leqslant n+m, \tag{11.4}$$

即

$$c_{n+m} = a_nb_m,\ c_{n+m-1} = a_nb_{m-1} + a_{n-1}b_m,\ \cdots,\ c_k = \sum_{i+j=k} a_ib_j,\ \cdots,\ c_0 = a_0b_0,$$

则 $R[X]$ 中的单位元为 1.

定理 11.1.1 设 $R[x]$ 是整环 R 上的多项式环符合式 (11.1). 则对于多项式的加法式 (11.2) 以及多项式的乘法式 (11.3), $R[x]$ 是一个整环.

证 易知, $R[X]$ 对于多项式的加法式 (11.2) 是一个交换加群. 具有结合律, 零多项式是零元 0, 多项式 f 的负元是 $(-f)$, 也有交换律.

$R[X]$ 对于多项式的加法式 (11.3), 具有结合律, 1_R 是单位元 $1_{R[x]}$, 也有交换律. 此外, $R[x]$ 无零因子. 事实上, 设

$$f(x) = a_n x^n + \cdots + a_1 x + a_0, \quad a_n \neq 0, \quad g(x) = b_m x^m + \cdots + b_1 x + b_0, \quad b_m \neq 0,$$

使得

$$(f \cdot g)(x) = c_{n+m} x^{n+m} + c_{n+m-1} x^{n+m-1} + \cdots + c_1 x + c_0 = 0,$$

其中 $c_k = \sum\limits_{i+j=k} a_i b_j, \ \ 0 \leqslant k \leqslant n+m$, 即

$$c_{n+m} = a_n b_m, \ c_{n+m-1} = a_n b_{m-1} + a_{n-1} b_m, \cdots, \ c_0 = a_0 b_0,$$

则 $c_{n+m} = a_n b_m = 0$. 因为 R 是整环, 所以有 $a_n = 0$ 或 $b_m = 0$, 矛盾. 故 $R[x]$ 是一个整环.

证毕.

例 11.1.2 设 $f(x) = x^6 + x^4 + x^2 + x + 1, \ g(x) = x^7 + x + 1 \in \boldsymbol{F}_2[x]$, 则

$$f(x) + g(x) = x^7 + x^6 + x^4 + x^2,$$

$$f(x)g(x) = x^{13} + x^{11} + x^9 + x^8 + x^6 + x^5 + x^4 + x^3 + 1.$$

事实上,

$$\begin{aligned}(x^6 + x^4 + x^2 + x + 1) \cdot (x^7 + x + 1) = &\ x^{13} + x^{11} + x^9 + x^8 + x^7 \\ &+ x^7 + x^5 + x^3 + x^2 + x \\ &+ x^6 + x^4 + x^2 + x + 1 \\ = &\ x^{13} + x^{11} + x^9 + x^8 + x^6 + x^5 + x^4 + x^3 + 1.\end{aligned}$$

11.2 多项式整除与不可约多项式

本节考虑多项式的整除性.

定义 11.2.1 设 $f(x)$, $g(x)$ 是整环 R 上的任意两个多项式, 其中 $g(x) \neq 0$. 如果存在一个多项式 $q(x)$ 使得等式

$$f(x) = q(x) \cdot g(x) \tag{11.5}$$

成立, 就称 $g(x)$ **整除** $f(x)$ 或者 $f(x)$ 被 $g(x)$ 整除, 记作 $g(x) \mid f(x)$. 这时, 把 $g(x)$ 叫做 $f(x)$ 的 **因式**, 把 $f(x)$ 叫做 $g(x)$ 的 **倍式**. 否则, 就称 $g(x)$ 不能整除 $f(x)$ 或者 $f(x)$ 不能被 $g(x)$ 整除, 记作 $g(x) \nmid f(x)$.

例 11.2.1 $\mathbf{Z}[X]$ 中的 $2x + 3 \mid 2x^2 + 3x$, $x^2 + 1 \mid x^4 - 1$.

多项式整除具有传递性, 即

定理 11.2.1 设 $f(x)$, $g(x)$, $h(x)$ 是整环 R 上的多项式, 其中 $g(x) \neq 0$, $h(x) \neq 0$. 若 $g(x) \mid f(x)$, $h(x) \mid g(x)$, 则 $h(x) \mid f(x)$.

证 设 $g(x) \mid f(x)$, $h(x) \mid g(x)$, 根据整除的定义, 分别存在多项式 $q_1(x)$, $q_2(x)$ 使得

$$f(x) = q_1(x) \cdot g(x), \quad g(x) = q_2(x) \cdot h(x).$$

因此, 有

$$f(x) = q_1(x) \cdot g(x) = q_1(x) \cdot (q_2(x) \cdot g(x)) = q(x) \cdot h(x).$$

因为 $q(x) = q_1(x) \cdot q_2(x)$ 是多项式, 所以根据整除的定义, 有 $h(x) \mid f(x)$. 证毕.

在多项式 $f(x)$, $g(x)$ 的线性组合中, 整除的性质是保持的.

定理 11.2.2 设 $f(x)$, $g(x)$, $h(x) \neq 0$ 是整环 R 上的多项式. 若 $h(x) \mid f(x)$, $h(x) \mid g(x)$, 则对任意多项式 $s(x)$, $t(x)$, 有

$$h(x) \mid s(x) \cdot f(x) + t(x) \cdot g(x).$$

证 设 $h(x) \mid f(x)$, $h(x) \mid g(x)$, 那么存在两个多项式 $q_1(x)$, $q_2(x)$ 分别使得

$$f(x) = q_1(x) \cdot h(x), \quad g(x) = q_2(x) \cdot h(x).$$

因此,

$$\begin{aligned} s(x) \cdot f(x) + t(x) \cdot g(x) &= s(x)(q_1(x) \cdot h(x)) + t(x)(q_2(x) \cdot h(x)) \\ &= (s(x) \cdot q_1(x) + t(x) \cdot q_2(x)) \cdot h(x). \end{aligned}$$

因为 $s(x) \cdot q_1(x) + t(x) \cdot q_2(x)$ 是多项式, 所以 $s(x) \cdot f(x) + t(x) \cdot g(x)$ 被 $h(x)$ 整除. 证毕.

前面考虑了多项式整除和因式, 现在考虑对于乘法的次数最小的多项式, 也就是不能继续分解的多项式, 即下面的不可约多项式.

定义 11.2.2 设 $f(x)$ 是整环 R 上的非常数多项式. 如果除了显然因式 1 和 $f(x)$ 外, $f(x)$ 没有其他非常数因式, 那么, $f(x)$ 就叫做**不可约多项式**, 否则, $f(x)$ 叫做**合式**.

多项式是否可约与所在的环或域相关.

例 11.2.2 多项式 $x^2 + 1$ 在 $\mathbf{Z}[x]$ 中是不可约的, 但在 $\boldsymbol{F}_2[x]$ 中是可约的.

例 11.2.3 在 $\boldsymbol{F}_2[x]$ 中的 4 次以下的不可约多项式和可约多项式.

次数	不可约多项式	可约多项式
1	$x, x+1$	
2	x^2+x+1	$x^2,\ x^2+1=(x+1)^2,\ x^2+x$
3	$x^3+x+1,\ x^3+x^2+1$	$x^3,\ x^3+1=(x+1)(x^2+x+1),\ x^3+x,$ $x^3+x^2+x,\ x^3+x^2+x+1=(x+1)(x^2+1)$
4	$x^4+x+1,\ x^4+x^3+1,$ $x^4+x^3+x^2+x+1$	$x^4,\ x^4+1,\ x^4+x,\ x^4+x^2,\ x^4+x^3,\ x^4+x^2+1,$ $x^4+x^2+x,\ x^4+x^3+x,\ x^4+x^3+x^2,\ x^4+x^2+x+1,$ $x^4+x^3+x+1,\ x^4+x^3+x^2+1, x^4+x^3+x^2+x$

下面要证明域 $\boldsymbol{K}$ 上的每个可约多项式必有不可约因式.

定理 11.2.3 设 $f(x)$ 是域 $\boldsymbol{K}$ 上的 n 次可约多项式, $p(x)$ 是 $f(x)$ 的次数最小的非常数因式, 则 $p(x)$ 一定是不可约多项式, 且 $\deg p \leqslant \dfrac{1}{2}\deg f$.

证 反证法. 如果 $p(x)$ 是可约多项式, 则存在多项式 $q(x)$, $1 \leqslant \deg q(x) < n$, 使得 $q(x) \mid p(x)$. 但 $p(x) \mid f(x)$, 根据多项式整除的传递性 (定理 11.2.1), 有 $q(x) \mid f(x)$. 这与 $p(x)$ 是 $f(x)$ 的次数最小的非常数因式矛盾. 所以, $p(x)$ 是不可约多项式.

因为 $f(x)$ 是可约多项式, 所以存在多项式 $f_1(x)$ 使得

$$f(x) = f_1(x) \cdot p(x), \quad 1 \leqslant \deg p \leqslant \deg f_1 < n.$$

因此, $\deg p \leqslant n/2$. 证毕.

注 由定理 11.2.3 可知, 不可约多项式为乘法的最小单元.

根据定理 11.2.3, 可约多项式 $f(x)$ 的次数最小的非常数因式为不可约多项式, 且 $\deg p \leqslant (\deg f)/2$. 由此, 立即得到一个判断多项式是否为不可约多项式的法则.

定理 11.2.4 设 $f(x)$ 是域 $\boldsymbol{K}$ 上的多项式. 如果对所有的不可约多项式 $p(x)$, $\deg p \leqslant \dfrac{1}{2}\deg f$, 都有 $p(x) \nmid f(x)$, 则 $f(x)$ 一定是不可约多项式.

11.3 多项式欧几里得除法

本节考虑多项式欧几里得除法.

定理 11.3.1 设 $f(x) = a_n x^n + a_{n-1}x^{n-1} + \cdots + a_1 x + a_0$, $g(x) = x^m + \cdots + b_1 x + b_0$ 是整环 R 上的两个多项式, 则一定存在多项式 $q(x)$ 和 $r(x)$ 使得

$$f(x) = q(x) \cdot g(x) + r(x), \quad \deg r < \deg g. \tag{11.6}$$

证 对 $f(x)$ 的次数 $\deg f = n$ 作数学归纳法.

(i) 如果 $\deg f < \deg g$, 则取 $q(x) = 0$, $r(x) = f(x)$. 结论成立.

(ii) 设 $\deg f \geqslant \deg g$. 假设结论对 $\deg f < n$ 的多项式成立.

对于 $\deg f = n \geqslant \deg g$, 有

$$\begin{aligned} & f(x) - a_n x^{n-m} \cdot g(x) \\ = \ & (a_{n-1} - a_n b_{m-1})x^{n-1} + \cdots + (a_{n-m} - a_n b_0)x^{n-m} + a_{n-m-1}x^{n-m-1} + \cdots + a_0. \end{aligned}$$

这说明 $f(x) - a_n x^{n-m} \cdot g(x)$ 是次数 $\leqslant n-1$ 的多项式. 对其运用归纳假设或情形 (i), 存在整系数多项式 $q_1(x)$ 和 $r_1(x)$ 使得

$$f(x) - a_n x^{n-m} \cdot g(x) = q_1(x) \cdot g(x) + r_1(x), \quad \deg r_1(x) < \deg g(x).$$

因此, $q(x) = a_n x^{n-m} + g_1(x)$, $r(x) = r_1(x)$ 为所求.

根据数学归纳法原理, 结论是成立的. 证毕.

定义 11.3.1 式 (11.6) 中的 $q(x)$ 叫做 $f(x)$ 被 $g(x)$ 除所得的**不完全商**, $r(x)$ 叫做 $f(x)$ 被 $g(x)$ 除所得的**余式**.

定理 11.3.1 叫做**多项式欧几里得除法**.

推论 1 设 $f(x)=a_nx^n+a_{n-1}x^{n-1}+\cdots+a_1x+a_0$ 是整环 R 上的多项式, $a\in R$, 则一定存在多项式 $q(x)$ 和常数 $c=f(a)$ 使得

$$f(x)=q(x)\cdot(x-a)+f(a).$$

证 根据定理 11.3.1, 对于 $f(x),g(x)=x-a\in R[x]$, 存在多项式 $q(x),r(x)$ 使得

$$f(x)=q(x)\cdot g(x)+r(x),\quad \deg r<\deg g.$$

因为 $\deg g=1$, $\deg r<\deg g$, 所以 $\deg r=0$, $r(x)=c\in R$, 即有

$$f(x)=q(x)\cdot(x-a)+c.$$

特别地, 取 $x=a$, 有 $c=f(a)$. 证毕.

推论 2 设 $f(x)=a_nx^n+a_{n-1}x^{n-1}+\cdots+a_1x+a_0$ 是整环 R 上的多项式, $a\in R$, 则 $x-a\mid f(x)$ 的充要条件是 $f(a)=0$.

证 根据推论 1, 存在 $q(x)\in R[x]$, 使得

$$f(x)=q(x)\cdot(x-a)+f(a).$$

因此, $x-a\mid f(x)$ 的充要条件是 $f(a)=0$. 证毕.

定理 11.3.1 所论述的是整环上的多项式除法, 因此须对除式 $g(x)$ 作首项系数为 1 的要求. 对于域上的多项式, 就不用作要求. 为便于应用, 给出以下表述.

定理 11.3.2 设

$$f(x)=a_nx^n+a_{n-1}x^{n-1}+\cdots+a_1x+a_0,\ g(x)=b_mx^m+\cdots+b_1x+b_0,\quad b_m\neq 0$$

是域 $\boldsymbol{K}$ 上的两个多项式, 则一定存在多项式 $q(x)$, $r(x)\in\boldsymbol{K}[x]$ 使得

$$f(x)=q(x)\cdot g(x)+r(x),\quad \deg r<\deg g. \tag{11.7}$$

证 对 $f(x)$ 的次数 $\deg f=n$ 作数学归纳法.

(i) 如果 $\deg f<\deg g$, 则取 $q(x)=0$, $r(x)=f(x)$. 结论成立.

(ii) 设 $\deg f\geqslant\deg g$. 假设结论对 $\deg f<n$ 的多项式成立.

对于 $\deg f=n\geqslant\deg g$, 有

$$\begin{aligned}&f(x)-(a_n\cdot b_m^{-1})x^{n-m}\cdot g(x)\\=\ &(a_{n-1}-a_n\cdot b_m^{-1}b_{m-1})x^{n-1}+\cdots+(a_{n-m}-a_n\cdot b_m^{-1}b_0)x^{n-m}+a_{n-m-1}x^{n-m-1}+\cdots+a_0.\end{aligned}$$

这说明 $f(x)-(a_n\cdot b_m^{-1})x^{n-m}\cdot g(x)$ 是次数 $\leqslant n-1$ 的多项式. 对其运用归纳假设或情形 (i), 存在多项式 $q_1(x)$, $r_1(x)\in\boldsymbol{K}[x]$ 使得

$$f(x)-(a_n\cdot b_m^{-1})x^{n-m}\cdot g(x)=q_1(x)\cdot g(x)+r_1(x),\quad \deg r_1(x)<\deg g(x).$$

因此, $q(x)=a_n\cdot b_m^{-1}x^{n-m}+g_1(x)$, $r(x)=r_1(x)$ 为所求.

根据数学归纳法原理, 结论是成立的. 证毕.

例 11.3.1 设 $\boldsymbol{F}_2[x]$ 上多项式

$$f(x)=x^{13}+x^{11}+x^9+x^8+x^6+x^5+x^4+x^3+1,\ g(x)=x^8+x^4+x^3+x+1,$$

求 $q(x)$ 和 $r(x)$ 使得

$$f(x)=q_1(x)\cdot g(x)+r(x),\quad \deg r<\deg g.$$

解 逐次消除最高次项,

$$\begin{aligned} r_0(x)=f(x)-x^5\cdot g(x) &= x^{11}+x^4+x^3+1,\\ r_1(x)=r_0(x)-x^3\cdot g(x) &= x^7+x^6+1. \end{aligned}$$

因此, $q(x)=x^5+x^3$, $r(x)=x^7+x^6+1$.

根据多项式整除的定义和定理 11.3.2, 有

定理 11.3.3 设 $f(x)$, $g(x)$ 是域 $\boldsymbol{K}$ 上的多项式, 则 $f(x)$ 被 $g(x)$ 整除的充要条件是 $f(x)$ 被 $g(x)$ 除所得余式为 0.

根据定理 11.3.3 和定理 11.2.4, 可以有效地判断一个多项式是否为不可约多项式.

例 11.3.2 设 $\boldsymbol{F}_2[x]$ 上有多项式 $f(x)=x^8+x^4+x^3+x+1$, 证明 $f(x)$ 是不可约多项式.

解 只需对次数 $\leqslant 4$ 的不可约多项式 $p(x)$: x, $x+1$, x^2+x+1, x^3+x+1, x^3+x^2+1, x^4+x+1, x^4+x^3+1, $x^4+x^3+x^2+x+1$, 作整除 $p(x)\mid f(x)$ 是否成立的判断.

$$\begin{aligned} f(x) &= (x^7+x^3+x^2+1)\cdot x + 1,\\ f(x) &= (x^7+x^6+x^5+x^4+x^2+x)\cdot(x+1) + 1,\\ f(x) &= (x^6+x^5+x^3)\cdot(x^2+x+1) + x+1,\\ f(x) &= (x^5+x^3+x^2+1)\cdot(x^3+x+1) + x^2,\\ f(x) &= (x^5+x^4+x^3)\cdot(x^3+x^2+1) + x+1,\\ f(x) &= (x^4+x)\cdot(x^4+x+1) + x^3+x^2+1,\\ f(x) &= (x^4+x^3+x^2+x+1)\cdot(x^4+x^3+1) + x^3+x^2,\\ f(x) &= (x^4+x^3+1)\cdot(x^4+x^3+x^2+x+1) + x^3+x^2. \end{aligned}$$

故 $f(x)$ 是不可约多项式. 证毕.

类似于整数中的最大公因数和最小公倍数, 可以给出多项式环 $R[x]$ 中的最大公因式和最小公倍式.

设 $f(x)$, $g(x)\in R[x]$, $d(x)\in R[x]$ 叫做 $f(x)$, $g(x)$ 的**最大公因式**, 如果

(1) $d(x)\mid f(x)$, $d(x)\mid g(x)$.

(2) 若 $h(x)\mid f(x)$, $h(x)\mid g(x)$, 则 $h(x)\mid d(x)$.

$f(x)$, $g(x)$ 的最大公因式记作 $(f(x),g(x))$.

当考虑域 $\boldsymbol{K}$ 上的最大公因式时, 约定其最高次项系数为 1, 则最大公因式是唯一的.

$f(x)$ 与 $g(x)$ 叫做**互素**(或 **互质**) 的, 如果它们的最大公因式 $(f(x),g(x))=1$.

设 $f(x)$, $g(x) \in R[x]$, $D(x) \in R[x]$ 叫做 $f(x)$, $g(x)$ 的**最小公倍式**, 如果

(1) $f(x) \mid D(x)$, $g(x) \mid D(x)$.

(2) 若 $f(x) \mid h(x)$, $g(x) \mid D(x)$, 则 $D(x) \mid h(x)$.

$f(x)$, $g(x)$ 的最小公倍式记作 $[f(x), g(x)]$.

当考虑域 $\boldsymbol{K}$ 上的最小公倍式时, 约定其最高次项系数为 1, 则最小公倍式是唯一的.

定理 11.3.4 设 $f(x)$, $g(x)$, $h(x)$ 是域 $\boldsymbol{K}$ 上的三个非零多项式. 如果

$$f(x) = q(x) \cdot g(x) + h(x),$$

其中 $q(x)$ 是域 $\boldsymbol{K}$ 上的多项式, 则 $(f(x), g(x)) = (g(x), h(x))$.

证 设 $d(x) = (f(x), g(x))$, $d'(x) = (g(x), h(x))$, 则 $d(x) \mid f(x)$, $d(x) \mid g(x)$. 进而

$$d(x) \mid f(x) + (-q(x)) \cdot g(x) = h(x),$$

因此, $d(x)$ 是 $g(x)$, $h(x)$ 的公因式, $d(x) \mid d'(x)$.

同理, $d'(x)$ 是 $f(x)$, $g(x)$ 的公因式, $d'(x) \mid d(x)$.

因此, $d(x) = d'(x)$, 定理成立. 证毕.

多项式广义欧几里得除法

设 $f(x)$, $g(x)$ 是域 $\boldsymbol{K}$ 上的多项式, $\deg g \geqslant 1$. 记 $r_{-2}(x) = f(x)$, $r_{-1}(x) = g(x)$. 反复运用多项式欧几里得除法 (定理 11.3.2), 有

$$\begin{array}{rcrcll}
r_{-2}(x) & = & q_0(x) \cdot r_{-1}(x) & + & r_0(x), & 0 \leqslant \deg r_0 < \deg r_{-1}, \\
r_{-1}(x) & = & q_1(x) \cdot r_0(x) & + & r_1(x), & 0 \leqslant \deg r_1 < \deg r_0, \\
r_0(x) & = & q_2(x) \cdot r_1(x) & + & r_2(x), & 0 \leqslant \deg r_2 < \deg r_1, \\
r_1(x) & = & q_2(x) \cdot r_2(x) & + & r_3(x), & 0 \leqslant \deg r_3 < \deg r_2, \\
 & & \vdots & & & \\
r_{k-3}(x) & = & q_{k-1}(x) \cdot r_{k-2}(x) & + & r_{k-1}(x), & 0 \leqslant \deg r_{k-1} < \deg r_{k-2}, \\
r_{k-2}(x) & = & q_k(x) \cdot r_{k-1}(x) & + & r_k(x), & 0 \leqslant \deg r_k < \deg r_{k-1}, \\
r_{k-1}(x) & = & q_{k+1}(x) \cdot r_k(x) & + & r_{k+1}(x), & \deg r_{k+1} = 0.
\end{array} \tag{11.8}$$

经过有限步骤, 必然存在 $k+1$ 使得 $r_{k+1}(x) = 0$, 这是因为

$$0 = \deg r_{k+1} < \deg r_k < \deg r_{k-1} < \cdots < \deg r_1 < \deg r_0 < \deg r_{-1} = \deg g,$$

且 $\deg g$ 是有限正整数.

定理 11.3.5 设 $f(x)$, $g(x)$ 是域 $\boldsymbol{K}$ 上的多项式, $\deg g \geqslant 1$, 则

$$(f(x), g(x)) = r_k(x),$$

其中 $r_k(x)$ 是多项式广义欧几里得除法中最后一个非零余式.

证 应用定理 11.3.4, 有

$$\begin{aligned}(f(x),g(x)) &= (r_{-2}(x),r_{-1}(x))\\ &= (r_{-1}(x),r_0(x))\\ &= (r_0(x),r_1(x))\\ &= \cdots\\ &= (r_{k-2}(x),r_{k-1}(x))\\ &= (r_{k-1}(x),r_k(x))\\ &= (r_k(x),0).\\ &= r_k(x).\end{aligned}$$

证毕.

从多项式广义欧几里得除法中逐次消去 $r_{k-1}(x)$, $r_{k-2}(x)$, $\cdots, r_1(x)$, $r_0(x)$, 可找到多项式 $s(x)$, $t(x)$ 使得

$$s(x)\cdot f(x)+t(x)\cdot g(x)=(f(x),g(x)).$$

定理 11.3.6 设 $f(x)$, $g(x)$ 是域 $\boldsymbol{K}$ 上的多项式, 则

$$s_k(x)\cdot f(x)+t_k(x)\cdot g(x)=(f(x),g(x)),$$

对于 $j=0,\ 1,\ 2,\ \cdots,\ k$, 这里 s_j, t_j 归纳地定义为

$$\begin{cases} s_{-2}(x)=1,\ s_{-1}(x)=0, & s_j(x)=(-q_j(x))\cdot s_{j-1}(x)+s_{j-2}(x),\\ t_{-2}(x)=0,\ t_{-1}(x)=1, & t_j(x)=(-q_j(x))\cdot t_{j-1}(x)+t_{j-2}(x),\end{cases}\quad j=0,1,2,...,k \tag{11.9}$$

其中 $q_j(x)$ 是式 (11.8) 中的不完全商.

证 只需证明: 对于 $j=-2,\ -1,\ 0,\ 1,\ \cdots,k$,

$$s_j(x)\cdot f(x)+t_j(x)\cdot g(x)=r_j(x), \tag{11.10}$$

其中 $r_j(x)=(-q_j(x))\cdot r_{j-1}(x)+r_{j-2}(x)$ 是式 (11.8) 中的余式. 因为 $(f(x),g(x))=r_k$, 所以

$$s_k\cdot f(x)+t_k\cdot g(x)=(f(x),g(x)).$$

对 j 作数学归纳法来证明式 (11.10).

$j=-2$ 时, 有 $s_{-2}(x)=1,\ t_{-2}(x)=0$, 以及

$$s_{-2}(x)\cdot f(x)+t_{-2}(x)\cdot g(x)=f(x)=r_{-2}(x).$$

结论对于 $j=-2$ 成立.

$j=-1$ 时, 有 $s_{-1}(x)=0,\ t_{-1}(x)=1$, 以及

$$s_{-1}(x)\cdot f(x)+t_{-1}(x)\cdot g(x)=g(x)=r_{-1}(x).$$

结论对于 $j=-1$ 成立.

假设结论对于 $-2 \leqslant j \leqslant k-1$ 成立, 即

$$s_j(x) \cdot f(x) + t_j(x) \cdot g(x) = r_j(x).$$

对于 $j = k$, 有

$$r_k(x) = (-q_k(x)) \cdot r_{k-1}(x) + r_{k-2}(x).$$

利用归纳假设, 得到

$$\begin{aligned} r_k(x) &= (-q_k(x))(s_{k-1}(x) \cdot f(x) + t_{k-1}(x)) \cdot g(x) + (s_{k-2}(x) \cdot f(x) + t_{k-2}(x)) \cdot g(x) \\ &= ((-q_k(x)) \cdot s_{k-1}(x) + s_{k-2}(x)) \cdot f(x) + ((-q_k(x)) \cdot t_{k-1}(x) + t_{k-2}(x)) \cdot g(x) \\ &= s_k(x) \cdot f(x) + t_k(x) \cdot g(x) \end{aligned}$$

因此, 结论对于 $j = k$ 成立. 根据数学归纳法原理, 式 (11.9) 对所有的 j 成立. 这就完成了证明. 证毕.

例 11.3.3 设 $\boldsymbol{F}_2[x]$ 中有

$$f(x) = x^{13} + x^{11} + x^9 + x^8 + x^6 + x^5 + x^4 + x^3 + 1, \ g(x) = x^8 + x^4 + x^3 + x + 1,$$

求多项式 $s(x)$, $t(x)$ 使得

$$s(x) \cdot f(x) + t(x) \cdot g(x) = (f(x), g(x)).$$

解 运用广义多项式欧几里得除法, 有

$$\begin{aligned} &f(x) = q_0(x) \cdot g(x) + r_0(x), && q_0(x) = x^5 + x^3, && r_0(x) = x^7 + x^6 + 1, \\ &g(x) = q_1(x) \cdot r_0(x) + r_1(x), && q_1(x) = x + 1, && r_1(x) = x^6 + x^4 + x^3, \\ &r_0(x) = q_2(x) \cdot r_1(x) + r_2(x), && q_2(x) = x + 1, && r_2(x) = x^5 + x^3 + 1, \\ &r_1(x) = q_3(x) \cdot r_2(x) + r_3(x), && q_3(x) = x, && r_3(x) = x^3 + x, \\ &r_2(x) = q_4(x) \cdot r_3(x) + r_4(x), && q_4(x) = x^2, && r_4(x) = 1. \end{aligned}$$

从而

$$\begin{aligned} r_4(x) &= q_4(x) \cdot (q_3(x) \cdot r_2(x) + r_1(x)) + r_2(x) \\ &= (x^3 + 1) \cdot (q_2(x) \cdot r_1(x) + r_0(x)) + q_4(x) \cdot r_1(x) \\ &= (x^4 + x^3 + x^2 + x + 1) \cdot (q_1(x) \cdot r_0(x) + g(x)) + (x^3 + 1) \cdot r_0(x) \\ &= (x^5 + x^3) \cdot (q_0(x) \cdot g(x) + f(x)) + (x^4 + x^3 + x^2 + x + 1) \cdot g(x) \\ &= (x^5 + x^3) \cdot f(x) + (x^{10} + x^6 + x^4 + x^3 + x^2 + x + 1) \cdot g(x). \end{aligned}$$

因此, $s(x) = x^5 + x^3$, $t(x) = x^{10} + x^6 + x^4 + x^3 + x^2 + x + 1$.

定理 11.3.7 设 $p(x)$ 是域 $\boldsymbol{K}$ 上多项式环 $\boldsymbol{K}[x]$ 中的不可约多项式, 则当多项式 $a(x)$, $b(x)$ 满足 $p(x) \mid a(x) \cdot b(x)$ 时, 有 $p(x) \mid a(x)$, 或 $p(x) \mid b(x)$.

证 假设 $p(x) \mid a(x)$ 不成立, 则 $(a(x), p(x)) = 1$. 根据多项式广义欧几里得除法 (定理 11.3.6), 可找到多项式 $s(x)$, $t(x)$ 使得

$$s(x) \cdot a(x) + t(x) \cdot p(x) = 1.$$

两端同乘 $b(x)$, 有 $s(x) \cdot (a(x) \cdot b(x)) + (t(x) \cdot s(x)) \cdot p(x) = b(x)$. 因此,

$$p(x) \mid s(x) \cdot (a(x) \cdot b(x)) + (t(x) \cdot s(x)) \cdot p(x) = b(x).$$

证毕.

11.4 多项式同余

本节考虑域 $\boldsymbol{K}$ 上多项式环 $\boldsymbol{K}[x]$ 中的多项式同余.

定义 11.4.1 给定 $\boldsymbol{K}[X]$ 中一个首一多项式 $m(x)$. 两个多项式 $f(x)$, $g(x)$ 叫做模 $m(x)$**同余**, 如果 $m(x) \mid f(x) - g(x)$, 记作

$$f(x) \equiv g(x) \pmod{m(x)}.$$

否则, 叫做模 $m(x)$ **不同余**, 记作 $f(x) \not\equiv g(x) \pmod{m(x)}$.

下面考虑多项式同余的性质.

定理 11.4.1 设 $m(x)$ 是域 $\boldsymbol{K}$ 上的多项式, 则 $a(x)$, $b(x) \in \boldsymbol{K}[x]$ 使得

$$a(x) \equiv b(x) \pmod{m(x)}$$

的充要条件是存在多项式 $s(x)$ 使得

$$a(x) = b(x) + s(x) \cdot m(x).$$

证 如果 $a(x) \equiv b(x) \pmod{m(x)}$, 则根据多项式同余的定义, 有

$$m(x) \mid a(x) - b(x).$$

又根据多项式整除的定义, 存在一个多项式 $s(x)$ 使得 $a(x) - b(x) = s(x) \cdot m(x)$, 故

$$a(x) = b(x) + s(x) \cdot m(x).$$

反过来, 如果存在一个多项式 $s(x)$ 使得 $a(x) = b(x) + s(x) \cdot m(x)$, 则有

$$a(x) - b(x) = s(x) \cdot m(x).$$

根据多项式整除的定义, 有

$$m(x) \mid a(x) - b(x).$$

再根据多项式同余的定义, 得到

$$a(x) \equiv b(x) \pmod{m(x)}.$$

证毕.

模多项式同余具有等价关系的性质.

定理 11.4.2 设 $m(x)$ 是域 $\boldsymbol{K}$ 上的多项式, 则模多项式 $m(x)$ 同余是等价关系, 即

(1) (自反性) 对任一多项式 $a(x)$, $a(x) \equiv a(x) \pmod{m(x)}$.

(2) (对称性) 若 $a(x) \equiv b(x) \pmod{m(x)}$, 则 $b(x) \equiv a(x) \pmod{m(x)}$.

(3) (传递性) 若 $a(x) \equiv b(x) \pmod{m(x)}$, $b(x) \equiv c(x) \pmod{m(x)}$, 则 $a(x) \equiv c(x) \pmod{m(x)}$.

证 运用定理 11.4.1 来给出证明.

(1) (自反性) 对任一多项式 $a(x)$, 有 $a(x) = a(x) + 0 \cdot m(x)$, 所以

$$a(x) \equiv a(x) \pmod{m(x)}.$$

(2) (对称性) 若 $a(x) \equiv b(x) \pmod{m(x)}$, 则存在多项式 $s(x)$ 使得

$$a(x) = b(x) + s(x) \cdot m(x),$$

从而有

$$b(x) = a(x) + (-s(x)) \cdot m(x).$$

因此,

$$b(x) \equiv a(x) \pmod{m(x)}.$$

(3) (传递性) 若 $a(x) \equiv b(x) \pmod{m(x)}$, $b(x) \equiv c(x) \pmod{m(x)}$, 则分别存在多项式 $s_1(x)$, $s_2(x)$ 使得

$$a(x) = b(x) + s_1(x) \cdot m(x), \qquad b(x) = c(x) + s_2(x) \cdot m(x),$$

从而

$$a(x) = c(x) + (s_1(x) + s_2(x)) \cdot m(x).$$

因为 $s_1(x) + s_2(x)$ 是整数, 所以

$$a(x) \equiv c(x) \pmod{m(x)}.$$

证毕.

模多项式同余有运算性质.

定理 11.4.3 设 $m(x)$ 是域 $\boldsymbol{K}$ 上的多项式, $a_1(x)$, $a_2(x)$, $b_1(x)$, $b_2(x)$ 是 4 个多项式. 如果

$$a_1(x) \equiv b_1(x) \pmod{m(x)}, \qquad a_2(x) \equiv b_2(x) \pmod{m(x)},$$

则

(i) $a_1(x) + a_2(x) \equiv b_1(x) + b_2(x) \pmod{m(x)}$;

(ii) $a_1(x) \cdot a_2(x) \equiv b_1(x) \cdot b_2(x) \pmod{m(x)}$.

证 依题设, 根据定理 11.4.1 , 分别存在多项式 $s_1(x)$, $s_2(x)$ 使得

$$a_1(x) = b_1(x) + s_1(x) \cdot m(x), \qquad a_2(x) = b_2(x) + s_2(x) \cdot m(x),$$

从而

$$\begin{aligned} a_1(x)+a_2(x) &= b_1(x)+b_2(x)+(s_1(x)+s_2(x))\cdot m(x),\\ a_1(x)\cdot a_2(x) &= b_1(x)\cdot b_2(x)+(s_1(x)\cdot m(x))\cdot b_2(x)+b_1(x)\cdot(s_2(x)\cdot m(x))\\ &\quad +(s_1(x)\cdot m(x))(s_2(x)\cdot m(x))\\ &= b_1(x)\cdot b_2(x)+(s_1(x)+s_2(x)+s_1(x)\cdot s_2(x)\cdot m(x))\cdot m(x). \quad \text{(交换性)} \end{aligned}$$

因为 $s_1(x)+s_2(x)$, $s_1(x)+s_2(x)+s_1(x)\cdot s_2(x)\cdot m(x)$ 都是多项式, 所以根据定理 11.4.1, 有

$$a_1(x)+a_2(x)\equiv b_1(x)+b_2(x) \pmod{m(x)}$$

及

$$a_1(x)\cdot a_2(x)\equiv b_1(x)\cdot b_2(x) \pmod{m(x)},$$

即定理成立. 证毕.

根据定理 11.3.1, 任一多项式 $f(x)$ 都与其被 $m(x)$ 除的余式 $r(x)$ 模 $m(x)$ 同余, 该余式 $r(x)$ 叫做 $f(x)$ 模 $m(x)$ 的**最小余式**, 记为 $(f(x) \pmod{m(x)})$.

设 $p(x)$ 是 $\boldsymbol{K}[X]$ 中的多项式, 则 $(p(x))=\{f(x)\mid f(x)\in\boldsymbol{K}[x],\ p(x)\mid f(x)\}$ 是 $\boldsymbol{K}[X]$ 中的理想. 由此得到商环 $R/(p(x))$. 该商环上的运算法则为

加法:

$$f(x)+g(x)=((f+g)(x) \pmod{p(x)}). \tag{11.11}$$

乘法:

$$f(x)\cdot g(x)=((fg)(x) \pmod{p(x)}). \tag{11.12}$$

定理 11.4.4 设 $\boldsymbol{K}$ 是一个域, $p(x)$ 是 $\boldsymbol{K}[X]$ 中的不可约多项式, 则商环 $\boldsymbol{K}[X]/(p(x))$ 对于加法运算式 (11.11) 和乘法式 (11.12) 运算法则构成一个域.

证 只需证明 $\boldsymbol{K}[X]/(p(x))$ 中的非零元 $f(x) \pmod{p(x)}$ 为可逆元. 事实上, 对于满足 $f(x)\not\equiv 0 \pmod{p(x)}$ 的多项式 $f(x)$, 有 $(f(x),p(x))=1$. 根据定理 11.3.6 , 存在多项式 $s(x)$, $t(x)$ 使得

$$s(x)\cdot f(x)+t(x)\cdot p(x)=1.$$

从而

$$s(x)f(x)\equiv 1 \pmod{p(x)}.$$

这说明 $f(x) \pmod{p(x)}$ 为可逆元, $s(x) \pmod{p(x)}$ 为其逆元. 证毕.

下面三个例子将用于 AKS 算法的证明.

例 11.4.1 设 n 是正整数, S 是有单位元环 R 的子集. 设 $p(x)$ 是 R 上的多项式, 满足 $p(x)\mid p(x^n)$. 如果在多项式环 $R[x]$ 中, 对所有的 $b\in S$, 都有

$$(x+b)^n\equiv x^n+b \pmod{p(x)},$$

则对任意整数 $k\geqslant 0$, 都有

$$(x+b)^{n^k}\equiv x^{n^k}+b \pmod{p(x)}.$$

证 对 k 作数学归纳法.

$k=0$ 时, 结论显然成立.

$k=1$ 时, 就是假设条件

$$(x+b)^n \equiv x^n + b \pmod{p(x)},$$

结论成立.

假设 k 时, 结论成立, 即

$$(x+b)^{n^k} \equiv x^{n^k} + b \pmod{p(x)}.$$

两端作 n 次方, 有

$$(x+b)^{n^{k+1}} \equiv \left(x^{n^k} + b\right)^n \pmod{p(x)}.$$

根据假设, 用 x^{n^k} 代替 x, 有

$$\left(x^{n^k} + b\right)^n \equiv \left(x^{n^k}\right)^n + b \equiv x^{n^{k+1}} + b \left(\bmod\ p(x^{n^k})\right).$$

但由假设, 有 $p(x) \mid p(x^n)$, 进而

$$p(x^n) \mid p(x^{n^2}),\ \cdots,\ p(x^{n^{k-1}}) \mid p(x^{n^k}).$$

因此, $p(x) \mid p\left(x^{n^k}\right)$,

$$\left(x^{n^k} + b\right)^n \equiv \left(x^{n^k}\right)^n + b \equiv x^{n^{k+1}} + b \pmod{p(x)}.$$

故

$$(x+b)^{n^{k+1}} \equiv \left(x^{n^k}\right)^n + b \equiv x^{n^{k+1}} + b \pmod{p(x)}.$$

这就是说, 对于 $k+1$ 结论成立. 根据数学归纳法原理, 结论对任意的 $k \geqslant 1$ 成立. 证毕.

例 11.4.2 设 $n, r \geqslant 2$ 是整数, S 是环 $R = \mathbf{Z}/n\mathbf{Z}$ 的子集. 如果在多项式环 $R[x]$ 中, 对所有的 $b \in S$, 都有

$$(x+b)^n \equiv x^n + b \pmod{x^r - 1},$$

则对任意整数 $k \geqslant 0$, 都有

$$(x+b)^{n^k} \equiv x^{n^k} + b \pmod{x^r - 1}.$$

证 在例 11.4.1 中取 $p(x) = x^r - 1$ 即得结论. 证毕.

例 11.4.3 设 $n, m, r \geqslant 2$ 是整数. 如果 $m \equiv n \pmod{r}$, 则对任意多项式 $g(x)$, 有

$$g(x^m) \equiv g(x^n) \pmod{x^r - 1}.$$

证 不妨设 $m \geqslant n$. 因为 $m \equiv n \pmod{r}$, 所以存在整数 $k \geqslant 0$ 使得 $m = k \cdot r + n$.

$k=0$ 时, 结论显然成立. $k \geqslant 1$ 时, 设 $g(x) = \sum\limits_{i=0}^{N} b_i x^i$, 则

$$g(x^m) - g(x^n) = \sum_{i=0}^{N} b_i x^{in}((x^r)^{ik} - 1) = (x^r - 1)\sum_{i=0}^{N} b_i x^{in}((x^r)^{ik-1} + \cdots + x^r + 1).$$

因此, 结论成立. 证毕.

11.5　本原多项式

本节考虑 $\boldsymbol{F}_p$ 上的不可约多项式 $p(x)$, 及其所生成的有限域.

定理 11.5.1　设 p 是素数. 设 $p(x)$ 是 $\boldsymbol{F}_p[X]$ 中的 n 次不可约多项式, 则

$$\boldsymbol{F}_p[X]/(p(x)) = \left\{a_{n-1}x^{n-1} + \cdots + a_1x + a_0 \mid a_i \in \boldsymbol{F}_p\right\},$$

记为 $\boldsymbol{F}_{p^n}$. 这个域的元素个数为 p^n.

证　根据定理 11.4.4, $\boldsymbol{F}_p[X]/(p(x))$ 构成一个域, 且元素形式为

$$a_{n-1}x^{n-1} + \cdots + a_1x + a_0, \qquad a_i \in \boldsymbol{F}_p.$$

因为 $|\boldsymbol{F}_p| = p$, 所以 $|\boldsymbol{F}_{p^n}| = p^n$.　　证毕.

例 11.5.1　设 $p(x) = x^8 + x^4 + x^3 + x + 1$ 是 $\boldsymbol{F}_2[X]$ 中的 8 次不可约多项式, 有

$$\boldsymbol{F}_{2^8} = \boldsymbol{F}_2[X]/(x^8 + x^4 + x^3 + x + 1) = \left\{a_7x^7 + \cdots + a_1x + a_0 \mid a_i \in \{0, 1\}\right\}.$$

对于 $f(x) = x^6 + x^3 + x + 1,\ g(x) = x^5 + x^2 + x + 1 \in \boldsymbol{F}_2[X]$, 有

$$f(x) + g(x) = x^6 + x^3 + x^5 + x^2 \pmod{p(x)},$$

$$f(x) \cdot g(x) = x^6 + x^3 + 1 \pmod{p(x)}.$$

进一步, 设 $p(x)$ 是 $\boldsymbol{F}_p[X]$ 中的 n 次不可约多项式. 考察序列 $\{x^k \pmod{p(x)}\}_{k\in\mathbf{N}}$ 的性质.

因为序列 $\{x^k \pmod{p(x)}\}_{k\in\mathbf{N}}$ 中不同元素个数为 $p^n - 1$ 的个数, 因此存在 k, l 使得

$$x^k \equiv x^l \pmod{p(x)}.$$

不妨设 $k > l$, 则有

$$x^{k-l} \equiv 1 \pmod{p(x)}.$$

定义 11.5.1　设 p 是素数, $f(x)$ 是 $\boldsymbol{F}_p[X]$ 中的多项式, 则使得

$$x^e \equiv 1 \pmod{f(x)}$$

成立的最小正整数 e 叫做 $f(x)$ 在 $\boldsymbol{F}_p$ 上的指数, 记作 $\mathrm{ord}_p(f(x))$.

如果 $\mathrm{ord}_p(f(x)) = p^n - 1$, 则称 $f(x)$ 为 **$\boldsymbol{F}_p$ 上的本原多项式**.

注　n 次多项式 $f(x)$ 在 $\boldsymbol{F}_p$ 上的指数 $\mathrm{ord}_p(f(x))$ 实际上是 $\boldsymbol{F}_p$ 上序列 $u = \{u_k = x^k \pmod{f(x)} \mid k \geqslant 1\}$ 的最小周期 $p(u(f(x)))$ (参见定义 B.0.1), 且 $p(u(f(x))) \leqslant p^n - 1$. 使得 $p(u(f(x))) = p^n - 1$ 的 n 次多项式为本原多项式. 进一步, 当 $f(x)$ 是不可约多项式时, 该最小周期 $p(u(f(x)))$ 是 $p^n - 1$ 的因子.

定理 11.5.2　设 p 是素数, $f(x)$, $g(x)$ 是 $\boldsymbol{F}_p$ 上的多项式, 则

(i) 若整数 d 使得 $x^d \equiv 1 \pmod{f(x)}$, 则 $\mathrm{ord}_p(f(x)) \mid d$.

(ii) 如果 $g(x) \mid f(x)$, 则

$$\mathrm{ord}_p(g(x)) \mid \mathrm{ord}_p(f(x)).$$

(iii) 如果 $(f(x), g(x)) = 1$, 则

$$\mathrm{ord}_p(f(x)\cdot g(x)) = [\mathrm{ord}_p(f(x)), \mathrm{ord}_p(g(x))].$$

(iv) 如果 $f(x)$ 是 $\boldsymbol{F}_p$ 上中的 n 次不可约多项式, 则

$$\mathrm{ord}_p(f(x)) \mid p^n - 1.$$

证 (i) 令 $e = \mathrm{ord}_p(f(x))$. 若 $e \nmid d$, 根据欧几里得除法 (定理 1.1.10), 存在整数 s, r 使得 $d = s\cdot e + r$, $0 \leqslant r < e$. 当 $r \neq 0$ 时, 有

$$x^r \equiv x^r (x^e)^s = x^d \equiv 1 \pmod{f(x)}.$$

这与 e 的最小性矛盾.

(ii) 令 $e = \mathrm{ord}_p(f(x))$, $e' = \mathrm{ord}_p(g(x))$. 根据定义, 有

$$x^e \equiv 1 \pmod{f(x)}.$$

又 $g(x) \mid f(x)$, 所以

$$x^e \equiv 1 \pmod{g(x)}.$$

因此, $e' \mid e$.

(iii) 令 $e = \mathrm{ord}_p(f(x))$, $e' = \mathrm{ord}_p(g(x))$, $e'' = \mathrm{ord}_p(f(x)\cdot g(x))$. 由 (ii) 有 $e \mid e''$, $e' \mid e''$, 根据定理 1.4.5, 有 $[e, e'] \mid e''$.

又由

$$x^{[e,e']} \equiv (x^e)^{\frac{[e,e']}{e}} \equiv 1 \pmod{f(x)}, \quad x^{[e,e']} \equiv (x^{e'})^{\frac{[e,e']}{e'}} \equiv 1 \pmod{g(x)},$$

得到

$$x^{[e,e']} \equiv 1 \pmod{f(x)\cdot g(x)}.$$

从而, $e'' \mid [e, e']$, 故

$$\mathrm{ord}_p(f(x)\cdot g(x)) = [\mathrm{ord}_p(f(x)), \mathrm{ord}_p(g(x))].$$

(iv) 根据定理 11.5.1, $\boldsymbol{F}_p[X](f(x))$ 中有 $p^n - 1$ 个元素

$$a_1(x),\ a_2(x),\ \cdots,\ a_{p^n-2}(x),\ a_{p^n-1}(x),$$

且

$$x\cdot a_1(x),\ x\cdot a_2(x),\ \cdots,\ x\cdot a_{p^n-2}(x),\ x\cdot a_{p^n-1}(x)$$

是这些元素的一个置换, 因此有

$$(x\cdot a_1(x))(x\cdot a_2(x))\cdots(x\cdot a_{p^n-1}(x)) \equiv a_1(x)\cdot a_2(x)\cdots a_{p^n-1}(x) \pmod{f(x)}.$$

变形得到

$$(a_1(x)\cdot a_2(x)\cdots a_{p^n-1}(x))\left(x^{p^n-1} - 1\right) \equiv 0 \pmod{f(x)}.$$

因为 $((a_1(x)\cdot a_2(x)\cdots a_{p^n-1}(x)), f(x)) = 1$, 所以

$$x^{p^n-1} \equiv 1 \pmod{f(x)}.$$

最后, 由 (i) 得到 $\mathrm{ord}_p(f(x)) \mid p^n - 1$. 证毕.

定理 11.5.3 设 p 是素数, $f(x)$ 是 $\boldsymbol{F}_p$ 上的本原多项式, 则 $f(x)$ 是 $\boldsymbol{F}_p$ 上的不可约多项式.

证 若 $f(x)$ 是 $\boldsymbol{F}_p$ 上的可约多项式, 则存在非常数多项式 $f_1(x)$, $f_2(x)$ 使得 $f(x) = f_1(x)\cdot f_2(x)$. 不妨设 $(f_1(x), f_2(x)) = 1$. 令 $n = \deg f(x)$, $n_1 = \deg f_1(x)$, $n_2 = \deg f_2(x)$. 根据定理 11.5.2, 有

$$\mathrm{ord}_p(f(x)) = [\mathrm{ord}_p(f_1(x)), \mathrm{ord}_p(f_2(x))] \leqslant (p^{n_1}-1)(p^{n_2}-1) < (p^{n_1+n_2}-1).$$

这与 $f(x)$ 是本原多项式矛盾. 定理成立. 证毕.

类似于模 p 原根的判别方法 (定理 5.2.2), 也有 $\boldsymbol{F}_p$ 上本原元多项式的判别方法.

定理 11.5.4 设 p 是素数, n 正整数, $f(x)$ 是 $\boldsymbol{F}_p[X]$ 中的 n 次多项式. 如果

(i) $x^{p^n-1} \equiv 1 \pmod{f(x)}$.

(ii) 对于 p^n-1 的所有不同素因数是 $q_1, \cdots, q_s$,

$$x^{\frac{p^n-1}{q_i}} \not\equiv 1 \pmod{f(x)}, \quad i = 1, \cdots, s, \tag{11.13}$$

则 $f(x)$ 是 n 次本原多项式.

证 令 $e = \mathrm{ord}_p(f(x))$. 由假设条件 (i), 有 $e \mid p^n - 1$. 如果 $e < p^n - 1$, 则存在一个素数 q_j 使得 $q_j \mid \dfrac{p^n-1}{e}$, 即

$$\frac{p^n-1}{e} = u\cdot q_j, \quad 或 \quad \frac{p-1}{q_j} = u\cdot e.$$

进而

$$x^{\frac{p^n-1}{q_j}} = (x^e)^u \equiv 1 \pmod{f(x)}.$$

与假设 (5.13) 矛盾. 证毕.

例 11.5.2 在 $\boldsymbol{F}_2[X]$ 中的不可约多项式和本原多项式.

2 次多项式 x^2+x+1 是本原多项式.

3 次多项式 x^3+x+1, x^3+x^2+1 都是本原多项式.

4 次多项式 x^4+x+1, x^4+x^3+1 都是本原多项式, 但不可约多项式 $x^4+x^3+x^2+x+1$ 不是本原多项式 $(\mathrm{ord}_p(f(x)) = 5)$.

5 次多项式 x^5+x^2+1, x^5+x^3+1, $x^5+x^3+x^2+x+1$, $x^5+x^4+x^2+x+1$, $x^5+x^4+x^3+x+1$, $x^5+x^4+x^3+x^2+1$ 都是本原多项式.

6 次多项式 x^6+x+1, x^6+x^5+1, $x^6+x^4+x^3+x+1$, $x^6+x^5+x^2+x+1$ 都是本原多项式, 但不可约多项式 x^6+x^3+1 不是本原多项式 $(\mathrm{ord}_p(f(x)) = 9)$.

例 11.5.3 证明: $f(x) = x^8+x^4+x^3+x^2+1$ 是 $\boldsymbol{F}_2[X]$ 中的本原多项式.

解 因为 $n = 8$, $2^n - 1 = 255 = 3\cdot 5\cdot 17$, 其素因数为 $q_1 = 17$, $q_2 = 5$, $q_3 = 3$. 进而, $(2^n-1)/q_1 = 15$, $(2^n-1)/q_2 = 51$, $(2^n-1)/q_3 = 85$. 根据定理 11.5.4, 只需验证 (11.13), 即 x^{255} 模 $f(x)$ 是否同余于 1 和 x^{15}, x^{51}, x^{85} 模 $f(x)$ 是否都不同余于 1.

$$\begin{aligned} &x^{255} \equiv 1, &&x^{15} \equiv x^5+x^2+x, \\ &x^{51} \equiv x^3+x, &&x^{85} \equiv x^7+x^6+x^4+x^2+x \pmod{f(x)}, \end{aligned}$$

故 $f(x)$ 是本原多项式. 证毕.

例 11.5.4 证明: $f(x)=x^8+x^4+x^3+x+1$ 不是 $\boldsymbol{F}_2[X]$ 中的本原多项式.

解 因为 $n=8$, $2^n-1=255=3\cdot5\cdot17$, 其素因数为 $q_1=17$, $q_2=5$, $q_3=3$. 进而, $(2^n-1)/q_1=15$, $(2^n-1)/q_2=51$, $(2^n-1)/q_3=85$. 根据定理 11.5.4, 只需验证 (11.13), 即 x^{255} 模 $f(x)$ 是否同余于 1 和 x^{15}, x^{51}, x^{85} 模 $f(x)$ 是否都不同余于 1.

$$\begin{aligned}&x^{255}\equiv1,\quad x^{15}\equiv x^5+x^3+x^2+x+1,\\&x^{51}\equiv1,\quad x^{85}\equiv x^7+x^5+x^4+x^3+x^2+1\pmod{f(x)},\end{aligned}$$

故 $f(x)$ 不是本原多项式. 证毕.

11.6 多项式理想

定理 11.6.1 域 $\boldsymbol{K}$ 上多项式环 $\boldsymbol{K}[x]$ 是主理想环, 且理想 $I=(a(x))$ 的表达式为

$$I=(a(x))=\{s(x)\cdot a(x)\mid s(x)\in\boldsymbol{K}[x]\}.$$

证 设 I 是 $\boldsymbol{K}[x]$ 中的一个非零理想, 则存在非零多项式 $b(x)\in I$. 设 $a(x)$ 是 I 中的次数最小的多项式, 则 $I=(a(x))=\{s(x)\cdot a(x)\mid s(x)\in\boldsymbol{K}[x]\}$. 事实上, 对任意 $b(x)\in I$, 存在多项式 $s(x)$, $r(x)$ 使得

$$b(x)=s(x)\cdot a(x)+r(x),\quad 0\leqslant\deg r(x)<\deg a(x).$$

这样, 由 $b(x)\in I$ 及 $[-s(x)]\cdot a(x)\in I$, 得到 $r(x)=b(x)+[-s(x)]\cdot a(x)\in I$. 这与 $a(x)$ 是 I 中次数最小的多项式矛盾. 因此, $r(x)=0$, $b(x)=s(x)\cdot a(x)\in(a(x))$. 从而 $I\subset(a(x))$. 又显然有 $(a(x))\subset I$, 故 $I=(a(x))$, $\boldsymbol{K}[x]$ 是主理想环. 证毕.

推论 设 $I=(a(x))$ 是多项式环 $\boldsymbol{K}[x]$ 中的理想, 则多项式 $b(x)\in I$ 的充要条件是 $a(x)\mid b(x)$.

证 必要性. 设 $b(x)\in I=(a(x))$, 则存在多项式 $s(x)$ 使得 $b(x)=s(x)\cdot a(x)$, 因此, $a(x)\mid b(x)$.

充分性. 设 $a(x)\mid b(x)$, 则存在多项式 $s(x)$ 使得 $b(x)=s(x)\cdot a(x)$, 因此, $b(x)\in I=(a(x))$. 证毕.

定理 11.6.2 设 $\boldsymbol{K}[x]$ 是域 $\boldsymbol{K}$ 上的多项式环. 如果 $p(x)$ 是 $\boldsymbol{K}[x]$ 中的不可约多项式, 则理想 $P=(p(x))$ 是素理想.

证 设 $\boldsymbol{K}[x]$ 中的多项式 $a(x)$, $b(x)$ 使得 $a(x)\cdot b(x)\in P$, 则 $p(x)\mid a(x)\cdot b(x)$. 根据定理 11.3.7, 有 $p(x)\mid a(x)$ 或 $p(x)\mid b(x)$, 从而 $a(x)\in P$ 或 $b(x)\in P$. 这说明 $P=(p(x))$ 是素理想. 证毕.

11.7 多项式结式与判别式

定义 11.7.1 设域 $\boldsymbol{K}$ 上的多项式

$$f(x)=a_nx^n+a_{n-1}x^{n-1}+\cdots+a_1x+a_0,\ g(x)=b_mx^m+\cdots+b_1x+b_0,$$

则称行列式

$$\left.\begin{vmatrix} a_n & a_{n-1} & a_{n-2} & \cdots & 0 & 0 & 0 \\ 0 & a_n & a_{n-1} & \cdots & 0 & 0 & 0 \\ \vdots & \vdots & \vdots & \vdots & \vdots & \vdots & \vdots \\ 0 & 0 & 0 & \cdots & a_1 & a_0 & 0 \\ 0 & 0 & 0 & \cdots & a_2 & a_1 & a_0 \\ b_m & b_{m-1} & b_{m-2} & \cdots & 0 & 0 & 0 \\ 0 & b_m & b_{m-1} & \cdots & 0 & 0 & 0 \\ \vdots & \vdots & \vdots & \vdots & \vdots & \vdots & \vdots \\ 0 & 0 & 0 & \cdots & b_1 & b_0 & 0 \\ 0 & 0 & 0 & \cdots & b_2 & b_1 & b_0 \end{vmatrix} \begin{matrix} \left.\vphantom{\begin{matrix}a\\a\\a\\a\\a\end{matrix}}\right\} m \text{ 行} \\ \left.\vphantom{\begin{matrix}a\\a\\a\\a\\a\end{matrix}}\right\} n \text{ 行} \end{matrix}\right. \tag{11.14}$$

为多项式 $f(x)$, $g(x)$ 的结式, 记作 $R(f,g)$.

这里, 行列式的前 m 行是多项式 $f(x)$ 的系数 a_n, a_{n-1}, a_{n-2}, $\cdots$, a_2, a_1, a_0 分别移位 0, 1, $\cdots$, $m-1$ 得到的, 其他项以 0 补充. 行列式的后 n 行是多项式 $g(x)$ 的系数 b_m, b_{m-1}, b_{m-2}, $\cdots$, b_2, b_1, b_0 分别移位 0, 1, $\cdots$, $n-1$ 得到的, 其他项以 0 补充.

例如, 设域 $\boldsymbol{K}$ 上 $f(x)=a_4x^4+a_3x^3+a_2x^2+a_1x+a_0$, $g(x)=b_3x^3+b_2x^2+b_1x+b_0$, 则

$$R(f,g)=\begin{vmatrix} a_4 & a_3 & a_2 & a_1 & a_0 & 0 & 0 \\ 0 & a_4 & a_3 & a_2 & a_1 & a_0 & 0 \\ 0 & 0 & a_4 & a_3 & a_2 & a_1 & a_0 \\ b_3 & b_2 & b_1 & b_0 & 0 & 0 & 0 \\ 0 & b_3 & b_2 & b_1 & b_0 & 0 & 0 \\ 0 & 0 & b_3 & b_2 & b_1 & b_0 & 0 \\ 0 & 0 & 0 & b_3 & b_2 & b_1 & b_0 \end{vmatrix} \begin{matrix} \left.\vphantom{\begin{matrix}a\\a\\a\end{matrix}}\right\} 3 \text{ 行} \\ \left.\vphantom{\begin{matrix}a\\a\\a\\a\end{matrix}}\right\} 4 \text{ 行} \end{matrix}$$

例 11.7.1 设 $f(x)=x^3+1$, $g(x)=x^2+x+1$ 是域 $\boldsymbol{F}_2$ 上的多项式, 则

$$R(f,g)=\begin{vmatrix} 1 & 0 & 0 & 1 & 0 \\ 0 & 1 & 0 & 0 & 1 \\ 1 & 1 & 1 & 0 & 0 \\ 0 & 1 & 1 & 1 & 0 \\ 0 & 0 & 1 & 1 & 1 \end{vmatrix}=0.$$

解

$$R(f,g)=\begin{vmatrix}1&0&0&1&0\\0&1&0&0&1\\1&1&1&0&0\\0&1&1&1&0\\0&0&1&1&1\end{vmatrix}=\begin{vmatrix}1&0&0&1&0\\0&1&0&0&1\\0&1&1&1&0\\0&1&1&1&0\\0&0&1&1&1\end{vmatrix}=\begin{vmatrix}1&1&1\\1&1&1\\1&1&1\end{vmatrix}=0.$$

例 11.7.2 设 $f(x)=a_2x^2+a_1x+a_0$, $g(x)=b_1x+b_0$ 是域 $\boldsymbol{K}$ 上的多项式, 则

$$R(f,g)=\begin{vmatrix}a_2&a_1&a_0\\b_1&b_0&0\\0&b_1&b_0\end{vmatrix}=a_2b_0^2+a_0b_1^2-a_1b_0b_1. \tag{11.15}$$

设域 $\boldsymbol{K}$ 上的多项式

$$f(x)=a_nx^n+a_{n-1}x^{n-1}+a_{n-2}x^{n-2}+\cdots+a_2x^2+a_1x+a_0,$$

则称

$$f'(x)=na_nx^{n-1}+(n-1)a_{n-1}x^{n-2}+(n-2)a_{n-2}x^{n-3}+\cdots+2a_2x+a_1 \tag{11.16}$$

为 $f(x)$ 的导式.

定义 11.7.2 设域 $\boldsymbol{K}$ 上的多项式

$$f(x)=a_nx^n+a_{n-1}x^{n-1}+a_{n-2}x^{n-2}+\cdots+a_2x^2+a_1x+a_0,$$

则称 $f(x)$ 与其导式 $f'(x)$ 的结式 $R(f,f')$ 为 $f(x)$ 的判别式, 记作 $\Delta(f)$, 即

$$\Delta(f)=\begin{vmatrix}a_n&a_{n-1}&a_{n-2}&\cdots&0&0&0\\0&a_n&a_{n-1}&\cdots&0&0&0\\\vdots&\vdots&\vdots&\vdots&\vdots&\vdots&\vdots\\0&0&0&\cdots&a_1&a_0&0\\0&0&0&\cdots&a_2&a_1&a_0\\na_n&(n-1)a_{n-1}&(n-2)a_{n-2}&\cdots&0&0&0\\0&na_n&(n-1)a_{n-1}&\cdots&0&0&0\\\vdots&\vdots&\vdots&\vdots&\vdots&\vdots&\vdots\\0&0&0&\cdots&2a_2&a_1&0\\0&0&0&\cdots&3a_3&2a_2&a_1\end{vmatrix} \tag{11.17}$$

例 11.7.3 设 $f(x)=ax^2+bx+c$ 是域 $\boldsymbol{K}$ 上的多项式, 导式 $f'(x)=2ax+b$, 则 $f(x)$ 的判别式 $\Delta(f)=a(4ac-b^2)$.

$$\Delta(f)=\begin{vmatrix} a & b & c \\ 2a & b & 0 \\ 0 & 2a & b \end{vmatrix}=\begin{vmatrix} a & b & c \\ 0 & -b & -2c \\ 0 & 2a & b \end{vmatrix}=ab^2+4a^2c-2ab^2=a(4ac-b^2). \tag{11.18}$$

这里先将第一行的 (-2) 倍加到第二行, 再作计算.

例 11.7.4 设 $f(x)=ax^3+bx+c$ 是域 $\boldsymbol{K}$ 上的多项式, 导式 $f'(x)=3ax^2+b$, 则 $f(x)$ 的判别式 $\Delta(f)=a^2(4b^3+27ac^2)$.

$$\Delta(f)=\begin{vmatrix} a & 0 & b & c & 0 \\ 0 & a & 0 & b & c \\ 3a & 0 & b & 0 & 0 \\ 0 & 3a & 0 & b & 0 \\ 0 & 0 & 3a & 0 & b \end{vmatrix}=\begin{vmatrix} a & 0 & b & c & 0 \\ 0 & a & 0 & b & c \\ 0 & 0 & -2b & -3c & 0 \\ 0 & 0 & 0 & -2b & -3c \\ 0 & 0 & 3a & 0 & b \end{vmatrix}=a^2(4b^3+27ac^2). \tag{11.19}$$

这里先将第一行的 (-3) 倍加到第三行, 再将第二行的 (-3) 倍加到第四行, 最后作计算.

定理 11.7.1 设有域 $\boldsymbol{K}$ 上的 n 次多项式 $f(x)=a_nx^n+a_{n-1}x^{n-1}+\cdots+a_1x+a_0$ 和 m 次多项式 $g(x)=b_mx^m+\cdots+b_1x+b_0$, 则存在多项式

$$s(x),\ t(x)\in\mathbf{Z}[a_0,a_1,\cdots,a_n,b_0,b_1,\cdots,b_m][x],$$

使得

$$s(x)\cdot f(x)+t(x)\cdot g(x)=R(f,g). \tag{11.20}$$

证 对 $f(x)$, $g(x)$ 的结式作计算, 分别将第 $n+m-1$ 列的 x 倍加到第 $n+m$ 列, 第 $n+m-2$ 列的 x^2 倍加到第 $n+m$ 列,$\cdots\cdots$, 第 $n+m-j$ 列的 x^j 倍加到第 $n+m$ 列, $\cdots\cdots$, 第一列的 x^{n+m-1} 倍加到第 $n+m$ 列, 得到

$$R(f,g)=\begin{vmatrix} a_n & a_{n-1} & a_{n-2} & \cdots & 0 & 0 & x^{m-1}\cdot f(x) \\ 0 & a_n & a_{n-1} & \cdots & 0 & 0 & x^{m-2}\cdot f(x) \\ \vdots & \vdots & \vdots & \vdots & \vdots & \vdots & \vdots \\ 0 & 0 & 0 & \cdots & a_1 & a_0 & x\cdot f(x) \\ 0 & 0 & 0 & \cdots & a_2 & a_1 & f(x) \\ b_m & b_{m-1} & b_{m-2} & \cdots & 0 & 0 & x^{n-1}\cdot g(x) \\ 0 & b_m & b_{m-1} & \cdots & 0 & 0 & x^{n-2}\cdot g(x) \\ \vdots & \vdots & \vdots & \vdots & \vdots & \vdots & \vdots \\ 0 & 0 & 0 & \cdots & b_1 & b_0 & x\cdot g(x) \\ 0 & 0 & 0 & \cdots & b_2 & b_1 & g(x) \end{vmatrix} \tag{11.21}$$

再对第 $n+m$ 作 Laplace 展开, 整理得到 $s(x)$, $t(x)$ 使得式 (11.20) 成立. 　　证毕.

定理 11.7.2 设有域 $\boldsymbol{K}$ 上的 n 次多项式 $f(x)=a_nx^n+a_{n-1}x^{n-1}+\cdots+a_1x+a_0$ 和 m 次多项式 $g(x)=b_mx^m+\cdots+b_1x+b_0$. 如果 $f(x)$, $g(x)$ 在域 $\boldsymbol{F}$ 中分别有根 α_1, α_2, $\cdots$, α_n 和 β_1, β_2, $\cdots$, β_m, 则 $f(x)$ 与 $g(x)$ 的结式 $R(f,g)$ 满足

$$R(f,g)=a_n^m b_m^n\prod_{i=1}^{n}\prod_{j=1}^{m}(\alpha_i-\beta_j). \tag{11.22}$$

推论 1 设 $f(x)$, $g(x)$ 是域 $\boldsymbol{K}$ 上的多项式, 则 $f(x)$ 和 $g(x)$ 有公因式的充要条件是 $f(x)$ 与 $g(x)$ 的结式 $R(f,g)=0$.

推论 2 设 $f(x)$, $g(x)$ 是域 $\boldsymbol{K}$ 上的多项式, 则 $f(x)$ 和 $g(x)$ 互质的充要条件是 $f(x)$ 与 $g(x)$ 的结式 $R(f,g)\neq 0$.

11.8 习题

(1) 设 $a(x)$, $b(x)$ 是数域 $\boldsymbol{F}_p$ 上的多项式, 试计算 $a(x)+b(x)$ 和 $a(x)\cdot b(x)$ 及 $a(x)^2$.

① $p=7$. $a(x)=x^6+5x^5+4x^4+3x^3+x+3$, $b(x)=x^6+3x^5+5x^4+6x^3+2x+1$.

② $p=5$. $a(x)=x^6+5x^5+4x^4+3x^3+x+3$, $b(x)=x^6+3x^5+5x^4+6x^3+2x+1$.

③ $p=2$. $a(x)=x^6+5x^5+4x^4+3x^3+x+3$, $b(x)=x^6+3x^5+5x^4+6x^3+2x+1$.

(2) 设 $a(x)$, $b(x)$ 是数域 $\boldsymbol{F}_p$ 上的多项式, 试计算 $s(x)$, $t(x)$ 使得

$$s(x)\cdot a(x)\cdot t(x)\cdot b(x)=(a(x),b(x)).$$

① $p=7$. $a(x)=x^6+5x^5+4x^4+3x^3+x+3$, $b(x)=x^6+3x^5+5x^4+6x^3+2x+1$.

② $p=5$. $a(x)=x^6+5x^5+4x^4+3x^3+x+3$, $b(x)=x^6+3x^5+5x^4+6x^3+2x+1$.

③ $p=2$. $a(x)=x^6+5x^5+4x^4+3x^3+x+3$, $b(x)=x^6+3x^5+5x^4+6x^3+2x+1$.

(3) 设 $a(x)$, $b(x)$ 是数域 $\boldsymbol{F}_2$ 上的多项式, 试计算 $s(x)$, $t(x)$ 使得

$$s(x)\cdot a(x)\cdot t(x)\cdot b(x)=(a(x),b(x)).$$

① $a(x)=x^2+x+1$, $b(x)=x^8+x^4+x^3+x+1$.

② $a(x)=x^3+x+1$, $b(x)=x^8+x^4+x^3+x+1$.

③ $a(x)=x^4+x+1$, $b(x)=x^8+x^4+x^3+x+1$.

(4) 设 $a(x)$, $b(x)$ 是数域 $\boldsymbol{F}_2$ 上的多项式, 试计算 $s(x)$, $t(x)$ 使得

$$s(x)\cdot a(x)\cdot t(x)\cdot b(x)=(a(x),b(x)).$$

① $a(x)=x^2+x+1$, $b(x)=x^8+x^4+x^3+x^2+1$.

② $a(x)=x^5+x+1$, $b(x)=x^8+x^4+x^3+x^2+1$.

③ $a(x)=x^7+x+1$, $b(x)=x^8+x^4+x^3+x^2+1$.

(5) 设 $a(x)$, $b(x)$ 是数域 $\boldsymbol{F}_2$ 上的多项式, 试计算它们的最大公因式 $(a(x),b(x))$.

① $a(x)=x^{15}+1$, $b(x)=x^8+x^4+x^3+x+1$.

② $a(x)=x^7+1$, $b(x)=x^8+x^4+x^3+x+1$.

(6) 设 $a(x)$, $b(x)$ 是数域 $\boldsymbol{F}_2$ 上的多项式, 试计算它们的最大公因式 $(a(x),b(x))$.

① $a(x)=x^{15}+1$, $b(x)=x^8+x^4+x^3+x^2+1$.

② $a(x)=x^7+1$, $b(x)=x^8+x^4+x^3+x^2+1$.

(7) 设 $a(x)$, $b(x)$ 是数域 $\boldsymbol{F}_2$ 上的多项式, 试计算它们的最大公因式 $(a(x), b(x))$.

① $a(x) = x^{255} + 1$, $b(x) = x^{16} + x^5 + x^3 + x^2 + 1$.

② $a(x) = x^{127} + 1$, $b(x) = x^{16} + x^5 + x^3 + x^2 + 1$.

③ $a(x) = x^{63} + 1$, $b(x) = x^{16} + x^5 + x^3 + x^2 + 1$.

④ $a(x) = x^{31} + 1$, $b(x) = x^{16} + x^5 + x^3 + x^2 + 1$.

(8) 设 $a(x)$, $b(x)$ 是数域 $\boldsymbol{F}_2$ 上的多项式, 试计算 $s(x)$, $t(x)$ 使得

$$s(x) \cdot a(x) \cdot t(x) \cdot b(x) = (a(x), b(x)).$$

① $a(x) = x^3 + x + 1$, $b(x) = x^{16} + x^5 + x^3 + x^2 + 1$.

② $a(x) = x^5 + x + 1$, $b(x) = x^{16} + x^5 + x^3 + x^2 + 1$.

③ $a(x) = x^8 + x^4 + x^3 + x + 1$, $b(x) = x^{16} + x^5 + x^3 + x^2 + 1$.

④ $a(x) = x^8 + x^4 + x^3 + x^2 + 1$, $b(x) = x^{16} + x^5 + x^3 + x^2 + 1$.

(9) 证明 $f(x) = x^8 + x^4 + x^3 + x + 1$ 是数域 $\boldsymbol{F}_2$ 上的不可约多项式, 从而 $\boldsymbol{R}_{2^8} = \boldsymbol{F}_x[x]/(f(x))$ 是一个域.

(10) 设 $a(x) = x^6 + x^4 + x^2 + x + 1$, $b(x) = x^7 + x + 1$. 在 $\boldsymbol{R}_{2^8} = \boldsymbol{F}_x[x]/(x^8 + x^4 + x^3 + x + 1)$ 中计算 $a(x) + b(x)$, $a(x) \cdot b(x)$, $a(x)^2$, $a(x)^{-1}$, $b(x)^{-1}$.

(11) 证明 $f(x) = x^8 + x^4 + x^3 + x^2 + 1$ 是数域 $\boldsymbol{F}_2$ 上的本原多项式, 从而 $\mathbf{R}_{2^8} = \boldsymbol{F}_x[x]/(f(x))$ 是一个域.

(12) 设 $a(x) = x^6 + x^4 + x^2 + x + 1$, $b(x) = x^7 + x + 1$. 在 $\boldsymbol{R}_{2^8} = \boldsymbol{F}_x[x]/(x^8 + x^4 + x^3 + x^2 + 1)$ 中计算 $a(x) + b(x)$, $a(x) \cdot b(x)$, $a(x)^2$, $a(x)^{-1}$, $b(x)^{-1}$.

(13) 证明 $f(x) = x^{16} + x^5 + x^3 + x^2 + 1$ 是数域 $\boldsymbol{F}_2$ 上的不可约多项式, 从而 $\boldsymbol{R}_{2^8} = \boldsymbol{F}_x[x]/(f(x))$ 是一个域.

(14) 设 $a(x) = x^6 + x^4 + x^2 + x + 1$, $b(x) = x^7 + x + 1$. 在 $\boldsymbol{R}_{2^8} = \boldsymbol{F}_x[x]/(x^{16} + x^5 + x^3 + x^2 + 1)$ 中计算 $a(x) + b(x)$, $a(x) \cdot b(x)$, $a(x)^2$, $a(x)^{-1}$, $b(x)^{-1}$.

思考题

(1) 数域 $\boldsymbol{K}$ 上的多项式集合 $\boldsymbol{K}[x]$ 中的多项式, 对于乘法运算, 其极小多项式 (不能分解为两个次数更小的多项式的乘积) 是什么? 这样的极小多项式是唯一的吗? 用何种表示可说明它们的唯一性?

(2) 如何判断域 $\boldsymbol{K}$ 上的多项式 $f(x)$ 为不可约多项式?

(3) 编程实现多项式欧几里得除法, 并可判断多项式 $a(x)$ 是否被非零多项式 $b(x)$ 整除.

(4) 编程实现判断域 $\boldsymbol{F}_2$ 上的多项式 $f(x)$ 为不可约多项式的算法, 可求出 8 次以内的全部不可约多项式.

(5) 编程实现求域 $\boldsymbol{F}_p$ 上的两个多项式 $f(x), g(x)$ 的最大公因式的算法, 并可计算出域 $\boldsymbol{F}_2$ 上次数不大于 200 的两个多项式 $f(x), g(x)$ 的最大公因式.

(6) 编程实现计算域 $\boldsymbol{K}_p$ 上的多项式的 Bézout (贝祖) 等式的算法, 即对于两个多项式 $a(x)$, $b(x)$, 可计算出多项式 $s(x)$, $t(x)$ 使得

$$s(x) \cdot a(x) + t(x) \cdot b(x) = (a(x), b(x)).$$

第 12 章　域和 Galois 理论

本章, 继续讨论域的结构, 特别是 Galois 域.

12.1　域的扩张

12.1.1　域的有限扩张

首先, 从集合的包含关系的角度来讨论域的性质.

定义 12.1.1　设 $\boldsymbol{F}$ 是一个域. 如果 $\boldsymbol{K}$ 是 $\boldsymbol{F}$ 的子域, 则称 $\boldsymbol{F}$ 为 $\boldsymbol{K}$ 的 **扩域**.

例 12.1.1　有理数域 $\mathbf{Q}$ 是实数域 $\mathbf{R}$ 和复数域 $\mathbf{C}$ 的子域. 复数域 $\mathbf{C}$ 是实数域 $\mathbf{R}$ 的扩域. 实数域 $\mathbf{R}$ 是有理数域 $\mathbf{Q}$ 的扩域.

例 12.1.2　$\boldsymbol{F}_{2^8} = \boldsymbol{F}_2[x]/(x^8+x^4+x^3+x+1)$ 是 $\boldsymbol{F}_2$ 的扩域.

其次, 从线性空间的角度来讨论域的性质.

如果 $\boldsymbol{F}$ 是 $\boldsymbol{K}$ 的扩域, 则 $1_{\boldsymbol{F}} = 1_{\boldsymbol{K}}$. 而且, $\boldsymbol{F}$ 可作为 $\boldsymbol{K}$ 上的线性空间. 事实上, 对任意 $\alpha, \beta \in \boldsymbol{F}$, $k \in \boldsymbol{K}$, 有

$$\alpha + \beta \in \boldsymbol{K}, \quad k \cdot \alpha \in \boldsymbol{K}.$$

用 $[\boldsymbol{F}:\boldsymbol{K}]$ 表示 $\boldsymbol{F}$ 在 $\boldsymbol{K}$ 上线性空间的维数. 称 $\boldsymbol{F}$ 为 $\boldsymbol{K}$ 的 **有限维扩域** 或 **无限维扩域**, 如果 $[\boldsymbol{F}:\boldsymbol{K}]$ 是有限或无限的.

定理 12.1.1　设 $\boldsymbol{E}$ 是 $\boldsymbol{F}$ 的扩域, $\boldsymbol{F}$ 是 $\boldsymbol{K}$ 的扩域, 则

$$[\boldsymbol{E}:\boldsymbol{K}] = [\boldsymbol{E}:\boldsymbol{F}][\boldsymbol{F}:\boldsymbol{K}].$$

如果 $\{\alpha_i\}_{i\in I}$ 是 $\boldsymbol{F}$ 在 $\boldsymbol{K}$ 上的基底, $\{\beta_j\}_{j\in J}$ 是 $\boldsymbol{E}$ 在 $\boldsymbol{F}$ 上的基底, 则 $\{\alpha_i\beta_j\}_{i\in I, j\in J}$ 是 $\boldsymbol{E}$ 在 $\boldsymbol{K}$ 上的基底.

证　首先, 证明 $\{\alpha_i\beta_j\}_{i\in I, j\in J}$ 是 $\boldsymbol{E}$ 在 $\boldsymbol{K}$ 上的生成元. 事实上, 对任意 $c \in \boldsymbol{E}$, 根据 $\{\beta_j\}_{j\in J}$ 是 $\boldsymbol{E}$ 在 $\boldsymbol{F}$ 上的基底, 存在 $b_j \in \boldsymbol{F}$, $j \in J$ 使得

$$c = \sum_{j\in J} b_j \beta_j.$$

再根据 $\{\alpha_i\}_{i\in I}$ 是 $\boldsymbol{F}$ 在 $\boldsymbol{K}$ 上的基底, 存在 $a_{ij} \in \boldsymbol{K}$, $i \in I$ 使得

$$b_j = \sum_{i\in I} a_{ij}\alpha_i.$$

从而,

$$c = \sum_{j\in J}\left(\sum_{i\in I} a_{ij}\alpha_i\right)\beta_j = \sum_{i\in I, j\in J} a_{ij}\alpha_i\beta_j.$$

其次, 证明 $\{\alpha_i\beta_j\}_{i\in I, j\in J}$ 在 $\boldsymbol{K}$ 上线性无关. 事实上, 若存在 $a_{ij} \in \boldsymbol{K}$, $i \in I, j \in J$ 使得

$$\sum_{i\in I, j\in J} a_{ij}\alpha_i\beta_j = 0 \quad 或 \quad \sum_{j\in J}\left(\sum_{i\in I} a_{ij}\alpha_i\right)\beta_j = 0.$$

因为 $\sum\limits_{i\in I} a_{ij}\,\alpha_i \in \boldsymbol{F}$, 且 $\{\beta_j\}_{j\in J}$ 是 $\boldsymbol{E}$ 在 $\boldsymbol{F}$ 上的基底, 所以

$$\sum_{i\in I} a_{ij}\,\alpha_i = 0, \quad j \in J.$$

又因为 $a_{ij} \in \boldsymbol{K}$, 以及 $\{\alpha_i\}_{i\in I}$ 是 $\boldsymbol{F}$ 在 $\boldsymbol{K}$ 上的基底, 得到

$$a_{ij} = 0, \quad i \in I,\ j \in J.$$

因此, 有

$$[\boldsymbol{E}:\boldsymbol{K}] = [\boldsymbol{E}:\boldsymbol{F}][\boldsymbol{F}:\boldsymbol{K}].$$

定理成立.　　证毕.

推论　域 $\boldsymbol{E}$ 是 $\boldsymbol{K}$ 的有限扩域的充要条件是 $\boldsymbol{E}$ 是 $\boldsymbol{F}$ 的有限扩域, 以及 $\boldsymbol{F}$ 是 $\boldsymbol{K}$ 的有限扩域.

例 12.1.3　实数域 $\mathbf{R}$ 是有理数域 $\mathbf{Q}$ 的扩域, 复数域 $\mathbf{C}$ 是实数域 $\mathbf{R}$ 的扩域.

例 12.1.4　数域 $\mathbf{Q}(\sqrt{2})$ 是 $\mathbf{Q}$ 的有限扩张, 且 $[\mathbf{Q}(\sqrt{2}):\mathbf{Q}] = 2$.

最后, 讨论域的子域的生成.

定理 12.1.2　设 $\{\boldsymbol{E}_j\}_{j\in J}$ 是域 $\boldsymbol{F}$ (对应地有环 R) 中的一族子域 (对应地有子环), 则 $\bigcap\limits_{j\in J} E_j$ 也是一个子域 (对应地有子环).

证　令 $E = \bigcap\limits_{j\in J} E_j$. 根据定理 8.1.3, E 是一个交换加法群, 而 $E^* = \bigcap\limits_{j\in J} E_j^*$ 是一个交换乘群 (对应地有 E 也满足子环的乘法运算条件), 因此, E 是域 $\boldsymbol{F}$ 的子域 (对应地有子环).

证毕.

设 $\boldsymbol{F}$ 是一个域, $X \subset \boldsymbol{F}$, 则包含 X 的所有子域 (对应地有子环) 的交集仍是包含 X 的子域, 叫做由 X **生成的子域**(对应地有 **子环**). 如果 $\boldsymbol{F}$ 是 $\boldsymbol{K}$ 的扩域及 $X \subset \boldsymbol{F}$, 则由 $\boldsymbol{K} \cup X$ 生成的子域 (对应地有子环) 叫做 X **在 $\boldsymbol{K}$ 上生成的子域** (对应地有 **子环**), 记为 $\boldsymbol{K}(X)$ (对应地有 $\boldsymbol{K}[X]$). 注意到 $\boldsymbol{K}[X]$ 是一个整环.

如果 $X = \{u_1, \cdots, u_n\}$, 则 $\boldsymbol{F}$ 的子域 $\boldsymbol{K}(X)$ (对应地有子环 $\boldsymbol{K}[X]$) 记为 $\boldsymbol{K}(u_1, \cdots, u_n)$ (对应地有 $\boldsymbol{K}[u_1, \cdots, u_n]$). 域 $\boldsymbol{K}(u_1, \cdots, u_n)$ 叫做 $\boldsymbol{K}$ 的有限扩张. 如果 $X = \{u\}$, 则 $\boldsymbol{K}(u)$ 称为 $\boldsymbol{K}$ 的 **单扩张**.

下面给出域中元素的表示.

定理 12.1.3　设 $\boldsymbol{F}$ 是域 $\boldsymbol{K}$ 的扩域, u, u_1, $\cdots$, $u_n \in \boldsymbol{F}$, 以及 $X \subset \boldsymbol{F}$, 则

(i) 子环 $\boldsymbol{K}[u]$ 由形为 $f(u)$ 的元素组成, 其中 f 是系数在 $\boldsymbol{K}$ 的多项式 (就是 $f \in \boldsymbol{K}[x]$).

(ii) 子环 $\boldsymbol{K}[u_1, \cdots, u_n]$ 由形为 $f(u_1, \cdots, u_n)$ 的元素组成, 其中 f 是系数在 $\boldsymbol{K}$ 的 n 元多项式 (就是 $f \in \boldsymbol{K}[x_1, \cdots, x_n]$).

(iii) 子环 $\boldsymbol{K}[X]$ 由形为 $f(u_1, \cdots, u_n)$ 的元素组成, 其中 $n \in \mathbf{N}$, u_1, $\cdots$, $u_n \in X$, f 是系数在 $\boldsymbol{K}$ 的 n 元多项式 (就是 $f \in \boldsymbol{K}[x_1, \cdots, x_n]$).

(iv) 子域 $\boldsymbol{K}(u)$ 由形为 $\dfrac{f(u)}{g(u)}$ 的元素组成, 其中 f, $g \in \boldsymbol{K}[x]$, $g(u) \neq 0$.

(v) 子域 $\boldsymbol{K}(u_1, \cdots, u_n)$ 由形为 $\dfrac{f(u_1, \cdots, u_n)}{g(u_1, \cdots, u_n)}$ 的元素组成, 其中 f, $g \in \boldsymbol{K}[x_1, \cdots, x_n]$, $g(u_1, \cdots, u_n) \neq 0$.

(vi) 子域 $\boldsymbol{K}(u_1,\cdots,u_n)$ 由形为 $\dfrac{f(u_1,\cdots,u_n)}{g(u_1,\cdots,u_n)}$ 的元素组成, 其中 $n\in\mathbf{N}$, f, $g\in\boldsymbol{K}[x_1,\cdots,x_n]$, $u_1,\cdots,u_n\in X$, $g(u_1,\cdots,u_n)\neq 0$.

(vii) 对每个 $v\in\boldsymbol{K}(X)$ (对应地有 $\boldsymbol{K}[X]$), 存在一个有限子集 $X'\subset X$, 使得 $v\in\boldsymbol{K}(X')$ (对应地有 $\boldsymbol{K}[X']$).

证 (i) 令

$$\boldsymbol{E}=\{a_0+a_1u+\cdots++a_mu^m \mid m\in\mathbf{N},\ a_i\in\boldsymbol{K}\}. \tag{12.1}$$

易知, $\boldsymbol{E}$ 是一个整环. 又对任意 $\alpha\in\boldsymbol{E}$, 有

$$\alpha=a_0+a_1u+\cdots++a_mu^m,\quad m\in\mathbf{N},\ a_i\in\boldsymbol{K}.$$

因为 u, $a_i\in\boldsymbol{K}[u]$, 所以 $u^i\in\boldsymbol{K}[u]$, $a_iu^i\in\boldsymbol{K}[u]$. 从而 $\alpha\in\boldsymbol{K}[u]$ 以及 $\boldsymbol{E}\subset\boldsymbol{K}[u]$, 故 $\boldsymbol{K}[u]=\boldsymbol{E}$.

(ii) 令

$$\boldsymbol{E}=\left\{\sum_{i_1,\cdots,i_n}a_{i_1,\cdots,i_n}u_1^{i_1}\cdots u_n^{i_n} \mid a_{i_1,\cdots,i_n}\in\boldsymbol{K}\right\}. \tag{12.2}$$

易知, $\boldsymbol{E}$ 是一个整环. 又对任意 $\alpha\in\boldsymbol{E}$, 有

$$\alpha=\sum_{i_1,\cdots,i_n}a_{i_1,\cdots,i_n}u_1^{i_1}\cdots u_n^{i_n},\quad a_{i_1,\cdots,i_n}\in\boldsymbol{K}.$$

因为 $u_1,\cdots,u_n$, $a_{i_1,\cdots,i_n}\in\boldsymbol{K}[u_1,\cdots,u_n]$, 所以 $u_1^{i_1},\cdots,u_n^{i_n}$, $a_{i_1,\cdots,i_n}\in\boldsymbol{K}[u_1,\cdots,u_n]$, $a_{i_1,\cdots,i_n}u_1^{i_1}\cdots u_n^{i_n}\in\boldsymbol{K}[u_1,\cdots,u_n]$. 从而 $\alpha\in\boldsymbol{K}[u_1,\cdots,u_n]$ 以及 $\boldsymbol{E}\subset\boldsymbol{K}[u_1,\cdots,u_n]$, 故 $\boldsymbol{K}[u_1,\cdots,u_n]=\boldsymbol{E}$.

(iii) 令

$$\boldsymbol{E}=\left\{\sum_{i_1,\cdots,i_n}a_{i_1,\cdots,i_n}u_1^{i_1}\cdots u_n^{i_n} \mid n\in\mathbf{N},u_1,\cdots,u_n\in X,a_{i_1,\cdots,i_n}\in\boldsymbol{K}\right\}. \tag{12.3}$$

易知, $\boldsymbol{E}$ 是一个整环. 又对任意 $\alpha\in\boldsymbol{E}$, 有

$$\alpha=\sum_{i_1,\cdots,i_n}a_{i_1,\cdots,i_n}u_1^{i_1}\cdots u_n^{i_n},\quad a_{i_1,\cdots,i_n}\in\boldsymbol{K}.$$

因为 $u_1,\cdots,u_n$, $a_{i_1,\cdots,i_n}\in\boldsymbol{K}[X]$, 所以 $u_1^{i_1},\cdots,u_n^{i_n}$, $a_{i_1,\cdots,i_n}\in\boldsymbol{K}[X]$, $a_{i_1,\cdots,i_n}u_1^{i_1}\cdots u_n^{i_n}\in\boldsymbol{K}[X]$. 从而 $\alpha\in\boldsymbol{K}[X]$ 以及 $\boldsymbol{E}\subset\boldsymbol{K}[X]$, 故 $\boldsymbol{K}[X]=\boldsymbol{E}$.

(iv) 令

$$\boldsymbol{E}=\left\{\frac{f(u)}{g(u)} \mid f(x),\ g(x)\in\boldsymbol{K}[x],\ g(u)\neq 0\right\}. \tag{12.4}$$

易知, $\boldsymbol{E}$ 是一个子域. 又对任意 $\alpha\in\boldsymbol{E}$, 有

$$\alpha=\frac{f(u)}{g(u)}.$$

根据 (i), 有 $f(u)$, $g(u)\in\boldsymbol{K}(u)$, 所以 $\alpha\in\boldsymbol{K}(u)$ 以及 $\boldsymbol{E}\subset\boldsymbol{K}(u)$, 故 $\boldsymbol{K}(u)=\boldsymbol{E}$.

(v) 令

$$\boldsymbol{E}=\left\{\frac{f(u_1,\cdots,u_n)}{g(u_1,\cdots,u_n)}\ \middle|\ f,\ g\in\boldsymbol{K}[x_1,\cdots,x_n],\ g(u_1,\cdots,u_n)\neq 0\right\}. \tag{12.5}$$

易知, $\boldsymbol{E}$ 是一个子域. 又对任意 $\alpha\in\boldsymbol{E}$, 有

$$\alpha=\frac{f(u_1,\cdots,u_n)}{g(u_1,\cdots,u_n)}.$$

根据 (ii), 有 $f(u_1,\cdots,u_n),\ g(u_1,\cdots,u_n)\in\boldsymbol{K}(u_1,\cdots,u_n)$, 所以 $\alpha\in\boldsymbol{K}(u_1,\cdots,u_n)$ 以及 $\boldsymbol{E}\subset\boldsymbol{K}(u_1,\cdots,u_n)$, 故 $\boldsymbol{K}(u_1,\cdots,u_n)=\boldsymbol{E}$.

(vi) 令

$$\boldsymbol{E}=\left\{\frac{f(u_1,\cdots,u_n)}{g(u_1,\cdots,u_n)}\ \middle|\ n\in\mathbf{N},\ u_1,\cdots,u_n\in X,\ f,\ g\in\boldsymbol{K}[x_1,\cdots,x_n],\ g(u_1,\cdots,u_n)\neq 0\right\}. \tag{12.6}$$

易知, $\boldsymbol{E}$ 是一个子域. 又对任意 $\alpha\in\boldsymbol{E}$, 有

$$\alpha=\frac{f(u_1,\cdots,u_n)}{g(u_1,\cdots,u_n)}.$$

根据 (iii), 有 $f(u_1,\cdots,u_n),\ g(u_1,\cdots,u_n)\in\boldsymbol{K}(X)$, 所以 $\alpha\in\boldsymbol{K}(X)$ 以及 $\boldsymbol{E}\subset\boldsymbol{K}(X)$, 故 $\boldsymbol{K}(X)=\boldsymbol{E}$. 证毕.

12.1.2 域的代数扩张

本节, 从多项式的根的角度来讨论扩域.

定义 12.1.2 设 R 是一个整环, $\boldsymbol{K}$ 是包含 R 的一个域, $\boldsymbol{F}$ 是 $\boldsymbol{K}$ 的一个扩域.

(1) $\boldsymbol{F}$ 的元素 u 称为整环 R 上的**代数数**, 如果存在一个非零多项式 $f\in R[x]$ 使得 $f(u)=0$.

(2) $\boldsymbol{F}$ 的元素 u 称为整环 R 上的**代数整数**, 如果存在一个非零的首一多项式 $f\in R[x]$ 使得 $f(u)=0$.

(3) $\boldsymbol{F}$ 的元素 u 称为整环 R 上的**超越数**, 如果不存在任何非零多项式 R 使得 $f(u)=0$.

进一步, 当 $\boldsymbol{K}$ 是整环 R 的分式域时, 人们有时就称 $\boldsymbol{K}$ 上的代数数和超越数. 这时, 与代数相关的多项式就可以要求其是首一多项式. $\boldsymbol{F}$ 称为 $\boldsymbol{K}$ 的**代数扩张**, 如果 $\boldsymbol{F}$ 的每个元素都是 $\boldsymbol{K}$ 上的代数数. $\boldsymbol{F}$ 称为 $\boldsymbol{K}$ 上的**超越扩张**, 如果 $\boldsymbol{F}$ 中至少有一个元素是 $\boldsymbol{K}$ 上的超越数.

易知, 对于 $u\in\boldsymbol{K}$, 有 u 是一次多项式 $f(x)=x-u\in\boldsymbol{K}[x]$ 的根, 因此, u 是 $\boldsymbol{K}$ 上的代数数.

例 12.1.5 (1) $u=\sqrt{2}$ 是整数环 $\mathbf{Z}$ 上的代数整数, 因为有首一多项式

$$f(x)=(x-\sqrt{2})(x+\sqrt{2})=x^2-2\in\mathbf{Z}[x]$$

使得 $f(u)=0$. $\mathbf{Q}(\sqrt{2})$ 是代数扩张.

(2) $u=\dfrac{1+\sqrt{5}}{2}$ 是整数环 $\mathbf{Z}$ 上的代数整数, 因为有首一多项式

$$f(x)=\left(x-\frac{1+\sqrt{5}}{2}\right)\left(x-\frac{1-\sqrt{5}}{2}\right)=x^2-x-1\in\mathbf{Z}[x]$$

使得 $f(u)=0$. $\mathbf{Q}\left(\dfrac{1+\sqrt{5}}{2}\right)$ 是代数扩张.

例 12.1.6 (i) 圆周率 $\pi=3.141\,592\,65\cdots$ 是有理数域 $\mathbf{Q}$ 上的超越数.

(ii) 自然对数底 $\mathrm{e}=2.718\,281\,82\cdots$ 是有理数域 $\mathbf{Q}$ 上的超越数.

(iii) $2^{\sqrt{2}}$ 是有理数域 $\mathbf{Q}$ 上的超越数.

(iv) $\displaystyle\sum_{n=1}^{\infty}\frac{1}{2^{n!}}$ 是有理数域 $\mathbf{Q}$ 上的超越数.

下面建立多项式环和多项式分式域与域扩张之间的关系.

设 $\boldsymbol{F}$ 是 $\boldsymbol{K}$ 的扩域, $u\in\boldsymbol{F}$, 则可以构造 $\boldsymbol{K}[x]$ 到 $\boldsymbol{K}[u]$ 一个同态.

$$\begin{aligned}\varphi:\ \boldsymbol{K}[x]\ &\longrightarrow\ \boldsymbol{K}[u]\\ h(x)\ &\longmapsto\ h(u)\end{aligned}$$

且上述环同态可拓展为 $\boldsymbol{K}(x)$ 到 $\boldsymbol{K}(u)$ 一个域同态.

$$\begin{aligned}\varphi:\ \boldsymbol{K}(x)\ &\longrightarrow\ \boldsymbol{K}(u)\\ \frac{h(x)}{g(x)}\ &\longmapsto\ \frac{h(u)}{g(u)}\end{aligned}$$

根据环同态分解定理, 有同构

$$\overline{\varphi}:\ \boldsymbol{K}[x]/\ker(\varphi)\longrightarrow\boldsymbol{K}[u]$$

其中 $\ker(\varphi)=\{h(x)\mid\ \in\boldsymbol{K}[x],\ h(u)=0\}$.

分两种情况讨论.

(1) u 是 $\boldsymbol{K}$ 上的超越数. 这时, $\ker(\varphi)=\{0\}$. 因此, φ 是环同构, 也是域同构, 即有定理 12.1.4.

(2) u 是 $\boldsymbol{K}$ 上的代数数. 这时, $\ker(\varphi)\neq\{0\}$ 是素理想. 因为 $\boldsymbol{K}[x]$ 是主理想环, 所以存在次数最小的首一不可约多项式 $f(x)$ 使得 $\ker(\varphi)=(f(x))$, 即引理 12.1.1.

定理 12.1.4 如果 $\boldsymbol{F}$ 是 $\boldsymbol{K}$ 的扩域, $u\in\boldsymbol{F}$ 是 $\boldsymbol{K}$ 上的超越数, 则存在一个在 $\boldsymbol{K}$ 上为恒等映射的域同构 $\boldsymbol{K}(u)\cong\boldsymbol{K}(x)$.

引理 12.1.1 设 $\boldsymbol{F}$ 是域 $\boldsymbol{K}$ 的扩域, $u\in\boldsymbol{F}$ 是 $\boldsymbol{K}$ 上的代数数, 则存在唯一的 $\boldsymbol{K}$ 上的首一不可约多项式 $f(x)$ 使得 $f(u)=0$.

借助引理, 可以建立代数数与多项式的对应关系.

定义 12.1.3 设 $\boldsymbol{F}$ 是域 $\boldsymbol{K}$ 的扩域, $u\in\boldsymbol{F}$ 是 $\boldsymbol{K}$ 上的代数数. 引理中的首一不可约多项式 $f(x)$ 称为 u **的定义多项式** (或**极小多项式**或**不可约多项式**). u 在 $\boldsymbol{K}$ 上的**次数**定义为 u 的定义多项式 $f(x)$ 的次数 $\deg f$. u 的定义多项式 $f(x)$ 的其他根叫做 u 的**共轭根**.

例 12.1.7 $\sqrt{2}$ 在 $\mathbf{Q}$ 上的定义多项式是 $f(x)=x^2-2$, 次数为 2, 共轭根为 $-\sqrt{2}$.

下面考虑由代数数生成的域.

定理 12.1.5 设 $\boldsymbol{F}$ 是域 $\boldsymbol{K}$ 的扩域, $u \in \boldsymbol{F}$ 是 $\boldsymbol{K}$ 上的代数数, 则

(i) $\boldsymbol{K}(u)=\boldsymbol{K}[u]$.

(ii) $\boldsymbol{K}(u) \cong \boldsymbol{K}[x]/f(x)$, 其中 $f(x) \in \boldsymbol{K}[x]$ 是 u 的定义多项式, $n=\deg f$.

(iii) $[\boldsymbol{K}(u):\boldsymbol{K}]=n$.

(iv) $\left\{1, u, u^2, \cdots, u^{n-1}\right\}$ 是 $\boldsymbol{K}$ 上向量空间 $\boldsymbol{K}(u)$ 的基底.

(v) $\boldsymbol{K}(u)$ 的每个元素可唯一地表示为 $a_0+a_1u+\cdots+a_{n-1}u^{n-1}$, $a_i \in \boldsymbol{K}$.

证 设 u 的定义多项式为 $f(x)$, $n=\deg f$.

(i) 对任意 $\dfrac{h(u)}{g(u)} \in \boldsymbol{K}(u)$, $g(u) \neq 0$, 有多项式 $g(x)$ 与 $f(x)$ 互素. 根据多项式广义欧几里得除法 (定理 11.3.6), 存在 $s(x)$, $t(x) \in \boldsymbol{K}[x]$ 使得

$$s(x) \cdot g(x)+t(x) \cdot f(x)=1.$$

从而, $s(u)g(u)=1$. 因此,

$$\frac{h(u)}{g(u)}=\frac{s(u) \cdot h(u)}{s(u) \cdot g(u)}=s(u) \cdot h(u) \in \boldsymbol{K}[u],$$

$\boldsymbol{K}(u) \subset \boldsymbol{K}[u]$. 这说明, $\boldsymbol{K}(u)=\boldsymbol{K}[u]$.

(ii) 考虑 $\boldsymbol{K}[x]$ 到 $\boldsymbol{K}[u]$ 的映射

$$\varphi: g(x) \longmapsto g(u).$$

易知, σ 是满的环同态. 根据定理 10.5.9, 有 $\boldsymbol{K}[x]/\ker(\varphi) \cong \boldsymbol{K}(u)$, 但 $\ker(\varphi)=(f)$, 故结论成立.

(iv) 对任意 $g(x) \in \boldsymbol{K}[x]$, 根据多项式欧几里得除法 (定理 11.3.1), 存在 $q(x)$, $r(x) \in \boldsymbol{K}[x]$ 使得

$$g(x)=q(x) \cdot f(x)+r(x), \quad 0 \leqslant \deg r<\deg f.$$

因此, $g(u)=r(u)$. 这说明, $\{1, u, u^2, \cdots, u^{n-1}\}$ 是 $\boldsymbol{K}(u)$ 的生成元.

又因为 $f(x)$ 是使得 $f(u)=0$ 的次数最小的多项式, 所以 $\{1, u, u^2, \cdots, u^{n-1}\}$ 在 $\boldsymbol{K}$ 上线性无关. 因此, $\{1, u, u^2, \cdots, u^{n-1}\}$ 是 $\boldsymbol{K}$ 上向量空间 $\boldsymbol{K}(u)$ 的基底.

(iii) 和 (v) 由可 (iv) 得到. 证毕.

例 12.1.8 多项式 x^2-x-1 是 $\mathbf{Q}$ 上的不可约多项式.

例 12.1.9 多项式 x^3-3x-1 是 $\mathbf{Q}$ 上的不可约多项式.

下面的定理将从域的同构扩充到扩域的同构.

设 $\sigma: \boldsymbol{K} \rightarrow \boldsymbol{L}$ 是域同构. 对于 $f(x)=a_nx^n+a_{n-1}x^{n-1}+\cdots+a_1x+a_0 \in \boldsymbol{K}[x]$, 记

$$\sigma(f)(x)=\sigma(a_n)x^n+\sigma(a_{n-1})x^{n-1}+\cdots+\sigma(a_1)x+\sigma(a_0),$$

易知 f 和 $\sigma(f)$ 同为可约或不可约多项式.

定理 12.1.6 设 $\sigma: \boldsymbol{K} \to \boldsymbol{L}$ 是域同构, u 是 $\boldsymbol{K}$ 的某一扩域中的元素, v 是 $\boldsymbol{L}$ 的某一扩域中的元素. 假设

(i) u 是 $\boldsymbol{K}$ 上的超越元, v 是 $\boldsymbol{L}$ 上的超越元, 或者

(ii) u 是 $\boldsymbol{K}$ 上的代数数, u 的定义多项式为 $f \in \boldsymbol{K}[x]$, v 是多项式 $\sigma(f) \in \boldsymbol{L}[x]$ 的根, 则 σ 可扩充为扩域 $\boldsymbol{K}(u)$ 到 $\boldsymbol{L}(v)$ 的同构 φ, 并将 u 映到 $v = \varphi(u)$.

证 考虑 $\boldsymbol{K}(u)$ 到 $\boldsymbol{L}(v)$ 的映射

$$\varphi:\ \frac{h(u)}{g(u)} \longrightarrow \frac{\sigma(h)(v)}{\sigma(g)(v)}.$$

这个 φ 是 $\boldsymbol{K}(u)$ 到 $\boldsymbol{L}(v)$ 的同构, 且满足 $\varphi|_{\boldsymbol{K}} = \sigma$, $\varphi(u) = v$. 事实上, 只需说明 φ 是一对一的. 若 $\sigma(h)(v) = 0$, 根据假设条件, 在情形 (i), 有 $\sigma(h) = 0$, 从而 $h = 0$. 在情形 (ii), 有 $\sigma(f) \mid \sigma(h)$, 从而 $f \mid h$, $h(u) = 0$. 定理成立. 证毕.

定理 12.1.7 设 $\boldsymbol{E}$ 和 $\boldsymbol{F}$ 都是域 $\boldsymbol{K}$ 的扩域, $u \in \boldsymbol{E}$ 以及 $v \in \boldsymbol{F}$. 则 u 和 v 是同一不可约多项式 $f \in \boldsymbol{K}[x]$ 的根当且仅当存在一个 $\boldsymbol{K}$ 的同构 $\boldsymbol{K}(u) \cong \boldsymbol{L}(v)$, 其将 u 映到 v.

证 取 $\sigma = \mathrm{id}_{\boldsymbol{K}}$ 为 $\boldsymbol{K}$ 上的恒等变换, σ 是 $\boldsymbol{K}$ 到自身的同构, 且 $\sigma(f) = f$. 应用定理 12.1.6 即得到定理 12.1.7. 证毕.

定理 12.1.8 设 $\boldsymbol{K}$ 是一个域, $f \in \boldsymbol{K}[x]$ 是次数为 n 的多项式, 则存在 $\boldsymbol{K}$ 的单扩域 $\boldsymbol{F} = \boldsymbol{K}(u)$ 使得

(i) $u \in \boldsymbol{F}$ 是 f 的根.

(ii) $[\boldsymbol{K}(u) : \boldsymbol{K}] \leqslant n$, 等式成立当且仅当 f 是 $\boldsymbol{K}[x]$ 中的不可约多项式.

证 不妨设 $f \in \boldsymbol{K}[x]$ 是不可约多项式, 根据定理 11.4.4, 商环 $\boldsymbol{K}[x]/f$ 是一个域. 考虑 $\boldsymbol{K}[x]$ 到 $\boldsymbol{K}[x]/f = \boldsymbol{F}$ 的自然同态

$$s:\ g(x) \longmapsto (g(x)\ (\mathrm{mod}\ f(x))).$$

易知, $s|_{\boldsymbol{K}}$ 是 $\boldsymbol{K}$ 到 $s(\boldsymbol{K})$ 的同构, 且 $\boldsymbol{F}$ 是 $s(\boldsymbol{K})$ 的扩域. 对于 $x \in \boldsymbol{K}[x]$, 令 $u = s(x)$, 有 $\boldsymbol{F} = \boldsymbol{K}(u)$ 及 $f(u) = 0$. (i) 成立. 从定理 12.1.5 即可推出 (ii) . 证毕.

推论 设 $\boldsymbol{K}$ 是一个域, $f \in \boldsymbol{K}[x]$ 是次数为 n 的不可约多项式. 设 α 是 $f(x)$ 的根, 则 α 在 $\boldsymbol{K}$ 上生成的域为 $\boldsymbol{F} = \boldsymbol{K}(\alpha)$, 且 $[\boldsymbol{K}(\alpha) : \boldsymbol{K}] = n$.

12.2 Galois 基本定理

12.2.1 K- 同构

本小节先讨论 K- 同构及其性质.

定义 12.2.1 设 $\boldsymbol{E}$ 和 $\boldsymbol{F}$ 是 $\boldsymbol{K}$ 的扩域. 一个非零映射 $\sigma: \boldsymbol{E} \to \boldsymbol{F}$ 叫做 **$\boldsymbol{K}$- 同态**, 如果 σ 是一个域同态, 且 σ 在 $\boldsymbol{K}$ 上为恒等映射. 特别地, 当 σ 是一个域同构时, σ 叫做 **$\boldsymbol{K}$- 同构**.

注 $\boldsymbol{K}$- 同态和 $\boldsymbol{K}$- 同构都要求 $\boldsymbol{K}$ 中的元素是不变元, 即在同态或同构映射下保持不变.

一个自同构 $\sigma: \boldsymbol{F} \to \boldsymbol{F}$ 叫做 **$\boldsymbol{K}$- 自同构**, 如果 σ 是 $\boldsymbol{K}$- 同构. $\boldsymbol{F}$ 的所有 $\boldsymbol{K}$- 自同构组成的群叫做 $\boldsymbol{F}$ 在 $\boldsymbol{K}$ 上的 **伽略华 (Galois) 群**, 记为 $\mathrm{Aut}_{\boldsymbol{K}}\boldsymbol{F}$.

对于中间域 $\boldsymbol{E}$: $\boldsymbol{K} \subset \boldsymbol{E} \subset F$, 也有 $\boldsymbol{F}$ 在 $\boldsymbol{E}$ 上的伽略华 (Galois) 群 $\mathrm{Aut}_{\boldsymbol{E}}\boldsymbol{F}$.

定理 12.2.1 设 $\boldsymbol{F}$ 是 $\boldsymbol{K}$ 的扩域, $f \in \boldsymbol{K}[x]$. 如果 $u \in \boldsymbol{F}$ 是 f 的根, $\sigma \in \mathrm{Aut}_{\boldsymbol{K}}\boldsymbol{F}$, 则 $\sigma(u)$ 也是 f 的根.

证 设 $f(x) = a_n x^n + \cdots + a_1 x + a_0 \in \boldsymbol{K}[x]$. 对于 $u \in \boldsymbol{F}$ 及 $\sigma \in \mathrm{Aut}_{\boldsymbol{K}}\boldsymbol{F}$, 有

$$\begin{aligned} \sigma(f(u)) &= \sigma(a_n)\sigma(u)^n + \cdots + \sigma(a_1)\sigma(u) + \sigma(a_0) \\ &= a_n\sigma(u)^n + \cdots + a_1\sigma(u) + a_0 \\ &= f(\sigma(u)). \end{aligned}$$

因此, 当 $f(u) = 0$, 有 $f(\sigma(u)) = 0$. 定理成立. 证毕.

为了更清楚地描述 Galois 基本定理关于有限域的中间域与其 Galois 群的子群之间的关系, 引进以下符号.

设 $\boldsymbol{F}$ 是 $\boldsymbol{K}$ 的扩域, $\boldsymbol{E}$ 是中间域, 设 H 是 $G = \mathrm{Aut}_{\boldsymbol{K}}\boldsymbol{F}$ 的子群. 定义

$$I(H) = \{v \in \boldsymbol{F} \mid \sigma(v) = v,\ \sigma \in \boldsymbol{H}\} \tag{12.7}$$

和

$$A(\boldsymbol{E}) = \{\sigma \in \mathrm{Aut}_{\boldsymbol{K}}\boldsymbol{F} \mid \sigma(u) = u,\ u \in \boldsymbol{E}\}. \tag{12.8}$$

$I(H)$ 是由 $\boldsymbol{F}$ 中在子群 H 的自同构下保持不变的元素组成的集合. 下面的定理 12.2.2(i) 将证明 $I(H)$ 是扩域 $\boldsymbol{F}$ 的中间域. 易知,

$$I(G) = \boldsymbol{K}, \quad I(\{e\}) = \boldsymbol{F}.$$

$A(\boldsymbol{E})$ 是由 $G = \mathrm{Aut}_{\boldsymbol{K}}\boldsymbol{F}$ 中使得中间域 $\boldsymbol{E}$ 中的元素保持不变的自同构组成的集合. 下面的定理 12.2.2(ii) 将证明 $I(H)$ 是 $\mathrm{Aut}_{\boldsymbol{K}}\boldsymbol{F}$ 的子群. 易知,

$$A(\boldsymbol{F}) = \{e\}, \quad A(\boldsymbol{K}) = G.$$

定理 12.2.2 设 $\boldsymbol{F}$ 是 $\boldsymbol{K}$ 的扩域, $\boldsymbol{E}$ 是中间域以及 H 是 $\mathrm{Aut}_{\boldsymbol{K}}\boldsymbol{F}$ 的子群, 则

(i) $I(H)$ 是扩域 $\boldsymbol{F}$ 的中间域.

(ii) $A(\boldsymbol{E})$ 是 $\mathrm{Aut}_{\boldsymbol{K}}\boldsymbol{F}$ 的子群.

证 (i) ① 先证明 $I(H)$ 是 $\boldsymbol{F}$ 的子环. 事实上, 对任意 $a, b \in I(H)$, 以及对任意 $\sigma \in H$, 有

$$\sigma(a-b) = \sigma(a) - \sigma(b) = a - b,$$

所以, $a - b \in I(H)$. 又

$$\sigma(ab) = \sigma(a)\sigma(b) = ab,$$

所以 $ab \in I(H)$.

② $I(H)$ 有单位元为 e. 事实上, 对任意 $\sigma \in H$, 有 $\sigma(e) = e$.

③ 最后证明 $I(H)$ 中的非零元都是可逆元. 事实上, 对于 $I(H)$ 中任一非零元 a, 以及对任意 $\sigma \in H$, 有

$$a\sigma(a^{-1}) = \sigma(a)\sigma(a^{-1}) = \sigma(aa^{-1}) = \sigma(e) = e$$

以及

$$\sigma(a^{-1})a = \sigma(a^{-1})\sigma(a) = \sigma(a^{-1}a) = \sigma(e) = e.$$

所以 $\sigma(a^{-1}) = a^{-1}$, $a^{-1} \in I(H)$.

因此, $I(H)$ 是 $\boldsymbol{F}$ 的子域.

(ii) 要证 $A(\boldsymbol{E})$ 是 $Aut_{\boldsymbol{K}}\boldsymbol{F}$ 的子群. 事实上, 对任意 $\sigma, \tau \in A(\boldsymbol{E})$, 有

$$(\sigma\tau^{-1})(u) = \sigma(\tau^{-1}(\tau(u))) = \sigma(u) = u, \quad u \in \boldsymbol{E}.$$

因此, $\sigma\tau^{-1} \in A(\boldsymbol{E})$. 证毕.

中间域 $I(H)$ 叫做 H 在 $\boldsymbol{F}$ 中的**不变域**.

进一步讨论不变域的性质.

引理 12.2.1 $\boldsymbol{F}$ 是 $\boldsymbol{K}$ 的扩域, $\boldsymbol{E}$, $\boldsymbol{E}_1$, $\boldsymbol{E}_2$ 是中间域. 设 H, H_1, H_2 是 $G = \mathrm{Aut}_{\boldsymbol{K}}\boldsymbol{F}$ 的子群, 则

(i) $I(G) = \boldsymbol{K}$, $I(\{e\}) = \boldsymbol{F}$.

(ii) $A(\boldsymbol{F}) = \{e\}$, $A(\boldsymbol{K}) = G$.

(iii) 若 $H_1 < H_2$, 则 $I(H_1) \supset I(H_2)$.

(iv) 若 $\boldsymbol{E}_1 \subset \boldsymbol{E}_2$, 则 $A(\boldsymbol{E}_1) > A(\boldsymbol{E}_2)$.

(v) $H < A(I(H))$.

(vi) $\boldsymbol{E} \subset I(A(\boldsymbol{E}))$.

(vii) $I(H) = I(A(I(H)))$.

(viii) $A(\boldsymbol{E}) = A(I(A(\boldsymbol{E})))$.

(ix) 若 $\boldsymbol{E} = I(A(\boldsymbol{E}))$, 则 $H = A(\boldsymbol{E})$ 满足 $\boldsymbol{E} = I(H)$, 且 $H = A(I(H))$.

(x) 若 $H = A(I(H))$, 则 $\boldsymbol{E} = I(H)$ 满足 $H = A(\boldsymbol{E})$, 且 $\boldsymbol{E} = I(A(\boldsymbol{E}))$.

证 根据定义, 直接得到 (i), (ii).

(iii) 设 $H_1 < H_2$, 则对任意的 $v \in I(H_2)$, 有

$$\sigma(v) = v, \quad \sigma \in H_2,$$

当然有

$$\sigma(v) = v, \quad \sigma \in H_1$$

因此, $v \in I(H_1)$, $I(H_2) \subset I(H_1)$.

(iv) 设 $\boldsymbol{E}_1 \subset \boldsymbol{E}_2$, 则对任意的 $\sigma \in A(\boldsymbol{E}_2)$, 有

$$\sigma(v) = v, \quad v \in \boldsymbol{E}_2,$$

当然有

$$\sigma(v) = v, \quad v \in \boldsymbol{E}_1.$$

因此, $\sigma \in A(\boldsymbol{E}_1)$, $A(\boldsymbol{E}_2) < A(\boldsymbol{E}_1)$.

(v) 对任意的 $\sigma \in H$, 以及任意 $v \in I(H)$, 有

$$\sigma(v) = v, \quad v \in I(H),$$

这意味着 $\sigma \in A(I(H))$, $H \subset A(I(H))$.

(vi) 对任意的 $v \in \boldsymbol{E}$, 以及任意 $\sigma \in A(\boldsymbol{E})$, 有

$$\sigma(v) = v, \quad \sigma \in A(\boldsymbol{E}),$$

这意味着 $v \in I(A(\boldsymbol{E}))$, $E \subset I(A(\boldsymbol{E}))$.

(vii) 由 (v) 和 (iii) 推出

$$I(A(I(H))) \subset I(H).$$

而在 (vi) 中取 $\boldsymbol{E} = I(H)$, 得

$$I(H) \subset I(A(I(H))).$$

故 $I(H) = I(A(I(H)))$.

(viii) 由 (vi) 和 (iv) 推出

$$A(I(A(\boldsymbol{E}))) < A(\boldsymbol{E}).$$

而在 (v) 中取 $H = A(\boldsymbol{E})$, 得

$$A(\boldsymbol{E}) < A(I(A(\boldsymbol{E}))),$$

故 $A(\boldsymbol{E}) = A(I(A(\boldsymbol{E})))$. 证毕.

定义 12.2.2 设 $\boldsymbol{F}$ 是 $\boldsymbol{K}$ 的扩域. $\boldsymbol{F}$ 叫做 $\boldsymbol{K}$- 的 **Galois 扩张**, 如果 Galois 群 $\mathrm{Aut}_{\boldsymbol{K}}\boldsymbol{F}$ 的不变域是 $\boldsymbol{K}$.

对于中间域 $\boldsymbol{E}$: $\boldsymbol{K} \subset \boldsymbol{E} \subset F$, $\boldsymbol{F}$ 叫做 $\boldsymbol{E}$- 的 **Galois 扩张**, 如果 Galois 群 $\mathrm{Aut}_{\boldsymbol{E}}\boldsymbol{F}$ 的不变域是 $\boldsymbol{E}$.

注 1

- 设域 $\boldsymbol{F}$ 是 $\boldsymbol{K}$ 的 Galois 扩张, 则对于任意的 $u \in \boldsymbol{F} \setminus \boldsymbol{K}$, 存在 $\sigma \in \mathrm{Aut}_{\boldsymbol{K}}\boldsymbol{F}$ 使得 $\sigma(u) \neq u$.
- 设域 $\boldsymbol{F}$ 是 $\boldsymbol{E}$ 的 Galois 扩张, 则对于任意的 $u \in \boldsymbol{F} \setminus \boldsymbol{E}$, 存在 $\sigma \in \mathrm{Aut}_{\boldsymbol{E}}\boldsymbol{F}$ 使得 $\sigma(u) \neq u$.

注 2 给定 $\boldsymbol{E}$, 可得 $A(\boldsymbol{E})$, 进而得 $I(A(\boldsymbol{E}))$, 它使得 $A(\boldsymbol{E}) = \mathrm{Aut}_{I(A(\boldsymbol{E}))}\boldsymbol{F}$. 因此,

$$A(E) = \mathrm{Aut}_{\boldsymbol{E}}\boldsymbol{F} \Longleftrightarrow I(A(\boldsymbol{E})) = \boldsymbol{E}.$$

这意味着, E 有 Galois 子群 $\mathrm{Aut}_{\boldsymbol{E}}\boldsymbol{F}$ 的充要条件是 $I(A(\boldsymbol{E})) = \boldsymbol{E}$.

注 3 给定 $H < G$, 可得 $I(H)$, 进而得 $A(I(H))$, 它使得 $A(I(H)) = \mathrm{Aut}_{I(H)}\boldsymbol{F}$, 因此,

$$H = \mathrm{Aut}_{I(H)}\boldsymbol{F} \Longleftrightarrow A(I(H)) = H.$$

这意味着, H 是其不变域 $I(H)$ 上 Galois 子群 $\mathrm{Aut}_{I(H)}\boldsymbol{F}$ 的充要条件是 $A(I(H)) = H$.

中间域 $\boldsymbol{E}$ 叫做闭的, 如果 $\boldsymbol{E} = I(A(\boldsymbol{E}))$.

例如, $\boldsymbol{K}$ 和 $\boldsymbol{F}$ 都是闭域.

子群 H 叫做闭的, 如果 $H = A(I(H))$.

例如, $\{e\}$ 和 G 都是闭子群.

此外, 由引理 12.2.1, 得

$$\boldsymbol{E} = I(A(\boldsymbol{E})) \Longleftrightarrow H = A(I(H)).$$

根据引理 12.2.1(vii) 和 (viii), 可推出:

定理 12.2.3 设 $\boldsymbol{F}$ 是 $\boldsymbol{K}$ 的扩域, 则在这个扩张的闭中间域与其 Galois 群 $G = \mathrm{Aut}_{\boldsymbol{K}}\boldsymbol{F}$ 的闭子群之间存在一一对应的映射:

$$E \longmapsto A(E) = \mathrm{Aut}_{\boldsymbol{E}}\boldsymbol{F}.$$

定理 12.2.1 可以推广为:

定理 12.2.4 设 $\boldsymbol{F}$ 是 $\boldsymbol{K}$ 的扩域, $\boldsymbol{E}$ 是 $\boldsymbol{F}$ 的中间域, $f\in\boldsymbol{E}[x]$. 如果 $u\in\boldsymbol{F}$ 是 f 的根, $\sigma\in A(\boldsymbol{E})$, 则 $\sigma(u)$ 也是 f 的根.

证 设 $f(x)=a_nx^n+\cdots+a_1x+a_0\in\boldsymbol{E}[x]$. 对于 $u\in\boldsymbol{F}$ 及 $\sigma\in A(\boldsymbol{E})$, 有

$$\sigma(f(u))=\sigma(a_n)\sigma(u)^n+\cdots+\sigma(a_1)\sigma(u)+\sigma(a_0)=a_n\sigma(u)^n+\cdots+a_1\sigma(u)+a_0=f(\sigma(u)).$$

因此, 当 $f(u)=0$, 有 $f(\sigma(u))=0$. 定理成立. 证毕.

12.2.2 Galois 基本定理概述

现在给出 Galois 基本定理.

定理 12.2.5 (Galois 理论的基本定理) 如果 $\boldsymbol{F}$ 是 $\boldsymbol{K}$ 的有限维 Galois 扩张, 则在所有中间扩域集到 Galois 群 $\mathrm{Aut}_{\boldsymbol{K}}\boldsymbol{F}$ 的所有子群集之间存在一个一一对应的映射

$$\boldsymbol{E}\longmapsto A(\boldsymbol{E})=\mathrm{Aut}_{\boldsymbol{E}}\boldsymbol{F} \tag{12.9}$$

使得:

(i) $\boldsymbol{F}$ 是每个中间域 $\boldsymbol{E}$ 上的 Galois 域.

(ii) 两个中间域 $\boldsymbol{E}_1\subset\boldsymbol{E}_2$ 的相关维数 $[\boldsymbol{E}_2:\boldsymbol{E}_1]$ 等于对应子群 $A(\boldsymbol{E}_1)>A(\boldsymbol{E}_2)$ 的相关指标 $[A(\boldsymbol{E}_1):A(\boldsymbol{E}_2)]$, 特别地, $\mathrm{Aut}_{\boldsymbol{K}}\boldsymbol{F}$ 有阶 $[\boldsymbol{F}:\boldsymbol{K}]$.

(iii) 中间域 $\boldsymbol{E}$ 是 $\boldsymbol{K}$ 上的 Galois 域当且仅当对应的子群 $A(\boldsymbol{E})=\mathrm{Aut}_{\boldsymbol{E}}\boldsymbol{F}$ 是 $G=\mathrm{Aut}_{\boldsymbol{K}}\boldsymbol{F}$ 的正规子群, 在这个情况下, $G/A(\boldsymbol{E})$ (同构意义下) 是 $\boldsymbol{E}$ 在 $\boldsymbol{K}$ 上的 Galois 群 $\mathrm{Aut}_{\boldsymbol{K}}\boldsymbol{E}$.

在给出 Galois 基本定理的证明之前, 先讨论几个引理.

引理 12.2.2 设 $\boldsymbol{F}$ 是 $\boldsymbol{K}$ 的扩域, $\boldsymbol{E}_1$, $\boldsymbol{E}_2$ 是中间域, 且 $\boldsymbol{E}_1\subset\boldsymbol{E}_2$. 如果 $[\boldsymbol{E}_2:\boldsymbol{E}_1]$ 有限, 则

$$[A(\boldsymbol{E}_1):A(\boldsymbol{E}_2)]\leqslant[\boldsymbol{E}_2:\boldsymbol{E}_1]. \tag{12.10}$$

特别地, 如果 $[\boldsymbol{F}:\boldsymbol{K}]$ 有限, $|\mathrm{Aut}_{\boldsymbol{K}}\boldsymbol{F}|\leqslant[\boldsymbol{F}:\boldsymbol{K}]$.

证 对 $n=[\boldsymbol{E}_2:\boldsymbol{E}_1]$ 用数学归纳法. $n=1$ 时, 命题显然成立. $n>1$ 时, 假设命题对所有 $i<n$ 都成立. 取 $u\in\boldsymbol{E}_2$, $u\notin\boldsymbol{E}_1$. 因为 $[\boldsymbol{E}_2:\boldsymbol{E}_1]$ 有限, 所以 u 是 $\boldsymbol{E}_1$ 上的代数元, u 的定义多项式 $f(x)\in\boldsymbol{E}_1[x]$ 具有次数 $k>1$. 考虑以下的中间域及相应的子群:

$$\begin{array}{ccccc}\boldsymbol{E}_1 & \subset & E_1(u) & \subset & \boldsymbol{E}_2\\ \downarrow & & \downarrow & & \downarrow\\ A(\boldsymbol{E}_1) & > & A(E_1(u)) & > & A(\boldsymbol{E}_2)\end{array}$$

分两种情形. 若 $k<n$, 则 $1<n/k<n$. 根据归纳假设, 有

$$[A(\boldsymbol{E}_1):A(\boldsymbol{E}_1(u))]\leqslant[\boldsymbol{E}_2:\boldsymbol{E}_1(u)],\quad [A(\boldsymbol{E}_1(u)):A(\boldsymbol{E}_2)]\leqslant[\boldsymbol{E}_2:\boldsymbol{E}_1(u)].$$

从而

$$\begin{aligned}[A(\boldsymbol{E}_1):A(\boldsymbol{E}_2)] &\leqslant [A(\boldsymbol{E}_1):A(\boldsymbol{E}_1(u))]\cdot[A(\boldsymbol{E}_1(u)):A(\boldsymbol{E}_2)]\\ &\leqslant [\boldsymbol{E}_2:\boldsymbol{E}_1(u)][\boldsymbol{E}_1(u):\boldsymbol{E}_1]\\ &\leqslant [\boldsymbol{E}_2:\boldsymbol{E}_1(u)].\end{aligned}$$

若 $k=n$, 则 $[\boldsymbol{E}_2:\boldsymbol{E}_1(u)]=1$, 即有 $\boldsymbol{E}_2=\boldsymbol{E}_1(u)$. 根据定理 12.2.4, 可以构造一个商集 $A(\boldsymbol{E}_1)/A(\boldsymbol{E}_2)$ 到 f 在 $\boldsymbol{F}$ 中的根集 $\mathrm{Roots}(f)_{\boldsymbol{F}}=\{v\in\boldsymbol{F}\mid f(v)=0\}$ 的映射:

$$\varphi:\sigma\cdot A(\boldsymbol{E}_2)\longmapsto\sigma(u)$$

φ 是一对一的. 事实上, 若

$$\varphi(\sigma_1 A(\boldsymbol{E}_2))=\varphi(\sigma_2 A(\boldsymbol{E}_2)),$$

则 $\sigma_1(u)=\sigma_2(u)$. 从而, $\sigma_2^{-1}\sigma_1(u)=u$, $\sigma_2^{-1}\sigma_1\in A(\boldsymbol{E}_1(u))=A(\boldsymbol{E}_2)$. 由此得到 $\sigma_1 A(\boldsymbol{E}_2)=\sigma_2 A(\boldsymbol{E}_2)$.

因为 φ 是一对一的, 所以 $|A(\boldsymbol{E}_1)/A(\boldsymbol{E}_2)|\leqslant|\mathrm{Roots}(f)_{\boldsymbol{F}}|$. 而 $|\mathrm{Roots}(f)_{\boldsymbol{F}}|\leqslant n$, 故

$$[A(\boldsymbol{E}_1):A(\boldsymbol{E}_2)]=|A(\boldsymbol{E}_1)/A(\boldsymbol{E}_2)|\leqslant n=[\boldsymbol{E}_2:\boldsymbol{E}_1].$$

特别地, 令 $\boldsymbol{E}_1=\boldsymbol{K}$, $\boldsymbol{E}_2=\boldsymbol{F}$, 有

$$|\mathrm{Aut}_{\boldsymbol{K}}\boldsymbol{F}|=[\mathrm{Aut}_{\boldsymbol{K}}\boldsymbol{F}:\{e\}]=[A(\boldsymbol{K}):A(\boldsymbol{F})]\leqslant[\boldsymbol{F}:\boldsymbol{K}].$$

证毕.

引理 12.2.3 设 $\boldsymbol{F}$ 是 $\boldsymbol{K}$ 的扩域. 设 H_1, H_2 是 $G=\mathrm{Aut}_{\boldsymbol{K}}\boldsymbol{F}$ 的子群, 且 $H_1<H_2$. 如果 $[H_2:H_1]$ 有限, 则

$$[I(H_1)):I(H_2)]\leqslant[H_2:H_1]. \tag{12.11}$$

证 反证法. 设 $[H_2:H_1]=n$, $[I(H_1)):I(H_2)]>n$, 则存在 $u_1,u_2,\cdots,u_n,u_{n+1}\in I(H_1)$, 它们在 $I(H_2)$ 上线性无关. 设 H_2/H_1 中的代表元为 $\sigma_1\in H_1,\sigma_2,\cdots,\sigma_n$. 在 $\boldsymbol{F}$ 中考虑 $n+1$ 元的 n 个方程的齐次线性方程组:

$$\begin{cases}\sigma_1(u_1)\,x_1+\sigma_1(u_2)\,x_2+\cdots+\sigma_1(u_n)\,x_n+\sigma_1(u_{n+1})\,x_{n+1}=0\\ \sigma_2(u_1)\,x_1+\sigma_2(u_2)\,x_2+\cdots+\sigma_2(u_n)\,x_n+\sigma_2(u_{n+1})\,x_{n+1}=0\\ \qquad\vdots\\ \sigma_n(u_1)\,x_1+\sigma_n(u_2)\,x_2+\cdots+\sigma_n(u_n)\,x_n+\sigma_n(u_{n+1})\,x_{n+1}=0\end{cases} \tag{12.12}$$

因为未知变量个数 $n+1$ 大于方程个数 n, 所以这个方程组有非零解 ξ. 适当改变 $\sigma_1,\sigma_2,\cdots,\sigma_n$ 的排序, 可设在所有非零解中, 有一组解 $\xi=(a_1,a_2,\cdots,a_n,a_{n+1})$, 使得其不为零的分量 a_i 的个数最少. 不妨设

$$\xi_1=(a_1,a_2,\cdots,a_r,0,\cdots,0),$$

其中 $(a_1=1,\ a_i\neq0,\ 2\leqslant i\leqslant r)$.

现在, 构造一个 $\tau\in H_2$, 使得

$$\xi_2=(\tau(a_1),\tau(a_2),\cdots,\tau(a_r),0,\cdots,0)$$

是式 (12.12) 的解, 满足 $\tau(a_2)\neq a_2$.

因为 $\sigma_1 \in H_1$, 所以 $\sigma_1(u_i)=u_i,\ 1\leqslant i\leqslant n+1$. 由式 (12.12) 的第一个方程, 有

$$u_1a_1+u_2a_2+\cdots+u_ra_r=0.$$

因为 $u_1,u_2,\cdots,u_n,u_{n+1}\in I(H_1)$ 在 $I(H_2)$ 上线性无关, 所以必有一个 $a_i\notin I(H_2)$. (不妨设为 a_2, 若必要就交换 $u_1,u_2,\cdots,u_n,u_{n+1}$ 的次序) 这样, 就存在 $\tau\in H_2$, 使得 $\tau(a_2)\neq a_2$.

现在考虑线性方程组:

$$\begin{cases}\tau\sigma_1(u_1)\,x_1+\tau\sigma_1(u_2)\,x_2+\cdots+\tau\sigma_1(u_n)\,x_n+\tau\sigma_1(u_{n+1})\,x_{n+1}=0\\ \tau\sigma_2(u_1)\,x_1+\tau\sigma_2(u_2)\,x_2+\cdots+\tau\sigma_2(u_n)\,x_n+\tau\sigma_2(u_{n+1})\,x_{n+1}=0\\ \qquad\vdots\\ \tau\sigma_n(u_1)\,x_1+\tau\sigma_n(u_2)\,x_2+\cdots+\tau\sigma_n(u_n)\,x_n+\tau\sigma_n(u_{n+1})\,x_{n+1}=0\end{cases}\tag{12.13}$$

因为 $\xi_1=(a_1,a_2,\cdots,a_r,0,\cdots,0)$ 是式 (12.12) 的解, 所以 $\xi_2=(\tau(a_1),\tau(a_2),\cdots,\tau(a_r),0,\cdots,0)$ 是式 (12.13) 的解.

注意到, $\tau\in H_2$ 时, $\tau\sigma_1,\tau\sigma_2,\cdots,\tau\sigma_n$ 也是 H_2/H_1 中的代表元. 这样, 对于 $1\leqslant k\leqslant n$, 有 $\tau\sigma_k=\sigma_{i_k}\tau'$, $\tau'\in H_1$. 从而, 由 $\tau'(u_j)=u_j,\ 1\leqslant j\leqslant n+1$, 得到

$$\tau\sigma_k(u_j)=\sigma_{i_k}\tau'(u_j)=\sigma_{i_k}(u_j).$$

而 $\sigma_{i_1},\sigma_{i_2},\cdots,\sigma_{i_n}$ 是 $\sigma_1,\sigma_2,\cdots,\sigma_n$ 的一个排列, 所以方程组 (12.13) 与方程组 (12.12) 等价. 由此, ξ_2 也是式 (12.12) 的解. 从而,

$$\xi_2-\xi_1=(0,\tau(a_2)-a_2,\cdots,\tau(a_r)-a_r,0,\cdots,0)$$

是式 (12.12) 的解. 这与 ξ 的非零分量个数最少的选取矛盾, 故 $[I(H_1)):I(H_2)]\leqslant[H_2:H_1]$.

证毕.

引理 12.2.4 设 $\boldsymbol{F}$ 是 $\boldsymbol{K}$ 的扩域, $\boldsymbol{E}_1$, $\boldsymbol{E}_2$ 是中间域, 且 $\boldsymbol{E}_1\subset\boldsymbol{E}_2$. 设 H_1, H_2 是 $G=\mathrm{Aut}_{\boldsymbol{K}}\boldsymbol{F}$ 的子群, 且 $H_1<H_2$, 则

(i) 若 $\boldsymbol{E}_1$ 是闭的且 $[\boldsymbol{E}_2:\boldsymbol{E}_1]$ 有限, 那么 $\boldsymbol{E}_2$ 是闭的, 且 $[A(\boldsymbol{E}_1):A(\boldsymbol{E}_2)]=[\boldsymbol{E}_2:\boldsymbol{E}_1]$.

(ii) 若 H_1 是闭的, 且 $[H_2:H_1]$ 有限, 那么 H_2 是闭的, 且 $[I(H_1)):I(H_2)]=[H_2:H_1]$.

(iii) 若 $\boldsymbol{F}$ 是 $\boldsymbol{K}$ 的有限维 Galois 扩张, 那么每个中间域和其 Galois 子群都是闭的, 且 $Aut_{\boldsymbol{K}}\boldsymbol{F}$ 阶为 $[\boldsymbol{F}:\boldsymbol{K}]$.

证 (i) 设 $\boldsymbol{E}_1$ 是闭的, 则有 $E_1=I(A(\boldsymbol{E}_1))$, $E_2\subset I(A(\boldsymbol{E}_2))$, 根据引理 12.2.2 和引理 12.2.3, 有

$$\begin{aligned}[\boldsymbol{E}_2:\boldsymbol{E}_1]&\leqslant[I(A(\boldsymbol{E}_2)):\boldsymbol{E}_1]=[I(A(\boldsymbol{E}_2)):I(A(\boldsymbol{E}_1))]\\&\leqslant[A(\boldsymbol{E}_1):A(\boldsymbol{E}_2)]\leqslant[\boldsymbol{E}_2:\boldsymbol{E}_1].\end{aligned}$$

从而, $[I(A(\boldsymbol{E}_2)):\boldsymbol{E}_2]=[I(A(\boldsymbol{E}_2)):\boldsymbol{E}_1]/[\boldsymbol{E}_2:\boldsymbol{E}_1]=1,\ I(A(\boldsymbol{E}_2))=\boldsymbol{E}_2$, 以及

$$[A(\boldsymbol{E}_1)):A(\boldsymbol{E}_2)]=[\boldsymbol{E}_2:\boldsymbol{E}_1].$$

(ii) 设 H_1 是闭的, 则有 $H_1 = A(I(H_1))$, $H_2 \subset A(I(H_2))$, 根据引理 12.2.2 和引理 12.2.3, 有

$$\begin{aligned}[H_2 : H_1] &\leqslant [A(I(H_2)) : H_1] = [A(I(H_2)) : A(I(H_1))] \\ &\leqslant [I(H_1) : I(H_2)] \leqslant [H_2 : H_1].\end{aligned}$$

从而, $[A(I(H_2)) : H_2] = [A(I(H_2)) : H_1]/[H_2 : H_1] = 1$, $A(I(H_2)) = H_2$, 以及

$$[I(H_1)) : I(H_2)] = [H_2 : H_1].$$

(iii) 设 $\boldsymbol{E}$ 是中间域. 因为 $\boldsymbol{F}$ 是 $\boldsymbol{K}$ 的有限维 Galois 扩张, 所以 $[\boldsymbol{E} : \boldsymbol{K}]$ 是有限的. 而 $\boldsymbol{F}$ 在 $\boldsymbol{K}$ 上是 Galois 的, 因此, $\boldsymbol{K}$ 是闭的. 由 (i) 推出 $\boldsymbol{E}$ 是闭的, 且 $[A(\boldsymbol{K}) : A(\boldsymbol{E})] = [\boldsymbol{E} : \boldsymbol{K}]$. 特别地, 当 $\boldsymbol{E} = \boldsymbol{F}$ 时, 有

$$|\mathrm{Aut}_{\boldsymbol{K}}\boldsymbol{F}| = [\mathrm{Aut}_{\boldsymbol{K}}\boldsymbol{F} : \{e\}] = [A(\boldsymbol{K}) : A(\boldsymbol{F})] = [\boldsymbol{F} : \boldsymbol{K}]$$

是有限的. 从而 $\mathrm{Aut}_{\boldsymbol{K}}\boldsymbol{F}$ 的每个子群 H 是有限的. 因为 $\{e\}$ 是闭的, 由 (ii) 得到 H 也是闭的. 证毕.

设 $\boldsymbol{F}$ 是 $\boldsymbol{K}$ 的扩域, $\boldsymbol{E}$ 是中间域. 称 $\boldsymbol{E}$ (对于 $\boldsymbol{K}$ 和 $\boldsymbol{F}$) 是稳定的, 如果每个 $\boldsymbol{K}$- 自同构 $\sigma \in \mathrm{Aut}_{\boldsymbol{K}}\boldsymbol{F}$ 在 $\boldsymbol{E}$ 上的限制都是 $\boldsymbol{E}$ 到 $\boldsymbol{E}$ 自身的映射.

引理 12.2.5 设 $\boldsymbol{F}$ 是 $\boldsymbol{K}$ 的扩域.

(i) 若 $\boldsymbol{E}$ 是稳定的中间扩域, 那么 $A(\boldsymbol{E}) = \mathrm{Aut}_{\boldsymbol{E}}\boldsymbol{F}$ 是 Galois 群 $\mathrm{Aut}_{\boldsymbol{K}}\boldsymbol{F}$ 的正规子群;

(ii) 若 H 是 $\mathrm{Aut}_{\boldsymbol{K}}\boldsymbol{F}$ 的正规子群, 那么 H 的不变域 $I(H)$ 是稳定的中间扩域.

证 (i) 设 $u \in \boldsymbol{E}$, $\sigma \in \mathrm{Aut}_{\boldsymbol{K}}\boldsymbol{F}$. 根据 $\boldsymbol{E}$ 的稳定性, 有 $\sigma(u) \in \boldsymbol{E}$, 从而, 对于每个 $\tau \in A(E)$, 有 $(\tau\sigma)(u) = \tau(\sigma(u)) = \sigma(u)$. 因此, 对于任意的 $\sigma \in \mathrm{Aut}_{\boldsymbol{K}}\boldsymbol{F}$, $\tau \in A(\boldsymbol{E})$, 以及 $u \in \boldsymbol{E}$, 有

$$(\sigma^{-1}\tau\sigma)(u) = \sigma^{-1}(\tau\sigma(u)) = \sigma^{-1}(\sigma(u)) = u.$$

从而, $\sigma^{-1}\tau\sigma \in A(\boldsymbol{E})$. $A(\boldsymbol{E})$ 是 $\mathrm{Aut}_{\boldsymbol{K}}\boldsymbol{F}$ 的正规子群.

(ii) 设 H 是 $\mathrm{Aut}_{\boldsymbol{K}}\boldsymbol{F}$ 的正规子群, 那么对任意的 $\tau \in H$, $\sigma \in \mathrm{Aut}_{\boldsymbol{K}}\boldsymbol{F}$, 有 $\sigma^{-1}\tau\sigma \in H$. 因此, 对于任意的 $u \in I(H)$, 有 $\sigma^{-1}\tau\sigma(u) = u$. 从而, $\tau(\sigma(u)) = \sigma(u)$, 故 $\sigma(u) \in I(H)$, $I(H)$ 是稳定的中间扩域. 证毕.

引理 12.2.6 若 $\boldsymbol{F}$ 是 $\boldsymbol{K}$ 的 Galois 扩域, 且 $\boldsymbol{E}$ 是稳定的中间扩域, 则 $\boldsymbol{E}$ 也是 $\boldsymbol{K}$ 的 Galois 扩张.

证 对于 $u \in \boldsymbol{E} \setminus \boldsymbol{K}$, 由 $\boldsymbol{F}$ 是 $\boldsymbol{K}$ 的 Galois 扩域, 知存在 $\sigma \in \mathrm{Aut}_{\boldsymbol{K}}\boldsymbol{F}$, 使得 $\sigma(u) \neq u$. 但 $\boldsymbol{E}$ 是稳定的, 从而 $\sigma|_{\boldsymbol{E}} \in \mathrm{Aut}_{\boldsymbol{K}}\boldsymbol{E}$, 使得 $\sigma(u) \neq u$. 因此, $\boldsymbol{E}$ 也是 $\boldsymbol{K}$ 的 Galois 扩张. 证毕.

引理 12.2.7 若 $\boldsymbol{F}$ 是 $\boldsymbol{K}$ 的某个扩域, $\boldsymbol{E}$ 是一个中间扩域, 且 $\boldsymbol{E}$ 是 $\boldsymbol{K}$ 的代数扩张和 Galois 扩张, 那么 $\boldsymbol{E}$ (相对于 $\boldsymbol{F}$ 和 $\boldsymbol{K}$) 是稳定的.

注 假设条件: $\boldsymbol{E}$ 是 $\boldsymbol{K}$ 的代数扩张, 是不可缺少的.

证 设 $u \in \boldsymbol{E}$, $f \in \boldsymbol{K}[x]$ 是 u 的定义多项式. 令 $u_1 = u$, u_2, $\cdots$, u_r 是 f 在 $\boldsymbol{E}$ 中的不同的根, 则 $r \leqslant \deg f = n$. 如果 $\tau \in \mathrm{Aut}_{\boldsymbol{K}}\boldsymbol{E}$, 则 $\{u_1, u_2, \cdots, u_r\}$ 在 τ 下的像 $\{\tau(u_1), \tau(u_2), \cdots, \tau(u_r)\}$ 是 $\{u_1, u_2, \cdots, u_r\}$ 的一个置换, 从而, $\boldsymbol{E}[x]$ 中的多项式

$g(x)=(x-u_1)(x-u_2)\cdots(x-u_r)$ 在 τ 的作用下保持不变. 因为, $\boldsymbol{E}$ 在 $\boldsymbol{K}$ 上是 Galois 扩张, 所以 $g(x)\in \boldsymbol{K}[x]$.

由 $u_1=u$ 是 $g(x)$ 的根, 得到 $f\mid g$. 因为 g 是首一多项式, 且 $\deg g\leqslant \deg f$, 所以 $f=g$, f 的所有根是两两不同的, 且都落在 $\boldsymbol{E}$ 中.

现在, 对于 $\sigma\in \mathrm{Aut}_{\boldsymbol{K}}\boldsymbol{F}$, 有 $\sigma(u)$ 是 f 的根, 从而 $\sigma(u)\in \boldsymbol{E}$. 因此, $\boldsymbol{E}$ (相对于 $\boldsymbol{F}$ 和 $\boldsymbol{K}$) 是稳定的. 证毕.

设 $\boldsymbol{F}$ 是 $\boldsymbol{K}$ 的扩域, $\boldsymbol{E}$ 是稳定的中间扩域. $\boldsymbol{K}$- 自同构 $\tau\in \mathrm{Aut}_{\boldsymbol{K}}\boldsymbol{E}$ 叫做可拓展到 $\boldsymbol{F}$, 如果存在 $\sigma\in \mathrm{Aut}_{\boldsymbol{K}}\boldsymbol{F}$, 使得 $\sigma|_{\boldsymbol{E}}=\tau$. 易知, 可拓展的 $\boldsymbol{K}$- 自同构全体所组成的集合是 $\mathrm{Aut}_{\boldsymbol{K}}\boldsymbol{F}$ 的子群. 特别地, 当 $\boldsymbol{E}$ 稳定时, $A(E)=\mathrm{Aut}_{\boldsymbol{E}}\boldsymbol{F}$ 是 $G=\mathrm{Aut}_{\boldsymbol{K}}\boldsymbol{F}$ 的正规子群, 从而可以定义商群 $G/A(E)$.

引理 12.2.8 设 $\boldsymbol{F}$ 是 $\boldsymbol{K}$ 的扩域, $\boldsymbol{E}$ 是稳定的中间扩域, 那么商群 $\mathrm{Aut}_{\boldsymbol{K}}\boldsymbol{F}/\mathrm{Aut}_{\boldsymbol{E}}\boldsymbol{F}$ 同构于可拓展到 $\boldsymbol{F}$ 的 $\boldsymbol{E}$ 的所有 $\boldsymbol{K}$- 自同构所组成的群.

证 因为 $\boldsymbol{E}$ 是稳定的中间扩域, 所以映射 $\varphi:\sigma\longmapsto\sigma|_{\boldsymbol{E}}$ 是 $\mathrm{Aut}_{\boldsymbol{K}}\boldsymbol{F}$ 到 $\mathrm{Aut}_{\boldsymbol{K}}\boldsymbol{E}$. 显然, 像集合是可拓展到 $\boldsymbol{F}$ 的 $\boldsymbol{K}$- 自同构所构成的群, 而核是 $\mathrm{Aut}_{\boldsymbol{E}}\boldsymbol{F}$. 因此, 商群 $\mathrm{Aut}_{\boldsymbol{K}}\boldsymbol{F}/\mathrm{Aut}_{\boldsymbol{E}}\boldsymbol{F}$ 同构于可拓展到 $\boldsymbol{F}$ 的 $\boldsymbol{E}$ 的所有 $\boldsymbol{K}$- 自同构所组成的群. 证毕.

12.2.3 基本定理之证明

Galois 基本定理之证明: 考虑 $\boldsymbol{F}$ 的中间扩域集到 Galois 群 $\mathrm{Aut}_{\boldsymbol{K}}\boldsymbol{F}$ 的所有子群集之间的映射 $\varphi:\ E\ \longmapsto\ A(E)$. 根据引理 12.2.1, 有

$$\boldsymbol{K}\subset\boldsymbol{E}\subset I(A(\boldsymbol{E}))\subset\boldsymbol{F}.$$

且 $I(A(\boldsymbol{E}))=\boldsymbol{E}$ 的充要条件是 $H=A(E)$ 满足 $A(I(H))=H$. 这表明 (定理 12.2.3): 闭的中间扩域和闭的 Galois 子群之间存在着一个一一对应的关系.

又考虑关系式

$$\boldsymbol{K}\subset\boldsymbol{E}_1\subset\boldsymbol{E}_2\subset\boldsymbol{F}.$$

有 (引理 12.2.2)

$$[A(\boldsymbol{K}):A(\boldsymbol{E}_1)]\leqslant[\boldsymbol{E}_1:\boldsymbol{K}],\qquad [A(\boldsymbol{E}_1):A(\boldsymbol{E}_2)]\leqslant[\boldsymbol{E}_2:\boldsymbol{E}_1].$$

因为 $\boldsymbol{K}$ 是闭的, 且 $\boldsymbol{E}_1$ 在 $\boldsymbol{K}$ 上是有限维的 (因为 $\boldsymbol{F}$ 是有限维的), 所以 $\boldsymbol{E}_1$ 是闭的, 根据引理 12.2.4, 所有的中间域 (包括 $\boldsymbol{E}_2$) 和子群都是闭的, 这说明映射 φ 是一一对应的. 而且, $\boldsymbol{F}$ 是 $\boldsymbol{E}$ 的 Galois 扩张, 并且有 $[A(\boldsymbol{E}_1):A(\boldsymbol{E}_2)]=[\boldsymbol{E}_2:\boldsymbol{E}_1]$.

必要性. 假设 $\boldsymbol{E}$ 是 $\boldsymbol{K}$ 的 Galois 扩张. 因为 $\boldsymbol{F}$ 是有限维的, 所以根据 $[\boldsymbol{F}:\boldsymbol{K}]=n$, 对任意 $u\in F$, 都有 $\{1_K,u,u^2,\cdots,u^n\}$ 成一线性相关组这一事实, 即可知 $\boldsymbol{E}$ 是 $\boldsymbol{K}$ 的代数扩张. 根据引理 12.2.7 , $\boldsymbol{E}$ 是稳定的, 即每个 $\boldsymbol{K}$ 自同构 $\sigma\in\mathrm{Aut}_{\boldsymbol{K}}\boldsymbol{F}$ 在 $\boldsymbol{E}$ 上的限制 $\sigma|_{\boldsymbol{E}}$ 是 $\boldsymbol{E}$ 到自身的同构, 即 $\sigma|_{\boldsymbol{E}}\in\mathrm{Aut}_{\boldsymbol{K}}\boldsymbol{F}$. 由引理 12.2.5 (i), $A(\boldsymbol{E})=\mathrm{Aut}_{\boldsymbol{E}}\boldsymbol{F}$ 在 $\mathrm{Aut}_{\boldsymbol{K}}\boldsymbol{F}$ 中是正规的.

充分性. 假设 $A(\boldsymbol{E})$ 在 $\mathrm{Aut}_{\boldsymbol{K}}\boldsymbol{F}$ 中正规, 那么 $I(A(\boldsymbol{E}))$ 是一个稳定中间域 (引理 12.2.5 (ii)). 但所有中间域都是闭的, 因此 $\boldsymbol{E}=I(A(\boldsymbol{E}))$ 是一个稳定中间域, 再由引理 12.2.6, 得到 $\boldsymbol{E}$ 是 $\boldsymbol{K}$ 的 Galois 域.

假设中间域 $\boldsymbol{E}$ 是 $\boldsymbol{K}$ 的 Galois 扩张, (从而 $A(\boldsymbol{E})$ 在 $\mathrm{Aut}_{\boldsymbol{K}}\boldsymbol{F}$ 中正规), 因为 $\boldsymbol{E}$ 和 $A(\boldsymbol{E})$ 都是闭的, 且 $I(G)=\boldsymbol{K}$ ($\boldsymbol{F}$ 是 $\boldsymbol{K}$ 的 Galois 扩张), 由引理 12.2.4 得到

$$|G/A(E)|=[G:A(E)]=[I(A(E)):I(G)]=[\boldsymbol{E}:\boldsymbol{K}].$$

由引理 12.2.8, $G/A(E)=\mathrm{Aut}_{\boldsymbol{K}}\boldsymbol{F}/\mathrm{Aut}_{\boldsymbol{E}}\boldsymbol{F}$ 和 $\mathrm{Aut}_{\boldsymbol{K}}\boldsymbol{E}$ 的某个阶为 $[\boldsymbol{E}:\boldsymbol{K}]$ 的子群同构, 但基本定理的 (i) 表明 $|\mathrm{Aut}_{\boldsymbol{K}}\boldsymbol{E}|=[\boldsymbol{E}:\boldsymbol{K}]$ (因为 $\boldsymbol{E}$ 是 $\boldsymbol{K}$ 的 Galois 扩张), 这说明 $G/A(\boldsymbol{E})\cong\mathrm{Aut}_{\boldsymbol{K}}\boldsymbol{E}$. 证毕.

12.3　可分域、代数闭包

12.3.1　可分域

定义 12.3.1　设 $\boldsymbol{K}$ 是一个域, $f\in\boldsymbol{K}[x]$ 是次数 $\geqslant 1$ 的多项式. $\boldsymbol{K}$ 的一个扩域 $\boldsymbol{F}$ 叫做**多项式 f 在 $\boldsymbol{K}$ 上的分裂域**, 如果 f 在 $\boldsymbol{F}[x]$ 中可分解, 即

$$f(x)=\alpha(x-u_1)(x-u_2)\cdots(x-u_n),$$

且 $\boldsymbol{F}=\boldsymbol{K}(u_1,\cdots,u_n)$, 其中 $\alpha\in\boldsymbol{K}$, $u_1,\cdots,u_n$ 是 f 在 $\boldsymbol{F}$ 中的根.

设 S 是 $\boldsymbol{K}[x]$ 中一些次数 $\geqslant 1$ 的多项式组成的集合. $\boldsymbol{K}$ 的一个扩域 $\boldsymbol{F}$ 叫做 **多项式集合 S 在 $\boldsymbol{K}$ 上的分裂域**, 如果 S 中的每个多项式 f 在 $\boldsymbol{F}[x]$ 中可分解, 且 $\boldsymbol{F}$ 由 S 中的所有多项式的根在 $\boldsymbol{K}$ 上生成.

例 12.3.1　设 x^p-x 在 $\boldsymbol{F}_p$ 的分裂域就是 $\boldsymbol{F}_p$.

证　因为在 $\boldsymbol{F}_p$ 上有 $x^p-x=x(x-1)\cdots[x-(p-1)]$.

例 12.3.2　设 E 是 q 元有限域, 其素域是 $\boldsymbol{F}_p$, 则 x^q-x 在 $\boldsymbol{F}_p$ 的分裂域就是 $\boldsymbol{E}$.

定理 12.3.1　设 $\boldsymbol{K}$ 是一个域, $f\in\boldsymbol{K}[x]$ 的次数为 $n\geqslant 1$, 则存在 f 一个分裂域 $\boldsymbol{F}$ $[\boldsymbol{F}:\boldsymbol{K}]\leqslant n!$.

证　对 $n=\deg f$ 作数学归纳法.

如果 $n=1$, 或如果 $\boldsymbol{F}$ 在 $\boldsymbol{K}$ 上可分解, 则 $\boldsymbol{F}=\boldsymbol{K}$ 是分裂域.

如果 $n>1$, f 在 $\boldsymbol{K}$ 上不能分解, 设 $g\in\boldsymbol{K}[x]$ 是 f 的次数大于 1 的不可约因式. 则存在 K 的一个简单扩张 $\boldsymbol{K}(u)$ 使得 u 是 g 的根, 且 $[\boldsymbol{K}(u):\boldsymbol{K}]=\deg g>1$. 因此, 在 $\boldsymbol{K}(u)[x]$ 中有分解式 $f(x)=(x-u)h(x)$, 其中 $\deg h=n-1$. 由归纳假设, 存在一个 h 在 $\boldsymbol{K}(u)$ 上的维数 $\leqslant(n-1)!$ 的分裂域 F. 易知, $\boldsymbol{F}$ 在 K 上的次数 $[\boldsymbol{F}:\boldsymbol{K}]=[\boldsymbol{F}:\boldsymbol{K}(u)][\boldsymbol{K}(u):\boldsymbol{K}]\leqslant(n-1)!n=n!$. 证毕.

12.3.2　代数闭包

下面讨论不能进行代数扩张的域, 也是一个在该域上的多项式总有解的域.

定理 12.3.2　在域 $\boldsymbol{F}$ 上的以下条件等价:

(i) 每个非常数多项式 $f\in\boldsymbol{F}[x]$ 在 $\boldsymbol{F}$ 中有根.

(ii) 每个非常数多项式 $f\in\boldsymbol{F}[x]$ 在 $\boldsymbol{F}$ 中可分解.

(iii) 每个不可约多项式 $f\in\boldsymbol{F}[x]$ 的次数为 1.

(iv) 不存在 $\boldsymbol{F}$ 的代数扩张 (除了 $\boldsymbol{F}$ 以外).

证 (i) 推 (ii). 对 f 的次数 $\deg f = n$ 作数学归纳法.

$n = 1$ 时, $f(x)$ 为一次多项式, 结论成立.

假设结论对次数 $\leqslant n-1$ 的多项式成立.

对于非零 $n \geqslant 2$ 次多项式 $f(x)$, 由 (i), $f(x)$ 在 $\boldsymbol{F}$ 中有根 $x = a$. 根据定理 12.3.1 之推论 2, 有 $x - a \mid f(x)$, 或 $f(x) = f_1(x)(x-a)$, 其中 $\deg f_1 = n-1$. 根据归纳假设, $f_1(x)$ 在 $\boldsymbol{F}$ 中可分解, 故 $f \in \boldsymbol{F}[x]$ 在 $\boldsymbol{F}$ 中可分解.

(ii) 推 (iii). 结论显然成立.

(iii) 推 (iv). 设 $\boldsymbol{E}$ 是 $\boldsymbol{F}$ 的一个代数扩张, 则对于任意 $u \in \boldsymbol{E}$, 因为 u 是 $\boldsymbol{F}$ 上的代数元, 定理 12.1.5, 存在不可约多项式 $f(x) \in \boldsymbol{F}[x]$ 使得 $f(u) = 0$. 根据 (iii), $f(x) = a_1x + a_2$, $a_1, a_2 \in \boldsymbol{F}$. 从而, $u = -a_2/a_1 \in \boldsymbol{F}$. 这说明, $\boldsymbol{E} \subset \boldsymbol{F}$, $\boldsymbol{E} = \boldsymbol{F}$. 结论成立.

(iv) 推 (i). 设 $f(x)$ 是 $\boldsymbol{F}$ 上的非常数多项式, 根据定理 12.1.5, 存在 $f(x)$ 的一个根 u, 使得 $\boldsymbol{F}(u)$ 为 $\boldsymbol{F}$ 的代数扩张. 根据 (iv), $\boldsymbol{F}(u) = \boldsymbol{F}$. 因此, $u \in \boldsymbol{F}$. 结论成立. 证毕.

定义 12.3.2 设 $\boldsymbol{F}$ 是一个域. $\boldsymbol{F}$ 叫做代数闭包, 如果域 $\boldsymbol{F}$ 满足定理 12.3.2 的等价条件.

定义 12.3.3 设 $\boldsymbol{K}$ 是一个域, f 是 $\boldsymbol{K}$ 上的不可约多项式. 如果 F 是 f 在 $\boldsymbol{K}$ 上的一个分裂域, 且 f 在 F 中的根都是单根, 则称 f 是可分的.

定义 12.3.4 设 $\boldsymbol{F}$ 是域 $\boldsymbol{K}$ 的一个扩域, u 是 $\boldsymbol{K}$ 上的代数数. 如果 u 在 K 上的定义多项式是可分的, 则称 u 在 $\boldsymbol{K}$ 上是可分的. 如果 F 中的每个元素 u 在 $\boldsymbol{K}$ 上都是可分的, 则称 F 为 $\boldsymbol{K}$ 的可分扩张.

12.4 习题

(1) 证明: $\sqrt{3}$ 是有理数域 $\mathbf{Q}$ 上的代数数, 并计算 $[\mathbf{Q}(\sqrt{3}) : \mathbf{Q}]$.

(2) 证明: 如果 $\alpha \neq 0$ 和 β 都是有理数域 $\mathbf{Q}$ 上的代数数, 则 $\alpha + \beta$ 和 α^{-1} 也是有理数域 $\mathbf{Q}$ 上的代数数.

(3) α 叫做 **代数整数**, 如果存在一个首一整系数多项式 $f(x) \in \mathbf{Z}[x]$, 使得 $f(\alpha) = 0$. 证明: 如果 $\alpha \neq 0$ 和 β 是代数整数, 则 $\alpha + \beta$ 和 α^{-1} 也是代数整数.

(4) 证明: 域 $\boldsymbol{K}$ 的有限扩张是代数扩张, 但其逆不成立.

(5) 证明: 域 $\boldsymbol{K}$ 的有限代数扩张是单扩张.

(6) 证明: 设 α 是域 $\boldsymbol{K}$ 上的 n 次代数数, 则 α 的单扩张 $\boldsymbol{K}(\alpha)$ 中的每个元素可唯一表示成

$$a_0 + a_1\alpha + \cdots + a_{n-1}\alpha^{n-1}, \qquad a_i \in \boldsymbol{K}, 0 \leqslant i \leqslant n-1.$$

(7) 证明: 设 θ 是域 $\boldsymbol{K}$ 上的超越数, 则 θ 的单扩张 $\boldsymbol{K}(\theta)$ 同构于分式域 $\boldsymbol{K}(x)$.

思考题

(1) 数域可以作为线性空间来看待吗? 举例说明.

(2) 设数域 $\boldsymbol{K}$ 是有理数域 $\mathbf{Q}$ 的有限维线性空间, 如何从多项式的角度来表述该数域的性质, 如代数数? 举例说明.

(3) 有理数域 $\mathbf{Q}$ 的代数数所组成的集合 $\boldsymbol{A}$ 是可数的吗? 即是否存在一个自然数集 $\mathbf{N}$ 到 $\boldsymbol{A}$ 的一一对应的映射?

(4) 素域 $\boldsymbol{F}_p$ 的 n 扩张 $\boldsymbol{K}$ 的元素个数是多少?

(5) 如何从多项式的角度来考虑域的扩张, 如有理数域的扩张 $\boldsymbol{K}$? 并举例说明.

(6) 如何借助环同构, 来描述域与相关多项式环之间的关系?

(7) 如何得到域的自同构群?

(8) 研究可分域的子域.

(9) 研究有限域的 Galois 定理.

第 13 章 域的结构

13.1 超越基

定义 13.1.1 设 $\boldsymbol{F}$ 是域 $\boldsymbol{K}$ 的扩域, $a_1, a_2, \cdots, a_n$ 是 $\boldsymbol{F}$ 的一个 n 个元素. $a_1, a_2, \cdots, a_n$ 叫做在 $\boldsymbol{K}$ 上 **代数相关**, 如果存在一个非零多项式 $f \in \boldsymbol{K}[x_1, \cdots, x_n]$ 使得对于 S 的 n 个不同元素 $a_1, a_2, \cdots, a_n$, 有

$$f(a_1, a_2, \cdots, a_n) = 0.$$

$a_1, a_2, \cdots, a_n$ 叫做 **代数无关**, 如果 $a_1, a_2, \cdots, a_n$ 不是代数相关.

注 所谓 $a_1, a_2, \cdots, a_n$ 代数无关, 如果有多项式 $f \in \boldsymbol{K}[x_1, \cdots, x_n]$ 使得

$$f(a_1, a_2, \cdots, a_n) = 0,$$

则 $f = 0$.

例 13.1.1 圆周率 $\pi = 3.14\cdots$ 在 $\mathbf{Q}$ 上代数无关, 自然对数底 $\mathrm{e} = 2.718\cdots$ 在 $\mathbf{Q}$ 上也代数无关.

定理 13.1.1 设 $\boldsymbol{F}$ 是域 $\boldsymbol{K}$ 的有限生成扩域, 则 $\boldsymbol{F}$ 是 $\boldsymbol{K}$ 的代数扩张或者存在代数无关元 $\theta_1, \cdots, \theta_t$ 使得 $\boldsymbol{F}$ 是 $\boldsymbol{K}(\theta_1, \cdots, \theta_t)$ 的代数扩张.

证明 设 $\boldsymbol{F}$ 在域 $\boldsymbol{K}$ 的有限生成元为 $S = \{a_1, a_2, \cdots, a_n\}$.

如果 S 中的每个元素在 $\boldsymbol{K}$ 上代数相关, 则 $\boldsymbol{F}$ 是 $\boldsymbol{K}$ 的代数扩张. 否则, S 中有元素在 $\boldsymbol{K}$ 上代数无关, 设为 θ_1. 用 $\boldsymbol{K}(\theta_1)$ 代替 $\boldsymbol{K}$ 作讨论.

如果 S 中的每个元素在 $\boldsymbol{K}(\theta_1)$ 上代数相关, 则 $\boldsymbol{F}$ 是 $\boldsymbol{K}(\theta_1)$ 的代数扩张.

否则, 如果 S 中有元素在 $\boldsymbol{K}(\theta_1)$ 上代数无关, 设为 θ_2. 这时, θ_1, θ_2 代数无关. 如此继续下去, 可找到代数无关元 $\theta_1, \cdots, \theta_t$ 使得 $\boldsymbol{F}$ 是 $\boldsymbol{K}(\theta_1, \cdots, \theta_t)$ 的代数扩张. 证毕.

13.2 有限域的构造

设 $\boldsymbol{F}_q$ 是 q 元有限域, 其特征 p 为素数, 则 $\boldsymbol{F}_q$ 包含素域 $\boldsymbol{F}_p = \mathbf{Z}/p\mathbf{Z}$, 是 $\boldsymbol{F}_p$ 上的有限维线性空间. 设 $n = [\boldsymbol{F}_q : \boldsymbol{F}_p]$, 则 $q = p^n$, 即 q 是其特征 p 的幂.

要证明: $\boldsymbol{F}_q^* = \boldsymbol{F}_q \setminus \{0\}$ 是 $q-1$ 阶循环乘群. 为此, 先讨论 $\boldsymbol{F}_q^*$ 的一些性质.

定理 13.2.1 $\boldsymbol{F}_q^*$ 的任意元 a 的阶整除 $q-1$.

证一 设 $H =< a >$ 是 a 生成的循环群, 根据定理 8.2.2 之推论, 有

$$\mathrm{ord}(a) = |H| \mid |\boldsymbol{F}_q^*| = q-1.$$

证二 设 $\boldsymbol{F}_q^* = \{a_1,\ a_2,\ \cdots, a_{q-1}\}$, 则

$$a \cdot a_1,\ a \cdot a_2,\ \cdots, a \cdot a_{q-1}$$

是 $a_1,\ a_2,\ \cdots, a_{q-1}$ 的一个排列, 因此

$$(a \cdot a_1)(a \cdot a_2)\cdots(a \cdot a_{q-1}) = a_1 a_2 \cdots a_{q-1} \quad \text{或} \quad a^{q-1}(a_1 a_2 \cdots a_{q-1}) = a_1 a_2 \cdots a_{q-1}.$$

两端右乘 $(a_1 a_2 \cdots a_{q-1})^{-1}$, 得到 $a^{q-1} = 1$. 类似于定理 5.1.1 之证明, 有 $\mathrm{ord}(a) \mid q-1$.

定义 13.2.1 有限域 $\boldsymbol{F}_q$ 的元素 g 叫做**本原元**或**生成元**, 如果它是 $\boldsymbol{F}_q^*$ 的生成元, 即阶为 $q-1$ 的元素. 当 g 是 $\boldsymbol{F}_q$ 的生成元时, 有

$$\boldsymbol{F}_q = \{0\} \cup < g > = \left\{0,\ g^0 = 1,\ g,\ \cdots,\ g^{q-2}\right\}.$$

这时, 本原元 g 的定义多项式叫做**本原多项式**.

注 此处本原多项式的表述与本原多项式的定义 (定义 11.5.1) 是一致的. 因为在有限域 $\boldsymbol{F}_q$ 上, 对于本原元 g 的定义多项式 $p_g(x)$, 序列 $u(p_g(x)) = \{x^k \mod p_g(x) \mid k \in \mathbf{N}\}$ 的最小周期与序列 $u(g) = \{g^k \mid k \in \mathbf{N}\}$ 的最小周期是一致的.

定理 13.2.2 每个有限域都有生成元. 如果 g 是 $\boldsymbol{F}_q$ 的生成元, 则 g^d 是 $\boldsymbol{F}_q$ 的生成元当且仅当 d 和 $q-1$ 的最大公因数 $(d, q-1) = 1$. 特别地, $\boldsymbol{F}_q$ 有 $\varphi(q-1)$ 个生成元.

证 设 a 为阶为 d 的元素, 则 d 个数 $a^0 = 1, a, \cdots, a^{d-1}$ 两两不等, 且是方程: $x^d - 1 = 0$ 的所有根 (因为其根都是单根). 根据定理 13.2.1, $d \mid q-1$.

用 $F(d)$ 表示模 $\boldsymbol{F}_q$ 中阶为 d 的元素个数, 有

$$\sum_{d \mid p-1} F(d) = p - 1.$$

因为阶为 d 的元素 b 满足方程 $x^d - 1 = 0$, 所以 b 为 a 的幂, 即 $b = a^i$, $1 \leqslant i \leqslant d$. 根据定理 9.1.5, a^i 的阶为 d 的充要条件是 $(i, d) = 1$, 故 $F(d) = \varphi(d)$. 如果 $\boldsymbol{F}_q$ 中没有阶为 d 的元素, 则 $F(d) = 0$. 总之, 有

$$F(d) \leqslant \varphi(d).$$

但根据定理 2.3.9, 又有

$$\sum_{d \mid q-1} \varphi(d) = q - 1.$$

这样,

$$\sum_{d \mid p-1} (\varphi(d) - F(d)) = 0.$$

因此, 对所有正整数 $d \mid q-1$, 有

$$F(d) = \varphi(d).$$

特别地, 有

$$F(q-1) = \varphi(q-1).$$

这说明存在阶为 $q-1$ 的元素, 即 $\boldsymbol{F}_q$ 中有生成元存在. 证毕.

推论 1 设 $q = p^n$, p 为素数, $d \mid q-1$, 则有限域 $\boldsymbol{F}_q$ 中有阶为 d 的元素.

推论 2 设 p 为素数, 则存在整数 g 遍历模 p 的简化剩余系, 即存在模 p 原根.

类似于模 p 原根的构造方法 (定理 5.2.2) 及本原多项式的构造方法 (定理 11.5.4), 也有有限域 $\boldsymbol{F}_{p^n-1}$ 的本原元构造方法.

定理 13.2.3 给定有限域 $\boldsymbol{F}_{p^n}$, 其中 p 为素数. 设 p^n-1 的所有不同素因数是 $q_1, \cdots, q_s$, 则 g 是 $\boldsymbol{F}_{p^n}$ 中本原元的充要条件是

$$g^{(p^n-1)/q_i} \neq 1, \quad i = 1, \cdots, s. \tag{13.1}$$

证 设 g 是 $\boldsymbol{F}_{p^n}$ 的一个本原元, 则 g 的阶是 p^n-1. 因为

$$0<\frac{p^n-1}{q_i}<p^n-1,\quad i=1,\cdots,s.$$

所以式 (13.1) 成立, 即

$$g^{(p^n-1)/q_i}\neq 1,\quad i=1,\cdots,s.$$

反过来, 若 g 满足式 (13.1), 但 g 的阶 $e=\operatorname{ord}(g)<p^n-1$, 则有 $e\mid p^n-1$. 因而存在一个素数 q_j 使得 $q\mid\dfrac{p^n-1}{e}$, 即

$$\frac{p^n-1}{e}=u\cdot q_j\quad 或\quad \frac{p-1}{q_j}=u\cdot e.$$

进而

$$g^{(p^n-1)/q_j}=(g^e)^u=1.$$

与假设式 (13.1) 矛盾. 证毕.

定理 13.2.4 *如果 $\boldsymbol{F}_q$ 是 $q=p^n$ 元域, 则其每个元素满足方程 $x^q-x=0$. 更确切地说, $\boldsymbol{F}_q$ 是这个方程的根集合.*

反过来, 对每个素数幂 $q=p^n$, 多项式 x^q-x 在 $\boldsymbol{F}_p$ 上的分裂域是 q 元域.

证 设 $\boldsymbol{F}_q$ 是有限域. 根据定理 13.2.1, $\boldsymbol{F}_q$ 的每个非零元的阶都是 $q-1$ 的因子, 所以 $\boldsymbol{F}_q$ 中的任意非零元满足方程 $x^{q-1}=1$. 两端同乘以 x, 就是方程 $x^q=x$. 0 当然满足此方程. 因为方程 $x^q-x=0$ 的根的个数 $\leqslant q$, 所以其全部根就是 $\boldsymbol{F}_q$ 的元素. 这说明, $\boldsymbol{F}_q$ 是多项式 x^q-x 在 $\boldsymbol{F}_p$ 上的分裂域.

反过来, 设 $q=p^n$ 是素数幂, 且 $\boldsymbol{F}$ 是多项式 x^q-x 在 $\boldsymbol{F}_p$ 上的分裂域. 注意到 x^q-x 的导数 $qx^{q-1}-1=-1$ (因为 q 是 p 的倍数, 所以 qx^{q-1} 是 $\boldsymbol{F}_p$ 中的零元). 因此, 多项式 x^q-x 与其导数没有公共根, 从而 $\boldsymbol{F}$ 至少包含 x^q-x 的 q 个不同根.

现在, 只需证明 q 个根组成的集合构成一个域. 设 a, b 是方程的两个根, 即

$$a^q=a,\qquad b^q=b,$$

根据定理 10.3.2, 有

$$(a+b)^p=a^p+b^p,\ (a+b)^{p^2}=(a^p+b^p)^p=a^{p^2}+b^{p^2},\ \cdots,$$

$$(a+b)^{p^n}=(a^{p^{n-1}}+b^{p^{n-1}})^p=a^{p^n}+b^{p^n}=a+b,$$

又有 $(ab)^{p^n}=a^{p^n}b^{p^n}=ab$, 这说明, $a+b$ 和 ab 都是方程的根. 因此, q 个根组成的集合是包含 x^q-x 的根的最小域, 即 x^q-x 的分裂域是 q 元域. 证毕.

13.3 有限域的 Galois 群

13.3.1 有限域的 Frobenius 映射

先研究有限域上的 Frobenius 映射.

定理 13.3.1 设 $\boldsymbol{F}_q$ 是 $q=p^n$ 元有限域, σ 是 $\boldsymbol{F}_q$ 到自身的映射,

$$\sigma: a \longmapsto a^p.$$

则 σ 是 $\boldsymbol{F}_q$ 的自同构, 且 $\boldsymbol{F}_q$ 中在 σ 下的不动元是素域 $\boldsymbol{F}_p$ 的元素, 而 σ 的 n 次幂是恒等映射.

证 根据定理 10.3.2 以及定理 13.2.4 之证明, 有

$$\sigma(a+b)=(a+b)^p=a^p+b^p=\sigma(a)+\sigma(b),$$

$$\sigma(a\,b)=(a\,b)^p=a^p\,b^p=\sigma(a)\,\sigma(b).$$

因此, σ 是 $\boldsymbol{F}_q$ 的自同态. 因为

$$\sigma^2(a)=\sigma(a^p)=a^{p^2},\ \cdots,\ \sigma^j(a)=\sigma(a^{p^{j-1}})=a^{p^j},\ \cdots,\ \sigma^n(a)=\sigma(a^p)=a^{p^n}=a,$$

所以 σ^j 的不动元是 $x^{p^j}-x$ 的根. 特别地, 当 $j=1$ 时, σ 的不动元是 x^p-x 的根, 这些根就是素域 $\boldsymbol{F}_p$ 的 p 个元素 (根据定理 2.4.2(Fermat 小定理)). 而当 $j=n$ 时, σ 的不动元是 x^q-x 的根, 这些根就是域 $\boldsymbol{F}_q$ 的所有 q 个元素. 因此, σ^n 是恒等映射, σ 的逆映射是 σ^{n-1}.

证毕.

定理 13.3.1 中的映射 σ 叫做 **Frobenius 自同构**.

推论 设 $\boldsymbol{F}_q$ 是 $q=p^n$ 元有限域, 设 $\sigma: a\longmapsto a^p$ 是 $\boldsymbol{F}_q$ 到自身的映射, $\{\alpha_1,\alpha_2,\cdots,\alpha_d\}$ 是 $\boldsymbol{F}_q$ 的子集, 且在 σ 保持不变, 即 $\{\sigma(\alpha_1),\sigma(\alpha_2),\cdots,\sigma(\alpha_d)\}$ 是 $\{\alpha_1,\alpha_2,\cdots,\alpha_d\}$ 的一个置换, 则 $f(x)=(x-\alpha_1)(x-\alpha_2)\cdots(x-\alpha_d)$ 是 $\boldsymbol{F}_p$ 上的多项式.

证 因为多项式 f 的系数是 $\alpha_1,\alpha_2,\cdots,\alpha_d$ 的对称多项式, 所以它们在 σ 下保持不变, 即它们属于 $I(<\sigma>)=\boldsymbol{F}_p$. 证毕.

定理 13.3.2 设 $\boldsymbol{F}_q$ 是 $q=p^n$ 元有限域, σ 是 $\boldsymbol{F}_q$ 到自身的映射,

$$\sigma: a \longmapsto a^p.$$

如果 α 是 $\boldsymbol{F}_q$ 的任意元, 则 α 在 $\boldsymbol{F}_p$ 上的共轭元是元素 $\sigma^j(\alpha)=\alpha^{p^j}$.

证 设 $d=[\boldsymbol{F}_p(\alpha):\boldsymbol{F}_p]$, 则 $\boldsymbol{F}_p(\alpha)$ 可作为有限域 $\boldsymbol{F}_{p^d}$(在同构意义下). 因此, α 满足 $x^{p^d}=x$, 但不满足 $x^{p^j}=x$, $1\leqslant j<d$. 由此, 并重复运用 σ, 就得到 d 个不同元

$$\alpha,\ \sigma(\alpha)=\alpha^p,\ \cdots,\ \sigma^{d-1}=\alpha^{p^{d-1}}.$$

断言: 这些元素是 α 的定义多项式的全部根. 事实上, 设 α 的定义多项式为

$$f(x)=x^d+a_{d-1}x^{d-1}+\cdots+a_1x+a_0,\quad a_i\in\boldsymbol{F}_p,$$

则

$$f(\alpha)=\alpha^d+a_{d-1}\alpha^{d-1}+\cdots+a_1\alpha+a_0=0.$$

两端作 p 次方, 根据定理 10.3.2, 并注意到 $a_i^p=a_i$, $0\leqslant i<d$, (根据定理 2.4.2(Fermat 小定理)), 有

$$f(\alpha^p)=(\alpha^p)^d+a_{d-1}(\alpha^p)^{d-1}+\cdots+a_1\alpha^p+a_0=f(\alpha)^p=0.$$

依次继续作 p 次方, 对于 $1 \leqslant j < d$, 有

$$f(\alpha^{p^j}) = (\alpha^{p^j})^d + a_{d-1}(\alpha^{p^j})^{d-1} + \cdots + a_1\alpha^{p^j} + a_0 = f(\alpha)^{p^j} = 0.$$

证毕.

推论 1 设 $\boldsymbol{F}_q$ 是 $q = p^n$ 元有限域, σ 是 $\boldsymbol{F}_q$ 到自身的映射, $\sigma : a \longmapsto a^p$. 设 $f(x)$ 是 $\boldsymbol{F}_p$ 上的 d 次不可约多项式. 如果 α 是 $f(x)$ 在 $\boldsymbol{F}_q$ 中的根, 则

$$\alpha,\ \sigma(\alpha) = \alpha^p,\ \cdots,\ \sigma^{d-1}(\alpha) = \alpha^{p^{d-1}}$$

是 $f(x)$ 在 $\boldsymbol{F}_q$ 中的全部根, 其中 d 是使得 $\sigma^d(\alpha) = \alpha$ 的最小正整数.

证 设 e 是使得 $\sigma^e(\alpha) = \alpha$ 成立的最小正整数, 则根据定理 13.3.1 之推论,

$$g(x) = (x - \alpha)(x - \sigma(\alpha)) \cdots (x - \sigma^{e-1}(\alpha))$$

是 $\boldsymbol{F}_p$ 上的多项式. 因为 $f(x)$ 是 α 的定义多项式, 所以 $f(x) \mid g(x)$. 从而, $d \leqslant e$, 且 $\alpha, \sigma(\alpha) = \alpha^p, \cdots, \sigma^{d-1}(\alpha) = \alpha^{p^{d-1}}$ 是 $f(x)$ 的 d 个不同根, 故结论成立. 证毕.

推论 2 设 g 是 $\boldsymbol{F}_q$ $(q = p^n)$ 的生成元 (或原根). 对于整数 u, $1 \leqslant u \leqslant q-2$, 设 d 是使得 $g^{up^d} = g^u$ 成立的最小正整数 (这时 $u = (p^n - 1)/(p^d - 1)$), 则

$$f(x) = (x - g^u)(x - g^{up}) \cdots (x - g^{up^{d-1}})$$

是 $\boldsymbol{F}_p$ 上的 d 次不可约多项式.

有限域的具体构造. 应用定理 11.4.4, 可以具体构造素域 $\boldsymbol{F}_p$ 上的 d 次代数扩张.

取 $p(x)$ 为 $\boldsymbol{F}_p[X]$ 中的 d 次首 1 不可约多项式, 在商环 $\boldsymbol{F}_p[x]/p(x)$ 上定义加法:

$$f(x) + g(x) = ((f+g)(x) \pmod{p(x)})$$

和乘法:

$$f(x)g(x) = ((fg)(x) \pmod{p(x)}),$$

则 $\boldsymbol{F}_p[x]/p(x)$ 对于上述运算法则构成一个域. 根据定理 12.1.3, 这个域在 $\boldsymbol{F}_p$ 上是 d 次扩张. 即这个域为 $\boldsymbol{F}_q$ 或 GF(q), 其中 $q = p^d$.

$\boldsymbol{F}_2/(x^4 + x + 1)$ 的生成元是 x,

例 13.3.1 证明 $x^4 + x + 1$ 是 $\boldsymbol{F}_2[x]$ 中的不可约多项式, 从而 $\boldsymbol{F}_2[x]/(x^4 + x + 1)$ 是一个 $\boldsymbol{F}_{2^4}$ 域.

因为 $\boldsymbol{F}_2[x]$ 中的所有次数 $\leqslant 2$ 的不可约多项式为 $x,\ x+1,\ x^2 + x + 1$, 且

$$x^4+x+1 = x(x^3+1)+1,\ x^4+x+1 = (x+1)(x^3+x^2+x)+1,\ x^4+x+1 = (x^2+x+1)(x^2+x)+1,$$

所以 $x \nmid x^4 + x + 1,\ x + 1 \nmid x^4 + x + 1,\ x^2 + x + 1 \nmid x^4 + x + 1$. 这说明, $x^4 + x + 1$ 是 $\boldsymbol{F}_2[x]$ 中的不可约多项式. 因此, $\boldsymbol{F}_2[x]/(x^4 + x + 1)$ 是一个 $\boldsymbol{F}_{2^4}$ 域.

例 13.3.2 求 $\boldsymbol{F}_{2^4} = \boldsymbol{F}_2[x]/(x^4 + x + 1)$ 中的生成元 $g(x)$, 并计算 $g(x)^t$, $t = 0, 1, \cdots, 14$ 和所有生成元.

解 因为 $|\boldsymbol{F}_{2^4}^*| = 15 = 3 \cdot 5$, 所以满足

$$g(x)^3 \not\equiv 1 \pmod{x^4+x+1}, \quad g(x)^5 \not\equiv 1 \pmod{x^4+x+1}$$

的元素 $g(x)$ 都是生成元.

对于 $g(x) = x$, 有

$$x^3 \equiv x^3 \not\equiv 1 \pmod{x^4+x+1}, \quad x^5 \equiv x^2 + x \not\equiv 1 \pmod{x^4+x+1},$$

所以 $g(x) = x$ 是 $\boldsymbol{F}_2[x]/(x^4+x+1)$ 的生成元.

对于 $t = 0, 1, 2, \cdots, 14$, 计算 $g(x)^t \pmod{x^4+x+1}$.

$$\begin{array}{lll} g(x)^0 \equiv 1, & g(x)^1 \equiv x, & g(x)^2 \equiv x^2, \\ g(x)^3 \equiv x^3, & g(x)^4 \equiv x+1, & g(x)^5 \equiv x^2+x, \\ g(x)^6 \equiv x^3+x^2, & g(x)^7 \equiv x^3+x+1, & g(x)^8 \equiv x^2+1, \\ g(x)^9 \equiv x^3+x, & g(x)^{10} \equiv x^2+x+1, & g(x)^{11} \equiv x^3+x^2+x, \\ g(x)^{12} \equiv x^3+x^2+x+1, & g(x)^{13} \equiv x^3+x^2+1, & g(x)^{14} \equiv x^3+1. \end{array}$$

所有生成元为 $g(x)^t$, $(t, \varphi(15)) = 1$.

$$\begin{array}{llll} g(x)^1 = x, & g(x)^2 = x^2, & g(x)^4 = x+1, & g(x)^7 = x^3+x+1, \\ g(x)^8 = x^2+1, & g(x)^{11} = x^3+x^2+x, & g(x)^{13} = x^3+x^2+1, & g(x)^{14} = x^3+1. \end{array}$$

例 13.3.3 求 $\boldsymbol{F}_{2^8} = \boldsymbol{F}_2[x]/(x^8+x^4+x^3+x+1)$ 中的生成元 $g(x)$.

解 因为 $|\boldsymbol{F}_{2^8}^*| = 255 = 3 \cdot 5 \cdot 17$, 所以满足

$$g(x)^{15} \not\equiv 1, \ g(x)^{51} \not\equiv 1, \ g(x)^{85} \not\equiv 1 \pmod{x^8+x^4+x^3+x+1}$$

的元素 $g(x)$ 都是生成元.

对于 $g_1(x) = x$, 有

$$\begin{array}{ll} g_1(x)^{15} \equiv x^5+x^3+x^2+x+1, & g_1(x)^{51} \equiv 1, \\ g_1(x)^{85} \equiv \ x^7+x^5+x^4+x^3+x^2+1 & \pmod{x^8+x^4+x^3+x+1}. \end{array}$$

因此, $g_1(x) = x$ 不是 $\boldsymbol{F}_2[x]/(x^8+x^4+x^3+x+1)$ 中的生成元.

对于 $g_2(x) = x+1$, 有

$$\begin{array}{ll} g_2(x)^2 \equiv x^2+1, & g_2(x)^3 \equiv x^3+x^2+x+1, \\ g_2(x)^4 \equiv x^4+1, & g_2(x)^7 \equiv x^7+x^6+x^5+x^4+x^3+x^2+x+1, \\ g_2(x)^8 \equiv x^4+x^3+x, & g_2(x)^{15} \equiv x^5+x^4+x^2+1, \\ g_2(x)^{16} \equiv x^6+x^4+x^3+x^2+x+1, & g_2(x)^{32} \equiv x^7+x^6+x^5+x^2+1, \\ g_2(x)^{48} \equiv x^6+x^4+x+1, & g_2(x)^{51} \equiv x^3+x^2, \\ g_2(x)^{83} \equiv x^7+x^6+x^4, & g_2(x)^{85} \equiv x^7+x^5+x^4+x^3+x^2+1. \end{array}$$

因此,

$$g_2(x)^{15} \not\equiv 1, \quad g_2(x)^{51} \not\equiv 1, \quad g_2(x)^{85} \not\equiv 1 \pmod{x^8+x^4+x^3+x+1}.$$

$g_2(x) = x+1$ 是 $\boldsymbol{F}_2[x]/(x^8+x^4+x^3+x+1)$ 中的生成元.

定理 13.3.3 $\boldsymbol{F}_{p^n}$ 的子域为 $\boldsymbol{F}_{p^d}$, $(d \mid n)$, 它是 $\boldsymbol{F}_{p^n}$ 中的元素在 $\boldsymbol{F}_p$ 上生成的域.

证 设 $\boldsymbol{K}$ 为 $\boldsymbol{F}_{p^n}$ 的子域, 则存在 $\alpha \in \boldsymbol{F}_{p^n}$ 使得

$$\boldsymbol{K} = \boldsymbol{F}_p(\alpha), \quad |\boldsymbol{K}| = p^d.$$

因为它们都是 $\boldsymbol{F}_p$ 的扩域, 根据定理 12.1.1, 有

$$[\boldsymbol{F}_{p^n} : \boldsymbol{F}_p] = [\boldsymbol{F}_{p^n} : \boldsymbol{F}_{p^d}][\boldsymbol{F}_{p^d} : \boldsymbol{F}_p].$$

反过来, 对任意的 $d \mid n$, 有限域 $\boldsymbol{F}_{p^d}$ 包含在 $\boldsymbol{F}_{p^n}$ 中, 事实上, 方程

$$x^{p^d} = x$$

的任一解都是 $x^{p^n} = x$ 的解. 证毕.

定理 13.3.4 对任意 $q = p^n$, 多项式 $x^q - x$ 可在 $\boldsymbol{F}_p[x]$ 中分解成首 1 不可约多项式的乘积, 且每个多项式的次数 $d \mid n$.

证 设 $f(x)$ 是任一次数为 d 的首 1 不可约多项式, 其根为 α. 根据定理 12.1.8 之推论, α 在 $\boldsymbol{F}_p$ 上生成的域为 $\boldsymbol{F}_p(\alpha)$, 其可作为 $\boldsymbol{F}_{p^d}$, 包含在 $\boldsymbol{F}_{p^n}$ 中. 因为 α 满足 $x^q - x = 0$, 所以 $f(x) \mid x^q - x$. 因而, $f(x)$ 在 $\boldsymbol{F}_q$ 中有根, 且 $f(x)$ 的次数 $d \mid n$. (因为 $\boldsymbol{F}_p(\alpha)$ 是 $\boldsymbol{F}_q$ 的子域). 因此, 所有整除 $x^q - x$ 的首 1 不可约多项式的次数 $d \mid n$. 因为 $x^q - x$ 没有重根, 这蕴涵着 $x^q - x$ 是所有这样的不可约多项式的乘积. 证毕.

推论 如果 n 是素数, 则 $\boldsymbol{F}_{p^n}[x]$ 中有 $\dfrac{p^n - p}{n}$ 个不同的次数为 n 的首 1 不可约多项式的乘积.

证 设 m 是 $\boldsymbol{F}_{p^n}[x]$ 中次数为 n 的首 1 不可约多项式的个数.

根据定理 13.3.4, 次数为 p^n 的多项式 $x^{p^n} - x$ 是 m 个次数为 n 的多项式和 p 个次数为 1 的不可约多项式 $x - a$, $a \in \boldsymbol{F}_p$ 的乘积 (因为 n 是素数). 由此得到方程 $p^n = mn + p$. 证毕.

定理 13.3.5 设 p, r 都是素数, 则在 $\boldsymbol{F}_p$ 上, 多项式 $\dfrac{x^r - 1}{x - 1}$ 可分解为次数为 $\mathrm{ord}_r(p)$ 的不可约多项式的乘积.

证 设 $d = \mathrm{ord}_r(p)$, $Q_r(x) = \dfrac{x^r - 1}{x - 1}$. 设 $Q_r(x)$ 有一个次数为 t 的不可约因式 $h(x)$, 根据定理 11.4.4 及定理 11.5.1, $\boldsymbol{F}_p[x]/h(x)$ 构成一个 p^k 元域. 根据定理 13.2.2, $\boldsymbol{F}_p[x]/h(x)$ 有一个生成元, 设为 $g(x)$. 根据定理 10.3.3, 在 $\boldsymbol{F}_p[x]$ 上, 有

$$g(x)^p = g(x^p),\ g(x)^{p^2} = g(x^p)^p = g(x^{p^2}),\ \cdots,\ g(x)^{p^d} = g(x^{p^{d-1}})^p = g(x^{p^d}).$$

因为 $p^d \equiv 1 \pmod{r}$, 根据例 11.4.3, 在 $\boldsymbol{F}_p[x]$ 上, 有

$$g\left(x^{p^d}\right) \equiv g(x) \pmod{x^r - 1},$$

进而,

$$g(x)^{p^d} \equiv g(x) \pmod{h(x)}.$$

这就是说, 在 $\boldsymbol{F}_p[x]/h(x)$ 中, 有

$$g(x)^{p^d-1}=1.$$

因为 (p^k-1) 是 $g(x)$ 在 $\boldsymbol{F}_p[x]/h(x)$ 中的阶, 根据定理 9.1.3 (iv), 得到 $(p^k-1)|(p^d-1)$.

另一方面, 因为 $h(x)|x^r-1$, 所以在 $\boldsymbol{F}_p[x]/h(x)$ 中恒有

$$x^r-1=0.$$

这说明 x 是 $\boldsymbol{F}_p[x]/h(x)$ 中阶为 r 的元素 (因为 r 是素数, $x\neq 1$). 因此, $r|(p^k-1)$, 即 $p^k\equiv 1 \pmod r$. 根据定理 5.1.1, 得到 $d|k$, 故 $d=k$. 结论成立. 证毕.

定理 13.3.6 设 p 是素数, m 是正整数, 则 $x^{p^m}-x$ 在 $\boldsymbol{F}_p$ 上可分解成两两不同的不可约多项式 $p_0(x)=x$, $p_i(x)$, $1\leqslant i\leqslant s$ 的乘积,

$$x^{p^m}-x=x\prod_{i=1}^{s}p_i(x)=\prod_{i=0}^{s}p_i(x).$$

推论 在定理的假设条件下, 设 $p_i(x)$ 在 $\boldsymbol{F}_{p^m}$ 的全部根集为 $E_i=\left\{\alpha_1^{(i)},\alpha_2^{(i)},\cdots,\alpha_{n_i}^{(i)}\right\}$ $(0\leqslant i\leqslant s)$, 则有 E_i 两两不交, 且

$$E_0\cup E_1\cup\cdots\cup E_s=\boldsymbol{F}_{p^m}.$$

应用 求多项式 $f(x)$ 在 $\boldsymbol{F}_{p^m}$ 的全部根集 X.

方法一 直接在 $\boldsymbol{F}_{p^m}$ 中穷尽所有元素, 以找出全部根集 X.

方法二 对每个 $1\leqslant i\leqslant s$, 直接在 E_i 中穷尽所有元素, 以找出全部根集 $X_i=X\cap E_i$, 从而得到

$$X_0\cup X_1\cup\cdots\cup X_s=X.$$

13.3.2 有限域的 Galois 群概述

定理 13.3.7 $\boldsymbol{F}_{q^n}$ 在 $\boldsymbol{F}_q$ 上的自同构集是一个阶为 n 的循环群, 其生成元为自同构 $\sigma_q(\alpha)=\alpha^q$.

证 设 β 是 $\boldsymbol{F}_{q^n}$ 中的本原元, 则 β 在 $\boldsymbol{F}_q$ 上的阶为 q^n-1, 且其最小多项式 $p(x)=x^n+a_{n-1}x^{n-1}+\cdots+a_1x+a_0\in\boldsymbol{F}_q[x]$ 有根

$$\beta,\ \sigma_q(\alpha)=\beta^q,\ \sigma_q^2(\alpha)=\beta^{q^2},\ \cdots,\ \sigma_q^{n-1}(\alpha)=\beta^{q^{n-1}}.$$

现在, 设 $f(x)$ 是 $\boldsymbol{F}_q$ 上的多项式. 因为 $\boldsymbol{F}_{q^n}$ 在 $\boldsymbol{F}_q$ 上的自同构 τ 保持 $f(x)$ 的系数不变, 所以 $f(\alpha)=0$ 的充要条件是 $f(\tau(\alpha))=0$. 换句话说, τ 对 $f(x)$ 在 $\boldsymbol{F}_{q^n}$ 中的根进行了置换. 特别地, 对于 $p(x)$ 的根 β, 存在 i 使得

$$\tau(\beta)=\beta^{q^i}.$$

因此,

$$\sigma_q^i(\beta)=\sigma_q\left(\sigma_q^{i-1}(\beta)\right)=\beta^{q^i}=\tau(\beta).$$

因为 β 是 $\boldsymbol{F}_{q^n}$ 的本原元, 推出 $\tau=\sigma_q^i$.

因此, $\boldsymbol{F}_{q^n}$ 在 $\boldsymbol{F}_q$ 上的自同构集是一个阶为 n 的循环群, 其生成元为自同构 $\sigma_q(\alpha)=\alpha^q$. 证毕.

13.4 正规基

设 α 是 $\boldsymbol{F}_q$ 上次数为 n 的 $\boldsymbol{F}_{q^n}$ 中的元素, 则 1, α, α^2, $\cdots$, α^{n-1} 构成 $\boldsymbol{F}_{q^n}$ 在 $\boldsymbol{F}_q$ 上的基底. 这个基底叫做**多项式基底**.

定义 13.4.1 $\boldsymbol{F}_{q^n}$ 在 $\boldsymbol{F}_q$ 上形为 α, α^q, α^{q^2}, $\cdots$, $\alpha^{q^{n-1}}$ 的基底叫做 $\boldsymbol{F}_{q^n}$ 在 $\boldsymbol{F}_q$ 上的**正规基**.

定理 13.4.1 (Artin 引理) 设 ψ_1, $\cdots$, ψ_s 是群 G 到 $\boldsymbol{F}^*$ (域 $\boldsymbol{F}$ 的乘法群) 的不同同态, 则 ψ_1, $\cdots$, ψ_s 在 $\boldsymbol{F}$ 上线性无关, 也就是说, 对不全为零的数 $c_1,\cdots,c_s \in \boldsymbol{F}$, 存在元素 $g\in G$ 使得

$$c_1\psi_1(g)+\cdots+c_s\psi_s(g)\neq 0.$$

证 对 s 作数学归纳法. $s=1$ 时, 若存在不为零的数 $c_1\in\boldsymbol{F}$, 使得 $c_1\psi_1=0$. 也就是说, 对任意元素 $g\in G$, 有 $c_1\psi_1(g)=0$. 特别地, 取 $g=1$, 有 $\psi(1)=1$, 从而, $c_1=0$, 矛盾.

假设对 $\leqslant s-1$, 结论成立.

对于 s, 若 ψ_1, $\cdots$, ψ_s 在 $\boldsymbol{F}$ 上线性相关, 则存在全不为零的数 c_1, $\cdots$, $c_s\in\boldsymbol{F}$, 使得

$$c_1\psi_1+\cdots+c_{s-1}\psi_{s-1}+c_s\psi_s=0,$$

也就是说, 对任意元素 $g\in G$, 有

$$c_1\psi_1(g)+\cdots+c_{s-1}\psi_{s-1}(g)+c_s\psi_s(g)=0.$$

因为 $\psi_1\neq\psi_s$, 所以存在 $h\in G$ 使得 $\psi_1(h)\neq\psi_s(h)$. 这样, 用 gh 代替 g 时, 有

$$c_1\psi_1(h)\psi_1(g)+\cdots+c_{s-1}\psi_{s-1}(h)\psi_{s-1}(g)+c_s\psi_s(h)\psi_s(g)=0.$$

消除 $\psi_s(g)$, 得到对任意元素 $g\in G$, 有

$$c_1(\psi_1(h)-\psi_s(h))\psi_1(g)+\cdots+c_{s-1}(\psi_{s-1}(h)-\psi_s(h))\psi_{s-1}(g)=0$$

或者

$$c_1(\psi_1(h)-\psi_s(h))\psi_1+\cdots+c_{s-1}(\psi_{s-1}(h)-\psi_s(h))\psi_{s-1}=0.$$

根据归纳假设, 有

$$c_1(\psi_1(h)-\psi_s(h))=\cdots=c_1(\psi_{s-1}(h)-\psi_s(h))=0.$$

但 $\psi_1(h)-\psi_s(h)\neq 0$, 从而 $c_1=0$, 矛盾, 故结论成立.

注 如果取 $G=\boldsymbol{F}^*$, 则定理 13.4.1 中的 ψ_1, $\cdots$, ψ_s 可作为 $\boldsymbol{F}$ 上的线性变换时, 其线性组合

$$c_1\psi_1+\cdots+c_{s-1}\psi_{s-1}+c_s\psi_s$$

也是 $\boldsymbol{F}$ 上的线性变换. 再利用 ψ_i 保持乘法运算, 可推出存在元素 $g\in G$ 使得

$$c_1\psi_1(g)+\cdots+c_s\psi_s(g)\neq 0.$$

在证明有限域有正规基存在之前, 先叙述线性代数中的一个命题.

命题 设 ψ 是 n 维线性空间上的线性变换, 则 ψ 的特征多项式 $P_\psi(\lambda)$ 是 n 次多项式, 并且 ψ 的最小多项式 $m(\lambda)$ 满足 $m(\lambda)\mid P_\psi(\lambda)$.

定理 13.4.2　有限域 $\boldsymbol{F}_{q^n}$ 在其子域 $\boldsymbol{F}_q$ 上有正规基存在.

证　$n=1$ 时, 结论显然成立. 设 $n>1$. 因为 $\boldsymbol{F}_{q^n}$ 在 $\boldsymbol{F}_q$ 上的自同构群是

$$\mathrm{Aut}(\boldsymbol{F}_{q^n})=\{\mathrm{id},\ \sigma_q,\ \sigma_q^2,\ \cdots,\ \sigma_q^{n-2},\ \sigma_q^{n-1}\},$$

其中 $\sigma_q(\alpha)=\alpha^q$, 对任意 $\alpha\in\boldsymbol{F}_{q^n}$, id, σ_q, σ_q^2, $\cdots$, σ_q^{n-2}, σ_q^{n-1} 是 $G=\boldsymbol{F}^*$ 到 $\boldsymbol{F}^*$ 的 n 个不同的同态. 根据定理 13.4.1, id, σ_q, σ_q^2, $\cdots$, σ_q^{n-2}, σ_q^{n-1} 在 $\boldsymbol{F}_{q^n}$ 上线性无关, 这意味着, σ 的最小多项式 $m(\lambda)$ 的次数 $\geqslant n$.

又对任意 $\alpha\in\boldsymbol{F}_{q^n}$, 有 $\sigma_q^n(\alpha)=\alpha^{q^n}=\alpha$, 这说明 σ 的特征多项式 $P_\sigma(\lambda)=\lambda^n-1$.

根据命题, σ 的最小多项式 $m(\lambda)=P_\sigma(\lambda)=\lambda^n-1$.

因此, 存在一个 $\beta\in\boldsymbol{F}_{q^n}$ 使得

$$\mathrm{id}(\beta)=\beta,\ \sigma_q(\beta)=\beta^q,\ \sigma_q^2(\beta)=\beta^{q^2},\ \cdots,\ \sigma_q^{n-2}(\beta)=\beta^{q^{n-2}},\ \sigma_q^{n-1}(\beta)=\beta^{q^{n-1}}$$

构成 $\boldsymbol{F}_{q^n}$ 在 $\boldsymbol{F}_q$ 上的基底.　　证毕.

例 13.4.1　求 $\boldsymbol{F}_{2^4}=\boldsymbol{F}_2[x]/(x^4+x+1)$ 中的生成元 $g(x)$, 并计算 $g(x)^t$, $t=0,1,\cdots,14$ 和所有生成元.

解

(i) 对于 $\beta=x$, 有

$$\begin{aligned}\beta&=x,\\ \beta^2&=x^2,\\ \beta^4&=x+1,\\ \beta^8&=x^2+1,\end{aligned}$$

所以 β, β^2, β^{2^2}, β^{2^3} 不构成一个基底.

(ii) 对于 $\beta=x^3$, 有

$$\begin{aligned}\beta&=x^3&&=x^3,\\ \beta^2&=x^6&&=x^3+x^2,\\ \beta^4&=x^{12}&&=x^3+x^2+x+1,\\ \beta^8&=x^9&&=x^3+x,\end{aligned}$$

所以 β, β^2, β^{2^2}, β^{2^3} 构成一个基底, 是正规基.

例 13.4.2　求 $\boldsymbol{F}_{2^8}=\boldsymbol{F}_2[x]/(x^8+x^4+x^3+x+1)$ 中的正规基 $g(x)$.

解　(i) 对于 $\beta=x$, 有

$$\begin{aligned}\beta&=x&&=x,\\ \beta^2&=x^2&&=x^2,\\ \beta^4&=x^4&&=x^4,\\ \beta^8&=x^8&&=x^4+x^3+x+1,\\ \beta^{16}&=x^{16}&&=x^6+x^4+x^3+x^2+x,\\ \beta^{32}&=x^{32}&&=x^7+x^6+x^5+x^2,\end{aligned}$$

$$\begin{aligned}\beta^{64} &= x^{64} &= x^6+x^3+x^2+1,\\ \beta^{128} &= x^{128} &= x^7+x^6+x^5+x^4+x^3+x,\end{aligned}$$

所以 β, β^2, β^{2^2}, β^{2^3}, β^{2^4}, β^{2^5}, β^{2^6}, β^{2^7} 不构成一个基底.

(ii) 对于 $\beta=x+1$, 有

$$\begin{aligned}\beta &= x+1,\\ \beta^2 &= x^2+1,\\ \beta^4 &= x^4+1,\\ \beta^8 &= x^4+x^3+x,\\ \beta^{16} &= x^6+x^4+x^3+x^2+x+1,\\ \beta^{32} &= x^7+x^6+x^5+x^2+1,\\ \beta^{64} &= x^6+x^3+x^2,\\ \beta^{128} &= x^7+x^6+x^5+x^4+x^3+x+1,\end{aligned}$$

所以 β, β^2, β^{2^2}, β^{2^3}, β^{2^4}, β^{2^5}, β^{2^6}, β^{2^7} 不构成一个基底.

(iii) 对于 $\beta=x^5$, 有

$$\begin{aligned}\beta &= x^5 &= x^5,\\ \beta^2 &= x^{10} &= x^6+x^5+x^3+x^2,\\ \beta^4 &= x^{20} &= x^7+x^4+x^2+x+1,\\ \beta^8 &= x^{40} &= x^7+x^4+x^2,\\ \beta^{16} &= x^{80} &= x^7+x^4+1,\\ \beta^{32} &= x^{160} &= x^7,\\ \beta^{64} &= x^{65} &= x^7+x^4+x^3+x,\\ \beta^{128} &= x^{130} &= x^7+x^6+x^2+1,\end{aligned}$$

所以 β, β^2, β^{2^2}, β^{2^3}, β^{2^4}, β^{2^5}, β^{2^6}, β^{2^7} 构成一个基底, 为正规基.

例 13.4.3 求 $\boldsymbol{F}_{2^8}=\boldsymbol{F}_2[x]/(x^8+x^4+x^3+x^2+1)$ 中的正规基 $g(x)$.

解 (i) 对于 $\beta=x$, 有

$$\begin{aligned}\beta &= x,\\ \beta^2 &= x^2,\\ \beta^4 &= x^4,\\ \beta^8 &= x^4+x^3+x^2+1,\\ \beta^{16} &= x^6+x^3+x^2,\\ \beta^{32} &= x^7+x^4+x^3+x^2+1,\\ \beta^{64} &= x^6+x^4+x^3+x^2+x+1,\\ \beta^{128} &= x^7+x^2+1,\end{aligned}$$

所以 β, β^2, β^{2^2}, β^{2^3}, β^{2^4}, β^{2^5}, β^{2^6}, β^{2^7} 不构成一个基底.

(ii) 对于 $\beta = x^5$, 有

$$\begin{aligned}
\beta &= x^5 &&= x^5,\\
\beta^2 &= x^{10} &&= x^6+x^5+x^4+x^2,\\
\beta^4 &= x^{20} &&= x^7+x^5+x^4+x^2,\\
\beta^8 &= x^{40} &&= x^6+x^5+x^3+x,\\
\beta^{16} &= x^{80} &&= x^7+x^6+x^5+x^4+x^3+x^2+1,\\
\beta^{32} &= x^{160} &&= x^7+x^6+x^5+x^2+x,\\
\beta^{64} &= x^{65} &&= x^7+x^5+x^4+x^3+x^2+x,\\
\beta^{128} &= x^{130} &&= x^5+x^3+x^2+x,
\end{aligned}$$

所以 β, β^2, β^{2^2}, β^{2^3}, β^{2^4}, β^{2^5}, β^{2^6}, β^{2^7} 构成一个基底, 为正规基.

13.5 习题

(1) 证明 x^4+x^3+1 是 $\boldsymbol{F}_2[x]$ 中的不可约多项式, 从而 $\boldsymbol{F}_2[x]/(x^4+x^3+1)$ 是一个 $\boldsymbol{F}_{2^4}$ 域.

(2) 求 $\boldsymbol{F}_{2^4}=\boldsymbol{F}_2[x]/(x^4+x^4+1)$ 中的生成元 $g(x)$, 并计算 $g(x)^t$, $t=0,1,\cdots,14$ 和所有生成元.

(3) 证明 $x^8+x^4+x^3+x+1$ 是 $\boldsymbol{F}_2[x]$ 中的不可约多项式, 从而 $\boldsymbol{F}_2[x]/(x^8+x^4+x^3+x+1)$ 是一个 $\boldsymbol{F}_{2^8}$ 域.

(4) 求 $\boldsymbol{F}_{2^8}=\boldsymbol{F}_2[x]/(x^8+x^4+x^3+x+1)$ 中的生成元 $g(x)$, 并计算 $g(x)^t$, $t=1,2,\cdots,255$ 和所有生成元.

(5) 证明 $x^8+x^7+x^2+x+1$ 是 $\boldsymbol{F}_2[x]$ 中的不可约多项式, 从而 $\boldsymbol{F}_2[x]/(x^8+x^7+x^2+x+1)$ 是一个 $\boldsymbol{F}_{2^8}$ 域.

(6) 求 $\boldsymbol{F}_{2^8}=\boldsymbol{F}_2[x]/(x^8+x^7+x^2+x+1)$ 中的生成元 $g(x)$, 并计算 $g(x)^t$, $t=1,2,\cdots,255$ 和所有生成元.

(7) 求出 $\boldsymbol{F}_2[x]$ 中的所有 8 次 3 项和 5 项不可约多项式.

(8) 构造 49 元域 $\boldsymbol{F}_{7^2}$.

(9) 构造 47 元域 $\boldsymbol{F}_{47}$.

(10) 求出 $\boldsymbol{F}_2[x]$ 中的所有 16 次 3 项和 5 项不可约多项式.

(11) 构造 2^{16} 元域 $\boldsymbol{F}_{2^{16}}$.

(12) 求出 $\boldsymbol{F}_3[x]$ 中的所有 4 次 3 项和 5 项不可约多项式.

(13) 构造 3^4 元域 $\boldsymbol{F}_{3^4}$.

(14) 求出 $\boldsymbol{F}_3[x]$ 中的所有 8 次 3 项和 5 项不可约多项式.

(15) 构造 3^8 元域 $\boldsymbol{F}_{3^8}$.

思考题

(1) 从群的角度来考虑有限域 $\boldsymbol{F}_q$.

① $\boldsymbol{F}_q^*$ 是有限循环群, 设生成元为 g, 则 $\boldsymbol{F}_q=\{0\}\cup\boldsymbol{F}_q^*=\{0\}\cup<g>$.

② 如何求生成元 g, 这里, 只涉及乘法运算.

(2) 从 Galois 理论的角度来考虑有限域 $\boldsymbol{F}_q$ $(q=p^n)$,

① $\boldsymbol{F}_q$ 的自同构群 $G=\mathrm{Aut}_{\boldsymbol{F}_p}\boldsymbol{F}_q$ 是循环群, 生成元是 Frobenius 映射 $\sigma: x \longmapsto x^p$. G 的子群 H 也是循环群, 生成元为 σ^d, 其中 $d=[G:H]$.

② $\boldsymbol{F}_p$ 是自同构群 $G=\mathrm{Aut}_{\boldsymbol{F}_p}\boldsymbol{F}_q$ 的不变域. 设 H 是 $G=\mathrm{Aut}_{\boldsymbol{F}_p}\boldsymbol{F}_q$ 的子群, 则 H 的不变域为 $\boldsymbol{E}_H=\{x\in\boldsymbol{F}_q \mid \psi(x)=x,\ \forall\ \psi\in H\}=\{x\in\boldsymbol{F}_q \mid \sigma^d(x)=x\}$, $[\boldsymbol{E}:\boldsymbol{F}_p]=d$. 特别地, $\boldsymbol{E}_G=\{x\in\boldsymbol{F}_q \mid \sigma(x)=x\}=\boldsymbol{F}_p$, $\boldsymbol{E}_I=\{x\in\boldsymbol{F}_q \mid \sigma^n(x)=x\}=\boldsymbol{F}_q$, I 是单位子群. 这里, 涉及群的作用, 以及不变元.

(3) 从方程的角度来考虑有限域 $\boldsymbol{F}_q$ $(q=p^n)$,

$\boldsymbol{F}_q$ 是 $\boldsymbol{F}_p$ 上方程 $x^{p^n}-x$ 的根集合, 其子域 $\boldsymbol{E}$ 是 $\boldsymbol{F}_p$ 上方程 $x^{p^d}-x$ 的根集合. $\boldsymbol{E}=\{x\in\boldsymbol{F}_q \mid x^{p^d}-x=0\}$. 特别地, $\boldsymbol{F}_p=\{x\in\boldsymbol{F}_q \mid x^p-x=0\}$, $\boldsymbol{F}_q=\{x\in\boldsymbol{F}_q \mid x^{p^n}-x=0\}$.

(4) 从线性空间的角度来考虑有限域 $\boldsymbol{F}_q$ $(q=p^n)$,

① $\boldsymbol{F}_q$ 是 $\boldsymbol{F}_p$ 上的 n 维线性空间.

② $\boldsymbol{F}_q$ 在 $\boldsymbol{F}_p$ 上的基底: 多项式基底, 正规基.

③ σ 是 $\boldsymbol{F}_p$ 上线性空间 $\boldsymbol{F}_q$ 的线性变换.

④ $\sigma,\ \sigma^2,\ \cdots,\ \sigma^{n-1},\ \sigma^n=I$, 线性空间 $\boldsymbol{F}_q$ 对偶空间的一个基底.

⑤ $\mathrm{Tr}=\sigma+\sigma^2+\cdots+\sigma^{n-1}+\sigma^n$ 是线性空间 $\boldsymbol{F}_q$ 的线性变换, 叫做迹变换. 这里, 涉及元素的表示, 以及加法和数乘两种运算.

第 14 章　椭圆曲线

14.1　椭圆曲线基本概念

设 $\boldsymbol{K}$ 是一个域, 域 $\boldsymbol{K}$ 上的 Weierstrass 方程是

$$y^2 + a_1xy + a_3y = x^3 + a_2x^2 + a_4x + a_6, \tag{14.1}$$

其中 $a_1,\ a_2,\ a_3,\ a_4,\ a_6 \in \boldsymbol{K}$.

当域 $\boldsymbol{K}$ 的特征不为 2 时, 上述方程可变形为

$$\left(y + \frac{1}{2}a_1x + \frac{1}{2}a_3\right)^2 = x^3 + \left(\frac{1}{4}a_1^2 + a_2\right)x^2 + \left(\frac{1}{2}a_1a_3 + a_4\right)x + \frac{1}{4}a_3^2 + a_6$$

或

$$(2y + a_1x + a_3)^2 = 4x^3 + b_2x^2 + 2b_4x + b_6,$$

其中

$$\begin{cases} b_2 = a_1^2 + 4a_2, \\ b_4 = a_1a_3 + 2a_4, \\ b_6 = a_3^2 + 4a_6. \end{cases} \tag{14.2}$$

当域 $\boldsymbol{K}$ 的特征不为 2, 3 时, 方程可继续变形, 有

$$(2y + a_1x + a_3)^2 = 4\left(x + \frac{1}{12}b_2\right)^3 + \left(-\frac{1}{12}b_2^2 + 2b_4\right)\left(x + \frac{1}{12}b_2\right) + \left(\frac{1}{216}b_2^3 - \frac{1}{6}b_2b_4 + b_6\right)$$

或

$$108^2(2y + a_1x + a_3)^2 = 36^3\left(x + \frac{1}{12}b_2\right)^3 - 27c_4 \cdot 36\left(x + \frac{1}{12}b_2\right) - 54c_6,$$

其中

$$\begin{cases} c_4 &= b_2^2 - 24b_4 \\ &= {a_1}^4 + 8\,{a_1}^2a_2 - 24\,a_1a_3 + 16\,{a_2}^2 - 48\,a_4, \\ c_6 &= -b_2^3 + 36b_2b_4 - 216b_6 \\ &= -{a_1}^6 - 12\,{a_1}^4a_2 + 36\,{a_1}^3a_3 - 48\,{a_1}^2{a_2}^2 + 72\,{a_1}^2a_4 + 144\,a_1a_2a_3 \\ &\quad -64\,{a_2}^3 + 288\,a_2a_4 - 216\,{a_3}^2 - 864\,a_6. \end{cases} \tag{14.3}$$

并作变换

$$\begin{cases} X = 36\left(x + \dfrac{1}{12}b_2\right) \\ Y = 108(2y + a_1x + a_3) \end{cases} \quad \text{或} \quad \begin{cases} x = \dfrac{1}{36}X - \dfrac{1}{12}b_2 \\ y = \dfrac{1}{216}Y - \dfrac{1}{2}a_1\left(\dfrac{1}{36}X - \dfrac{1}{12}b_2\right) - \dfrac{1}{2}a_3 \end{cases}$$

得到

$$Y^2 = X^3 - 27c_4X - 54c_6. \tag{14.4}$$

其判别式为

$$1728\Delta = c_4^3 - c_6^2.$$

对于任意域 $\boldsymbol{K}$, Weierstrass 方程式 (14.1) 的判别式是

$$\Delta = -b_2^2b_8 - 8b_4^3 - 27b_6^2 + 9b_2b_4b_6, \tag{14.5}$$

其中

$$b_8 = a_1^2a_6 - a_1a_3a_4 + 4a_2a_6 + a_2a_3^2 - a_4^2 \ (\ i.e.\ 4b_8 = b_2b_6 - b_4^2). \tag{14.6}$$

如果直接用 $a_1, a_2, a_3, a_4, a_5, a_6$ 表示, 则判别式 Δ 为

$$\begin{aligned}\Delta \ = \ & -{a_1}^6a_6 + {a_1}^5a_3a_4 - {a_1}^4a_2{a_3}^2 - 12\,{a_1}^4a_2a_6 + {a_1}^4{a_4}^2 \\ & +8\,{a_1}^3a_2a_3a_4 + {a_1}^3{a_3}^3 - 8\,{a_1}^2{a_2}^2{a_3}^2 + 36\,{a_1}^3a_3a_6 \\ & -48\,{a_1}^2{a_2}^2a_6 + 8\,{a_1}^2a_2{a_4}^2 - 30\,{a_1}^2{a_3}^2a_4 + 16\,a_1{a_2}^2a_3a_4 \\ & +36\,a_1a_2{a_3}^3 - 16\,{a_2}^3{a_3}^2 + 72\,{a_1}^2a_4a_6 + 144\,a_1a_2a_3a_6 \\ & -96\,a_1a_3{a_4}^2 - 64\,{a_2}^3a_6 + 16\,{a_2}^2{a_4}^2 + 72\,a_2{a_3}^2a_4 \\ & -27\,{a_3}^4 + 288\,a_2a_4a_6 - 216\,{a_3}^2a_6 - 64\,{a_4}^3 - 432\,{a_6}^2.\end{aligned}$$

定义 14.1.1 当 $\Delta \neq 0$ 时, 域 $\boldsymbol{K}$ 上的点集

$$E := \{(x, y) \mid y^2 + a_1xy + a_3y = x^3 + a_2x^2 + a_4x + a_6\} \cup \{O\}, \tag{14.7}$$

其中 $a_1,\ a_2,\ a_3,\ a_4,\ a_6 \in \boldsymbol{K}$, $\{O\}$ 为无穷远点, 叫做域 $\boldsymbol{K}$ 上的**椭圆曲线**.

这时, $j = c_4^3/\Delta$ 叫做椭圆曲线 E 的 j-**不变量**, 记作 $j(E)$.

将 Weierstrass 方程写成齐次形式

$$Y^2Z + a_1XYZ + a_3Y = X^3 + a_2X^2Z + a_4XZ^2 + a_6Z^3, \tag{14.8}$$

其中 $a_1,\ a_2,\ a_3,\ a_4,\ a_6 \in \boldsymbol{K}$, 则定义 1 中的无穷远点 O 就是齐次坐标点 $[0:1:0]$.

在对域 $\boldsymbol{K}$ 上椭圆曲线 E 的研究中, 通常取以下形式的 Weierstrass 方程:

(i) 当域 $\boldsymbol{K}$ 的特征不为 2, 3 时, Weierstrass 方程为

$$y^2 = x^3 + a_4x + a_6, \quad \Delta = -16\left(4a_4^3 + 27a_6^2\right), \quad j = 1728\frac{4a_4^3}{4a_4^3 + 27a_6^2}.$$

(ii) 当域 $\boldsymbol{K}$ 的特征为 2 , 且 $j(E) \neq 0$ 时, Weierstrass 方程为

$$y^2 + xy = x^3 + a_2x^2 + a_6, \quad \Delta = a_6, \quad j = 1/a_6.$$

(iii) 当域 $\boldsymbol{K}$ 的特征为 2 , 且 $j(E) = 0$ 时, Weierstrass 方程为

$$y^2 + a_3y = x^3 + a_4x + a_6, \quad \Delta = a_3^4, \quad j = 0.$$

(iv) 当域 $\boldsymbol{K}$ 的特征为 3 , 且 $j(E) \neq 0$ 时, Weierstrass 方程为

$$y^2 = x^3 + a_2x^2 + a_6, \quad \Delta = -a_2^3a_6, \quad j = -a_2^3/a_6.$$

(v) 当域 $\boldsymbol{K}$ 的特征为 3 , 且 $j(E) = 0$ 时, Weierstrass 方程为

$$y^2 = x^3 + a_4x + a_6, \quad \Delta = -a_4^3, \quad j = 0.$$

例 14.1.1 实数域 $\mathbf{R}$ 上的椭圆曲线 $y^2 = x^3 - 3x + 1, \ -3 \leqslant x \leqslant 3$ 的图示为

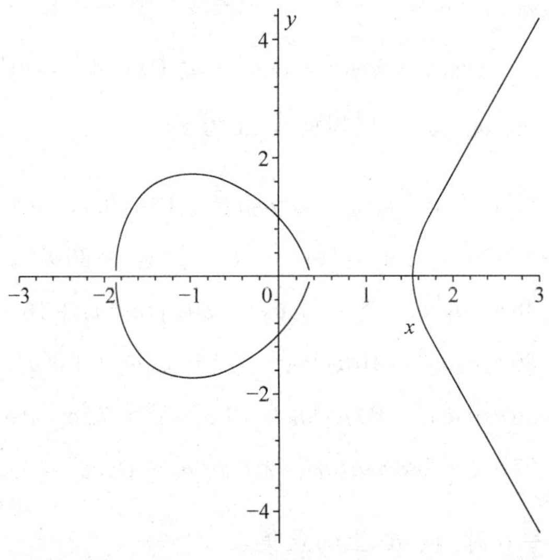

例 14.1.2 实数域 $\mathbf{R}$ 上的椭圆曲线 $y^2 = x^3 + 3, \ -2 \leqslant x \leqslant 2$ 的图示为

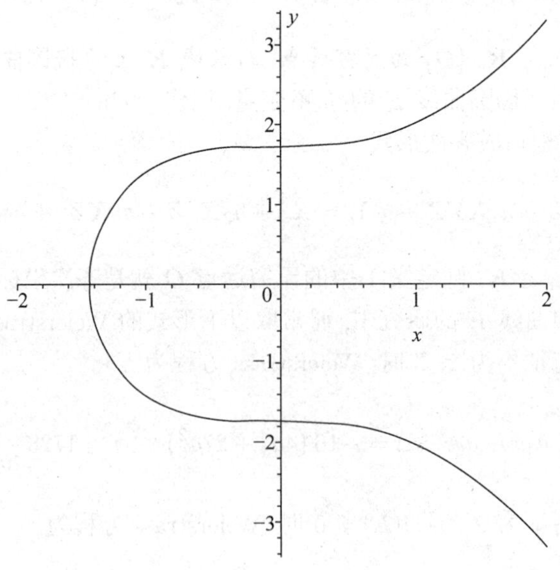

14.2 加法原理

设 E 是由 Weierstrass 方程式 (14.7) 定义的域 $\boldsymbol{K}$ 上的椭圆曲线, 定义 E 上的运算法则, 记作 $\oplus$.

运算法则. 设 P,Q 是 E 上的两个点, L 是过 P 和 Q 的直线 (过 P 点的切线, 如果 $P=Q$), R 是 L 与曲线 E 相交的第三点. 设 L' 是过 R 和 O 的直线, 则 $P\oplus Q$ 就是 L' 与 E 相交的第三点.

定理 14.2.1 E 上运算法则 $\oplus$ 具有以下性质:

(i) 如果直线 L 交 E 于点 P,Q,R (不必是不同的), 则

$$(P\oplus Q)\oplus R=O.$$

(ii) 对任意 $P\in E$, $P\oplus O=P$.

(iii) 对任意 $P,Q\in E$, $P\oplus Q=Q\oplus P$.

(iv) 设 $P\in E$, 存在一个点, 记作 $-P$, 使得

$$P\oplus(-P)=O.$$

(v) 对任意 $P,Q,R\in E$, 有

$$(P\oplus Q)\oplus R=P\oplus(Q\oplus R).$$

这就是说, E 对于运算规则 $\oplus$ 构成一个交换群.

更进一步, 如果 E 定义在 K 上, 则

$$E(\boldsymbol{K}):=\left\{(x,y)\in\boldsymbol{K}\times\boldsymbol{K}\mid y^2+a_1xy+a_3y=x^3+a_2x^2+a_4x+a_6\right\}\cup\{O\} \tag{14.9}$$

是 E 的子群.

现在给出定理 14.2.1 中群运算的精确公式.

定理 14.2.2 设椭圆曲线 E 的一般 Weierstrass 方程为

$$E:=\left\{(x,y)\mid y^2+a_1xy+a_3y=x^3+a_2x^2+a_4x+a_6\right\}\cup\{O\}.$$

(i) 设 $P_1=(x_1,y_1)$ 是曲线 E 上的点, 则

$$-P_1=(x_1,-y_1-a_1x_1-a_3). \tag{14.10}$$

(ii) 设 $P_1=(x_1,y_1)$, $P_2=(x_2,y_2)$ 是 E 上的两个点, 且 $P_3=(x_3,y_3)=P_1+P_2\neq O$, 则 x_3, y_3 可以由以下公式给出:

$$\begin{cases} x_3=\lambda^2+a_1\lambda-a_2-x_1-x_2, \\ \\ y_3=\lambda(x_1-x_3)-a_1x_3-y_1-a_3. \end{cases} \tag{14.11}$$

其中

$$\begin{cases} \lambda=\dfrac{y_2-y_1}{x_2-x_1}, & \text{如果 } x_1\neq x_2, \\ \\ \lambda=\dfrac{3x_1^2+2a_2x_1+a_4-a_1y_1}{2y_1+a_1x_1+a_3}, & \text{如果 } x_1=x_2. \end{cases}$$

证 设 E 是由以下方程

$$F(x,y)=y^2+a_1xy+a_3y-x^3-a_2x^2-a_4x-a_6=0$$

定义的椭圆曲线.

(i) 设 $P_1=(x_1,y_1)\in E$, 计算点 $-P_1$. 设 L 是过 P_1 和 O 的直线, 则该直线为

$$L:\ x-x_1=0.$$

将 $x=x_1$ 代入 $F(x,y)$ 中, 并求关于 y 的两个根 y_1,y_1'. 比较下列方程关于一次项 y 的系数,

$$F(x_1,y)=(y-y_1)(y-y_1')=y^2-(y_1+y_1')y+y_1y_1',$$

有 $y_1'=-y_1-a_1x_1-a_3$, 从而

$$-P_1=(x_1,-y_1-a_1x_1-a_3).$$

(ii) 设 $P_1=(x_1,y_1),\ P_2=(x_2,y_2)\in E$. 如果 $P_1+P_2\neq O$, 考虑过 P_1 和 P_2 的直线

$$L:\ y=\lambda x+\mu.$$

当 $x_1\neq x_2$ 时, 直线 L 的斜率 λ 为

$$\lambda=\frac{y_2-y_1}{x_2-x_1}.$$

当 $x_1=x_2$ 时, 直线 L 为过点 P 的切线, 其斜率 λ 为

$$\lambda=\frac{3x_1^2+2a_2x_1+a_4-a_1y_1}{2y_1+a_1x_1+a_3}.$$

将 $y=\lambda x+\mu$ 代入方程 $F(x,y)=0$ 中, 有

$$F(x,\lambda x+\mu)=-x^3+(\lambda^2+a_1\lambda-a_2)x^2+(2\lambda\mu+a_1\mu-a_4)x+\mu^2-a_6=0.$$

因为 $P_1,\ P_2$ 和 P_3 是 E 上的三个点, 所以上述方程关于 x 有三个解 $x_1,\ x_2,\ x_3$.

$$F(x,\lambda x+\mu)=c(x-x_1)(x-x_2)(x-x_3).$$

根据根与系数之间的关系, 有 $c=-1$ 及

$$x_1+x_2+x_3=\lambda^2+a_1\lambda-a_2.$$

因此, $\mu=y_1-\lambda x_1$,

$$\begin{cases} x_3=\lambda^2+a_1\lambda-a_2-x_1-x_2, \\ \\ y_3=\lambda(x_1-x_3)-a_1x_3-y_1-a_3. \end{cases}$$

证毕.

14.2.1 实数域 R 上椭圆曲线

实数域 $\mathbf{R}$ 上椭圆曲线及其运算法则的几何意义.

因为实数域 $\mathbf{R}$ 的特征不为 2, 3, 所以实数域 $\mathbf{R}$ 上椭圆曲线 E 的 Weierstrass 方程可设为

$$E:\ y^2 = x^3 + a_4x + a_6,$$

其判别式 $\Delta = -16(4a_4^3 + 27a_6^2) \neq 0$. E 在 $\mathbf{R}$ 上的运算规则如下:

设 $P_1 = (x_1, y_1),\ P_2 = (x_2, y_2)$ 是曲线 E 上的两个点, O 为无穷远点, 则

(1) $O + P_1 = P_1 + O$;

(2) $-P_1 = (x_1, -y_1)$;

(3) 如果 $P_3 = (x_3, y_3) = P_1 + P_2 \neq O$,

$$\begin{cases} x_3 = \lambda^2 - x_1 - x_2, \\ \\ y_3 = \lambda(x_1 - x_3) - y_1. \end{cases} \quad 其中 \quad \begin{cases} \lambda = \dfrac{y_2 - y_1}{x_2 - x_1}, & 如果\ x_1 \neq x_2, \\ \\ \lambda = \dfrac{3x_1^2 + a_4}{2y_1}, & 如果\ x_1 = x_2. \end{cases} \tag{14.12}$$

运算法则的几何意义是:

设 $P_1 = (x_1, y_1),\ P_2 = (x_2, y_2)$ 是曲线 E 上的两个点, O 为无穷远点.

则 $-P_1$ 为过点 P_1 和点 O 的直线 L 与曲线 E 的交点, 换句话说, $-P_1$ 是点 P_1 关于 x 轴的对称点.

而点 P_1 与点 P_2 的和 $P_1 + P_2 = P_3 = (x_3, y_3)$ 是过点 P_1 和点 P_2 的直线 L 与曲线 E 的交点 R 关于 x 轴的对称点 $P_3 = -R$.

例 14.2.1 设 $P = (0, 1) = (x_1, y_1)$ 是 $\mathbf{R}$ 上椭圆曲线 $E:\ y^2 = x^3 + 3x + 1$ 的点. 求 $2P = (x_2, y_2),\ 3P = (x_3, y_3),\ 4P = (x_4, y_4),\ 5P = (x_5, y_5),\ 6P = (x_6, y_6),\ 7P = (x_7, y_7)$.

解 根据式 (14.12), 有

$$\lambda_2 = \frac{3x_1^2 + a_4}{2y_1} = \frac{3}{2},$$

$$x_2 = \lambda_2^2 - 2x_1 = \frac{9}{4}, \quad y_2 = \lambda_2(x_1 - x_2) - y_1 = \frac{-35}{8}.$$

$$\lambda_3 = \frac{y_2 - y_1}{x_2 - x_1} = \frac{-43}{18},$$

$$x_3 = \lambda_3^2 - x_1 - x_2 = \frac{280}{81}, \quad y_3 = \lambda_3(x_1 - x_3) - y_1 = \frac{5291}{729}.$$

$$\lambda_4 = \frac{y_3 - y_1}{x_3 - x_1} = \frac{2281}{1260},$$

$$x_4 = \lambda_4^2 - x_1 - x_3 = \frac{-3519}{19\,600}, \quad y_4 = \lambda_4(x_1 - x_4) - y_1 = \frac{-1\,852\,129}{2\,744\,000}.$$

$$\lambda_5 = \frac{y_4 - y_1}{x_4 - x_1} = \frac{510\,681}{54\,740},$$

$$x_5 = \lambda_5^2 - x_1 - x_4 = \frac{13\,333\,320}{152\,881}, \quad y_5 = \lambda_5(x_1 - x_5) - y_1 = \frac{-48\,696\,013\,549}{59\,776\,471}.$$

$$\lambda_6 = \frac{y_5 - y_1}{x_5 - x_1} = \frac{-348\,255\,643}{37\,238\,058},$$

$$x_6 = \lambda_6^2 - x_1 - x_5 = \frac{2\,257\,258\,249}{9\,070\,276\,644}, \quad y_6 = \lambda_6(x_1 - x_6) - y_1 = \frac{1\,146\,658\,401\,987\,805}{863\,835\,007\,021\,272}.$$

$$\lambda_7 = \frac{y_6 - y_1}{x_6 - x_1} = \frac{723\,333\,490\,963}{549\,812\,688\,282},$$

$$x_7 = \lambda_7^2 - x_1 - x_6 = \frac{49\,390\,057\,276\,560}{33\,327\,979\,295\,521}, \quad y_7 = \lambda_7(x_1 - x_7) - y_1 = \frac{-567\,521\,666\,143\,702\,121\,879}{192\,403\,724\,264\,235\,258\,319}.$$

例 14.2.2 设 $P = (0,1) = (x_1, y_1)$ 是 $\mathbf{R}$ 上的椭圆曲线 E: $y^2 = x^3 + 3x + 7$ 的点. 求 $2P = (x_2, y_2)$, $3P = (x_3, y_3)$, $4P = (x_4, y_4)$, $5P = (x_5, y_5)$, $6P = (x_6, y_6)$, $7P = (x_7, y_7)$.

解 根据式 (14.12), 有

$$\lambda_2 = \frac{3x_1^2 + a_4}{2y_1} = \frac{3}{2},$$

$$x_2 = \lambda_2^2 - 2x_1 = \frac{9}{4}, \quad y_2 = \lambda_2(x_1 - x_2) - y_1 = \frac{-35}{8}.$$

$$\lambda_3 = \frac{y_2 - y_1}{x_2 - x_1} = \frac{-43}{18},$$

$$x_3 = \lambda_3^2 - x_1 - x_2 = \frac{280}{81}, \quad y_3 = \lambda_3(x_1 - x_3) - y_1 = \frac{5291}{729}.$$

$$\lambda_4 = \frac{y_3 - y_1}{x_3 - x_1} = \frac{2281}{1260},$$

$$x_4 = \lambda_4^2 - x_1 - x_3 = \frac{-3519}{19\,600}, \quad y_4 = \lambda_4(x_1 - x_4) - y_1 = \frac{-1\,852\,129}{2\,744\,000}.$$

$$\lambda_5 = \frac{y_4 - y_1}{x_4 - x_1} = \frac{510\,681}{54\,740},$$

$$x_5 = \lambda_5^2 - x_1 - x_4 = \frac{13\,333\,320}{152\,881}, \quad y_5 = \lambda_5(x_1 - x_5) - y_1 = \frac{-48\,696\,013\,549}{59\,776\,471}.$$

$$\lambda_6 = \frac{y_5 - y_1}{x_5 - x_1} = \frac{-348\,255\,643}{37\,238\,058},$$

$$x_6 = \lambda_6^2 - x_1 - x_5 = \frac{2\,257\,258\,249}{9\,070\,276\,644}, \quad y_6 = \lambda_6(x_1 - x_6) - y_1 = \frac{1\,146\,658\,401\,987\,805}{863\,835\,007\,021\,272}.$$

$$\lambda_7 = \frac{y_6 - y_1}{x_6 - x_1} = \frac{723\,333\,490\,963}{549\,812\,688\,282},$$

$$x_7 = \lambda_7^2 - x_1 - x_6 = \frac{49\,390\,057\,276\,560}{33\,327\,979\,295\,521}, \quad y_7 = \lambda_7(x_1 - x_7) - y_1 = \frac{-567\,521\,666\,143\,702\,121\,879}{192\,403\,724\,264\,235\,258\,319}.$$

14.2.2 素域 $\boldsymbol{F}_p(p>3)$ 上的椭圆曲线 E

因为素域 $\boldsymbol{F}_p$ 的特征不为 2, 3, 所以素域 $\boldsymbol{F}_p$ 上椭圆曲线 E 的 Weierstrass 方程可设为

$$E:\ y^2 = x^3 + a_4 x + a_6,$$

其判别式 $\Delta = -16(4a_4^3 + 27a_6^2) \neq 0$. E 在 $\boldsymbol{F}_p$ 上的运算规则如下:

设 $P_1 = (x_1, y_1)$, $P_2 = (x_2, y_2)$ 是曲线 E 上的两个点, O 为无穷远点, 则

(1) $O + P_1 = P_1 + O$;

(2) $-P_1 = (x_1, -y_1)$;

(3) 如果 $P_3 = (x_3, y_3) = P_1 + P_2 \neq O$,

$$\begin{cases} x_3 = \lambda^2 - x_1 - x_2, \\ \\ y_3 = \lambda(x_1 - x_3) - y_1. \end{cases} \quad 其中 \quad \begin{cases} \lambda = \dfrac{y_2 - y_1}{x_2 - x_1}, & 如果\ x_1 \neq x_2, \\ \\ \lambda = \dfrac{3x_1^2 + a_4}{2y_1}, & 如果\ x_1 = x_2. \end{cases} \tag{14.13}$$

$\boldsymbol{F}_p$ 上椭圆曲线 E 的阶为

$$\#(E(\boldsymbol{F}_p)) = 1 + \sum_{x=0}^{p-1}\left(1 + \left(\frac{x^3 + a_4 x + a_6}{p}\right)\right) = p + 1 + \sum_{x=0}^{p-1}\left(\frac{x^3 + a_4 x + a_6}{p}\right). \tag{14.14}$$

例 14.2.3 设 $\boldsymbol{F}_{17}$ 上有椭圆曲线 $E:\ y^2 = x^3 + 2x + 3$, 求出该椭圆曲线的全部点以及阶.

解 根据式 (14.13), 对 $x = 0, 1, 2, 3, 4, 5, 6, 7, 8, 9, 10, 11, 12, 13, 14, 15, 16$, 分别求出 y.

$x = 0,\ y^2 = 3 \pmod{17}$, 无解,

$x = 1,\ y^2 = 6 \pmod{17}$, 无解,

$x = 2,\ y^2 = 15 \pmod{17}$, $y = 7,\ 8 \pmod{17}$,

$x = 3,\ y^2 = 2 \pmod{17}$, $y = 6,\ 11 \pmod{17}$,

$x = 4,\ y^2 = 7 \pmod{17}$, 无解,

$x = 5,\ y^2 = 2 \pmod{17}$, $y = 6,\ 11 \pmod{17}$,

$x = 6,\ y^2 = 10 \pmod{17}$, 无解,

$x = 7,\ y^2 = 3 \pmod{17}$, 无解,

$x = 8,\ y^2 = 4 \pmod{17}$, $y = 2,\ 15 \pmod{17}$,

$x = 9,\ y^2 = 2 \pmod{17}$, $y = 6,\ 11 \pmod{17}$,

$x = 10,\ y^2 = 3 \pmod{17}$, 无解,

$x = 11,\ y^2 = 13 \pmod{17}$, $y = 8,\ 9 \pmod{17}$,

$x = 12,\ y^2 = 4 \pmod{17}$, $y = 2,\ 15 \pmod{17}$,

$x = 13,\ y^2 = 16 \pmod{17}$, $y = 4,\ 13 \pmod{17}$,

$x = 14,\ y^2 = 4 \pmod{17}$, $y = 2,\ 15 \pmod{17}$,

$x=15,\ y^2=8 \pmod{17},\quad y=5,\ 12 \pmod{17},$

$x=16,\ y^2=0 \pmod{17},\quad y=0 \pmod{17}.$

椭圆曲线的阶为

$$\#(E(\boldsymbol{F}_{17}))=17+1+\sum_{x=0}^{17-1}\left(\frac{x^3+2x+3}{17}\right)=22.$$

例 14.2.4 设 $\boldsymbol{F}_{17}$ 上椭圆曲线 $E:\ y^2=x^3+2x+3$ 上的点 $P=(2,7)$, $Q=(11,8)$. 求 $P+Q=(x_3,y_3)$, $2P=(x_4,y_4)$, $4P=(x_5,y_5)$, $8P=(x_6,y_6)$, $10P=(x_7,y_7)$, $11P=(x_8,y_8)$, $22P$.

解 令 $x_1=2,\ y_1=7,\ x_2=11,\ y_2=8$, 则 $\lambda_1=\dfrac{y_2-y_1}{x_2-x_1}=2$,

$$x_3=\lambda_1^2-x_1-x_2=8,\qquad y_3=\lambda_1(x_1-x_3)-y_1=15.$$

$\lambda_2=\dfrac{3x_1^2+a_4}{2y_1}=1$,

$$x_4=\lambda_2^2-2x_1=14,\qquad y_4=\lambda_2(x_1-x_4)-y_1=15.$$

$\lambda_3=\dfrac{3x_4^2+a_4}{2y_4}=14$,

$$x_5=\lambda_3^2-2x_4=15,\qquad y_5=\lambda_3(x_4-x_5)-y_4=5.$$

$\lambda_4=\dfrac{3x_5^2+a_4}{2y_5}=15$,

$$x_6=\lambda_4^2-2x_5=8,\qquad y_6=\lambda_4(x_5-x_6)-y_5=15.$$

$\lambda_5=\dfrac{y_6-y_4}{x_6-x_4}=0$,

$$x_7=\lambda_5^2-x_4-x_6=12,\qquad y_7=\lambda_5(x_4-x_7)-y_4=2.$$

$\lambda_6=\dfrac{y_7-y_1}{x_7-x_1}=8$,

$$x_8=\lambda_6^2-x_1-x_7=16,\qquad y_8=\lambda_6(x_1-x_8)-y_1=0.$$

因为过点 $11P=(x_8,y_8)=(16,0)$ 的切线垂直于 x 轴, 所以 $22P=2(11P)=O$ (无穷远点).

例 14.2.5 设 $\boldsymbol{F}_{17}$ 上有椭圆曲线 $E:\ y^2=x^3+3x+1$, 求出该椭圆曲线的全部点以及阶.

解 根据式 (14.13), 对 $x=0,\ 1,\ 2,\ 3,\ 4,\ 5,\ 6,\ 7,\ 8,\ 9,\ 10,\ 11,\ 12,\ 13,\ 14,\ 15,\ 16$, 分别求出 y.

$x=0,\ y^2=1 \pmod{17},\quad y=1,\ 16 \pmod{17},$

$x=1,\ y^2=5 \pmod{17},\quad$ 无解,

$x=2,\ y^2=15 \pmod{17},\quad y=7,\ 8 \pmod{17},$

$x=3,\ y^2=3\ (\mathrm{mod}\ 17)$, 无解,
$x=4,\ y^2=9\ (\mathrm{mod}\ 17)$, $y=3,\ 14\ (\mathrm{mod}\ 17)$,
$x=5,\ y^2=5\ (\mathrm{mod}\ 17)$, 无解,
$x=6,\ y^2=14\ (\mathrm{mod}\ 17)$, 无解,
$x=7,\ y^2=8\ (\mathrm{mod}\ 17)$, $y=5,\ 12\ (\mathrm{mod}\ 17)$,
$x=8,\ y^2=10\ (\mathrm{mod}\ 17)$, 无解,
$x=9,\ y^2=9\ (\mathrm{mod}\ 17)$, $y=3,\ 14\ (\mathrm{mod}\ 17)$,
$x=10,\ y^2=11\ (\mathrm{mod}\ 17)$, 无解,
$x=11,\ y^2=5\ (\mathrm{mod}\ 17)$, 无解,
$x=12,\ y^2=14\ (\mathrm{mod}\ 17)$, 无解,
$x=13,\ y^2=10\ (\mathrm{mod}\ 17)$, 无解,
$x=14,\ y^2=16\ (\mathrm{mod}\ 17)$, $y=4,\ 13\ (\mathrm{mod}\ 17)$,
$x=15,\ y^2=4\ (\mathrm{mod}\ 17)$, $y=2,\ 15\ (\mathrm{mod}\ 17)$,
$x=16,\ y^2=14\ (\mathrm{mod}\ 17)$, 无解.

椭圆曲线的阶为

$$\#(E(\boldsymbol{F}_{17}))=17+1+\sum_{x=0}^{17-1}\left(\frac{x^3+3x+1}{17}\right)=15.$$

例 14.2.6 设 $\boldsymbol{F}_{17}$ 上椭圆曲线 $E:\ y^2=x^3+3x+1$ 上的点 $P=(2,7)$. 求 $2P=(x_2,y_2)$, $3P=(x_3,y_3)$, $4P=(x_4,y_4)$, $5P=(x_5,y_5)$. $6P=(x_6,y_6)$, $7P=(x_7,y_7)$, $8P=(x_8,y_8)$, $9P=(x_9,y_9)$, $10P=(x_{10},y_{10})$, $11P=(x_{11},y_{11})$, $12P=(x_{12},y_{12})$, $13P=(x_{13},y_{13})$, $14P=(x_{14},y_{14})$.

解 令 $x_1=2,\ y_1=7$, 则 $\lambda_2=\dfrac{3x_1^2+a_4}{2y_1}=12$,

$$x_2=\lambda_2^2-2x_1=4,\qquad y_3=\lambda_2(x_1-x_2)-y_1=3.$$

$\lambda_3=\dfrac{y_2-y_1}{x_2-x_1}=15$,

$$x_3=\lambda_3^2-x_1-x_2=15,\qquad y_3=\lambda_3(x_1-x_3)-y_1=2.$$

$\lambda_4=\dfrac{3x_2^2+a_4}{2y_2}=0$,

$$x_4=\lambda_4^2-2x_2=9,\qquad y_4=\lambda_4(x_2-x_4)-y_2=14.$$

$\lambda_5=\dfrac{y_4-y_1}{x_4-x_1}=1$,

$$x_5=\lambda_5^2-x_1-x_4=7,\qquad y_5=\lambda_5(x_1-x_5)-y_1=5.$$

$\lambda_6=\dfrac{y_4-y_2}{x_4-x_2}=9$,

$$x_6=\lambda_6^2-x_2-x_4=0,\qquad y_6=\lambda_6(x_2-x_6)-y_2=16.$$

$$\lambda_7 = \frac{y_6 - y_1}{x_6 - x_1} = 4,$$

$$x_7 = \lambda_7^2 - x_1 - x_6 = 14, \qquad y_7 = \lambda_7(x_1 - x_7) - y_1 = 13.$$

$$\lambda_8 = \frac{3x_4^2 + a_4}{2y_4} = 10,$$

$$x_8 = \lambda_8^2 - 2x_4 = 14, \qquad y_8 = \lambda_8(x_4 - x_8) - y_4 = 4.$$

$$\lambda_9 = \frac{y_8 - y_1}{x_8 - x_1} = 4,$$

$$x_9 = \lambda_9^2 - x_1 - x_8 = 0, \qquad y_9 = \lambda_9(x_1 - x_9) - y_1 = 1.$$

$$\lambda_{10} = \frac{y_8 - y_2}{x_8 - x_2} = 12,$$

$$x_{10} = \lambda_{10}^2 - x_2 - x_8 = 7, \qquad y_{10} = \lambda_{10}(x_2 - x_{10}) - y_2 = 12.$$

$$\lambda_{11} = \frac{y_{10} - y_1}{x_{10} - x_1} = 1,$$

$$x_{11} = \lambda_{11}^2 - x_1 - x_{10} = 9, \qquad y_{11} = \lambda_{11}(x_1 - x_{11}) - y_1 = 3.$$

$$\lambda_{12} = \frac{y_8 - y_4}{x_8 - x_4} = 15,$$

$$x_{12} = \lambda_{12}^2 - x_4 - x_8 = 15, \qquad y_{12} = \lambda_{12}(x_4 - x_{12}) - y_4 = 15.$$

$$\lambda_{13} = \frac{y_{12} - y_1}{x_{12} - x_1} = 15,$$

$$x_{13} = \lambda_{13}^2 - x_1 - x_{12} = 4, \qquad y_{13} = \lambda_{13}(x_1 - x_{13}) - y_1 = 14.$$

$$\lambda_{14} = \frac{y_{12} - y_2}{x_{12} - x_2} = 15,$$

$$x_{14} = \lambda_{14}^2 - x_2 - x_{12} = 2, \qquad y_{14} = \lambda_{14}(x_2 - x_{14}) - y_2 = 10.$$

最后, $14P = -P$, $15P = O$ (无穷远点).

下面是群 $< P >$ 中点的分布图, 如图 14.1 所示.

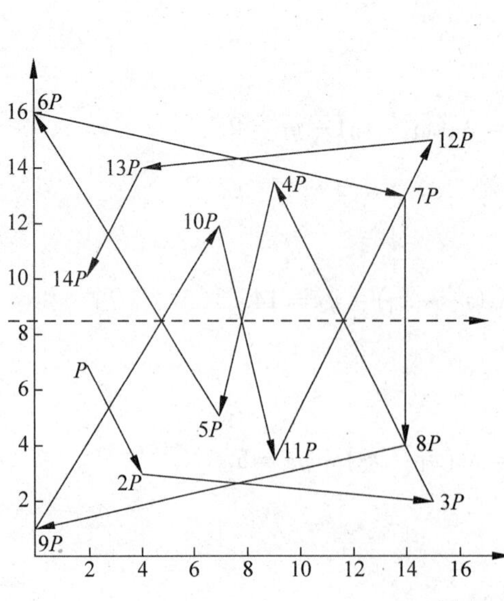

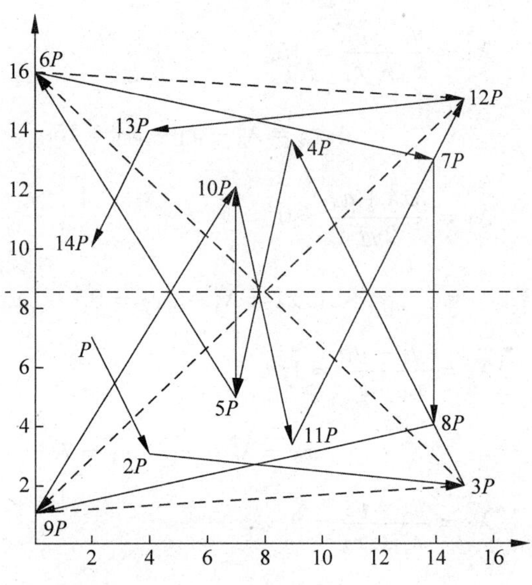

图 14.1 例 14.2.6 图

例 14.2.7 设 $P=(5,16)=(x_1,y_1)$ 是 $\boldsymbol{F}_{23}$ 上椭圆曲线 E： $y^2=x^3+3x+1$ 的点. 求点 P 生成的群 $<P>$.

解 根据式 (14.14), 有

$$\#(E(\boldsymbol{F}_p))=p+1+\sum_{x=0}^{p-1}\left(\frac{x^3+a_4x+a_6}{p}\right)=23+1-9=15.$$

设 $kP=(x_k,y_k)$. 根据式 (14.13), 有

$\lambda_2=\dfrac{3x_1^2+a_4}{2y_1}=1,$

$$x_2=\lambda_2^2-2x_1=14,\quad y_2=\lambda_2(x_1-x_2)-y_1=21.$$

$\lambda_3=\dfrac{y_2-y_1}{x_2-x_1}=21,$

$$x_3=\lambda_3^2-x_1-x_2=8,\quad y_3=\lambda_3(x_1-x_3)-y_1=13.$$

$\lambda_4=\dfrac{y_3-y_1}{x_3-x_1}=22,$

$$x_4=\lambda_4^2-x_1-x_3=11,\quad y_4=\lambda_4(x_1-x_4)-y_1=13.$$

$\lambda_5=\dfrac{y_4-y_1}{x_4-x_1}=11,$

$$x_5=\lambda_5^2-x_1-x_4=13,\quad y_5=\lambda_5(x_1-x_5)-y_1=11.$$

$\lambda_6=\dfrac{y_5-y_1}{x_5-x_1}=8,$

$$x_6=\lambda_6^2-x_1-x_5=0,\quad y_6=\lambda_6(x_1-x_6)-y_1=1.$$

$\lambda_7=\dfrac{y_6-y_1}{x_6-x_1}=3,$

$$x_7=\lambda_7^2-x_1-x_6=4,\quad y_7=\lambda_7(x_1-x_7)-y_1=10.$$

$\lambda_8=\dfrac{y_7-y_1}{x_7-x_1}=6,$

$$x_8=\lambda_8^2-x_1-x_7=4,\quad y_8=\lambda_8(x_1-x_8)-y_1=13.$$

$\lambda_9=\dfrac{y_8-y_1}{x_8-x_1}=l,$

$$x_9=\lambda_9^2-x_1-x_8=0,\quad y_9=\lambda_9(x_1-x_9)-y_1=22.$$

$\lambda_{10}=\dfrac{y_9-y_1}{x_9-x_1}=8,$

$$x_{10}=\lambda_{10}^2-x_1-x_9=13,\quad y_{10}=\lambda_{10}(x_1-x_{10})-y_1=12.$$

$\lambda_{11}=\dfrac{y_{10}-y_1}{x_{10}-x_1}=11,$

$$x_{11}=\lambda_{11}^2-x_1-x_{10}=11,\quad y_{11}=\lambda_{11}(x_1-x_{11})-y_1=10.$$

$\lambda_{12} = \dfrac{y_{11} - y_1}{x_{11} - x_1} = 22,$

$$x_{12} = \lambda_{12}^2 - x_1 - x_{11} = 8, \quad y_{12} = \lambda_{12}(x_1 - x_{12}) - y_1 = 10.$$

$\lambda_{13} = \dfrac{y_{12} - y_1}{x_{12} - x_1} = 21,$

$$x_{13} = \lambda_{13}^2 - x_1 - x_{12} = 14, \quad y_{13} = \lambda_{13}(x_1 - x_{13}) - y_1 = 2.$$

$\lambda_{14} = \dfrac{y_{13} - y_1}{x_{13} - x_1} = 1,$

$$x_{14} = \lambda_{14}^2 - x_1 - x_{13} = 5, \quad y_{14} = \lambda_{14}(x_1 - x_{13}) - y_1 = 7.$$

$\lambda_{15} = \dfrac{y_{14} - y_1}{x_{14} - x_1} = \infty, (x_{15}, y_{15}) = O.$

下面是群 $<P>$ 中点的分布图, 如图 14.2 所示.

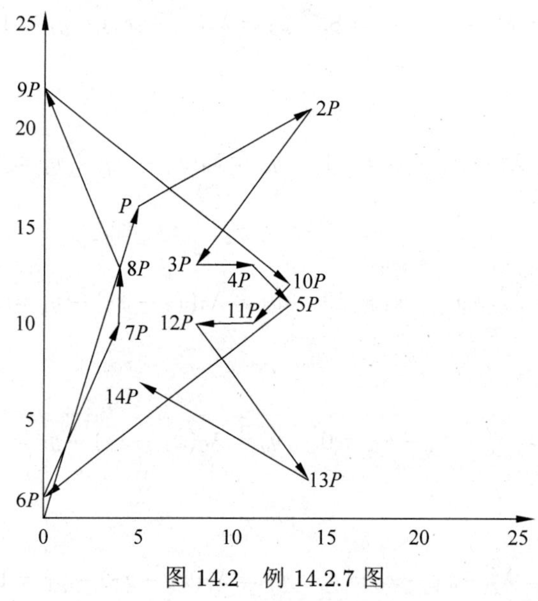

图 14.2 例 14.2.7 图

例 14.2.8 设 $P = (5, 8) = (x_1, y_1)$ 是 $\boldsymbol{F}_{23}$ 上椭圆曲线 E: $y^2 = x^3 + 3x + 7$ 的点. 求点 P 生成的群 $<P>$.

解 根据式 (14.14), 以及对应的 Legendre 符号,

x	0	1	2	3	4	5	6	7	8	9	10	11
$\left(\frac{x^3+a_4x+a_6}{p}\right)$	−1	−1	−1	−1	−1	1	−1	1	−1	1	1	−1
x	12	13	14	15	16	17	18	19	20	21	22	
$\left(\frac{x^3+a_4x+a_6}{p}\right)$	0	1	−1	0	−1	1	−1	0	−1	1	1	

有

$$\#(E(\boldsymbol{F}_p)) = p + 1 + \sum_{x=0}^{p-1} \left(\frac{x^3 + a_4x + a_6}{p}\right) = 23 + 1 - 4 = 20$$

以及

$$E(\boldsymbol{F}_p) = \{O,(5,3),(5,20),(7,7),(7,16),(9,2),(9,21),(10,5),(10,18),(12,0),(13,9),(13,14),\\ (15,0),(17,7),(17,16),(19,0),(21,4),(21,19),(22,7),(22,16)\}.$$

(i) 取 $P=(5,3)=(x_1,y_1)$. 设 $kP=(x_k,y_k)$. 根据式 (14.13), 有

$\lambda_2 = \dfrac{3x_1^2+a_4}{2y_1} = 13,$

$$x_2 = \lambda_2^2 - 2x_1 = 21, \quad y_2 = \lambda_2(x_1 - x_2) - y_1 = 19.$$

$\lambda_3 = \dfrac{y_2 - y_1}{x_2 - x_1} = 1,$

$$x_3 = \lambda_3^2 - x_1 - x_2 = 21, \quad y_3 = \lambda_3(x_1 - x_3) - y_1 = 4.$$

$\lambda_4 = \dfrac{y_3 - y_1}{x_3 - x_1} = 13,$

$$x_4 = \lambda_4^2 - x_1 - x_3 = 5, \quad y_4 = \lambda_4(x_1 - x_4) - y_1 = 20.$$

(ii) 取 $P=(7,16)=(x_1,y_1)$. 设 $kP=(x_k,y_k)$. 根据式 (14.13), 有

$\lambda_2 = \dfrac{3x_1^2+a_4}{2y_1} = 9,$

$$x_2 = \lambda_2^2 - 2x_1 = 21, \quad y_2 = \lambda_2(x_1 - x_2) - y_1 = 19.$$

$\lambda_3 = \dfrac{y_2 - y_1}{x_2 - x_1} = 15,$

$$x_3 = \lambda_3^2 - x_1 - x_2 = 13, \quad y_3 = \lambda_3(x_1 - x_3) - y_1 = 9.$$

$\lambda_4 = \dfrac{y_3 - y_1}{x_3 - x_1} = 18,$

$$x_4 = \lambda_4^2 - x_1 - x_3 = 5, \quad y_4 = \lambda_4(x_1 - x_4) - y_1 = 20.$$

$\lambda_5 = \dfrac{y_4 - y_1}{x_4 - x_1} = 21,$

$$x_5 = \lambda_5^2 - x_1 - x_4 = 15, \quad y_5 = \lambda_5(x_1 - x_5) - y_1 = 0.$$

$\lambda_6 = \dfrac{y_5 - y_1}{x_5 - x_1} = 21,$

$$x_6 = \lambda_6^2 - x_1 - x_5 = 5, \quad y_6 = \lambda_6(x_1 - x_6) - y_1 = 3.$$

$\lambda_7 = \dfrac{y_6 - y_1}{x_6 - x_1} = 18,$

$$x_7 = \lambda_7^2 - x_1 - x_6 = 13, \quad y_7 = \lambda_7(x_1 - x_7) - y_1 = 14.$$

$\lambda_8 = \dfrac{y_7 - y_1}{x_7 - x_1} = 15,$

$$x_8 = \lambda_8^2 - x_1 - x_7 = 21, \quad y_8 = \lambda_8(x_1 - x_8) - y_1 = 4.$$

$\lambda_9 = \dfrac{y_8 - y_1}{x_8 - x_1} = 9,$

$$x_9 = \lambda_9^2 - x_1 - x_8 = 7, \quad y_9 = \lambda_9(x_1 - x_9) - y_1 = 7.$$

(iii) 取 $P = (9, 2) = (x_1, y_1)$. 设 $kP = (x_k, y_k)$. 根据式 (14.13), 有

$\lambda_2 = \dfrac{3x_1^2 + a_4}{2y_1} = 4,$

$$x_2 = \lambda_2^2 - 2x_1 = 21, \quad y_2 = \lambda_2(x_1 - x_2) - y_1 = 19.$$

$\lambda_3 = \dfrac{y_2 - y_1}{x_2 - x_1} = 11,$

$$x_3 = \lambda_3^2 - x_1 - x_2 = 22, \quad y_3 = \lambda_3(x_1 - x_3) - y_1 = 16.$$

$\lambda_4 = \dfrac{y_3 - y_1}{x_3 - x_1} = 17,$

$$x_4 = \lambda_4^2 - x_1 - x_3 = 5, \quad y_4 = \lambda_4(x_1 - x_4) - y_1 = 20.$$

$\lambda_5 = \dfrac{y_4 - y_1}{x_4 - x_1} = 7,$

$$x_5 = \lambda_5^2 - x_1 - x_4 = 12, \quad y_5 = \lambda_5(x_1 - x_5) - y_1 = 0.$$

$\lambda_6 = \dfrac{y_5 - y_1}{x_5 - x_1} = 7,$

$$x_6 = \lambda_6^2 - x_1 - x_5 = 5, \quad y_6 = \lambda_6(x_1 - x_6) - y_1 = 3.$$

$\lambda_7 = \dfrac{y_6 - y_1}{x_6 - x_1} = 17,$

$$x_7 = \lambda_7^2 - x_1 - x_6 = 22, \quad y_7 = \lambda_7(x_1 - x_7) - y_1 = 7.$$

$\lambda_8 = \dfrac{y_7 - y_1}{x_7 - x_1} = 11,$

$$x_8 = \lambda_8^2 - x_1 - x_7 = 21, \quad y_8 = \lambda_8(x_1 - x_8) - y_1 = 4.$$

$\lambda_9 = \dfrac{y_8 - y_1}{x_8 - x_1} = 4,$

$$x_9 = \lambda_9^2 - x_1 - x_8 = 9, \quad y_9 = \lambda_9(x_1 - x_9) - y_1 = 21.$$

注意到 $3(7, 16) + (9, 2) = (13, 9) + (9, 2) = (17, 7)$.

(iv) 取 $P = (17, 7) = (x_1, y_1)$. 设 $kP = (x_k, y_k)$. 根据式 (14.13), 有

$\lambda_2 = \dfrac{3x_1^2 + a_4}{2y_1} = 3,$

$$x_2 = \lambda_2^2 - 2x_1 = 21, \quad y_2 = \lambda_2(x_1 - x_2) - y_1 = 4.$$

$\lambda_3 = \dfrac{y_2 - y_1}{x_2 - x_1} = 5,$

$$x_3 = \lambda_3^2 - x_1 - x_2 = 10, \quad y_3 = \lambda_3(x_1 - x_3) - y_1 = 5.$$

$$\lambda_4 = \frac{y_3 - y_1}{x_3 - x_1} = 20,$$

$$x_4 = \lambda_4^2 - x_1 - x_3 = 5, \quad y_4 = \lambda_4(x_1 - x_4) - y_1 = 3.$$

$$\lambda_5 = \frac{y_4 - y_1}{x_4 - x_1} = 8,$$

$$x_5 = \lambda_5^2 - x_1 - x_4 = 19, \quad y_5 = \lambda_5(x_1 - x_5) - y_1 = 0.$$

$$\lambda_6 = \frac{y_5 - y_1}{x_5 - x_1} = 8,$$

$$x_6 = \lambda_6^2 - x_1 - x_5 = 5, \quad y_6 = \lambda_6(x_1 - x_6) - y_1 = 20.$$

$$\lambda_7 = \frac{y_6 - y_1}{x_6 - x_1} = 20,$$

$$x_7 = \lambda_7^2 - x_1 - x_6 = 10, \quad y_7 = \lambda_7(x_1 - x_7) - y_1 = 18.$$

$$\lambda_8 = \frac{y_7 - y_1}{x_7 - x_1} = 5,$$

$$x_8 = \lambda_8^2 - x_1 - x_7 = 21, \quad y_8 = \lambda_8(x_1 - x_8) - y_1 = 19.$$

$$\lambda_9 = \frac{y_8 - y_1}{x_8 - x_1} = 3,$$

$$x_9 = \lambda_9^2 - x_1 - x_8 = 17, \quad y_9 = \lambda_9(x_1 - x_9) - y_1 = 16.$$

14.2.3 域 $\boldsymbol{F}_{2^n}$ $(n \geqslant 1)$ 上的椭圆曲线 E, $j(E) \neq 0$

因为域 $\boldsymbol{F}_{2^n}$ 的特征为 2, 所以域 $\boldsymbol{F}_{2^n}$ 上椭圆曲线 E 的 Weierstrass 方程可设为

$$E: \ y^2 + xy = x^3 + a_2x^2 + a_6.$$

E 在域 $\boldsymbol{F}_{2^n}$ 上的运算规则如下:

设 $P_1 = (x_1, y_1)$, $P_2 = (x_2, y_2)$ 是曲线 E 上的两个点, O 为无穷远点, 则

(1) $O + P_1 = P_1 + O$;

(2) $-P_1 = (x_1, x_1 + y_1)$;

(3) 如果 $P_3 = (x_3, y_3) = P_1 + P_2 \neq O$,

$$\begin{cases} x_3 = \lambda^2 + \lambda + x_1 + x_2 + a_2, \\ y_3 = \lambda(x_1 + x_3) + x_3 + y_1. \end{cases} \quad \text{其中} \quad \begin{cases} \lambda = \dfrac{y_2 + y_1}{x_2 + x_1}, & \text{如果 } x_1 \neq x_2, \\ \lambda = \dfrac{x_1^2 + y_1}{x_1}, & \text{如果 } x_1 = x_2. \end{cases} \tag{14.15}$$

例 14.2.9 设 $\boldsymbol{F}_{2^8} = \boldsymbol{F}_2[t]/(t^8 + t^4 + t^3 + t^2 + 1)$. 设 $\boldsymbol{F}_{2^8}$ 上的椭圆曲线

$$E: y^2 + x \cdot y = x^3 + x^2 + 1.$$

设 $P_1 = (t^3 + 1, t^7 + t^6 + t^5 + t^3 + t^2 + t)$. 计算 $-P_1$, $2P_1, 3P_1, 4P_1, 5P_1$.

解 设点 $kP_1 = (x_k, y_k)$, 则

(1) $\lambda_2 = (x_1^2 + y_1)/x_1 = t^4 + t^2 + t + 1$;

$x_2 = \lambda_2^2 + \lambda_2 + x_1 + x_1 + 1 = t^4 + t^3 + t^2 + t$;

$y_2 = \lambda_2 \cdot (x_1 + x_2) + x_2 + y_1 = t^7 + t^6 + t^5 + t^4 + t^3$.

(2) $\lambda_3 = (y_2 + y_1)/(x_2 + x_1) = t^6 + t^5 + t^2 + t + 1$;

$x_3 = \lambda_3^2 + \lambda_3 + x_1 + x_2 + 1 = t^7 + t^6 + t^4 + t^3 + t^2 + 1$;

$y_3 = \lambda_3 \cdot (x_1 + x_3) + x_3 + y_1 = t^7 + t^4 + t^3 + 1$.

(3) $\lambda_4 = (x_2^2 + y_2)/x_2 = t^6 + t^5 + t^4 + t^2$;

$x_4 = \lambda_4^2 + \lambda_4 + x_2 + x_2 + 1 = t^7 + t^6 + 1$;

$y_4 = \lambda_4 \cdot (x_2 + x_4) + x_4 + y_2 = t^5 + t^3$.

(4) $\lambda_5 = (y_4 + y_1)/(x_4 + x_1) = t^3 + 1$;

$x_5 = \lambda_5^2 + \lambda_5 + x_1 + x_4 + 1 = 1 + t^7$;

$y_5 = \lambda_5 \cdot (x_1 + x_5) + x_5 + y_1 = t^7 + t^6 + t^4 + t + 1$.

(5) $\lambda_6 = (y_5 + y_1)/(x_5 + x_1) = t^3 + 1$;

$x_6 = \lambda_6^2 + \lambda_6 + x_1 + x_5 + 1 = 1 + t^7$;

$y_6 = \lambda_6 \cdot (x_1 + x_6) + x_6 + y_1 = t^7 + t^6 + t^4 + t + 1$.

(6) $\lambda_7 = (y_6 + y_1)/(x_6 + x_1) = t^3 + 1$;

$x_7 = \lambda_7^2 + \lambda_7 + x_1 + x_6 + 1 = 1 + t^7$;

$y_7 = \lambda_7 \cdot (x_1 + x_7) + x_7 + y_1 = t^7 + t^6 + t^4 + t + 1$.

(7) $\lambda_8 = (y_7 + y_1)/(x_7 + x_1) = t^3 + 1$;

$x_8 = \lambda_8^2 + \lambda_8 + x_1 + x_7 + 1 = 1 + t^7$;

$y_8 = \lambda_8 \cdot (x_1 + x_8) + x_8 + y_1 = t^7 + t^6 + t^4 + t + 1$.

(8) $\lambda_9 = (y_8 + y_1)/(x_8 + x_1) = t^5 + t^4 + t + 1$;

$x_9 = \lambda_9^2 + \lambda_9 + x_1 + x_8 + 1 = t^7 + t^6 + t^4 + t^2 + t$;

$y_9 = \lambda_9 \cdot (x_1 + x_9) + x_9 + y_1 = t^6 + t^2 + t^7 + t^4 + t + 1$.

(9) $\lambda_{10} = (y_9 + y_1)/(x_9 + x_1) = t^6 + t^4 + t^3 + t^2 + t + 1$;

$x_{10} = \lambda_{10}^2 + \lambda_{10} + x_1 + x_9 + 1 = t^2$;

$y_{10} = \lambda_{10} \cdot (x_1 + x_{10}) + x_{10} + y_1 = t^4 + t^2 + t$.

(10) $\lambda_{11} = (y_{10} + y_1)/(x_{10} + x_1) = t^7 + t^6 + t^3 + t^2 + 1$;

$x_{11} = \lambda_{11}^2 + \lambda_{11} + x_1 + x_{10} + 1 = t^6 + t^3 + t^2 + t$;

$y_{11} = \lambda_{11} \cdot (x_1 + x_{11}) + x_{11} + y_1 = t^7 + t^6 + t^4 + t^2$.

(11) $\lambda_{12} = (y_{11} + y_1)/(x_{11} + x_1) = t^6 + t^7 + t^5 + t^3$;

$x_{12} = \lambda_{12}^2 + \lambda_{12} + x_1 + x_{11} + 1 = t^6 + t^2$;

$y_{12} = \lambda_{12} \cdot (x_1 + x_{12}) + x_{12} + y_1 = t^6 + t^3 + t^2 + t$.

(12) $\lambda_{13} = (y_{12} + y_1)/(x_{12} + x_1) = t^7 + t^4 + 1$;

$x_{13} = \lambda_{13}^2 + \lambda_{13} + x_1 + x_{12} + 1 = t^7 + t^6 + t^4 + t$;

$y_{13} = \lambda_{13} \cdot (x_1 + x_{13}) + x_{13} + y_1 = t^6 + t + 1$.

(13) $\lambda_{14}=(y_{13}+y_1)/(x_{13}+x_1)=t^3+t^2+t+1$;

$x_{14}=\lambda_{14}^2+\lambda_{14}+x_1+x_{13}+1=t^7$;

$y_{14}=\lambda_{14}\cdot(x_1+x_{14})+x_{14}+y_1=t^7+t^6+t^3+t$.

(14) $\lambda_{15}=(y_{14}+y_1)/(x_{14}+x_1)=t^7+t^5+t^3+t$;

$x_{15}=\lambda_{15}^2+\lambda_{15}+x_1+x_{14}+1=1$;

$y_{15}=\lambda_{15}\cdot(x_1+x_{15})+x_{15}+y_1=t^7+t^6+t^4+t^2+t$.

例 14.2.10 设 $\boldsymbol{F}_{2^3}=\boldsymbol{F}_2[t]/(t^3+t+1)$. 设 $\boldsymbol{F}_{2^3}$ 上的椭圆曲线

$$E: y^2+x\cdot y=x^3+x^2+1.$$

设点 $P_1=(t,t^5)=(t,t^2+t+1)$ 是 $E(\boldsymbol{F}_{2^3})$ 的生成元, 求 $E(\boldsymbol{F}_{2^3})$ 上的所有点.

解 设点 $kP_1=(x_k,y_k)$, 则

(1) $\lambda_2=(x_1^2+y_1)/x_1=t^2$;

$x_2=\lambda_2^2+\lambda_2+x_1+x_1+1=t+1$; $y_2=\lambda_2\cdot(x_1+x_2)+x_2+y_1=0$.

(2) $\lambda_3=(y_2+y_1)/(x_2+x_1)=t^2+t+1$;

$x_3=\lambda_3^2+\lambda_3+x_1+x_2+1=t^2$; $y_3=l_3\cdot(x_1+x_3)+x_3+y_1=t^2+t+1$.

(3) $\lambda_4=(x_2^2+y_2)/x_2=t+1$;

$x_4=\lambda_4^2+\lambda_4+x_2+x_2+1=t^2+t+1$; $y_4=\lambda_4\cdot(x_2+x_4)+x_4+y_2=0$.

(4) $\lambda_5=(y_4+y_1)/(x_4+x_1)=t^2+1$;

$x_5=\lambda_5^2+\lambda_5+x_1+x_4+1=t^2+t$; $y_5=\lambda_5\cdot(x_1+x_5)+x_5+y_1=t+1$.

(5) $\lambda_6=(y_5+y_1)/(x_5+x_1)=1$;

$x_6=\lambda_6^2+\lambda_6+x_1+x_5+1=t^2+1$; $y_6=\lambda_6\cdot(x_1+x_6)+x_6+y_1=t^2+1$.

(6) $\lambda_7=(y_6+y_1)/(x_6+x_1)=t+1$;

$x_7=\lambda_7^2+\lambda_7+x_1+x_6+1=0$; $y_7=\lambda_7\cdot(x_1+x_7)+x_7+y_1=1$.

(7) $\lambda_8=(y_7+y_1)/(x_7+x_1)=t+1$;

$x_8=\lambda_8^2+\lambda_8+x_1+x_7+1=t^2+1$; $y_8=\lambda_8\cdot(x_1+x_8)+x_8+y_1=0$.

(8) $\lambda_9=(y_8+y_1)/(x_8+x_1)=1$;

$x_9=\lambda_9^2+\lambda_9+x_1+x_8+1=t^2+t$; $y_9=\lambda_9\cdot(x_1+x_9)+x_9+y_1=t^2+1$.

(9) $\lambda_{10}=(y_9+y_1)/(x_9+x_1)=t^2+1$;

$x_{10}=\lambda_{10}^2+\lambda_{10}+x_1+x_9+1=t^2+t+1$; $y_{10}=\lambda_{10}\cdot(x_1+x_{10})+x_{10}+y_1=t^2+t+1$.

(10) $\lambda_{11}=(y_{10}+y_1)/(x_{10}+x_1)=0$;

$x_{11}=\lambda_{11}^2+\lambda_{11}+x_1+x_{10}+1=t^2$; $y_{11}=\lambda_{11}\cdot(x_1+x_{11})+x_{11}+y_1=t+1$.

(11) $\lambda_{12}=(y_{11}+y_1)/(x_{11}+x_1)=t^2+t+1$;

$x_{12}=\lambda_{12}^2+\lambda_{12}+x_1+x_{11}+1=t+1$; $y_{12}=\lambda_{12}\cdot(x_1+x_{12})+x_{12}+y_1=t+1$.

(12) $\lambda_{13}=(y_{12}+y_1)/(x_{12}+x_1)=t^2$;

$x_{13}=\lambda_{13}^2+\lambda_{13}+x_1+x_{12}+1=t$; $y_{13}=\lambda_{13}\cdot(x_1+x_{13})+x_{13}+y_1=t^2+1$.

(13) $\lambda_{14}=(y_{13}+y_1)/(x_{13}+x_1)=\infty$.

域 $\boldsymbol{F}_{3^n}$ $(n\geqslant 1)$ 上的椭圆曲线 E, $j(E)\neq 0$.

因为域 $\boldsymbol{F}_{3^n}$ 的特征为 3, 所以域 $\boldsymbol{F}_{3^n}$ 上椭圆曲线 E 的 Weierstrass 方程可设为

$$E:\ y^2 = x^3 + a_2x^2 + a_6.$$

E 在域 $\boldsymbol{F}_{3^n}$ 上的运算规则如下:

设 $P_1 = (x_1, y_1)$, $P_2 = (x_2, y_2)$ 是曲线 E 上的两个点, O 为无穷远点, 则

(1) $O + P_1 = P_1 + O$;

(2) $-P_1 = (x_1, -y_1)$;

(3) 如果 $P_3 = (x_3, y_3) = P_1 + P_2 \neq O$,

$$\begin{cases} x_3 = \lambda^2 - x_1 - x_2 - a_2, \\ \\ y_3 = \lambda(x_1 - x_3) - y_1. \end{cases} \quad \text{其中} \quad \begin{cases} \lambda = \dfrac{y_2 - y_1}{x_2 - x_1}, & \text{如果 } x_1 \neq x_2, \\ \lambda = \dfrac{3x_1^2 + 2a_2x_2}{2y_1}, & \text{如果 } x_1 = x_2. \end{cases} \tag{14.16}$$

14.3 有限域上的椭圆曲线的阶

设 $\boldsymbol{K} = \boldsymbol{F}_q$ 是 $q = p^n$ 元有限域, E 是定义在 $\boldsymbol{F}_q$ 上的椭圆曲线. 当 $p > 3$ 时, 其 Weierstrass 方程为

$$y^2 = x^3 + a_4x + a_6.$$

易知, $\boldsymbol{F}_q$ 上的椭圆曲线 E 中的点数 $\#(E(\boldsymbol{F}_q)) \leqslant 2q+1$. 事实上, 对每个 $x \in \boldsymbol{F}_q$, 至多有两个 $y \in \boldsymbol{F}_q$ 使得 $P(x, y) \in E$, 再加上无穷远点 O, 有 $\#(E) \leqslant 2|\boldsymbol{F}_q| + 1 = 2q + 1$.

现在考虑 $\boldsymbol{F}_q$ 上的椭圆曲线 E 上的映射.

$$\begin{array}{rccc} \varphi: & \overline{\boldsymbol{F}}_q & \longrightarrow & \overline{\boldsymbol{F}}_q \\ & (x, y) & \longmapsto & (x^q, y^q) \\ & O & \longmapsto & O \end{array}$$

φ 叫做 q 次幂 **Frobenius 映射**. 易知, φ 将 E 上的点映射到 E, 且保持群的运算法则. 这就是说, φ 是 $\boldsymbol{F}_q$ 上 E 的群同态, 因此, φ 又叫做 q 次幂 **Frobenius 自同态**.

Frobenius 自同态 φ 与其迹 (trace) 在椭圆曲线的研究中起着重要作用. 它们通过以下方程联系:

$$\varphi^2 - [t]\varphi + [q] = [0],$$

也就是, 对椭圆曲线 E 上的任意点 $P = (x, y)$, 有

$$(x^{q^2}, y^{q^2}) - [t](x^q, y^q) + [q](x, y) = O.$$

此外, 有

$$\#(E(\boldsymbol{F}_q)) = q + 1 - t.$$

第一个关于 $E(\boldsymbol{F}_q)$ 的阶的逼近估计是由下面的 Hasse 定理给出的.

定理 14.3.1 (Hasse) 设 E 是定义在 $\boldsymbol{F}_q$ ($q = p^n$, p 素数) 上的椭圆曲线, 则椭圆曲线 E 上的点数 $\#(E(\boldsymbol{F}_q))$ 满足

$$|\#(E(\boldsymbol{F}_q)) - (q+1)| \leqslant 2\sqrt{q}.$$

14.4 重复倍加算法

本节讨论 n 倍点 nP 的计算.

将 n 写成二进制:

$$n = n_0 + n_1 2 + n_2 2^2 + \cdots + n_{i-1}2^{i-1} + n_i 2^i + \cdots + n_{k-2}2^{k-2} + n_{k-1}2^{k-1},$$

其中 $n_i \in \{0,1\}$, $i = 0, 1, \cdots, k-1$.

$$nP = n_0P + n_1 2P + n_2 2^2 P + \cdots + n_{i-1}2^{i-1}P + n_i 2^i P + \cdots + n_{k-2}2^{k-2}P + n_{k-1}2^{k-1}P.$$

$$nP = \underbrace{\underbrace{\underbrace{\underbrace{\underbrace{n_0P_0}_{Q_0} + n_1P_1}_{Q_1} + n_2P_2}_{Q_2} + \cdots + n_{k-2}P_{k-2}}_{Q_{k-2}} + n_{k-1}P_{k-1}}_{Q_{k-1}}.$$

(0) 计算 $P_0 = P$ 及 $Q_0 = n_0P_0$.

(1) 计算 $P_1 = 2P_0$ 及 $Q_1 = Q_0 + n_1P_1$.

(2) 计算 $P_2 = 2P_1$ 及 $Q_2 = Q_1 + n_2P_2$.

$\vdots$

$(i-1)$ 计算 $P_{i-1} = 2b_{i-2}$ 及 $Q_{i-1} = Q_{i-2} + n_{i-1}P_{i-1}$.

(i) 计算 $P_i = 2P_{i-1}$ 及 $Q_i = Q_{i-1} + n_iP_i$.

$\vdots$

$(k-2)$ 计算 $P_{k-2} = 2P_{k-3}$ 及 $Q_{k-2} = Q_{k-3} + n_{k-2}P_{k-2}$.

$(k-1)$ 计算 $P_{k-1} = 2P_{k-2}$ 及 $Q_{k-1} = Q_{k-2} + n_{k-1}P_{k-1}$.

令 $P_k = 2^kP = (x_k, y_k)$, $k = 0, 1, 2, \cdots$ 由 $P_k = 2P_{k-1}$, 得到

$\lambda_k = \frac{3\,{x_{k-1}}^2 + a_4}{2y_{k-1}}$,

$x_k = \lambda_k^2 - 2x_{k-1}$, $y_k = \lambda_k(x_{k-1} - x_k) - y_{k-1}$.

再令 $Q_k = Q_{k-1} + n_kP_k = (u_k, v_k)$, $k = 1, 2, \cdots$ 得到

$\lambda_k = (v_{k-1} - y_k)/(u_{k-1} - x_k)$.

if $(\mathrm{n_k} > 0)$ then $\mathrm{u_k} = \lambda_\mathrm{k}^2 - \mathrm{u_{k-1}} - \mathrm{x_k}$;

$\mathrm{v_k} = \lambda_\mathrm{k}(\mathrm{u_{k-1}} - \mathrm{u_k}) - \mathrm{v_{k-1}}$;

else $\mathrm{u_k} = \mathrm{u_{k-1}}, \mathrm{v_k} = \mathrm{v_{k-1}}$ end if; end do;

例 14.4.1 $p = 100\,823$ 是一个素数, 有限域 $\boldsymbol{F}_p = \mathbf{Z}/p\mathbf{Z}$ 上的椭圆曲线点群

$$E(\boldsymbol{F}_p) = \{(x, y) \mid \in \boldsymbol{F}_p \times \boldsymbol{F}_p,\ \ y^2 = x^3 + 3x + 7\} \cup \{O\},$$

$|E(\boldsymbol{F}_p)| = 100\,482 = 2 \cdot 3 \cdot 16\,747$.

$E(\boldsymbol{F}_p)$ 的生成元为 $P_0 = (1, 8811)$. $\mathrm{ord}(P_0) = 100\,482$. 因而, $P = 6P_0 = (62\,046, 14\,962)$ 的阶为素数 16 747. 计算 $1007P$.

$n = 1007 = 1 + 2 + 2^2 + 2^3 + 2^5 + 2^6 + 2^7 + 2^8 + 2^9$.

$n_0 = 1, n_1 = 1, n_2 = 1, n_3 = 1, n_4 = 0, n_5 = 1, n_6 = 1, n_7 = 1, n_8 = 1, n_9 = 1$.

(0) 计算 $P_0 = P = (62\,046, 14\,962)$, 及 $Q_0 = P_0 = (62\,046, 14\,962)$.

(1) 计算 $P_1 = 2P_0 = (79\,956, 69\,266)$, 及 $Q_1 = Q_0 + P_1 = (10\,232, 99\,402)$.

(2) 计算 $P_2 = 2P_1 = (18\,004, 60\,305)$, 及 $Q_2 = Q_1 + P_2 = (77\,066, 35\,653)$.

(3) 计算 $P_3 = 2P_2 = (71\,409, 96\,128)$, 及 $Q_3 = Q_2 + P_3 = (98\,956, 33\,961)$.

(4) 计算 $P_4 = 2P_3 = (88\,114, 449)$, 及 $Q_4 = Q_3 = (98\,956, 33\,961)$.

(5) 计算 $P_5 = 2P_4 = (83\,127, 15\,384)$, 及 $Q_5 = Q_4 + P_5 = (72\,985, 39\,118)$.

(6) 计算 $P_6 = 2P_5 = (74\,848, 74\,692)$, 及 $Q_6 = Q_5 + P_6 = (53\,181, 78\,296)$.

(7) 计算 $P_7 = 2P_6 = (32\,021, 39\,593)$, 及 $Q_7 = Q_6 + P_7 = (53\,704, 97\,059)$.

(8) 计算 $P_8 = 2P_7 = (78\,143, 43\,796)$, 及 $Q_8 = Q_7 + P_8 = (43\,906, 14\,791)$.

(9) 计算 $P_9 = 2P_8 = (94\,069, 18\,649)$, 及 $Q_9 = Q_8 + P_9 = (80\,726, 17\,229)$.

例 14.4.2 $p = 359$ 是一个素数, 有限域 $\boldsymbol{F}_p = \mathbf{Z}/p\mathbf{Z}$ 上的椭圆曲线点群

$$E(\boldsymbol{F}_p) = \{(x, y) \mid \in \boldsymbol{F}_p \times \boldsymbol{F}_p,\ \ y^2 = x^3 + 3x + 7\} \cup \{O\},$$

$|E(\boldsymbol{F}_p)| = 395 = 5 \cdot 79$.

$E(\boldsymbol{F}_p)$ 的生成元为 $P_0 = (1, 27)$. $\mathrm{ord}(P_0) = 395$. 计算 $5P$, $79P$, $395P$.

(i) 计算 $5P$

$n = 79 = 1 + 2^2$.

$n_0 = 1, n_1 = 0, n_2 = 1$.

(0) 计算 $P_0 = P = (1, 27)$, 及 $Q_0 = P_0 = (1, 27)$.

(1) 计算 $P_1 = 2P_0 = (162, 354)$, 及 $Q_1 = Q_0 = (1, 27)$.

(2) 计算 $P_2 = 2P_1 = (7, 33)$, 及 $Q_2 = Q_1 + P_2 = (352, 340)$.

(ii) 计算 $79P$

$n = 79 = 1 + 2 + 2^2 + 2^3 + 2^6$.

$n_0 = 1, n_1 = 1, n_2 = 1, n_3 = 1, n_4 = 0, n_5 = 0, n_6 = 1$.

(0) 计算 $P_0 = P = (1, 27)$, 及 $Q_0 = P_0 = (1, 27)$.

(1) 计算 $P_1 = 2P_0 = (162, 354)$, 及 $Q_1 = Q_0 + P_1 = (92, 194)$.

(2) 计算 $P_2 = 2P_1 = (7, 33)$, 及 $Q_2 = Q_1 + P_2 = (126, 316)$.

(3) 计算 $P_3 = 2P_2 = (6, 263)$, 及 $Q_3 = Q_2 + P_3 = (19, 183)$.

(4) 计算 $P_4 = 2P_3 = (95, 355)$, 及 $Q_4 = Q_3 = (19, 183)$.

(5) 计算 $P_5 = 2P_4 = (316, 147)$, 及 $Q_5 = Q_4 = (19, 183)$.

(6) 计算 $P_6 = 2P_5 = (290, 146)$, 及 $Q_6 = Q_5 + P_6 = (160, 80)$.

(iii) 计算 $395P$

$n = 395 = 1 + 2 + +2^3 + 2^7 + 2^8$ 1, 1, 0, 1, 0, 0, 0, 1, 1.

$n_0 = 1, n_1 = 1, n_2 = 0, n_3 = 1, n_4 = 0, n_5 = 0, n_6 = 0, n_7 = 1, n_8 = 1$.

(0) 计算 $P_0 = P = (1, 27)$, 及 $Q_0 = P_0 = (1, 27)$.

(1) 计算 $P_1 = 2P_0 = (162, 354)$, 及 $Q_1 = Q_0 + P_1 = (92, 194)$.

(2) 计算 $P_2 = 2P_1 = (7, 33)$, 及 $Q_2 = Q_1 + P_2 = (92, 194)$.

(3) 计算 $P_3 = 2P_2 = (6, 263)$, 及 $Q_3 = Q_2 + P_3 = (298, 180)$.

(4) 计算 $P_4 = 2P_3 = (95, 355)$, 及 $Q_4 = Q_3 = (298, 180)$.

(5) 计算 $P_5 = 2P_4 = (316, 147)$, 及 $Q_5 = Q_4 = (298, 180)$.

(6) 计算 $P_6 = 2P_5 = (290, 146)$, 及 $Q_6 = Q_5 + P_6 = (298, 180)$.

(7) 计算 $P_7 = 2P_6 = (79, 221)$, 及 $Q_7 = Q_6 + P_7 = (166, 351)$.

(8) 计算 $P_8 = 2P_7 = (166, 8)$, 及 $Q_8 = Q_7 + P_8 = O$.

14.5 习题

(1) 求 $\boldsymbol{F}_7$ 上所有椭圆曲线的阶.

(2) 求 $\boldsymbol{F}_{7^2}$ 上所有椭圆曲线的阶.

(3) 求 $\boldsymbol{F}_{2^4}$ 上所有椭圆曲线的阶.

(4) 求 $\boldsymbol{F}_{2^8}$ 上所有椭圆曲线的阶.

思考题

(1) 如何描述椭圆曲线群的运算规则?

(2) 如何计算椭圆曲线群的阶?

(3) 编程实现 $\boldsymbol{F}_p$ 上椭圆曲线群的加法运算. 如何提高运算效率?

(4) 编程实现 $\boldsymbol{F}_{2^n}$ 上椭圆曲线群的加法运算. 如何提高运算效率?

第 15 章　AKS 素性检验

2002 年印度数学家 Manindra Agrawal, Neeraj Kayal, Nitin Saxena 给出了一个是否为素数的判别法则, Daniel J. Bernstein 给出了一个简洁的证明. 这些证明对非数学工作者仍然有些困难, 本书试图借助所讲的数学知识, 给出一个可读的证明.

定理 15.0.1　设 a 是与 p 互素的整数, 则 p 是素数的充要条件是

$$(x-a)^p \equiv (x^p - a) \pmod p.$$

证　对每个 $0<i<p$, 有

$$(x-a)^p = x^p + \sum_{i=1}^{p-1} \binom{p}{i} x^i (-a)^{p-i} + (-a)^p.$$

如果 p 是素数, 则 $p \mid \binom{p}{i}$, $0<i<p$. 因此, 结论成立.

反过来, 如果 p 是合数, 考虑 p 的素因数 q, 设 $q^k \| p$, 根据例 1.5.7, 有 $q^k \nmid \binom{p}{q}$, 且 $(q^k, a)=1$, 因此, x^q 的系数模 p 不为零. 这样, $(x-a)^p-(x^p-a)$ 就在 $\boldsymbol{F}_p$ 上不恒为零. 证毕.

定理 15.0.2　(Manindra Agrawal, Neeraj Kayal, Nitin Saxena) 设 n 是一个正整数. 设 q 和 r 是素数. 设 S 是有限整数集合. 假设

(i) q 整除 $r-1$;

(ii) $n^{(r-1)/q} \pmod r \notin \{0,1\}$;

(iii) $(n, b-b')=1$ 对所有不同的 $b, b' \in S$;

(iv) $\binom{q+\#S-1}{\#S} \geqslant n^{2[\sqrt{r}]}$;

(v) 在环 $\mathbf{Z}/n\mathbf{Z}[x]$ 中, 对所有的 $b\in S$, 都有

$$(x+b)^n \equiv x^n + b \pmod{x^r - 1},$$

则 n 是一个素数的幂.

证　将分成一些段落证明.

(a) 根据假设 (ii), 可找到 n 的一个素因数 p 使得 $p^{(r-1)/q} \pmod r \notin \{0,1\}$ (见例 2.1.17)

(b) 根据 (v), 在环 $\boldsymbol{F}_n[x]$ 中, 对所有的 $b\in S$, 都有

$$(x+b)^n \equiv x^n + b \pmod{x^r - 1}.$$

应用例 10.4.9, 在环 $\boldsymbol{F}_n[x]$ 中, 对任意 $i \geqslant 0$, 有

$$(x+b)^{n^i} \equiv x^{n^i} + b \pmod{x^r - 1}.$$

(c) 因为 $p|n$, 所以在环 $\boldsymbol{F}_p[x]$ 中, 对任意 $i \geqslant 0$, 有

$$(x+b)^{n^i} \equiv x^{n^i} + b \pmod{x^r - 1}.$$

根据定理 10.3.2 和定理 2.4.2 (Fermat 小定理), 在环 $\boldsymbol{F}_p[x]$ 中, 对任意 $i\geqslant 0, j \geqslant 0$, 有

$$(x+b)^{n^i p^j} \equiv x^{n^i p^j} + b \pmod{x^r - 1}.$$

(d) 考虑乘积 n^ip^j, $0 \leqslant i \leqslant [\sqrt{r}], 0 \leqslant j \leqslant [\sqrt{r}]$, 要求 $n^ip^j \leqslant n^{2[\sqrt{r}]}$.

这里共有 $([\sqrt{r}]+1)^2 > r$ 对 (i,j), 因此, 存在不同的数对 $(i,j),(k,l)$ 使得 $n^ip^j \equiv n^kp^j \pmod r$. 记 $t = n^ip^j$ 及 $u = n^kp^l$. 在环 $\boldsymbol{F}_p[x]$ 中, 有 (见例 11.4.3)

$$x^t + b \equiv x^u + b \pmod{x^r - 1}.$$

进而

$$(x+b)^t \equiv x^t + b \equiv x^u + b \equiv (x+b)^u \pmod{x^r - 1}.$$

(e) 根据定理 13.3.5, 在 $\boldsymbol{F}_p$ 上, 多项式 $\dfrac{x^r-1}{x-1}$ 可分解为次数为 $d = \mathrm{ord}_r(p)$ 的不可约多项式的乘积. 因此, 有

$$p^d \equiv 1 \pmod r.$$

但由 (a), 又有

$$p^{(r-1)/q} \not\equiv 1 \pmod r$$

和 (根据定理 2.4.2 (Fermat 小定理))

$$p^{r-1} \equiv 1 \pmod r.$$

因此, 有

$$d|r-1 = q\frac{r-1}{q}, \quad d \nmid \frac{r-1}{q}.$$

从而 $(d,q) \neq 1$. 但 q 是素数, 得到 $q|d$, 即不可约多项式的次数 $d = \mathrm{ord}_r(p) \geqslant q$.

(f) 现在在有限域 $\boldsymbol{F}_p[x]/h$ 上, 对任意 $b \in S$, 有 $(x+b)^t = (x+b)^u$. 注意到 $x + b \in (\boldsymbol{F}_p[x]/h)^*$, 因为 $\deg h \geqslant q \geqslant 2$. 定义 G 为 $\{x+b \mid b \in S\}$ 生成的 $(\boldsymbol{F}_p[x]/h)^*$ 的子群, 则对任意 $g \in G$, $g^t = g^u$.

(g) G 至少有 $\binom{q+\#S-1}{\#S}$ 个元素, 特别地, 有元素 $\prod\limits_{b\in S}(x+b)^{e_b}$, $\sum\limits_{b} e_b \leqslant q-1$. 事实上, 根据假设条件 (iii), 不可约因子 $x+b$ 的差 $(x+b)-(x+b') = b-b'$ 与 n 是互素的, 所以 $x+b$ 在 $\boldsymbol{F}_p$ 中是不同的, 而且, 乘积 $\prod\limits_{b\in S}(x+b)^{e_b}$ 在 $\boldsymbol{F}_p[x]$ 中是不同的. 这些乘积的次数小于 q. 因此, 小于 $\deg h$, 这样, 它们模 h 仍为两两不同的.

(h) G 是域的有限乘子群, 因此, 其有阶为 $\#G$ 的元素 g, 但

$$|t-u| \leqslant n^{2[\sqrt{r}]} \leqslant \binom{q+\#S-1}{\#S} \leqslant \#G$$

及 $g^t = g^u$. 因此, 当 $t = u$ 时, $n^ip^j = n^kp^l$. 如果 $i = k$, 则 $p^j = p^l$, 这样, $(i,j) = (k,l)$, 矛盾. 因此, n 是 p 的幂.　　证毕.

附录 A　三个数学难题

(1) 大整数因数分解问题:

ⓘ 给定两个素数 p, q, 计算乘积 $p \cdot q = n$ 很容易;

ⓘⓘ 给定整数 n, 求 n 的素因数 p, q 使得 $n = p \cdot q$ 非常困难.

例如: $p = 20\,000\,000\,000\,000\,002\,559$, $q = 80\,000\,000\,000\,000\,001\,239$ 是两个安全素数, 它们的乘积

$$n = p \cdot q = 1\,600\,000\,000\,000\,000\,229\,500\,000\,000\,000\,003\,170\,601.$$

但要分解这个 n 非常困难.

(2) 离散对数问题:

已知有限循环群 $G =< g >= \{g^k \mid k = 0, 1, 2, \cdots\}$ 及其生成元 g 和阶 $n = |G|$.

ⓘ 给定整数 a, 计算元素 $g^a = h$ 很容易;

ⓘⓘ 给定元素 h, 计算整数 $x, 0 \leqslant x \leqslant n$, 使得 $g^x = h$ 非常困难.

例如: $p = 20\,000\,000\,000\,000\,002\,559$ 是一个安全素数, $\boldsymbol{F}_p = \mathbf{Z}/p\mathbf{Z}$ 是一个有限域, $\boldsymbol{F}_p^* = \boldsymbol{F}_p \setminus \{0\}$ 是一个乘法循环群, 其生成元为 $g = 11$.

给定整数 $a = 20\,030\,428$, 可以快速计算

$$g^a \equiv 1\,134\,889\,584\,997\,235\,257 \pmod{p}.$$

但要求整数 x, 使得 $g^x \equiv 1\,134\,889\,584\,997\,235\,257$ 非常困难.

(3) 椭圆曲线离散对数问题:

已知有限域 $\boldsymbol{F}_p$ 上的椭圆曲线群

$$E(\boldsymbol{F}_p) = \{(x, y) \mid \in \boldsymbol{F}_p \times \boldsymbol{F}_p, y^2 = x^3 + ax + b,\ a, b \in \boldsymbol{F}_p\} \cup \{O\}$$

及点 $P = (x, y)$ 的阶为一个大素数.

ⓘ 给定整数 a, 计算点 $aP = (x_a, y_a) = Q$ 很容易;

ⓘⓘ 给定点 Q, 计算整数 x, 使得 $xP = Q$ 非常困难.

附录 B 周期序列

定义 B.0.1 一个序列 $u=\{u_k \mid k\geqslant 1\}$ 称为有限周期序列或简称为周期序列, 如果存在一个整数 $L\geqslant 1$ 使得对任意的整数 $k\geqslant 1$, 都有 $u_{k+L}=u_k$. 这时, L 称为序列 u 的一个周期. 而最小的周期 L_0 称为序列 u 的周期, 记作 $p(u)$.

例如

(1) 设 m 为正整数, 则序列 $u=\{u_k=k \mod m \mid k\geqslant 1\}$ 是周期序列, $p(u)=m$.

(2) 设 $n=p$ 为素数, 则对于与 n 互素的任意正整数 a, 序列 $u=\{u_k=a^k \mod n \mid k\geqslant 1\}$ 是周期序列, 且 $n-1$ 是 u 的一个周期.

(3) 设 m 为正整数, a 是与 m 互素的正整数. 则序列 $u=\{u_k=a^k \mod m \mid k\geqslant 1\}$ 是周期序列, $\varphi(m)$ 是 u 的一个周期.

(4) 设 p, q 为都是奇素数, a 是与 $p\cdot q$ 互素的正整数, 则序列 $u=\{u_k=a^k \mod p\cdot q \mid k\geqslant 1\}$ 是周期序列, $(p-1)(q-1)$ 是 u 的一个周期.

(5) 设 p, q 为都是奇素数, e 是正整数, a 是与 $p\cdot q$ 互素的正整数, 则序列 $u=\{u_k=a^{e^k} \mod p\cdot q \mid k\geqslant 1\}$ 是周期序列, $\varphi((p-1)(q-1))$ 是 u 的一个周期.

(6) 设 p 为是奇素数, a 是正整数, 则序列 $u=\{u_k=a^k \mod p \mid k\geqslant 1\}$ 是周期序列, $p-1$ 是 u 的一个周期.

(7) 设 p 为是奇素数, 则存在一个整数 g, 使得序列 $u=\{u_k=a^k \mod p \mid k\geqslant 1\}$ 的最小周期 $p(u)=p-1$.

(8) 序列 u={一, 二, 三, 四, 五, 六, 日, 一, 二, 三, 四, 五, 六, 日, $\cdots$} 是周期序列,$p(u)=7$.

(9) 序列 u = {木, 火, 土, 金, 水, 木, 火, 土, 金, 水, $\cdots$} 是周期序列, $p(u)=5$.

(10) 序列 u = {坤, 艮, 坎, 巽, 震, 离, 兑, 乾, 坤, 艮, 坎, 巽, 震, 离, 兑, 乾, $\cdots$} 是周期序列, $p(u)=8$.

(11) 设 $f(x)$ 是 $\boldsymbol{F}_p$ 上的 n 次不可约多项式, 则序列 $u=\{u_k=x^k \mod f(x) \mid k\geqslant 1\}$ 是周期序列, p^n-1 是 u 的一个周期.

(12) 设 $f(x)$ 是 $\boldsymbol{F}_p$ 上的 n 次不可约多项式, 其生成的有限域为 $\boldsymbol{F}_{p^n}=\boldsymbol{F}_p[x]/f(x)$, 则对 $\boldsymbol{F}_{p^n}$ 中的任意元素 a, 序列 $u=\{u_k=a^k \mod f(x) \mid k\geqslant 1\}$ 是周期序列, p^n-1 是 u 的一个周期.

(13) 设 $f(x)$ 是 $\boldsymbol{F}_p$ 上的 n 次不可约多项式, 其生成的有限域为 $\boldsymbol{F}_{p^n}=\boldsymbol{F}_p[x]/f(x)$, 则对 $\boldsymbol{F}_{p^n}$ 中的任意元素 a, 序列 $u=\{u_k=a^{p^k} \mod f(x) \mid k\geqslant 1\}$ 是周期序列, n 是 u 的一个周期.

(14) 设 $f(x)$ 是 $\boldsymbol{F}_p$ 上的 n 次不可约多项式, 其生成的有限域为 $\boldsymbol{F}_{p^n}=\boldsymbol{F}_p[x]/f(x)$, 则 $\boldsymbol{F}_{p^n}$ 中存在元素 g, 使得序列 $u=\{u_k=g^k \mod f(x) \mid k\geqslant 1\}$ 的最小周期 $p(u)=p^n-1$.

(15) 设 $f(x)=x^8+x^4+x^3+x+1$, 则 $f(x)$ 是 $\boldsymbol{F}_2$ 上的 8 次不可约多项式, 且 $\boldsymbol{F}_2$ 上的序列 $u=\{u_k=x^k \mod f(x) \mid k\geqslant 1\}$ 的最小周期 $p(u)=51$.

(16) 设 $f(x)=x^8+x^4+x^3+x+1$, 则 $f(x)$ 是 $\boldsymbol{F}_2$ 上的 8 次不可约多项式, 且 $\boldsymbol{F}_2$ 上的序列 $u=\{u_k=(x+1)^k \mod f(x) \mid k\geqslant 1\}$ 的最小周期 $p(u)=2^8-1=255$.

(17) 设 $f(x)=x^8+x^4+x^3+x+1$, 则 $f(x)$ 是 $\boldsymbol{F}_2$ 上的 8 次不可约多项式, 且 $\boldsymbol{F}_2$ 上的序列 $u=\{u_k=(x^2+x+1)^k \mod f(x) \mid k\geqslant 1\}$ 的最小周期 $p(u)=85$.

(18) 设 $f(x)=x^8+x^4+x^3+x+1$, 则 $f(x)$ 是 $\boldsymbol{F}_2$ 上的 8 次不可约多项式, 且 $\boldsymbol{F}_2$ 上的序列 $u=\{u_k=(x^3+x^2+1)^k \mod f(x) \mid k\geqslant 1\}$ 的最小周期 $p(u)=15$.

(19) 设 $f(x)=x^8+x^4+x^3+x^2+1$, 则 $f(x)$ 是 $\boldsymbol{F}_2$ 上的 8 次本原多项式, 且 $\boldsymbol{F}_2$ 上的序列 $u=\{u_k=x^k \mod f(x) \mid k\geqslant 1\}$ 的最小周期 $p(u)=2^8-1=255$.

(20) 设 $f(x)=x^8+x^4+x^3+x^2+1$, 则 $f(x)$ 是 $\boldsymbol{F}_2$ 上的 8 次本原多项式, 且 $\boldsymbol{F}_2$ 上的序列 $u=\{u_k=(x+1)^k \mod f(x) \mid k\geqslant 1\}$ 的最小周期 $p(u)=51$.

(21) 设 $f(x)=x^8+x^4+x^3+x^2+1$, 则 $f(x)$ 是 $\boldsymbol{F}_2$ 上的 8 次本原多项式, 且 $\boldsymbol{F}_2$ 上的序列 $u=\{u_k=(x^2+x+1)^k \mod f(x) \mid k\geqslant 1\}$ 的最小周期 $p(u)=85$.

(22) 设 $f(x)=x^8+x^4+x^3+x^2+1$, 则 $f(x)$ 是 $\boldsymbol{F}_2$ 上的 8 次本原多项式, 且 $\boldsymbol{F}_2$ 上的序列 $u=\{u_k=(x^3+x+1)^k \mod f(x) \mid k\geqslant 1\}$ 的最小周期 $p(u)=15$.

(23) 设 $f(x)=x^{16}+x^5+x^3+x^2+1$, 则 $f(x)$ 是 $\boldsymbol{F}_2$ 上的 16 次本原多项式, 且 $\boldsymbol{F}_2$ 上的序列 $u=\{u_k=x^k \mod f(x) \mid k\geqslant 1\}$ 的最小周期 $p(u)=2^{16}-1=65\,535$.

(24) 设 $f(x)=x^{16}+x^5+x^3+x^2+1$, 则 $f(x)$ 是 $\boldsymbol{F}_2$ 上的 16 次本原多项式, 且 $\boldsymbol{F}_2$ 上的序列 $u=\{u_k=(x^3+x+1)^k \mod f(x) \mid k\geqslant 1\}$ 的最小周期 $p(u)=21\,845$.

(25) 设 $f(x)=x^{16}+x^5+x^3+x^2+1$, 则 $f(x)$ 是 $\boldsymbol{F}_2$ 上的 16 次本原多项式, 且 $\boldsymbol{F}_2$ 上的序列 $u=\{u_k=(x^4+x+1)^k \mod f(x) \mid k\geqslant 1\}$ 的最小周期 $p(u)=13\,107$.

(26) 设 $f(x)=x^{16}+x^5+x^3+x^2+1$, 则 $f(x)$ 是 $\boldsymbol{F}_2$ 上的 16 次本原多项式, 且 $\boldsymbol{F}_2$ 上的序列 $u=\{u_k=(x^5+x^3+1)^k \mod f(x) \mid k\geqslant 1\}$ 的最小周期 $p(u)=4369$.

(27) 有限域 $\boldsymbol{F}_p$ 上存在 n 次不可约多项式 $f(x)$, 使得序列 $u=\{u_k=x^k \mod f(x) \mid k\geqslant 1\}$ 的最小周期 $p(u)=p^n-1$.

(28) 设 $f(x)$ 是 $\boldsymbol{F}_p$ 上的 n 次多项式, 则序列 $u=\{u_k=x^k \bmod f(x) \mid k\geqslant 1\}$ 是周期序列, 其最小周期 $p(u)\leqslant p^n-1$.

(29) 存在 $\boldsymbol{F}_p$ 上的 n 阶可逆矩阵 A, 使得序列 $u=\{u_k=\boldsymbol{A}^k \mid k\geqslant 1\}$ 的最小周期 $p(u)=p^n-1$.

(30) 设 $\boldsymbol{A}$ 是 $\boldsymbol{F}_p$ 上的 n 阶可逆矩阵, 则序列 $u=\{u_k=\boldsymbol{A}^k \mid k\geqslant 1\}$ 是周期序列, 其最小周期 $p(u)\leqslant p^n-1$.

(31) 设 $c_0,c_1,\cdots,c_{n-1}$ 是 $\boldsymbol{F}_p$ 上的 n 个元素. 对于 $k\geqslant n+1$, 定义 $a_k=\sum\limits_{i=0}^{n-1}c_ia_{k-i}$, 则序列 $u=\{u_k=a_k \mid k\geqslant 1\}$ 是周期序列, 其最小周期 $p(u)\leqslant p^n-1$.

性质 B.0.1 设 L 是周期序列 $u=\{u_k \mid k\geqslant 1\}$ 的一个周期, 则它一定是 u 的周期 $p(u)$ 的倍数.

设 $u=\{u_k \mid k\geqslant 1\}$ 和 $v=\{v_k \mid k\geqslant 1\}$, 定义它们的和序列和积序列为

$$u+v:=\{u_k+v_k \mid k\geqslant 1\} \quad \text{和} \quad u\cdot v:=\{u_k\cdot v_k \mid k\geqslant 1\}.$$

性质 B.0.2 设 $u=\{u_k \mid k\geqslant 1\}$ 和 $v=\{v_k \mid k\geqslant 1\}$ 都是周期序列, 则 $p(u)\cdot p(v)$ 是 $u+v$ 的周期, 也是 $u\cdot v$ 的周期.

附录 C 前 1280 个素数及其原根表

n	第 n个素数	原根	n	第 n个素数	原根	n	第 n个素数	原根	n	第 n个素数	原根
1	2		41	179	2	81	419	2	121	661	2
2	3	2	42	181	2	82	421	2	122	673	5
3	5	2	43	191	19	83	431	7	123	677	2
4	7	3	44	193	5	84	433	5	124	683	5
5	11	2	45	197	2	85	439	15	125	691	3
6	13	2	46	199	3	86	443	2	126	701	2
7	17	3	47	211	2	87	449	3	127	709	2
8	19	2	48	223	3	88	457	13	128	719	11
9	23	5	49	227	2	89	461	2	129	727	5
10	29	2	50	229	6	90	463	3	130	733	6
11	31	3	51	233	3	91	467	2	131	739	3
12	37	2	52	239	7	92	479	13	132	743	5
13	41	6	53	241	7	93	487	3	133	751	3
14	43	3	54	251	6	94	491	2	134	757	2
15	47	5	55	257	3	95	499	7	135	761	6
16	53	2	56	263	5	96	503	5	136	769	11
17	59	2	57	269	2	97	509	2	137	773	2
18	61	2	58	271	6	98	521	3	138	787	2
19	67	2	59	277	5	99	523	2	139	797	2
20	71	7	60	281	3	100	541	2	140	809	3
21	73	5	61	283	3	101	547	2	141	811	3
22	79	3	62	293	2	102	557	2	142	821	2
23	83	2	63	307	5	103	563	2	143	823	3
24	89	3	64	311	17	104	569	3	144	827	2
25	97	5	65	313	10	105	571	3	145	829	2
26	101	2	66	317	2	106	577	5	146	839	11
27	103	5	67	331	3	107	587	2	147	853	2
28	107	2	68	337	10	108	593	3	148	857	3
29	109	6	69	347	2	109	599	7	149	859	2
30	113	3	70	349	2	110	601	7	150	863	5
31	127	3	71	353	3	111	607	3	151	877	2
32	131	2	72	359	7	112	613	2	152	881	3
33	137	3	73	367	6	113	617	3	153	883	2
34	139	2	74	373	2	114	619	2	154	887	5
35	149	2	75	379	2	115	631	3	155	907	2
36	151	6	76	383	5	116	641	3	156	911	17
37	157	5	77	389	2	117	643	11	157	919	7
38	163	2	78	397	5	118	647	5	158	929	3
39	167	5	79	401	3	119	653	2	159	937	5
40	173	2	80	409	21	120	659	2	160	941	2

续表

n	第 n个素数	原根	n	第 n个素数	原根	n	第 n个素数	原根	n	第 n个素数	原根
161	947	2	201	1229	2	241	1523	2	281	1823	5
162	953	3	202	1231	3	242	1531	2	282	1831	3
163	967	5	203	1237	2	243	1543	5	283	1847	5
164	971	6	204	1249	7	244	1549	2	284	1861	2
165	977	3	205	1259	2	245	1553	3	285	1867	2
166	983	5	206	1277	2	246	1559	19	286	1871	14
167	991	6	207	1279	3	247	1567	3	287	1873	10
168	997	7	208	1283	2	248	1571	2	288	1877	2
169	1009	11	209	1289	6	249	1579	3	289	1879	6
170	1013	3	210	1291	2	250	1583	5	290	1889	3
171	1019	2	211	1297	10	251	1597	11	291	1901	2
172	1021	10	212	1301	2	252	1601	3	292	1907	2
173	1031	14	213	1303	6	253	1607	5	293	1913	3
174	1033	5	214	1307	2	254	1609	7	294	1931	2
175	1039	3	215	1319	13	255	1613	3	295	1933	5
176	1049	3	216	1321	13	256	1619	2	296	1949	2
177	1051	7	217	1327	3	257	1621	2	297	1951	3
178	1061	2	218	1361	3	258	1627	3	298	1973	2
179	1063	3	219	1367	5	259	1637	2	299	1979	2
180	1069	6	220	1373	2	260	1657	11	300	1987	2
181	1087	3	221	1381	2	261	1663	3	301	1993	5
182	1091	2	222	1399	13	262	1667	2	302	1997	2
183	1093	5	223	1409	3	263	1669	2	303	1999	3
184	1097	3	224	1423	3	264	1693	2	304	2003	5
185	1103	5	225	1427	2	265	1697	3	305	2011	3
186	1109	2	226	1429	6	266	1699	3	306	2017	5
187	1117	2	227	1433	3	267	1709	3	307	2027	2
188	1123	2	228	1439	7	268	1721	3	308	2029	2
189	1129	11	229	1447	3	269	1723	3	309	2039	7
190	1151	17	230	1451	2	270	1733	2	310	2053	2
191	1153	5	231	1453	2	271	1741	2	311	2063	5
192	1163	5	232	1459	3	272	1747	2	312	2069	2
193	1171	2	233	1471	6	273	1753	7	313	2081	3
194	1181	7	234	1481	3	274	1759	6	314	2083	2
195	1187	2	235	1483	2	275	1777	5	315	2087	5
196	1193	3	236	1487	5	276	1783	10	316	2089	7
197	1201	11	237	1489	14	277	1787	2	317	2099	2
198	1213	2	238	1493	2	278	1789	6	318	2111	7
199	1217	3	239	1499	2	279	1801	11	319	2113	5
200	1223	5	240	1511	11	280	1811	6	320	2129	3

续表

n	第 n个素数	原根	n	第 n个素数	原根	n	第 n个素数	原根	n	第 n个素数	原根
321	2131	2	361	2437	2	401	2749	6	441	3083	2
322	2137	10	362	2441	6	402	2753	3	442	3089	3
323	2141	2	363	2447	5	403	2767	3	443	3109	6
324	2143	3	364	2459	2	404	2777	3	444	3119	7
325	2153	3	365	2467	2	405	2789	2	445	3121	7
326	2161	23	366	2473	5	406	2791	6	446	3137	3
327	2179	7	367	2477	2	407	2797	2	447	3163	3
328	2203	5	368	2503	3	408	2801	3	448	3167	5
329	2207	5	369	2521	17	409	2803	2	449	3169	7
330	2213	2	370	2531	2	410	2819	2	450	3181	7
331	2221	2	371	2539	2	411	2833	5	451	3187	2
332	2237	2	372	2543	5	412	2837	2	452	3191	11
333	2239	3	373	2549	2	413	2843	2	453	3203	2
334	2243	2	374	2551	6	414	2851	2	454	3209	3
335	2251	7	375	2557	2	415	2857	11	455	3217	5
336	2267	2	376	2579	2	416	2861	2	456	3221	10
337	2269	2	377	2591	7	417	2879	7	457	3229	6
338	2273	3	378	2593	7	418	2887	5	458	3251	6
339	2281	7	379	2609	3	419	2897	3	459	3253	2
340	2287	19	380	2617	5	420	2903	5	460	3257	3
341	2293	2	381	2621	2	421	2909	2	461	3259	3
342	2297	5	382	2633	3	422	2917	5	462	3271	3
343	2309	2	383	2647	3	423	2927	5	463	3299	2
344	2311	3	384	2657	3	424	2939	2	464	3301	6
345	2333	2	385	2659	2	425	2953	13	465	3307	2
346	2339	2	386	2663	5	426	2957	2	466	3313	10
347	2341	7	387	2671	7	427	2963	2	467	3319	6
348	2347	3	388	2677	2	428	2969	3	468	3323	2
349	2351	13	389	2683	2	429	2971	10	469	3329	3
350	2357	2	390	2687	5	430	2999	17	470	3331	3
351	2371	2	391	2689	19	431	3001	14	471	3343	5
352	2377	5	392	2693	2	432	3011	2	472	3347	2
353	2381	3	393	2699	2	433	3019	2	473	3359	11
354	2383	5	394	2707	2	434	3023	5	474	3361	22
355	2389	2	395	2711	7	435	3037	2	475	3371	2
356	2393	3	396	2713	5	436	3041	3	476	3373	5
357	2399	11	397	2719	3	437	3049	11	477	3389	3
358	2411	6	398	2729	3	438	3061	6	478	3391	3
359	2417	3	399	2731	3	439	3067	2	479	3407	5
360	2423	5	400	2741	2	440	3079	6	480	3413	2

续表

n	第 n个素数	原根	n	第 n个素数	原根	n	第 n个素数	原根	n	第 n个素数	原根
481	3433	5	521	3733	2	561	4073	3	601	4421	3
482	3449	3	522	3739	7	562	4079	11	602	4423	3
483	3457	7	523	3761	3	563	4091	2	603	4441	21
484	3461	2	524	3767	5	564	4093	2	604	4447	3
485	3463	3	525	3769	7	565	4099	2	605	4451	2
486	3467	2	526	3779	2	566	4111	12	606	4457	3
487	3469	2	527	3793	5	567	4127	5	607	4463	5
488	3491	2	528	3797	2	568	4129	13	608	4481	3
489	3499	2	529	3803	2	569	4133	2	609	4483	2
490	3511	7	530	3821	3	570	4139	2	610	4493	2
491	3517	2	531	3823	3	571	4153	5	611	4507	2
492	3527	5	532	3833	3	572	4157	2	612	4513	7
493	3529	17	533	3847	5	573	4159	3	613	4517	2
494	3533	2	534	3851	2	574	4177	5	614	4519	3
495	3539	2	535	3853	2	575	4201	11	615	4523	5
496	3541	7	536	3863	5	576	4211	6	616	4547	2
497	3547	2	537	3877	2	577	4217	3	617	4549	6
498	3557	2	538	3881	13	578	4219	2	618	4561	11
499	3559	3	539	3889	11	579	4229	2	619	4567	3
500	3571	2	540	3907	2	580	4231	3	620	4583	5
501	3581	2	541	3911	13	581	4241	3	621	4591	11
502	3583	3	542	3917	2	582	4243	2	622	4597	5
503	3593	3	543	3919	3	583	4253	2	623	4603	2
504	3607	5	544	3923	2	584	4259	2	624	4621	2
505	3613	2	545	3929	3	585	4261	2	625	4637	2
506	3617	3	546	3931	2	586	4271	7	626	4639	3
507	3623	5	547	3943	3	587	4273	5	627	4643	5
508	3631	15	548	3947	2	588	4283	2	628	4649	3
509	3637	2	549	3967	6	589	4289	3	629	4651	3
510	3643	2	550	3989	2	590	4297	5	630	4657	15
511	3659	2	551	4001	3	591	4327	3	631	4663	3
512	3671	13	552	4003	2	592	4337	3	632	4673	3
513	3673	5	553	4007	5	593	4339	10	633	4679	11
514	3677	2	554	4013	2	594	4349	2	634	4691	2
515	3691	2	555	4019	2	595	4357	2	635	4703	5
516	3697	5	556	4021	2	596	4363	2	636	4721	6
517	3701	2	557	4027	3	597	4373	2	637	4723	2
518	3709	2	558	4049	3	598	4391	14	638	4729	17
519	3719	7	559	4051	10	599	4397	2	639	4733	5
520	3727	3	560	4057	5	600	4409	3	640	4751	19

续表

n	第 n个素数	原根	n	第 n个素数	原根	n	第 n个素数	原根	n	第 n个素数	原根
641	4759	3	681	5099	2	721	5449	7	761	5801	3
642	4783	6	682	5101	6	722	5471	7	762	5807	5
643	4787	2	683	5107	2	723	5477	2	763	5813	2
644	4789	2	684	5113	19	724	5479	3	764	5821	6
645	4793	3	685	5119	3	725	5483	2	765	5827	2
646	4799	7	686	5147	2	726	5501	2	766	5839	6
647	4801	7	687	5153	5	727	5503	3	767	5843	2
648	4813	2	688	5167	6	728	5507	2	768	5849	3
649	4817	3	689	5171	2	729	5519	13	769	5851	2
650	4831	3	690	5179	2	730	5521	11	770	5857	7
651	4861	11	691	5189	2	731	5527	5	771	5861	3
652	4871	11	692	5197	7	732	5531	10	772	5867	5
653	4877	2	693	5209	17	733	5557	2	773	5869	2
654	4889	3	694	5227	2	734	5563	2	774	5879	11
655	4903	3	695	5231	7	735	5569	13	775	5881	31
656	4909	6	696	5233	10	736	5573	2	776	5897	3
657	4919	13	697	5237	3	737	5581	6	777	5903	5
658	4931	6	698	5261	2	738	5591	11	778	5923	2
659	4933	2	699	5273	3	739	5623	5	779	5927	5
660	4937	3	700	5279	7	740	5639	7	780	5939	2
661	4943	7	701	5281	7	741	5641	14	781	5953	7
662	4951	6	702	5297	3	742	5647	3	782	5981	3
663	4957	2	703	5303	5	743	5651	2	783	5987	2
664	4967	5	704	5309	2	744	5653	5	784	6007	3
665	4969	11	705	5323	5	745	5657	3	785	6011	2
666	4973	2	706	5333	2	746	5659	2	786	6029	2
667	4987	2	707	5347	3	747	5669	3	787	6037	5
668	4993	5	708	5351	11	748	5683	2	788	6043	5
669	4999	3	709	5381	3	749	5689	11	789	6047	5
670	5003	2	710	5387	2	750	5693	2	790	6053	2
671	5009	3	711	5393	3	751	5701	2	791	6067	2
672	5011	2	712	5399	7	752	5711	19	792	6073	10
673	5021	3	713	5407	3	753	5717	2	793	6079	17
674	5023	3	714	5413	5	754	5737	5	794	6089	3
675	5039	11	715	5417	3	755	5741	2	795	6091	7
676	5051	2	716	5419	3	756	5743	10	796	6101	2
677	5059	2	717	5431	3	757	5749	2	797	6113	3
678	5077	2	718	5437	5	758	5779	2	798	6121	7
679	5081	3	719	5441	3	759	5783	7	799	6131	2
680	5087	5	720	5443	2	760	5791	6	800	6133	5

续表

n	第 n个素数	原根	n	第 n个素数	原根	n	第 n个素数	原根	n	第 n个素数	原根
801	6143	5	841	6481	7	881	6841	22	921	7211	2
802	6151	3	842	6491	2	882	6857	3	922	7213	5
803	6163	3	843	6521	6	883	6863	5	923	7219	2
804	6173	2	844	6529	7	884	6869	2	924	7229	2
805	6197	2	845	6547	2	885	6871	3	925	7237	2
806	6199	3	846	6551	17	886	6883	2	926	7243	2
807	6203	2	847	6553	10	887	6899	2	927	7247	5
808	6211	2	848	6563	5	888	6907	2	928	7253	2
809	6217	5	849	6569	3	889	6911	7	929	7283	2
810	6221	3	850	6571	3	890	6917	2	930	7297	5
811	6229	2	851	6577	5	891	6947	2	931	7307	2
812	6247	5	852	6581	14	892	6949	2	932	7309	6
813	6257	3	853	6599	13	893	6959	7	933	7321	7
814	6263	5	854	6607	3	894	6961	13	934	7331	2
815	6269	2	855	6619	2	895	6967	5	935	7333	6
816	6271	11	856	6637	2	896	6971	2	936	7349	2
817	6277	2	857	6653	2	897	6977	3	937	7351	6
818	6287	7	858	6659	2	898	6983	5	938	7369	7
819	6299	2	859	6661	6	899	6991	6	939	7393	5
820	6301	10	860	6673	5	900	6997	5	940	7411	2
821	6311	7	861	6679	7	901	7001	3	941	7417	5
822	6317	2	862	6689	3	902	7013	2	942	7433	3
823	6323	2	863	6691	2	903	7019	2	943	7451	2
824	6329	3	864	6701	2	904	7027	2	944	7457	3
825	6337	10	865	6703	5	905	7039	3	945	7459	2
826	6343	3	866	6709	2	906	7043	2	946	7477	2
827	6353	3	867	6719	11	907	7057	5	947	7481	6
828	6359	13	868	6733	2	908	7069	2	948	7487	5
829	6361	19	869	6737	3	909	7079	7	949	7489	7
830	6367	3	870	6761	3	910	7103	5	950	7499	2
831	6373	2	871	6763	2	911	7109	2	951	7507	2
832	6379	2	872	6779	2	912	7121	3	952	7517	2
833	6389	2	873	6781	2	913	7127	5	953	7523	2
834	6397	2	874	6791	7	914	7129	7	954	7529	3
835	6421	6	875	6793	10	915	7151	7	955	7537	7
836	6427	3	876	6803	2	916	7159	3	956	7541	2
837	6449	3	877	6823	3	917	7177	10	957	7547	2
838	6451	3	878	6827	2	918	7187	2	958	7549	2
839	6469	2	879	6829	2	919	7193	3	959	7559	13
840	6473	3	880	6833	3	920	7207	3	960	7561	13

续表

n	第 n个素数	原根	n	第 n个素数	原根	n	第 n个素数	原根	n	第 n个素数	原根
961	7573	2	1001	7927	3	1041	8293	2	1081	8681	15
962	7577	3	1002	7933	2	1042	8297	3	1082	8689	13
963	7583	5	1003	7937	3	1043	8311	3	1083	8693	2
964	7589	2	1004	7949	2	1044	8317	6	1084	8699	2
965	7591	6	1005	7951	6	1045	8329	7	1085	8707	5
966	7603	2	1006	7963	5	1046	8353	5	1086	8713	5
967	7607	5	1007	7993	5	1047	8363	2	1087	8719	3
968	7621	2	1008	8009	3	1048	8369	3	1088	8731	2
969	7639	7	1009	8011	14	1049	8377	5	1089	8737	5
970	7643	2	1010	8017	5	1050	8387	2	1090	8741	2
971	7649	3	1011	8039	11	1051	8389	6	1091	8747	2
972	7669	2	1012	8053	2	1052	8419	3	1092	8753	3
973	7673	3	1013	8059	3	1053	8423	5	1093	8761	23
974	7681	17	1014	8069	2	1054	8429	2	1094	8779	11
975	7687	6	1015	8081	3	1055	8431	3	1095	8783	5
976	7691	2	1016	8087	5	1056	8443	2	1096	8803	2
977	7699	3	1017	8089	17	1057	8447	5	1097	8807	5
978	7703	5	1018	8093	2	1058	8461	6	1098	8819	2
979	7717	2	1019	8101	6	1059	8467	2	1099	8821	2
980	7723	3	1020	8111	11	1060	8501	7	1100	8831	7
981	7727	5	1021	8117	2	1061	8513	5	1101	8837	2
982	7741	7	1022	8123	2	1062	8521	13	1102	8839	3
983	7753	10	1023	8147	2	1063	8527	5	1103	8849	3
984	7757	2	1024	8161	7	1064	8537	3	1104	8861	2
985	7759	3	1025	8167	3	1065	8539	2	1105	8863	3
986	7789	2	1026	8171	2	1066	8543	5	1106	8867	2
987	7793	3	1027	8179	2	1067	8563	2	1107	8887	3
988	7817	3	1028	8191	17	1068	8573	2	1108	8893	5
989	7823	5	1029	8209	7	1069	8581	6	1109	8923	2
990	7829	2	1030	8219	2	1070	8597	2	1110	8929	11
991	7841	12	1031	8221	2	1071	8599	3	1111	8933	2
992	7853	2	1032	8231	11	1072	8609	3	1112	8941	6
993	7867	3	1033	8233	10	1073	8623	3	1113	8951	13
994	7873	5	1034	8237	2	1074	8627	2	1114	8963	2
995	7877	2	1035	8243	2	1075	8629	6	1115	8969	3
996	7879	3	1036	8263	3	1076	8641	17	1116	8971	2
997	7883	2	1037	8269	2	1077	8647	3	1117	8999	7
998	7901	2	1038	8273	3	1078	8663	5	1118	9001	7
999	7907	2	1039	8287	3	1079	8669	2	1119	9007	3
1000	7919	7	1040	8291	2	1080	8677	2	1120	9011	2

续表

n	第 n个素数	原根	n	第 n个素数	原根	n	第 n个素数	原根	n	第 n个素数	原根
1121	9013	5	1161	9391	3	1201	9739	3	1241	10 103	5
1122	9029	2	1162	9397	2	1202	9743	5	1242	10 111	12
1123	9041	3	1163	9403	3	1203	9749	2	1243	10 133	2
1124	9043	3	1164	9413	3	1204	9767	5	1244	10 139	2
1125	9049	7	1165	9419	2	1205	9769	13	1245	10 141	2
1126	9059	2	1166	9421	2	1206	9781	6	1246	10 151	7
1127	9067	3	1167	9431	7	1207	9787	3	1247	10 159	3
1128	9091	3	1168	9433	5	1208	9791	11	1248	10 163	2
1129	9103	6	1169	9437	2	1209	9803	2	1249	10 169	3
1130	9109	10	1170	9439	22	1210	9811	3	1250	10 177	7
1131	9127	3	1171	9461	3	1211	9817	5	1251	10 181	2
1132	9133	6	1172	9463	3	1212	9829	10	1252	10 193	3
1133	9137	3	1173	9467	2	1213	9833	3	1253	10 211	6
1134	9151	3	1174	9473	3	1214	9839	7	1254	10 223	5
1135	9157	6	1175	9479	7	1215	9851	2	1255	10 243	7
1136	9161	3	1176	9491	2	1216	9857	5	1256	10 247	5
1137	9173	2	1177	9497	3	1217	9859	2	1257	10 253	2
1138	9181	2	1178	9511	3	1218	9871	3	1258	10 259	2
1139	9187	3	1179	9521	3	1219	9883	2	1259	10 267	2
1140	9199	3	1180	9533	2	1220	9887	5	1260	10 271	7
1141	9203	2	1181	9539	2	1221	9901	2	1261	10 273	10
1142	9209	3	1182	9547	2	1222	9907	2	1262	10 289	3
1143	9221	2	1183	9551	11	1223	9923	2	1263	10 301	2
1144	9227	2	1184	9587	2	1224	9929	3	1264	10 303	3
1145	9239	19	1185	9601	13	1225	9931	10	1265	10 313	3
1146	9241	13	1186	9613	2	1226	9941	2	1266	10 321	7
1147	9257	3	1187	9619	2	1227	9949	2	1267	10 331	2
1148	9277	5	1188	9623	5	1228	9967	3	1268	10 333	5
1149	9281	3	1189	9629	2	1229	9973	11	1269	10 337	3
1150	9283	2	1190	9631	3	1230	10 007	5	1270	10 343	5
1151	9293	2	1191	9643	2	1231	10 009	11	1271	10 357	2
1152	9311	7	1192	9649	7	1232	10 037	2	1272	10 369	13
1153	9319	3	1193	9661	2	1233	10 039	3	1273	10 391	19
1154	9323	2	1194	9677	2	1234	10 061	3	1274	10 399	6
1155	9337	5	1195	9679	3	1235	10 067	2	1275	10 427	2
1156	9341	2	1196	9689	3	1236	10 069	2	1276	10 429	7
1157	9343	5	1197	9697	10	1237	10 079	11	1277	10 433	3
1158	9349	2	1198	9719	17	1238	10 091	2	1278	10 453	5
1159	9371	2	1199	9721	7	1239	10 093	2	1279	10 457	3
1160	9377	3	1200	9733	2	1240	10 099	2	1280	10 459	2

附录 D　F_{359}

D.1　域 F_{359} 中生成元 $g = 7$ 的幂指表: 由 k 得到 $h = g^k$

k	g^k	$g^k = h$	h	g^k	$g^k = h$	h	g^k	$g^k = h$	h	g^k	$g^k = h$
0	g^{0}	1	30	g^{30}	20	60	g^{60}	41	90	g^{90}	102
1	g^{1}	7	31	g^{31}	140	61	g^{61}	287	91	g^{91}	355
2	g^{2}	49	32	g^{32}	262	62	g^{62}	214	92	g^{92}	331
3	g^{3}	343	33	g^{33}	39	63	g^{63}	62	93	g^{93}	163
4	g^{4}	247	34	g^{34}	273	64	g^{64}	75	94	g^{94}	64
5	g^{5}	293	35	g^{35}	116	65	g^{65}	166	95	g^{95}	89
6	g^{6}	256	36	g^{36}	94	66	g^{66}	85	96	g^{96}	264
7	g^{7}	356	37	g^{37}	299	67	g^{67}	236	97	g^{97}	53
8	g^{8}	338	38	g^{38}	298	68	g^{68}	216	98	g^{98}	12
9	g^{9}	212	39	g^{39}	291	69	g^{69}	76	99	g^{99}	84
10	g^{10}	48	40	g^{40}	242	70	g^{70}	173	100	g^{100}	229
11	g^{11}	336	41	g^{41}	258	71	g^{71}	134	101	g^{101}	167
12	g^{12}	198	42	g^{42}	11	72	g^{72}	220	102	g^{102}	92
13	g^{13}	309	43	g^{43}	77	73	g^{73}	104	103	g^{103}	285
14	g^{14}	9	44	g^{44}	180	74	g^{74}	10	104	g^{104}	200
15	g^{15}	63	45	g^{45}	183	75	g^{75}	70	105	g^{105}	323
16	g^{16}	82	46	g^{46}	204	76	g^{76}	131	106	g^{106}	107
17	g^{17}	215	47	g^{47}	351	77	g^{77}	199	107	g^{107}	31
18	g^{18}	69	48	g^{48}	303	78	g^{78}	316	108	g^{108}	217
19	g^{19}	124	49	g^{49}	326	79	g^{79}	58	109	g^{109}	83
20	g^{20}	150	50	g^{50}	128	80	g^{80}	47	110	g^{110}	222
21	g^{21}	332	51	g^{51}	178	81	g^{81}	329	111	g^{111}	118
22	g^{22}	170	52	g^{52}	169	82	g^{82}	149	112	g^{112}	108
23	g^{23}	113	53	g^{53}	106	83	g^{83}	325	113	g^{113}	38
24	g^{24}	73	54	g^{54}	24	84	g^{84}	121	114	g^{114}	266
25	g^{25}	152	55	g^{55}	168	85	g^{85}	129	115	g^{115}	67
26	g^{26}	346	56	g^{56}	99	86	g^{86}	185	116	g^{116}	110
27	g^{27}	268	57	g^{57}	334	87	g^{87}	218	117	g^{117}	52
28	g^{28}	81	58	g^{58}	184	88	g^{88}	90	118	g^{118}	5
29	g^{29}	208	59	g^{59}	211	89	g^{89}	271	119	g^{119}	35

续表

h	g^k	$g^k=h$	h	g^k	$g^k=h$	h	g^k	$g^k=h$	h	g^k	$g^k=h$
120	g^{120}	245	150	g^{150}	233	180	g^{180}	352	210	g^{210}	219
121	g^{121}	279	151	g^{151}	195	181	g^{181}	310	211	g^{211}	97
122	g^{122}	158	152	g^{152}	288	182	g^{182}	16	212	g^{212}	320
123	g^{123}	29	153	g^{153}	221	183	g^{183}	112	213	g^{213}	86
124	g^{124}	203	154	g^{154}	111	184	g^{184}	66	214	g^{214}	243
125	g^{125}	344	155	g^{155}	59	185	g^{185}	103	215	g^{215}	265
126	g^{126}	254	156	g^{156}	54	186	g^{186}	3	216	g^{216}	60
127	g^{127}	342	157	g^{157}	19	187	g^{187}	21	217	g^{217}	61
128	g^{128}	240	158	g^{158}	133	188	g^{188}	147	218	g^{218}	68
129	g^{129}	244	159	g^{159}	213	189	g^{189}	311	219	g^{219}	117
130	g^{130}	272	160	g^{160}	55	190	g^{190}	23	220	g^{220}	101
131	g^{131}	109	161	g^{161}	26	191	g^{191}	161	221	g^{221}	348
132	g^{132}	45	162	g^{162}	182	192	g^{192}	50	222	g^{222}	282
133	g^{133}	315	163	g^{163}	197	193	g^{193}	350	223	g^{223}	179
134	g^{134}	51	164	g^{164}	302	194	g^{194}	296	224	g^{224}	176
135	g^{135}	357	165	g^{165}	319	195	g^{195}	277	225	g^{225}	155
136	g^{136}	345	166	g^{166}	79	196	g^{196}	144	226	g^{226}	8
137	g^{137}	261	167	g^{167}	194	197	g^{197}	290	227	g^{227}	56
138	g^{138}	32	168	g^{168}	281	198	g^{198}	235	228	g^{228}	33
139	g^{139}	224	169	g^{169}	172	199	g^{199}	209	229	g^{229}	231
140	g^{140}	132	170	g^{170}	127	200	g^{200}	27	230	g^{230}	181
141	g^{141}	206	171	g^{171}	171	201	g^{201}	189	231	g^{231}	190
142	g^{142}	6	172	g^{172}	120	202	g^{202}	246	232	g^{232}	253
143	g^{143}	42	173	g^{173}	122	203	g^{203}	286	233	g^{233}	335
144	g^{144}	294	174	g^{174}	136	204	g^{204}	207	234	g^{234}	191
145	g^{145}	263	175	g^{175}	234	205	g^{205}	13	235	g^{235}	260
146	g^{146}	46	176	g^{176}	202	206	g^{206}	91	236	g^{236}	25
147	g^{147}	322	177	g^{177}	337	207	g^{207}	278	237	g^{237}	175
148	g^{148}	100	178	g^{178}	205	208	g^{208}	151	238	g^{238}	148
149	g^{149}	341	179	g^{179}	358	209	g^{209}	339	239	g^{239}	318

续表

h	g^k	$g^k=h$	h	g^k	$g^k=h$	h	g^k	$g^k=h$	h	g^k	$g^k=h$
240	g^{240}	72	270	g^{270}	4	300	g^{300}	80	330	g^{330}	164
241	g^{241}	145	271	g^{271}	28	301	g^{301}	201	331	g^{331}	71
242	g^{242}	297	272	g^{272}	196	302	g^{302}	330	332	g^{332}	138
243	g^{243}	284	273	g^{273}	295	303	g^{303}	156	333	g^{333}	248
244	g^{244}	193	274	g^{274}	270	304	g^{304}	15	334	g^{334}	300
245	g^{245}	274	275	g^{275}	95	305	g^{305}	105	335	g^{335}	305
246	g^{246}	123	276	g^{276}	306	306	g^{306}	17	336	g^{336}	340
247	g^{247}	143	277	g^{277}	347	307	g^{307}	119	337	g^{337}	226
248	g^{248}	283	278	g^{278}	275	308	g^{308}	115	338	g^{338}	146
249	g^{249}	186	279	g^{279}	130	309	g^{309}	87	339	g^{339}	304
250	g^{250}	225	280	g^{280}	192	310	g^{310}	250	340	g^{340}	333
251	g^{251}	139	281	g^{281}	267	311	g^{311}	314	341	g^{341}	177
252	g^{252}	255	282	g^{282}	74	312	g^{312}	44	342	g^{342}	162
253	g^{253}	349	283	g^{283}	159	313	g^{313}	308	343	g^{343}	57
254	g^{254}	289	284	g^{284}	36	314	g^{314}	2	344	g^{344}	40
255	g^{255}	228	285	g^{285}	252	315	g^{315}	14	345	g^{345}	280
256	g^{256}	160	286	g^{286}	328	316	g^{316}	98	346	g^{346}	165
257	g^{257}	43	287	g^{287}	142	317	g^{317}	327	347	g^{347}	78
258	g^{258}	301	288	g^{288}	276	318	g^{318}	135	348	g^{348}	187
259	g^{259}	312	289	g^{289}	137	319	g^{319}	227	349	g^{349}	232
260	g^{260}	30	290	g^{290}	241	320	g^{320}	153	350	g^{350}	188
261	g^{261}	210	291	g^{291}	251	321	g^{321}	353	351	g^{351}	239
262	g^{262}	34	292	g^{292}	321	322	g^{322}	317	352	g^{352}	237
263	g^{263}	238	293	g^{293}	93	323	g^{323}	65	353	g^{353}	223
264	g^{264}	230	294	g^{294}	292	324	g^{324}	96	354	g^{354}	125
265	g^{265}	174	295	g^{295}	249	325	g^{325}	313	355	g^{355}	157
266	g^{266}	141	296	g^{296}	307	326	g^{326}	37	356	g^{356}	22
267	g^{267}	269	297	g^{297}	354	327	g^{327}	259	357	g^{357}	154
268	g^{268}	88	298	g^{298}	324	328	g^{328}	18	358	g^{358}	1
269	g^{269}	257	299	g^{299}	114	329	g^{329}	126			

D.2 域 $\boldsymbol{F_{359}}$ 中生成元 $\boldsymbol{g=7}$ 的指数表: 由 $\boldsymbol{h}$ 得到 $\boldsymbol{g^k=h}$

h	$g^k=h$	h	$g^k=h$	h	$g^k=h$	h	$g^k=h$	h	$g^k=h$	h	$g^k=h$
1	g^{0}	30	g^{260}	60	g^{216}	90	g^{88}	120	g^{172}	150	g^{20}
1	g^{358}	31	g^{107}	61	g^{217}	91	g^{206}	121	g^{84}	151	g^{208}
2	g^{314}	32	g^{138}	62	g^{63}	92	g^{102}	122	g^{173}	152	g^{25}
3	g^{186}	33	g^{228}	63	g^{15}	93	g^{293}	123	g^{246}	153	g^{320}
4	g^{270}	34	g^{262}	64	g^{94}	94	g^{36}	124	g^{19}	154	g^{357}
5	g^{118}	35	g^{119}	65	g^{323}	95	g^{275}	125	g^{354}	155	g^{225}
6	g^{142}	36	g^{284}	66	g^{184}	96	g^{324}	126	g^{329}	156	g^{303}
7	g^{1}	37	g^{326}	67	g^{115}	97	g^{211}	127	g^{170}	157	g^{355}
8	g^{226}	38	g^{113}	68	g^{218}	98	g^{316}	128	g^{50}	158	g^{122}
9	g^{14}	39	g^{33}	69	g^{18}	99	g^{56}	129	g^{85}	159	g^{283}
10	g^{74}	40	g^{344}	70	g^{75}	100	g^{148}	130	g^{279}	160	g^{256}
11	g^{42}	41	g^{60}	71	g^{331}	101	g^{220}	131	g^{76}	161	g^{191}
12	g^{98}	42	g^{143}	72	g^{240}	102	g^{90}	132	g^{140}	162	g^{342}
13	g^{205}	43	g^{257}	73	g^{24}	103	g^{185}	133	g^{158}	163	g^{93}
14	g^{315}	44	g^{312}	74	g^{282}	104	g^{73}	134	g^{71}	164	g^{330}
15	g^{304}	45	g^{132}	75	g^{64}	105	g^{305}	135	g^{318}	165	g^{346}
16	g^{182}	46	g^{146}	76	g^{69}	106	g^{53}	136	g^{174}	166	g^{65}
17	g^{306}	47	g^{80}	77	g^{43}	107	g^{106}	137	g^{289}	167	g^{101}
18	g^{328}	48	g^{10}	78	g^{347}	108	g^{112}	138	g^{332}	168	g^{55}
19	g^{157}	49	g^{2}	79	g^{166}	109	g^{131}	139	g^{251}	169	g^{52}
20	g^{30}	50	g^{192}	80	g^{300}	110	g^{116}	140	g^{31}	170	g^{22}
21	g^{187}	51	g^{134}	81	g^{28}	111	g^{154}	141	g^{266}	171	g^{171}
22	g^{356}	52	g^{117}	82	g^{16}	112	g^{183}	142	g^{287}	172	g^{169}
23	g^{190}	53	g^{97}	83	g^{109}	113	g^{23}	143	g^{247}	173	g^{70}
24	g^{54}	54	g^{156}	84	g^{99}	114	g^{299}	144	g^{196}	174	g^{265}
25	g^{236}	55	g^{160}	85	g^{66}	115	g^{308}	145	g^{241}	175	g^{237}
26	g^{161}	56	g^{227}	86	g^{213}	116	g^{35}	146	g^{338}	176	g^{224}
27	g^{200}	57	g^{343}	87	g^{309}	117	g^{219}	147	g^{188}	177	g^{341}
28	g^{271}	58	g^{79}	88	g^{268}	118	g^{111}	148	g^{238}	178	g^{51}
29	g^{123}	59	g^{155}	89	g^{95}	119	g^{307}	149	g^{82}	179	g^{223}

续表

h	$g^k=h$	h	$g^k=h$	h	$g^k=h$	h	$g^k=h$	h	$g^k=h$	h	$g^k=h$
180	g^{44}	210	g^{261}	240	g^{128}	270	g^{274}	300	g^{334}	330	g^{302}
181	g^{230}	211	g^{59}	241	g^{290}	271	g^{89}	301	g^{258}	331	g^{92}
182	g^{162}	212	g^{9}	242	g^{40}	272	g^{130}	302	g^{164}	332	g^{21}
183	g^{45}	213	g^{159}	243	g^{214}	273	g^{34}	303	g^{48}	333	g^{340}
184	g^{58}	214	g^{62}	244	g^{129}	274	g^{245}	304	g^{339}	334	g^{57}
185	g^{86}	215	g^{17}	245	g^{120}	275	g^{278}	305	g^{335}	335	g^{233}
186	g^{249}	216	g^{68}	246	g^{202}	276	g^{288}	306	g^{276}	336	g^{11}
187	g^{348}	217	g^{108}	247	g^{4}	277	g^{195}	307	g^{296}	337	g^{177}
188	g^{350}	218	g^{87}	248	g^{333}	278	g^{207}	308	g^{313}	338	g^{8}
189	g^{201}	219	g^{210}	249	g^{295}	279	g^{121}	309	g^{13}	339	g^{209}
190	g^{231}	220	g^{72}	250	g^{310}	280	g^{345}	310	g^{181}	340	g^{336}
191	g^{234}	221	g^{153}	251	g^{291}	281	g^{168}	311	g^{189}	341	g^{149}
192	g^{280}	222	g^{110}	252	g^{285}	282	g^{222}	312	g^{259}	342	g^{127}
193	g^{244}	223	g^{353}	253	g^{232}	283	g^{248}	313	g^{325}	343	g^{3}
194	g^{167}	224	g^{139}	254	g^{126}	284	g^{243}	314	g^{311}	344	g^{125}
195	g^{151}	225	g^{250}	255	g^{252}	285	g^{103}	315	g^{133}	345	g^{136}
196	g^{272}	226	g^{337}	256	g^{6}	286	g^{203}	316	g^{78}	346	g^{26}
197	g^{163}	227	g^{319}	257	g^{269}	287	g^{61}	317	g^{322}	347	g^{277}
198	g^{12}	228	g^{255}	258	g^{41}	288	g^{152}	318	g^{239}	348	g^{221}
199	g^{77}	229	g^{100}	259	g^{327}	289	g^{254}	319	g^{165}	349	g^{253}
200	g^{104}	230	g^{264}	260	g^{235}	290	g^{197}	320	g^{212}	350	g^{193}
201	g^{301}	231	g^{229}	261	g^{137}	291	g^{39}	321	g^{292}	351	g^{47}
202	g^{176}	232	g^{349}	262	g^{32}	292	g^{294}	322	g^{147}	352	g^{180}
203	g^{124}	233	g^{150}	263	g^{145}	293	g^{5}	323	g^{105}	353	g^{321}
204	g^{46}	234	g^{175}	264	g^{96}	294	g^{144}	324	g^{298}	354	g^{297}
205	g^{178}	235	g^{198}	265	g^{215}	295	g^{273}	325	g^{83}	355	g^{91}
206	g^{141}	236	g^{67}	266	g^{114}	296	g^{194}	326	g^{49}	356	g^{7}
207	g^{204}	237	g^{352}	267	g^{281}	297	g^{242}	327	g^{317}	357	g^{135}
208	g^{29}	238	g^{263}	268	g^{27}	298	g^{38}	328	g^{286}	358	g^{179}
209	g^{199}	239	g^{351}	269	g^{267}	299	g^{37}	329	g^{81}		

附录 E　$F_{2^8} = F_2[x]/(x^8 + x^4 + x^3 + x^2 + 1)$

E.1　域中生成元 $g = x$ 的幂指表: 由 k 得到 $h = g^k$

k	g^k	$h = g^k$	k	g^k	$h = g^k$
0	g^0	1	32	g^{32}	$x^7+x^4+x^3+x^2+1$
1	g^1	x	33	g^{33}	x^5+x^2+x+1
2	g^2	x^2	34	g^{34}	$x^6+x^3+x^2+x$
3	g^3	x^3	35	g^{35}	$x^7+x^4+x^3+x^2$
4	g^4	x^4	36	g^{36}	x^5+x^2+1
5	g^5	x^5	37	g^{37}	x^6+x^3+x
6	g^6	x^6	38	g^{38}	$x^7+x^4+x^2$
7	g^7	x^7	39	g^{39}	$x^5+x^4+x^2+1$
8	g^8	$x^4+x^3+x^2+1$	40	g^{40}	$x^6+x^5+x^3+x$
9	g^9	$x^5+x^4+x^3+x$	41	g^{41}	$x^7+x^6+x^4+x^2$
10	g^{10}	$x^6+x^5+x^4+x^2$	42	g^{42}	$x^7+x^5+x^4+x^2+1$
11	g^{11}	$x^7+x^6+x^5+x^3$	43	g^{43}	$x^6+x^5+x^4+x^2+x+1$
12	g^{12}	$x^7+x^6+x^3+x^2+1$	44	g^{44}	$x^7+x^6+x^5+x^3+x^2+x$
13	g^{13}	x^7+x^2+x+1	45	g^{45}	x^7+x^6+1
14	g^{14}	x^4+x+1	46	g^{46}	$x^7+x^4+x^3+x^2+x+1$
15	g^{15}	x^5+x^2+x	47	g^{47}	x^5+x+1
16	g^{16}	$x^6+x^3+x^2$	48	g^{48}	x^6+x^2+x
17	g^{17}	$x^7+x^4+x^3$	49	g^{49}	$x^7+x^3+x^2$
18	g^{18}	$x^5+x^3+x^2+1$	50	g^{50}	x^2+1
19	g^{19}	$x^6+x^4+x^3+x$	51	g^{51}	x^3+x
20	g^{20}	$x^7+x^5+x^4+x^2$	52	g^{52}	x^4+x^2
21	g^{21}	$x^6+x^5+x^4+x^2+1$	53	g^{53}	x^5+x^3
22	g^{22}	$x^7+x^6+x^5+x^3+x$	54	g^{54}	x^6+x^4
23	g^{23}	$x^7+x^6+x^3+1$	55	g^{55}	x^7+x^5
24	g^{24}	$x^7+x^3+x^2+x+1$	56	g^{56}	$x^6+x^4+x^3+x^2+1$
25	g^{25}	$x+1$	57	g^{57}	$x^7+x^5+x^4+x^3+x$
26	g^{26}	x^2+x	58	g^{58}	$x^6+x^5+x^3+1$
27	g^{27}	x^3+x^2	59	g^{59}	$x^7+x^6+x^4+x$
28	g^{28}	x^4+x^3	60	g^{60}	$x^7+x^5+x^4+x^3+1$
29	g^{29}	x^5+x^4	61	g^{61}	$x^6+x^5+x^3+x^2+x+1$
30	g^{30}	x^6+x^5	62	g^{62}	$x^7+x^6+x^4+x^3+x^2+x$
31	g^{31}	x^7+x^6	63	g^{63}	x^7+x^5+1

续表

k	g^k	$h = g^k$	k	g^k	$h = g^k$
64	g^{64}	$x^6+x^4+x^3+x^2+x+1$	96	g^{96}	$x^7+x^6+x^4+x^3+1$
65	g^{65}	$x^7+x^5+x^4+x^3+x^2+x$	97	g^{97}	$x^7+x^5+x^3+x^2+x+1$
66	g^{66}	x^6+x^5+1	98	g^{98}	x^6+x+1
67	g^{67}	x^7+x^6+x	99	g^{99}	x^7+x^2+x
68	g^{68}	$x^7+x^4+x^3+1$	100	g^{100}	x^4+1
69	g^{69}	$x^5+x^3+x^2+x+1$	101	g^{101}	x^5+x
70	g^{70}	$x^6+x^4+x^3+x^2+x$	102	g^{102}	x^6+x^2
71	g^{71}	$x^7+x^5+x^4+x^3+x^2$	103	g^{103}	x^7+x^3
72	g^{72}	$x^6+x^5+x^2+1$	104	g^{104}	x^3+x^2+1
73	g^{73}	$x^7+x^6+x^3+x$	105	g^{105}	x^4+x^3+x
74	g^{74}	x^7+x^3+1	106	g^{106}	$x^5+x^4+x^2$
75	g^{75}	x^3+x^2+x+1	107	g^{107}	$x^6+x^5+x^3$
76	g^{76}	$x^4+x^3+x^2+x$	108	g^{108}	$x^7+x^6+x^4$
77	g^{77}	$x^5+x^4+x^3+x^2$	109	g^{109}	$x^7+x^5+x^4+x^3+x^2+1$
78	g^{78}	$x^6+x^5+x^4+x^3$	110	g^{110}	$x^6+x^5+x^2+x+1$
79	g^{79}	$x^7+x^6+x^5+x^4$	111	g^{111}	$x^7+x^6+x^3+x^2+x$
80	g^{80}	$x^7+x^6+x^5+x^4+x^3+x^2+1$	112	g^{112}	x^7+1
81	g^{81}	$x^7+x^6+x^5+x^2+x+1$	113	g^{113}	$x^4+x^3+x^2+x+1$
82	g^{82}	$x^7+x^6+x^4+x+1$	114	g^{114}	$x^5+x^4+x^3+x^2+x$
83	g^{83}	$x^7+x^5+x^4+x^3+x+1$	115	g^{115}	$x^6+x^5+x^4+x^3+x^2$
84	g^{84}	$x^6+x^5+x^3+x+1$	116	g^{116}	$x^7+x^6+x^5+x^4+x^3$
85	g^{85}	$x^7+x^6+x^4+x^2+x$	117	g^{117}	$x^7+x^6+x^5+x^3+x^2+1$
86	g^{86}	$x^7+x^5+x^4+1$	118	g^{118}	$x^7+x^6+x^2+x+1$
87	g^{87}	$x^6+x^5+x^4+x^3+x^2+x+1$	119	g^{119}	x^7+x^4+x+1
88	g^{88}	$x^7+x^6+x^5+x^4+x^3+x^2+x$	120	g^{120}	$x^5+x^4+x^3+x+1$
89	g^{89}	$x^7+x^6+x^5+1$	121	g^{121}	$x^6+x^5+x^4+x^2+x$
90	g^{90}	$x^7+x^6+x^4+x^3+x^2+x+1$	122	g^{122}	$x^7+x^6+x^5+x^3+x^2$
91	g^{91}	x^7+x^5+x+1	123	g^{123}	$x^7+x^6+x^2+1$
92	g^{92}	$x^6+x^4+x^3+x+1$	124	g^{124}	$x^7+x^4+x^2+x+1$
93	g^{93}	$x^7+x^5+x^4+x^2+x$	125	g^{125}	x^5+x^4+x+1
94	g^{94}	$x^6+x^5+x^4+1$	126	g^{126}	$x^6+x^5+x^2+x$
95	g^{95}	$x^7+x^6+x^5+x$	127	g^{127}	$x^7+x^6+x^3+x^2$

续表

k	g^k	$h=g^k$	k	g^k	$h=g^k$
128	g^{128}	x^7+x^2+1	160	g^{160}	$x^7+x^6+x^5+x^2+x$
129	g^{129}	x^4+x^2+x+1	161	g^{161}	$x^7+x^6+x^4+1$
130	g^{130}	$x^5+x^3+x^2+x$	162	g^{162}	$x^7+x^5+x^4+x^3+x^2+x+1$
131	g^{131}	$x^6+x^4+x^3+x^2$	163	g^{163}	x^6+x^5+x+1
132	g^{132}	$x^7+x^5+x^4+x^3$	164	g^{164}	$x^7+x^6+x^2+x$
133	g^{133}	$x^6+x^5+x^3+x^2+1$	165	g^{165}	x^7+x^4+1
134	g^{134}	$x^7+x^6+x^4+x^3+x$	166	g^{166}	$x^5+x^4+x^3+x^2+x+1$
135	g^{135}	$x^7+x^5+x^3+1$	167	g^{167}	$x^6+x^5+x^4+x^3+x^2+x$
136	g^{136}	$x^6+x^3+x^2+x+1$	168	g^{168}	$x^7+x^6+x^5+x^4+x^3+x^2$
137	g^{137}	$x^7+x^4+x^3+x^2+x$	169	g^{169}	$x^7+x^6+x^5+x^2+1$
138	g^{138}	x^5+1	170	g^{170}	$x^7+x^6+x^4+x^2+x+1$
139	g^{139}	x^6+x	171	g^{171}	$x^7+x^5+x^4+x+1$
140	g^{140}	x^7+x^2	172	g^{172}	$x^6+x^5+x^4+x^3+x+1$
141	g^{141}	x^4+x^2+1	173	g^{173}	$x^7+x^6+x^5+x^4+x^2+x$
142	g^{142}	x^5+x^3+x	174	g^{174}	$x^7+x^6+x^5+x^4+1$
143	g^{143}	$x^6+x^4+x^2$	175	g^{175}	$x^7+x^6+x^5+x^4+x^3+x^2+x+1$
144	g^{144}	$x^7+x^5+x^3$	176	g^{176}	$x^7+x^6+x^5+x+1$
145	g^{145}	$x^6+x^3+x^2+1$	177	g^{177}	$x^7+x^6+x^4+x^3+x+1$
146	g^{146}	$x^7+x^4+x^3+x$	178	g^{178}	$x^7+x^5+x^3+x+1$
147	g^{147}	x^5+x^3+1	179	g^{179}	x^6+x^3+x+1
148	g^{148}	x^6+x^4+x	180	g^{180}	$x^7+x^4+x^2+x$
149	g^{149}	$x^7+x^5+x^2$	181	g^{181}	x^5+x^4+1
150	g^{150}	$x^6+x^4+x^2+1$	182	g^{182}	x^6+x^5+x
151	g^{151}	$x^7+x^5+x^3+x$	183	g^{183}	$x^7+x^6+x^2$
152	g^{152}	x^6+x^3+1	184	g^{184}	$x^7+x^4+x^2+1$
153	g^{153}	x^7+x^4+x	185	g^{185}	$x^5+x^4+x^2+x+1$
154	g^{154}	$x^5+x^4+x^3+1$	186	g^{186}	$x^6+x^5+x^3+x^2+x$
155	g^{155}	$x^6+x^5+x^4+x$	187	g^{187}	$x^7+x^6+x^4+x^3+x^2$
156	g^{156}	$x^7+x^6+x^5+x^2$	188	g^{188}	$x^7+x^5+x^2+1$
157	g^{157}	$x^7+x^6+x^4+x^2+1$	189	g^{189}	$x^6+x^4+x^2+x+1$
158	g^{158}	$x^7+x^5+x^4+x^2+x+1$	190	g^{190}	$x^7+x^5+x^3+x^2+x$
159	g^{159}	$x^6+x^5+x^4+x+1$	191	g^{191}	x^6+1

续表

k	g^k	$h = g^k$	k	g^k	$h = g^k$
192	g^{192}	$x^7 + x$	224	g^{224}	$x^4 + x$
193	g^{193}	$x^4 + x^3 + 1$	225	g^{225}	$x^5 + x^2$
194	g^{194}	$x^5 + x^4 + x$	226	g^{226}	$x^6 + x^3$
195	g^{195}	$x^6 + x^5 + x^2$	227	g^{227}	$x^7 + x^4$
196	g^{196}	$x^7 + x^6 + x^3$	228	g^{228}	$x^5 + x^4 + x^3 + x^2 + 1$
197	g^{197}	$x^7 + x^3 + x^2 + 1$	229	g^{229}	$x^6 + x^5 + x^4 + x^3 + x$
198	g^{198}	$x^2 + x + 1$	230	g^{230}	$x^7 + x^6 + x^5 + x^4 + x^2$
199	g^{199}	$x^3 + x^2 + x$	231	g^{231}	$x^7 + x^6 + x^5 + x^4 + x^2 + 1$
200	g^{200}	$x^4 + x^3 + x^2$	232	g^{232}	$x^7 + x^6 + x^5 + x^4 + x^2 + x + 1$
201	g^{201}	$x^5 + x^4 + x^3$	233	g^{233}	$x^7 + x^6 + x^5 + x^4 + x + 1$
202	g^{202}	$x^6 + x^5 + x^4$	234	g^{234}	$x^7 + x^6 + x^5 + x^4 + x^3 + x + 1$
203	g^{203}	$x^7 + x^6 + x^5$	235	g^{235}	$x^7 + x^6 + x^5 + x^3 + x + 1$
204	g^{204}	$x^7 + x^6 + x^4 + x^3 + x^2 + 1$	236	g^{236}	$x^7 + x^6 + x^3 + x + 1$
205	g^{205}	$x^7 + x^5 + x^2 + x + 1$	237	g^{237}	$x^7 + x^3 + x + 1$
206	g^{206}	$x^6 + x^4 + x + 1$	238	g^{238}	$x^3 + x + 1$
207	g^{207}	$x^7 + x^5 + x^2 + x$	239	g^{239}	$x^4 + x^2 + x$
208	g^{208}	$x^6 + x^4 + 1$	240	g^{240}	$x^5 + x^3 + x^2$
209	g^{209}	$x^7 + x^5 + x$	241	g^{241}	$x^6 + x^4 + x^3$
210	g^{210}	$x^6 + x^4 + x^3 + 1$	242	g^{242}	$x^7 + x^5 + x^4$
211	g^{211}	$x^7 + x^5 + x^4 + x$	243	g^{243}	$x^6 + x^5 + x^4 + x^3 + x^2 + 1$
212	g^{212}	$x^6 + x^5 + x^4 + x^3 + 1$	244	g^{244}	$x^7 + x^6 + x^5 + x^4 + x^3 + x$
213	g^{213}	$x^7 + x^6 + x^5 + x^4 + x$	245	g^{245}	$x^7 + x^6 + x^5 + x^3 + 1$
214	g^{214}	$x^7 + x^6 + x^5 + x^4 + x^3 + 1$	246	g^{246}	$x^7 + x^6 + x^3 + x^2 + x + 1$
215	g^{215}	$x^7 + x^6 + x^5 + x^3 + x^2 + x + 1$	247	g^{247}	$x^7 + x + 1$
216	g^{216}	$x^7 + x^6 + x + 1$	248	g^{248}	$x^4 + x^3 + x + 1$
217	g^{217}	$x^7 + x^4 + x^3 + x + 1$	249	g^{249}	$x^5 + x^4 + x^2 + x$
218	g^{218}	$x^5 + x^3 + x + 1$	250	g^{250}	$x^6 + x^5 + x^3 + x^2$
219	g^{219}	$x^6 + x^4 + x^2 + x$	251	g^{251}	$x^7 + x^6 + x^4 + x^3$
220	g^{220}	$x^7 + x^5 + x^3 + x^2$	252	g^{252}	$x^7 + x^5 + x^3 + x^2 + 1$
221	g^{221}	$x^6 + x^2 + 1$	253	g^{253}	$x^6 + x^2 + x + 1$
222	g^{222}	$x^7 + x^3 + x$	254	g^{254}	$x^7 + x^3 + x^2 + x$
223	g^{223}	$x^3 + 1$	255	g^{255}	1

E.2 域中生成元 $g=x$ 的指数表: 由 h 得到 $g^k=h$

h	$g^k=h$	h	$g^k=h$
1	g^{0}	x^5	g^{5}
1	g^{255}	x^5+x^2	g^{225}
x	g^{1}	x^5+x^2+1	g^{36}
$x+1$	g^{25}	x^5+x^2+x	g^{15}
x^2	g^{2}	x^5+x^2+x+1	g^{33}
x^2+1	g^{50}	x^5+x^3	g^{53}
x^2+x	g^{26}	$x^5+x^3+x^2$	g^{240}
x^2+x+1	g^{198}	$x^5+x^3+x^2+1$	g^{18}
x^3	g^{3}	$x^5+x^3+x^2+x$	g^{130}
x^3+x^2	g^{27}	$x^5+x^3+x^2+x+1$	g^{69}
x^3+x^2+1	g^{104}	x^5+x^3+1	g^{147}
x^3+x^2+x	g^{199}	x^5+x^3+x	g^{142}
x^3+x^2+x+1	g^{75}	x^5+x^3+x+1	g^{218}
x^3+1	g^{223}	x^5+x^4	g^{29}
x^3+x	g^{51}	$x^5+x^4+x^2$	g^{106}
x^3+x+1	g^{238}	$x^5+x^4+x^2+1$	g^{39}
x^4	g^{4}	$x^5+x^4+x^2+x$	g^{249}
x^4+x^2	g^{52}	$x^5+x^4+x^2+x+1$	g^{185}
x^4+x^2+1	g^{141}	$x^5+x^4+x^3$	g^{201}
x^4+x^2+x	g^{239}	$x^5+x^4+x^3+x^2$	g^{77}
x^4+x^2+x+1	g^{129}	$x^5+x^4+x^3+x^2+1$	g^{228}
x^4+x^3	g^{28}	$x^5+x^4+x^3+x^2+x$	g^{114}
$x^4+x^3+x^2$	g^{200}	$x^5+x^4+x^3+x^2+x+1$	g^{166}
$x^4+x^3+x^2+1$	g^{8}	$x^5+x^4+x^3+1$	g^{154}
$x^4+x^3+x^2+x$	g^{76}	$x^5+x^4+x^3+x$	g^{9}
$x^4+x^3+x^2+x+1$	g^{113}	$x^5+x^4+x^3+x+1$	g^{120}
x^4+x^3+1	g^{193}	x^5+x^4+1	g^{181}
x^4+x^3+x	g^{105}	x^5+x^4+x	g^{194}
x^4+x^3+x+1	g^{248}	x^5+x^4+x+1	g^{125}
x^4+1	g^{100}	x^5+1	g^{138}
x^4+x	g^{224}	x^5+x	g^{101}
x^4+x+1	g^{14}	x^5+x+1	g^{47}

续表

h	$g^k = h$	h	$g^k = h$
x^6	g^6	$x^6+x^5+x^2+x$	g^{126}
x^6+x^2	g^{102}	$x^6+x^5+x^2+x+1$	g^{110}
x^6+x^2+1	g^{221}	$x^6+x^5+x^3$	g^{107}
x^6+x^2+x	g^{48}	$x^6+x^5+x^3+x^2$	g^{250}
x^6+x^2+x+1	g^{253}	$x^6+x^5+x^3+x^2+1$	g^{133}
x^6+x^3	g^{226}	$x^6+x^5+x^3+x^2+x$	g^{186}
$x^6+x^3+x^2$	g^{16}	$x^6+x^5+x^3+x^2+x+1$	g^{61}
$x^6+x^3+x^2+1$	g^{145}	$x^6+x^5+x^3+1$	g^{58}
$x^6+x^3+x^2+x$	g^{34}	$x^6+x^5+x^3+x$	g^{40}
$x^6+x^3+x^2+x+1$	g^{136}	$x^6+x^5+x^3+x+1$	g^{84}
x^6+x^3+1	g^{152}	$x^6+x^5+x^4$	g^{202}
x^6+x^3+x	g^{37}	$x^6+x^5+x^4+x^2$	g^{10}
x^6+x^3+x+1	g^{179}	$x^6+x^5+x^4+x^2+1$	g^{21}
x^6+x^4	g^{54}	$x^6+x^5+x^4+x^2+x$	g^{121}
$x^6+x^4+x^2$	g^{143}	$x^6+x^5+x^4+x^2+x+1$	g^{43}
$x^6+x^4+x^2+1$	g^{150}	$x^6+x^5+x^4+x^3$	g^{78}
$x^6+x^4+x^2+x$	g^{219}	$x^6+x^5+x^4+x^3+x^2$	g^{115}
$x^6+x^4+x^2+x+1$	g^{189}	$x^6+x^5+x^4+x^3+x^2+1$	g^{243}
$x^6+x^4+x^3$	g^{241}	$x^6+x^5+x^4+x^3+x^2+x$	g^{167}
$x^6+x^4+x^3+x^2$	g^{131}	$x^6+x^5+x^4+x^3+x^2+x+1$	g^{87}
$x^6+x^4+x^3+x^2+1$	g^{56}	$x^6+x^5+x^4+x^3+1$	g^{212}
$x^6+x^4+x^3+x^2+x$	g^{70}	$x^6+x^5+x^4+x^3+x$	g^{229}
$x^6+x^4+x^3+x^2+x+1$	g^{64}	$x^6+x^5+x^4+x^3+x+1$	g^{172}
$x^6+x^4+x^3+1$	g^{210}	$x^6+x^5+x^4+1$	g^{94}
$x^6+x^4+x^3+x$	g^{19}	$x^6+x^5+x^4+x$	g^{155}
$x^6+x^4+x^3+x+1$	g^{92}	$x^6+x^5+x^4+x+1$	g^{159}
x^6+x^4+1	g^{208}	x^6+x^5+1	g^{66}
x^6+x^4+x	g^{148}	x^6+x^5+x	g^{182}
x^6+x^4+x+1	g^{206}	x^6+x^5+x+1	g^{163}
x^6+x^5	g^{30}	x^6+1	g^{191}
$x^6+x^5+x^2$	g^{195}	x^6+x	g^{139}
$x^6+x^5+x^2+1$	g^{72}	x^6+x+1	g^{98}

续表

h	$g^k = h$	h	$g^k = h$
x^7	g^7	$x^7 + x^5 + x^2 + x$	g^{207}
$x^7 + x^2$	g^{140}	$x^7 + x^5 + x^2 + x + 1$	g^{205}
$x^7 + x^2 + 1$	g^{128}	$x^7 + x^5 + x^3$	g^{144}
$x^7 + x^2 + x$	g^{99}	$x^7 + x^5 + x^3 + x^2$	g^{220}
$x^7 + x^2 + x + 1$	g^{13}	$x^7 + x^5 + x^3 + x^2 + 1$	g^{252}
$x^7 + x^3$	g^{103}	$x^7 + x^5 + x^3 + x^2 + x$	g^{190}
$x^7 + x^3 + x^2$	g^{49}	$x^7 + x^5 + x^3 + x^2 + x + 1$	g^{97}
$x^7 + x^3 + x^2 + 1$	g^{197}	$x^7 + x^5 + x^3 + 1$	g^{135}
$x^7 + x^3 + x^2 + x$	g^{254}	$x^7 + x^5 + x^3 + x$	g^{151}
$x^7 + x^3 + x^2 + x + 1$	g^{24}	$x^7 + x^5 + x^3 + x + 1$	g^{178}
$x^7 + x^3 + 1$	g^{74}	$x^7 + x^5 + x^4$	g^{242}
$x^7 + x^3 + x$	g^{222}	$x^7 + x^5 + x^4 + x^2$	g^{20}
$x^7 + x^3 + x + 1$	g^{237}	$x^7 + x^5 + x^4 + x^2 + 1$	g^{42}
$x^7 + x^4$	g^{227}	$x^7 + x^5 + x^4 + x^2 + x$	g^{93}
$x^7 + x^4 + x^2$	g^{38}	$x^7 + x^5 + x^4 + x^2 + x + 1$	g^{158}
$x^7 + x^4 + x^2 + 1$	g^{184}	$x^7 + x^5 + x^4 + x^3$	g^{132}
$x^7 + x^4 + x^2 + x$	g^{180}	$x^7 + x^5 + x^4 + x^3 + x^2$	g^{71}
$x^7 + x^4 + x^2 + x + 1$	g^{124}	$x^7 + x^5 + x^4 + x^3 + x^2 + 1$	g^{109}
$x^7 + x^4 + x^3$	g^{17}	$x^7 + x^5 + x^4 + x^3 + x^2 + x$	g^{65}
$x^7 + x^4 + x^3 + x^2$	g^{35}	$x^7 + x^5 + x^4 + x^3 + x^2 + x + 1$	g^{162}
$x^7 + x^4 + x^3 + x^2 + 1$	g^{32}	$x^7 + x^5 + x^4 + x^3 + 1$	g^{60}
$x^7 + x^4 + x^3 + x^2 + x$	g^{137}	$x^7 + x^5 + x^4 + x^3 + x$	g^{57}
$x^7 + x^4 + x^3 + x^2 + x + 1$	g^{46}	$x^7 + x^5 + x^4 + x^3 + x + 1$	g^{83}
$x^7 + x^4 + x^3 + 1$	g^{68}	$x^7 + x^5 + x^4 + 1$	g^{86}
$x^7 + x^4 + x^3 + x$	g^{146}	$x^7 + x^5 + x^4 + x$	g^{211}
$x^7 + x^4 + x^3 + x + 1$	g^{217}	$x^7 + x^5 + x^4 + x + 1$	g^{171}
$x^7 + x^4 + 1$	g^{165}	$x^7 + x^5 + 1$	g^{63}
$x^7 + x^4 + x$	g^{153}	$x^7 + x^5 + x$	g^{209}
$x^7 + x^4 + x + 1$	g^{119}	$x^7 + x^5 + x + 1$	g^{91}
$x^7 + x^5$	g^{55}	$x^7 + x^6$	g^{31}
$x^7 + x^5 + x^2$	g^{149}	$x^7 + x^6 + x^2$	g^{183}
$x^7 + x^5 + x^2 + 1$	g^{188}	$x^7 + x^6 + x^2 + 1$	g^{123}

续表

h	$g^k = h$	h	$g^k = h$
$x^7+x^6+x^2+x$	g^{164}	$x^7+x^6+x^5+x^3+x^2$	g^{122}
$x^7+x^6+x^2+x+1$	g^{118}	$x^7+x^6+x^5+x^3+x^2+1$	g^{117}
$x^7+x^6+x^3$	g^{196}	$x^7+x^6+x^5+x^3+x^2+x$	g^{44}
$x^7+x^6+x^3+x^2$	g^{127}	$x^7+x^6+x^5+x^3+x^2+x+1$	g^{215}
$x^7+x^6+x^3+x^2+1$	g^{12}	$x^7+x^6+x^5+x^3+1$	g^{245}
$x^7+x^6+x^3+x^2+x$	g^{111}	$x^7+x^6+x^5+x^3+x$	g^{22}
$x^7+x^6+x^3+x^2+x+1$	g^{246}	$x^7+x^6+x^5+x^3+x+1$	g^{235}
$x^7+x^6+x^3+1$	g^{23}	$x^7+x^6+x^5+x^4$	g^{79}
$x^7+x^6+x^3+x$	g^{73}	$x^7+x^6+x^5+x^4+x^2$	g^{230}
$x^7+x^6+x^3+x+1$	g^{236}	$x^7+x^6+x^5+x^4+x^2+1$	g^{231}
$x^7+x^6+x^4$	g^{108}	$x^7+x^6+x^5+x^4+x^2+x$	g^{173}
$x^7+x^6+x^4+x^2$	g^{41}	$x^7+x^6+x^5+x^4+x^2+x+1$	g^{232}
$x^7+x^6+x^4+x^2+1$	g^{157}	$x^7+x^6+x^5+x^4+x^3$	g^{116}
$x^7+x^6+x^4+x^2+x$	g^{85}	$x^7+x^6+x^5+x^4+x^3+x^2$	g^{168}
$x^7+x^6+x^4+x^2+x+1$	g^{170}	$x^7+x^6+x^5+x^4+x^3+x^2+1$	g^{80}
$x^7+x^6+x^4+x^3$	g^{251}	$x^7+x^6+x^5+x^4+x^3+x^2+x$	g^{88}
$x^7+x^6+x^4+x^3+x^2$	g^{187}	$x^7+x^6+x^5+x^4+x^3+x^2+x+1$	g^{175}
$x^7+x^6+x^4+x^3+x^2+1$	g^{204}	$x^7+x^6+x^5+x^4+x^3+1$	g^{214}
$x^7+x^6+x^4+x^3+x^2+x$	g^{62}	$x^7+x^6+x^5+x^4+x^3+x$	g^{244}
$x^7+x^6+x^4+x^3+x^2+x+1$	g^{90}	$x^7+x^6+x^5+x^4+x^3+x+1$	g^{234}
$x^7+x^6+x^4+x^3+1$	g^{96}	$x^7+x^6+x^5+x^4+1$	g^{174}
$x^7+x^6+x^4+x^3+x$	g^{134}	$x^7+x^6+x^5+x^4+x$	g^{213}
$x^7+x^6+x^4+x^3+x+1$	g^{177}	$x^7+x^6+x^5+x^4+x+1$	g^{233}
$x^7+x^6+x^4+1$	g^{161}	$x^7+x^6+x^5+1$	g^{89}
$x^7+x^6+x^4+x$	g^{59}	$x^7+x^6+x^5+x$	g^{95}
$x^7+x^6+x^4+x+1$	g^{82}	$x^7+x^6+x^5+x+1$	g^{176}
$x^7+x^6+x^5$	g^{203}	x^7+x^6+1	g^{45}
$x^7+x^6+x^5+x^2$	g^{156}	x^7+x^6+x	g^{67}
$x^7+x^6+x^5+x^2+1$	g^{169}	x^7+x^6+x+1	g^{216}
$x^7+x^6+x^5+x^2+x$	g^{160}	x^7+1	g^{112}
$x^7+x^6+x^5+x^2+x+1$	g^{81}	x^7+x	g^{192}
$x^7+x^6+x^5+x^3$	g^{11}	x^7+x+1	g^{247}

E.3 域中生成元 $g=x$ 的幂的函数 u^2+u 表: 由 k 得到 $h=g^{2k}+g^k$

k	g^k	$h=g^{2k}+g^k$	k	g^k	$h=g^{2k}+g^k$
0	g^0	0	32	g^{32}	x^7+x^6+x
1	g^1	x^2+x	33	g^{33}	x^6+x^2+x
2	g^2	x^4+x^2	34	g^{34}	$x^7+x^6+x^4+x^2+x+1$
3	g^3	x^6+x^3	35	g^{35}	x^7+x^6+x
4	g^4	x^3+x^2+1	36	g^{36}	x^6
5	g^5	$x^6+x^4+x^2$	37	g^{37}	x^7+x^6+x+1
6	g^6	$x^7+x^3+x^2+1$	38	g^{38}	x^7+x^3+x
7	g^7	x^7+x^4+x+1	39	g^{39}	$x^6+x^3+x^2+1$
8	g^8	x^6+x^4+1	40	g^{40}	$x^7+x^4+x^2+x+1$
9	g^9	x^4+x^2+x+1	41	g^{41}	x^2+x+1
10	g^{10}	x^7+x^6	42	g^{42}	$x^7+x^6+x^4+x^3+x^2+x$
11	g^{11}	x	43	g^{43}	$x^7+x^6+x^2+x$
12	g^{12}	x^6+x	44	g^{44}	x^4
13	g^{13}	x^7+1	45	g^{45}	$x^4+x^3+x^2+x$
14	g^{14}	x^3+x+1	46	g^{46}	$x^7+x^6+x^2$
15	g^{15}	x^6+x^2+x	47	g^{47}	x^6+x^4+x
16	g^{16}	$x^7+x^6+x^4+1$	48	g^{48}	$x^7+x^4+x^3+x^2+x+1$
17	g^{17}	$x^7+x^6+x^4+x^2+x$	49	g^{49}	$x^7+x^6+x^3+x^2+x+1$
18	g^{18}	x^3	50	g^{50}	x^4+x^2
19	g^{19}	$x^7+x^6+x^3+x^2+x$	51	g^{51}	$x^6+x^3+x^2+x$
20	g^{20}	$x^7+x^6+x^4+x^3+x^2+x$	52	g^{52}	x^4+x^3+1
21	g^{21}	x^7+x^6	53	g^{53}	$x^4+x^3+x^2$
22	g^{22}	x^2	54	g^{54}	x^7
23	g^{23}	$x^6+x^4+x^2+x$	55	g^{55}	$x^7+x^6+x^2+x+1$
24	g^{24}	$x^7+x^6+x^3+1$	56	g^{56}	$x^7+x^6+x^4+x^3+x^2$
25	g^{25}	x^2+x	57	g^{57}	x^7+x^2
26	g^{26}	x^4+x	58	g^{58}	x^7+x^4+1
27	g^{27}	$x^6+x^4+x^3+x^2$	59	g^{59}	x^4+x^2+1
28	g^{28}	x^6+x^2+1	60	g^{60}	x^7+x
29	g^{29}	$x^6+x^4+x^3+1$	61	g^{61}	x^7+x+1
30	g^{30}	$x^7+x^6+x^4+x^3+1$	62	g^{62}	x^6+x^3+1
31	g^{31}	$x^4+x^3+x^2+x$	63	g^{63}	$x^7+x^6+x^2+x+1$

续表

k	g^k	$h=g^{2k}+g^k$	k	g^k	$h=g^{2k}+g^k$
64	g^{64}	$x^7+x^6+x^4+x^3+x$	96	g^{96}	$x^6+x^4+x^3+x+1$
65	g^{65}	x^7+x^4	97	g^{97}	$x^7+x^4+x^3+x^2+1$
66	g^{66}	$x^7+x^6+x^4+x^3+1$	98	g^{98}	x^7+x^3+x+1
67	g^{67}	x^4+x^3	99	g^{99}	x^7+1
68	g^{68}	$x^7+x^6+x^4+x^2+x$	100	g^{100}	x^3+x^2+1
69	g^{69}	x^3+x^2+x	101	g^{101}	x^6+x^4+x
70	g^{70}	$x^7+x^6+x^4+x^3+x$	102	g^{102}	$x^7+x^4+x^3+1$
71	g^{71}	$x^7+x^4+x^2+x$	103	g^{103}	$x^7+x^6+x^4+x^3+x+1$
72	g^{72}	$x^7+x^6+x^3+x^2+1$	104	g^{104}	$x^6+x^4+x^3+x^2$
73	g^{73}	x^6+x^4	105	g^{105}	x^6+x+1
74	g^{74}	$x^7+x^6+x^4+x^3+x+1$	106	g^{106}	$x^6+x^3+x^2+1$
75	g^{75}	$x^6+x^4+x^3+x$	107	g^{107}	x^7+x^4+1
76	g^{76}	$x^6+x^4+x^2+x+1$	108	g^{108}	x^4+x+1
77	g^{77}	x^2+1	109	g^{109}	$x^7+x^4+x^2+x$
78	g^{78}	$x^7+x^4+x^3+x^2$	110	g^{110}	$x^7+x^6+x^3+x+1$
79	g^{79}	x^6+x^2+x+1	111	g^{111}	x^6+x^2
80	g^{80}	x^4+x^3+x+1	112	g^{112}	x^7+x^4+x+1
81	g^{81}	$x^6+x^4+x^3$	113	g^{113}	$x^6+x^4+x^2+x+1$
82	g^{82}	x^4+x^2+1	114	g^{114}	$x+1$
83	g^{83}	x^7+x^2	115	g^{115}	x^7+x^3
84	g^{84}	$x^7+x^4+x^2+x+1$	116	g^{116}	x^3+x^2+x+1
85	g^{85}	1	117	g^{117}	x^4+x^2+x
86	g^{86}	$x^7+x^6+x^3+x$	118	g^{118}	x^3+x^2
87	g^{87}	$x^7+x^3+x^2+x$	119	g^{119}	$x^7+x^4+x^3$
88	g^{88}	$x^4+x^3+x^2+1$	120	g^{120}	x^4+x^2+x+1
89	g^{89}	x^6+x^3+x	121	g^{121}	$x^7+x^6+x^2+x$
90	g^{90}	x^6+x^3+1	122	g^{122}	x^4+x^2+x
91	g^{91}	x^7+x^6+1	123	g^{123}	x^3+x
92	g^{92}	$x^7+x^6+x^3+x^2+x$	124	g^{124}	$x^7+x^3+x^2$
93	g^{93}	$x^7+x^6+x^4+x^3$	125	g^{125}	$x^6+x^4+x^3+x^2+x+1$
94	g^{94}	$x^7+x^6+x^4+x^2$	126	g^{126}	$x^7+x^6+x^3+x+1$
95	g^{95}	$x^6+x^3+x^2$	127	g^{127}	x^6+x

续表

k	g^k	$h = g^{2k} + g^k$	k	g^k	$h = g^{2k} + g^k$
128	g^{128}	$x^7 + x^2 + x + 1$	160	g^{160}	$x^6 + x^4 + x^3$
129	g^{129}	$x^4 + x^3 + x^2 + x + 1$	161	g^{161}	$x^4 + x + 1$
130	g^{130}	$x^3 + x^2 + x$	162	g^{162}	$x^7 + x^4$
131	g^{131}	$x^7 + x^6 + x^4 + x^3 + x^2$	163	g^{163}	$x^7 + x^6 + x^4 + x^3 + x^2 + x + 1$
132	g^{132}	$x^7 + x$	164	g^{164}	$x^3 + x^2$
133	g^{133}	$x^7 + x^2 + 1$	165	g^{165}	$x^7 + x^4 + x^3 + x^2 + x$
134	g^{134}	$x^6 + x^4 + x^3 + x^2 + 1$	166	g^{166}	$x + 1$
135	g^{135}	$x^7 + x^3 + x^2 + x + 1$	167	g^{167}	$x^7 + x^3 + x^2 + x$
136	g^{136}	$x^7 + x^6 + x^4 + x^2 + x + 1$	168	g^{168}	$x^4 + x^3 + x + 1$
137	g^{137}	$x^7 + x^6 + x^2$	169	g^{169}	$x^6 + x^4 + x^3 + x^2 + x$
138	g^{138}	$x^6 + x^4 + x^2$	170	g^{170}	1
139	g^{139}	$x^7 + x^3 + x + 1$	171	g^{171}	$x^7 + x^6 + x^3 + x^2$
140	g^{140}	$x^7 + x^2 + x + 1$	172	g^{172}	$x^7 + x^4 + x^3 + x$
141	g^{141}	$x^4 + x^3 + 1$	173	g^{173}	$x^6 + x^4 + x^2 + 1$
142	g^{142}	$x^4 + x^3 + x$	174	g^{174}	$x^6 + x^2 + x + 1$
143	g^{143}	$x^7 + x^4 + x^2$	175	g^{175}	$x^4 + x^3 + x^2 + 1$
144	g^{144}	$x^7 + x^3 + x^2 + x + 1$	176	g^{176}	$x^6 + x^3 + x^2$
145	g^{145}	$x^7 + x^6 + x^4 + 1$	177	g^{177}	$x^6 + x^4 + x^3 + x^2 + 1$
146	g^{146}	$x^7 + x^6 + x^4$	178	g^{178}	$x^7 + x^3 + 1$
147	g^{147}	$x^4 + x^3 + x^2$	179	g^{179}	$x^7 + x^6 + x + 1$
148	g^{148}	$x^7 + x^2 + x$	180	g^{180}	$x^7 + x^3 + x^2$
149	g^{149}	$x^7 + x^6 + x^4 + x + 1$	181	g^{181}	$x^6 + x^4 + x^3 + 1$
150	g^{150}	$x^7 + x^4 + x^2$	182	g^{182}	$x^7 + x^6 + x^4 + x^3 + x^2 + x + 1$
151	g^{151}	$x^7 + x^3 + 1$	183	g^{183}	$x^3 + x$
152	g^{152}	$x^7 + x^6 + x^2 + 1$	184	g^{184}	$x^7 + x^3 + x$
153	g^{153}	$x^7 + x^4 + x^3$	185	g^{185}	$x^6 + x^3 + x + 1$
154	g^{154}	$x^4 + 1$	186	g^{186}	$x^7 + x + 1$
155	g^{155}	$x^7 + x^6 + x^4 + x$	187	g^{187}	$x^6 + x^3 + x^2 + x + 1$
156	g^{156}	$x^6 + x^4 + x^3 + x^2 + x$	188	g^{188}	$x^7 + x^6 + x^4 + x + 1$
157	g^{157}	$x^2 + x + 1$	189	g^{189}	$x^7 + x^4 + x$
158	g^{158}	$x^7 + x^6 + x^4 + x^3$	190	g^{190}	$x^7 + x^4 + x^3 + x^2 + 1$
159	g^{159}	$x^7 + x^6 + x^4 + x$	191	g^{191}	$x^7 + x^3 + x^2 + 1$

续表

k	g^k	$h=g^{2k}+g^k$	k	g^k	$h=g^{2k}+g^k$
192	g^{192}	$x^7+x^4+x^2+1$	224	g^{224}	x^3+x+1
193	g^{193}	x^6+x^2+1	225	g^{225}	x^6
194	g^{194}	$x^6+x^4+x^3+x^2+x+1$	226	g^{226}	$x^7+x^6+x^2+1$
195	g^{195}	$x^7+x^6+x^3+x^2+1$	227	g^{227}	$x^7+x^4+x^3+x^2+x$
196	g^{196}	$x^6+x^4+x^2+x$	228	g^{228}	x^2+1
197	g^{197}	$x^7+x^6+x^3+x^2+x+1$	229	g^{229}	$x^7+x^4+x^3+x$
198	g^{198}	x^4+x	230	g^{230}	x^6+x^4+x+1
199	g^{199}	$x^6+x^4+x^3+x$	231	g^{231}	x^6+x^4+x+1
200	g^{200}	x^6+x^4+1	232	g^{232}	$x^6+x^4+x^2+1$
201	g^{201}	x^4+1	233	g^{233}	x^6+1
202	g^{202}	$x^7+x^6+x^4+x^2$	234	g^{234}	x^3+1
203	g^{203}	x^6+x^3+x	235	g^{235}	x^2
204	g^{204}	$x^6+x^3+x^2+x+1$	236	g^{236}	x^6+x^4
205	g^{205}	$x^7+x^6+x^4+x^2+1$	237	g^{237}	$x^7+x^6+x^4+x^3+x^2+1$
206	g^{206}	x^7+x^2+x	238	g^{238}	$x^6+x^3+x^2+x$
207	g^{207}	$x^7+x^6+x^4+x^2+1$	239	g^{239}	$x^4+x^3+x^2+x+1$
208	g^{208}	x^7	240	g^{240}	x^3
209	g^{209}	x^7+x^6+1	241	g^{241}	$x^7+x^6+x^3$
210	g^{210}	$x^7+x^6+x^3$	242	g^{242}	$x^7+x^6+x^3+x$
211	g^{211}	$x^7+x^6+x^3+x^2$	243	g^{243}	x^7+x^3
212	g^{212}	$x^7+x^4+x^3+x^2$	244	g^{244}	x^3+1
213	g^{213}	x^6+1	245	g^{245}	x
214	g^{214}	x^3+x^2+x+1	246	g^{246}	x^6+x^2
215	g^{215}	x^4	247	g^{247}	$x^7+x^4+x^2+1$
216	g^{216}	x^4+x^3	248	g^{248}	x^6+x+1
217	g^{217}	$x^7+x^6+x^4$	249	g^{249}	x^6+x^3+x+1
218	g^{218}	x^4+x^3+x	250	g^{250}	x^7+x^2+1
219	g^{219}	x^7+x^4+x	251	g^{251}	$x^6+x^4+x^3+x+1$
220	g^{220}	$x^7+x^4+x^3+x+1$	252	g^{252}	$x^7+x^4+x^3+x+1$
221	g^{221}	$x^7+x^4+x^3+1$	253	g^{253}	$x^7+x^4+x^3+x^2+x+1$
222	g^{222}	$x^7+x^6+x^4+x^3+x^2+1$	254	g^{254}	$x^7+x^6+x^3+1$
223	g^{223}	x^6+x^3	255	g^{255}	0

E.4 域中生成元 $g = x$ 的广义指数表: 由 h 得到 $g^{2k} + g^k = h$

h	$g^{2k} + g^k = h$	h	$g^{2k} + g^k = h$
0	g^{0}	x^4	g^{44}
0	g^{255}	x^4	g^{215}
1	g^{85}	$x^4 + x^2$	g^{2}
1	g^{170}	$x^4 + x^2$	g^{50}
x	g^{11}	$x^4 + x^2 + 1$	g^{59}
x	g^{245}	$x^4 + x^2 + 1$	g^{82}
$x + 1$	g^{114}	$x^4 + x^2 + x$	g^{117}
$x + 1$	g^{166}	$x^4 + x^2 + x$	g^{122}
x^2	g^{22}	$x^4 + x^2 + x + 1$	g^{9}
x^2	g^{235}	$x^4 + x^2 + x + 1$	g^{120}
$x^2 + 1$	g^{77}	$x^4 + x^3$	g^{67}
$x^2 + 1$	g^{228}	$x^4 + x^3$	g^{216}
$x^2 + x$	g^{1}	$x^4 + x^3 + x^2$	g^{53}
$x^2 + x$	g^{25}	$x^4 + x^3 + x^2$	g^{147}
$x^2 + x + 1$	g^{41}	$x^4 + x^3 + x^2 + 1$	g^{88}
$x^2 + x + 1$	g^{157}	$x^4 + x^3 + x^2 + 1$	g^{175}
x^3	g^{18}	$x^4 + x^3 + x^2 + x$	g^{31}
x^3	g^{240}	$x^4 + x^3 + x^2 + x$	g^{45}
$x^3 + x^2$	g^{118}	$x^4 + x^3 + x^2 + x + 1$	g^{129}
$x^3 + x^2$	g^{164}	$x^4 + x^3 + x^2 + x + 1$	g^{239}
$x^3 + x^2 + 1$	g^{4}	$x^4 + x^3 + 1$	g^{52}
$x^3 + x^2 + 1$	g^{100}	$x^4 + x^3 + 1$	g^{141}
$x^3 + x^2 + x$	g^{69}	$x^4 + x^3 + x$	g^{142}
$x^3 + x^2 + x$	g^{130}	$x^4 + x^3 + x$	g^{218}
$x^3 + x^2 + x + 1$	g^{116}	$x^4 + x^3 + x + 1$	g^{80}
$x^3 + x^2 + x + 1$	g^{214}	$x^4 + x^3 + x + 1$	g^{168}
$x^3 + 1$	g^{234}	$x^4 + 1$	g^{154}
$x^3 + 1$	g^{244}	$x^4 + 1$	g^{201}
$x^3 + x$	g^{123}	$x^4 + x$	g^{26}
$x^3 + x$	g^{183}	$x^4 + x$	g^{198}
$x^3 + x + 1$	g^{14}	$x^4 + x + 1$	g^{108}
$x^3 + x + 1$	g^{224}	$x^4 + x + 1$	g^{161}

续表

h	$g^{2k}+g^k=h$	h	$g^{2k}+g^k=h$
x^6	g^{36}	$x^6+x^4+x^2+x$	g^{23}
x^6	g^{225}	$x^6+x^4+x^2+x$	g^{196}
x^6+x^2	g^{111}	$x^6+x^4+x^2+x+1$	g^{76}
x^6+x^2	g^{246}	$x^6+x^4+x^2+x+1$	g^{113}
x^6+x^2+1	g^{28}	$x^6+x^4+x^3$	g^{81}
x^6+x^2+1	g^{193}	$x^6+x^4+x^3$	g^{160}
x^6+x^2+x	g^{15}	$x^6+x^4+x^3+x^2$	g^{27}
x^6+x^2+x	g^{33}	$x^6+x^4+x^3+x^2$	g^{104}
x^6+x^2+x+1	g^{79}	$x^6+x^4+x^3+x^2+1$	g^{134}
x^6+x^2+x+1	g^{174}	$x^6+x^4+x^3+x^2+1$	g^{177}
x^6+x^3	g^{3}	$x^6+x^4+x^3+x^2+x$	g^{156}
x^6+x^3	g^{223}	$x^6+x^4+x^3+x^2+x$	g^{169}
$x^6+x^3+x^2$	g^{95}	$x^6+x^4+x^3+x^2+x+1$	g^{125}
$x^6+x^3+x^2$	g^{176}	$x^6+x^4+x^3+x^2+x+1$	g^{194}
$x^6+x^3+x^2+1$	g^{39}	$x^6+x^4+x^3+1$	g^{29}
$x^6+x^3+x^2+1$	g^{106}	$x^6+x^4+x^3+1$	g^{181}
$x^6+x^3+x^2+x$	g^{51}	$x^6+x^4+x^3+x$	g^{75}
$x^6+x^3+x^2+x$	g^{238}	$x^6+x^4+x^3+x$	g^{199}
$x^6+x^3+x^2+x+1$	g^{187}	$x^6+x^4+x^3+x+1$	g^{96}
$x^6+x^3+x^2+x+1$	g^{204}	$x^6+x^4+x^3+x+1$	g^{251}
x^6+x^3+1	g^{62}	x^6+x^4+1	g^{8}
x^6+x^3+1	g^{90}	x^6+x^4+1	g^{200}
x^6+x^3+x	g^{89}	x^6+x^4+x	g^{47}
x^6+x^3+x	g^{203}	x^6+x^4+x	g^{101}
x^6+x^3+x+1	g^{185}	x^6+x^4+x+1	g^{230}
x^6+x^3+x+1	g^{249}	x^6+x^4+x+1	g^{231}
x^6+x^4	g^{73}	x^6+1	g^{213}
x^6+x^4	g^{236}	x^6+1	g^{233}
$x^6+x^4+x^2$	g^{5}	x^6+x	g^{12}
$x^6+x^4+x^2$	g^{138}	x^6+x	g^{127}
$x^6+x^4+x^2+1$	g^{173}	x^6+x+1	g^{105}
$x^6+x^4+x^2+1$	g^{232}	x^6+x+1	g^{248}

续表

h	$g^{2k}+g^k=h$	h	$g^{2k}+g^k=h$
x^7	g^{54}	$x^7+x^4+x^2+x$	g^{71}
x^7	g^{208}	$x^7+x^4+x^2+x$	g^{109}
x^7+x^2	g^{57}	$x^7+x^4+x^2+x+1$	g^{40}
x^7+x^2	g^{83}	$x^7+x^4+x^2+x+1$	g^{84}
x^7+x^2+1	g^{133}	$x^7+x^4+x^3$	g^{119}
x^7+x^2+1	g^{250}	$x^7+x^4+x^3$	g^{153}
x^7+x^2+x	g^{148}	$x^7+x^4+x^3+x^2$	g^{78}
x^7+x^2+x	g^{206}	$x^7+x^4+x^3+x^2$	g^{212}
x^7+x^2+x+1	g^{128}	$x^7+x^4+x^3+x^2+1$	g^{97}
x^7+x^2+x+1	g^{140}	$x^7+x^4+x^3+x^2+1$	g^{190}
x^7+x^3	g^{115}	$x^7+x^4+x^3+x^2+x$	g^{165}
x^7+x^3	g^{243}	$x^7+x^4+x^3+x^2+x$	g^{227}
$x^7+x^3+x^2$	g^{124}	$x^7+x^4+x^3+x^2+x+1$	g^{48}
$x^7+x^3+x^2$	g^{180}	$x^7+x^4+x^3+x^2+x+1$	g^{253}
$x^7+x^3+x^2+1$	g^{6}	$x^7+x^4+x^3+1$	g^{102}
$x^7+x^3+x^2+1$	g^{191}	$x^7+x^4+x^3+1$	g^{221}
$x^7+x^3+x^2+x$	g^{87}	$x^7+x^4+x^3+x$	g^{172}
$x^7+x^3+x^2+x$	g^{167}	$x^7+x^4+x^3+x$	g^{229}
$x^7+x^3+x^2+x+1$	g^{135}	$x^7+x^4+x^3+x+1$	g^{220}
$x^7+x^3+x^2+x+1$	g^{144}	$x^7+x^4+x^3+x+1$	g^{252}
x^7+x^3+1	g^{151}	x^7+x^4+1	g^{58}
x^7+x^3+1	g^{178}	x^7+x^4+1	g^{107}
x^7+x^3+x	g^{38}	x^7+x^4+x	g^{189}
x^7+x^3+x	g^{184}	x^7+x^4+x	g^{219}
x^7+x^3+x+1	g^{98}	x^7+x^4+x+1	g^{7}
x^7+x^3+x+1	g^{139}	x^7+x^4+x+1	g^{112}
x^7+x^4	g^{65}	x^7+x^6	g^{10}
x^7+x^4	g^{162}	x^7+x^6	g^{21}
$x^7+x^4+x^2$	g^{143}	$x^7+x^6+x^2$	g^{46}
$x^7+x^4+x^2$	g^{150}	$x^7+x^6+x^2$	g^{137}
$x^7+x^4+x^2+1$	g^{192}	$x^7+x^6+x^2+1$	g^{152}
$x^7+x^4+x^2+1$	g^{247}	$x^7+x^6+x^2+1$	g^{226}

续表

h	$g^{2k} + g^k = h$	h	$g^{2k} + g^k = h$
$x^7 + x^6 + x^2 + x$	g^{43}	$x^7 + x^6 + x^4 + x^3 + x^2$	g^{56}
$x^7 + x^6 + x^2 + x$	g^{121}	$x^7 + x^6 + x^4 + x^3 + x^2$	g^{131}
$x^7 + x^6 + x^2 + x + 1$	g^{55}	$x^7 + x^6 + x^4 + x^3 + x^2 + 1$	g^{222}
$x^7 + x^6 + x^2 + x + 1$	g^{63}	$x^7 + x^6 + x^4 + x^3 + x^2 + 1$	g^{237}
$x^7 + x^6 + x^3$	g^{210}	$x^7 + x^6 + x^4 + x^3 + x^2 + x$	g^{20}
$x^7 + x^6 + x^3$	g^{241}	$x^7 + x^6 + x^4 + x^3 + x^2 + x$	g^{42}
$x^7 + x^6 + x^3 + x^2$	g^{171}	$x^7 + x^6 + x^4 + x^3 + x^2 + x + 1$	g^{163}
$x^7 + x^6 + x^3 + x^2$	g^{211}	$x^7 + x^6 + x^4 + x^3 + x^2 + x + 1$	g^{182}
$x^7 + x^6 + x^3 + x^2 + 1$	g^{72}	$x^7 + x^6 + x^4 + x^3 + 1$	g^{30}
$x^7 + x^6 + x^3 + x^2 + 1$	g^{195}	$x^7 + x^6 + x^4 + x^3 + 1$	g^{66}
$x^7 + x^6 + x^3 + x^2 + x$	g^{19}	$x^7 + x^6 + x^4 + x^3 + x$	g^{64}
$x^7 + x^6 + x^3 + x^2 + x$	g^{92}	$x^7 + x^6 + x^4 + x^3 + x$	g^{70}
$x^7 + x^6 + x^3 + x^2 + x + 1$	g^{49}	$x^7 + x^6 + x^4 + x^3 + x + 1$	g^{74}
$x^7 + x^6 + x^3 + x^2 + x + 1$	g^{197}	$x^7 + x^6 + x^4 + x^3 + x + 1$	g^{103}
$x^7 + x^6 + x^3 + 1$	g^{24}	$x^7 + x^6 + x^4 + 1$	g^{16}
$x^7 + x^6 + x^3 + 1$	g^{254}	$x^7 + x^6 + x^4 + 1$	g^{145}
$x^7 + x^6 + x^3 + x$	g^{86}	$x^7 + x^6 + x^4 + x$	g^{155}
$x^7 + x^6 + x^3 + x$	g^{242}	$x^7 + x^6 + x^4 + x$	g^{159}
$x^7 + x^6 + x^3 + x + 1$	g^{110}	$x^7 + x^6 + x^4 + x + 1$	g^{149}
$x^7 + x^6 + x^3 + x + 1$	g^{126}	$x^7 + x^6 + x^4 + x + 1$	g^{188}
$x^7 + x^6 + x^4$	g^{146}	$x^7 + x^6 + 1$	g^{91}
$x^7 + x^6 + x^4$	g^{217}	$x^7 + x^6 + 1$	g^{209}
$x^7 + x^6 + x^4 + x^2$	g^{94}	$x^7 + x^6 + x$	g^{32}
$x^7 + x^6 + x^4 + x^2$	g^{202}	$x^7 + x^6 + x$	g^{35}
$x^7 + x^6 + x^4 + x^2 + 1$	g^{205}	$x^7 + x^6 + x + 1$	g^{37}
$x^7 + x^6 + x^4 + x^2 + 1$	g^{207}	$x^7 + x^6 + x + 1$	g^{179}
$x^7 + x^6 + x^4 + x^2 + x$	g^{17}	$x^7 + 1$	g^{13}
$x^7 + x^6 + x^4 + x^2 + x$	g^{68}	$x^7 + 1$	g^{99}
$x^7 + x^6 + x^4 + x^2 + x + 1$	g^{34}	$x^7 + x$	g^{60}
$x^7 + x^6 + x^4 + x^2 + x + 1$	g^{136}	$x^7 + x$	g^{132}
$x^7 + x^6 + x^4 + x^3$	g^{93}	$x^7 + x + 1$	g^{61}
$x^7 + x^6 + x^4 + x^3$	g^{158}	$x^7 + x + 1$	g^{186}

附录 F　$F_{2^8} = F_2[x]/(x^8 + x^4 + x^3 + x + 1)$

F.1　域中生成元 $g = x + 1$ 的幂指表：由 k 得到 $h = g^k$

k	g^k	$h = g^k$	k	g^k	$h = g^k$
0	g^0	1	32	g^{32}	$x^7+x^6+x^5+x^2+1$
1	g^1	$x+1$	33	g^{33}	$x^5+x^4+x^2$
2	g^2	x^2+1	34	g^{34}	$x^6+x^4+x^3+x^2$
3	g^3	x^3+x^2+x+1	35	g^{35}	$x^7+x^6+x^5+x^2$
4	g^4	x^4+1	36	g^{36}	$x^5+x^4+x^2+x+1$
5	g^5	x^5+x^4+x+1	37	g^{37}	$x^6+x^4+x^3+1$
6	g^6	$x^6+x^4+x^2+1$	38	g^{38}	$x^7+x^6+x^5+x^3+x+1$
7	g^7	$x^7+x^6+x^5+x^4+x^3+x^2+x+1$	39	g^{39}	x^5+x^2+x
8	g^8	x^4+x^3+x	40	g^{40}	$x^6+x^5+x^3+x$
9	g^9	$x^5+x^3+x^2+x$	41	g^{41}	$x^7+x^5+x^4+x^3+x^2+x$
10	g^{10}	$x^6+x^5+x^4+x$	42	g^{42}	$x^7+x^6+x^4+x^3+1$
11	g^{11}	$x^7+x^4+x^2+x$	43	g^{43}	$x^6+x^5+x^4$
12	g^{12}	x^7+x^5+1	44	g^{44}	x^7+x^4
13	g^{13}	$x^7+x^6+x^5+x^4+x^3$	45	g^{45}	$x^7+x^5+x^3+x+1$
14	g^{14}	x^4+x+1	46	g^{46}	$x^7+x^6+x^5+x^2+x$
15	g^{15}	$x^5+x^4+x^2+1$	47	g^{47}	x^5+x^4+1
16	g^{16}	$x^6+x^4+x^3+x^2+x+1$	48	g^{48}	x^6+x^4+x+1
17	g^{17}	$x^7+x^6+x^5+1$	49	g^{49}	$x^7+x^6+x^5+x^4+x^2+1$
18	g^{18}	$x^5+x^4+x^3$	50	g^{50}	x^2
19	g^{19}	x^6+x^3	51	g^{51}	x^3+x^2
20	g^{20}	$x^7+x^6+x^4+x^3$	52	g^{52}	x^4+x^2
21	g^{21}	$x^6+x^5+x^4+x+1$	53	g^{53}	$x^5+x^4+x^3+x^2$
22	g^{22}	$x^7+x^4+x^2+1$	54	g^{54}	x^6+x^2
23	g^{23}	$x^7+x^5+x^2$	55	g^{55}	$x^7+x^6+x^3+x^2$
24	g^{24}	$x^7+x^6+x^5+x^4+x^2+x+1$	56	g^{56}	$x^6+x^3+x^2+x+1$
25	g^{25}	x	57	g^{57}	$x^7+x^6+x^4+1$
26	g^{26}	x^2+x	58	g^{58}	$x^6+x^5+x^3$
27	g^{27}	x^3+x	59	g^{59}	$x^7+x^5+x^4+x^3$
28	g^{28}	$x^4+x^3+x^2+x$	60	g^{60}	$x^7+x^6+x^4+x+1$
29	g^{29}	x^5+x	61	g^{61}	$x^6+x^5+x^3+x^2+x$
30	g^{30}	$x^6+x^5+x^2+x$	62	g^{62}	$x^7+x^5+x^4+x$
31	g^{31}	$x^7+x^5+x^3+x$	63	g^{63}	$x^7+x^6+x^3+x^2+1$

续表

k	g^k	$h = g^k$	k	g^k	$h = g^k$
64	g^{64}	$x^6+x^3+x^2$	96	g^{96}	$x^7+x^5+x^4+x^2+1$
65	g^{65}	$x^7+x^6+x^4+x^2$	97	g^{97}	$x^7+x^6+x^2$
66	g^{66}	$x^6+x^5+x^2+x+1$	98	g^{98}	$x^6+x^4+x^2+x+1$
67	g^{67}	$x^7+x^5+x^3+1$	99	g^{99}	$x^7+x^6+x^5+x^4+x^3+1$
68	g^{68}	$x^7+x^6+x^5$	100	g^{100}	x^4
69	g^{69}	$x^5+x^4+x^3+x+1$	101	g^{101}	x^5+x^4
70	g^{70}	$x^6+x^3+x^2+1$	102	g^{102}	x^6+x^4
71	g^{71}	$x^7+x^6+x^4+x^2+x+1$	103	g^{103}	$x^7+x^6+x^5+x^4$
72	g^{72}	x^6+x^5+x	104	g^{104}	x^3+x+1
73	g^{73}	$x^7+x^5+x^2+x$	105	g^{105}	$x^4+x^3+x^2+1$
74	g^{74}	$x^7+x^6+x^5+x^4+1$	106	g^{106}	x^5+x^2+x+1
75	g^{75}	x^3	107	g^{107}	$x^6+x^5+x^3+1$
76	g^{76}	x^4+x^3	108	g^{108}	$x^7+x^5+x^4+x^3+x+1$
77	g^{77}	x^5+x^3	109	g^{109}	$x^7+x^6+x^4+x^2+x$
78	g^{78}	$x^6+x^5+x^4+x^3$	110	g^{110}	x^6+x^5+1
79	g^{79}	x^7+x^3	111	g^{111}	x^7+x^5+x+1
80	g^{80}	x^7+x+1	112	g^{112}	$x^7+x^6+x^5+x^4+x^3+x^2+x$
81	g^{81}	$x^7+x^4+x^3+x^2+x$	113	g^{113}	x^4+x^3+1
82	g^{82}	$x^7+x^5+x^4+x^3+1$	114	g^{114}	x^5+x^3+x+1
83	g^{83}	$x^7+x^6+x^4$	115	g^{115}	$x^6+x^5+x^4+x^3+x^2+1$
84	g^{84}	$x^6+x^5+x^3+x+1$	116	g^{116}	x^7+x^2+x+1
85	g^{85}	$x^7+x^5+x^4+x^3+x^2+1$	117	g^{117}	x^7+x^4+x
86	g^{86}	$x^7+x^6+x^4+x^3+x^2$	118	g^{118}	$x^7+x^5+x^3+x^2+1$
87	g^{87}	$x^6+x^5+x^4+x^3+x^2+x+1$	119	g^{119}	$x^7+x^6+x^5+x^3+x^2$
88	g^{88}	x^7+1	120	g^{120}	$x^5+x^3+x^2+x+1$
89	g^{89}	$x^7+x^4+x^3$	121	g^{121}	$x^6+x^5+x^4+1$
90	g^{90}	$x^7+x^5+x^4+x+1$	122	g^{122}	x^7+x^4+x+1
91	g^{91}	$x^7+x^6+x^3+x^2+x$	123	g^{123}	$x^7+x^5+x^3+x^2+x$
92	g^{92}	x^6+x^3+1	124	g^{124}	$x^7+x^6+x^5+x^3+1$
93	g^{93}	$x^7+x^6+x^4+x^3+x+1$	125	g^{125}	x^5
94	g^{94}	$x^6+x^5+x^4+x^2+x$	126	g^{126}	x^6+x^5
95	g^{95}	$x^7+x^4+x^3+x$	127	g^{127}	x^7+x^5

续表

k	g^k	$h=g^k$	k	g^k	$h=g^k$
128	g^{128}	$x^7+x^6+x^5+x^4+x^3+x+1$	160	g^{160}	$x^7+x^4+x^3+x^2+x+1$
129	g^{129}	x^4+x^2+x	161	g^{161}	$x^7+x^5+x^4+x^3+x$
130	g^{130}	$x^5+x^4+x^3+x$	162	g^{162}	$x^7+x^6+x^4+x^2+1$
131	g^{131}	$x^6+x^3+x^2+x$	163	g^{163}	$x^6+x^5+x^2$
132	g^{132}	$x^7+x^6+x^4+x$	164	g^{164}	$x^7+x^5+x^3+x^2$
133	g^{133}	$x^6+x^5+x^3+x^2+1$	165	g^{165}	$x^7+x^6+x^5+x^3+x^2+x+1$
134	g^{134}	$x^7+x^5+x^4+x^2+x+1$	166	g^{166}	x^5+x^3+x
135	g^{135}	x^7+x^6+x	167	g^{167}	$x^6+x^5+x^4+x^3+x^2+x$
136	g^{136}	$x^6+x^4+x^3+x^2+1$	168	g^{168}	x^7+x
137	g^{137}	$x^7+x^6+x^5+x^2+x+1$	169	g^{169}	$x^7+x^4+x^3+x^2+1$
138	g^{138}	x^5+x^4+x	170	g^{170}	$x^7+x^5+x^4+x^3+x^2$
139	g^{139}	$x^6+x^4+x^2+x$	171	g^{171}	$x^7+x^6+x^4+x^3+x^2+x+1$
140	g^{140}	$x^7+x^6+x^5+x^4+x^3+x$	172	g^{172}	$x^6+x^5+x^4+x^3+x$
141	g^{141}	x^4+x^2+1	173	g^{173}	$x^7+x^3+x^2+x$
142	g^{142}	$x^5+x^4+x^3+x^2+x+1$	174	g^{174}	x^7+x^3+1
143	g^{143}	x^6+1	175	g^{175}	x^7
144	g^{144}	x^7+x^6+x+1	176	g^{176}	$x^7+x^4+x^3+x+1$
145	g^{145}	$x^6+x^4+x^3+x^2+x$	177	g^{177}	$x^7+x^5+x^4+x^2+x$
146	g^{146}	$x^7+x^6+x^5+x$	178	g^{178}	x^7+x^6+1
147	g^{147}	$x^5+x^4+x^3+x^2+1$	179	g^{179}	$x^6+x^4+x^3$
148	g^{148}	x^6+x^2+x+1	180	g^{180}	$x^7+x^6+x^5+x^3$
149	g^{149}	$x^7+x^6+x^3+1$	181	g^{181}	x^5+x+1
150	g^{150}	x^6	182	g^{182}	$x^6+x^5+x^2+1$
151	g^{151}	x^7+x^6	183	g^{183}	$x^7+x^5+x^3+x^2+x+1$
152	g^{152}	$x^6+x^4+x^3+x+1$	184	g^{184}	$x^7+x^6+x^5+x^3+x$
153	g^{153}	$x^7+x^6+x^5+x^3+x^2+1$	185	g^{185}	x^5+x^2+1
154	g^{154}	$x^5+x^3+x^2$	186	g^{186}	$x^6+x^5+x^3+x^2+x+1$
155	g^{155}	$x^6+x^5+x^4+x^2$	187	g^{187}	$x^7+x^5+x^4+1$
156	g^{156}	$x^7+x^4+x^3+x^2$	188	g^{188}	$x^7+x^6+x^3$
157	g^{157}	$x^7+x^5+x^4+x^3+x^2+x+1$	189	g^{189}	x^6+x+1
158	g^{158}	$x^7+x^6+x^4+x^3+x$	190	g^{190}	$x^7+x^6+x^2+1$
159	g^{159}	$x^6+x^5+x^4+x^2+1$	191	g^{191}	$x^6+x^4+x^2$

续表

k	g^k	$h = g^k$	k	g^k	$h = g^k$
192	g^{192}	$x^7+x^6+x^5+x^4+x^3+x^2$	224	g^{224}	x^4+x
193	g^{193}	$x^4+x^3+x^2+x+1$	225	g^{225}	$x^5+x^4+x^2+x$
194	g^{194}	x^5+1	226	g^{226}	$x^6+x^4+x^3+x$
195	g^{195}	x^6+x^5+x+1	227	g^{227}	$x^7+x^6+x^5+x^3+x^2+x$
196	g^{196}	$x^7+x^5+x^2+1$	228	g^{228}	x^5+x^3+1
197	g^{197}	$x^7+x^6+x^5+x^4+x^2$	229	g^{229}	$x^6+x^5+x^4+x^3+x+1$
198	g^{198}	x^2+x+1	230	g^{230}	$x^7+x^3+x^2+1$
199	g^{199}	x^3+1	231	g^{231}	$x^7+x^3+x^2$
200	g^{200}	x^4+x^3+x+1	232	g^{232}	$x^7+x^3+x^2+x+1$
201	g^{201}	$x^5+x^3+x^2+1$	233	g^{233}	x^7+x^3+x
202	g^{202}	$x^6+x^5+x^4+x^2+x+1$	234	g^{234}	x^7+x^2+1
203	g^{203}	$x^7+x^4+x^3+1$	235	g^{235}	$x^7+x^4+x^2$
204	g^{204}	$x^7+x^5+x^4$	236	g^{236}	$x^7+x^5+x^2+x+1$
205	g^{205}	$x^7+x^6+x^3+x+1$	237	g^{237}	$x^7+x^6+x^5+x^4+x$
206	g^{206}	x^6+x^2+x	238	g^{238}	x^3+x^2+1
207	g^{207}	$x^7+x^6+x^3+x$	239	g^{239}	x^4+x^2+x+1
208	g^{208}	x^6+x^2+1	240	g^{240}	$x^5+x^4+x^3+1$
209	g^{209}	$x^7+x^6+x^3+x^2+x+1$	241	g^{241}	x^6+x^3+x+1
210	g^{210}	x^6+x^3+x	242	g^{242}	$x^7+x^6+x^4+x^3+x^2+1$
211	g^{211}	$x^7+x^6+x^4+x^3+x^2+x$	243	g^{243}	$x^6+x^5+x^4+x^3+x^2$
212	g^{212}	$x^6+x^5+x^4+x^3+1$	244	g^{244}	x^7+x^2
213	g^{213}	x^7+x^3+x+1	245	g^{245}	$x^7+x^4+x^2+x+1$
214	g^{214}	x^7+x^2+x	246	g^{246}	x^7+x^5+x
215	g^{215}	x^7+x^4+1	247	g^{247}	$x^7+x^6+x^5+x^4+x^3+x^2+1$
216	g^{216}	$x^7+x^5+x^3$	248	g^{248}	$x^4+x^3+x^2$
217	g^{217}	$x^7+x^6+x^5+x+1$	249	g^{249}	x^5+x^2
218	g^{218}	$x^5+x^4+x^3+x^2+x$	250	g^{250}	$x^6+x^5+x^3+x^2$
219	g^{219}	x^6+x	251	g^{251}	$x^7+x^5+x^4+x^2$
220	g^{220}	$x^7+x^6+x^2+x$	252	g^{252}	$x^7+x^6+x^2+x+1$
221	g^{221}	x^6+x^4+1	253	g^{253}	x^6+x^4+x
222	g^{222}	$x^7+x^6+x^5+x^4+x+1$	254	g^{254}	$x^7+x^6+x^5+x^4+x^2+x$
223	g^{223}	x^3+x^2+x	255	g^{255}	1

F.2 域中生成元 $g = x + 1$ 的指数表: 由 h 得到 $g^k = h$

h	$g^k = h$	h	$g^k = h$
1	g^0	x^5	g^{125}
1	g^{255}	x^5+x^2	g^{249}
x	g^{25}	x^5+x^2+1	g^{185}
$x+1$	g^1	x^5+x^2+x	g^{39}
x^2	g^{50}	x^5+x^2+x+1	g^{106}
x^2+1	g^2	x^5+x^3	g^{77}
x^2+x	g^{26}	$x^5+x^3+x^2$	g^{154}
x^2+x+1	g^{198}	$x^5+x^3+x^2+1$	g^{201}
x^3	g^{75}	$x^5+x^3+x^2+x$	g^9
x^3+x^2	g^{51}	$x^5+x^3+x^2+x+1$	g^{120}
x^3+x^2+1	g^{238}	x^5+x^3+1	g^{228}
x^3+x^2+x	g^{223}	x^5+x^3+x	g^{166}
x^3+x^2+x+1	g^3	x^5+x^3+x+1	g^{114}
x^3+1	g^{199}	x^5+x^4	g^{101}
x^3+x	g^{27}	$x^5+x^4+x^2$	g^{33}
x^3+x+1	g^{104}	$x^5+x^4+x^2+1$	g^{15}
x^4	g^{100}	$x^5+x^4+x^2+x$	g^{225}
x^4+x^2	g^{52}	$x^5+x^4+x^2+x+1$	g^{36}
x^4+x^2+1	g^{141}	$x^5+x^4+x^3$	g^{18}
x^4+x^2+x	g^{129}	$x^5+x^4+x^3+x^2$	g^{53}
x^4+x^2+x+1	g^{239}	$x^5+x^4+x^3+x^2+1$	g^{147}
x^4+x^3	g^{76}	$x^5+x^4+x^3+x^2+x$	g^{218}
$x^4+x^3+x^2$	g^{248}	$x^5+x^4+x^3+x^2+x+1$	g^{142}
$x^4+x^3+x^2+1$	g^{105}	$x^5+x^4+x^3+1$	g^{240}
$x^4+x^3+x^2+x$	g^{28}	$x^5+x^4+x^3+x$	g^{130}
$x^4+x^3+x^2+x+1$	g^{193}	$x^5+x^4+x^3+x+1$	g^{69}
x^4+x^3+1	g^{113}	x^5+x^4+1	g^{47}
x^4+x^3+x	g^8	x^5+x^4+x	g^{138}
x^4+x^3+x+1	g^{200}	x^5+x^4+x+1	g^5
x^4+1	g^4	x^5+1	g^{194}
x^4+x	g^{224}	x^5+x	g^{29}
x^4+x+1	g^{14}	x^5+x+1	g^{181}

续表

h	$g^k=h$	h	$g^k=h$
x^6	g^{150}	$x^6+x^5+x^2+x$	g^{30}
x^6+x^2	g^{54}	$x^6+x^5+x^2+x+1$	g^{66}
x^6+x^2+1	g^{208}	$x^6+x^5+x^3$	g^{58}
x^6+x^2+x	g^{206}	$x^6+x^5+x^3+x^2$	g^{250}
x^6+x^2+x+1	g^{148}	$x^6+x^5+x^3+x^2+1$	g^{133}
x^6+x^3	g^{19}	$x^6+x^5+x^3+x^2+x$	g^{61}
$x^6+x^3+x^2$	g^{64}	$x^6+x^5+x^3+x^2+x+1$	g^{186}
$x^6+x^3+x^2+1$	g^{70}	$x^6+x^5+x^3+1$	g^{107}
$x^6+x^3+x^2+x$	g^{131}	$x^6+x^5+x^3+x$	g^{40}
$x^6+x^3+x^2+x+1$	g^{56}	$x^6+x^5+x^3+x+1$	g^{84}
x^6+x^3+1	g^{92}	$x^6+x^5+x^4$	g^{43}
x^6+x^3+x	g^{210}	$x^6+x^5+x^4+x^2$	g^{155}
x^6+x^3+x+1	g^{241}	$x^6+x^5+x^4+x^2+1$	g^{159}
x^6+x^4	g^{102}	$x^6+x^5+x^4+x^2+x$	g^{94}
$x^6+x^4+x^2$	g^{191}	$x^6+x^5+x^4+x^2+x+1$	g^{202}
$x^6+x^4+x^2+1$	g^{6}	$x^6+x^5+x^4+x^3$	g^{78}
$x^6+x^4+x^2+x$	g^{139}	$x^6+x^5+x^4+x^3+x^2$	g^{243}
$x^6+x^4+x^2+x+1$	g^{98}	$x^6+x^5+x^4+x^3+x^2+1$	g^{115}
$x^6+x^4+x^3$	g^{179}	$x^6+x^5+x^4+x^3+x^2+x$	g^{167}
$x^6+x^4+x^3+x^2$	g^{34}	$x^6+x^5+x^4+x^3+x^2+x+1$	g^{87}
$x^6+x^4+x^3+x^2+1$	g^{136}	$x^6+x^5+x^4+x^3+1$	g^{212}
$x^6+x^4+x^3+x^2+x$	g^{145}	$x^6+x^5+x^4+x^3+x$	g^{172}
$x^6+x^4+x^3+x^2+x+1$	g^{16}	$x^6+x^5+x^4+x^3+x+1$	g^{229}
$x^6+x^4+x^3+1$	g^{37}	$x^6+x^5+x^4+1$	g^{121}
$x^6+x^4+x^3+x$	g^{226}	$x^6+x^5+x^4+x$	g^{10}
$x^6+x^4+x^3+x+1$	g^{152}	$x^6+x^5+x^4+x+1$	g^{21}
x^6+x^4+1	g^{221}	x^6+x^5+1	g^{110}
x^6+x^4+x	g^{253}	x^6+x^5+x	g^{72}
x^6+x^4+x+1	g^{48}	x^6+x^5+x+1	g^{195}
x^6+x^5	g^{126}	x^6+1	g^{143}
$x^6+x^5+x^2$	g^{163}	x^6+x	g^{219}
$x^6+x^5+x^2+1$	g^{182}	x^6+x+1	g^{189}

续表

h	$g^k=h$	h	$g^k=h$
x^7	g^{175}	$x^7+x^5+x^2+x$	g^{73}
x^7+x^2	g^{244}	$x^7+x^5+x^2+x+1$	g^{236}
x^7+x^2+1	g^{234}	$x^7+x^5+x^3$	g^{216}
x^7+x^2+x	g^{214}	$x^7+x^5+x^3+x^2$	g^{164}
x^7+x^2+x+1	g^{116}	$x^7+x^5+x^3+x^2+1$	g^{118}
x^7+x^3	g^{79}	$x^7+x^5+x^3+x^2+x$	g^{123}
$x^7+x^3+x^2$	g^{231}	$x^7+x^5+x^3+x^2+x+1$	g^{183}
$x^7+x^3+x^2+1$	g^{230}	$x^7+x^5+x^3+1$	g^{67}
$x^7+x^3+x^2+x$	g^{173}	$x^7+x^5+x^3+x$	g^{31}
$x^7+x^3+x^2+x+1$	g^{232}	$x^7+x^5+x^3+x+1$	g^{45}
x^7+x^3+1	g^{174}	$x^7+x^5+x^4$	g^{204}
x^7+x^3+x	g^{233}	$x^7+x^5+x^4+x^2$	g^{251}
x^7+x^3+x+1	g^{213}	$x^7+x^5+x^4+x^2+1$	g^{96}
x^7+x^4	g^{44}	$x^7+x^5+x^4+x^2+x$	g^{177}
$x^7+x^4+x^2$	g^{235}	$x^7+x^5+x^4+x^2+x+1$	g^{134}
$x^7+x^4+x^2+1$	g^{22}	$x^7+x^5+x^4+x^3$	g^{59}
$x^7+x^4+x^2+x$	g^{11}	$x^7+x^5+x^4+x^3+x^2$	g^{170}
$x^7+x^4+x^2+x+1$	g^{245}	$x^7+x^5+x^4+x^3+x^2+1$	g^{85}
$x^7+x^4+x^3$	g^{89}	$x^7+x^5+x^4+x^3+x^2+x$	g^{41}
$x^7+x^4+x^3+x^2$	g^{156}	$x^7+x^5+x^4+x^3+x^2+x+1$	g^{157}
$x^7+x^4+x^3+x^2+1$	g^{169}	$x^7+x^5+x^4+x^3+1$	g^{82}
$x^7+x^4+x^3+x^2+x$	g^{81}	$x^7+x^5+x^4+x^3+x$	g^{161}
$x^7+x^4+x^3+x^2+x+1$	g^{160}	$x^7+x^5+x^4+x^3+x+1$	g^{108}
$x^7+x^4+x^3+1$	g^{203}	$x^7+x^5+x^4+1$	g^{187}
$x^7+x^4+x^3+x$	g^{95}	$x^7+x^5+x^4+x$	g^{62}
$x^7+x^4+x^3+x+1$	g^{176}	$x^7+x^5+x^4+x+1$	g^{90}
x^7+x^4+1	g^{215}	x^7+x^5+1	g^{12}
x^7+x^4+x	g^{117}	x^7+x^5+x	g^{246}
x^7+x^4+x+1	g^{122}	x^7+x^5+x+1	g^{111}
x^7+x^5	g^{127}	x^7+x^6	g^{151}
$x^7+x^5+x^2$	g^{23}	$x^7+x^6+x^2$	g^{97}
$x^7+x^5+x^2+1$	g^{196}	$x^7+x^6+x^2+1$	g^{190}

续表

h	$g^k = h$	h	$g^k = h$
$x^7+x^6+x^2+x$	g^{220}	$x^7+x^6+x^5+x^3+x^2$	g^{119}
$x^7+x^6+x^2+x+1$	g^{252}	$x^7+x^6+x^5+x^3+x^2+1$	g^{153}
$x^7+x^6+x^3$	g^{188}	$x^7+x^6+x^5+x^3+x^2+x$	g^{227}
$x^7+x^6+x^3+x^2$	g^{55}	$x^7+x^6+x^5+x^3+x^2+x+1$	g^{165}
$x^7+x^6+x^3+x^2+1$	g^{63}	$x^7+x^6+x^5+x^3+1$	g^{124}
$x^7+x^6+x^3+x^2+x$	g^{91}	$x^7+x^6+x^5+x^3+x$	g^{184}
$x^7+x^6+x^3+x^2+x+1$	g^{209}	$x^7+x^6+x^5+x^3+x+1$	g^{38}
$x^7+x^6+x^3+1$	g^{149}	$x^7+x^6+x^5+x^4$	g^{103}
$x^7+x^6+x^3+x$	g^{207}	$x^7+x^6+x^5+x^4+x^2$	g^{197}
$x^7+x^6+x^3+x+1$	g^{205}	$x^7+x^6+x^5+x^4+x^2+1$	g^{49}
$x^7+x^6+x^4$	g^{83}	$x^7+x^6+x^5+x^4+x^2+x$	g^{254}
$x^7+x^6+x^4+x^2$	g^{65}	$x^7+x^6+x^5+x^4+x^2+x+1$	g^{24}
$x^7+x^6+x^4+x^2+1$	g^{162}	$x^7+x^6+x^5+x^4+x^3$	g^{13}
$x^7+x^6+x^4+x^2+x$	g^{109}	$x^7+x^6+x^5+x^4+x^3+x^2$	g^{192}
$x^7+x^6+x^4+x^2+x+1$	g^{71}	$x^7+x^6+x^5+x^4+x^3+x^2+1$	g^{247}
$x^7+x^6+x^4+x^3$	g^{20}	$x^7+x^6+x^5+x^4+x^3+x^2+x$	g^{112}
$x^7+x^6+x^4+x^3+x^2$	g^{86}	$x^7+x^6+x^5+x^4+x^3+x^2+x+1$	g^{7}
$x^7+x^6+x^4+x^3+x^2+1$	g^{242}	$x^7+x^6+x^5+x^4+x^3+1$	g^{99}
$x^7+x^6+x^4+x^3+x^2+x$	g^{211}	$x^7+x^6+x^5+x^4+x^3+x$	g^{140}
$x^7+x^6+x^4+x^3+x^2+x+1$	g^{171}	$x^7+x^6+x^5+x^4+x^3+x+1$	g^{128}
$x^7+x^6+x^4+x^3+1$	g^{42}	$x^7+x^6+x^5+x^4+1$	g^{74}
$x^7+x^6+x^4+x^3+x$	g^{158}	$x^7+x^6+x^5+x^4+x$	g^{237}
$x^7+x^6+x^4+x^3+x+1$	g^{93}	$x^7+x^6+x^5+x^4+x+1$	g^{222}
$x^7+x^6+x^4+1$	g^{57}	$x^7+x^6+x^5+1$	g^{17}
$x^7+x^6+x^4+x$	g^{132}	$x^7+x^6+x^5+x$	g^{146}
$x^7+x^6+x^4+x+1$	g^{60}	$x^7+x^6+x^5+x+1$	g^{217}
$x^7+x^6+x^5$	g^{68}	x^7+x^6+1	g^{178}
$x^7+x^6+x^5+x^2$	g^{35}	x^7+x^6+x	g^{135}
$x^7+x^6+x^5+x^2+1$	g^{32}	x^7+x^6+x+1	g^{144}
$x^7+x^6+x^5+x^2+x$	g^{46}	x^7+1	g^{88}
$x^7+x^6+x^5+x^2+x+1$	g^{137}	x^7+x	g^{168}
$x^7+x^6+x^5+x^3$	g^{180}	x^7+x+1	g^{80}

F.3 域中生成元 $g = x + 1$ 的幂的函数 $u^2 + u$ 表: 由 k 得到 $h = g^{2k} + g^k$

k	g^k	$h = g^{2k} + g^k$	k	g^k	$h = g^{2k} + g^k$
0	g^0	0	32	g^{32}	$x^7 + x^5 + x^3 + 1$
1	g^1	$x^2 + x$	33	g^{33}	$x^6 + x^4 + x + 1$
2	g^2	$x^4 + x^2$	34	g^{34}	$x^7 + x^5 + x^4 + x^3 + x^2$
3	g^3	$x^6 + x^4 + x^3 + x$	35	g^{35}	$x^7 + x^5 + x^3 + 1$
4	g^4	$x^3 + x + 1$	36	g^{36}	$x^6 + x^4 + x^2 + 1$
5	g^5	$x^6 + 1$	37	g^{37}	$x^7 + x^5 + x^3$
6	g^6	$x^7 + x^6 + x^5 + x^4 + x^2$	38	g^{38}	$x^7 + x^6 + x^5 + x^4 + x + 1$
7	g^7	$x^7 + x^6 + x^5 + x^3 + x^2$	39	g^{39}	$x^6 + x^4 + x^3 + x^2 + x$
8	g^8	$x^6 + x^2 + 1$	40	g^{40}	$x^7 + x^6 + x^5 + x^3 + 1$
9	g^9	$x^4 + x^2 + x$	41	g^{41}	$x^2 + x + 1$
10	g^{10}	$x^7 + x^5 + x^3 + x$	42	g^{42}	$x^7 + x^5 + x^4 + x$
11	g^{11}	$x + 1$	43	g^{43}	$x^7 + x^5 + x^3 + x^2$
12	g^{12}	$x^6 + x^4 + x^2 + x$	44	g^{44}	$x^4 + 1$
13	g^{13}	$x^7 + x^6 + x^5 + x^4 + x^3 + x^2 + x$	45	g^{45}	$x^4 + x^3$
14	g^{14}	$x^3 + x^2 + 1$	46	g^{46}	$x^7 + x^5 + x^3 + x^2 + x + 1$
15	g^{15}	$x^6 + x^4 + x + 1$	47	g^{47}	$x^6 + x^2 + x + 1$
16	g^{16}	$x^7 + x^5 + x^4 + x^3 + x$	48	g^{48}	$x^7 + x^6 + x^5 + x^2 + x$
17	g^{17}	$x^7 + x^5 + x^4 + x^3 + x^2 + 1$	49	g^{49}	$x^7 + x^5 + x$
18	g^{18}	$x^3 + x^2 + x + 1$	50	g^{50}	$x^4 + x^2$
19	g^{19}	$x^7 + x^5 + x + 1$	51	g^{51}	$x^6 + x^4 + x^3 + x^2$
20	g^{20}	$x^7 + x^5 + x^4 + x$	52	g^{52}	$x^4 + x^3 + x^2 + x + 1$
21	g^{21}	$x^7 + x^5 + x^3 + x$	53	g^{53}	$x^4 + x^3 + x + 1$
22	g^{22}	$x^2 + 1$	54	g^{54}	$x^7 + x^6 + x^5 + x^4 + x^3 + x^2 + x + 1$
23	g^{23}	$x^6 + x$	55	g^{55}	$x^7 + x^5 + x^3 + x^2 + 1$
24	g^{24}	$x^7 + x^5 + x^2$	56	g^{56}	$x^7 + x^5 + x^4 + 1$
25	g^{25}	$x^2 + x$	57	g^{57}	$x^7 + x^6 + x^5 + x^4 + x^3 + x$
26	g^{26}	$x^4 + x$	58	g^{58}	$x^7 + x^6 + x^5 + x^3 + x^2 + x + 1$
27	g^{27}	$x^6 + x^3 + x^2 + x$	59	g^{59}	$x^4 + x^2 + 1$
28	g^{28}	$x^6 + x^4 + 1$	60	g^{60}	$x^7 + x^6 + x^5 + x^4 + x^3 + x^2$
29	g^{29}	$x^6 + x^3 + x$	61	g^{61}	$x^7 + x^6 + x^5 + x^4 + x^3 + x^2 + 1$
30	g^{30}	$x^7 + x^5 + x^4 + x^2 + 1$	62	g^{62}	$x^6 + x^4 + x^3 + x + 1$
31	g^{31}	$x^4 + x^3$	63	g^{63}	$x^7 + x^5 + x^3 + x^2 + 1$

续表

k	g^k	$h = g^{2k} + g^k$	k	g^k	$h = g^{2k} + g^k$
64	g^{64}	$x^7 + x^5 + x^4 + x^2 + x + 1$	96	g^{96}	$x^6 + x^3 + 1$
65	g^{65}	$x^7 + x^6 + x^5 + x^3 + x^2 + x$	97	g^{97}	$x^7 + x^6 + x^5 + x^2 + 1$
66	g^{66}	$x^7 + x^5 + x^4 + x^2 + 1$	98	g^{98}	$x^7 + x^6 + x^5 + x^4 + x$
67	g^{67}	$x^4 + x^3 + x^2 + x$	99	g^{99}	$x^7 + x^6 + x^5 + x^4 + x^3 + x^2 + x$
68	g^{68}	$x^7 + x^5 + x^4 + x^3 + x^2 + 1$	100	g^{100}	$x^3 + x + 1$
69	g^{69}	$x^3 + 1$	101	g^{101}	$x^6 + x^2 + x + 1$
70	g^{70}	$x^7 + x^5 + x^4 + x^2 + x + 1$	102	g^{102}	$x^7 + x^6 + x^5$
71	g^{71}	$x^7 + x^6 + x^5 + x^3$	103	g^{103}	$x^7 + x^5 + x^4 + x^2 + x$
72	g^{72}	$x^7 + x^5 + 1$	104	g^{104}	$x^6 + x^3 + x^2 + x$
73	g^{73}	$x^6 + x^2$	105	g^{105}	$x^6 + x^4 + x^2 + x + 1$
74	g^{74}	$x^7 + x^5 + x^4 + x^2 + x$	106	g^{106}	$x^6 + x^4 + x^3 + x^2 + x$
75	g^{75}	$x^6 + x^3$	107	g^{107}	$x^7 + x^6 + x^5 + x^3 + x^2 + x + 1$
76	g^{76}	$x^6 + x + 1$	108	g^{108}	$x^4 + x + 1$
77	g^{77}	x^2	109	g^{109}	$x^7 + x^6 + x^5 + x^3$
78	g^{78}	$x^7 + x^6 + x^5 + x^2$	110	g^{110}	$x^7 + x^5 + x^2 + x + 1$
79	g^{79}	$x^6 + x^4 + x$	111	g^{111}	$x^6 + x^4$
80	g^{80}	$x^4 + x^3 + x^2$	112	g^{112}	$x^7 + x^6 + x^5 + x^3 + x^2$
81	g^{81}	$x^6 + x^3 + x + 1$	113	g^{113}	$x^6 + x + 1$
82	g^{82}	$x^4 + x^2 + 1$	114	g^{114}	x
83	g^{83}	$x^7 + x^6 + x^5 + x^4 + x^3 + x$	115	g^{115}	$x^7 + x^6 + x^5 + x^4$
84	g^{84}	$x^7 + x^6 + x^5 + x^3 + 1$	116	g^{116}	x^3
85	g^{85}	1	117	g^{117}	$x^4 + x^2 + x + 1$
86	g^{86}	$x^7 + x^5 + x^2 + x$	118	g^{118}	$x^3 + x$
87	g^{87}	$x^7 + x^6 + x^5 + x^4 + x^2 + x$	119	g^{119}	$x^7 + x^6 + x^5 + 1$
88	g^{88}	$x^4 + x^3 + x$	120	g^{120}	$x^4 + x^2 + x$
89	g^{89}	$x^6 + x^4 + x^3 + 1$	121	g^{121}	$x^7 + x^5 + x^3 + x^2$
90	g^{90}	$x^6 + x^4 + x^3 + x + 1$	122	g^{122}	$x^4 + x^2 + x + 1$
91	g^{91}	$x^7 + x^5 + x^3 + x + 1$	123	g^{123}	$x^3 + x^2$
92	g^{92}	$x^7 + x^5 + x + 1$	124	g^{124}	$x^7 + x^6 + x^5 + x^4 + x^2 + 1$
93	g^{93}	$x^7 + x^5 + x^4 + x^2$	125	g^{125}	$x^6 + x^3 + x^2$
94	g^{94}	$x^7 + x^5 + x^4 + x^3 + x^2 + x$	126	g^{126}	$x^7 + x^5 + x^2 + x + 1$
95	g^{95}	$x^6 + x^4 + x^3 + x^2 + x + 1$	127	g^{127}	$x^6 + x^4 + x^2 + x$

续表

k	g^k	$h=g^{2k}+g^k$	k	g^k	$h=g^{2k}+g^k$
128	g^{128}	$x^7+x^6+x^5+x^4+x^3$	160	g^{160}	x^6+x^3+x+1
129	g^{129}	x^4+x^3+1	161	g^{161}	x^4+x+1
130	g^{130}	x^3+1	162	g^{162}	$x^7+x^6+x^5+x^3+x^2+x$
131	g^{131}	$x^7+x^5+x^4+1$	163	g^{163}	$x^7+x^5+x^4+x+1$
132	g^{132}	$x^7+x^6+x^5+x^4+x^3+x^2$	164	g^{164}	x^3+x
133	g^{133}	$x^7+x^6+x^5+x^4+x^3+x+1$	165	g^{165}	$x^7+x^6+x^5+x^2+x+1$
134	g^{134}	$x^6+x^3+x^2+x+1$	166	g^{166}	x
135	g^{135}	$x^7+x^6+x^5+x^4+x^2+x+1$	167	g^{167}	$x^7+x^6+x^5+x^4+x^2+x$
136	g^{136}	$x^7+x^5+x^4+x^3+x^2$	168	g^{168}	$x^4+x^3+x^2$
137	g^{137}	$x^7+x^5+x^3+x^2+x+1$	169	g^{169}	$x^6+x^3+x^2+1$
138	g^{138}	x^6+1	170	g^{170}	1
139	g^{139}	$x^7+x^6+x^5+x^4+x$	171	g^{171}	x^7+x^5
140	g^{140}	$x^7+x^6+x^5+x^4+x^3$	172	g^{172}	$x^7+x^6+x^5+x$
141	g^{141}	$x^4+x^3+x^2+x+1$	173	g^{173}	x^6
142	g^{142}	$x^4+x^3+x^2+1$	174	g^{174}	x^6+x^4+x
143	g^{143}	$x^7+x^6+x^5+x^3+x+1$	175	g^{175}	x^4+x^3+x
144	g^{144}	$x^7+x^6+x^5+x^4+x^2+x+1$	176	g^{176}	$x^6+x^4+x^3+x^2+x+1$
145	g^{145}	$x^7+x^5+x^4+x^3+x$	177	g^{177}	$x^6+x^3+x^2+x+1$
146	g^{146}	$x^7+x^5+x^4+x^3+x+1$	178	g^{178}	$x^7+x^6+x^5+x^4+1$
147	g^{147}	x^4+x^3+x+1	179	g^{179}	$x^7+x^5+x^3$
148	g^{148}	$x^7+x^6+x^5+x^4+x^3+1$	180	g^{180}	$x^7+x^6+x^5+x^4+x^2+1$
149	g^{149}	$x^7+x^5+x^4+x^3+1$	181	g^{181}	x^6+x^3+x
150	g^{150}	$x^7+x^6+x^5+x^3+x+1$	182	g^{182}	$x^7+x^5+x^4+x+1$
151	g^{151}	$x^7+x^6+x^5+x^4+1$	183	g^{183}	x^3+x^2
152	g^{152}	$x^7+x^5+x^3+x^2+x$	184	g^{184}	$x^7+x^6+x^5+x^4+x+1$
153	g^{153}	$x^7+x^6+x^5+1$	185	g^{185}	$x^6+x^4+x^3$
154	g^{154}	x^4	186	g^{186}	$x^7+x^6+x^5+x^4+x^3+x^2+1$
155	g^{155}	$x^7+x^5+x^4+x^3$	187	g^{187}	$x^6+x^4+x^3+x^2+1$
156	g^{156}	$x^6+x^3+x^2+1$	188	g^{188}	$x^7+x^5+x^4+x^3+1$
157	g^{157}	x^2+x+1	189	g^{189}	$x^7+x^6+x^5+x^3+x^2+1$
158	g^{158}	$x^7+x^5+x^4+x^2$	190	g^{190}	$x^7+x^6+x^5+x^2+1$
159	g^{159}	$x^7+x^5+x^4+x^3$	191	g^{191}	$x^7+x^6+x^5+x^4+x^2$

续表

k	g^k	$h=g^{2k}+g^k$	k	g^k	$h=g^{2k}+g^k$
192	g^{192}	$x^7+x^6+x^5+x^3+x$	224	g^{224}	x^3+x^2+1
193	g^{193}	x^6+x^4+1	225	g^{225}	$x^6+x^4+x^2+1$
194	g^{194}	$x^6+x^3+x^2$	226	g^{226}	$x^7+x^5+x^3+x^2+x$
195	g^{195}	x^7+x^5+1	227	g^{227}	$x^7+x^6+x^5+x^2+x+1$
196	g^{196}	x^6+x	228	g^{228}	x^2
197	g^{197}	x^7+x^5+x	229	g^{229}	$x^7+x^6+x^5+x$
198	g^{198}	x^4+x	230	g^{230}	x^6+x^2+x
199	g^{199}	x^6+x^3	231	g^{231}	x^6+x^2+x
200	g^{200}	x^6+x^2+1	232	g^{232}	x^6
201	g^{201}	x^4	233	g^{233}	$x^6+x^4+x^2$
202	g^{202}	$x^7+x^5+x^4+x^3+x^2+x$	234	g^{234}	x^3+x^2+x
203	g^{203}	$x^6+x^4+x^3+1$	235	g^{235}	x^2+1
204	g^{204}	$x^6+x^4+x^3+x^2+1$	236	g^{236}	x^6+x^2
205	g^{205}	$x^7+x^5+x^4+x^3+x^2+x+1$	237	g^{237}	$x^7+x^5+x^4$
206	g^{206}	$x^7+x^6+x^5+x^4+x^3+1$	238	g^{238}	$x^6+x^4+x^3+x^2$
207	g^{207}	$x^7+x^5+x^4+x^3+x^2+x+1$	239	g^{239}	x^4+x^3+1
208	g^{208}	$x^7+x^6+x^5+x^4+x^3+x^2+x+1$	240	g^{240}	x^3+x^2+x+1
209	g^{209}	$x^7+x^5+x^3+x+1$	241	g^{241}	$x^7+x^5+x^2+1$
210	g^{210}	$x^7+x^5+x^2+1$	242	g^{242}	$x^7+x^5+x^2+x$
211	g^{211}	x^7+x^5	243	g^{243}	$x^7+x^6+x^5+x^4$
212	g^{212}	$x^7+x^6+x^5+x^2$	244	g^{244}	x^3+x^2+x
213	g^{213}	$x^6+x^4+x^2$	245	g^{245}	$x+1$
214	g^{214}	x^3	246	g^{246}	x^6+x^4
215	g^{215}	x^4+1	247	g^{247}	$x^7+x^6+x^5+x^3+x$
216	g^{216}	$x^4+x^3+x^2+x$	248	g^{248}	$x^6+x^4+x^2+x+1$
217	g^{217}	$x^7+x^5+x^4+x^3+x+1$	249	g^{249}	$x^6+x^4+x^3$
218	g^{218}	$x^4+x^3+x^2+1$	250	g^{250}	$x^7+x^6+x^5+x^4+x^3+x+1$
219	g^{219}	$x^7+x^6+x^5+x^3+x^2+1$	251	g^{251}	x^6+x^3+1
220	g^{220}	$x^7+x^6+x^5+x+1$	252	g^{252}	$x^7+x^6+x^5+x+1$
221	g^{221}	$x^7+x^6+x^5$	253	g^{253}	$x^7+x^6+x^5+x^2+x$
222	g^{222}	$x^7+x^5+x^4$	254	g^{254}	$x^7+x^5+x^2$
223	g^{223}	$x^6+x^4+x^3+x$	255	g^{255}	0

F.4 域中生成元 $g = x + 1$ 的广义指数表: 由 h 得到 $g^{2k} + g^k = h$

h	$g^{2k} + g^k = h$	h	$g^{2k} + g^k = h$
0	g^{0}	x^4	g^{154}
0	g^{255}	x^4	g^{201}
1	g^{85}	$x^4 + x^2$	g^{2}
1	g^{170}	$x^4 + x^2$	g^{50}
x	g^{114}	$x^4 + x^2 + 1$	g^{59}
x	g^{166}	$x^4 + x^2 + 1$	g^{82}
$x + 1$	g^{11}	$x^4 + x^2 + x$	g^{9}
$x + 1$	g^{245}	$x^4 + x^2 + x$	g^{120}
x^2	g^{77}	$x^4 + x^2 + x + 1$	g^{117}
x^2	g^{228}	$x^4 + x^2 + x + 1$	g^{122}
$x^2 + 1$	g^{22}	$x^4 + x^3$	g^{31}
$x^2 + 1$	g^{235}	$x^4 + x^3$	g^{45}
$x^2 + x$	g^{1}	$x^4 + x^3 + x^2$	g^{80}
$x^2 + x$	g^{25}	$x^4 + x^3 + x^2$	g^{168}
$x^2 + x + 1$	g^{41}	$x^4 + x^3 + x^2 + 1$	g^{142}
$x^2 + x + 1$	g^{157}	$x^4 + x^3 + x^2 + 1$	g^{218}
x^3	g^{116}	$x^4 + x^3 + x^2 + x$	g^{67}
x^3	g^{214}	$x^4 + x^3 + x^2 + x$	g^{216}
$x^3 + x^2$	g^{123}	$x^4 + x^3 + x^2 + x + 1$	g^{52}
$x^3 + x^2$	g^{183}	$x^4 + x^3 + x^2 + x + 1$	g^{141}
$x^3 + x^2 + 1$	g^{14}	$x^4 + x^3 + 1$	g^{129}
$x^3 + x^2 + 1$	g^{224}	$x^4 + x^3 + 1$	g^{239}
$x^3 + x^2 + x$	g^{234}	$x^4 + x^3 + x$	g^{88}
$x^3 + x^2 + x$	g^{244}	$x^4 + x^3 + x$	g^{175}
$x^3 + x^2 + x + 1$	g^{18}	$x^4 + x^3 + x + 1$	g^{53}
$x^3 + x^2 + x + 1$	g^{240}	$x^4 + x^3 + x + 1$	g^{147}
$x^3 + 1$	g^{69}	$x^4 + 1$	g^{44}
$x^3 + 1$	g^{130}	$x^4 + 1$	g^{215}
$x^3 + x$	g^{118}	$x^4 + x$	g^{26}
$x^3 + x$	g^{164}	$x^4 + x$	g^{198}
$x^3 + x + 1$	g^{4}	$x^4 + x + 1$	g^{108}
$x^3 + x + 1$	g^{100}	$x^4 + x + 1$	g^{161}

续表

h	$g^{2k} + g^k = h$	h	$g^{2k} + g^k = h$
x^6	g^{173}	$x^6 + x^4 + x^2 + x$	g^{12}
x^6	g^{232}	$x^6 + x^4 + x^2 + x$	g^{127}
$x^6 + x^2$	g^{73}	$x^6 + x^4 + x^2 + x + 1$	g^{105}
$x^6 + x^2$	g^{236}	$x^6 + x^4 + x^2 + x + 1$	g^{248}
$x^6 + x^2 + 1$	g^{8}	$x^6 + x^4 + x^3$	g^{185}
$x^6 + x^2 + 1$	g^{200}	$x^6 + x^4 + x^3$	g^{249}
$x^6 + x^2 + x$	g^{230}	$x^6 + x^4 + x^3 + x^2$	g^{51}
$x^6 + x^2 + x$	g^{231}	$x^6 + x^4 + x^3 + x^2$	g^{238}
$x^6 + x^2 + x + 1$	g^{47}	$x^6 + x^4 + x^3 + x^2 + 1$	g^{187}
$x^6 + x^2 + x + 1$	g^{101}	$x^6 + x^4 + x^3 + x^2 + 1$	g^{204}
$x^6 + x^3$	g^{75}	$x^6 + x^4 + x^3 + x^2 + x$	g^{39}
$x^6 + x^3$	g^{199}	$x^6 + x^4 + x^3 + x^2 + x$	g^{106}
$x^6 + x^3 + x^2$	g^{125}	$x^6 + x^4 + x^3 + x^2 + x + 1$	g^{95}
$x^6 + x^3 + x^2$	g^{194}	$x^6 + x^4 + x^3 + x^2 + x + 1$	g^{176}
$x^6 + x^3 + x^2 + 1$	g^{156}	$x^6 + x^4 + x^3 + 1$	g^{89}
$x^6 + x^3 + x^2 + 1$	g^{169}	$x^6 + x^4 + x^3 + 1$	g^{203}
$x^6 + x^3 + x^2 + x$	g^{27}	$x^6 + x^4 + x^3 + x$	g^{3}
$x^6 + x^3 + x^2 + x$	g^{104}	$x^6 + x^4 + x^3 + x$	g^{223}
$x^6 + x^3 + x^2 + x + 1$	g^{134}	$x^6 + x^4 + x^3 + x + 1$	g^{62}
$x^6 + x^3 + x^2 + x + 1$	g^{177}	$x^6 + x^4 + x^3 + x + 1$	g^{90}
$x^6 + x^3 + 1$	g^{96}	$x^6 + x^4 + 1$	g^{28}
$x^6 + x^3 + 1$	g^{251}	$x^6 + x^4 + 1$	g^{193}
$x^6 + x^3 + x$	g^{29}	$x^6 + x^4 + x$	g^{79}
$x^6 + x^3 + x$	g^{181}	$x^6 + x^4 + x$	g^{174}
$x^6 + x^3 + x + 1$	g^{81}	$x^6 + x^4 + x + 1$	g^{15}
$x^6 + x^3 + x + 1$	g^{160}	$x^6 + x^4 + x + 1$	g^{33}
$x^6 + x^4$	g^{111}	$x^6 + 1$	g^{5}
$x^6 + x^4$	g^{246}	$x^6 + 1$	g^{138}
$x^6 + x^4 + x^2$	g^{213}	$x^6 + x$	g^{23}
$x^6 + x^4 + x^2$	g^{233}	$x^6 + x$	g^{196}
$x^6 + x^4 + x^2 + 1$	g^{36}	$x^6 + x + 1$	g^{76}
$x^6 + x^4 + x^2 + 1$	g^{225}	$x^6 + x + 1$	g^{113}

续表

h	$g^{2k}+g^k=h$	h	$g^{2k}+g^k=h$
x^7+x^5	g^{171}	$x^7+x^5+x^4+x^2+x$	g^{74}
x^7+x^5	g^{211}	$x^7+x^5+x^4+x^2+x$	g^{103}
$x^7+x^5+x^2$	g^{24}	$x^7+x^5+x^4+x^2+x+1$	g^{64}
$x^7+x^5+x^2$	g^{254}	$x^7+x^5+x^4+x^2+x+1$	g^{70}
$x^7+x^5+x^2+1$	g^{210}	$x^7+x^5+x^4+x^3$	g^{155}
$x^7+x^5+x^2+1$	g^{241}	$x^7+x^5+x^4+x^3$	g^{159}
$x^7+x^5+x^2+x$	g^{86}	$x^7+x^5+x^4+x^3+x^2$	g^{34}
$x^7+x^5+x^2+x$	g^{242}	$x^7+x^5+x^4+x^3+x^2$	g^{136}
$x^7+x^5+x^2+x+1$	g^{110}	$x^7+x^5+x^4+x^3+x^2+1$	g^{17}
$x^7+x^5+x^2+x+1$	g^{126}	$x^7+x^5+x^4+x^3+x^2+1$	g^{68}
$x^7+x^5+x^3$	g^{37}	$x^7+x^5+x^4+x^3+x^2+x$	g^{94}
$x^7+x^5+x^3$	g^{179}	$x^7+x^5+x^4+x^3+x^2+x$	g^{202}
$x^7+x^5+x^3+x^2$	g^{43}	$x^7+x^5+x^4+x^3+x^2+x+1$	g^{205}
$x^7+x^5+x^3+x^2$	g^{121}	$x^7+x^5+x^4+x^3+x^2+x+1$	g^{207}
$x^7+x^5+x^3+x^2+1$	g^{55}	$x^7+x^5+x^4+x^3+1$	g^{149}
$x^7+x^5+x^3+x^2+1$	g^{63}	$x^7+x^5+x^4+x^3+1$	g^{188}
$x^7+x^5+x^3+x^2+x$	g^{152}	$x^7+x^5+x^4+x^3+x$	g^{16}
$x^7+x^5+x^3+x^2+x$	g^{226}	$x^7+x^5+x^4+x^3+x$	g^{145}
$x^7+x^5+x^3+x^2+x+1$	g^{46}	$x^7+x^5+x^4+x^3+x+1$	g^{146}
$x^7+x^5+x^3+x^2+x+1$	g^{137}	$x^7+x^5+x^4+x^3+x+1$	g^{217}
$x^7+x^5+x^3+1$	g^{32}	$x^7+x^5+x^4+1$	g^{56}
$x^7+x^5+x^3+1$	g^{35}	$x^7+x^5+x^4+1$	g^{131}
$x^7+x^5+x^3+x$	g^{10}	$x^7+x^5+x^4+x$	g^{20}
$x^7+x^5+x^3+x$	g^{21}	$x^7+x^5+x^4+x$	g^{42}
$x^7+x^5+x^3+x+1$	g^{91}	$x^7+x^5+x^4+x+1$	g^{163}
$x^7+x^5+x^3+x+1$	g^{209}	$x^7+x^5+x^4+x+1$	g^{182}
$x^7+x^5+x^4$	g^{222}	x^7+x^5+1	g^{72}
$x^7+x^5+x^4$	g^{237}	x^7+x^5+1	g^{195}
$x^7+x^5+x^4+x^2$	g^{93}	x^7+x^5+x	g^{49}
$x^7+x^5+x^4+x^2$	g^{158}	x^7+x^5+x	g^{197}
$x^7+x^5+x^4+x^2+1$	g^{30}	x^7+x^5+x+1	g^{19}
$x^7+x^5+x^4+x^2+1$	g^{66}	x^7+x^5+x+1	g^{92}

续表

h	$g^{2k} + g^k = h$	h	$g^{2k} + g^k = h$
$x^7 + x^6 + x^5$	g^{102}	$x^7 + x^6 + x^5 + x^4 + x^2 + x$	g^{87}
$x^7 + x^6 + x^5$	g^{221}	$x^7 + x^6 + x^5 + x^4 + x^2 + x$	g^{167}
$x^7 + x^6 + x^5 + x^2$	g^{78}	$x^7 + x^6 + x^5 + x^4 + x^2 + x + 1$	g^{135}
$x^7 + x^6 + x^5 + x^2$	g^{212}	$x^7 + x^6 + x^5 + x^4 + x^2 + x + 1$	g^{144}
$x^7 + x^6 + x^5 + x^2 + 1$	g^{97}	$x^7 + x^6 + x^5 + x^4 + x^3$	g^{128}
$x^7 + x^6 + x^5 + x^2 + 1$	g^{190}	$x^7 + x^6 + x^5 + x^4 + x^3$	g^{140}
$x^7 + x^6 + x^5 + x^2 + x$	g^{48}	$x^7 + x^6 + x^5 + x^4 + x^3 + x^2$	g^{60}
$x^7 + x^6 + x^5 + x^2 + x$	g^{253}	$x^7 + x^6 + x^5 + x^4 + x^3 + x^2$	g^{132}
$x^7 + x^6 + x^5 + x^2 + x + 1$	g^{165}	$x^7 + x^6 + x^5 + x^4 + x^3 + x^2 + 1$	g^{61}
$x^7 + x^6 + x^5 + x^2 + x + 1$	g^{227}	$x^7 + x^6 + x^5 + x^4 + x^3 + x^2 + 1$	g^{186}
$x^7 + x^6 + x^5 + x^3$	g^{71}	$x^7 + x^6 + x^5 + x^4 + x^3 + x^2 + x$	g^{13}
$x^7 + x^6 + x^5 + x^3$	g^{109}	$x^7 + x^6 + x^5 + x^4 + x^3 + x^2 + x$	g^{99}
$x^7 + x^6 + x^5 + x^3 + x^2$	g^{7}	$x^7 + x^6 + x^5 + x^4 + x^3 + x^2 + x + 1$	g^{54}
$x^7 + x^6 + x^5 + x^3 + x^2$	g^{112}	$x^7 + x^6 + x^5 + x^4 + x^3 + x^2 + x + 1$	g^{208}
$x^7 + x^6 + x^5 + x^3 + x^2 + 1$	g^{189}	$x^7 + x^6 + x^5 + x^4 + x^3 + 1$	g^{148}
$x^7 + x^6 + x^5 + x^3 + x^2 + 1$	g^{219}	$x^7 + x^6 + x^5 + x^4 + x^3 + 1$	g^{206}
$x^7 + x^6 + x^5 + x^3 + x^2 + x$	g^{65}	$x^7 + x^6 + x^5 + x^4 + x^3 + x$	g^{57}
$x^7 + x^6 + x^5 + x^3 + x^2 + x$	g^{162}	$x^7 + x^6 + x^5 + x^4 + x^3 + x$	g^{83}
$x^7 + x^6 + x^5 + x^3 + x^2 + x + 1$	g^{58}	$x^7 + x^6 + x^5 + x^4 + x^3 + x + 1$	g^{133}
$x^7 + x^6 + x^5 + x^3 + x^2 + x + 1$	g^{107}	$x^7 + x^6 + x^5 + x^4 + x^3 + x + 1$	g^{250}
$x^7 + x^6 + x^5 + x^3 + 1$	g^{40}	$x^7 + x^6 + x^5 + x^4 + 1$	g^{151}
$x^7 + x^6 + x^5 + x^3 + 1$	g^{84}	$x^7 + x^6 + x^5 + x^4 + 1$	g^{178}
$x^7 + x^6 + x^5 + x^3 + x$	g^{192}	$x^7 + x^6 + x^5 + x^4 + x$	g^{98}
$x^7 + x^6 + x^5 + x^3 + x$	g^{247}	$x^7 + x^6 + x^5 + x^4 + x$	g^{139}
$x^7 + x^6 + x^5 + x^3 + x + 1$	g^{143}	$x^7 + x^6 + x^5 + x^4 + x + 1$	g^{38}
$x^7 + x^6 + x^5 + x^3 + x + 1$	g^{150}	$x^7 + x^6 + x^5 + x^4 + x + 1$	g^{184}
$x^7 + x^6 + x^5 + x^4$	g^{115}	$x^7 + x^6 + x^5 + 1$	g^{119}
$x^7 + x^6 + x^5 + x^4$	g^{243}	$x^7 + x^6 + x^5 + 1$	g^{153}
$x^7 + x^6 + x^5 + x^4 + x^2$	g^{6}	$x^7 + x^6 + x^5 + x$	g^{172}
$x^7 + x^6 + x^5 + x^4 + x^2$	g^{191}	$x^7 + x^6 + x^5 + x$	g^{229}
$x^7 + x^6 + x^5 + x^4 + x^2 + 1$	g^{124}	$x^7 + x^6 + x^5 + x + 1$	g^{220}
$x^7 + x^6 + x^5 + x^4 + x^2 + 1$	g^{180}	$x^7 + x^6 + x^5 + x + 1$	g^{252}

索　引

Q

S

T

W

X

Y

Z

参 考 文 献

[1] 潘承洞, 潘承彪. 初等数论. 北京：北京大学出版社, 1992.

[2] 张诗永, 陈恭亮. 密码学报. no.2, 2014.

[3] Li Ying, Chen Gongliang, Li Jianhua. An alternative class of irreducible polynomials for optimal extension fields. Designs, Codes and Cryptography. 60(2): 171-182 (2011).

[4] Tian Yun, Chen Gongliang, Li Jianhua. New Ultralightweight RFID Authentication Protocal with Permutation. IEEE Communications Letters 16(5): 702-705 (2012).

[5] Tian Yun, Chen Gongliang, Li Jianhua. On the design of Trivium. 北京大学学报 (自然科学版). Acta Scientiarum Naturalium Universitatis Pekinensis, 2010 年 05 期, 46(5): 691-698.

[6] Thomas W Hungerford. Algebra[J]. Graduate Texts in Mathematics, 1974: 73.

[7] Neal Koblitz. A Course in Number Theory and Crytography[J]. Graduate Texts in Mathematics 114, 1987.

[8] Serge Lang. Algebra. New Jersey: Addison-Wesley Publishing Company, 1984.

[9] Joseph H Silverman. The Arithmetic of Elliptic Curves[J]. Graduate Texts in Mathematics 106, 1974.

[10] 万哲先. 代数和编码. 修订版. 科学出版社, 1985.

[11] Steven Roman. Coding and Information Theory, Graduate Texts in Mathematics 134.

图书资源支持

感谢您一直以来对清华版图书的支持和爱护。为了配合本书的使用，本书提供配套的资源，有需求的读者请扫描下方的“书圈”微信公众号二维码，在图书专区下载，也可以拨打电话或发送电子邮件咨询。

如果您在使用本书的过程中遇到了什么问题，或者有相关图书出版计划，也请您发邮件告诉我们，以便我们更好地为您服务。

我们的联系方式：

地　　址：北京市海淀区双清路学研大厦 A 座 714

邮　　编：100084

电　　话：010-83470236　010-83470237

客服邮箱：2301891038@qq.com

QQ：2301891038（请写明您的单位和姓名）

资源下载：关注公众号“书圈”下载配套资源。

资源下载、样书申请

书圈

获取最新书目

观看课程直播